Stakeholder Management in der Restrukturierung

Michael Baur • Jan Kantowsky • Axel Schulte
(Hrsg.)

Stakeholder Management in der Restrukturierung

Perspektiven und Handlungsfelder in der Praxis

Springer Gabler

Herausgeber
Michael Baur
Gräfelfing, Deutschland

Jan Kantowsky
Grünwald, Deutschland

Axel Schulte
Essen, Deutschland

ISBN 978-3-8349-4156-5
DOI 10.1007/978-3-8349-4157-2
ISBN 978-3-8349-4157-2 (eBook)

Die Deutsche Nationalbibliothek verzeichnet diese Publikation in der Deutschen Nationalbibliografie; detaillierte bibliografische Daten sind im Internet über http://dnb.d-nb.de abrufbar.

Springer Gabler

Einbandentwurf: KünkelLopka GmbH, Heidelberg

Gedruckt auf säurefreiem und chlorfrei gebleichtem Papier

Springer Gabler ist eine Marke von Springer DE. Springer DE ist Teil der Fachverlagsgruppe Springer Science+Business Media.
www.springer-gabler.de

Vorwort

Das Management der Interessen- und Anspruchsgruppen – neudeutsch: das „Stakeholder Management" – ist ein wesentlicher Faktor für den wirtschaftlichen Erfolg eines Unternehmens. Gerade in der Unternehmenskrise kommt der Kommunikation mit diesen Gruppen eine besondere Bedeutung zu, da jede Gruppe ihrerseits eigene Ansprüche und Interessen durchsetzen möchte, gleichzeitig aber auch ihren Beitrag zur Restrukturierung leisten soll.

Genau hier setzt das vorliegende Buch „Stakeholder Management in der Restrukturierung" an: Die Interessen, Handlungsmöglichkeiten, aber auch Risiken der wesentlichen Interessen- und Anspruchsgruppen eines Unternehmens werden jeweils aus deren eigener Perspektive von praxiserfahrenen Restrukturierungsexperten beleuchtet. Diese systematische Zusammenschau der unterschiedlichen Perspektiven ist in dieser Form neu und eröffnet den Blick auf ein ganz wesentliches Feld jeder erfolgreichen Restrukturierung – nämlich den fairen Interessenausgleich zwischen den verschiedenen Anspruchsgruppen.

Aus unserer Sicht ist die Ergänzung des Management-Teams um einen Chief Restructuring Officer (CRO), der das Vertrauen aller wesentlichen Stakeholder hat, oft essenziell für den Erfolg einer Restrukturierung, da der CRO als „ehrlicher Makler" die Partikularinteressen aller Beteiligten möglichst fair und ausgewogen berücksichtigt. In einer großen Zahl von Fällen haben Professionals von AlixPartners bei herausfordernden Unternehmenssanierungen interimistisch diese Funktionen übernommen und damit auch einen wesentlichen Beitrag zur Definition und praktischen Ausgestaltung dieser Rolle geleistet. Vor dem Hintergrund immer komplexerer Restrukturierungsfälle mit einer Vielzahl von Anspruchsgruppen ist auch in Deutschland der Einsatz des spezialisierten „Managers auf Zeit" zur Bewältigung von Sondersituationen auf dem Vormarsch.

Die Herausgeber waren selber in verschiedenen Krisensituationen als CRO tätig und haben erfolgreiche Restrukturierungslösungen konzipiert und umgesetzt. Auf der Grundlage dieser Erfahrungen entstand die Idee, die verschiedenen Stakeholder in einer Gesamtschau zu beleuchten.

Ein besonderer Dank gilt daher den Autoren, durch deren fundierte Beiträge aus der jeweils spezifischen Stakeholder-Perspektive dieses Buch in dieser Form einzigartig geworden ist, das sich praxisorientiert mit dem wesentlichen Erfolgsfaktor jeder Restrukturierung beschäftigt: dem ausgewogenen Interessensausgleich unter den Anspruchsgruppen – eben dem Stakeholder Management.

Weiterhin geht ein besonderer Dank an die bei der Entstehung dieses Buches involvierten AlixPartners-Kollegen, ohne deren herausragende Unterstützung es nicht hätte umgesetzt werden können.

Düsseldorf/München, im April 2012

MICHAEL BAUR
DR. JAN KANTOWSKY
DR. AXEL SCHULTE

Inhaltsverzeichnis

Einführung

1

Bereits in unternehmerisch weniger turbulenten Zeiten hat das Zusammenspiel der einzelnen Akteure, die auf unterschiedliche Art und Weise mit dem Unternehmen verbunden sind – sei es z. B. als Kapitalgeber oder Lieferant – eine große Bedeutung.

In der Krise verschiebt sich häufig die Balance zwischen den einzelnen Stakeholdern. Der Einfluss der Eigenkapitalgeber nimmt typischerweise ab, während der Einfluss anderer Akteure, wie z. B. Banken oder spezialisierter Investoren, sogenannter „Distressed Debt Funds", steigt. Da sich in einer Unternehmenskrise Interessenlagen und Risikoeinschätzungen der betroffenen Parteien häufig schlagartig ändern, nimmt die Notwendigkeit, Stakeholder-Interessen abzuwägen und im Sinne eines Restrukturierungserfolges zu kanalisieren, überproportional zu.

Zu berücksichtigen sind in diesem Zusammenhang nicht nur die Interessen der primären Stakeholder als Vertreter des Eigen- und des Fremdkapitals. Regelmäßig sind hier auch die sonstigen Interessengruppen einzubeziehen wie beispielsweise die Belegschaft, die Arbeitnehmervertreter (Gewerkschaften, Betriebsräte) sowie die betrieblichen Altersversorgungswerke und die öffentliche Hand, die z. B. durch die Stellung von Landes- oder Bundesbürgschaften eine Restrukturierung aktiv begleiten kann.

Ein vom Management ohne Berücksichtigung dieser verschiedenen Gruppen erstelltes operatives und finanzwirtschaftliches Restrukturierungskonzept birgt ein hohes Risiko des Scheiterns bereits in einem sehr frühen Stadium. Primärer Fokus der auf Unternehmensseite involvierten Manager und Restrukturierungsberater muss daher sein, die einzelnen Stakeholder und deren Interessen – sowohl in Richtung des Unternehmens als auch untereinander – frühzeitig zu identifizieren, zu verstehen und mögliche Handlungsalternativen zu definieren sowie verschiedene Szenarien abzuwägen.

Die Bedeutung dieses Vorgehens im Rahmen einer Restrukturierung ist in den vergangenen Jahren immer weiter gestiegen. Das liegt zum einen daran, dass sich die Anzahl der im Rahmen von Unternehmensrestrukturierungen aktiv zu berücksichtigenden Stakeholder-Gruppen in der jüngeren Vergangenheit deutlich erhöht hat. Im Bereich der Fremdkapitalgeber ist mit den Hedge- bzw. Distressed-Debt-Fonds eine sehr aktive und restrukturierungserfahrene Stakeholder-Gruppe hinzugekommen. Zum anderen ist zu berücksichtigen, dass auch klassische Anspruchsgruppen, wie beispielsweise die Arbeitnehmervertretungen bzw. die Gewerkschaften, sich in den vergangenen Jahren im Umgang mit Restrukturierungen immer weiter professionalisiert haben und in Restrukturierungsprozessen heute eine deutlich aktivere Rolle einnehmen.

Darüber hinaus haben sich in den vergangenen Jahren auch die im Rahmen einer Restrukturierung genutzten Instrumente verändert. Beispielsweise ist die „doppelnützige Treuhand" ein relativ neues Instrument, bei der ein Treuhänder – häufig auf Betreiben der Fremdkapitalgeber – die Gesellschaftsanteile zum Zwecke der Restrukturierung der Treugutgesellschaft übernimmt. In solchen Konstellationen ist der Treuhänder als eigener Stakeholder innerhalb des Restrukturierungsprozesses zu berücksichtigen, da er aufgrund der notwendigen Erfüllung seiner doppelnützigen Pflichten, die im Treuhandvertrag definiert sind, in eine besondere Rolle gerät.

Die verschiedenen Interessen der einzelnen Stakeholder-Gruppen werden in diesem Buch ausführlich beschrieben. Dabei werden auch die zugrunde liegenden Motive von Eigenkapital- und Fremdkapitalgebern sowie den sonstigen Stakeholdern intensiv beleuchtet. Jede Stakeholder-Gruppe hat nicht nur betriebswirtschaftliche, sondern auch juristische und unterschiedlichste sonstige Aspekte bei ihrer Verhandlungsposition im Rahmen einer Restrukturierung zu berücksichtigen. Die Verhandlungspositionen der einzelnen Stakeholder-Gruppen müssen bei der Entwicklung eines Restrukturierungskonzeptes und dann bei den Verhandlungen mit den Stakeholdern über deren konkreten Restrukturierungsbeitrag Berücksichtigung finden. Häufig erfordert die erfolgreiche Gestaltung einer Restrukturierung auch Veränderungen bzw. Ergänzungen im Management, da in Krisensituationen das Vertrauen in die bestehende Unternehmensleitung oft erheblichen Belastungen ausgesetzt ist, und das erfolgreiche Management der einzelnen Interessengruppen auch einen hohen Grad an Erfahrung voraussetzt.

Die Ergänzung des Management-Teams um einen CRO, der das Vertrauen aller wesentlichen Stakeholder hat, ist daher häufig angezeigt. Ein erfahrener CRO hat im Rahmen von vielen unterschiedlichen Restrukturierungsfällen einen „Track record" und eine Vertrauensbasis bei wesentlichen Stakeholder-Vertretern aufgebaut.

Eine seiner Kernaufgaben besteht darin, sicherzustellen, dass alle wesentlichen Stakeholder in den Restrukturierungsprozess sinnvoll eingebunden werden, über einen vergleichbaren Informationsstand verfügen und dass über alle Akteure hinweg ein gemeinsames Verständnis zur Ausgangssituation des Unternehmens erzielt wird, auch wenn die Interpretationen einzelner Gruppen gegebenenfalls divergieren können. Darüber hinaus muss er die mögliche Auseinandersetzung der einzelnen Stakeholder über die für eine erfolgreiche Restrukturierung notwendigen operativen und finanziellen Maßnahmen „orchestrieren" und dabei deren Interessen als „ehrlicher Makler" möglichst fair und ausgewogen berücksichtigen.

Im Anschluss an die Darstellung der einzelnen Stakeholder-Gruppen werden die Funktion des CRO sowie die konkrete Ausgestaltung dieser Rolle beschrieben. Die Ausführungen zum CRO münden schließlich in einer Fallstudie, bei der in einem konkreten Restrukturierungsfall ein CRO zur Leitung einer umfangreichen Unternehmensrestrukturierung eingesetzt wurde.

2 Unternehmensrestrukturierung aus Sicht der Eigenkapitalgeber

Abstract

Die Bewältigung von Unternehmenskrisen sowie die Auswahl der richtigen Handlungsalternativen hängen einerseits maßgeblich von den involvierten Eigenkapitalgebern sowie deren Erfahrungen und Interessen sowie andererseits unter anderem davon ab, ob eine Eigenkapitalsanierung unter anderem vor dem Hintergrund tatsächlicher und zeitlicher Gegebenheiten überhaupt möglich und sinnvoll ist. In diesem Zusammenhang ist auch die Kenntnis gesetzlicher Neuerungen durch das Gesetz zur weiteren Erleichterung der Sanierung von Unternehmen (ESUG) auch aus Sicht des Eigenkapitalgebers unabdingbar. Zusammenfassend lässt sich festhalten, dass Private-Equity-Investoren auch in Krisensituationen die Maximierung der Rendite auf das eingesetzte Kapital als oberstes Ziel verfolgen und dabei die Bereitstellung von neuem Kapital als Lösungsansatz im Rahmen von Sanierungen in Betracht ziehen. Eigentümer-/Familienunternehmen haben hingegen die Fortführung des eigenen Unternehmens und den damit verbundenen Erhalt des Lebenswerks im Fokus. Weiteres Kapital werden sie nur in seltenen Fällen für Sanierungszwecke bereitstellen können, da sämtliche Mittel in der Regel bereits im Krisenunternehmen gebunden sind. Konzernunternehmen hingegen stellen den Erhalt des Konzernverbundes sowie einen optimalen Marktauftritt des Unternehmensverbundes in den Vordergrund und werden unter diesen Gesichtspunkten auch bereit sein, die Bereitstellung von frischem Kapital oder zusätzlichen Sicherheiten zum Erhalt des Konzerns in Erwägung zu ziehen. In jedem dieser Fälle unterliegen die unterschiedlichen Möglichkeiten der Eigenkapitalsanierung ganz unterschiedlichen Voraussetzungen, deren Kenntnis für eine erfolgreiche Eigenkapitalsanierung unabdingbar ist, damit die Sanierung letztlich nicht z. B. auf Grund zu spät gestarteter Umsetzungsmaßnahmen oder solcher mit falscher Schwerpunktbildung zu scheitern droht. Im vorliegenden Beitrag werden daher die Interessen, Einflussmöglichkeiten und wirtschaftlichen und rechtlichen Handlungsalternativen sowie damit verbundene Risiken aus rechtlicher Sicht sowie konkret aus

Sicht eines Private-Equity-Investors, eines Eigentümer-Familienunternehmens und eines Konzern-Tochterunternehmens diskutiert und anhand zweier Praxisbeispiele deutlich gemacht.

2.1 Einführung und Grundlagen

Johannes Steinel und Robert Wendeborn

Eigenkapitalgeber sind bei Unternehmensrestrukturierungen oftmals mit einer besonderen Situation konfrontiert. Das Eigenkapital hat üblicherweise nur noch einen Bruchteil des Wertes, den es ursprünglich einmal hatte, nicht selten ist es wirtschaftlich völlig wertlos. Je nach Stadium und Ausprägung der Krise kann es auch vorkommen, dass selbst unbesicherte oder nachrangige, bis hin zu – in extremen Fällen – vorrangig besicherten Darlehen nicht mehr voll vom Unternehmenswert gedeckt werden, der Unternehmenswert also im Fremdkapital „bricht".

Ökonomisch hat der Eigenkapitalgeber damit sein Eigentum am Unternehmen verloren. Gleichwohl wird er im Normalfall, beispielsweise aus Verantwortungsbewusstsein, Reputationsüberlegungen, praktischen Geschichtspunkten oder sonstigen Gründen, de facto seine Eigentümer-Rolle mit all ihren Rechten und Pflichten weiterhin ausüben, bis eine Lösung mit den anderen Stakeholdern erzielt wurde. Dabei sei ausdrücklich erwähnt, dass mit „Lösung" alles von der Liquidation über die Übertragung des Unternehmens an die Fremdkapitalgeber bis hin zur Fortführung unter den bestehenden Eigentumsverhältnissen, inklusive sämtlicher Zwischenstufen, gemeint sein kann.

Abhängig vom Eigentümer-Typ – im Wesentlichen kann man zwischen Private-Equity-Investor, Eigentümer-Unternehmer, Konzern und Minderheitsgesellschafter unterscheiden – können verschiedene Ausgangssituationen und entsprechend unterschiedliche Interessen und Handlungsmöglichkeiten in einer Restrukturierung vorliegen. Für ein Private-Equity-Haus mag es beispielsweise eine Rolle spielen, welchen Anteil das Krisenunternehmen am gesamten Fondsvolumen ausmacht bzw. wie erfolgreich der Fonds mit anderen Investments ist. Eigentümer-Unternehmer werden oftmals eine sehr emotionale Bindung zum Unternehmen haben und in ihm ihr Lebenswerk sehen. Für Konzerne bestimmt möglicherweise die globale Strategie den Umgang mit Tochtergesellschaften in Krisensituationen und Minderheitsgesellschafter können als „Zünglein an der Waage" versuchen, ihren „Lästigkeitswert" zu optimieren, wenn einstimmige Entscheidungen notwendig sind (wie in Abschnitt 2.3.2.2 näher dargestellt, werden die Blockademöglichkeiten von Minderheitsgesellschaftern bzw. Alt-Anteilsinhabern durch das ESUG weitgehend eingeschränkt bzw. aufgehoben).

Unterstellt man nun unabhängig vom Eigentümer-Typ, dass die Eigenkapitalgeber weiterhin an das Unternehmen glauben und in der Zukunft die Chance sehen, eine Rendite auf ihr eingesetztes Kapital zu erwirtschaften, schränken sich ihre Handlungsoptionen insofern ein, dass der „Schutz“ des Investments in den Fokus rückt. Im Wesentlichen läuft es dann darauf hinaus, Zugeständnisse der anderen Stakeholder (z. B. einen Kapitalschnitt seitens der Fremdkapitalgeber) so schonend wie möglich für Eigentum und Eigenkapital zu erzielen. Mit anderen Worten: Ziel der Eigenkapitalgeber in einer solchen Situation ist es, das bestehende Eigenkapital möglichst wenig durch die Umwandlung von Fremd- in Eigenkapital bzw. die Zufuhr neuen Kapitals zu verwässern. Naturgemäß verfolgen vor allem die Fremdkapitalgeber oder aber auch Investoren, die in der Krisensituation die Chance sehen, ein Unternehmen verhältnismäßig günstig zu übernehmen, das genau entgegengesetzte Ziel. Die Restrukturierung bildet letztendlich die Plattform, die alle beteiligten Stakeholder am Verhandlungstisch versammelt, um eine tragbare Einigung zu erzielen.

2.2 Interessendefinition

Jörg Zirener

2.2.1 Kurzbeschreibung der Eigenkapital-Stakeholder

Eigenkapitalgeber können grundsätzlich in Finanz- und strategische Investoren unterteilt werden, wobei zum Zwecke dieser Untersuchung strategische Investoren weiter in Eigentümer-/Familienunternehmen und Konzerngesellschaften aufgeteilt werden. Unter Finanzinvestoren soll im Weiteren die Private-Equity-Gesellschaft, die im Fokus der Untersuchung steht, betrachtet werden. Es wird dabei davon ausgegangen, dass die Eigenkapitalgeber sich zum Zeitpunkt des Eintritts der Krise bereits in einem bestehenden Eigentumsverhältnis befinden und somit keine Neuinvestmentsituation untersucht wird. Im Folgenden werden die Interessen, Einflussmöglichkeiten sowie die sich daraus ergebenden Entscheidungs- und Handlungsalternativen sowohl für die Private-Equity-Gesellschaft, das Eigentümer-Familienunternehmen als auch die Konzerngesellschaft einzeln dargestellt. Da die unterschiedlichen Interessenlagen der Beteiligten Basis für Verhaltensänderungen und Handlungen der Individuen sind, wird mit der Interessendefinition begonnen.

2.2.2 Private-Equity-Unternehmen

2.2.2.1 Interessendefinition

Private-Equity-Gesellschaften erwerben Mehr- oder Minderheitsbeteiligungen an privaten und/oder börsennotierten Unternehmen mit dem Ziel, den Unternehmenswert zu steigern und die Unternehmen nach einer zeitlich befristeten Periode mit einer positiven

Rendite wieder zu verkaufen (vgl. Hommel/Knecht/Wohlenberg 2006, S. 779). Das führt dazu, dass zum Zeitpunkt des Einstiegs in das Unternehmen ein mittelfristiger Exit bzw. Verkauf der Beteiligung von vorneherein angestrebt wird.

In ihrer Stellung als Finanzintermediär zwischen Kapitalgebern und Kapitalnehmern füllen Private-Equity-Gesellschaften dabei fünf Kernaufgaben aus (vgl. Bader 1996, S. 17):

1. Investitionsfunktion für die Kapitalgeber
2. Evaluations- und Bewertungsfunktion von Beteiligungen
3. Finanzierungsfunktion für die Unternehmen
4. Kontroll- und Betreuungsfunktion während des Engagements
5. Liquidationsfunktion zur Gewinnrealisierung

Im Rahmen der Untersuchung wird unterstellt, dass sich Private-Equity-Gesellschaften in Bezug auf die dargestellten Kernaufgaben strikt an der Grundidee des Shareholder Value (SHV), der die Maximierung des Unternehmenswerts aus Sicht der Eigentümer zum Gegenstand hat, orientieren und sich ihre Interessen daran ausrichten. Der SHV ergibt sich als Teil des gesamten Unternehmenswertes, der nach Abzug des zu Marktpreisen bewerteten Fremdkapitals und Hinzurechnung des nicht betriebsnotwendigen Vermögens verbleibt (vgl. Günther 1997, S. 98; Rappaport 1998, S. 33). Neben dem primären Ziel der Wertmaximierung gibt es weitere Sekundärziele, die es aus Sicht eines Finanzinvestors ebenfalls zu berücksichtigen gilt. Dies sind unter anderem Möglichkeit zur Kontrolle/Einflussnahme, Begrenzung des Verlustrisikos, Erfüllung von Informationsbedürfnissen, Wahrung der Reputation, Schaffung bzw. Erhalt eines stabilen und attraktiven Arbeitsumfelds für Mitarbeiter sowie die Realisierung eines Exits innerhalb eines Zeitraums von drei bis sieben Jahren.

Zu den oben genannten Interessen treten im Rahmen einer Restrukturierung weitere situationsspezifische Ziele hinzu. Durch die Bedrohung der Fortführungsfähigkeit des notleidenden Unternehmens eskalieren Interessenkonflikte schneller als in erfolgreichen Zeiten mit der Konsequenz, dass einzelne Parteien versuchen, individuell ihre eigene Position frühzeitig zu optimieren (vgl. Batran 2010, S. 539). Gerade Eigenkapitalgeber sehen sich dabei aufgrund ihrer Position in der Kapitalstruktur und einer damit einhergehenden fehlenden Besicherung einem höheren Verlustrisiko ausgesetzt, sodass ihre Verhandlungsposition in einer Restrukturierung zunächst als schwach einzustufen ist. Hinzu kommt, dass sich das Geschäftsmodell klassischer Private-Equity-Investoren auf das Management gesunder Unternehmen fokussiert und erst im Zusammenhang mit der letzten Weltfinanzkrise sowohl substanzielles Restrukturierungs-Know-how als auch die entsprechenden Ressourcen hierfür aufgebaut wurden (vgl. Batran 2010, S. 542).

In einer Restrukturierungssituation tritt aus Sicht des Finanzinvestors zunächst die Begrenzung des Verlustrisikos in den Vordergrund, da der Wert der Eigenkapitalanteile in einer Unternehmenskrise regelmäßig auf ein Minimum sinkt. Im Extremfall der Insolvenz sinken dieser Wert sowie die Aussicht, Teile des eingesetzten Kapitals zurückzuerlangen, auf null. Gleichzeitig ist jedoch auch die Haftung der Eigenkapitalgeber auf die Einlage begrenzt, was dazu führt, dass das weitere Verlustrisiko gering ist. Dies hat zur Folge, dass die Risikobereitschaft der Eigenkapitalgeber in der Krise als tendenziell hoch angesehen werden kann, da der Chance auf signifikante Wertsteigerung der Anteile bei erfolgreicher Restrukturierung ein begrenztes Verlustrisiko gegenübersteht (vgl. Buschmann 2006, S. 114). Besteht keine Aussicht auf (teilweise) Wertaufholung durch einen kurzfristigen Verkauf oder eine Kombination mit einem Wettbewerber, werden die Gesellschafter somit Strategien bevorzugen, die trotz des damit verbundenen Risikos möglichst hohe Wertsteigerungen bei begrenztem Kapitaleinsatz ermöglichen. Obwohl Private-Equity-Investoren grundsätzlich an einer Unternehmensfortführung interessiert sind, werden sie ihre Entscheidung über die Zuführung von weiterem Kapital und einer damit verbundenen Sanierung von der Bedeutung des Unternehmens in ihrem Portfolio, der Möglichkeit, weitere Mittel aus dem bestehenden Fonds investieren zu können, den stattgefundenen sowie zu erwartenden Vermögenstransfers zwischen Gesellschafter und Gläubiger sowie den zukünftigen Wachstumserwartungen und somit sowohl der Aussicht auf Wertmaximierung des neuen als auch der Chance auf Wertaufholung des eingesetzten Kapitals abhängig machen.

Nimmt das Krisenunternehmen eine bedeutende Stellung im Gesamtportfolio der Private-Equity-Gesellschaft ein und hat somit wesentliche Auswirkungen auf die Gesamtperformance des Fonds, wird die Bereitschaft, einen deutlichen Beitrag für den Sanierungserfolg auch durch Bereitstellung von weiterem Eigenkapital zu leisten, wesentlich höher sein, als wenn keine Auswirkungen auf den Fonds sowie dessen Performance zu erwarten sind. Dabei spielt auch der Zeitpunkt der Krise in Bezug auf etwaige Fundraising-Aktivitäten eine Rolle, da eine mögliche Insolvenz und ein damit verbundener Totalverlust des investierten Kapitals sich negativ auf das Fundraising auswirken könnten. In Abhängigkeit der Fondsstatuten ist ferner zu prüfen, ob das Private-Equity-Unternehmen überhaupt weiteres Kapital entweder aus dem Ursprungsfonds oder aber einem Alternativfonds investieren kann. Hier kann es je nach Ausprägung zu Beschränkungen kommen.

Mit den Restrukturierungsmaßnahmen entlang der Kapitalstruktur können ferner Vermögenstransfers zwischen Gesellschaftern und Gläubigern verbunden sein, die negative Auswirkungen auf die Anteilswerte der Eigentümer haben, da frisches Kapital aufgrund der geringen Bonität des notleidenden Unternehmens in der Regel nur mit angepassten, risikoadäquaten Konditionen und höherer Besicherung von den Gläubigern zur Verfügung gestellt wird. Daneben kann auch eine Umwandlung von Fremdkapitalpositionen in Eigenkapital durch Gläubiger zu Vermögenstransfers führen. Je niedriger die erforderlichen Vermögenstransfers und die damit verbundenen negativen Auswirkungen auf Anteilshöhe und -wert sowie Kontrollrechte der Finanzinvestoren sind, desto größer wird die Bereitschaft zur Bereitstellung frischer Mittel sein.

In der Regel bewerten Finanzinvestoren ihre Beteiligungen zu Marktwerten, sodass davon ausgegangen werden kann, dass das gesamte oder aber ein großer Teil des investierten Eigenkapitals aufgrund der Notlage des Portfoliounternehmens bereits auf ein Minimum abgeschrieben wurde und der Verlust somit buchhalterisch bereits realisiert ist. Aus diesem Grund sollte die Entscheidung über die mögliche Zuführung weiteren Eigenkapitals aus Sicht des Private-Equity-Hauses als Neuinvestmentsituation behandelt und bewertet werden. Wesentlicher Vorteil im Vergleich zu einer Neuinvestmentsituation ist dabei, dass der Finanzinvestor aufgrund der bestehenden Gesellschafterstellung das Unternehmen bereits kennt sowie mit der Industrie und dem Wettbewerbsumfeld vertraut ist und die Investmententscheidung dadurch schneller zu treffen ist. Die Wertaufholung des bereits investierten Kapitals sollte dabei nur eine begleitende Rolle spielen und die Investitionsentscheidung somit nur flankierend beeinflussen. Die dazu notwendige Neutralität wird durch das Investment-Komitee einer Private-Equity-Gesellschaft sichergestellt, welches in der Regel nicht in einzelne Deals involviert ist und somit die erforderliche Distanz halten kann. Ein Private-Equity-Investor wird sich dann für ein Neuinvestment entscheiden, wenn die Sanierungsfähigkeit des Krisenunternehmens gegeben ist, die zukünftigen Wachstumserwartungen attraktiv sind und die ursprünglichen Investmentthesen weiterhin erreichbar sind bzw. durch neue kompensiert oder ersetzt werden können, sodass die Verzinsung des neuinvestierten Kapitals die Mindestrenditeanforderungen des Investors erfüllt. Die Wertaufholung der bestehenden Anteile ist dabei ein positiver Nebeneffekt, der jedoch nicht ausschlaggebend für die Bereitstellung von neuem Kapital sein darf. Vielmehr werden die Investmentkriterien und Renditeerwartungen für das neue Kapital sowohl aufgrund der Krisensituation und des damit verbundenen höheren Risikos als auch aufgrund der Tatsache, dass man möglicherweise gutes Geld schlechtem hinterherwirft und sich der jeweilige Portfolio-Manager folglich dem Risiko aussetzt, den gleichen Fehler zweimal zu machen, deutlich über der Ursprungsinvestition sein. Insgesamt bleibt festzuhalten, dass je niedriger der Vermögens- und Kontrolltransfer zwischen Gesellschafter und Gläubiger ausfällt und je höher die zukünftigen Wachstumschancen und somit die Chance auf Wertaufholung sind, desto eher werden Private-Equity-Investoren bereit sein, weiteres Eigenkapital zu investieren, um somit eine optimale Wertentwicklung für das neue und das bestehende Eigenkapital zu erzielen.

Aufgrund der Tatsache, dass Private-Equity-Unternehmen im Rahmen ihrer Investments einen Portfolio-Ansatz verfolgen, haben sie die Möglichkeit, unter unterschiedlichen Investmentmöglichkeiten die attraktivsten Investments auszuwählen. Dabei müssen die jeweiligen Beteiligungsmanager die knappen Ressourcen Zeit und Kapital so effizient einsetzen, dass sowohl die Betreuung laufender als auch die Auswahl neuer Investments wertmaximal darstellbar sind. Eine Krisensituation erfordert dabei neben dem normalen Betreuungsaufwand noch weitergehenden Einsatz zur Umsetzung von operativen Strategien zum Erhalt von Werten und zur nachhaltigen Restrukturierung. Aus diesem Grund wird ein Private-Equity-Unternehmen genau abwägen, ob und wie stark und mit welchen Mitteln es sich weiterhin beim Krisenunternehmen engagiert. So ist beispielsweise eine Situation denkbar, in der das Private-Equity-Haus entscheidet, sich aus dem Investment zurückzuziehen, da aufgrund erfolgter oder zu erwartender Vermögenstransfers im Rahmen der Restrukturierung keine bzw. nur geringe Aussicht auf Wertaufholung der Eigenkapitalanteile besteht, selbst wenn mit den anderen Stakeholdern eine Unternehmensfortführung verhandelt werden kann. Ein Rückzug wird demnach dann in Erwägung gezogen werden, wenn keine Aussicht mehr auf Wertaufholung der Anteile besteht und ein weiteres aktives Engagement sowohl durch intensive Betreuung als auch durch neues Kapital nur noch Wertsteigerungen für andere Stakeholder-Gruppen schafft, sodass der überproportional hohe Zeitaufwand in einer Restrukturierung in keinem adäquaten Verhältnis zum investierten Kapital sowie möglichen Returnerwartungen steht.

In diesem Zusammenhang muss auch auf die Teilkomponenten des Private-Equity-Geschäftsmodells verwiesen werden, welches aus Financial Engineering durch Ausnutzung des Leverage-Effekts, operativer Wertsteigerung durch Wachstum und Steigerung der Profitabilität und auch attraktiven Exit-Konditionen besteht (vgl. Ecker 2006, S. 484). Vor allem der Leverage-Effekt, der durch die Finanzierung eines erheblichen Anteils des Kaufpreises mit Fremdkapital entsteht, nimmt in der Krise eine bedeutende Rolle ein, da davon auszugehen ist, dass Portfoliounternehmen eines Private-Equity-Investors in der Krise eine signifikante Verschuldung aufweisen. Um in solch einer Situation die Unterstützungsbereitschaft der Eigenkapitalgeber zu gewährleisten und Aussicht auf Wertaufholung der meist wertlosen Anteile zu geben, muss entweder ein erheblicher Vermögenstransfer vom Gläubiger in Richtung Gesellschafter erfolgen, beispielsweise durch einen Debt Buy-Back oder aber belastbare Aussicht auf zukünftige Wertsteigerung durch Wachstum und Profitabilität bestehen. Die Renditeforderungen von Eigenkapitalinvestoren in Turnaround-Situationen liegen dabei laut den Untersuchungen von Fenn/Liang/Prowse und Kraft bei ca. 30 bis 35 % und somit gut 5 bis 10 % über normalen Renditeerwartungen (vgl. Fenn/Liang/Prowse 1997, S. 28 ff.; Kraft 2001, S. 312). Eine Erreichung dieser Ziele wird oftmals nur dann möglich sein, wenn das Unternehmen aufgrund eines externen Schocks und nicht aufgrund operativer Probleme in die Krise geraten ist und sich die Sanierung auf die Restrukturierung der Kapitalstruktur beschränkt. Ist dies aber nicht der Fall und besteht somit keine Aussicht auf Erzielung entsprechender Renditen, ist denkbar, dass das Private-Equity-Unternehmen die Führung des Krisenunternehmens an die wirtschaftlichen Eigentümer, welche zu diesem Zeitpunkt die Gläubiger sein werden, abgeben und sich auf andere Investments fokussieren wird, um die eigenen Ressourcen effizient einsetzen und etwaige Opportunitätskosten so gering wie möglich halten zu können. Aufgrund des oben beschriebenen Portfolioansatzes und der damit inhärent einhergehenden Risikodiversifizierung ist davon auszugehen, dass dies einem Private-Equity-Investor besser als einem strategischen Investor oder aber einem Familienunternehmen möglich ist.

Im Rahmen der Entscheidungsfindung sind dabei jedoch sowohl mögliche negative Effekte auf die Reputation des Finanzinvestors als auch eine etwaige negative Öffentlichkeitswirkung zu berücksichtigen, da beides negativen Einfluss auf zukünftige Investments und auch den Fonds haben kann. Sowohl in Bezug auf das Fundraising als auch für die Entscheidung eines Managers oder Unternehmers, mit einem Private-Equity-Investor zusammenzuarbeiten, ist der bisherige Track Record und auch das Management von Krisensituationen von Bedeutung. Aus diesem Grund muss genau abgewogen werden, welchen Einfluss eine mögliche Insolvenz bzw. die Übergabe der „Unternehmensschlüssel" hat. Des Weiteren können mit einer Insolvenz bzw. dem Rückzug aus einem Investment und der damit verbundenen Aufgabe der Eigentümerrolle negative Öffentlichkeitswirkungen einhergehen, die ebenfalls negativen Einfluss auf zukünftige Investments nehmen können.

Insgesamt bleibt aber festzuhalten, dass Finanzinvestoren aufgrund ihrer Erfahrungen, ihres Netzwerks und auch ihres Zugangs zu Kapital gut geeignet sind, ihre Portfoliounternehmen erfolgreich durch Krisensituationen zu steuern, sodass im Folgenden davon ausgegangen werden soll, dass Private-Equity-Gesellschaften ihrer Eigentümerrolle gerecht werden und Interesse an einer Fortführung und Wertaufholung besitzen. Aus diesem Grund werden die zur Verfügung stehenden Einflussmöglichkeiten dargestellt.

2.2.2.2 Einflussmöglichkeiten

Eigenkapitalgeber zählen zu den strategischen Anspruchsgruppen und verfügen über eine effektiv wirkende Machtposition, die sie auch willens sind einzusetzen. Daraus ergeben sich zahlreiche Einflussmöglichkeiten, die sowohl positive als auch negative Wirkungen auf den Turnaround-Prozess und auf den Turnaround-Erfolg haben können. Besteht Interesse an einem weiteren Engagement und Begleitung des Krisenunternehmens, muss zunächst Transparenz über die aus Gesellschaftersicht zur Verfügung stehenden Einflussmöglichkeiten hergestellt werden.

Dabei ist als Erstes die Eigentumsposition von Bedeutung, die in Form einer Minderheits-, Mehrheits- oder Alleineigentümerposition vorkommen kann. Es kann angenommen werden, dass die Möglichkeit zur Einflussnahme positiv mit der Höhe der Eigentumsposition korreliert, sodass der größte Einfluss als Alleineigentümer (100 %) und der geringste als Minderheitseigentümer (<50 %) besteht. Als Alleineigentümer hat man die uneingeschränkte Entscheidungsmacht, wohingegen man sich in einer Minderheitsrolle entweder einem Mehrheitsgesellschafter oder aber einer Vielzahl kleinerer Gesellschafter gegenübersieht, die ihrerseits Einfluss auf die Restrukturierung nehmen wollen. Dabei müssen die Interessen der unterschiedlichen Eigentümergruppen nicht zwangsläufig deckungsgleich sein, sodass es zu einer Vielzahl von Interessenkonflikten und unterschiedlichen Strategien kommen kann. Dies hat nicht nur Einfluss auf die Lösungsfindung, die zwangsläufig in einer Minderheitsposition bereits auf Eigentümerseite einem Kompromiss gleichkommen kann, sondern auch auf die Umsetzungsgeschwindigkeit, die aufgrund nicht notwendiger Abstimmungsrunden in einer Alleineigentümerposition deutlich schneller sein sollte. Im Rahmen von empirischen Untersuchungen konnte zudem nachgewiesen werden, dass die Turnaround-Wahrscheinlichkeit in eigenkapitaldominierten Unternehmen überdurchschnittlich zunimmt und diese Unternehmen in 50 % der Fälle nachhaltig überdurchschnittliche Ergebnisse und in 70 % der Fälle nachhaltig positive Ergebnisse erzielen konnten. Dies liegt unter anderem darin begründet, dass ein Großaktionär ein Krisenunternehmen eher unterstützen würde als eine Vielzahl von Kleinaktionären, da bei ihm relativ mehr „auf dem Spiel" steht (vgl. Buschmann

2006, S. 175 ff.). Es bleibt also festzuhalten, dass die dem Private-Equity-Unternehmen zur Verfügung stehenden Einflussmöglichkeiten positiv mit der Anteilshöhe korrelieren und für den Fall des Alleingesellschafters am höchsten sind.

Zweiter wesentlicher zu berücksichtigender Faktor ist die mit einem Leveraged Buy-Out (LBO) in der Regel verbundene Kapitalstruktur. LBO-Finanzierungen sind normalerweise hoch komplexe Konsortialkredite, die an verschiedene Banken und institutionelle Investoren syndiziert wurden. Die Kredite sind in der Regel mit umfangreichen Sicherheiten – insbesondere Geschäftsanteilsverpfändungen – besichert. Das Krisenunternehmen sieht sich damit je nach Kreditgröße einer mehr oder weniger großen Zahl von Kreditgebern gegenüber, die sich untereinander wiederum in verschiedene Kreditgebergruppen aufteilen und ihrerseits vertragliche Abreden über die Rangfolge ihrer Forderungen aus den Krediten und über die Verteilung der Erlöse der Sicherheiten getroffen haben (vgl. Magnus 2010, S. 179 f.). Dies hat zur Folge, dass es auch unter den einzelnen Gläubigergruppen zu einer Vielzahl von Interessenkonflikten und unterschiedlichen Strategien kommen kann. Im Ergebnis kann dadurch eine finanzielle Restrukturierung erschwert werden und im schlimmsten Fall sogar scheitern (vgl. Magnus 2010, S. 180). Aus diesem Grund muss sich der Private-Equity-Investor über die Anzahl und Bedeutung der relevanten Gläubigergruppen, deren Interessen und Beeinflussbarkeit im Klaren werden, um die Erfolgsaussichten einer Restrukturierung einschätzen zu können. Obwohl in einer Unternehmenskrise für alle Stakeholder etwas „auf dem Spiel" steht und ihr „stake" im Krisenunternehmen gefährdet ist, wird davon ausgegangen, dass die Gläubiger aufgrund ihrer getätigten spezifischen Investitionen in Form von Krediten sowie ihrer Bedeutung im Rahmen der finanziellen Sanierung die wichtigste und einflussreichste Stakeholder-Gruppe sind. Um an den Verhandlungen dieser Stakeholder-Gruppe teilnehmen und auch Einfluss auf die Entscheidungsfindung nehmen zu können, kann es sich für den Private-Equity-Investor anbieten, Teile der eigenen Schulden im Rahmen eines sogenannten Debt Buy-Back zu kaufen und dadurch ebenfalls Anspruchsberechtigter zu werden. Der Debt Buy-Back kann entweder über den Markt bei öffentlich gehandelten Papieren oder zwischen einzelnen Vertragspartnern abgewickelt werden.

Darüber hinaus beeinflussen auch der zukünftige Finanzierungsrahmen und damit verbunden der Bedarf an neuem Kapital sowie die zeitliche Dringlichkeit die Einflussmöglichkeiten der Eigenkapitalgeber. Für den Fall, dass der zukünftige Finanzbedarf nicht signifikant von der aktuell bestehenden Inanspruchnahme abweicht und keine weiteren externen Mittel zur Sanierung erforderlich sind, kann der Eigentümer davon ausgehen, dass die Stakeholder auf keine Änderung der Gesellschaftsverhältnisse drängen werden und er somit weiterhin maßgeblichen Einfluss auf die Geschäftsstrategie nehmen kann. Vor allem Banken haben aufgrund der mit der Gesellschafterrolle entstehenden Konsequenzen in der Regel kein Interesse und zudem auch keine adäquaten Ressourcen, in einer derartigen Situation die Eigentümerrolle wahrzunehmen und auszuüben, und werden deshalb immer einen aktiven Eigentümer bevorzugen. Ferner stehen im Falle von Beteiligungen durch Investoren dem Krisenunternehmen zusätzliche kompetente Managementpartner und Kontakte zu potenziellen Kunden und Partnern zur Verfügung, die ebenfalls einen Beitrag zur Restrukturierung leisten können (vgl. Böckenförde 1996, S. 185). Von einer Zunahme der Bedeutung des Gesellschafters ist umso eher auszugehen, wenn der Eigentümer bereit sein sollte, einen etwaigen Finanzierungsbedarf beispielsweise zur Umsetzung operativer Restrukturierungsmaßnahmen oder zur Stärkung der Kapitalbasis durch Bereitstellung von neuem Kapital zu leisten. Gerade Private-Equity-Häuser haben hier aufgrund ihres Zugangs zu Kapital in der Regel einen Vorteil gegenüber anderen Eigentümern. Die Bereitschaft, frisches Kapital einzubringen, wird umso höher sein, je mehr es sich um eine LBO-induzierte finanzielle Krise aufgrund beispielsweise eines externen Schocks und nicht um eine strategische und/oder operative Krise handelt. Die LBO-finanzierten Unternehmen sind oftmals bzw. vormals sehr cashflow-starke Unternehmen, die grundsätzlich über hervorragende Marktpositionen, eine starke und nachhaltige Wettbewerbsfähigkeit und ein exzellentes Management verfügen (vgl. Magnus 2010, S. 179). Die Möglichkeit zur Einflussnahme seitens des Gesellschafters wird dabei umso größer sein, je dringender der Kapitalbedarf erforderlich ist und je größer die Anzahl potenzieller Interessenkonflikte unter den Gläubigern ist, da in einer derartigen Situation davon auszugehen ist, dass weder die Gruppe der Gläubiger noch ein externer Investor kurzfristig Liquidität zur Verfügung stellen können. Nach einer Untersuchung von Kraft im Zusammenhang mit Turnaround-Investitionen von Private-Equity-Gesellschaften kommt es bei nur 8 % der untersuchten Unternehmen zu einer Due Diligence und nur bei ca. 2 % bis 3 % zu einer tatsächlichen Investition (vgl. Kraft 2001, S. 137). Dies liegt zum einen an den hohen Anforderungen an das Management und den hohen Renditeerwartungen an die Unternehmen sowie an den sich aus dem Zeitbedarf für Kapitalerhöhungen und Investorensuche ergebenden Beschränkungen.

Insgesamt bleibt festzuhalten, dass sich in Abhängigkeit der Eigentumsposition, der Fremdkapitalstruktur und eines möglichen Finanzierungsbedarfs unterschiedlich stark ausgeprägte Einflussmöglichkeiten für die Gesellschafter ergeben. Im folgenden Abschnitt wurden deshalb die einem Private-Equity-Investor zur Verfügung stehenden Handlungsalternativen näher untersucht.

2.2.2.3 Entscheidungs- und Handlungsalternativen

Die beschriebenen bestehenden und potenziellen Konsequenzen einer Unternehmenskrise führen zu einem Entscheidungsproblem bei den Eigentümern, da sie entweder konstruktiv mit den anderen Stakeholdern eine einvernehmliche Restrukturierung, in der sie zudem optional Unterstützungsbeiträge für eine Fortführung des Krisenunternehmens leisten, verfolgen können oder aber konfrontativ die Auseinandersetzung mit den anderen Stakeholdern suchen, sofern eine einvernehmliche Restrukturierung nicht absehbar erscheint. Als Untersegment beider Alternativen besteht noch die Option, sich neutral abwartend zu verhalten und sich seine Unterstützung bzw. notwendige Zustimmung zu einem späteren Zeitpunkt wertmaximal abkaufen zu lassen. Es ist davon auszugehen, dass die Sanierung nur für den einvernehmlichen Fall eigentümergeführt sein wird. Für den Fall der nicht einvernehmlichen Restrukturierung werden in der Regel die Kreditgeber die Führung übernehmen. Die folgende Abbildung 2.1 fasst die zur Verfügung stehenden Handlungsalternativen zusammen.

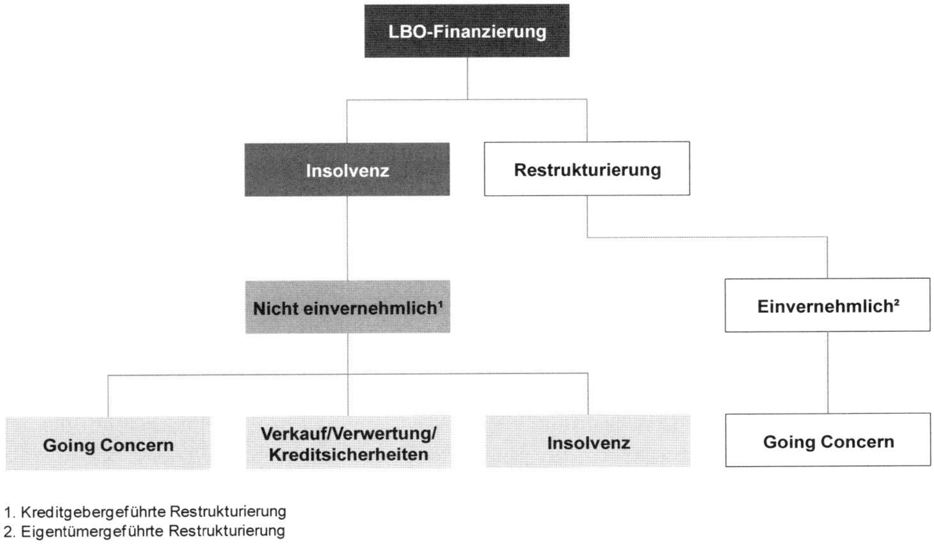

Quelle: in Anlehnung an Magnus/Pfister (2010), S. 178

Abb. 2.1 Handlungsoptionen

Bei einer einvernehmlichen Restrukturierung wird der Private-Equity-Investor im Zusammenspiel mit dem Unternehmen sowie den anderen wesentlichen Stakeholder-Gruppen konstruktiv an der Sanierung mitarbeiten und sowohl durch intensive Betreuung als auch durch Know-how unterstützen. Darüber hinaus wird er seine Zustimmung erfordernde Entscheidungen mittragen und dem Unternehmen bei Bedarf weiteres Kapital zur Umsetzung notwendiger Sanierungsmaßnahmen bereitstellen. Wie in den vorherigen Abschnitten herausgearbeitet ist dafür Voraussetzung, dass kein Vermögenstransfer zu seinen Ungunsten entlang der Kapitalstruktur stattgefunden hat, aufgrund des überproportionalen Zeitaufwands im Verhältnis zum investierten Kapital Aussicht auf vollständige Wertaufholung des alten sowie auf eine Mindestrendite von 30 bis 35 % p. a. des neuen Kapitals besteht und dass eine attraktive Exitmöglichkeit erhalten bleibt.

Die Eskalation der Krisensituation erfordert vom Private-Equity-Investor einen mit einem Neuinvestment vergleichbaren Entscheidungsfindungs-/Due-Diligence-Prozess, allerdings aus einem gänzlich anderen Blickwinkel. Während in einer normalen Due Diligence der Fokus im Wesentlichen auf der Offenlegung von Unternehmensinformationen, der Analyse und Prüfung des Unternehmens, der Entscheidungsgrundlage und

Preisfindung sowie der Exkulpation der Entscheidungsträger liegt, legt die Due Diligence in Turnaround-Situationen den Schwerpunkt auf die Ursachenanalyse und Maßnahmenplanung (vgl. Kraft 2001, S. 155 ff.). Dabei wird im Besonderen auf die folgenden sieben Ziele abgestellt:

1. Erfassung der Ursachen und des Ausmaßes der Unternehmenskrise
2. Bewertung der Überlebensfähigkeit des Unternehmens
3. Bestimmung der notwendigen Turnaround-Maßnahmen
4. Abschätzung des notwendigen Zeitaufwands
5. Abschätzung der Kosten des Turnarounds und des zusätzlichen Kapitalbedarfs
6. Überprüfung der ursprünglichen Investmentthesen zur Abschätzung des zukünftigen Wertsteigerungspotenzials
7. Überprüfung des strategischen Unternehmenswertes zur Abschätzung der zukünftigen Exitmöglichkeiten

Darüber hinaus muss die Verantwortung des bestehenden Managements für die Krise analysiert sowie deren Turnaround-Erfahrung bewertet werden, um etwaigen Änderungsbedarf schnellstmöglich umzusetzen. Dabei tut sich ein Private-Equity-Unternehmen oftmals leichter, die notwendigen Anpassungen sowohl auf Management als auch auf Mitarbeiterebene durchzuführen und – aufgrund seines bestehenden Netzwerks – offene Positionen schneller mit den notwendigen Experten zu besetzen. Dabei hilft auch die richtige Incentivierung des Managements, indem durch individuelle Beteiligungsprogramme eine Gleichschaltung mit den Interessen des Eigentümers hergestellt und dadurch die durch Trennung von Eigentum und Management entstehende Principal-Agent Problematik aufgelöst wird, was letztendlich eine höhere Erfolgswahrscheinlichkeit gewährleisten sollte.

Sofern der Private-Equity-Investor die oben dargestellten Ziele als erfüllbar ansieht und sich somit ein weiteres Engagement rechtfertigen lässt, müssen die erforderlichen Beiträge anderer Stakeholder-Gruppen, insbesondere die der Fremdkapitalgeber, definiert werden. Dabei geht es primär um die Restrukturierung der Passivseite und damit verbundene Sanierungsbeiträge der Kreditgeber. Da der zu erzielende Unternehmenswert beim Verkauf in der Krise aufgrund der Ergebnissituation tendenziell gering ist, wird auf Seiten der Kreditgeber dann Bereitschaft für eine einvernehmliche Restrukturierung bestehen, wenn der Eigentümer sowie das Management die nachhaltige Wettbewerbs- und Sanierungsfähigkeit sowie einen klaren Weg dorthin, der auch Zugeständnisse seitens des Eigentümers einschließt, vorlegen können. Der Eigentümer wird als Verhandlungsbasis für die Zugeständnisse der Kreditgeber leicht oberhalb des Zerschlagungswertes, der sich bei einem Notverkauf des Unternehmens bzw. seiner Einzelteile ergeben würde, die Verhandlung beginnen. Oftmals werden die Verbindlichkeiten des Krisenunternehmens bereits auch zwischen den Banken oder am Markt gehandelt, was einen weiteren Bezugspunkt für die Preisfindung liefert. Im Rahmen der Verhandlungen wird der Gesellschafter bestrebt sein, sein bestehendes Anteilsverhältnis nicht signifikant durch Vermögenstransfers zu verwässern.

Für ein Private-Equity-Unternehmen ist es dabei oftmals von großer Bedeutung, nach Abschluss der bilanziellen Sanierung weiterhin die Mehrheitsposition und somit die uneingeschränkte Kontrolle zu behalten bzw. durch die Bereitstellung von neuem Kapital zu erreichen. Dabei muss allerdings das Wertsteigerungspotenzial des neuen Kapitals immer in Relation zum bereits eingesetzten Kapital betrachtet werden. Sofern sich die Sanierung des Unternehmens als präferierte Lösung erweist, hat aus Sicht der Private-Equity-Investoren die Bereitstellung von neuem Kapital eine herausragende Bedeutung, um eine einvernehmliche Lösung mit den anderen Stakeholdern herbeizuführen und gleichzeitig Vertrauen in die Sanierungsfähigkeit zu symbolisieren. Dabei nimmt die Geschwindigkeit, mit der ein derartiger Bereitstellungsbeschluss herbeigeführt und umgesetzt werden kann, eine große Bedeutung ein, um mit Sofortmaßnahmen das Fortschreiten der Krise, welches eine laufende Verschlechterung der Unternehmenssituation und damit verbunden der Sicherheiten bewirkt, aufhalten zu können. Im weiteren Verlauf ist davon auszugehen, dass der Eigentümer nicht nur die schnellstmögliche Stabilisierung des Geschäfts gewährleisten will, sondern auch an einer eventuell erforderlichen strategischen Neuausrichtung durch aktives Portfoliomanagement, aber auch – falls notwendig – durch weiteres Kapital oder zusätzliche Sicherheiten positiv mitwirkt.

Der Altgesellschafter hat generell drei Möglichkeiten, der notleidenden Gesellschaft durch frisches Kapital zu helfen: So kann er dem Krisenunternehmen entweder neues Eigenkapital im Rahmen einer Kapitalerhöhung gegen Ausgabe neuer Anteile oder aber neues Fremdkapital durch eine Super-Senior-Struktur bereitstellen. Daneben besteht die Möglichkeit, über den Markt oder durch bilaterale Transaktionen mit einzelnen Gläubigern bestehende Verbindlichkeiten mit einem Abschlag zu erwerben. Dadurch führt man der Gesellschaft zwar nicht wie oben beschrieben neues Kapital zu, verbessert aber in einem ersten Schritt seine Verhandlungsposition durch Einbindung in die Entscheidungsprozesse der Gläubiger und kann in einem zweiten Schritt entscheiden, die Kapitalstruktur beispielsweise durch Rangrücktritte zu stärken. Ferner erwirbt man Schuldrechte in der Regel deutlich unter par und hat aufgrund der Kenntnis der Situation und des Unternehmens gute Aussichten auf Rückzahlung zum Nominalwert und Erzielung einer attraktiven Rendite.

Darüber hinaus ist auch denkbar, dass ein Private-Equity-Investor versucht, die Restrukturierung durch Kombination mit einem Wettbewerber zu erreichen, um darüber sowohl auf Kosten- als auch Marktsynergien zurückgreifen zu können. Den Stakeholdern stünde dadurch eine größere und besser aufgestellte Einheit zur Verfügung.

Liegt keine konsensuale Sanierung vor, ist von einer kreditgebergeführten Sanierung auszugehen, bei der die Altgesellschafter nur geringen Handlungs- und Entscheidungsspielraum besitzen. So können sie entweder konfrontativ den Sanierungsmaßnahmen gegenüberstehen oder aber versuchen, sich die Eigentümerrechte wertmaximal für einen Lästigkeitswert abkaufen zu lassen. Kommt es im Verlauf der Verhandlungen zu einem nicht einvernehmlichen Vorgehen mit den anderen Stakeholder-Gruppen, wird der Gesellschafter mit den ihm zur Verfügung stehenden Mitteln versuchen müssen, seine Verhandlungsposition durch entsprechende Maßnahmen zu verbessern, sodass eine erfolgreiche Restrukturierung ohne sein Mitwirken nicht umsetzbar ist. In diesem Fall spricht man von einem konfrontativen Ansatz. Dabei kommen ihm die in einer Unternehmenskrise besonders stark ausgeprägten Agency-Probleme, die sich vor allem in hohen Informationsasymmetrien auszeichnen, entgegen. So könnte er bestrebt sein, für den Fortbestand des Unternehmens kritische Komponenten wie beispielsweise Intellectual Property, Patente oder aber bedeutende Verträge oder andere wichtige Vermögensgegenstände auszulagern und so vor dem Zugriff anderer Stakeholder zu sichern. Dabei sind natürlich die bestehenden rechtlichen Restriktionen zu berücksichtigen. Ein derartiges Handeln wird den Gesellschafter in die Lage versetzen, seine Rolle im Rahmen der Restrukturierung zu stärken und sich dadurch seine Bereitschaft zur Kooperation möglichst wertmaximal abkaufen zu lassen bzw. doch die Führungsrolle im Rahmen der Sanierung beizubehalten. Ein möglicher Debt Buy-Back und eine damit potenziell verbundene Blockademöglichkeit im Gläubigerausschuss würden die Eigentümerposition zusätzlich stärken.

Ist ein derartiges Vorgehen aufgrund rechtlicher Restriktionen, Maßnahmen anderer Stakeholder oder anderer Faktoren nicht umsetzbar, besteht im Rahmen einer nicht einvernehmlichen Restrukturierung für die Altgesellschafter auch die Möglichkeit, sich die Aufgabe ihrer wirtschaftlich wertlosen Rechtsposition gegen Zahlung eines möglichst hohen Goodwill zur Abgeltung ihrer formalen Rechtsposition („nuisance value") abkaufen zu lassen. Dabei ist grundsätzlich davon auszugehen, dass die Kreditgeber der Überwindung einer möglichen Hold-out-Position der Alteigentümer unter Vermeidung der mit einer Insolvenz verbundenen Unsicherheiten und Risiken einen gewissen Mindestwert beimessen, denn vor allem in Restrukturierungssituationen gilt die spieltheoretische Einsicht, dass formale Hold-out-Positionen häufig nur durch eine Kombination von „carrot and stick" überwunden werden können (vgl. Grell/Kowalewski 2011, S. 10). Die Höhe dieses sogenannten „nuisance value" ist dabei primär von der vertraglichen Sicherheitsposition der Senior Lender sowie der Dringlichkeit etwaiger Zustimmungserfordernisse im Rahmen der Sanierung abhängig. Je eher die Senior Lender die Kontrolle über das Unternehmen erlangen, ohne dass es dabei zur Insolvenz derjenigen Unternehmensteile kommt, die fortgeführt werden sollen, desto niedriger wird ein möglicher Lästigkeitswert ausfallen.

In beiden dargestellten Fällen sollten allerdings die rechtlichen Implikationen sowie etwaige negative Reputations- und Öffentlichkeitswirkungen, die sich aus einem konfrontativen Verhalten ergeben, genau untersucht und bewertet werden. Insgesamt bleibt festzuhalten, dass eine konsensuale Lösung grundsätzlich für alle Stakeholder sowie das Krisenunternehmen der beste und das operative Geschäft am wenigsten belastende Weg ist und deshalb präferiert werden sollte.

Im Folgenden werden die spezifischen Unterschiede von Private-Equity-Investoren zu Eigentümer-Unternehmern sowie Konzerngesellschaften herausgestellt, wobei nicht mehr gesondert auf alle Einzelmaßnahmen, die für alle betrachteten Eigentümergruppen identisch sind, eingegangen wird.

2.2.3 Eigentümer-Unternehmer

2.2.3.1 Interessendefinition

Um die Interessen von Eigentümer- bzw. Familienunternehmen ableiten zu können, sind zunächst die konstituierenden Elemente eines Familienunternehmens darzustellen und zu untersuchen. Die in der Literatur diskutierten Kriterien lassen sich auf fünf wesentliche kondensieren: Eigentum, Kontrolle, Führung, Hybridität und Mehrgenerationenansatz (vgl. Weber 2010, S. 124). Der Familienunternehmensgrad lässt sich aus der jeweiligen Ausprägung und dem Zusammenspiel der genannten Faktoren ableiten. Je stärker die genannten Kriterien in einem Unternehmen ausgeprägt sind, desto mehr verschiebt sich das Gewicht zwischen Familienunternehmen und Nichtfamilienunternehmen in Richtung Familienunternehmen, welches in seiner stärksten Ausprägung als Eigentümer-Unternehmen bezeichnet werden kann.

Dabei gilt der Anteil einer oder mehrerer Familien am Eigenkapital des Unternehmens als Maßstab für die Differenzierung in Familienunternehmen oder Nichtfamilienunternehmen. Von einem Familienunternehmen wird in der Regel dann gesprochen, wenn mindestens 50 % des Eigenkapitals in der Hand einer Familie liegen.

Der Faktor Kontrolle berücksichtigt abweichend vom Kriterium Kapital, den Stimmrechtsanteil der Familienmitglieder, der nicht zwangsläufig deckungsgleich mit dem Anteilsbesitz sein muss. Dem Faktor Kontrolle liegt die Annahme zugrunde, dass der Grad der Einflussnahme des Eigentümers auf das Unternehmen vom Stimmrechtsanteil stärker abhängt als von der Höhe der Kapitalbeteiligung, da die Kontrollfunktion disparitätisch von den Anteilsverhältnissen festgelegt sein kann.

In Bezug auf den Faktor Führung ist nicht zwangsläufig davon auszugehen, dass Familienunternehmen mit inhabergeführten Unternehmen gleichzusetzen sind, da Familienunternehmen und Fremdmanagement einander nicht ausschließen. Im Folgenden soll allerdings unterstellt werden, dass der Eigentümer wesentlich in die Führung eingebunden ist.

Der Faktor Hybridität versucht, die im Begriffsbereich der Unternehmenskultur verankerten Aspekte zu greifen, welche im Aufeinandertreffen der beiden Systeme Familie und Unternehmen begründet sind. Dabei gelingt es dem Eigentümer-Unternehmer in der Regel, dem Unternehmen sowie seinen Mitarbeitern sein eigenes Werte- und Normensystem aufzuerlegen. Die dadurch entstehende hohe Identifikationsfähigkeit sowie Leistungsbereitschaft der Mitarbeiter mit dem Unternehmen wird durch entsprechendes überdurchschnittliches Verantwortungsgefühl gegenüber den Mitarbeitern erwidert.

Letzter Bestimmungsfaktor ist der Mehrgenerationenansatz eines Eigentümer-Unternehmers, der im Wesentlichen das Ziel verfolgt, die Unternehmensnachfolge familienintern zu vollziehen, um sein Lebenswerk fortzuführen.

Die oben genannten Kriterien lassen direkte Rückschlüsse auf die Interessen eines Eigentümer-Unternehmers in einer Krisensituation zu. Es ist davon auszugehen, dass im Gegensatz zum Private-Equity-Investor nicht die Wertmaximierung bzw. Begrenzung des Verlustrisikos im Vordergrund steht, sondern vielmehr die Fortführung des Unternehmens im Familien-/Eigentümerbesitz, um dem Faktor Mehrgenerationenansatz und Erhalt des Lebenswerkes gerecht werden zu können (vgl. Wimmer 2011, S. 61). Dabei wird der Eigentümer darauf bedacht sein, auch nach erfolgter Sanierung weiterhin die Kontrolle auszuüben und nach Möglichkeit auch die Mehrheit der Kapitalanteile auf sich zu vereinen. Damit verbunden ist ein Interesse an der fortgesetzten Ausübung der Unternehmensführungsfunktion, wie es in über 70 % der Familienunternehmen praktiziert wird. Von wesentlichem Interesse sind des Weiteren die Wahrung seiner Reputation sowie die Vermeidung von negativen Öffentlichkeitswirkungen.

Anders als bei einem Private-Equity-Portfolio, welches eine Vielzahl unterschiedlicher Unternehmen aufweist, verfügt ein Eigentümer-Unternehmer meist nicht über diese Diversifizierung, da er in der Regel sein gesamtes Vermögen im Unternehmen gebunden hat (vgl. Wimmer 2011, S. 53). Es handelt sich dabei grundsätzlich um nicht fungibles Vermögen, sogenanntes „patient capital" (vgl. Sirmon/Hitt 2003, S. 339), dessen generationsübergreifende Wertsteigerung im Vordergrund steht. Die Eigentumsdefinition aus Unternehmersicht steht somit in deutlichem Gegensatz zum Managen eines Vermögensteils (wie z. B. einer Private-Equity-Portfoliogesellschaft) in seiner Werthaltigkeit mit dem Ziel, diesen Anteil zum gegebenen Zeitpunkt möglichst gewinnträchtig zu verkaufen. Gerade die Neigung von erfolgsverwöhnten Familienunternehmen, auf ihre finanzielle Substanz zu vertrauen und damit ein kontinuierliches Schwinden der Ertragskraft aus den Augen zu verlieren, führt in der Krise dazu, dass der Eigentümer oftmals keine weiteren freien Mittel zur Verfügung hat, um das Unternehmen zu unterstützen und finanziell zu einer Sanierung beizutragen, was – wie im vorherigen Kapitel dargestellt – meistens gegen eine eigentümergeführte Sanierung spricht. Somit wird der Eigentümer versuchen, sogenannte „Alles-oder-nichts"-Strategien, die sich durch ein hohes Ertrags-Risiko-Profil auszeichnen, umzusetzen, um dadurch die Chance auf Wertaufholung seiner Anteile zu erhalten und eine kreditgebergeführte Sanierung mit entsprechender Marginalisierung seiner Rolle zu vermeiden. Demgegenüber stehen das Interesse an der Wahrung seiner Reputation und der Wunsch, auch zukünftig in seinem gesellschaftlichen und sozialen Umfeld akzeptiert zu sein.

In der Krise treten weitere, familienunternehmensspezifische Faktoren auf, die ebenfalls Einfluss auf die Ziele und Interessen der Eigentümer haben. So ist in der Praxis häufig zu beobachten, dass in der angespannten Krisenlage die sonst nur unterschwellig vorhandenen Familienkonflikte voll ausbrechen und somit die Familien- mit der Unternehmenssphäre vermischt wird, was zu einer Verstärkung der Unternehmenskrise führen kann. Daneben verzichten Familienunternehmer häufig aus falsch verstandener Loyalität auf erforderliche personelle Korrekturen sowie notwendige Kapazitätsanpassungen, da sich die Entscheidungsträger dem impliziten Arbeitsplatzversprechen moralisch verpflichtet fühlen. Das führt dazu, dass Eigentümer-Unternehmen in der Krise oftmals die Fähigkeit zur Sanierung aus eigener Kraft verlieren, weil die Führung in der Durchsetzung schmerzhafter Entscheidungen jegliche Glaubwürdigkeit eingebüßt hat (vgl. Wimmer 2011, S. 59). Damit einher geht der Umstand, dass Familienunternehmen auch dann noch an bewährten Lösungsmustern festhalten, wenn geänderte Verhältnisse ihre Weiterentwicklung dringend erforderlich machen. Gleiches gilt auch für die Umsetzung notwendiger Sanierungsmaßnahmen, da solche Maßnahmen, die den Unternehmer selbst oder seine Familienangehörigen betreffen, oftmals am schwierigsten durchzuführen sind. Dies gilt vor allem dann, wenn der Eigentümer und Teile seiner Angehörigen in Schlüsselpositionen tätig und für den Eintritt der Krise mit verantwortlich sind. Das Interesse des Unternehmers sowie seiner Angehörigen an der Wahrung ihrer Führungsrolle steht damit häufig im Widerspruch zu den Erfordernissen des Krisenunternehmens, welches einer Führung bedarf, die den spezifischen Anforderungen einer Krise zur Umsetzung notwendiger Sofortmaßnahmen und zur strategischen Neuausrichtung gewachsen ist.

Auf der Beschreibung der Interessen von Familienunternehmen aufbauend werden nun im Folgenden die Einflussmöglichkeiten näher betrachtet.

2.2.3.2 Einflussmöglichkeiten

Wie oben dargestellt kann bei Familienunternehmen stets eine Mehrheitsposition auf Eigentümerseite unterstellt werden, die nach Möglichkeit auch nach der Krise aufrechterhalten werden soll, damit die Eigentümerfamilie ihre unternehmerische Identität von Generation zu Generation aufrechterhalten kann. Familienunternehmen weisen eine besondere Kultur auf, die es bei der Analyse der bestehenden Einflussmöglichkeiten zu berücksichtigen gilt. So sind familiengeführte Unternehmen um Personen herum konstruiert, was dazu führt, dass die Aufgabenverteilung in der Unternehmung sich vielfach nicht an explizit festgelegten, formalen Strukturen orientiert, sondern an den gewachsenen Fähigkeiten und persönlichen Präferenzen der wichtigen Leistungsträger. Häufig gehören die Mitarbeiter zum erweiterten Familienkreis, was ein besonderes Verantwortungsgefühl bei allen Beteiligten füreinander, hohe Identifikation und eine außergewöhnliche Mobilisierungskraft gerade in Krisenzeiten hervorruft (vgl. Wimmer 2011, S. 59). Gerade in der Krise fällt somit der Figur des Gründers oder Familienoberhaupts eine besondere Bedeutung zu, die Belegschaft geschlossen durch die Sanierung zu führen und trotz etwaiger einschneidender Maßnahmen die Unternehmenskultur zu erhalten. Es lässt sich also feststellen, dass die stärkste Erfolgswirkung dem Seniorunternehmer und seiner Familie zuzuordnen ist (vgl. Weber 2010, S. 127).

Daneben ist davon auszugehen, dass die Familie aufgrund des oftmals geringen Formalisierungsgrades als zentrale Wissensträgerin im Unternehmen fungiert, die gesammelte Informationen und Erfahrungswerte in sich vereint. Dieser Umstand macht eine Einbindung der Familie im Rahmen der Restrukturierung erforderlich, was die Chancen für eine erfolgreiche Umsetzung erhöht.

Aufgrund der Tatsache, dass Familienunternehmen in der Regel einen großen Teil ihrer Gewinne thesaurieren und einen hohen Verschuldungsgrad sowie die Aufnahme fremden Eigenkapitals vermeiden, ist davon auszugehen, dass in einer Krise keine weiteren Mittel im Unternehmen sowie im Familienkreis zur Umsetzung notwendiger Sanierungsmaßnahmen zur Verfügung stehen. Besteht nicht die Möglichkeit, durch den Verkauf möglicher Randaktivitäten kurzfristig Kapital zu generieren, ist davon auszugehen, dass der Unternehmer keinen finanziellen Sanierungsbeitrag wird leisten können. Zur gleichen Zeit wird er es aber mit Kreditgebern zu tun haben, die das Unternehmen seit langem begleiten und mit denen ein persönliches Verhältnis und eine verlässliche Partnerschaft aufgebaut wurden, sodass durchaus Aussicht auf das Finden und Umsetzen pragmatischer Lösungswege besteht. Dabei schließen beide Seiten sicherlich auch mögliche Öffentlichkeitswirkungen in ihre Betrachtung mit ein, da Familienunternehmen oftmals gerade lokal eine große Bedeutung für eine gesamte Region haben.

Auf Basis des dargestellten Einflussrahmens werden im Folgenden die Entscheidungs- und Handlungsalternativen betrachtet.

2.2.3.3 Entscheidungs- und Handlungsalternativen

Primäre Zielsetzung des Eigentümer-Unternehmers wird es sein, den Krisenprozess gemeinsam mit seiner (Haus-)Bank zu meistern und seine Handlungsalternativen an diesem Ziel zu orientieren. Hierzu wird es zunächst erforderlich sein, vertrauensbildende Maßnahmen einzuleiten und anzuerkennen, dass externe Hilfe erforderlich ist. Dabei wird die Bereitschaft der Bank zur Mitarbeit an einer konstruktiven Lösung durch die Hereinnahme eines in beiderseitigem Einverständnis gewählten Chief Restructuring Officers (CRO) unterstützt werden. Dies ermöglicht es dem Unternehmer weiterhin, seine Führungsrolle intern sowie extern auszuüben, ohne dabei aber den Fokus auf notwendige Restrukturierungsmaßnahmen legen und diese intern kommunizieren und umsetzen zu müssen. Daneben erweist sich die Installation eines Beirats, der mit externen Fachleuten besetzt ist, als förderlich, um der Tendenz von Familienunternehmen, an bewährten Mustern selbst dann festzuhalten, wenn geänderte Verhältnisse ihre Weiterentwicklung dringend erforderlich machen, entgegenzutreten. Die Funktion des Beirats erfüllt zudem die Rolle eines Sparrings-Partners für den Unternehmer und sorgt dafür, dass wichtige Entscheidungen und Entwicklungen kritisch reflektiert werden. Gelingt es dem Unternehmer über diese Maßnahmen, das möglicherweise verlorengegangene Vertrauensverhältnis zu seinen wesentlichen Stakeholdern wiederherzustellen, werden diese eher bereit sein, Unterstützungsbeiträge zu leisten.

Darüber hinaus kann der Eigentümer seine Rolle im Rahmen der Sanierung auch über die Beschaffung von frischem Kapital zu verbessern versuchen. Dies kann entweder intern durch den kurzfristigen Verkauf von Randaktivitäten und nicht betriebsnotwendigen Vermögensgegenständen oder extern durch Öffnung des Eigenkapitals für einen Turnaround-Private-Equity-Partner erfolgen. Selbst bei Hereinnahme eines Eigenkapitalpartners besteht für den Unternehmer die Möglichkeit, die Mehrheit zu behalten und den Partner nach erfolgreicher Sanierung und positiver Wertentwicklung wieder herauszukaufen und somit das Unternehmen wieder vollständig in Familienbesitz zu überführen und sein Lebenswerk zu retten.

Aufgrund der Bedeutung des Unternehmers als zentraler Wissensträger im Unternehmen, Motivator der Belegschaft und oftmals auch Chief Sales Officer mit Kontrolle über die wichtigsten Kunden des Unternehmens ist es auch denkbar, dass der Eigentümer einen konfrontativen Ansatz wählt und dabei versucht, diese Position im Rahmen der Verhandlungen mit den Banken auszuspielen, um entsprechende Zugeständnisse zu erreichen.

Insgesamt bleibt festzuhalten, dass die Position von Eigentümer-Unternehmen gegenüber Portfoliounternehmen von Private-Equity-Gesellschaften den Nachteil von verfügbaren Ressourcen vor allem in Bezug auf neues Kapital haben, allerdings über ein wesentlich besseres und stabileres Beziehungsnetzwerk verfügen sowie mit einer Finanzierungsstruktur ausgestattet sind, die auch in Krisensituationen Flexibilität gewährt und normalerweise auch nicht Ziel von Distressed-Debt-Investoren mit entsprechenden Führungsambitionen sind.

2.2.4 Konzern

2.2.4.1 Interessendefinition

Der Konzern kann in seiner Ausprägung von einer lockeren Unternehmensverbindung mit gelegentlicher Einflussnahme auf das abhängige Unternehmen bis hin zu einer straffen, zentralen Steuerung des gesamten Ressourcenpools reichen. Dabei ähnelt er umso stärker in Struktur und Zielbestimmung einem Einheitsunternehmen, je straffer er geführt wird. So werden die selbständigen Konzernunternehmen erst durch das Bindeglied der Konzernleitungsmacht, mittels derer die Konzernspitze auf die Geschäfte der einzelnen abhängigen Konzernunternehmen Einfluss nehmen kann, zu Konzernunternehmen. Damit kann die Konzernspitze direkt über den Einsatz der einzelnen ökonomischen Parameter disponieren, den zur Verfügung stehenden Ressourcenpool aufeinander abstimmen und mit einheitlicher Zielkonzeption und Strategie führen, sodass das Gemeinschaftsinteresse des Konzerns vor die Individualinteressen der Einzelunternehmen tritt. Ziel ist es, einen am Marktgeschehen überlegenen, einheitlichen Wirtschaftskomplex zu erzeugen und potenzielle Synergien des Verbunds zu maximieren. Dies führt in der Regel zu erhöhten Interdependenzen der Verbundunternehmen, da einzelne Ressourcen einander angepasst oder gegenseitig nutzbar, wie beispielsweise ein Cash-Pool, gemacht werden. Darüber hinaus werden auch die Strategie sowie der Marktauftritt aufeinander abgestimmt sein. Dadurch wachsen die einzelnen Konzerneinheiten trotz rechtlicher Selbständigkeit zu einer koordinierten und funktionalen Wirtschaftseinheit zusammen und sind in der Lage, Synergien in verschiedenen Funktionen (Einkauf, Vertrieb, Produktion, F & E, Management etc.) durch Spezialisierung und Rationalisierung zu erzielen und Kosten einzusparen. Davon abzugrenzen ist der locker geführte Konzernverbund, der diese Charakteristika nicht aufweist, dennoch aber die Zielsetzung der Einflussnahme auf die Einzelunternehmen verfolgt, sodass in einer Krisensituation davon auszugehen ist, dass sowohl der lockere als auch der zentralistische Konzern ihre Priorität auf eine rentable Bewirtschaftung des gesamten Ressourcenpools legen und im Weiteren somit keine Differenzierung nach der Intensität der Konzernstufe erforderlich ist (vgl. Bous 1999, S. 15 ff.).

Im hier zugrunde liegenden Fall der Notlage eines Konzernverbundteils bzw. Tochterunternehmens ist somit davon auszugehen, dass die Konzernspitze als wirtschaftlicher

Eigentümer zunächst die Auswirkungen auf den Unternehmensverbund und erst dann die Konsequenzen für das Einzelunternehmen im Fokus haben wird. Primäres Ziel wird somit die Vermeidung der Ausweitung der Krise auf den Gesamtkonzern sein. Hierbei wird die Konzernspitze zunächst bestrebt sein, die Krise auf den Einflussbereich des Einzelunternehmens einzudämmen, was je nach Ausprägung des Konzerns besser oder schlechter möglich sein wird. Ziel ist dabei, die Wettbewerbsfähigkeit des Gesamtkonzerns nicht wesentlich zu beeinträchtigen. Die Bedeutung des Krisenunternehmens für den Konzernverbund aufgrund seiner Größe, Produkte oder Kompetenzen hat dabei wesentlichen Einfluss auf die Ausprägung der Sanierungsbemühungen und -maßnahmen seitens der Konzernspitze. Je bedeutender das Unternehmen ist, desto eher werden auch Mittel aus anderen Bereichen für eine Sanierung bereitgestellt werden, da im schlimmsten Fall eine Herauslösung und Einzelverwertung des Konzernteils dazu führen kann, dass der Konzernverbund nach Verwertung auf eine Größe herabsinkt, die den notwendigen Aufwand zur Aufrechterhaltung des Konzerns unterschreitet. Daneben kann ein Herauslösen dazu führen, dass der Konzernverbund über wesentliches Know-how und/oder Produkte nicht mehr verfügen kann und sich dadurch seine gesamte Wettbewerbsposition signifikant verschlechtert. Zudem wird ein Teil der oben genannten Synergien möglicherweise bei Verwertung des Krisenteils wegfallen, was wiederum negativen Einfluss auf die Gesamtperformance des Unternehmensverbundes hätte. Im Rahmen der Entscheidungsfindung ist allerdings zu berücksichtigen, dass die Interessen der Konzernspitze nicht zwangsläufig deckungsgleich mit denen der Gläubiger des Einzelunternehmens sein müssen und es möglicherweise zu einem einzelwirtschaftlichen Verteilungskampf kommen kann. Dies wird dann der Fall sein, wenn sich die Einzelgläubiger aus der Herauslösung und Einzelverwertung einen höheren Erlös als bei Aufrechterhaltung des Konzernverbunds versprechen. Damit einher geht in der Regel das Ziel der Konzernspitze, auch nach erfolgter Sanierung des Verbundunternehmens weiterhin die Anteilsmehrheit und somit die Kontrolle über die unternehmerischen Entscheidungen und die Gesamtstrategie ausüben zu können. Dieser Aspekt ist auch zur Erzielung und Maximierung möglicher Synergien von Bedeutung, da dies ansonsten nicht bzw. nur schwer darstellbar ist.

Da ein Konzern wie oben dargestellt aus einer Reihe von Einzelunternehmen, die mehr oder weniger stark miteinander verbunden sind, besteht, ist neben den genannten Interessen auch das Ziel des möglichst effizienten Ressourceneinsatzes von Bedeutung. Ziel wird es aus Konzernsicht sein – in Abhängigkeit der Bedeutung des Krisenunternehmens für den Konzernverbund –, Ressourcen zur Sanierung unter Abwägung ihrer Bedeutung sowie der möglichen Konsequenzen aus der Ressourcenallokation für andere Teilbereiche bereitzustellen. Dabei stehen eine effiziente Ressourcenallokation und Vermeidung von Verschwendung von Ressourcen im Vordergrund. Als weiterer Faktor sind die mit einer Krisen- bzw. Insolvenzsituation eines Tochterunternehmens verbundenen negativen Öffentlichkeitswirkungen zu berücksichtigen, die wiederum negativen Einfluss auf andere Konzernteile haben können. Dies ist vor allem dann der Fall, wenn Kunden und/oder Lieferanten anderer Konzerngesellschaften aufgrund der Krisensituation

Rückschlüsse auf die Bonität und Leistungsfähigkeit des Gesamtkonzerns ziehen. Aus diesem Grund wird die Konzernobergesellschaft großes Interesse an der Vermeidung negativer Öffentlichkeitswirkungen oder von Reputationsverlusten haben.

Nach Darstellung der Konzerninteressen werden nun im Folgenden die Einflussmöglichkeiten näher betrachtet.

2.2.4.2 Einflussmöglichkeiten

Die Konzernobergesellschaft kann im Wesentlichen über vier Faktoren Einfluss auf die Sanierung des notleidenden Konzernteils nehmen. So kann sie Einfluss über die Bereitstellung von weiterem Kapital nehmen, die zur Verfügung stehenden Sicherheiten ausweiten und dadurch andere Stakeholder in die Lage versetzen, ebenfalls Beiträge zu leisten, erforderliches Know-how aus anderen Konzernteilen anbieten, und sie kann versuchen, verbleibende wirtschaftliche Vorteile vom notleidenden Tochterunternehmen zu sich herüberzuziehen.

Wesentlich für den Einfluss der Konzernobergesellschaft in einer Krise ist nicht die Eigentumsposition, die per Definition eine Mehrheitsposition ist, sondern die Ausgestaltung der Konzernstruktur. Dabei sind im Wesentlichen zwei unterschiedliche Ausprägungen zu unterscheiden: der Vertragskonzern und der faktische Konzern. Gemäß § 302 AktG hat die Konzernspitze bei einem Vertragskonzern die Pflicht, „jeden während der Vertragsdauer entstehenden Jahresfehlbetrag bei der abhängigen Gesellschaft auszugleichen" (vgl. Ehricke 1998, S. 403 ff.). Beim faktischen Konzern durch Mehrheitsbeteiligung hingegen besteht dieser starke Zusammenhang nicht. So hat das herrschende Unternehmen nur eine Ausgleichspflicht für den Fall, dass nachteilige Maßnahmen durch sie veranlasst wurden. Wird der entstandene Nachteil ausgeglichen, besteht keine weitere Einstandspflicht. Dabei brauchen Schäden, die sich erst nach Vollzug der veranlassten Maßnahme einstellen, ex ante jedoch nicht ersichtlich waren, nicht ersetzt zu werden (vgl. Bous 1999, S. 89). Daraus folgt, dass die Konzernobergesellschaft im Vertragskonzern per Gesetz zu Sanierungs- und Ausgleichsleistungen gezwungen wird, wohingegen sie im faktischen Konzern eine Art Wahlrecht besitzt.

Daneben muss die Konzernobergesellschaft bei der Bestimmung ihrer Einflussmöglichkeiten auch die Ebene der Einzelgesellschaft berücksichtigen und sich über die Anzahl, Bedeutung und Einflussmöglichkeit der dort relevanten Stakeholder-Gruppen im Klaren sein, da deren Interessen nicht zwangsläufig deckungsgleich mit denen der Führungsgesellschaft sein müssen. Zudem kann eine Einflussnahme aufgrund der rechtlichen Situation häufig nur indirekt wahrgenommen werden, da alle Konzernteile rechtlich eigenständige Unternehmen sind. So kann die Obergesellschaft im faktischen Konzern von Rechts wegen lediglich durch rechtlich unverbindliche Initiativen wie Ratschläge und/oder Empfehlungen konkreten Einfluss auf die Tochtergesellschaft nehmen. Eine weitere Möglichkeit zur Einflussnahme besteht über die innerkonzernlichen Liefer- und Leistungsbeziehungen sowie den Verflechtungsgrad insgesamt. Je stärker die konzerninternen Interdependenzen ausgeprägt sind, desto schwieriger wird ein eigenständiger Marktauftritt des notleidenden Konzernteils sein und desto höher ist die faktische Einflussnahme seitens der Konzernobergesellschaft. Gleiches gilt für etwaige Funktionsverflechtungen im Sinne von „shared services", da ein großes Maß an ausgelagerten Funktionen ebenfalls die Eigenständigkeit erschwert.

Unter Berücksichtigung der genannten Parameter werden nun die für den Konzern relevanten Entscheidungs- und Handlungsalternativen diskutiert.

2.2.4.3 Entscheidungs- und Handlungsalternativen

Im Rahmen der Darstellung der Entscheidungs- und Handlungsalternativen ist zunächst zu berücksichtigen, dass aus Sicht der Konzernspitze die Konzernstruktur in ihrer Gesamtheit, also deren funktionale Wirtschaftseinheit, taugliches Bezugs- und Bewertungsobjekt ohne Rücksicht auf ihre Aufteilung in mehrere rechtlich selbständige Rechtsträger ist (vgl. Helbling 1979, S. 39). Das heißt, dass die Obergesellschaft bei der Auswahl der Alternativen ausschließlich die Überlebensfähigkeit des Gesamtkonzerns im Fokus hat.

Generell sind auch in der Krise eines Konzernunternehmens die zu wählenden Alternativen in konstruktive und konfrontative zu unterteilen, wobei unterstellt wird, dass beim Vertragskonzern aufgrund seiner Ausgleichspflicht nur konstruktive Lösungen in Frage kommen, wohingegen beim faktischen Konzern auch ein konfrontatives Vorgehen denkbar erscheint.

Da bei sanierungsbedürftigen Unternehmen ein Großteil der in Abzug zu bringenden Kosten in dem erforderlichen Sanierungsaufwand besteht, kann die Konzernobergesellschaft durch Bereitstellung von Kapital einen wesentlichen Beitrag für den Erfolg der Sanierung leisten. Im faktischen Konzern wird sie dazu bereit sein, wenn der notleidende Konzernteil entsprechende Bedeutung für den Gesamtverbund besitzt. Falls keine Mittel aus anderen Konzernteilen umgeleitet werden können, so kann ebenfalls der Verkauf anderer Einheiten wie beispielsweise Auslandsgesellschaften oder nicht zum Kerngeschäft gehörende Randaktivitäten in Betracht gezogen werden, um dadurch die notwendigen Mittel zur Sanierung des notleidenden Unternehmens zu generieren. Dabei ist unter anderem die relative Bedeutung des notleidenden Tochterunternehmens im Vergleich zu den zu desinvestierenden Ressourcen ausschlaggebend.

Des Weiteren besteht die Möglichkeit, über die Vergabe weiterer Sicherheiten beispielsweise aus anderen Konzernteilen Fremdkapitalgeber in die Lage zu versetzen, neues Fremdkapital bereitzustellen, mit dem die erforderlichen Sanierungsmaßnahmen ebenfalls umzusetzen sind. Die Konzernobergesellschaft wird auch bereit sein, personelle Ressourcen mit entsprechender Sanierungserfahrung für einen gewissen Zeitraum dem notleidenden Unternehmen zur Verfügung zu stellen, um eine nachhaltige Sanierung zu gewährleisten. Dadurch können vor allem eine schnelle Analyse der Krisenursachen sowie die Umsetzung notwendiger Sofortmaßnahmen zur Stabilisierung des Tochterunternehmens erreicht werden.

Besteht nur geringe Aussicht auf eigenständige Sanierung, kann auch eine Kombination mit einem Wettbewerber in Erwägung gezogen werden. Hierbei würde entweder bei Vorhandensein entsprechender Markt- und Kostensynergien ein Verkaufserlös erzielbar sein oder aber die Möglichkeit der Anteilnahme und Partizipation an zukünftigen Wertsteigerungen bestehen. Limitierendes Element hierbei ist jedoch der in der Krise bestehende hohe Zeitdruck.

Neben dem konsensualen Weg besteht auch im Krisenfall eines Tochterunternehmens die Möglichkeit, einen konfrontativen Kurs gegenüber anderen Stakeholdern zu wählen. Dabei kann die Konzernobergesellschaft versuchen, konzernrelevantes Know-how oder sonstige Vermögensgegenstände in einem frühen Krisenstadium aus dem Tochterunternehmen in die Konzernebene zu übertragen, um dadurch die Einzelverwertung der Tochtergesellschaft zu erschweren. So ist beispielsweise ein konzernübergreifendes Pooling aller relevanten Patente und des Intellectual Property denkbar. Die Errichtung eines Shared Service Center geht ebenfalls in diese Richtung, da das Tochterunternehmen auf Ressourcen der Konzernobergesellschaft zurückgreifen muss und somit nicht sofort eigenständig führbar wäre. Ferner können eine Vielzahl konzerninterner Liefer- und Leistungsbeziehungen bestehen, die ebenfalls für einen konfrontativen Ansatz herangezogen werden können. Insgesamt bleibt festzuhalten, dass die Aussichten auf Erfolg eines konfrontativen Ansatzes umso höher sind, je stärker die Konzernverflechtungen ausgeprägt sind.

2.3 Handlungsmöglichkeiten der Eigenkapitalgeber in der Restrukturierung

Andreas Hautkappe

Zur Restrukturierung einer Gesellschaft können die Eigenkapitalgeber sowohl finanzielle als auch strukturelle Handlungsmöglichkeiten ergreifen. Zudem kommt auch eine Kombination beider Maßnahmen in Betracht.

2.3.1 Finanzielle Handlungsmöglichkeiten der Eigenkapitalgeber

Die Anteilsinhaber können zur Stärkung der finanziellen Situation der Gesellschaft verschiedene Eigenkapitalmaßnahmen (s. Abschnitt 2.3.1.1 bis 2.3.1.4) durchführen, hybride Kapitalmaßnahmen (s. Abschnitt 2.3.1.5) ergreifen oder der Gesellschaft durch die Gewährung von Gesellschafterdarlehen (s. Abschnitt 2.3.1.6) Liquidität zuführen. Anschließend werden die Handlungsmöglichkeiten (s. Abschnitt 2.3.1.7) und die Handlungspflichten (s. Abschnitt 2.3.1.8) von Eigenkapitalgebern in der Krise und Insolvenz dargestellt.

2.3.1.1 Eigenkapitalmaßnahmen – Überblick

Eigenkapitalmaßnahmen können ein probates Mittel sein, der Gesellschaft die Liquidität zuzuführen, die sie benötigt, um sowohl eine bestehende oder drohende Überschuldung zu beseitigen als auch eine Zahlungsunfähigkeit zu vermeiden oder zu beseitigen. Letztlich entscheidet der Einzelfall, ob eine Eigenkapitalsanierung unter anderem vor dem Hintergrund tatsächlicher (z. B. Kreis der Anteilsinhaber, zwingende gesetzliche Mehrheitserfordernisse, s. Abschnitt 2.3.1.2) und zeitlicher Gegebenheiten überhaupt möglich und sinnvoll ist. Falls dies der Fall ist, muss evaluiert werden, ob eine Buchsanierung ausreicht oder die Zufuhr neuer Liquidität zeitgleich erforderlich ist.

1. Bareinlage
Neben der Aufbringung des satzungsgemäß festgelegten Gesellschaftsvermögens können die Anteilsinhaber der Gesellschaft durch Leistung einer Bareinlage weiteres Kapital zuführen. Dies kann einerseits im Wege einer Kapitalerhöhung erfolgen, bei der die Anteilsinhaber oder auch Dritte als neue Anteilsinhaber neue Anteile zeichnen und ihre entsprechende Einlage leisten, sodass das Stammkapital bei der GmbH bzw. das Grundkapital bei der AG erhöht wird (s. Abschnitt 2.3.1.2). Andererseits kann die Leistung einer Bareinlage zur Stärkung der Finanzlage der Gesellschaft ohne Kapitalerhöhung als Zuzahlung in die freie Kapitalrücklage erfolgen. In der Praxis wird zudem oft eine Kapitalerhöhung mit der Leistung einer Einlage in die Kapitalrücklage durch die Erhebung von Ausgabeaufschlägen kombiniert.

2. Sacheinlage
Neben der Bareinlage (s. Abschnitt 2.3.1.1(1)) kommen auch Sacheinlagen in Betracht. Bei einer Sacheinlage handelt es sich gemäß § 27 Abs. 1 AktG, der für die GmbH entsprechend Anwendung findet, um eine Einlage, die nicht durch Einzahlung des Ausgabebetrags der Aktien zu leisten ist. Darunter wird die Einbringung von Sachen oder sonstigen Vermögensgegenständen (z. B. Grundstücke, Unternehmen, Immaterialgüterrechte, Forderungen, Gesellschaftsanteile) verstanden. Wenn eine Sacheinlage im Rahmen einer Kapitalaufbringung oder einer Kapitalerhöhung geleistet werden soll, müssen in der Satzung bzw. dem Gesellschaftsvertrag oder bei einer Kapitalerhöhung in dem Kapitalerhöhungsbeschluss insbesondere der Gegenstand und der Nennbetrag der Aktie bzw. des Geschäftsanteils, auf den sich die Sacheinlage bezieht, festgelegt werden. Für die jeweiligen unterschiedlichen Kapitalerhöhungsformen (s. Abschnitt 2.3.1.2) hat der Gesetzgeber teilweise spezielle Vorschriften über die Erbringung einer Sacheinlage normiert.

Zum Schutz vor Überbewertung der Einlage unterliegen Kapitalerhöhungen durch Sacheinlagen verschärften Anforderungen bei der Offenlegung und Kontrolle durch das Registergericht gemäß § 56 GmbHG bzw. § 183 AktG. Daher wird auch die Zulässigkeit von sogenannten verdeckten Sacheinlagen begrenzt. Eine verdeckte Sacheinlage liegt gemäß § 19 Abs. 4 GmbHG bzw. § 27 Abs. 3 AktG vor, wenn eigentlich die Pflicht zur Erbringung einer Bareinlage besteht, aber der geleistete Geldbetrag als Vergütung für eine Sachleistung wieder an den Anteilsinhaber zurückfließt. Eine vorsätzlich herbeigeführte verdeckte Sacheinlage ist als Umgehungstatbestand der Vorschriften über die Erbringung von Sacheinlagen (z. B. Sachgründungsbericht, Sachgründungsprüfung) unzulässig. Jedoch wird seit dem Gesetz zur Modernisierung des GmbH-Rechts und zur Bekämpfung von Missbräuchen vom 23. Oktober 2008 (MoMiG, BGBl. Abs. 1 S. 2026) gemäß § 19 Abs. 4 S. 3 GmbHG bzw. dem Gesetz zur Umsetzung der Aktionärsrechterichtlinie vom 30. Juli 2009 (ARUG, BGBl. Abs. 1 S. 2479) gemäß § 27 Abs. 3 S. 3 AktG der Wert des eingebrachten Gegenstands auf die weiterhin fortbestehende Bareinlagepflicht des Anteilsinhabers angerechnet (sogenannte Anrechnungslösung). Durch die Anrechnung erlischt der Einlageanspruch der Gesellschaft gegen den Anteilsinhaber im Wert der verdeckt eingebrachten Sacheinlage. Sollte der Wert der Sacheinlage unter der Höhe der Bareinlage bleiben, ist der Anteilsinhaber in Höhe der Differenz nicht von seiner Einlagepflicht befreit. Andererseits bleiben spätere Wertsteigerungen oder Mehrerlöse der eingebrachten Sacheinlage für den Anteilsinhaber unbeachtlich. Die Beweislast für den Wert bzw. die Vollwertigkeit der verdeckten Sacheinlage und damit das Bewertungsrisiko liegt gemäß § 19 Abs. 4 S. 5 GmbHG bzw. § 27 Abs. 3 S. 5 AktG bei dem die verdeckte Sacheinlage einbringenden Anteilsinhaber.

Bei einer GmbH kann zur Erfüllung der Bareinlagepflicht auch eine Verrechnung mit einer Sachübernahme erfolgen (Baumbach/Hueck, § 5 Rn. 16). Bei einer Sachübernahme erwirbt die Gesellschaft einen Vermögensgegenstand gegen eine Vergütung, die wiederum mit der Bareinlagepflicht verrechnet wird. Im Gegensatz dazu kann eine Sachübernahme bei einer AG gemäß § 27 Abs. 1 S. 2 AktG nicht mit der Bareinlage verrechnet werden, sodass bei der AG eine Sachübernahme lediglich in Form einer Sacheinlage eingebracht werden kann.

3. Buchsanierung

Eine durch eine vereinfachte Kapitalherabsetzung (s. Abschnitt 2.3.1.3(2)) herbeigeführte Buchsanierung hat mangels Mittelzuflusses oftmals keine sanierende Wirkung, da die Zufuhr neuer Liquidität für die (nachhaltige) Sanierung der Gesellschaft erforderlich ist. Die Buchsanierung führt lediglich dazu, dass Verluste bilanziell beseitigt bzw. reduziert werden. Einen Sanierungsbeitrag kann eine Kapitalherabsetzung in der Regel nur als Vorbereitung zu bzw. im Zusammenhang mit einer Kapitalerhöhung (s. Abschnitt 2.3.1.2) leisten.

4. Zufuhr neuer Liquidität

Neben der Zuführung neuen Eigenkapitals durch die Leistung von Bar- und Sacheinlagen können zur Sanierung der Gesellschaft hybride Kapitalmaßnahmen (s. Abschnitt 2.3.1.5) ergriffen werden und die Anteilsinhaber können der Gesellschaft neue Liquidität in Form von Gesellschafterdarlehen (s. Abschnitt 2.3.1.6) zuführen.

2.3.1.2 Kapitalerhöhung

Eine Kapitalerhöhung führt zur Ausgabe neuer Anteile und damit zu einer Erhöhung des Stamm- bzw. Grundkapitals. Die neuen Anteile können von den bisherigen Anteilsinhabern übernommen werden (Innenfinanzierung) oder durch Dritte (Außenfinanzierung) gezeichnet werden. Durch die Teilnahme an einer Kapitalerhöhung kann bei einer erfolgreichen Sanierung an zukünftigen Gewinnen und Wertaufholungen der Gesellschaftsbeteiligung auf Grund der Eigenkapitalsanierung partizipiert werden. Zudem stehen den Anteilsinhabern je nach Rechtsform der Gesellschaft und dem Kreis der Anteilsinhaber mehr oder weniger stark ausgeprägte Einflussnahmemöglichkeiten auf die Gesellschaft und auf die Führung der Geschäfte zu.

Eine Kapitalerhöhung kann in unterschiedlichen Ausgestaltungen erfolgen. Die Grundform stellt die ordentliche Kapitalerhöhung (s. Abschnitt 2.3.1.2(1)) dar. Daneben gibt es noch weitere Formen, deren Besonderheiten nachfolgend unter Abschnitt 2.3.1.2(2) bis (4) überblicksartig dargestellt werden.

Die nachfolgende Tabelle 2.1 gibt einen Überblick über die wesentlichen Schritte einer Kapitalerhöhung:

Tab. 2.1 Wesentliche Schritte einer Kapitalerhöhung

	AG	GmbH
Beschlussfassung	▪ Hauptversammlung beschließt Kapitalerhöhung ▪ Mit Drei-Viertel-Mehrheit des vertretenen Grundkapitals	▪ Gesellschafterversammlung beschließt Kapitalerhöhung ▪ Mit Drei-Viertel-Mehrheit der abgegebenen Stimmen
	▪ Satzungsänderung (notarielle Niederschrift)	▪ Satzungsänderung (notarielle Beurkundung)
	▪ Anmeldung/Eintragung des Beschlusses beim Handelsregister	▪ Bezugsrechtsausschluss und Zulassungsbeschluss *(optional)*
Durchführung	▪ Zeichnung neuer Aktien durch Zeichnungsvertrag mit AG (Verpflichtung des Zeichners zur Aufnahme von Aktien und zur Leistung der Mindesteinlage) ▪ Form: Privatschriftlich	▪ Übernahme des neuen Geschäftsanteils durch Übernahmeerklärung des Übernehmers und deren Annahme durch die GmbH (Verpflichtung zur Übernahme) ▪ Form: Notariell beglaubigt
	▪ Leistung der (Mindest-)Einlage (gegebenenfalls Ausgabeaufschlag)	▪ Leistung der (Mindest-)Einlage (gegebenenfalls Ausgabeaufschlag)
	▪ Anmeldung der Durchführung der Kapitalerhöhung beim Handelsregister	▪ Anmeldung des Kapitalerhöhungsbeschlusses beim Handelsregister
	▪ Durch Eintragung im Handelsregister wird Kapitalerhöhung wirksam	▪ Durch Eintragung im Handelsregister wird Kapitalerhöhung wirksam
	▪ Ausgabe der neuer Aktien	▪ Entstehung neuer Geschäftsanteile

Im Rahmen des Beschlusses über die Erhöhung des Grundkapitals bei der AG kann das Bezugsrecht für die ordentliche Kapitalerhöhung gemäß § 186 Abs. 3, 4 AktG und die Kapitalerhöhung aus genehmigtem Kapital gemäß § 203 Abs. 1 S. 1 AktG i. V. m. § 186 AktG durch die Hauptversammlung ausgeschlossen werden. Hierzu ist grundsätzlich eine Drei-Viertel-Mehrheit des in der Hauptversammlung vertretenen Grundkapitals notwendig. Auf Grund des Eingriffs in die Mitgliedschaftsrechte durch einen Ausschluss des Bezugsrechts ist ein vorheriger Bericht des Vorstands mit einer Begründung für den Ausschluss notwendig sowie eine sachliche Rechtfertigung des Ausschlusses. Eine sachliche Rechtfertigung liegt vor, wenn der damit beabsichtigte Zweck im Gesellschaftsinteresse liegt (Hüffer, § 186 Rn. 25). Ein solcher wird bei einem Sanierungszweck bejaht (Spindler/Stilz, § 186 Rn. 45; MüKo-AktG, § 186 Rn. 95; Hüffer § 186 Rn 31). Im Rahmen des Beschlusses über genehmigtes Kapital (s. Abschnitt 2.3.1.2(2)) kann ein Bezugsrechtsausschluss festgelegt werden oder der Vorstand kann ermächtigt werden, auf Grund eigener Entscheidung das Bezugsrecht gemäß § 203 Abs. 2 AktG auszuschließen. Bei der bedingten Kapitalerhöhung (s. Abschnitt 2.3.1.2(3)) kommt dem Bezugsrechtsausschluss wegen der Zweckbindung keine Bedeutung zu, und bei einer Kapitalerhöhung aus Gesellschaftsmitteln (s. Abschnitt 2.3.1.2(4)) ist ein Bezugsrechtsausschluss gemäß § 212 AktG bzw. § 57j GmbHG unzulässig.

Für die GmbH gelten vorstehende Ausführungen entsprechend (Michalski, § 55 Rn. 46 f.; Baumbach/Hueck, § 55 Rn. 25 f.).

Nach den Änderungen der InsO durch das Gesetz zur Erleichterung der Sanierung von Unternehmen vom 7. Dezember 2011 (ESUG, BGBl. Abs. 1 S. 2582) kann ein Bezugsrechtsausschluss gemäß § 225a Abs. 2 InsO n. F. im Rahmen eines Insolvenzplanverfahrens aufgenommen werden und auch ohne Zustimmung bzw. Mitwirkung der Anteilsinhaber festgelegt werden. Dies stellt eine wesentliche Erleichterung zum bereits beschriebenen gewöhnlichen Bezugsrechtsausschluss dar, da das Erfordernis einer Beschlussfassung mit den nötigen Mehrheitserfordernissen und der damit einhergehenden zeit- und kostenintensiven Haupt- bzw. Gesellschafterversammlung entfällt.

1. Ordentliche Kapitalerhöhung

Die ordentliche Kapitalerhöhung erfolgt durch einen Beschluss zur Erhöhung des Stamm- bzw. Grundkapitals und Eintragung der Kapitalerhöhung im Handelsregister. In dem Kapitalerhöhungsbeschluss müssen die Angaben aus Tabelle 2.2 enthalten sein.

2. Kapitalerhöhung aus genehmigtem Kapital

Im AktG besteht gemäß §§ 202 ff. AktG seit Langem die Möglichkeit zur Schaffung von genehmigtem Kapital. Durch genehmigtes Kapital wird bei der AG der Vorstand ermächtigt, durch die Ausgabe neuer Aktien das Grundkapital der Gesellschaft zu erhöhen. Der Kapitalerhöhungsbeschluss durch die Hauptversammlung wird hierbei durch eine vorab erfolgte Ermächtigung in der Satzung zur Ausgabe neuer Aktien ersetzt und bietet so gegenüber der ordentlichen Kapitalerhöhung die Möglichkeit, auf flexible und kostengünstige Weise neues Eigenkapital zu generieren.

Tab. 2.2 Ordentliche Kapitalerhöhung

	AG	GmbH
Betrag der Kapitalerhöhung	▪ Festlegung des Mindest- und/oder Höchstbetrags	▪ Festlegung des Erhöhungsbetrags (alternativ auch bloßer Höchstbetrag ausreichend) ▪ Neue Stammkapitalziffer
Neue Anteile	▪ Bei Nennbetragsaktien: Nennbetrag der neuen Aktien ▪ Bei Stückaktien: Anzahl der neuen Aktien ▪ Angabe, ob Inhaber und/oder Namensaktien ausgegeben werden	▪ Höhe der neu geschaffenen Geschäftsanteile *(optional)* ▪ Name der Übernehmer der Anteile *(optional)*
Sofern beschlossen	▪ Ausschluss des Bezugsrechts ▪ Bei Sacheinlagen: Gegenstand der Sacheinlage und Nennbetrag bzw. Zahl der zu gewährenden Aktien (auf den bzw. die sich die Sacheinlage bezieht) sowie Person des Sacheinlegers	▪ Ausschluss des Bezugsrechts ▪ Ausgabe neuer Anteile gegen Agio ▪ Bei Sacheinlagen: Gegenstand der Sacheinlage und Nennbetrag des Geschäftsanteils (auf den sich die Sacheinlage bezieht) sowie Person des Sacheinlegers

Für die Ausgabe neuer Aktien ist dabei lediglich die Anmeldung beim Handelsregister erforderlich; selbst das Erfordernis einer weiteren notariellen Änderung der Satzung zur Ausgabe neuer Aktien entfällt. Da die Ermächtigung zur Kapitalerhöhung aus genehmigtem Kapital jedoch immer in der Satzung durch die Aktionäre beschlossen werden muss, ist vorab eine Satzungsänderung nötig, soweit die Satzung noch kein genehmigtes Kapital vorsieht. Eine Kapitalerhöhung aus genehmigtem Kapital kann zudem nur innerhalb eines Zeitraums von fünf Jahren nach Eintragung der Satzungsänderung durchgeführt werden. Soll eine Erhöhung nach Verstreichen dieser Zeit vorgenommen werden, sind eine erneute Beschlussfassung und Satzungsänderung notwendig.

Für die GmbH wurde die Kapitalerhöhung aus genehmigtem Kapital erst durch das MoMiG in § 55a GmbHG eingeführt. Auf Grund der bestehenden Rechtsunsicherheiten bei der neuen GmbH-Regelung und der vergleichsweise einfachen Durchführung einer ordentlichen Kapitalerhöhung bei der GmbH findet das Institut des genehmigten Kapitals in der Praxis bei der GmbH kaum Anwendung.

3. Bedingte Kapitalerhöhung

Während die bedingte Kapitalerhöhung für die AG in §§ 192–201 AktG geregelt ist, ist sie bei der GmbH unzulässig (Lieder, DNotZ 2010, S. 682; Lutter/Hommelhoff, § 55 Rn. 2).

Eine bedingte Kapitalerhöhung weist die Besonderheit auf, dass sie nur insoweit durchgeführt wird, als von Umtausch- und Bezugsrechten auf neue Aktien Gebrauch gemacht wird. Auf Grund der Zweckgebundenheit ist sie daher nur zu den in § 192 Abs. 2 AktG genannten Zwecken zulässig. Auch diese Form der Kapitalerhöhung erfordert eine Beschlussfassung mit qualifizierter Kapitalmehrheit der Aktionäre (s. Abschnitt 2.3.1.2), bei welcher der Höchstbetrag der durchzuführenden Maßnahme festgelegt wird und zum Handelsregister angemeldet werden muss. Die Erhöhung des Grundkapitals tritt insoweit gemäß § 200 AktG mit der jeweiligen Ausgabe der Bezugsaktien ein, d. h. entsprechend der Ausübung der Bezugsrechte. Daher hat die Eintragung der Erhöhung des Grundkapitals im Handelsregister ausnahmsweise lediglich deklaratorische Bedeutung und kann im Wege einer jährlichen Sammelanmeldung erfolgen.

In der Krisensituation wird am häufigsten die bedingte Kapitalerhöhung zum Zwecke der Gewährung von Umtausch- oder Bezugsrechten an Gläubiger von Wandelschuldverschreibungen gemäß § 192 Abs. 2 Nr. 1 AktG genutzt. Hierbei werden Aktien bereitgestellt, um die Inhaber von Wandel- oder Optionsanleihen (s. Abschnitt 2.3.1.5(2)) bei deren möglichem Umtausch der Anleihen bedienen zu können. Der Gesellschaft wird insoweit neue Liquidität durch Ausgabe der Wandel- oder Optionsanleihen zugeführt.

4. Kapitalerhöhung aus Gesellschaftsmitteln

Bei einer Kapitalerhöhung aus Gesellschaftsmitteln werden Eigenmittel der Gesellschaft in Stamm- bzw. Grundkapital umgewandelt. Hierbei wird ungebundenes und ausschüttungsfähiges Kapital zu gebundenem Gesellschaftskapital umgewandelt, an dem die Anteilsinhaber entsprechend ihrer bisherigen Beteiligung partizipieren, indem sie zusätzliche Gesellschaftsanteile bzw. Aktien erhalten.

Geregelt ist die Kapitalerhöhung aus Gesellschaftsmitteln für die GmbH in §§ 57c–o GmbHG und für die AG in §§ 207 ff. AktG. Durch diese Art der Kapitalerhöhung fließt der Gesellschaft zwar nicht unmittelbar neue Liquidität zu, aber die Gesellschaft wird hierdurch wirtschaftlich gestärkt und die Aufnahme von Fremdkapital durch eine höhere Eigenkapitalquote gegebenenfalls erleichtert. Ist allerdings zur Sanierung der Gesellschaft eine Buchsanierung (s. Abschnitt 2.3.1.1(3)) nicht ausreichend und neue Liquidität erforderlich, wird in Sanierungssituationen typischerweise eine ordentliche Kapitalerhöhung durchgeführt oder genehmigtes oder bedingtes Kapital genutzt.

2.3.1.3 Kapitalherabsetzung

Eine Kapitalherabsetzung kann in Form einer ordentlichen Kapitalherabsetzung (s. Abschnitt 2.3.1.3(1)) oder einer vereinfachten Kapitalherabsetzung (s. Abschnitt 2.3.1.3(2)) durchgeführt werden. Dabei führt die Kapitalherabsetzung zu keiner Verbesserung der Liquidität bei der Gesellschaft, sodass die Kapitalherabsetzung in Sanierungssituationen in der Praxis lediglich im Zusammenhang mit einer Kapitalerhöhung als sogenannter Kapitalschnitt (s. Abschnitt 2.3.1.4) von Bedeutung ist.

Beide Formen der Kapitalherabsetzung stellen eine Satzungsänderung dar, die zusätzlich zu ihrer Wirksamkeit der Eintragung im Handelsregister bedürfen.

1. Ordentliche Kapitalherabsetzung
Gemäß § 58 GmbHG bzw. §§ 222 ff. AktG können die Anteilsinhaber eine Herabsetzung des Stamm- bzw. Grundkapitals beschließen. Im Gegensatz zu einer vereinfachten Kapitalherabsetzung (s. Abschnitt 2.3.1.3(2)) kann das freiwerdende Kapital an die Anteilsinhaber ausgeschüttet werden oder in der Kapitalrücklage verbucht werden. Zur Beschlussfassung ist in der Regel eine qualifizierte Mehrheit erforderlich. Jedoch kann die Herabsetzung des Stammkapitals bei der GmbH gem. § 58 Abs. 2 1 GmbHG (im Gegensatz zu der Regelung bei der vereinfachten Kapitalerhöhung in § 58a Abs. 4 S. 1 GmbHG) nach herrschender Meinung nicht unter das gesetzliche Stammkapital von EUR 25.000 herabgesetzt werden (MüKo-GmbHG, § 58 Rn. 7; Lutter/Hommelhoff, § 58 Rn. 2). Bei der AG kann die gesetzliche Grundkapitalgrenze in Höhe von EUR 50.000 dagegen in beiden Varianten der Kapitalherabsetzung in Kombination mit einer gleichzeitigen Barkapitalerhöhung unterschritten werden, wenn der Mindestnennbetrag durch die damit verbundene Kapitalerhöhung wieder erreicht wird.

Da die ordentliche Kapitalherabsetzung zu einer Minderung der Sicherheiten der Gesellschaftsgläubiger führt, werden an sie verschärfte Gläubigerschutzanforderungen gestellt. Danach muss den Gläubigern die Möglichkeit eingeräumt werden, von der Gesellschaft Sicherheit für ihre Ansprüche oder deren Befriedigung zu erhalten. In diesem Zusammenhang besteht für die GmbH gemäß § 58 Abs. 1 Nr. 3 GmbHG ein Sperrjahr, in dem die Kapitalherabsetzung nicht beim Handelsregister angemeldet werden kann.

Bei einer AG muss den Gläubigern, deren Forderungen vor Bekanntmachung der Eintragung des Kapitalherabsetzungsbeschlusses entstanden sind, gemäß § 225 Abs. 1 AktG ebenfalls Sicherheit für ihre Ansprüche oder deren Befriedigung geleistet werden, wenn sie sich innerhalb von sechs Monaten bei der AG melden.

Die gläubigerschützenden Vorgaben und bei der GmbH zudem das Verbot der Unterschreitung des Mindeststammkapitals führen jedoch dazu, dass der ordentlichen Kapitalherabsetzung in der Praxis als Sanierungsmaßnahme keine Relevanz zukommt.

2. Vereinfachte Kapitalherabsetzung
Eine vereinfachte Kapitalherabsetzung ist bei einer GmbH gemäß §§ 58a ff. GmbHG und bei einer AG gemäß §§ 229 ff. AktG möglich. Der Vorteil der vereinfachten Kapitalherabsetzung gegenüber der ordentlichen Kapitalherabsetzung liegt in Sanierungssituationen gerade darin begründet, dass die im Rahmen der ordentlichen Kapitalherabsetzung geltenden Gläubigerschutzvorschriften gemäß § 58 Abs. 1 Nr. 2 GmbHG bzw. § 225 AktG auf die vereinfachte Kapitalherabsetzung keine Anwendung finden. Aus diesem Grund spielt die ordentliche Kapitalherabsetzung in Sanierungssituationen eine untergeordnete Rolle, da die vereinfachte Kapitalherabsetzung auf Grund fehlender vergleichbarer Gläubigerschutzvorschriften mit weniger Zeit- und Kostenaufwand durchgeführt werden kann (Saenger/Inhester, § 58a Rn. 1; MüKo-AktG, § 229 Rn. 4).

Im Gegensatz zur ordentlichen Kapitalherabsetzung kommt es bei der vereinfachten Kapitalherabsetzung überdies weder zu einer Auszahlung von Gesellschaftsvermögen an die Anteilsinhaber noch zu deren Umschichtung in die Kapitalrücklage der Gesellschaft.

Die vereinfachte Kapitalherabsetzung führt lediglich zur Anpassung des nominellen Kapitals der Gesellschaft an das vorhandene Vermögen (Buchsanierung, s. Abschnitt 2.3.1.1(3)). Des Weiteren kann auch bei der GmbH im Rahmen einer einfachen Kapitalherabsetzung gemäß § 58a Abs. 4 GmbHG das Mindeststammkapital unterschritten werden, wenn dieses durch die zugleich beschlossene Kapitalerhöhung wieder erreicht oder überschritten wird.

Zur Durchführung der vereinfachten Kapitalherabsetzung müssen gemäß § 58a Abs. 2 GmbHG bzw. § 229 Abs. 2 AktG sowohl die gesetzlichen Rücklagen als auch die Kapitalrücklagen in der Höhe aufgelöst werden, welche das spätere Stamm- bzw. Grundkapital um mehr als 10 % übersteigen würden. Somit kann die vereinfachte Kapitalherabsetzung als Sanierungsmaßnahme nur ergriffen werden, wenn die Gesellschaft kein weiteres vorhandenes, in Rücklagen gebundenes, Eigenkapital hat, welches die Verluste der Gesellschaft reduzieren kann. Durch die vereinfachte Kapitalerhöhung können angelaufene Verluste der Gesellschaft gedeckt werden.

2.3.1.4 Kapitalschnitt

Für den Einstieg eines Investors stellt der Kapitalschnitt eine Handlungsmöglichkeit der Anteilsinhaber dar, um einen Sanierungsbeitrag attraktiver zu gestalten. Aber auch für die nicht quotale Beteiligung der bisherigen Anteilsinhaber bietet der Kapitalschnitt die Option, die Partizipation von Sanierungsbeiträgen entsprechend der jeweiligen Sanierungsleistung auszugestalten.

Unter einem Kapitalschnitt versteht man eine vereinfachte Kapitalherabsetzung gemäß §§ 58 ff. GmbHG bzw. §§ 222 ff. AktG (s. Abschnitt 2.3.1.3(2)) mit anschließender Kapitalerhöhung gemäß §§ 55 ff. GmbHG bzw. §§ 182 ff. AktG (s. Abschnitt 2.3.1.2). Im Rahmen eines Kapitalschnitts kann das Grund- bzw. Stammkapital der Gesellschaft bis auf null herabgesetzt werden (sogenannter Kapitalschnitt auf null).

Damit der Kapitalschnitt als Sanierungsmaßnahme bestmöglich genutzt werden kann, wird das Stamm- bzw. Grundkapital oftmals auf null herabgesetzt, um dadurch neue unbelastete Geschäftsanteile zu schaffen, die somit insbesondere für neue Investoren deutlich attraktiver sind. Durch die zuerst stattfindende Kapitalherabsetzung wird das Stamm- bzw. Grundkapital nominell an das Reinvermögen der zu sanierenden Gesellschaft angepasst. Sogleich muss das Stamm- bzw. Grundkapital durch die Kapitalerhöhung wieder wenigstens auf den Mindestnennbetrag erhöht werden. Sollte zuvor die Kapitalherabsetzung nicht durchgeführt werden, würde im Zeitpunkt des Erwerbs der tatsächliche Wert der Geschäftsanteile unter ihrem rechnerischen Nennwert liegen und damit der Kapitalgeber durch den Erwerb zunächst die noch bestehenden Verluste ausgleichen. Etwaige Verluste werden bei der Kapitalherabsetzung durch die Auflösung der Gewinnrücklagen kompensiert, sodass die Alt-Anteilsinhaber diese zu tragen haben. Der Kapitalgeber erlangt durch den Kapitalschnitt daher eine Beteiligung an der Gesellschaft, welche dem tatsächlichen Wert der zu sanierenden Gesellschaft entspricht. Zudem kann durch einen Kapitalschnitt die Aussicht auf eine Gewinnausschüttung verbessert werden.

Ferner kann die Effektivität des Kapitalschnitts als Sanierungsmaßnahme dadurch gesteigert werden, dass man sowohl die Kapitalerhöhung (§ 58 f. GmbHG bzw. § 235 AktG) als auch die vereinfachte Kapitalherabsetzung (§ 58e GmbHG bzw. § 234 AktG) bilanziell jeweils rückwirkend berücksichtigt. Auf Grund der Rückwirkung kann das neu entstandene Eigenkapital gegebenenfalls noch in der Bilanz des der Beschlussfassung vorausgehenden Geschäftsjahres ausgewiesen werden. Dadurch können der Ausweis eines Bilanzverlusts sowie die Aufzehrung des gezeichneten Kapitals vermieden werden (Budde/Förschle/Winkeljohann, Kap. Q, Rn. 173).

2.3.1.5 Hybride Kapitalmaßnahmen

Als eine Zwischenform zwischen Eigenkapitalmaßnahmen der Anteilsinhaber und Fremdkapitalmaßnahmen durch Dritte kann der Gesellschaft durch sogenannte hybride Kapitalmaßnahmen neue Liquidität zugeführt werden. Die Parteien sind bei der Vereinbarung einer hybriden Kapitalmaßnahme mangels gesetzlicher Vorgaben grundsätzlich frei (Theiselmann, Kap. 1, Rn. 275 f.). In der Sanierungspraxis werden als hybride Kapitalmaßnahmen im Wesentlichen Mezzanine-Darlehen (s. Abschnitt 2.3.1.5(1)), Wandel- und Optionsanleihen (s. Abschnitt 2.3.1.5(2)) sowie Genussrechte (s. Abschnitt 2.3.1.5(3)) verwendet.

1. Mezzanine-Darlehen

Durch ein Mezzanine-Darlehen wird in der Regel eine Finanzierungslücke zwischen dem Eigenkapital der Gesellschaft und dem Fremdkapital geschlossen. Eine solche Finanzierungslücke besteht insbesondere, wenn der Gesellschaft keine Sicherheiten mehr zur Verfügung stehen, um weitere Senior-Darlehen erstrangig zu besichern, und kein frisches Eigenkapital zugeführt werden kann (Theiselmann, Kap. 1, Rn. 283). Das Mezzanine-Darlehen wird typischerweise so ausgestaltet, dass dem Mezzanine-Darlehensgeber keine Stimm- und Mitgliedschaftsrechte zustehen und vertraglich eine nachrangige Befriedigung gegenüber dem Senior-Darlehen sowie eine vorrangige Befriedigung vor dem Eigenkapital erfolgen (Gündel/Hirdes BC 2005, S. 205; Ganter WM 2011, S. 1587).

Das Fehlen von Stimm- und Mitgliedschaftsrechten macht die Ähnlichkeit zum Fremdkapital deutlich, während die Nachrangigkeit der Ansprüche des Mezzanine-Darlehensgebers gegenüber den Ansprüchen der Senior-Darlehensgeber eine Ähnlichkeit zum Eigenkapital aufweist. Da für den Mezzanine-Darlehensgeber wegen der Nachrangigkeit seiner Forderungen gegenüber den Senior-Darlehensgebern sowie gegebenenfalls der fehlenden Besicherung und der wirtschaftlichen Situation der Gesellschaft bei Auszahlung des Darlehens ein hohes Ausfallrisiko besteht, können durch das Mezzanine-Darlehen hohe Renditen erzielt werden (Golland et al., BB-Special 4/2005, S. 15). Mezzanine-Darlehen heben sich in der Regel zudem durch eine zeitliche Befristung der Kapitalüberlassung, die für gewöhnlich zehn Jahre nicht überschreitet, vom Eigenkapital ab.

Zum Ende der Laufzeit werden häufig zusätzlich zu den Zinszahlungen und der Darlehensrückzahlung (als typischerweise endfälliges Darlehen) sogenannte Equity Kicker vereinbart. Diese geben dem Mezzanine-Darlehensgeber die Möglichkeit, an einem etwaigen Erfolg der Gesellschaft zu profitieren. Equity Kicker werden so ausgestaltet, dass der Mezzanine-Darlehensgeber entweder Anteile an der Gesellschaft erwerben kann (z. B. durch die Gewährung von Options- oder Wandelrechten (s. Abschnitt 2.3.1.5(2)) (sogenannter echter Equity Kicker) oder indem Sonderzahlungen entsprechend der Wertsteigerung der Gesellschaft vereinbart werden (sogenannter virtueller Equity Kicker) (Golland et al., BB-Special 4/2005, S. 3 f.).

2. Wandel- und Optionsanleihe
Die Wandelanleihe (Convertible Bond) räumt dem Anleiheinhaber das Recht ein, seine Wandelanleihe gegen eine bestimmte Anzahl von Geschäftsanteilen umzutauschen. Der Anteilsinhaber bezieht in der Regel bis zur Ausübung des Umtausch- bzw. Wandlungsrechts Zinsen. Wird das Umtausch- bzw. Wandlungsrecht bis zum Laufzeitende der Anleihe nicht ausgeübt, wird der Nominalbetrag zurückgezahlt.

Bei einer Optionsanleihe (Warrant Bond) kann durch den Anleiheinhaber zusätzlich eine bestimmte Anzahl von Geschäftsanteilen gegen Leistung einer Einlage erworben werden. Während eine Wandelanleihe dem Inhaber die Alternative zwischen der Beibehaltung der Anleihe oder dem Bezug von Anteilen an der Gesellschaft eröffnet, stehen bei einer Optionsanleihe beide Möglichkeiten kumulativ nebeneinander (Hüffer, § 221 Rn. 4 f.; Theiselmann, Kap. 1, Rn. 337).

3. Genussrecht
Genussrechte ermöglichen deren Inhabern, auf Grund eines schuldrechtlichen Anspruchs am Gewinn bzw. dem Liquidationserlös der Gesellschaft Anteil zu nehmen. Dabei nimmt der Genussrechtsinhaber nicht die Stellung eines Gesellschafters oder Aktionärs (z. B. Stimmrechte in Versammlungen) ein, sondern es wird lediglich ein schuldrechtlicher Anspruch auf vermögensrechtliche Partizipation gewährt. Durch das Genussrecht erhält der Inhaber daher wirtschaftlich die Stellung eines Anteilsinhabers, ohne jedoch mitgliedschaftliche Rechte zu erwerben. Auf Grund der vertraglichen Gestaltungsfreiheit und fehlender gesetzlicher Begrenzung kann der Inhalt von Genussrechten durch die Parteien frei ausgestaltet werden.

Während bei der Ausgabe von Wandel- oder Optionsanleihen sichergestellt sein muss, dass im Fall der Ausübung des Umtausch- bzw. Bezugsrechts (in der Regel durch eine bedingte Kapitalerhöhung, s. Abschnitt 2.3.1.2(3)) neue Anteile an der Gesellschaft ausgegeben werden können, kann eine Gesellschaft durch die Ausgabe von Genussrechten ohne Kapitalerhöhung und ohne Bereitstellung von neuen Anteilen Liquidität erlangen.

2.3.1.6 Gesellschafterdarlehen
Die Gesellschafter können neben der Ausstattung der Gesellschaft mit Eigenkapital zusätzlich auch Fremdkapital in Form von Gesellschafterdarlehen gewähren. Zwar war die Zuführung von Fremdkapital auch nach altem Recht vor Inkrafttreten des MoMiG zu-

lässig, aber wenn das Darlehen in einer Krise anstatt Eigenkapital gewährt wurde (sogenanntes eigenkapitalersetzendes Darlehen), unterlag das Darlehen besonderen gläubigerschützenden Vorschriften.

1. Aktuelle Rechtslage nach MoMiG
Durch das MoMiG wurde die Rechtsfigur des eigenkapitalersetzenden Darlehens aufgegeben und eine generelle Sonderbehandlung für das von einem Gesellschafter gewährte Darlehen bzw. wirtschaftlich entsprechender Leistungen eingeführt. Nach der aktuellen Rechtslage dürfen auch Gesellschafterdarlehen oder wirtschaftlich entsprechende Forderungen grundsätzlich jederzeit zurückgezahlt werden. Lediglich für den Fall der Insolvenz der Gesellschaft unterliegen diese Forderungen gemäß § 39 Abs. 1 Nr. 5 InsO dem Nachrang bzw. können bei bereits erfolgter Rückzahlung angefochten werden (s. Abschnitt 2.4.4).

2. Sachlicher Anwendungsbereich
Wohingegen die alte Regelung zu eigenkapitalersetzenden Darlehen nur für die GmbH und analog für die AG galt, ist die Neuregelung rechtsformneutral ausgestaltet und findet gemäß § 39 Abs. 4 S. 1 InsO auf alle Gesellschaften Anwendung, die weder eine natürliche Person noch eine Gesellschaft als persönlich haftenden Gesellschafter haben, bei der wiederum ein persönlich haftender Gesellschafter eine natürliche Person ist. Dabei umfasst die Neuregelung nicht nur deutsche Gesellschaftsformen, sondern auch entsprechende ausländische Gesellschaften, soweit sie einem deutschen Insolvenzverfahren unterfallen (Uhlenbruck, § 39 Rn. 60).

3. Persönlicher Anwendungsbereich
Zunächst sind als Anteilsinhaber die materiell-rechtlichen Inhaber der Gesellschaftsanteile als Darlehensgeber erfasst. Abgestellt wird hierbei auf die Stellung als Anteilsinhaber zum Zeitpunkt der Darlehensgewährung. Des Weiteren wird ein Darlehensrückzahlungsanspruch mit dem Nachrang behaftet, wenn die Darlehensforderung an einen Anteilsinhaber abgetreten wird oder der Darlehensgeber Anteilsinhaber wird. Die Qualifikation als ein im Insolvenzfall nachrangiges Gesellschafterdarlehen haftet der Forderung an. Da im Gesetz kein Freiwerden der Forderung bei Verlust der Gesellschafterstellung oder Abtretung des Rückzahlungsanspruchs an einen Nicht-Anteilsinhaber vorgesehen ist, wird die Ansicht vertreten, dass § 135 Abs. 1 Nr. 2 InsO entsprechend Anwendung findet und eine zeitliche Begrenzung des Nachrangrisikos auf ein Jahr vor dem Antrag auf Eröffnung des Insolvenzverfahrens erfolgt (Theiselmann, Kap. 9, Rn. 158 ff.; Gehrlein, BB 2008, S. 850).

In personeller Hinsicht erfasst die gesetzliche Regelung darüber hinaus auch Darlehensforderungen von Anteilsinhabern gleichgestellten Personen. Darunter sollen insbesondere Treugeber, atypisch stille Gesellschafter, der Nießbraucher an einem Geschäftsanteil sowie der atypische Pfandgläubiger fallen. Als Voraussetzung hierfür gilt, dass diese Personen auf Grund von Kontroll- und Mitspracherechten eine gesellschafterähnliche

Position einnehmen und dadurch über die Gesellschaft mitbestimmen können (Bunnemann/Zirngibl, § 8 Rn. 30 f. m. w. N.).

4. Möglichkeiten zur Vermeidung des Nachrangs

Es bestehen drei gesetzliche Privilegierungen, mit denen sich ein Nachrang eines Gesellschafterdarlehens vermeiden lässt. Für die Praxis maßgeblich sind hierbei das Sanierungsprivileg gemäß § 39 Abs. 4 S. 2 InsO und das Kleinbeteiligungsprivileg gemäß § 39 Abs. 5 InsO.

Durch das Sanierungsprivileg gemäß § 39 Abs. 4 S. 2 InsO werden Gesellschafterdarlehen privilegiert, wenn die Geschäftsanteile des Anteilsinhabers bei drohender oder eingetretener Zahlungsunfähigkeit zu Sanierungszwecken erworben werden. Hierfür muss neben dem Sanierungswillen auch die Gesellschaft sanierungsfähig und sanierungswürdig sein (Theiselmann, Kap. 9, Rn. 177; Baumbach/Hueck, § 30 Anh. Rn. 76). Da der Darlehensgeber die Beweislast für den Sanierungszweck des Beteiligungserwerbs trägt, sollten die Sanierungsfähigkeit und Sanierungswürdigkeit durch einen unabhängigen kompetenten Dritten (z. B. Restrukturierungsberater, Wirtschaftsprüfer) festgestellt werden. In inhaltlicher Hinsicht umfasst das Sanierungsprivileg sowohl Altdarlehen als auch neu gewährte Darlehen, wenn die Voraussetzungen für einen Beteiligungserwerb zu Sanierungszwecken vorliegen. In personeller Hinsicht entfaltet das Sanierungsprivileg jedoch nur Wirkung zugunsten von Personen, die vor dem Beteiligungserwerb noch nicht Gesellschafter waren oder noch keine nennenswerte Beteiligung gehalten haben und damit unter das Kleinbeteiligungsprivileg fielen (Baumbach/Hueck, § 30 Anh. Rn. 74; Uhlenbruck, § 39 Rn. 65). Das Sanierungsprivileg privilegiert Gesellschafterdarlehen jedoch nur bis zur nachhaltigen Sanierung. Soweit danach erneut eine Krise eintreten sollte, ist das Gesellschafterdarlehen nicht mehr von der Schutzwirkung des früheren Beteiligungserwerbs umfasst.

Gesellschafterdarlehen, die unter das Kleinbeteiligungsprivileg gemäß § 39 Abs. 5 InsO fallen, unterliegen nicht dem Nachrang gemäß § 39 Abs. 1 Nr. 5 InsO. Ist ein Gesellschafter mit unter 10 % am Haftkapital der Gesellschaft beteiligt und hat er auch nicht die Stellung eines (faktischen) geschäftsführenden Gesellschafters, so greift für ihn das Kleinbeteiligungsprivileg ein. Bei der Beurteilung der 10-%-Schwelle für das Kleinbeteiligungsprivileg kommt es nicht ausschließlich auf die direkte Beteiligung des Darlehensgebers an, sondern es können unter Umständen auch Zurechnungen erfolgen (Uhlenbruck, § 39 Rn. 74). Das Risiko einer Zurechnung kann insbesondere bei einem zusammenwirkenden Sanierungskonsortium, bei abgestimmter Darlehensgewährung oder bei Treuhand- und Stimmbindungsverhältnissen bestehen (Schmidt/Uhlenbruck, Rn. 2.69; Baumbach/Hueck, § 30 Anh. Rn. 32).

Ein weiteres in der Praxis kaum bedeutsames Privileg vom Nachrang gemäß § 39 Abs. 1 Nr. 5 InsO besteht für Unternehmensbeteiligungsgesellschaften gemäß § 24 UBGG.

2.3.1.7 Handlungsmöglichkeiten in Krise und Insolvenz

In Krise und Insolvenz stehen verschiedene Handlungsoptionen zur Sanierung der Gesellschaft zur Verfügung.

1. Kapitalerhöhung und -herabsetzung

Ein Kapitalerhöhungsbeschluss, der zwar vor Eröffnung des Insolvenzverfahrens gefasst, aber noch nicht (vollständig) durchgeführt wurde, soll einer Ansicht nach grundsätzlich im Fall der Insolvenz nicht weiter durchgeführt werden müssen oder als konkludent aufgehoben qualifiziert werden (Baumbach/Hueck, § 55 Rn. 5). Etwas anderes soll lediglich gelten, wenn der Beschluss gerade im Hinblick auf eine mögliche Insolvenz gefasst worden ist oder die Gesellschafter- bzw. Hauptversammlung den Kapitalerhöhungsbeschluss bestätigt hat (Lutter/Hommelhoff, § 55 Rn. 46; MüKo-AktG, § 182 Rn. 77). Nach einer anderen Ansicht soll der Kapitalerhöhungsbeschluss weiterhin durchzuführen sein und die Übernehmer dadurch ausreichend geschützt sein, dass die Anteilsinhaber die Möglichkeit haben, die Geschäftsführung zur Rücknahme der Handelsregisteranmeldung anzuweisen oder den Kapitalerhöhungsbeschluss aufzuheben (BGH, Urt. v. 07.11.1994 – II ZR 248/93; Michalski, § 55 Rn. 63; Spindler/Stilz, § 182 Rn. 71). Gegen die zuletzt genannte Ansicht lässt sich anführen, dass diese Option weder für Minderheits-Anteilsinhaber noch für außenstehende Dritte, die neu auszugebende Anteile übernehmen, eine Option darstellt. Allerdings können die Übernehmer der neuen Anteile dadurch ausreichend geschützt werden, dass die Bindungswirkung der Übernahmeverpflichtung entfallen soll, wenn die Gesellschaft nach der Übernahmeerklärung, aber vor Eintragung der Kapitalerhöhung insolvent wird (Baumbach/Hueck, § 55 Rn. 37; Spindler/Stilz, § 185 Rn. 36).

Auch nach Eröffnung des Insolvenzverfahrens können die Anteilsinhaber Kapitalerhöhungen als Sanierungs- und Fortführungsmaßnahmen durchführen. Zur Vermeidung der Zuführung der neuen Liquidität in die Insolvenzmasse wird eine Kapitalerhöhung in der Regel im Rahmen eines Insolvenzplans durchgeführt werden. Durch das ESUG ist in § 225a Abs. 2 InsO n.F. die Kapitalerhöhung als Maßnahme im Rahmen eines Insolvenzplans gesetzlich verankert. Da nach der jüngsten Reform der InsO gesellschaftsrechtliche Maßnahmen, wie insbesondere die Kapitalherabsetzung und Kapitalerhöhung, im Insolvenzplanverfahren auch ohne Zustimmung bzw. Mitwirkung der Anteilsinhaber festgelegt werden können, bietet das deutsche Insolvenzrecht nunmehr auch die Möglichkeit, ohne Mitwirkung der Alt-Anteilsinhaber einen Kapitalschnitt durchzuführen und einen Sanierungsbeitrag für neue Investoren oder ausgewählte Alt-Anteilsinhaber attraktiver zu gestalten. Diese Verfahrenserleichterung führt zu erheblichen Zeit- und Kostenersparnissen, da sie bereits durch deren Aufnahme in den Insolvenzplan als beschlossen gilt (BT-Drucks. 17/5712, S. 26). Hierdurch können die ansonsten notwendigen Abstimmungen der Alt-Anteilsinhaber im Rahmen von Gesellschafter- bzw. Hauptversammlungen vermieden werden (Meyer/Degener, BB 2011, S. 847 f.). Flankiert wird diese Handlungsmöglichkeit durch die Option, im Rahmen des Insolvenzplanverfahrens auch einen Bezugsrechtsausschluss für etwaige Alt-Anteilsinhaber zu bestimmen.

Grundsätzlich ist während eines laufenden Insolvenzverfahrens neben einer Kapitalerhöhung auch eine Kapitalherabsetzung zulässig, solange hierbei die Gläubigerschutzvorschriften beachtet werden (MüKo-AktG, § 229 Rn. 30 f.; Spindler/Stilz, § 222 Rn. 45; MüKo-GmbHG, Vor § 58 Rn. 98; Michalski, § 58a Rn. 1). Wenngleich hierfür nur ausnahmsweise – meist im Rahmen eines Kapitalschnitts in einem Insolvenzplanverfahren – ein Bedürfnis bestehen wird (MüKo-AktG, § 229 Rn. 30; Lutter/Hommelhoff, § 58 Rn. 28).

Bei beiden Formen der Kapitalherabsetzung muss sowohl bei der GmbH als auch bei der AG der Kapitalherabsetzungsbeschluss zu seiner Wirksamkeit im Handelsregister angemeldet werden. Wenn ein Kapitalherabsetzungsbeschluss bereits vor Insolvenzeröffnung gefasst wurde, aber noch nicht im Handelsregister eingetragen wurde, kann er mit einfacher Mehrheit aufgehoben werden (Michalski, § 58 Rn. 9; Spindler/Stilz, § 222 Rn. 30).

2. Hybride Kapitalmaßnahmen

Grundsätzlich stellen hybride Kapitalmaßnahmen (s. Abschnitt 2.3.1.5) auch Handlungsmöglichkeiten in der Krise der Gesellschaft dar und eignen sich ebenfalls als Sanierungsmaßnahmen im Vorfeld einer Insolvenz. Denkbar ist, dass hybride Kapitalmaßnahmen auch in einem Insolvenzverfahren (insbesondere im Rahmen eines Insolvenzplanverfahrens) ergriffen werden, wenngleich dies eher die Ausnahme darstellt (Kutsch/Kersting BB 2011, S. 373). Diese Zurückhaltung in der Praxis ist auf das nochmals erhöhte Risiko hinsichtlich des Totalverlusts des eingesetzten Kapitals und die fehlende Aussicht auf einen sicheren und angemessenen Gewinn zurückzuführen.

3. Gesellschafterdarlehen

Gesellschafterdarlehen können grundsätzlich ebenfalls in der Krise und Insolvenz gewährt werden. In der Insolvenz wird jedoch die Gewährung eines Gesellschafterdarlehens in der Praxis nahezu ausschließlich im Rahmen eines Insolvenzplanverfahrens stattfinden, da andernfalls die neue Liquidität lediglich die Insolvenzmasse vermehrt. Insbesondere durch das Sanierungs- und das Kleinbeteiligungsprivileg bestehen Möglichkeiten, die Nachrangigkeit des Gesellschafterdarlehens zu vermeiden (s. Abschnitt 2.3.1.6(4)).

Bei Vorliegen eines Finanzplandarlehens sind Besonderheiten zu berücksichtigen. Unter einem Finanzplandarlehen wird ein Darlehen eines Anteilsinhabers verstanden, das auf Grund einer schuldrechtlichen Vereinbarung als Ergänzung zum Eigenkapital und zur Vermeidung von Liquiditätsengpässen der Gesellschaft als notwendiges Mittel zur Verwirklichung ihres Gesellschaftszwecks ausgereicht wird (z. B. entsprechende Regelung in einem Shareholders Agreement, Businessplan). Für den Fall, dass ein Finanzplandarlehen zwar bereits vereinbart wurde, aber noch nicht zur Auszahlung gelangt ist, hat die Rechtsprechung entschieden, dass dem Anteilsinhaber eine korporationsrechtliche Verpflichtung obliegt, das Darlehen auch in der Krise auszuzahlen (BGH, Urt. v. 28.06.1999 – II ZR 272/98). Dem Anteilsinhaber ist es dabei gerade verwehrt, das Darlehen unter Berufung auf das außerordentliche Kündigungsrecht wegen Verschlechterung der Vermögensverhältnisse der Gesellschaft gemäß § 490 Abs. 1 BGB zu kündigen. Zudem unterfällt der Darlehensgeber mit seinem Darlehensrückzahlungsanspruch aus dem Finanzplandarlehen in jedem Fall dem Nachrang eines Gesellschafterdarlehens (s. Abschnitt 2.3.1.6(1)). Denn sowohl das Kleinbeteiligungs- als auch das Sanierungsprivileg sind auf Finanzplandarlehen nicht anwendbar (Baumbach/Hueck, § 30 Anh. Rn. 21).

2.3.1.8 Handlungspflichten in Krise und Insolvenz

Es stellt sich die Frage, ob und inwieweit ein Anteilsinhaber im Falle einer Krise der Gesellschaft zur Erbringung eines Sanierungsbeitrags verpflichtet ist bzw. verpflichtet werden kann.

1. Korporative Nachschussverpflichtung und Nebenpflichten

Bei der AG dürfen gemäß § 54 Abs. 1 AktG über die Einlagepflicht hinaus keine Nachschusspflichten der Aktionäre begründet werden, soweit sich nicht aus § 55 AktG etwas anderes ergibt. § 55 AktG regelt insoweit lediglich die Nebenleistungspflicht zur Erbringung von wiederkehrenden, nicht in Geld zu erbringenden Leistungen.

Dagegen können in dem Gesellschaftsvertrag der GmbH gemäß § 26 Abs. 1 GmbHG Nachschusspflichten und gemäß § 3 Abs. 2 GmbHG Nebenleistungspflichten der Gesellschafter statuiert werden (korporative Regelung). Eine derartige Regelung hat den Vorteil, dass sie auch auf einen den Gesellschaftsanteil übernehmenden Dritten übergeht. Im Gegensatz dazu wirken nichtkorporative, einfach-schuldrechtliche Regelungen (s. Abschnitt 2.3.1.8(2)) lediglich zu Lasten der Gesellschafter, die hierzu Vertragspartei geworden sind bzw. die Vertragspartei durch Übernahme werden.

Soweit die Nachschusspflicht nicht auf einen Höchstbetrag beschränkt ist, hat jeder Gesellschafter, der seine Stammeinlage voll eingezahlt hat, gemäß § 27 Abs. 1 GmbHG das Recht, sich seiner Zahlungsverpflichtung durch Zurverfügungstellung seines Geschäftsanteils zur Befriedigung der Nachschussforderung zu entziehen.

Bei Gesellschafterdarlehen ist die Pflicht des Anteilsinhabers zu beachten, Finanzplandarlehen (s. Abschnitt 2.3.1.7(3)) trotz bestehender Krise oder Insolvenz der Gesellschaft auszahlen zu müssen.

2. Nichtkorporative, schuldrechtliche Vereinbarungen und freiwillige Leistungen

Sowohl in der GmbH als auch in der AG können sich die Anteilsinhaber grundsätzlich auf schuldrechtlicher Ebene zur Erbringung weiterer Leistungen verpflichten (Schmidt/Lutter, § 54 Rn. 17 ff.; Michalski, § 26 Rn. 8). Auch § 54 Abs. 1 AktG steht einer schuldrechtlichen Vereinbarung nicht entgegen, da die Klausel lediglich die korporative Einlagepflicht regelt. Soweit die Verpflichtung zu einem Sanierungsbeitrag einer besonderen Form unterliegt, sind diese zu beachten. So muss beispielsweise bereits ein Übernahmeverpflichtungsvertrag über die GmbH-Anteile aus einer Kapitalerhöhung gemäß § 55 Abs. 1 GmbHG in notarieller Form abgeschlossen werden (s. Abschnitt 2.3.1.2).

Im Rahmen von nichtkorporativen, schuldrechtlichen Vereinbarungen dürfen jedoch weder korporationsrechtliche Sanktionen (z. B. Drohung mit Kaduzierung der Anteile) vereinbart werden, noch darf die Durchsetzung mit korporativen Druckmitteln erfolgen.

Für Sanierungsfälle wird in der aktienrechtlichen Kommentarliteratur vertreten, dass Mehrleistungen von Aktionären nicht durch wirtschaftlichen Zwang erwirkt werden dürfen, sondern freiwillig erfolgen müssen (Spindler/Stilz, § 54 Rn. 34; Hüffer, § 54 Rn. 9). Zulässig ist jedoch die Unterbreitung von wirtschaftlichen Vorzügen bei der Erbringung von freiwilligen Zusatzleistungen. Bei der GmbH hingegen sollen wirtschaftliche Zwänge unberücksichtigt bleiben (MüKo-GmbHG, § 26 Rn. 36; Michalski, § 26 Rn. 10).

3. Treuepflicht

Soweit keine wirksame Verpflichtung zu einem Sanierungsbeitrag nach den Ziff. 3.1.8(1) und (2) besteht, stellt sich darüber hinaus die Frage, ob die Anteilsinhaber aus ihrer allgemeinen Treuepflicht zu Sanierungsbeiträgen verpflichtet sind.

Nach der ständigen Rechtsprechung des BGH kann kein Anteilsinhaber gegen seinen Willen gezwungen werden, im Gesellschaftsvertrag nicht vorgesehene Beiträge (weder in Form von Zuschüssen noch in Form der Zeichnung von neuen Anteilen aus einer Kapitalerhöhung) zu übernehmen (BGH, Urt. v. 19.10.2009 – II ZR 240/08; BGH, Urt. v. 25.09.1986 – II ZR 262/85 Rn. 9). Daher besteht keine aus der Treuepflicht resultierende finanzielle Sanierungspflicht durch Zuführung von Kapital.

Für einzelne Kapitalmaßnahmen (z. B. Kapitalerhöhung, Kapitalschnitt) kann im Sanierungsfall jedoch auf Grund der Treuepflicht der Anteilsinhaber gegenüber der Gesellschaft eine Zustimmungspflicht zur Kapitalmaßnahme – nicht jedoch zur Erbringung einer finanziellen Zusatzleistung – bestehen (K. Schmidt/Uhlenbruck, Rn. 2.25; Lutter/Hommelhoff, § 58a Rn. 15b; Buth/Hermanns, § 16 Rn. 3; Theiselmann, GmbH-StB 2010, S. 46 f.).

Im Falle einer AG hat der BGH entschieden, dass es einem Aktionär auf Grund der Treuepflicht nicht erlaubt sein soll, die sinnvolle Sanierung einschließlich einer hierzu geplanten Kapitalherabsetzung gegen die Stimmen der Mehrheit aus eigennützigen Gründen zu verhindern (BGH, Urt. v. 20.03.1995 – II ZR 205/94 Leitsatz 2, Rn. 19). Diese Erwägungen sollen auch für die GmbH gelten, wenn im Krisenfall die Nichtausübung der Sperrminorität zum Erhalt der Gesellschaft notwendig ist (Baumbach/Hueck, § 13 Rn. 29; Lutter/Hommelhoff, § 58a Rn. 15b; Saenger/Inhester, § 13 Rn. 32).

Der BGH und das OLG Stuttgart haben ferner unter dem Titel „Sanieren oder Ausscheiden“ entschieden, dass zumindest die Gesellschafter einer Personenhandelsgesellschaft auf Grund einer bestehenden gesellschaftlichen Treuepflicht zur Sanierung der Gesellschaft einer Änderung des Gesellschaftsvertrags (Kapitalherabsetzung mit anschließender Kapitalerhöhung) zustimmen müssen, wenn dies mit Rücksicht auf das bestehende Gesellschaftsverhältnis dringend erforderlich ist und die Änderung des Gesellschaftsvertrags dem Gesellschafter unter Berücksichtigung seiner Interessen zumutbar ist. Dies ist nach der Rechtsprechung der Fall, wenn (i) die Beteiligung an der Kapitalerhöhung freiwillig ist, wohingegen der Gesellschafter andernfalls aus der Gesellschaft ausscheiden muss, und (ii) die Gesellschafter im Falle des Ausscheidens nicht schlechterstehen als bei einer sofortigen Liquidation der Gesellschaft (BGH, Urt. v. 19.10.2009 – II ZR 240/08 Rn. 23 ff., 28 ff.; OLG Stuttgart, Urt. v. 31.03.2010 – 14 U 20/09 Rn. 52).

2.3.2 Strukturelle Handlungsmöglichkeiten aus Sicht der Eigenkapitalgeber

Der Beitrag des Anteilsinhabers ist im Rahmen dieser strukturellen Handlungsmöglichkeiten zumeist dadurch geprägt, dass die Anteilsinhaber aus eigener Kraft die für die Sanierung der Gesellschaft erforderliche Liquidität nicht aufbringen können (oder wollen). Typischerweise steht der Anteilsinhaber in diesen Situationen lediglich vor der Möglichkeit, einer dieser strukturellen Handlungsmöglichkeiten zuzustimmen oder die Gesellschaft bzw. sein Lebenswerk in die Insolvenz zu schicken. Jedenfalls droht ihm je nach struktureller Handlungsmöglichkeit der Verlust wesentlicher oder sämtlicher Mitgliedschafts- und Anteilsrechte an der Gesellschaft. In der Praxis werden in der Regel neben der Sanierungstreuhand (s. Abschnitt 2.3.2.1) auch die Beteiligung der Gläubiger im Rahmen eines Debt Equity Swap (s. Abschnitt 2.3.2.2), die Nutzung des Schutzschirmverfahrens (s. Abschnitt 2.3.2.3) sowie das Ausweichen auf andere Rechtsordnungen im Rahmen des Forum Shopping (s. Abschnitt 2.3.2.4) bemüht, wobei in diesem Zusammenhang in jüngerer Zeit auch gerne das englische Scheme of Arrangement (s. Abschnitt 2.3.2.5) diskutiert wird, sofern dessen enge Voraussetzungen gegeben sind.

2.3.2.1 Sanierungstreuhand

Die typische Ausgangssituation für die Implementierung einer Sanierungstreuhand ist durch eine akute Liquiditätskrise der Gesellschaft geprägt, die Partei einer zumeist komplexen Finanzierungsstruktur ist (z. B. Senior, Junior und Mezzanine Lenders, Bonds, Gesellschafterdarlehen) und durch einen Vertrauensverlust zwischen Anteilsinhabern, Geschäftsführung und Banken geprägt ist.

Zur Vermeidung eines völligen Wertverlusts in der Insolvenz der Gesellschaft vereinbaren die Beteiligten einen konzentrierten Sanierungsprozess durch die Einbindung eines unabhängigen Dritten bzw. Treuhänders, der zum einen zwischen den Beteiligten als eine Art Mediator fungieren soll und zum anderen – je nach Vereinbarung zwischen den Beteiligten – die Sanierung bzw. den Verkauf der Gesellschaft eigenverantwortlich führen und kontrollieren soll. Zu diesem Zweck überträgt der Anteilsinhaber dem Treuhänder seine Geschäftsanteile, um letztlich zu verhindern, dass der Anteilsinhaber sich nach möglicherweise jahrelangen Sanierungsmaßnahmen einem Verkauf der Geschäftsanteile widersetzt. Neben der Vermeidung des Wert- und Imageverlusts des Anteilsinhabers im Fall der Insolvenz wird der Anteilsinhaber gegebenenfalls auch wirtschaftlich incentiviert (z. B. vorrangige Stellung im Wasserfall, Tilgung von Gesellschafterdarlehensforderungen, Beibehaltung von Organstellung). Die Bank wird dadurch geschützt, dass sie einen Wertverlust durch einen Notverkauf vermeiden kann. Sie hat durch die Vermeidung der Insolvenz keinen oder nur einen geringeren Abschreibungsbedarf und entgeht einer zeit- und kostenaufwendigen Verwertung ihrer Sicherheiten. Allerdings muss die Bank ihre Einflussnahmemöglichkeiten auf den Treuhänder insoweit beschränken, dass sich die Risiken einer faktischen Geschäftsführung (s. Abschnitt 2.4.6.2) oder etwaige Nachrangrisiken (s. Abschnitt 2.4.4.1) nicht stellen bzw. ihr möglicherweise gewährtes (Super-Senior-)Sanierungsdarlehen wegen Eigennützigkeit nicht nichtig ist.

1. Struktur einer doppelnützigen Sanierungstreuhand
Der Treugeber (= Anteilsinhaber) überträgt dem Treuhänder die Gesellschaftsanteile mit der Folge, dass der Treuhänder Vollrechtsinhaber wird. Die Ausübung der Befugnisse des Treuhänders wird im Innenverhältnis durch eine Abrede zwischen Treuhänder und Treugeber beschränkt. Abbildung 2.2 stellt die Struktur der doppelnützigen Treuhand vereinfacht dar:

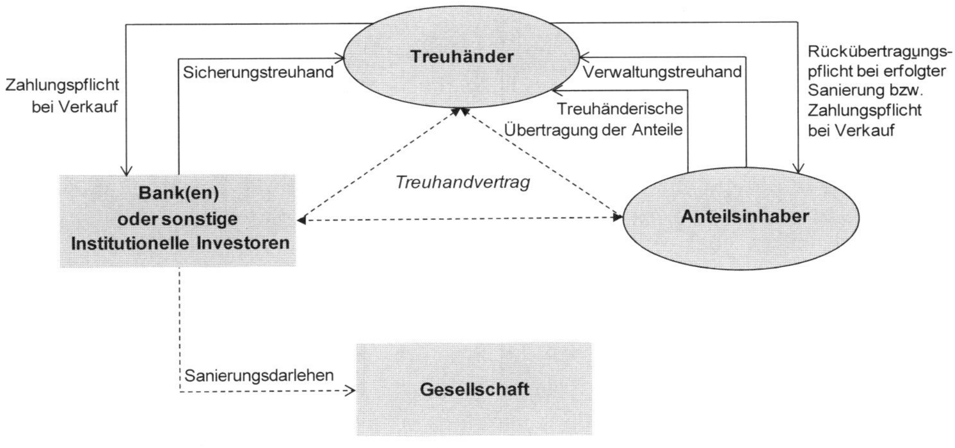

Abb. 2.2 Struktur der doppelnützigen Treuhand

Der Treuhänder ist verpflichtet, sowohl im Interesse des Treugebers als auch der Bank den Sanierungsprozess im Rahmen der getroffenen Restrukturierungs- und Finanzierungsvereinbarungen durchzuführen (Bork, NZI 1999, S. 337). Für den Sicherungsfall (gescheiterte Sanierung) erhält die Bank das Treugut (Gesellschaftsanteile) als Sicherheit. Im Fall der erfolgreichen Sanierung werden die Gesellschaftsanteile wieder auf den Treugeber zurückübertragen. Bei einer erfolglosen Sanierung hat der Treuhänder die treuhänderisch gehaltenen Gesellschaftsanteile zu veräußern, ohne dass der Treugeber dies verhindern kann, und der Erlös wird an die Bank ausgekehrt.

2. Stellung der Anteilsinhaber
Aus der Privatautonomie im Zusammenspiel mit fehlenden gesetzlichen Vorgaben folgt, dass die vertraglichen Beziehungen zwischen den Beteiligten nach deren Vorstellungen ausgestaltet werden können (Stadler, NZI 2009, S. 879). Hierbei kann auch geregelt werden, dass der Treuhänder so lange vorrangig im Interesse und auf Weisung des Treugebers handelt, bis bestimmte Bedingungen (z. B. Covenant Breach) eingetreten sind und der Treuhänder erst mit Eintritt dieser Bedingungen zugunsten der Bank tätig wird, oder dass der Treuhänder bei Ausübung von mitgliedschaftlichen Rechten beschränkt ist oder Weisungen des Treugebers unterliegt (Stadler, NZI 2009, S. 879 f.; Theiselmann, Kap. 16, Rn. 27 f.). In diesem Fall besteht die Möglichkeit, dem Treugeber die Stimmabgabe des Treuhänders gemäß § 30 Abs. 2 WpÜG zuzurechnen, sodass bei einer Rückübertragung der Aktien nach einer erfolgreichen Sanierung kein Pflichtangebot abgegeben werden muss. Bei der GmbH sind solche Aspekte bei der Vertragsgestaltung dagegen von untergeordneter Bedeutung.

2.3.2.2 Debt Equity Swap

Ein in der Sanierungssituation einer Gesellschaft häufig angedachtes Instrument ist der Debt Equity Swap, durch welchen eine bestehende Forderung (in der Regel aus einer Fremdkapitalfinanzierung) in Eigenkapital umgewandelt wird.

Der Debt Equity Swap ist eine Handlungsmöglichkeit, um eine Gesellschaft außerhalb oder innerhalb eines Insolvenzverfahrens durch den Umtausch von Forderungen und die dadurch bewirkte Stärkung des Eigenkapitals zu sanieren (MüKo-GmbHG, Vor § 58 Rn. 86). Während der Gläubiger bei einem Debt Asset Swap Eigentum an Gegenständen der Gesellschaft erhält, gelangt er durch einen Debt Equity Swap in die Stellung eines Anteilsinhabers.

Der Tausch der Forderung gegen Gesellschaftsanteile erfolgt im Wege eines Kapitalschnitts (s. Abschnitt 2.3.1.4) mit einer Sachkapitalerhöhung (s. Abschnitt 2.3.1.2). Im Rahmen der Kapitalerhöhung werden die Forderungen durch den Gläubiger in die Gesellschaft als Einlage mit der Folge eingebracht, dass die Gesellschaft neben der Schuld auch die entsprechende Forderung in sich vereint und diese dadurch erlischt (sogenannte Konfusion). Der Gläubiger kann statt der Einbringung seiner Forderung auch auf die Geltendmachung dieser durch einen Erlassvertrag verzichten (Brinkmann, WM 2011, S. 97; Schwenker/Fischer, DStR 2010, S. 1120 f.). Da die Kapitalerhöhung häufig nur für Zwecke des Debt Equity Swap durchgeführt wird, geht sie in der Regel mit einem Bezugsrechtsausschluss (s. Abschnitt 2.3.1.2) für die Alt-Anteilsinhaber einher.

Durch einen Debt Equity Swap werden die Anteile der Alt-Anteilsinhaber zwar verwässert, aber es besteht die Möglichkeit, eine Insolvenz der Gesellschaft mit einem Totalverlust zu vermeiden. Auch kann der Alt-Anteilsinhaber nach erfolgreicher Sanierung durch seine Beteiligung an späteren Gewinnen der Gesellschaft sowie Wertaufholungen seiner (verwässerten) Beteiligung partizipieren.

Nach der bisherigen Rechtslage vor Inkrafttreten des ESUG war ein Debt Equity Swap im Rahmen des Insolvenzplanverfahrens zwar möglich, aber dieser erforderte eine Mitwirkung der Alt-Anteilsinhaber zur Fassung der entsprechenden gesellschaftsrechtlichen Beschlüsse. Daher konnte der Debt Equity Swap nicht gegen den Willen der Alt-Anteilsinhaber erfolgen. Eine solche Blockadeposition wurde in der Praxis von den Alt-Anteilsinhabern jedoch häufig genutzt, um im Gegenzug die eigene Position zu verbessern, obwohl den eigenen Anteilen ohnehin kein relevanter Wert mehr zukam. Eine solche Ausnutzung der Blockadeposition konnte eine Erfolg versprechende Sanierung bis zuletzt unmöglich machen.

Der Gesetzgeber hat dieses Problem erkannt und durch das ESUG die Blockadesituation von Alt-Anteilsinhabern durch § 225a Abs. 2 InsO n.F. aufgehoben. Danach können im Rahmen des Insolvenzplanverfahrens Forderungen von Gläubigern in Anteils- und Mitgliedschaftsrechte an der schuldnerischen Gesellschaft umgewandelt werden (Willemsen/Rechel, BB 2011, S. 839). Der neue § 225a Abs. 2 InsO sieht dabei die Möglichkeit vor, dass notwendige gesellschaftsrechtliche Maßnahmen allein durch den gestaltenden Teil des Insolvenzplans unter Eingriff in die Rechte des Anteilsinhabers ähnlich dem amerikanischen Cram-Down-Recht umgesetzt werden.

Eine Umwandlung von Fremd- in Eigenkapital gegen den Willen der Gläubiger ist jedoch gemäß § 225a Abs. 2 S. 2 InsO n.F. nicht möglich, da es sich bei der Umwandlung einer Forderung um ein Individualrecht eines einzelnen Gläubigers handelt, in das nicht gegen dessen Willen eingegriffen werden darf.

2.3.2.3 Schutzschirmverfahren

Seit der Reformierung der Insolvenzordnung durch das ESUG besteht die Möglichkeit, Gesellschaften unter Nutzung des Schutzschirmverfahrens zu sanieren.

In der Absicht, den allgemeinen Sanierungsgedanken in Deutschland zu stärken, hat der Gesetzgeber mit §§ 270b ff. InsO n.F. das Schutzschirmverfahren geschaffen. Durch dieses Vorhaben wird der Geschäftsführung die Möglichkeit gegeben, in Eigenverantwortung selbst und unter gerichtlichem Schutz – ähnlich der amerikanischen Konstruktion des debtor-in-posession – einen Insolvenzplan zur Sanierung des Unternehmens zu erstellen. Der Eröffnungsantrag für dieses Verfahren kann nur gestellt werden, wenn (i) die beabsichtige Sanierung nicht offensichtlich aussichtslos ist, (ii) der Insolvenzantrag wegen drohender Zahlungsunfähigkeit oder Überschuldung (nicht Zahlungsunfähigkeit) gestellt wurde und (iii) die Eigenverwaltung beantragt worden ist. Liegen die Voraussetzungen für das Verfahren vor, kann das Gericht das Schutzschirmverfahren für maximal drei Monate anordnen. Innerhalb dieser Zeit kann die Gesellschaft dann einen Insolvenzplan ausarbeiten und vorlegen. Das Verfahren zeichnet sich dadurch aus, dass die Gesellschaft trotz Vorliegen eines Insolvenzgrunds Zeit erhält, einen Insolvenzplan auszuarbeiten, ohne dass währenddessen Zwangsvollstreckungsmaßnahmen stattfinden (auf Antrag der Gesellschaft gemäß § 270b Abs. 2 S. 3 2. Halbsatz InsO n. F. i. V. m. § 21 Abs. 2 Nr. 2 InsO) oder bereits ein vorläufiger Insolvenzverwalter die Verfügungsbefugnis übernommen hat. Die Gesellschaft wird lediglich von einem von ihr selbst vorgeschlagenen, aber durch das Gericht bestellten, vorläufigen Sachwalter überwacht.

Allerdings bleibt im Praxistest dennoch abzuwarten, welche Auswirkungen es haben wird, dass das Schutzschirmverfahren kein echtes Moratorium begründet. Sollten einzelne Gläubiger der Geschäftsführung bzw. dem Verfahren kein Vertrauen schenken und ihre Forderungen fällig stellen und dadurch die Zahlungsunfähigkeit eintreten, geht das Schutzschirmverfahren qua Gesetz in ein ordentliches Insolvenzverfahren über. Allerdings muss auch das wiederum nicht zwangsläufig das Ende der Sanierung durch einen Insolvenzplan bedeuten.

2.3.2.4 Forum Shopping

Unter dem Begriff des Forum Shopping versteht man die Wahl zwischen mehreren zur Verfügung stehenden Jurisdiktionen, um dadurch rechtliche oder tatsächliche Vorteile zu erlangen.

Für ein insolvenzrechtliches Forum Shopping muss das sogenannte „center of main interest" (COMI) der Gesellschaft in denjenigen Staat verlegt werden, in dem das Verfahren eröffnet werden soll und dessen Insolvenzrecht zur Anwendungen kommen soll. Als Maßstab für das Forum Shopping dienen die Kriterien, die der EuGH in der Eurofood-Entscheidung (EuGH, Urt. v. 02.05.2006 – C-341/04) festgestellt hat. Hiernach müssen objektive und für Dritte feststellbare Elemente belegen, dass in Wirklichkeit die Lage nicht derjenigen entspricht, die die Verortung am satzungsmäßigen Sitz widerspiegeln soll. Hierfür müssen wenigstens die wesentlichen Funktionen der Geschäftstätigkeiten der Gesellschaft (unter anderem Lenkung von Tochtergesellschaften, Ausarbeitung und Umsetzung von Sanierungsmaßnahmen, Ausgestaltung der sonstigen Geschäftspolitik, Finanzen, Pressearbeit, Einkauf) im Gebiet des Verwaltungssitzes der Gesellschaft stattfinden und dies muss für Dritte entsprechend erkennbar sein (z. B. entsprechende schriftliche und mündliche Korrespondenz, Verhandlungen am Verwaltungssitz) (AG Köln, Beschl. v. 19.02.2008 – 73 IE 1/08 PIN).

In der Vergangenheit hat man auf dieser Grundlage vorwiegend Fälle des Forum Shopping nach Großbritannien gesehen (z. B. Schefenacker, Deutsche Nickel; vereinzelt in jüngerer Zeit auch bezüglich deutscher Tochtergesellschaften amerikanischer Muttergesellschaften in die Vereinigten Staaten nach Chapter 11 Bankruptcy Code). Gründe hierfür waren zumeist neben der Vertrautheit mit dem britischen Insolvenzverfahren, die Möglichkeit zur Überstimmung etwaiger Sanierungsmaßnahmen widersprechender Gläubiger (Cram-Down-Recht) sowie die automatische Anerkennung englischer Insolvenzverfahren in Deutschland gemäß Art. 16 Abs. 1 EuInsVO. Allerdings ist auch zu beachten, dass die Verlegung des COMI in tatsächlicher Hinsicht oftmals einen kosten- und zeitmäßig nicht zu unterschätzenden Aufwand begründet, der nur in wenigen Sanierungssituationen aufgebracht werden kann bzw. angemessen ist.

Ferner bleibt nach Einführung des deutschen Schutzschirmverfahrens durch das ESUG (s. Abschnitt 2.3.2.3) abzuwarten, ob ausländische (Insolvenz-)Rechtsordnungen nach wie vor Anreize in dem bisherigen Maß für das Forum Shopping bieten. Es ist aber davon auszugehen, dass die ohnehin eingeschränkte Bedeutung des Forum Shopping als Sanierungsmaßnahme durch das ESUG an Bedeutung weiter verliert.

Zudem muss bei der Entscheidung auch berücksichtigt werden, dass sich die Rechte und Pflichten sowie Haftungstatbestände für das Management und die Anteilsinhaber in gewissen Bereichen auch nach ausländischem Recht richten.

2.3.2.5 Scheme of Arrangement

In besonderen Fallkonstellationen hat das britische Verfahren des Scheme of Arrangement (Section 895 et seq. Companies Act 2006) für deutsche Gesellschaften (z. B. Rodenstock, Tele Columbus) in der jüngeren Vergangenheit vorinsolvenzliche Sanierungsmöglichkeiten geboten.

Die Ausgangssituation für die Wahl eines Scheme of Arrangement ist mit der bei der Sanierungstreuhand (s. Abschnitt 2.3.2.1) in weiten Teilen vergleichbar. Das Scheme of Arrangement stellt eine Vereinbarung zwischen der Schuldnergesellschaft, den Gläubigern (oder Klassen von Gläubigern) und den Anteilsinhabern zur Bereinigung von Schulden dar, bei dem die Geschäftsführung und die Gläubiger die Kontrolle über das Sanierungsverfahren behalten. Es handelt sich dabei um kein Insolvenzverfahren und es setzt nicht das Vorliegen eines Insolvenzgrundes voraus. Aber ähnlich dem deutschen Insolvenzplanverfahren stimmen die in verschiedenen Gruppen eingeteilten Gläubiger über das Scheme of Arrangement ab, wobei Minderheiten, nicht jedoch ganze Gruppen, überstimmt (Cram-Down-Recht) werden können und somit Bindungswirkung für alle Gläubiger (oder Klassen von Gläubigern) begründen, wenn in jeder Klasse mehr als 75 % Summenmehrheit und die einfache Kopfmehrheit dem Scheme of Arrangement zugestimmt haben. Die Vereinbarung muss zudem durch den High Court of Justice bestätigt und im Registrar of Companies eingetragen werden.

Da es sich hierbei um ein vertragliches (zulässiges) Forum Shopping handelt und nicht um ein insolvenzrechtliches Forum Shopping (s. Abschnitt 2.3.2.4), ist keine aufwendige Verlegung des COMI erforderlich. Allerdings muss für die Anwendbarkeit des britischen Scheme of Arrangement auf deutsche Gesellschaften die sogenannte „sufficient connection“ vorliegen. Hierfür müssen die betroffenen Forderungen einheitlich entstanden sein und eine einheitliche vertragliche Rechts- und Gerichtswahl zugunsten des britischen Rechts bzw. englischer Gerichte getroffen worden sein (Eidenmüller/Frobenius, WM 2011, S. 1213 f.; Paulus, ZIP 2011, S. 1081). In dem Fall Rodenstock ging es beispielsweise um eine Kreditfinanzierung, bei der vertraglich eine britische Gerichtsstandsklausel und die Anwendbarkeit britischen Rechts vereinbart wurde und zudem die Gläubigermehrheit in Großbritannien ansässig war. Unter diesen sehr engen Umständen kann ein Scheme of Arrangement nach britischem Recht vereinbart werden und auch in Deutschland Bindungswirkung entfalten.

2.4 Risiken für die Eigenkapitalgeber in der Restrukturierung

Andreas Hautkappe

Bei der Nutzung der unter Abschnitt 3 dargestellten Handlungsmöglichkeiten bestehen für die Eigenkapitalgeber auch Risiken. Diese werden nachfolgend bezogen auf die angesprochenen Handlungsmöglichkeiten dargestellt.

2.4.1 Barkapitalerhöhung

Bei der Kapitalerhöhung einer GmbH bestehen sowohl für die neuen Gesellschafter als auch für die Alt-Gesellschafter Haftungsrisiken bei der Kapitalaufbringung. Denn die Alt-Gesellschafter haften anteilig subsidiär für die Aufbringung der Stammeinlage. Zudem haften die neuen Gesellschafter auch für Alteinlagen (Lutter/Hommelhoff, § 24 Rn. 10).

Nachdem die Kapitalerhöhung wirksam geworden ist, haben die Aktionäre einer AG nach Aufforderung des Vorstands gemäß § 63 AktG ihre den Mindestausgabebetrag übersteigende, noch ausstehende Einlage einzuzahlen. Diese Pflicht trifft den Aktionär auch im Falle der Insolvenz der AG (Spindler/Stilz, § 63 Rn. 27). Leistet der Aktionär die Einlage nicht rechtzeitig, so ist die ausstehende Einlage mit 5 % p. a. zu verzinsen. Der Aktionär kann auch unter weiteren Voraussetzungen gemäß § 64 AktG wegen der Nichtleistung seiner Einlage ausgeschlossen werden.

Des Weiteren ist bei einer Barkapitalerhöhung zu beachten, dass für die Befreiung von der Einlagepflicht die Einlage gemäß § 7 Abs. 3 GmbHG dem Geschäftsführer bzw. gemäß § 54 Abs. 3, 1 AktG dem Vorstand zur freien Verfügung stehen muss. Die direkte Zahlung an einen Dritten, wie z. B. einen Gesellschaftsgläubiger, befreit hingegen nicht von der Einlageschuld. Die freie Verfügbarkeit über die Einlage muss jedoch nicht bis zur Anmeldung der Barkapitalerhöhung vorhanden sein. Wenn nach dem Kapitalerhöhungsbeschluss die Einlage zur freien Verfügbarkeit der Gesellschaft gelangt ist, kann der Geschäftsführer bzw. Vorstand ab diesem Zeitpunkt hierüber nach eigenem pflichtgemäßen Ermessen frei verfügen, so lange dadurch die Einlage nicht an den einzahlenden Anteilsinhaber zurückfließt bzw. seinem Zugriff entzogen ist (Schmidt/Uhlenbruck, Rn. 2.31; Hüffer, § 54 Rn. 18).

2.4.1.1 Nachschusspflicht bei fehlerhafter Kapitalaufbringung

Eine fehlerhafte Kapitalaufbringung, die den Anteilsinhaber zu einem Nachschuss seiner Einlage verpflichtet, kann insbesondere im Falle des sogenannten „Hin- und Herzahlens" und bei Cash-Pool-Konstellationen in einer Konzernstruktur vorliegen.

Ein Anteilsinhaber wird grundsätzlich nicht von seiner Einlagepflicht frei, wenn ein Fall des Hin- und Herzahlens vorliegt. Dies ist der Fall, wenn eine durch den Anteilsinhaber geleistete Bareinlage auf Grund einer bereits zuvor getroffenen Absprache mit der Gesellschaft wieder an den Anteilsinhaber zurückfließt (RegE, BR-Drucks. 354/07, S. 78). Auch die entsprechende Absprache ist grundsätzlich unzulässig.

Der Gesetzgeber hat dieses grundsätzliche Verbot aus Praktikabilitätsgründen gemäß § 19 Abs. 5 GmbHG bzw. § 27 Abs. 4 AktG gelockert, um insbesondere die Kapitalaufbringung und -erhaltung in Cash-Pool-Konstellationen zu erleichtern (BT-Drucks. 16/6410, S. 34). Demnach gilt eine Bareinlage trotz des Hin- und Herzahlens als erbracht, wenn das Hin- und Herzahlen bereits vor der Einlageleistung vereinbart wurde, eine Offenlegung gegenüber dem Registergericht stattgefunden hat und die Leistung durch einen vollwertigen Rückgewähranspruch gedeckt ist, welcher entweder jederzeit fällig ist oder durch fristlose Kündigung durch die Gesellschaft fällig gestellt werden kann (Büchting/Heussen, § 44 Rn. 180). Vollwertig ist der Anspruch der Gesellschaft, wenn der Anteilsinhaber zum Zeitpunkt des Leistungszuflusses objektiv in der Lage ist, seine Verbindlichkeiten gegenüber der Gesellschaft zu erfüllen (Bunnemann/Zirngibl, § 6 Rn. 55). Zusätzlich fordert die Rechtsprechung als weitere Wirksamkeitsvoraussetzung, dass das Hin- und Herzahlen gegenüber dem Registergericht offengelegt wird, um eine Prüfung der Erfüllung der Einlageverpflichtung zu ermöglichen (BGH, Urt. v. 16.02.2009 – II ZR 120/07 „Qivive“ sowie BGH, Urt. v. 20.07.2009 – II ZR 273/07 „Cash-Pool II“; Avvento, BB 2010, S. 202 ff.).

2.4.1.2 Zahlung auf künftige Einlageschuld

Es kommt vor, dass Gesellschaften in akuten Krisensituationen die Finanzmittel aus einer anstehenden Kapitalerhöhung bereits benötigen, bevor die Kapitalerhöhung vollständig abgeschlossen ist.

Daher ist die Frage für den die neuen Anteile an der Gesellschaft Übernehmenden von besonderer Bedeutung, ob eine Vorleistung auf eine künftig eintretende Einlagepflicht bereits tilgende Wirkung entfaltet und keine Gefahr besteht, dass eine zusätzliche Einlagenerbringung gefordert werden kann (Müller/Rödder, § 17 Rn. 88 f.). Die Rechtsprechung hat für die Barkapitalerhöhung bei einer GmbH in der Krise unter sehr engen Voraussetzungen die Erfüllungswirkung der Voreinzahlungen zu Sanierungszwecken auf eine später eintretende Einlageschuld anerkannt (BGH, Urt. v. 26.06.2006 – II ZR 43/05 Rn. 15 f.). Die für die GmbH erlassene Rechtsprechung soll auch auf die Sanierungsphase einer AG entsprechend anwendbar sein (Hüffer, § 188 Rn. 7 f.).

2.4.2 Sachkapitalerhöhung

Bei einer Sachkapitalerhöhung besteht das insbesondere in Krisensituationen relevante Problem des Zeitverlusts bei Einbringung einer Sacheinlage (s. Abschnitt 2.4.2.1). Daneben besteht für die leistenden Anteilsinhaber stets das Risiko der Differenzhaftung, wenn die Sacheinlage überbewertet wurde (s. Abschnitt 2.4.2.2).

2.4.2.1 Zeitverlust durch Bewertung

Gemäß § 183 Abs. 3 AktG erfordert diese Art der Kapitalerhöhung eine Prüfung der Sacheinlagen durch einen oder mehrere unabhängige Prüfer, die durch das Amtsgericht am Sitz der AG bestellt werden. Dabei wird überprüft, ob der Wert der Sacheinlage zumindest den geringsten Ausgabebetrag der Aktie erreicht. Die Prüfer haben einen schriftlichen Bericht zu erstatten, was regelmäßig mit einem hohen Zeit- und Kostenaufwand verbunden ist und sich daher nicht für kurzfristig zu lösende Krisensituationen eignet (MüKo-AktG, § 183 Rn. 61 ff.; Spindler/Stilz, § 183 Rn. 46).

Bei der GmbH besteht keine Pflicht, vorab einen Bericht über die Werthaltigkeit der Sacheinlage zu erstellen (Michalski, § 56 Rn. 64). Das Registergericht kann jedoch bei der Prüfung der Bewertung eine Eintragung zunächst verweigern und weitere Unterlagen verlangen (Baumbach/Hueck, § 56 Rn. 17), was ebenfalls eine zeitliche Verzögerung hervorruft.

2.4.2.2 Differenzhaftung

Der Grundsatz der realen Kapitalaufbringung verlangt, dass eine im Rahmen einer Sachkapitalerhöhung durch den Anteilsinhaber eingebrachte Sache im Verhältnis zur Einlagepflicht vollwertig sein muss. Liegt eine Überbewertung der Einlage vor, wodurch der Gesellschaft weniger Vermögen zufließt, so besteht für den neu eintretenden Anteilsinhaber eine Nachschusspflicht in Höhe der Differenz. Für die GmbH ist die Differenzhaftung in § 9 GmbHG (im Rahmen einer Kapitalerhöhung durch Sacheinlage i. V. m. § 56 Abs. 2 GmbHG) geregelt. Eine vergleichbare Regelung für die AG fehlt zwar im AktG, aber die Geltung der Differenzhaftung des Aktionärs ist von Rechtsprechung und Literatur anerkannt (BGH, Urt. v. 12.03.2007 – II ZR 302/05; Hüffer, § 183 Rn. 21).

2.4.3 Hybride Kapitalmaßnahmen

Bei hybriden Kapitalmaßnahmen besteht insbesondere bei einer Insolvenz der Gesellschaft das Risiko der Verminderung der Werthaltigkeit des Anspruchs.

2.4.3.1 Drohende Nachrangigkeit

Für die Werthaltigkeit des Anspruchs in der Insolvenz der Gesellschaft ist maßgeblich, ob der Anspruch unter einen Nachrang fällt.

Da für ein Mezzanine-Darlehen typischerweise kein vertraglicher Nachrang i. S. v. § 39 Abs. 2 InsO vereinbart wird, kommt ebenso wie bei den Wandel- und Optionsanleihen sowie den Genussrechten primär ein gesetzlicher Nachrang gemäß § 39 Abs. 1 Nr. 5 InsO (s. Abschnitt 2.4.4.1) in Betracht. Grundsätzlich werden Ansprüche aus hybriden Kapitalmaßnahmen als nicht nachrangige Insolvenzforderungen gemäß § 38 InsO qualifiziert, sodass der Berechtigte als gewöhnlicher Insolvenzgläubiger befriedigt wird. Dem Nachrang gemäß § 39 Abs. 1 Nr. 5 InsO können hybride Kapitalmaßnahmen jedoch unterliegen, wenn dem Berechtigten je nach Ausgestaltung eine dem Anteilsinhaber vergleichbare Stellung eingeräumt wird und er dadurch über die Geschicke der Gesellschaft mitbestimmen kann (Theiselmann, Kap. 1, Rn. 323).

Bei einem Mezzanine-Darlehen kann dies der Fall sein, wenn weitreichende Covenants vereinbart werden, durch die der Mezzanine-Darlehensgeber in eine einem Anteilsinhaber gleichgestellte Position gelangt. Daneben kann auch bei Vereinbarung eines echten Equity Kicker (s. Abschnitt 2.3.1.5(1)) das Risiko bestehen, dass der Mezzanine-Darlehensgeber als gesellschafterähnlich einzustufen ist und der Darlehensrückzahlungsanspruch dem Nachrang unterliegt (Theiselmann, Abschnitt 1 Rn. 324 f.). Dagegen sollte die Nachrangigkeit von Rückzahlungsansprüchen aus einem Mezzanine-Darlehen gemäß § 39 Abs. 1 Nr. 5 InsO auf Grund der Einräumung eines virtuellen Equity Kicker grundsätzlich nicht in Betracht kommen.

Es ist auch anerkannt, dass sowohl das Sanierungsprivileg als auch das Kleinbeteiligungsprivileg (s. Abschnitt 2.3.1.6(4)) auf Mezzanine-Darlehen entsprechend anwendbar sind (Theiselmann, Kap. 1, Rn. 328).

2.4.3.2 Anfechtbarkeit nach § 135 InsO

Für den Fall, dass Ansprüche aus hybriden Kapitalmaßnahmen einem Rückzahlungsanspruch aus einem Gesellschafterdarlehen gleichgestellt werden und einem Nachrang gemäß § 39 Abs. 1 Nr. 5 InsO unterliegen (s. Abschnitt 2.4.3.1), besteht im Fall der bereits erfolgten Rückzahlung oder der Sicherheitenbestellung vor Eröffnung des Insolvenzverfahrens ein Anfechtungsrisiko nach § 135 InsO (s. Abschnitt 2.4.4.2).

2.4.4 Gesellschafterdarlehen

Soweit ein Gesellschafterdarlehen keiner der oben dargestellten Privilegierungen (s. Abschnitt 2.3.1.6(4)) unterfällt, ist der Darlehensrückzahlungsanspruch in der Insolvenz gemäß § 39 Abs. 1 Nr. 5 InsO nachrangig zu befriedigen.

2.4.4.1 Nachrang nach § 39 Abs. 1 Nr. 5 InsO

Vom Nachrang gemäß § 39 Abs. 1 Nr. 5 InsO umfasst werden Forderungen auf Rückgewähr eines Gesellschafterdarlehens und Forderungen aus Rechtshandlungen, die einem solchen Darlehen wirtschaftlich entsprechen. Hinsichtlich dem sachlichen und persönlichen Anwendungsbereich des Nachrangs von Gesellschafterdarlehen und wirtschaftlich entsprechender Forderungen wird auf die Ausführungen in Ziff. 2.3.1.6(2) und (3) verwiesen.

2.4.4.2 Anfechtbarkeit nach § 135 InsO

Gemäß § 135 Abs. 1 Nr. 2 InsO sind Rechtshandlungen, durch die dem Anteilsinhaber im letzten Jahr vor dem Eröffnungsantrag die Befriedigung eines Darlehensrückzahlungsanspruchs gewährt wurde, anfechtbar. Unter die einjährige Anfechtungsfrist sollen auch die Rückzahlungen von Gesellschafterdarlehen im Rahmens eines Cash-Pool fallen (Reuter, NZI 2011, S. 925 f.). Gemäß § 135 Abs. 1 Nr. 1 InsO ist zudem eine Sicherheitenbestellung für einen Darlehensrückzahlungsanspruch oder eine gleichgestellte Forderung anfechtbar, die innerhalb der letzten zehn Jahre vor dem Eröffnungsantrag oder danach vorgenommen worden ist. Unter den Begriff der Befriedigung fallen auch sämtliche Erfüllungssurrogate, wie beispielsweise Leistung an Erfüllungs statt oder erfüllungshalber, Hinterlegung, Aufrechnung, Verrechnung sowie die Befriedigung durch Zwangsvollstreckung (Uhlenbruck, § 135 Rn. 11).

2.4.4.3 Anfechtbarkeit nach § 133 InsO

Mit § 133 InsO wird die Anfechtung von Rechtshandlungen ermöglicht, die der Schuldner mit dem Vorsatz vorgenommen hat, seine Gläubiger zu benachteiligen und der andere Teil diesen Vorsatz kannte. In Anbetracht des schwierigen Nachweises einer vorsätzlichen Gläubigerbenachteiligung hat die Rechtsprechung zwar Beweiserleichterung statuiert, indem sie das Vorliegen einer inkongruenten Deckung gemäß § 131 InsO als Beweiszeichen für eine Gläubigerbenachteiligungsabsicht anerkennt (BGH, Urt. v. 18.12.2003 – IX ZR 199/2002), aber in der Praxis weist der Nachweis der Vorsatzanfechtung trotzdem noch hohe Hürden auf.

2.4.5 Debt Equity Swap

Scheitert die Sanierung einer Gesellschaft, sind bei einem Debt Equity Swap insolvenzrechtliche Risiken zu beachten, da die ursprüngliche Forderung in Eigenkapital umgewandelt wurde und der Gläubiger zum Anteilsinhaber geworden ist. Wurde nicht der komplette Teil eines ursprünglichen Darlehens in Eigenkapital umgewandelt, sondern noch ein Teil des Darlehens stehen gelassen, so ist dieser Teil als Gesellschafterdarlehen grundsätzlich vom Nachrang gemäß § 39 Abs. 1 Nr. 5 InsO (s. Abschnitt 2.3.1.6(1)) erfasst. Auch können die vor Eintritt der Insolvenz getätigten Darlehensrückzahlungen bzw. bestellten Sicherheiten einer Insolvenzanfechtung (s. Abschnitt 2.4.3.2) unterfallen.

Erfolgt der Anteilserwerb im Zeitpunkt der Zahlungsunfähigkeit oder der Überschuldung, kann der Darlehensgeber vom Sanierungsprivileg gemäß § 39 Abs. 4 2 InsO profitieren (s. Abschnitt 2.3.1.6(4)). Jedoch ist hierbei zu beachten, dass die privilegierende Wirkung nur bis zur nachhaltigen Sanierung anhält. Gerät die Gesellschaft danach erneut in die Krise, so unterfällt das Gesellschafterdarlehen wiederrum dem Nachrang.

Da im Rahmen eines Debt Equity Swap die Forderung des Gläubigers in Form einer Sacheinlage in die Gesellschaft eingebracht wird, können hieraus Schwierigkeiten bei der Bewertung der einzubringenden Forderung resultieren. Daraus kann sich für den Gläubiger das Risiko einer Differenzhaftung (s. Abschnitt 2.4.2.2) ergeben, sowie die Eintragung im Handelsregister kann gemäß § 57a i. V. m. § 9c GmbHG bzw. § 27 AktG zunächst verweigert bzw. verzögert werden. Bei einem Debt Equity Swap im Rahmen eines Insolvenzplanverfahrens gemäß § 225a Abs. 2 InsO n.F. wird das Risiko der Differenzhaftung des neuen Anteilsinhabers dadurch eingeschränkt, dass die Bewertung der Sacheinlage gemäß § 254 Abs. 4 InsO n.F. durch die Schuldnergesellschaft nur bis zur gerichtlichen Bestätigung des Insolvenzplans angegriffen werden kann (Meyer/Degener, BB 2011, S. 849; Brinkmann, WM 2011, S. 101).

2.4.6 Sonstige Risiken für die Eigenkapitalgeber

Neben den vorstehend unter Abschnitt 2.4.1 bis Abschnitt 2.4.5 dargestellten spezifischen Risiken bestehen für Eigenkapitalgeber in der Krise und Insolvenz auch allgemeine Haftungsrisiken.

2.4.6.1 Allgemeine Insolvenzanfechtungsrisiken

Bei allen insolvenznahen Rechtshandlungen besteht im Fall des Scheiterns der Sanierungsbemühungen das Risiko von Insolvenzanfechtungstatbeständen. Besonders kritisch sind hierbei Rechtshandlungen des Anteilsinhabers in dem dreimonatigen Zeitraum vor dem Antrag auf Eröffnung des Insolvenzverfahrens. In diesem Zeitraum können Rechtshandlungen des Anteilsinhabers gemäß § 130 InsO bei kongruenter Deckung und gemäß § 131 InsO bei inkongruenter Deckung unter vereinfachten Voraussetzungen angefochten werden. Für Leistungen, die in einem unmittelbaren Gegenseitigkeitsverhältnis erbracht werden, deren Gegenleistung angemessen ist und bei denen zwischen Leistungserbringung und Gegenleistung in der Regel maximal 30 Tage liegen, kann das Bargeschäftsprivileg gemäß § 142 InsO in Anspruch genommen werden. In diesem Fall ist das Anfechtungsrisiko auf eine Vorsatzanfechtung gemäß § 133 InsO begrenzt.

2.4.6.2 Faktische Geschäftsführung

Eigenkapitalgeber müssen insbesondere bei der GmbH beachten, dass sie nicht unter das Institut der faktischen Geschäftsführung fallen und damit den Haftungsrisiken eines Geschäftsführers unterliegen. Als Verantwortliche für die faktische Geschäftsführung kommen nach der Rechtsprechung des BGH nur natürliche und unbeschränkt geschäftsfähige Personen in Frage. Diese müssen zugleich nach außen (z. B. gegenüber den Gläubigern und Geschäftspartnern der Gesellschaft) dauerhaft in Erscheinung treten und dabei die gewöhnlichen Aufgaben eines Geschäftsführers übernehmen (BGH, Urt. v. 25.02.2002 – II ZR 196/00). Rein interne Weisungen an oder Einwirkungen auf die Geschäftsführung reichen hierfür nicht aus. Eine faktische Geschäftsführung kann beispielsweise bereits während der Vorbereitung eines Debt Equity Swap durch eine besonders bestimmende Teilnahme an der Ausgestaltung des Verfahrens und des Auftretens gegenüber Dritten begründet werden (MüKo-GmbHG, Vor § 58 Rn. 88). Überdies neigen Anteilsinhaber familiengeführter Gesellschaften in Krisensituationen manchmal dazu, sich operativ in die Belange der Geschäftsführung einzumischen, und begründen dadurch die gesteigerte Gefahr einer faktischen Geschäftsführung.

2.4.6.3 Insolvenzverschleppung

Grundsätzlich bestehen Haftungsrisiken wegen Insolvenzverschleppung gemäß § 15a InsO primär für die Geschäftsleitung der Gesellschaft. Daneben kommt jedoch auch eine

Haftung der Anteilsinhaber wegen Teilnahme in Form der Anstiftung oder Beihilfe zur Insolvenzverschleppung in Betracht (Baumbach/Hueck, § 64 Rn. 164), insbesondere wenn Anteilsinhaber die wirtschaftliche Situation verkennen und vermeintlich glauben, ihr persönliches Lebenswerk erhalten zu können, indem sie auf die Geschäftsführung entsprechend einwirken.

Darüber hinaus sind die Gesellschafter einer GmbH und die Aufsichtsratsmitglieder einer AG gemäß § 15a Abs. 3 InsO bei Führungslosigkeit der Gesellschaft und bei Kenntnis der Zahlungsunfähigkeit oder Überschuldung selbst zur Stellung des Insolvenzantrags verpflichtet (Braun, § 15a Rn. 14).

2.4.6.4 Missbrauch der Rechtsform

Bei der GmbH wird in besonders extremen Fällen eine Haftung der Gesellschafter als Durchgriffshaftung wegen eines Missbrauchs der Rechtsform diskutiert. Eine gesellschaftsrechtliche Haftung wegen materieller Unterkapitalisierung wird jedoch durch die Rechtsprechung (BGH, Urt. v. 28.04.2008 – II ZR 264/06 „Gamma") abgelehnt, da das Gesellschaftsrecht die Haftungsbegrenzung bereits bei Beachtung des gesetzlich vorgeschriebenen Mindeststammkapitals gewährt. Darüber hinausgehende Mindestkapitalanforderungen abhängig vom verfolgten Gesellschaftszweck lehnt die Rechtsprechung ab.

Ein Missbrauch der Rechtsform kann jedoch vorliegen, wenn eine GmbH bewusst so ausgestaltet wird, dass Nachteile aus deren Geschäftstätigkeit notwendig die Gläubiger der Gesellschaft treffen müssen (sogenannte Aschenputtel-Gesellschaften). Dies kann beispielweise in Konstellationen vorliegen, in denen Aktiva und Passiva bewusst auf zwei separate Gesellschaften mit beschränkter Haftung geleitet werden.

2.4.6.5 Vermögensvermischung

Die Gesellschafter einer GmbH können im Wege der Durchgriffshaftung nach dem Institut der Vermögensvermischung haftbar sein, wenn auf Grund einer unzureichenden oder undurchsichtigen Buchführung das Vermögen der GmbH nicht mehr vom Privatvermögen der Gesellschafter abgegrenzt werden kann und dadurch verschleiert wird (Kölbl, BB 2009, S. 1200 f.). Der Haftungsdurchgriff kommt jedoch nur zur Anwendung, wenn der Gesellschafter durch ein zurechenbares Verhalten auf die Vermögensvermischung hingewirkt hat und dadurch für den eingetretenen Zustand verantwortlich ist.

Es wird befürwortet, dass die Durchgriffshaftung unter den gleichen Voraussetzungen auch auf die AG anwendbar ist. Begründet wird dies mit der Geltung von gleichen Schutzstandards beider Gesellschaftsformen sowie dem Prinzip der ausreichenden Kapitalausstattung zum Schutz der Gesellschaftsgläubiger (MüKo-AktG, § 1 Rn. 71; Spindler/Stilz, § 1 Rn. 54; aA Hüffer, § 1 Rn. 20).

2.4.6.6 Existenzvernichtungshaftung

Eine Durchgriffshaftung auf die Gesellschafter einer GmbH kann zudem durch eine Existenzvernichtung begründet werden. Voraussetzung hierfür ist, dass der Gesellschafter vorsätzlich und sittenwidrig gemäß § 826 BGB in das Gesellschaftsvermögen eingreift und Vermögen kompensationslos entzieht. Denn das Gesellschaftsvermögen dient der Erfüllung der Verbindlichkeiten der Gesellschaft und ist dadurch zweckgebunden. Der Eingriff in das Gesellschaftsvermögen muss zudem zur Insolvenz der Gesellschaft führen oder die bereits vorliegende Insolvenz noch weiter vertiefen (BGH, Urt. v. 16.07.2007 – II ZR 3/04 „Trihotel"; Baumbach/Hueck, § 13 Rn. 63 f.).

Die für die GmbH durch den BGH entwickelte Existenzvernichtungshaftung gilt auch für die AG (Kölbl, BB 2009, S. 1200; Hüffer, § 1 Rn. 25).

2.5 Praxisbeispiel

Jörg Zirener

2.5.1 Erfolgreicher Turnaround aus Sicht der Eigenkapital-Geber

Beim vorliegenden Unternehmen handelt es sich um eine Mehrheitsbeteiligung. Die Portfolio-Gesellschaft hat sich im Zeitraum nach Kauf sowohl durch organisches als auch durch akquisitorisches Wachstum gut entwickelt. So konnten Umsatz (plus 20 %) und EBITDA (plus 30 %) innerhalb eines 3-Jahres-Zeitraums trotz beginnender wirtschaftlicher Eintrübung ab dem zweiten Halbjahr 2008 erfolgreich gesteigert werden. Die Gesellschaft profitiert dabei von ihrer Marktpositionierung als weltweit führendes Unternehmen im Bereich der Spezialwerkstoffe und daraus weiter veredelter Produkte sowie von positiven Entwicklungen und Trends in einer Reihe von attraktiven Endmärkten, die von der Uhrenindustrie über die Medizintechnik, die regenerativen Energien, Installationstechnik bis hin zur Automobil- und Luftfahrtindustrie reichen.

Trotz dieser Diversifizierung wurde das Unternehmen aufgrund seines sehr hohen Exportanteils voll von der Weltwirtschaftskrise in 2009 erfasst und verlor zwischen 2008 und 2009 zwei Drittel seines Ergebnisses. Dieser signifikante Ergebniseinbruch, der sich ab dem vierten Quartal 2008 andeutete und Anfang 2009 an Schärfe gewann, zog eine Reihe von Sanierungsmaßnahmen nach sich. So wurden bereits im Sommer 2008 mit dem Betriebsrat und den Gewerkschaften die Verhandlungen über einen neuen Firmentarifvertrag aufgenommen, der im November 2008 erfolgreich abgeschlossen werden konnte. Kern der Verhandlungen waren die Aussetzung der tariflichen Entgelterhöhungen bis Ende 2010 sowie die Einführung von flexiblen Arbeitszeitkonten und die Halbierung etwaiger Sonderzahlungen wie beispielsweise Urlaubs- und Weihnachtsgeld. Im Gegenzug wurde eine Arbeitsplatzgarantie bis Ende 2010 gewährt.

Zeitgleich wurde auch mit den Senior-Kreditgebern erfolgreich über einen „Covenant Reset" für das Jahr 2009 verhandelt, da Nettoverschuldung zu EBITDA von unter 4 Mal in 2008 auf über 10 Mal in 2009 zu steigen drohte. Trotz dieser kurzfristig erzielten Einigung war weiterhin eine nachhaltige Covenant-Anpassung für den Zeitraum 2010 bis

2013 erforderlich. Im Rahmen der Verhandlungen wurde deutlich, dass die Banken von der langfristigen Überlebens- und Sanierungsfähigkeit des Unternehmens überzeugt waren, sich aber für ihr weiteres Engagement und ihre Unterstützung ein starkes Commitment des Eigentümers in Form von zusätzlichem Kapital erwarteten. Aus Sicht des Eigentümers bestanden zu keiner Zeit Zweifel an der zukünftigen Leistungsfähigkeit des Portfolio-Unternehmens, der Erreichbarkeit der ursprünglich definierten Investmentthesen und dem strategischen Wert des Unternehmens im Exit-Fall, sodass auch die Bereitstellung von frischem Kapital von Anfang an in Erwägung gezogen wurde. Anstatt jedoch den Weg einer Kapitalerhöhung zu gehen, entschied man sich für einen partiellen Rückkauf eines am Markt gehandelten High-Yield Bonds, der gut 50 % der Gesamtverbindlichkeiten des Unternehmens ausmachte. Aufgrund der Negativreaktion des High-Yield-Bondmarkts auf die Weltwirtschaftskrise war es möglich, ca. 60 % des Nominalwertes des Bonds für insgesamt weniger als 30 % vom Nominalwert zu erwerben. Der dadurch erreichte De-Leverage-Effekt betrug gut 35 % bei einem Kapitaleinsatz von unter 15 %. Unter der Annahme einer Rückzahlung zu par waren somit IRRs von >70 % nach drei und >40 % nach fünf Jahren zu erwarten, sodass die Investitionsentscheidung genehmigt und umgesetzt und somit dem Wunsch der Banken entsprochen wurde. Diese Maßnahme verbesserte sowohl die finanzielle Situation der Portfolio-Gesellschaft als auch die Verhandlungsposition des Eigentümers mit der Konsequenz, dass sich letztendlich auf eine umfassende und langfristige Covenant-Anpassung mit den Senior-Kreditgebern geeinigt werden konnte.

Sämtliche Maßnahmen wurden durch einen erfahrenen Restrukturierungsberater begleitet, der sowohl das Prozess-Management durchführen sowie weitere Kosten- und Effizienzpotenziale als auch zukünftige Fokus- und Wachstumsfelder identifizieren sollte. Alle Ergebnisse flossen in ein ganzheitliches Sanierungskonzept sowie einen neuen Businessplan des Unternehmens ein, auf dessen Basis letztendlich die langfristige Covenant-Anpassung erfolgen konnte.

Die wirtschaftliche Erholung in 2010 und 2011 führte dazu, dass das Unternehmen das EBITDA-Niveau vor der Krise bereits in 2010 wieder erreichen und in 2011 um fast 50 % übertreffen konnte, sodass es mittlerweile erfolgreich an einen strategischen Investor verkauft wurde. Insgesamt konnten dabei die vorgenommenen Wertberichtigungen vollständig ausgeglichen und die an sowohl das Ursprungs- als auch an das Follow-on-Investment gestellten Renditeanforderungen mehr als erreicht werden.

2.5.2 Gescheiterter Turnaround aus Sicht der Eigenkapital -Geber

Beim vorliegenden Unternehmen handelt es sich um eine Minderheitsbeteiligung von <30 %. Die Investition erfolgte in der ersten Hälfte des Jahres 2008 kurz vor Beginn der Weltfinanzkrise. Zum Investitionszeitpunkt wurde unterstellt, dass man in eine attraktive westeuropäische Plattform mit Zugang zu Wachstum in Schwellenländern speziell in Osteuropa/Russland, eine erfolgreich implementierte Restrukturierung mit noch anstehender Profitabilitätssteigerung in einem wesentlichen Teilmarkt und einer ebenfalls bereits umgesetzten Vorwärtsintegration mit noch ausstehenden Effizienzsteigerungen (Synergien) investiert. Durch die Weltwirtschaftskrise, aber auch durch die spezifische Wettbewerbs- und Marktsituation lag die Entwicklung der Beteiligung deutlich unter den Erwartungen. So reduzierte sich das EBITDA der Gruppe zwischen 2007 und 2009 um ca. 60 %. Im selben Zeitraum stieg das Verhältnis von Nettoverschuldung zu EBITDA auf über 10 x, was eine entsprechende Verletzung des vereinbarten Covenants und eine Neuverhandlung der bestehenden Finanzierung nach sich zog. Trotz der negativen Ergebnissituation gelang es der Gesellschaft, Anfang 2010 die Umschuldung ohne Zugeständnisse der Eigentümer erfolgreich abzuschließen.

Aufgrund der Spätzyklizität des Geschäfts sowie einer von Überkapazitäten gekennzeichneten Marktstruktur konnte jedoch der der Finanzierung zugrunde liegende Businessplan für 2010 nicht erreicht werden, sodass Ende 2010 eine erneute Verhandlung der Finanzierung erforderlich wurde. In einem recht kurzfristigen Zeitraum musste bis Ende März 2011 eine Lösung gefunden werden, was jedoch durch den zwischenzeitlichen Einstieg diverser Hedgefonds und Distressed-Debt-Investoren, sowohl in die Senior-Tranchen der ausstehenden Kredite als auch in einen begebenen Hybrid-Bond, aufgrund unterschiedlicher Interessenlagen und Einstiegskonditionen, selbst innerhalb der gleichen Gläubigerklasse, erschwert wurde.

Aufgrund der Tatsache, dass der Anfang 2011 verbleibende Unternehmenswert nicht mehr ausreichte, alle vorrangig besicherten Forderungen zu befriedigen, waren die Senior Lender de facto zu wirtschaftlichen Eigentümern der notleidenden Gesellschaft geworden. Die relevanten Gläubigergruppen konnten grob in Geschäftsbanken, die ihre Kreditausfallhöhe begrenzen, und angelsächsische Distressed-Debt-Investoren, die über das Fremdkapital ins Eigenkapital der Gesellschaft kommen wollten, unterteilt werden. Damit hatte sich eine Investorenklasse in das Unternehmen eingekauft, die gleiche Ziele wie die bestehenden Eigenkapitalgeber verfolgte mit dem Unterschied, dass sie direkt in die Verhandlungen über die Verwertung eingebunden waren und aus einer Position des faktischen Eigentümers in der Lage waren, für sie nachteilige Verwertungsentscheidungen wie beispielsweise das Sanierungskonzept der bestehenden Eigentümer – trotz gegebener Vorteilhaftigkeit für das Krisenunternehmen – zu blockieren, um selbst im Nachgang die Eigentümerrolle einnehmen zu können.

Trotz des Versuchs des Minderheitsgesellschafters, ein aus Unternehmenssicht vorteilhaftes Sanierungskonzept umzusetzen, welches neben starken anfänglichen Forderungsverzichten auch die Bereitstellung neuer Mittel in signifikanter Höhe zur Umsetzung notwendiger Restrukturierungs-, aber auch zukünftiger Wachstumsmaßnahmen vorsah, wurde das für das Unternehmen nachteiligere Konzept der sich bereits im Unternehmen befindlichen Distressed-Debt-Investoren, welches einen leicht geringeren initialen Haircut (ca. 40 % vs. 55 %), allerdings ohne spätere Earn-out-Komponente mit Aussicht auf volle Wertaufholung beinhaltete, bevorzugt. Mittels eines massiven Kapitalschnitts wurden letztendlich die bestehenden Eigenkalpitalgeber sowie die Hybridbondholder signifikant verwässert (1 % bzw. 4 %) und quasi enteignet. In Abhängigkeit der

Höhe und Bedeutung der jeweiligen Anteile bestand nur noch die Möglichkeit, einen entsprechenden Lästigkeitswert zu erzielen, um die Erreichung notwendiger Mehrheitserfordernisse sicherzustellen.

Literaturverzeichnis

Avvento, C. (2010): Hin- und Herzahlen: Offenlegung als konstitutive Voraussetzung des Eintritts der Erfüllungswirkung?, BB, S. 202–204

Bader, H (1996): Private Equity als Anlagekategorie, Bern, et al.

Batran, K. (2010): Financial Restructuring von Private Equity-Portfoliounternehmen, in: M&A Review, 11/2010, S. 538–543

Baumbach, A./Hueck, A. (2010): GmbHG, Kommentar, 19. Auflage, München

Bayer, W./Hommelhoff, P./Kleindiek, D./Lutter, M. (Hrsg.) (2009): GmbH-Gesetz, Kommentar, 17. Auflage, München

Böckenförde, B. (1996): Unternehmenssanierung, Stuttgart

Bork, R. (1999): Die Doppeltreuhand in der Insolvenz, NZI, S. 337–344

Bous, U. (2001): Die Konzernleitungsmacht im Insolvenzverfahren konzerngebundener Kapitalgesellschaften, Köln, et al.

Braun, E. (2010): Insolvenzordnung, Kommentar, 4. Auflage, München

Brinkmann, M. (2011): Wege aus der Insolvenz eines Unternehmen – oder: Die Gesellschafter als Sanierungshindernis, WM, S. 97–103

Budde, W./Förschle, G./Winkeljohann, N. (Hrsg.) (2008): Sonderbilanzen – Von der Gründungsbilanz bis zur Liquidationsbilanz, 4. Auflage, München

Bunnemann, J./Zirngibl, N. (Hrsg.) (2011): Die Gesellschaft mit beschränkter Haftung in der Praxis, 2. Auflage, München

Buschmann, H. (2006): Erfolgreiches Turnaround Management, Wiesbaden

Buth, A./Hermanns, M. (Hrsg.) (2009): Restrukturierung, Sanierung, Insolvenz, 3. Auflage, München

Büchting, H.-U./Heussen, B. (Hrsg.) (2011): Beck'sches Rechtsanwaltshandbuch, 10. Auflage, München

Ecker, M. (2006): Investmentstrategien von Finanzinvestoren, in: M&A Review, 11/2006, S. 483–488

Ehricke, U. (1998): Das abhängige Konzernunternehmen in der Insolvenz, Tübingen

Eidenmüller, H./Frobenius, T. (2011): Die Internationale Reichweite eines englischen Scheme of Arrangement, WM, S. 1210–1219

Fenn, G./Liang, N./Prowse, S. (1997): The Private Equity Market: An Overview, in: Financial Markets, Institutions and Instruments 6, Nr. 4, S. 1–105

Fleischer, H./Goette, W. (Hrsg.) (2010/2011): Münchener Kommentar zum Gesetz betreffend die Gesellschaften mit beschränkter Haftung – GmbHG, Band I, Band III, München

Ganter, G. (2011): Rechtliche Risiken der Mezzanine-Finanzierung, WM 2011, S. 1587–1594

Gehrlein, M. (2008): Die Behandlung von Gesellschafterdarlehen durch das MoMiG, BB 2008, S. 846–854

Goette, W./Habersack, M. (Hrsg.) (2008/2011): Münchener Kommentar zum Aktiengesetz, 3. Auflage, Band I, Band IV, München

Golland, F./Gehlhaar, L./Grossmann, K./Eickhoff-Kley, X./Jänisch, C. (2005): Mezzanine-Kapital, BB-Special 4/2005, S. 1–32

Grell, F./Kowalewski, J. (2011): Lender led solution – aber wie, in: Handelsblatt (Hrsg.), Restrukturierung, S. 10–12

Gündel, M./Hirdes, M. (2005): Mezzanine-Kapital zur Bilanzoptimierung und bankenunabhängigen Unternehmensfinanzierung – Praxisfall zur Beschaffung von Mezzanine-Kapital im Wege der Privatplatzierung, BC, S. 205–210

Günther, Th. (1997): Unternehmenswertorientiertes Controlling, München

Helbling, C. (1979): Unternehmensbewertung und Steuern, 3. Auflage, Düsseldorf

Hommel, U./Knecht, Th./Wohlenberg, H. (2006): Handbuch Unternehmensrestrukturierung, Wiesbaden

Hüffer, U. (2010): Aktiengesetz, Kommentar, 9. Auflage, München

Kölbl, A. (2009): Die Haftung wegen existenzvernichtenden Eingriffs: gesicherte Erkenntnisse und Entwicklungen seit Trihotel, BB, S. 1194–2001

Kraft, V. (2001): Private Equity für Turnaround-Investitionen, Frankfurt am Main

Kutsch, A./Kersting, A.-L. (2011): Mitarbeiterbeteiligung zur Finanzierung und Sanierung, BB, S. 373–382

Lieder, J. (2010): Grund- und Zweifelsfragen des genehmigten Kapitals der GmbH, DNotZ, S. 655–683

Magnus, M./Pfister, W. (2010): LBO-Finanzierungen im Stresstest – Handlungsoptionen und Strategien von Kreditgebern, in: M&A Review, 4/2010, S. 177–183

Maurenbrecher, P./Leibniz, G. (2010): Private Equity-Sanierungsmanagement im Mittelstand – Acht Erfolgsfaktoren für den Turnaround von Distressed Investments, in: M&A Review, 3/2010, S. 117–123

Meyer, H./Degener, J.-M. (2011): Debt-Equity-Swap nach dem RegE-ESUG, BB, S. 846–851

Michalski, L. ([Hrsg.) (2010): Kommentar zum GmbH-Gesetz, 2. Auflage, München

Müller, W./Rödder, T. (Hrsg.) (2009): Beck'sches Handbuch der AG, 2. Auflage, München

Paulus, C. (2011): Das englische Scheme of Arrangement – ein neues Angebot auf dem europäischen Markt für außergerichtliche Restrukturierungen, ZIP, S. 1077–1083

Raffel, C. (2010): Unternehmen verkaufen – aber wie? Gestaltungsoptionen und Handlungsempfehlungen für den Verkauf von mittelständisch geprägten Unternehmen, in: M&A Review, 8-9/2010, S. 402–408

Rappaport, A. (1998): Creating Shareholder Value. A Guide for Managers and Investors, 2. überarbeitete und aktualisierte Auflage, New York, et al.

Reuter, A. (2011): Die Anfechtbarkeit der Rückzahlung von Gesellschafterdarlehen im Cash-Pool: Explosive Massenvermehrung nach § 135 InsO?, NZI, S. 921–927

Saenger, I./Inhester, M. (Hrsg.) (2011): GmbHG, Handkommentar, Baden-Baden

Schmidt, K./Lutter, M. (Hrsg.) (2010): Aktiengesetz, Kommentar, 2. Auflage, Köln

Schmidt, K./Uhlenbruck, W. (2009): Die GmbH in Krise, Sanierung und Insolvenz, 4. Auflage, Köln

Schwenker, J./Fischer, C. (2010): Restrukturierungsmaßnahmen in der Krise der GmbH, DStR, S. 1117–1121

Sirmon, D./Hitt, M. (2003): Managing Resources: Linking Unique Resources, Management, and Wealth Creation in Family Firms, in: Entrepreneurship Theory and Practice, Vol. 27, Issue 4, S. 339–358

Spindler, G./Stilz, E. (Hrsg.) (2010): Kommentar zum Aktiengesetz, 2. Auflage, München

Stadler, M. (2009): Zurechnung von Stimmrechten und Pflichtangebote im Rahmen von Treuhandschaften an börsennotierten Aktien, insbesondere im Falle doppelnütziger Sanierungstreuhandschaften, NZI, S. 878–881

Theiselmann, R. (Hrsg.) (2010): Praxishandbuch des Restrukturierungsrechts, Köln

Theiselmann, R. (2010): Die gesellschafterliche Treuepflicht in Sanierungsfällen – Empfehlungen für die Restrukturierungspraxis, GmbH-StB, S. 43–49

Uhlenbruck, W. (2010): Insolvenzordnung, Kommentar, 13. Auflage, München

Weber, H. (2010): Succession Due Diligence: Ein Ansatz für die erfolgreiche Kaufgestaltung von Familienunternehmen, in: M&A Review, 3/2010, S. 124–130

Willemsen, R./Rechel, J. (2011): Insolvenzrecht im Umbruch – ein Überblick über den RegE-ESUG, BB, S. 834–840

Wimmer, R. (2011): Typische Schwächen und Potenziale der Selbstgefährdung von Familienunternehmen, in: Rüsen, T. (Hrsg.): Familienunternehmen erfolgreich sanieren, Berlin

3 Unternehmensrestrukturierung aus Sicht der Fremdkapitalgeber

3.1 Einführung und Grundlagen

Michael Tyroller und Daniela Nienstedt

Fremdkapitalgeber gehören zu den wichtigsten Stakeholdern in einer Restrukturierung. Je nach Krisenstadium können sie einen wachsenden Einfluss ausüben. Zu unterscheiden sind hierbei die Liquiditätskrise, die Ertragskrise und die strategische Krise.

Am größten ist der Einfluss, aber auch das Verlustrisiko, in der Liquiditätskrise, wenn das Unternehmen kurzfristig frisches Geld benötigt und dabei auf die Unterstützung der bestehenden Fremdkapitalgeber angewiesen ist, da kurzfristig in der Regel kein außenstehender Dritter dem Unternehmen Liquidität zur Verfügung stellen würde. Die Fremdkapitalgeber ihrerseits werden an die weitere Unterstützung des Unternehmens Forderungen knüpfen, die in der Regel ihre Risiko- und Sicherheitenposition verbessern sollen und gleichzeitig das Unternehmen in seiner Handlungsfreiheit insoweit einschränken, dass sich durch das Handeln der Unternehmung die Risikoposition der Fremdkapitalgeber nicht weiter verschlechtert und im Zeitablauf schrittweise verbessert.

Diese aus Sicht des Unternehmens ambivalente Verhaltensweise – einerseits stellen die Fremdkapitalgeber das dringend benötigte Kapital zur Verfügung bzw. verzichten auf eine eigentlich gebotene Rückführung, andererseits verlangen sie als Gegenleistung weitreichende Zugeständnisse des Unternehmens und oft auch von den Eigentümern – mündet häufig in langwierigen Verhandlungen, in deren Verlauf beide Seiten versuchen, der jeweils anderen im Rahmen der Möglichkeiten weitreichende Konzessionen abzuringen.

In der Ertragskrise, d. h. in Zeiten von sinkenden Umsätzen und steigenden Kosten, kann es schnell zu deutlichen Rückgängen beim Ergebnis kommen, die einerseits zu einer Abwertung des Ratings führen können und andererseits, wenn bei Finanzierungen oder sonstigen Verträgen die Einhaltung gewisser Kennzahlen vereinbart ist (z. B. das Verhältnis EBITDA zu Verschuldung), einen Vertragsbruch auslösen können, der oft die Rückzahlung der Kredite vorsieht. In beiden Fällen müssen sich das Unternehmen und die Fremdkapitalgeber zeitnah über die (negativen) Auswirkungen auf die Finanzierung und Belieferung einigen und Lösungen finden, die einerseits tragfähig für das Unternehmen sind und andererseits den Fremdkapitalgebern ein akzeptables Risiko-Ertrags-Profil bieten. Bei Nichteinigung kann die Ertragskrise z. B. durch Rückführung von Krediten oder Verkürzung von Zahlungszielen unmittelbar zu einer Liquiditätskrise führen.

Sowohl in der Liquiditäts- als auch in die Ertragskrise werden Fremdkapitalgeber die Reportingpflichten und -zyklen des krisenhaften Unternehmens erhöhen, um ausreichend Transparenz über die Situation sicherzustellen.

In der strategischen Krise besteht kein unmittelbarer Bedarf der Unterstützung durch Fremdkapitalgeber, da das Unternehmen nicht sofort, sondern erst in Zukunft mit Vertragsbrüchen oder Liquiditätsengpässen zu rechnen hat. Vor dem eigentlichen Regelungs- und Kapitalbedarf stehen strategische Diskussionen, Marktstudien, Entwicklung von Businessplänen und mehr. In der strategischen Krise sind langfristige, vertrauensvolle Beziehungen zu Fremdkapitalgebern, insbesondere Banken, von Vorteil.

Für jede Krise gilt jedoch, dass erhöhter Gesprächsbedarf und zunehmender Handlungsbedarf zwischen den verschiedenen Parteien bestehen. Das Verständnis über den jeweiligen Verhandlungspartner hinsichtlich seiner Ziele, Entscheidungsparameter, Handlungsmöglichkeiten und die daraus resultierenden Konsequenzen hilft auf Basis einer realistischen Einschätzung der eigenen Position, Lösungen vorzudenken, die Blockaden vermeiden, und Kompromisse anzubieten, die die Interessenlage der einzelnen Stakeholder berücksichtigten und zu einer Gesamtlösung führen, die in Summe das beste Ergebnis für alle bietet.

In diesem Kapitel werden die verschiedenen Fremdkapitalgeber – Banken, Hedgefonds und Distressed-Debt-Investoren, Lieferanten und Kreditversicherer – beleuchtet. Ergänzend werden als Exkurse die Abwicklungsanstalten und „Der Lieferant in der Krise" betrachtet.

Die *Banken* sind oft die wesentlichen Finanzierer der Unternehmung und werden in Krisenfällen oft zum wirtschaftlichen Eigentümer. In dieser – nicht gewünschten Rolle – tragen sie ein hohes Maß an Verantwortung für das Unternehmen und sind doch in erster Linie der Sicherung ihrer Kredite verpflichtet. Im Restrukturierungsfall verfügen die Banken über eine Vielzahl von Handlungsmöglichkeiten, die entweder die Fortführung des Kreditengagements (wie z. B. Stillhalten, Fresh Money, Neuverhandlung von Finanzkennzahlen, Umwandlung von Fremdkapital in Eigenkapital oder eigenkapitalähnliche Formen, Sicherheitenverstärkung) oder einen Ausstieg (wie z. B. der Verkauf der Kredite, Kündigung der Kredite und Verwertung der Sicherheiten) zum Ziel haben. Die Basis für jede Entscheidung ist zum einen die Schaffung von Transparenz und zum anderen der Erhalt einer realistischen Planung, meistens in Form eines Sanierungsgutachtens.

Ein Resultat der Finanzkrise 2008/09 war die Entstehung der *Abwicklungsanstalten*. Die erste Abwicklungsanstalt (West LB) und die FMS Wertmanagement (Hypo Real Estate) wurden durch die Bundesanstalt für Finanzmarktstabilisierung (FMSA) ins Leben gerufen, um zur Stabilisierung des deutschen Finanzmarktes beizutragen. Bei den Abwicklungsanstalten handelt es sich nicht um Kreditinstitute im Sinne des Kreditwesengesetzes. Auch in anderen europäischen Ländern findet man ähnliche Konstruktionen, beispielsweise Royal Park Investments in Belgien, gegründet durch Fortis. Der Exkurs zu den Abwicklungsanstalten soll die noch recht junge Branche beleuchten und aufzeigen, wo und warum es Unterschiede zu Banken gibt und was es bedeutet, eine Abwicklungsanstalt als Kreditgeber zu haben.

Distressed-Debt-Investoren sind Investoren, die in das Fremdkapital von Krisenunternehmen investieren. Die Investitionsstrategie (Erzielung von kurzfristigen Erträgen, vollständige Rückzahlung des mit Abschlag gekauften Kredits, Debt Equity Swap) determiniert die Verhaltensweise, sprich ob der Investor am Restrukturierungsprozess aktiv teilnimmt oder nicht. Die Handlungsmöglichkeiten eines Distressed-Debt-Investors unterscheiden sich generell kaum von denen der Banken und sind im Wesentlichen vom jeweiligen Investor, seiner Strategie und finanziellen Ressourcen abhängig.

Auch *Lieferanten* sind durch gewährte Zahlungsziele Fremdkapitalgeber. In erster Linie sind und werden Lieferanten als Versorger von Waren und Dienstleistungen und ihre Wichtigkeit für den Produktionsprozess und damit für die operative Tätigkeit gerrrsehen. Als externe Stakeholder in einer Restrukturierung sind Lieferanten die am wenigsten homogene Gruppe. Hintergrund sind die Vielzahl und unterschiedlichen Größen der Lieferanten, ihr Abhängigkeitsgrad von einem (kriselnden) Kunden und der Abhängigkeitsgrad des (kriselnden) Unternehmens von ihnen. Der Lieferant hat abzuwägen zwischen Erhalt des Abnehmers (Umsatz) und Minimierung des eigenen Kreditrisikos (Zahlungsziele). Die Lieferanten verfügen über verschiedene Möglichkeiten, eine Restrukturierung zu unterstützen (Aufrechterhaltung der Lieferungen, Beibehaltung/Ausweitung von Zahlungszielen), aber auch eine Restrukturierung zu erschweren und unmöglich zu machen (Einstellung von Lieferungen, Umstellung auf Vorkasse).

Ein Lieferant kann selbst in eine Krise rutschen und das Abnehmerunternehmen durch seine eigene Krise gefährden. Der Exkurs „Der Lieferant in der Krise“ zeigt auf, wie das Abnehmerunternehmen entscheiden muss, inwiefern es sich um einen Schlüssellieferanten oder Systempartner handelt und wie „förderungsnotwendig“ dieser ist. Unterstützende Maßnahmen sind beispielsweise Abnahmezusagen oder vorgezogene Abnahmen, Verkürzung von Zahlungszielen bzw. Vorkasse.

Die *Kreditversicherer* sind aktiver Teil fast jeder größeren Restrukturierung. Die Branche ist hoch spezialisiert und auf wenige Teilnehmer konzentriert. Klassisch werden sie als Vertreter der Lieferanten gesehen. Umbestritten haben sie für Lieferanten eine gewisse Leitfunktion, tatsächlich ist ihre Tätigkeit viel differenzierter zu sehen. Ihr Leistungsspektrum reicht von der klassischen Warenkreditversicherung über Bonitätschecks bis hin zu Avalen. Aus Sicht des Krisenunternehmens ist bei einer Warenkreditversicherung die Aufrechterhaltung der Limite bei den Lieferanten der wichtigste Punkt. Umso wichtiger ist daher das richtige Verständnis der vertraglichen Beziehung Kreditversicherer – Lieferant – Krisenunternehmen.

Im Folgenden werden die Interessen, Handlungsmöglichkeiten und Risiken der verschiedenen Fremdkapital-Stakeholder detailliert dargestellt.

3.2 Banken

Eva Ringelspacher

Abstract

Die finanzierenden Banken sind bei einem Krisenunternehmen einer der wichtigsten Stakeholder. Um das Unternehmen in der Sanierung zu begleiten, gibt es eine Fülle von Möglichkeiten wie z. B. Stillhalten, Stundung oder Neukredite in Form von Überbrückungs- und/oder Sanierungsdarlehen. Als Grundlage hierfür fordern die Banken erweiterte Informationsrechte, teilweise weitere Sicherheiten und gegebenenfalls ein Sanierungsgutachten.

In einzelnen Fällen erfordert die Sanierung eines Unternehmens weitergehende Maßnahmen wie z. B. Forderungsverzichte, Umwandlung von Fremdkapital in Eigenkapital (Debt Equity Swap) oder eigenkapitalähnliche Formen (z. B. Genussrechte).

Sofern eine Einigung zwischen den Stakeholdern nicht möglich ist, sind Alternativen wie Sanierung in der Insolvenz, Verkauf der Kredite an einen Dritten oder Fälligstellung und Verwertung zu prüfen.

Das nachfolgende Kapitel beleuchtet die Vorgehensweise der Bank, ihre Entscheidungsparameter und zeigt die verschiedenen Handlungsmöglichkeiten auf.

3.2.1 Einleitung

Die finanzierende Bank bei einem Krisenunternehmen ist einer der wichtigsten Stakeholder. Mit sich zuspitzender Liquiditätskrise gelangen die Banken als Fremdkapitalgeber immer mehr in eine wirtschaftliche Shareholder-Position, denn ein neuer Finanzier wird sich in einer solchen prekären Situation nicht finden. Gleichzeitig wird die Zeit für die Einleitung einer Sanierung immer enger und es setzt ein Dominoeffekt ein: Kürzung von Kreditlinien, Limitstreichungen von Kreditversicherungen, Vorkasse bei Lieferanten usw.

Für die Bank stellt sich die Frage, ob sie das Unternehmen auch in der Sanierungsphase weiter begleiten will oder ob sie den Ausstieg präferiert, z. B. durch einen Verkauf der Kreditforderung am Sekundärmarkt, wobei hier jedoch die Reputation der Bank Schaden nehmen kann.

Die Entscheidung zwischen Sanierung und Sicherheitenverwertung ist eine Entscheidung zwischen Investition und Desinvestition. Hier spielt das Sanierungspotenzial bzw. der Sicherheitenwert eine entscheidende Rolle.

Die Entscheidung wird unter Bestimmung des Unternehmenswertes zum einen unter der Annahme der Fortführung (*going concern*) und zum anderen unter Bestimmung von Liquidationswerten getroffen. Dabei sind die Finanzmarktsituation, insbesondere der Markt für *Distressed Debt Instruments* (Instrumente für notleidende Kredite), sowie die Vorgaben der Gesamtbanksteuerung unter den Gesichtspunkten von Portfolio- und Risikomanagement mit in die Überlegungen einzubeziehen.

Eigenkapitalrestriktionen bzw. Eigenkapitalkosten spielen dabei eine große Rolle, aber auch *Cross-Selling*-Aktivitäten bei dem Kunden und die Frage, ob man den Kunden auch in einer schwierigen Situation – unter dem Aspekt der Kundenbindung – begleiten möchte. Es stellt sich für eine Bank auch die Frage nach der Akzeptanz von Co-Finanziers wie Investoren (Private Equity Funds, Hedgefonds).

Im Rahmen der Entscheidungsfindung muss die Bank in zwei Kategorien denken: Zum einen muss sie für sich selbst (und ihre Aktionäre) die beste Risikoabsicherung und Recovery erzielen, zum anderen darf sie dem Unternehmen und dessen Gläubigern nicht schaden. Letztendlich sind Sanierungsstrategien gefragt, die der Bank das Begleiten des Kunden in der Krise erlauben, aber möglichst keine Wertberichtigung oder gar Abschreibung auslösen.

Neben den nachfolgend dargestellten Optionen der finanziellen Restrukturierung muss immer parallel auch die operative Restrukturierung erfolgen, denn nur dann wird die Restrukturierung des Unternehmens nachhaltig sein. Bei der finanziellen Restrukturierung steht die Passivseite der Bilanz im Fokus und damit einhergehend oft die Problematik der hohen Verschuldung oder sogar der Überschuldung.

3.2.2 Ausgangspunkt und erste Maßnahmen

3.2.2.1 Vorgehensweise einer Bank/Entscheidungsparameter

In einer Krisenphase ist es von enormer Bedeutung, dass die Bank ein effektives Frühwarnsystem etabliert hat, um frühzeitig Entwicklungen beim Kunden identifizieren zu können, die bei diesem zu einer Krise führen könnten.

Transparenz ist das oberste Gebot, denn ohne Vertrauen in die Realisierbarkeit des Sanierungskonzeptes wird eine Bank keinen Beitrag leisten. Nur in einer offenen und vertrauensvollen Zusammenarbeit mit dem Kunden kann rechtzeitig durch ein Gegenlenken der Eintritt der Krise vermieden werden. Die Erhaltung des Kreditrahmens ist von entscheidender Bedeutung.

In der Konsequenz sollte der Kunde den erhöhten Reportinganforderungen der Bank nachkommen, beispielsweise durch ein 13-Wochen-Cashflow-Forecast oder eine Bankenübersicht. Letzteres stellt bei Finanzierungen, die in unzählige Tranchen aufgeteilt sind und über den Sekundärmarkt gehandelt werden, ein großes Problem dar, da die einzelnen sich aktuell in der Transaktion befindenden Gläubiger nicht festzustellen sind.

Durch die Kreditverträge mit Covenants sind dem Unternehmen zwar viele Reportingpflichten und Obliegenheiten (Undertakings) auferlegt, aber oft handelt es sich nicht um die typischen Reportinganforderungen, die eine Bank bei einem Engagement in der Krise benötigt, sodass hier Ergänzungen erforderlich sind.

Wichtig ist es dabei, die Krise frühzeitig zu erkennen, sodass ausreichend Zeit zur Verfügung steht. Denn auch wenn das Unternehmen sich in wirtschaftlichen Schwierigkeiten oder bereits in einem insolvenznahen Bereich befindet, kann eine Bank noch Kredite gewähren, allerdings nur, wenn sie dem Zweck der Sanierung dienen und auch sanierungsgeeignet sind.

Die klassischen Restrukturierungsoptionen für eine Bank sind:

- Stillhalten/Standstill: Offenhalten der bestehenden Kreditlinien
- Stundung/*Payment in kind (PIK)*-Option: Verschiebung von Tilgungen und/oder Zinsen an das Ende der Laufzeit
- Fresh Money: Gewährung von neuen Kreditmitteln in Form von Überbrückungs- oder Sanierungskrediten
- Verzicht: Die Bank verzichtet ganz oder teilweise auf ihre Kreditforderung

Sofern eine Kooperation mit dem Kunden nicht möglich ist, muss die Bank über andere Alternativen nachdenken und durch entsprechende Strategien das Kreditausfallrisiko verhindern/begrenzen.

3.2.2.2 Sicherheitenpool

Voraussetzung für das Gelingen einer Sanierung ist ein stabiler Finanzierungsrahmen, der durch Banken, Kreditversicherer und eventuell Leasinggesellschaften bereitzustellen ist. Um die unterschiedlichen Interessen dieser einzelnen Gläubigergruppen zu koordinieren, empfiehlt sich die Bildung eines Banken-/Sicherheitenpools. Grundlage des Bankenpoolvertrages ist die Gleichbehandlung aller Parteien, was die Sicherheitenbestellung, Beteiligung an Neukrediten und den Informationsaustausch betrifft.

Poolführer wird im Regelfall die Bank mit dem höchsten Forderungsvolumen. Der Pool dient auch dazu, eine einvernehmliche Lösung in extrem komplexen Gläubigergruppen mit unterschiedlichen Interessen, die z. B. zwischen Banken und Hedgefonds bestehen, herbeizuführen.

Der Zusammenschluss dient dem Prinzip „alle in einem Boot" und führt zu einer Stabilisierung für das Unternehmen in seiner Kreditversorgung mit einer gewissen Fristigkeit von mindestens einem Jahr. Im Bankenkreis werden unterschiedliche Laufzeiten, wie sie bei bilateralen Verträgen bestehen, auf eine Laufzeit gebracht: Somit sind sowohl die verpflichteten als auch die nicht verpflichteten Kreditgeber gebunden und haben keine unterschiedlichen Ausstiegsmöglichkeiten.

Der Sicherheitentreuhänder ist Beteiligter im Sicherheitenpool, sofern diese Aufgabe nicht vom Poolführer auf einen externen Dritten übertragen wurde. Er handelt eigenverantwortlich und wird wesentliche Entscheidungen im Bankenpool abstimmen.

Dagegen ist der *Security Agent* vor allem in den syndizierten Kreditvereinbarungen zu finden: Seine Aufgabe ist die Kommunikation im Zusammenhang mit Fragen rund um das Halten und Verwalten von Sicherheiten sowie bei Änderungen des Vertrages. Dabei liegt die Betonung auf „Kommunikation", denn er gibt keine eigenen Stellungnahmen ab und erteilt auch keine Empfehlungen. Er ist ausführendes Organ der Beteiligten und von allen Haftungen seitens der Kreditgeber freigestellt.

Sofern es um Wertermittlungs- und Verwertungsfragen geht, beauftragt er einen Dritten im Unterschied zum klassisch deutschen Sicherheitentreuhänder.

3.2.2.3 Sicherheitenverstärkung

Bei der Sicherheitenverstärkung ist zu prüfen, auf welcher Grundlage sie erfolgen soll: aufgrund einer einzelvertraglichen Nachbesicherungsklausel oder aber einer Nachbesicherung auf Grundlage der AGBs. Sofern die Sicherheit in der einzelvertraglichen Nachbesicherungsklausel schon genau definiert wurde, kann eine kongruente Deckung vorliegen. Andernfalls sowie bei einer späteren Nachbesicherung auf Grundlage der AGBs ist in der Regel von einer inkongruenten Deckung auszugehen. Bei einer bloßen Prolongation des Kredites – ohne Zurverfügungstellung von *Fresh Money* – ist immer von einer Anfechtung aufgrund Inkongruenz auszugehen, da das Stehenlassen des Altkredits bei Sicherheitenverstärkung gegen Gewährung neuer, zusätzlicher Sicherheiten erfolgt.

3.2.2.4 Sanierungsgutachten/IBR (Independent Business Review)

Gemäß den MaRisk (Mindestanforderungen an das Risikomanagement) hat ein Kreditinstitut ein Sanierungsgutachten, das die Sanierungsfähigkeit beurteilt, vorzulegen und anhand dessen die Entscheidung für oder gegen die Begleitung des Unternehmens in der Krise zu treffen sowie die Umsetzung des Sanierungsprozesses zu überwachen.

Das Institut der Wirtschaftsprüfer (IdW) hat im September 2009 den neuen Standard S 6 für Sanierungsgutachten veröffentlicht (s. www.IdW.de). Dieser sieht vor, dass in einer ersten Stufe die positive Fortführungsfähigkeit und in der zweiten Stufe die Wiederherstellung der Wettbewerbsfähigkeit und nachhaltige Fortführungsfähigkeit bestätigt werden müssen.

Die aktuelle Tendenz in der Praxis hat dann gezeigt, dass Banken nicht mehr die Vorlage eines Sanierungsgutachtens gemäß IdW S 6 gefordert haben, sondern ein Gutachten, das die höchstrichterliche Rechtsprechung des BGH an Sanierungskonzepte erfüllt. Es wurde bemängelt, dass der S 6 nicht der BGH-Rechtsprechung entspreche und insbesondere auch für kleine und mittlere Unternehmen zu umfangreich sei.

Der BGH hat in unterschiedlichen Zusammenhängen Mindestanforderungen an Sanierungskonzepte formuliert:

- Die Vermögens-, Ertrags- und Finanzlage des Unternehmens muss zutreffend beurteilt sein (BGH 1997).
- Das Unternehmen muss objektiv sanierungsfähig sein und die konkret in Angriff genommenen Maßnahmen müssen objektiv geeignet sein, das Unternehmen in absehbarer Zeit durchgreifend zu sanieren (BGH 2005).
- Die geplanten Maßnahmen sind in den Anfängen bereits umgesetzt, d. h., die Sanierungsmaßnahmen wurden sachgerecht eingeleitet (BGH 1992).
- Das Gutachten geht von erkannten und erkennbaren tatsächlichen Gegebenheiten aus und ist durchführbar. Sowohl für die Frage der Erkennbarkeit der Ausgangslage als auch für die Prognose der Durchführbarkeit ist auf die Beurteilung eines unvoreingenommenen, nicht notwendigerweise unbeteiligten, branchenkundigen Fachmanns abzustellen (BGH 1997, 1998).
- Dem Gutachter liegen die vorgeschriebenen oder üblichen Buchhaltungsunterlagen des Unternehmens zeitnah vor (BGH 1997).
- Das Gutachten enthält eine Analyse der wirtschaftlichen Lage des Unternehmens im Rahmen seiner Wirtschaftsbranche und erfasst die Krisenursachen (BGH 1997 und 2001).

Dies führte zu einer Weiterentwicklung des S 6 durch das IdW durch Vorlage des Entwurfes einer Neufassung im September 2011, mit Bezugnahme auf die höchstrichterliche Rechtsprechung des BGH:

- Vornahme von Klarstellungen
- Aussage zur Sanierungsfähigkeit ist nun fester Bestandteil des Gutachtens
- Definition der Kernbestandteile des Gutachtens
- Aussage zur Eintrittswahrscheinlichkeit der Annahmen
- Plausibilitätsbeurteilung der Daten (Vermögens-, Finanz-, Ertragslage)
- Definition der Sanierungsfähigkeit

Beim Zusammentreffen verschiedener Jurisdiktionen bei grenzüberschreitenden Restrukturierungen wird insbesondere von den Beteiligten aus Großbritannien ein IBR (Independent Business Review) gefordert. Dieser IBR legt aber seinen Schwerpunkt auf die Vergangenheit – nämlich die Analyse der Finanzkennzahlen usw. Damit erfüllt er nicht die Anforderungen, die die Rechtsprechung des BGH oder auch der Standard S 6 an Sanierungsgutachten stellt und ist somit für die Frage, ob in Deutschland ein Sanierungskredit gewährt werden kann, keine Entscheidungsgrundlage.

Bei der Auswahl des Beraters für die Erstellung des Sanierungsgutachtens werden seitens der Bank mindestens drei Vorschläge unterbreitet und dann eine Auswahl im Rahmen eines sogenannten *Beauty Contests* getroffen. Aus der Vielzahl der Sanierungs- und Restrukturierungsspezialisten ist eine Auswahl zu treffen, die sich an Branchenkenntnis, Teamzusammensetzung und Arbeitsaufwand bestimmt; nicht zu vernachlässigen ist auch der Punkt, dass die „Chemie“ zwischen Berater und Management des Unternehmens stimmig ist. Es dürfen keine kulturellen oder sprachlichen Hürden aufgebaut werden, da diese für die Vertrauensbildung kontraproduktiv sind.

3.2.2.5 Steering Committee

Aufgrund der Komplexität auf der Fremdkapitalgeberseite sind Unternehmen oft über Konsortien (Club Deal/syndizierte Kredite) mit mehr als 50 Beteiligten, darunter europäische und anglo-amerikanische Banken und Funds, in unterschiedlichen *Debt Layern* finanziert.

Im Falle einer Restrukturierung empfiehlt sich daher die Bildung eines Steering oder Coordinating Committees, um in einer solchen komplexen Situation mit diversen Mitspielern, deren Interessen kaum unterschiedlicher sein könnten, eine effiziente Restrukturierung zu ermöglichen.

Ein solches Steering Committee setzt sich aus dem Agent plus einer Auswahl weiterer Banken und/oder Funds zusammen, die oft in einem Wahlverfahren bestimmt werden. Es handelt sich um ein reines Informationsgremium mit keinerlei Entscheidungsbefugnissen, um Haftungsthemen auszuschließen. Das Steering Commitee hat eigene Finanz- und Rechtsberater, die vom Unternehmen bezahlt werden.

Bei grenzüberschreitenden Restrukturierungen, die deutsche Unternehmen betreffen, sollten deutsche Banken grundsätzlich im Steering Committee vertreten sein, um ihr Sanierungswissen einzubringen.

3.2.3 Begleitung der Restrukturierung/Darstellung der Restrukturierungsinstrumente

3.2.3.1 Stillhalten

Die Bank ist nicht verpflichtet, den Kredit fällig zu stellen und zu kündigen. Das Stillhalten ist der Verzicht auf die Ausübung der Kündigungsrechte – sowohl die ordentlichen als auch die außerordentlichen – sowie der Verzicht auf Beitreibung der Forderung oder Duldung eines bisher noch nicht voll ausgeschöpften Kreditrahmens. Es wird auf das ernsthafte Einfordern der Rückführung der Kredite verzichtet.

Der *Standstill* ist in der Praxis nur eines der Mittel aus einer Vielzahl von Möglichkeiten, um die Sanierungsfinanzierung zu komplementieren. Ein Meilenstein kann der Standstill der bereits bestehenden Kredite sein, flankiert von weiteren Maßnahmen.

Damit alle Kreditgeber an Bord bleiben, sollte das Unternehmen mit ihnen eine Vereinbarung schließen, für einen bestimmten Zeitraum (z. B. im Rahmen eines Pools) stillzuhalten. Ein *Standstill* gibt dem Unternehmen Zeit, einerseits den tatsächlichen Liquidtätsbedarf zu ermitteln und andererseits Restrukturierungsalternativen im Rahmen eines Sanierungsgutachtens zu erarbeiten.

In die *Standstill*-Vereinbarung sollte immer eine Beschränkung der Verkaufsmöglichkeit der Kredite/Eingehen von Unterbeteiligungen bei den Krediten (sogenanntes *Lock-up Agreement*) aufgenommen werden, um zu verhindern, dass sich Dritte in die

Kredite einkaufen und als Akkordstörer auftreten können. Denn nur so kann man den aus dem *Debt Trading* resultierenden ständigen Gläubigerwechseln Herr werden und die Restrukturierung vorantreiben. Das *Lock-up* bedarf allerdings einer 100-%-Mehrheit (bei Verträgen unter Loan Market Association Standard), was bei Finanzierungskreisen, bei denen Investmentbanken mit *Trading Desks* beteiligt sind, in der Praxis nicht erreichbar ist.

3.2.3.2 Prolongation

Ein Standstill muss gegen eine Prolongation abgegrenzt werden, denn bei Letzterer geht es um die Verlängerung von Kreditlaufzeiten *(Amendment)*, um damit die Fälligkeit der Forderungen nach hinten zu verschieben und so dem Unternehmen mehr Zeit für die Sanierung zu geben. Möglich ist auch eine Umwandlung einer nicht in Anspruch genommenen Investitionslinie in eine Betriebsmittellinie, um dadurch die Vergabe von *Fresh Money* zu vermeiden. Einer Prolongation wird eine Bank immer dann zustimmen, wenn sie davon ausgehen kann, dass das Unternehmen die Restrukturierung aus eigener Kraft schafft.

3.2.3.3 Covenant Reset

Covenants dienen den Banken in erster Linie als Frühwarnkriterien, um Fehlentwicklungen frühzeitig zu erkennen. Insbesondere die Nichteinhaltung von Liquiditätsklauseln deutet auf ein kurzfristiges Insolvenz- und Kreditausfallrisiko hin, wenn nämlich die kurzfristig realisierbaren Mittel (liquide Mittel, Bankguthaben, Vorratsvermögen) die kurzfristigen Verbindlichkeiten nicht mehr übersteigen. *Covenantbrüche* führen in der Praxis nur in den wenigsten Fällen zu einer Kreditkündigung: In den meisten Fällen kommt es zu einem Neuverhandeln der Covenants oder zur Neuverhandlung der kompletten Kreditbedingungen.

Im Rahmen von Leveraged-Buy-Out-Finanzierungen (LBO-Finanzierungen) mit Standardverträgen der Loan Market Association (LMA-Standard) unter britischem Recht haben sich sogenannte Covenant-Resets und Waiver Letters entwickelt. Hierbei handelt es sich nach deutschem Recht um modifizierte Stillhaltevereinbarungen, bei denen auf das Kündigungsrecht verzichtet und die vereinbarte Einhaltung bestimmter Kennzahlen (Covenants) aufgehoben wird.

Nicht zu unterschätzen ist hierbei die Gefahr sogenannter *Cross defaults*, die auch zu Verletzungen in anderen Kreditverträgen führen und damit einen Dominioeffekt von Kreditkündigungen auslösen können. Daher wird in Verträgen unter LMA-Standard ein *Waiver* (Verzichtserklärung) erteilt. Wenn die veränderten Umstände nach Ansicht der Kreditgeber die Rückzahlung der Kredite nicht gefährden, wird der *Waiver* regelmäßig erteilt, und der – vom Unternehmen zu vertretende – zusätzliche Verwaltungsaufwand des Agenten und der Banken wird durch eine pauschale Gebühr (*Waiver Fee*) abgegolten, die von Fall zu Fall festgesetzt wird.

Die Rechtsfolge einer unterlassenen Kündigung im Rahmen eines Waiver-Prozesses birgt die Gefahr der Verwirkung (Forfeiture) des Kündigungsrechts. Im britischen Recht ist der Erhalt des Kündigungsrechts durch einen Reservation of Rights Letter möglich. Im deutschen Recht tritt gemäß § 314 Abs. 3 BGB der Verlust des Kündigungsrechts ein. Die Frage, ob man dies auch mit einem Reservation of Rights Letter verhindern kann, ist im Rahmen des deutschen Rechts noch nicht geklärt.

Bei einem Reset der Covenants sollte in der Restrukturierung auf die konservative Planung (Base Case) abgestellt werden. Wichtig ist, dem Unternehmen genügend „Luft zum Atmen" zu lassen und gleichzeitig dem Informations-/Controllingbedürfnis der Kreditgeber zu genügen. Grundsätzlich sollten Financial Covenants ausgesucht werden, die aus Sicht der Banken die vorhandenen Schwachstellen im Unternehmen offenbaren. Bei der Heilung von Covenantbrüchen durch sogenannte Waiver sollte für die Banken allerdings nicht die Zahlung der Waiver Fee im Vordergrund stehen, sondern eine Ursachenanalyse. Die Hauptfunktion der Covenants liegt nicht in der Gewährung eines Kündigungsrechts, sondern in dem faktischen Zwang des Unternehmens, die Kreditgeber über alle wesentlichen Umstände und Entwicklungen zu informieren.

Bei dem Vorliegen eines Bruchs von Financial Covenants sollte immer die Erforschung des wirklichen Grundes der Nichterfüllung im Vordergrund stehen. Es sollten hierzu Gespräche mit dem Management aufgenommen werden: Grundlage ist die Erstellung von wöchentlichen/monatlichen Reportings, um die finanzielle Performance des Unternehmens besser einschätzen und um die Wirksamkeit von Gegenmaßnahmen schneller abschätzen zu können. Wichtig ist auch die Einschätzung der Gefahr eines Wiederholungsrisikos.

3.2.3.4 Stundung/Payment in kind (PIK)-Optionen

Zum Teil ist es in der Praxis ausreichend, eine Stundung von Zinsen und/oder Tilgungen zu erklären, um die Liquiditätslücke zu schließen.

Bei PIK-Regelungen (payment in kind) werden Zinsen (oder auch Tilgungen) bis an das Ende der Laufzeit gestundet. Das heißt, es fließen den Kreditgebern keine Zahlungen zu, die Kredite sind – in der Regel – unbesichert und nachrangig. Das Problem der Rückzahlung wird zeitlich nur verschoben, aber nicht gelöst. In einer Sanierungsphase hat die PIK-Komponente den Vorteil, dass die ohnehin knappe Liquidität des Unternehmens nicht mit Zahlungen auf den Kredit belastet wird.

Oft werden bei PIK-Vereinbarungen die Zinsen nicht nur gestundet, sondern kapitalisiert, indem die aufgelaufene Zinsschuld in regelmäßigen Abständen in ein Darlehen gewandelt wird. Damit wird erreicht, dass die aufgelaufenen Zinsen wiederum verzinst werden. Im Rahmen der Restrukturierung sollte aber beachtet werden, dass damit die Verschuldung des Unternehmens weiter ansteigt und das „Problem" nur nach hinten verschoben wird. Zu beachten ist hier allerdings, dass eine solche Stundung bei den Banken unter den gleichen Vorzeichen wie eine Neukreditvergabe geprüft wird.

3.2.3.5 Überbrückungskredit

Sofern das Unternehmen einen akuten Liquiditätsengpass hat, bietet sich die Gewährung eines Überbrückungskredits als Sofortmaßnahme an, um die Zeit bis zur Vorlage des

Sanierungsgutachtens zu überbrücken. Damit dieser Überbrückungskredit nicht als sittenwidrig einzustufen ist, muss mit der Einleitung von ernsthaften Sanierungsbemühungen bereits begonnen worden sein (BGH, WM 1998, 248).

Als eine Bedingung in der Dokumentation sollte die Beauftragung des Sanierungsgutachtens aufgenommen werden und dieses sollte idealerweise bei Valutierung des Überbrückungskredites bereits vorliegen. Auch für den Fall, dass das Sanierungsgutachten nicht zu einer positiven Fortführungs- und Sanierungsfähigkeit kommt, wäre der Überbrückungskredit einschließlich der gewährten Sicherheiten zulässig. Daneben sollten auch weitere Gläubiger miteinbezogen werden, wie z. B. die Lieferanten und Warenkreditversicherer: Als Voraussetzungen für die Gewährung des Überbrückungskredites können die Aufrechterhaltung der Linien der Warenkreditversicherer sowie die Einräumung bestimmter Zahlungsziele durch die Lieferanten definiert werden (vgl. Abschnitt 3.5 Lieferanten).

Beim Zeitrahmen gilt der Grundsatz, dass die Laufzeit nicht länger als drei Monate sein sollte. Die Laufzeit hat sich an der Zeit für die Erstellung des Sanierungsgutachtens zu orientieren und ist somit von der Größe und Komplexität des Unternehmens abhängig. Daher sollte die Laufzeit von vornherein realistisch kalkuliert werden, da eine Laufzeitverlängerung immer als kritisch anzusehen ist. Die Laufzeit umfasst den Zeitraum für die Prüfung der Sanierungsfähigkeit sowie die Vereinbarung/den Abschluss des Sanierungskredits.

Der kurzfristige Liquiditätsbedarf ist für den Prüfungszeitraum unter Einplanung eines Polsters für Unvorhergesehenes zu ermitteln, um die Liquiditätslücke durch neue Mittel zu schließen. Bei der Festlegung des Liquiditätsbedarfs sind auch die Zeit der Implementierung und die Gewährung des Sanierungskredits mit einzuplanen. Es muss vermieden werden, dass während der Laufzeit erneut eine Liquiditätslücke entsteht, denn dies wird in den Bankengremien als Neukredit nur schwierig durchsetzbar sein und zerstört das Vertrauen in die bisherige Planung.

Sofern noch freie Sicherheiten bestehen, werden diese vorrangig zugunsten des Überbrückungskredits herangezogen. Im Falle einer Insolvenz wäre diese Sicherheitenbestellung als Bargeschäft im Sinne des § 142 InsO nicht anfechtbar, sofern die Valutierung des Kredites und die Bestellung der Sicherheiten unmittelbar – innerhalb einer Zweiwochenfrist – erfolgen. Denn dann hat der Kreditnehmer für die Bestellung der Sicherheiten unmittelbar eine gleichwertige Gegenleistung der Bank erhalten (BGH, IX ZR 158/05). Bei Bestellung von Grundschulden kann dieser Zeitraum länger sein, da in der Praxis eine Eintragung ins Grundbuch nicht innerhalb einer so kurzen Zeitspanne erfolgen kann. Soweit das Kreditinstitut unverzüglich alles zur Sicherheitenbestellung veranlasst hat, sind Verzögerungen, die durch Dritte entstehen, für den Bargeschäftscharakter unschädlich. Eine Mitbesicherung der Altkredite (*Old Money* versus *New Money*) ist möglich, allerdings muss dann ein Rangverhältnis (sogenannte Nachrangvereinbarung) definiert werden: Im ersten Rang ist der Überbrückungskredit abgesichert und im zweiten Rang der Altkredit; andernfalls verliert man die Privilegierung des § 142 InsO auch für den Überbrückungskredit. In LBO-Finanzierungen oder in den Fällen, in denen bereits alle Sicherheiten bei Kreditvergabe einbezogen wurden, wird der Überbrückungskredit als ein allen Krediten vorrangiger Kredit (*Super Senior Loan*) strukturiert und kann damit in jedem Fall – auch einer Insolvenz – durch die Sicherheitenerlöse zurückgeführt werden. Allerdings wird dadurch der Sicherheitenwert für die Altkredite geschmälert.

Ein Überbrückungskredit kann aus wichtigem Grund gekündigt werden, aber nur wenn eine weitere nachhaltige Verschlechterung der Vermögenssituation eintritt, aus der ersichtlich wird, dass der Zweck der Überbrückungsfinanzierung, nämlich die Feststellung der Sanierungsfähigkeit, nicht erreichbar ist.

Der Überbrückungskredit wird – nach Vorlage des positiven Sanierungsgutachtens – durch den Sanierungskredit zurückgezahlt.

3.2.3.6 Sanierungskredit

Ein Sanierungskredit wird durch Banken im Stadium der Sanierungsbedürftigkeit bzw. Insolvenzreife des Unternehmens vergeben. Hier haben die Banken darauf zu achten, dass es sich nicht um einen eigennützigen Sanierungskredit handelt, der einen Schadensersatzanspruch gegenüber allen anderen Gläubigern auslösen würde. Dies ist der Fall, wenn die Kredite dazu dienen, den Zusammenbruch des Unternehmens nur hinauszuschieben und sich die Bank gegenüber anderen Gläubigern dadurch Vorteile verschafft. Daher ist Voraussetzung für die Vergabe eines Sanierungskredites stets die Vorlage eines Sanierungsgutachtens (s. oben). In der Dokumentation sollten die Meilensteine des Sanierungsgutachtens mit aufgenommen werden.

Bei Entscheidung der Herauslegung des Sanierungskredites stellt sich auch die Frage nach der Umsetzung der Sanierungsmaßnahmen und ob das Management hierzu in der Lage ist. Sollte die Bank zu dem Ergebnis kommen, dass dies nicht der Fall ist, wird sie als Voraussetzungen für den Sanierungskredit auf die Einsetzung eines Chief Restructuring Officer (CRO) bestehen. Dieser trägt dann die Verantwortung für die Umsetzung der Meilensteine des Sanierungsgutachtens und sollte auf Vorstandsebene des Unternehmens installiert werden.

3.2.4 Weitere Restrukturierungsinstrumente

Gerade bei LBO-Finanzierungen der Boomjahre 2002 bis 2007 ist ein hoher Verschuldungsgrad (Leverage) erkennbar, der eine Bereinigung der Bilanz erforderlich macht. Erschwerend hinzu kommt die sogenannte Maturitywall – die Endfälligkeit dieser Finanzierungen in den Jahren 2014 und 2015 – die durch den brachliegenden Bondmarkt nicht gelöst werden kann.

Bereits im Sanierungsgutachten sollte eine Aussage zur Verschuldungsfähigkeit (Debt Capacity) getroffen werden, um zu analysieren, wie viel Verschuldung das Unternehmen tragen kann und welche der folgenden Maßnahmen ergriffen werden müssen, um die Bilanz um einen Teil der Schulden zu bereinigen.

3.2.4.1 Haircut (Forderungsverzicht)

Zur Verbesserung der Verschuldungssituation, aber auch zur Stabilisierung der Liquidität werden von den Banken auch Forderungsverzichte gefordert. Diese können sich auf Zinszahlungen und/oder Teile der Kapitalforderungen beziehen, aber oft sind in der Praxis Haircuts hinsichtlich der kompletten Forderung erforderlich.

Da für die Bank ein Haircut die Ultima Ratio unter den Sanierungsbeiträgen darstellt, wird dieser mit einem Besserungsschein (z. B.: *Equity Kicker*) verknüpft: Dieser beinhaltet, dass bei Eintritt bestimmter Finanzkennzahlen in der Zukunft ein Ausgleich an die Banken für die Haircuts gezahlt wird. Zu beachten ist, dass ein solcher Forderungsverzicht einen steuerpflichtigen Sanierungsgewinn auslösen kann und damit kontraproduktiv wäre. Beteiligte, die Kredite am Sekundärmarkt mit großem Abschlag aufkaufen, können sich im Rahmen der Sanierung einen größeren Haircut leisten als die beteiligten Banken, was in der Praxis zu Verwerfungen innerhalb der Finanzierungskreise führt.

3.2.4.2 Debt Equity Swap

Durch den Wegfall der Verbindlichkeiten in der Bilanz kann die Verschuldung erheblich gesenkt oder eine eventuell schon eingetretene Überschuldung beseitigt werden. Daneben verbessert sich die Liquiditätssituation durch den Wegfall von Zins- und Tilgungsleistungen.

Insbesondere Hedgefonds kaufen sich über den Sekundärmarkt in die Kredite mit hohem Abschlag ein, unter Ausnutzung von Zins- und Kreditrenditen (*loan to hold*) oder um diese Kredite in Eigenkapital (*loan to own*) zu wandeln. Im Gegensatz dazu verfolgen insbesondere deutsche Banken dieses Ziel – Einstieg ins Eigenkapital – nicht:

Mit dem ESUG (Gesetz zur weiteren Erleichterung der Sanierung von Unternehmen) wird die Durchführung des Debt Equity Swaps erleichtert: Nun treten die im Insolvenzplan getroffenen gesellschaftsrechtlichen Regelungen mit der Rechtskraft der gerichtlichen Bestätigung des Plans in Kraft, ohne dass es einer Mitwirkungshandlung der Gesellschafter bedarf. Das heißt, im gestaltenden Teil des Insolvenzplans kann ein Debt Equity Swap vorgesehen und damit die Umwandlung von Fremdkapital in Anteilsrechte beschlossen werden. Dies bedeutet gleichzeitig auch den Ausschluss der Differenzhaftung für die Banken.

Ungeachtet der Erleichterung des Debt Equity Swap durch das ESUG bleibt abzuwarten, wie sich – insbesondere deutsche – Banken zukünftig verhalten.
Im Allgemeinen verfolgen sie aus zwei Gründen keinen Loan-to-own-Ansatz:

- Es gehört nicht zum Kerngeschäft einer Bank, Beteiligungen an diversen Unternehmen der unterschiedlichsten Branchen zu halten.
- Für eine Bank kann es ein Problem darstellen, wenn sie eine Gesellschafter- oder gesellschafterähnliche Stellung innehat.

Unschädlich ist eine Beteiligung einer Bank bis zu 10 % gemäß dem Kleinstbeteiligungsprivileg (§ 35 Abs. 5 InsO), denn in einem solchen Fall besteht nicht die Gefahr der Nachrangigkeit der Kredite in der Insolvenz wie bei Gesellschafterdarlehen. Die Privilegierung greift aber dann nicht, wenn Poolbanken/Konsortien gemeinsam mehr als 10 % am Stammkapital halten und in koordinierter Weise in der Krise dem Unternehmen Kredit gewähren (BGH, ZIP 2007, 1407 ff.). Dies dürfte bei Pool- und Konsortialverträgen immer der Fall sein, sodass diese Erleichterung in der Praxis leider ins Leere geht und nicht zur Anwendung kommt.

Beim Zusammentreffen von deutschen Banken und Investmentbanken/Funds findet sich im Konsortium oft eine Tendenz, das Letztere einen Debt Equity Swap durchführen möchten, die beteiligten deutschen Banken aber nicht und man erwägt, ob man innerhalb des Konsortiums beide Wege geht oder gar zwei Konsortien bildet. Da die herrschende Meinung davon ausgeht, dass ein Kreditgeber mit seiner Gesellschaftereigenschaft auch andere im Konsortium beteiligte Kreditgeber infiziert, ist von einer solchen Lösung Abstand zu nehmen. Das Aufsplitten in zwei Konsortien dürfte als Umgehungstatbestand gewertet werden. Bei einem nachträglichen Erwerb über die 10 %-Grenze hinaus entfällt das Privileg ebenso wie eine nachträgliche Reduzierung nicht zu einer nachträglichen Privilegierung führt.

Eine weitere Privilegierung (keine Gefahr der Nachrangigkeit) findet sich ebenfalls in § 39 InsO: Danach ist es unschädlich, wenn ein Kreditgeber zum Zwecke der Sanierung Anteile an einer Gesellschaft (z. B. durch einen Debt Equity Swap) übernimmt. Dieses Privileg gilt für alle Gesellschaftsformen und grundsätzlich auch für Auslandsgesellschaften, z. B. eine Limited, die ihren Sitz in Großbritannien und eine Zweigniederlassung in Deutschland hat. Hier greift das Sanierungsprivileg des § 39 Abs. 4 InsO, wenn die folgenden Voraussetzungen erfüllt sind:

- Vorliegen eines Insolvenzantraggrundes
- Erwerb der Beteiligung zum Zwecke der Sanierung
- Darüber hinaus ist subjektiv Sanierungswille erforderlich

Der Grund, warum in der Praxis von diesem Restrukturierungsinstrument kein Gebrauch gemacht wird, ist, dass im Falle einer neuerlichen Krise das Sanierungsprivileg entfällt und damit Kredite von Banken mit Beteiligungen wieder nachrangig werden. Das heißt, die Privilegierung hat nur bis zum Erreichen der nachhaltigen Sanierung Bestand. Der Begriff der nachhaltigen Sanierung ist noch ungeklärt. Die Beseitigung von Insolvenzgründen allein ist noch nicht ausreichend, es muss auch noch nicht wieder ein Ertrag erwirtschaftet werden. Möglicherweise reicht die positive Fortführungsprognose auf ein Jahr aus.

3.2.4.3 Genussrechte

Banken haben im Allgemeinen kein Interesse an einer Unternehmensbeteiligung, insbesondere nicht an den damit verbundenen Mitsprache- sowie Stimmrechten oder an Kontroll- bzw. Entscheidungsrechten. Eine Alternative hierzu bieten Genussrechte, *Warrants* oder *Profit Participating Loans (PPLs).*

Im Rahmen einer finanziellen Restrukturierung tauschen die Banken einen Teil ihrer Kreditforderungen (non subtainable debt) in PPLs um. Damit wird die Überschuldung des Unternehmens beseitigt, die Banken erhalten sich aber ihre Forderung in Form der PPLs, sodass kein Haircut erforderlich ist.

Der Nominalwert der PPLs wird zunächst mit EUR 1,00 in die Bilanz der Gesellschaft aufgenommen und damit die Verschuldung gesenkt. Die PPLs werden verzinst, diese Zinsen werden zum Nominalbetrag hinzuaddiert, kommen bei vorhandener Liquidität zu festgelegten Zahlungsterminen oder aber erst am Ende der Laufzeit zur Auszahlung (PIK). Der Wert der PPLs wird nach Fair-Value-Gesichtspunkten in der Bilanz der Gesellschaft angesetzt und dieser steht damit in direkter Abhängigkeit zur Entwicklung des Unternehmens.

3.2.4.4 Treuhand

Da seitens der deutschen Bankenlandschaft in der Vergangenheit ein Debt Equity Swap aufgrund der typischen gesellschaftsrechtlichen Haftungsrisiken (Differenzhaftung, Nachrang in der Insolvenz) nicht gewünscht war, kam es zur Renaissance der Treuhand. Bekannte Fälle waren Continental, Opel, Ratiopharm und HeidelbergCement.

Die Sanierung mit den Altgesellschaftern kann sich zum Knackpunkt der Sanierung entwickeln, während Sanierungen mit Profis im Vorstand oder Aufsichtsrat als „Top-down-Sanierungen" schneller umgesetzt werden.

Obwohl den Banken in den meisten Fällen die Gesellschaftsanteile bereits verpfändet wurden, werden diese als wirtschaftliche Shareholder nicht akzeptiert. Damit die Banken in die Rolle als wirtschaftlicher Shareholder kommen, bietet sich die Übertragung der Gesellschaftsanteile auf eine doppelnützige Sicherheitentreuhand an. Der Treuhänder ist durch die Treuhandabrede verpflichtet, sowohl die Interessen des Treugebers als auch die der Begünstigten (Kreditgeber) zu wahren. Diese Übertragung wirkt sich vor allem vertrauensbildend gegenüber den Banken aus.

Da in den meisten Fällen bereits eine Verpfändung der Gesellschaftsanteile (share pledges) an die Kreditinstitute vorliegt, wird die Auswahl des Treuhänders zwischen Gesellschaftern und Banken abgestimmt. Oft werden die Banken einen oder mehrere in Frage kommende Treuhänder vorschlagen und im Rahmen einer *Beauty Cont*ests auswählen.

Die verschiedenen Zwecke der Treuhand sind die Sicherung der Verkaufsbereitschaft verbunden mit dem Recht zur Investorensuche, Lösung von Problemen auf Gesellschafterebene, Begleitung und Controlling des Sanierungsprozesses.

Der Treuhandvertrag kommt zwischen dem Treuhänder und dem Altgesellschafter zustande: Der Treuhänder soll die Anteile halten, während der Altgesellschafter wirtschaftlich und steuerlich Eigentümer bleibt. Für die Banken ist es ein echter Vertrag zugunsten Dritter, mit dem sie eine de facto Gesellschafterstellung vermeiden. Bei Veräußerung der Anteile haben diese Anspruch auf einen Erlösanteil aus der Sicherungsabrede zur Rückführung der Kredite. Über die Treuhand können die Banken nie mehr verlangen als die Rückführung der Kredite. Für die Begleitung des Unternehmens in der Krise erwarten die Banken aber eine Beteiligung am up-side nach Überwindung der Krise in Form einer Success Fee oder eines erhöhten „Sanierungszinses". Dies wird bei der Erlösverteilung (*Waterfall*) bereits bei Vertragsabschluss in die Dokumentation aufgenommen.

In der aktuellen Praxis wird oft noch ein Beirat neben der Treuhand installiert, in welchem auch die Kreditgeber vertreten sind. Solange dieser nur den Sanierungsprozess überwacht, besteht keine Gefahr einer Quasigesellschafterstellung für die Kreditgeber.

Bereits im Treuhandvertrag wird festgeschrieben, dass der Treuhänder berechtigt ist, die Anteile mittels eines M&A-Prozesses zu veräußern. Wichtig hierbei ist die Definition des Bedingungsfalls, entweder durch Festlegung eines bestimmten Datums oder der regelmäßigen (halbjährlich/jährlich) Bewertung durch einen M&A-Berater. Im letzteren Fall muss im Treuhandvertrag ein Schwellenwert und dessen Berechnungsweise (z. B. EBITDA) für den Start des Verkaufsprozesses vereinbart werden. Daneben wird auch der Verteilungsschlüssel der Verkaufserlöse bei Vertragsabschluss festgelegt. Dieser kann z. B. wie folgt aussehen:

- Kosten des Treuhänders (eventuell auch Beirat)
- Rückführung der Kredite
- Erfolgs-/Restrukturierungsgebühr für die begleitenden Banken
- Übererlös für die Altgesellschafter

Durch die Treuhandvereinbarung kann auch die Erreichung der im Sanierungskonzept festgelegten Meilensteine, sowohl harter als auch weicher Faktoren, nachgehalten werden.

Der Vorteil der Treuhand ist, dass der Treuhänder bei einem realistischen Preis verkaufsbereit ist, während die Altgesellschafter meist von einem unrealistischen Wert der Anteile ausgehen.

3.2.4.5 Enforcement

Die Verpfändung von Gesellschaftsanteilen (share pledges) ist unter dem Gesichtspunkt einer Haftung als Quasi-Gesellschafter unschädlich (BGH, NJW 1992, 3035). In Deutschland ist die Option der Pfandrechtsverwertung in der Praxis nicht so häufig anzutreffen, da dies nur über eine öffentliche Auktion erfolgen kann.

Die Struktur, dass ein deutsches Unternehmen einen Kreditvertrag nach deutschem oder britischem Recht und einer Holding mit Sitz in Luxemburg hat, findet sich in der Praxis häufig bei LBO-Finanzierungen aufgrund von steuerlichen Vorteilen. Für die Frage der Sicherheitenverwertung ist dann das (gläubigerfreundliche) Luxemburger Vollstreckungsrecht maßgeblich, sodass verpfändete Gesellschaftsanteile innerhalb kürzester Zeit von den Senior-Banken verwertet und auf einen neuen Gesellschafter übertragen werden können.

Dieses Szenario kommt dann zur Anwendung, wenn die Gesellschafter (oder Mezzanine-Geber) „aus dem Geld sind" *(out of the money)*, also keine Rückführung ihrer Forderung mehr erwarten können, sich aber einer Bereinigung der Passivseite der Bilanz verschließen und die Gläubiger eine Lösung vorantreiben wollen *(lender led solution)*.

3.2.4.6 Scheme of Arrangement

Es wird immer wieder diskutiert, ob das (bisherige) deutsche Insolvenzrecht eine „Sanierungsbremse" ist. Tatsächlich lässt sich – insbesondere bei internationalen Finanzierungen – eine „Flucht" in sanierungsfreundlichere Jurisdiktionen feststellen.

Auch bei deutschen Unternehmen findet man verstärkt Finanzierungen, die zum einen nach LMA-Standard strukturiert sind, und zum anderen sowohl hinsichtlich der Rechtswahl dem englischen Recht unterliegen und als Gerichtsstandsvereinbarung London haben. Diese beiden letzten Punkte sind Voraussetzung für die Nutzung des britischem Scheme of Arrangement.

Im Fall Rodenstock hat der High Court of Justice in London zur Anwendbarkeit bei einem deutschen Unternehmen eine ausführliche Begründung verfasst, die als eine Art Leitfaden gelten darf. Bisher konnte auch in der Insolvenz nicht in Gesellschafterrechte eingegriffen werden. Die Umwandlung von Fremd- in Eigenkapital bedurfte der Zustimmung der Gesellschafter. In der Praxis war dies ein Sanierungshindernis und auch das Zustandekommen von Insolvenzplänen ist daran gescheitert, dass der Gesellschafter sich einer solchen Lösung widersetzte. Auch tritt bei dem Scheme keine Belohnung von sogenannten Akkordstörern ein, denn ein opportunistisches Verhalten, insbesondere durch Beteiligte, die Forderungen am Sekundärmarkt mit erheblichen Abschlag erworben haben (Hedgefonds), zahlt sich nicht mehr aus, da sie über das Scheme-Verfahren zur Teilnahme an der Sanierung gezwungen werden.

Der Vorteil dieses Restrukturierungsinstrumentes im Gegensatz zum COMI Shift (Verlagerung des Center of Main Interest in eine andere Jurisdiktion) liegt darin begründet, dass eine *sufficient connection* (also eine ausreichende Verbindung) nach Großbritannien ausreichend ist: Ein Konsortialvertrag unter britischem Recht und mit einer Gerichtsstandvereinbarung London wird als ausreichend angesehen sowie die Tatsache, dass eine Vielzahl der Gläubiger in Großbritannien ansässig sind.

Das Scheme stellt für deutsche Unternehmen eine Möglichkeit dar, unter Nutzung des britischen Rechts eine Restrukturierung der Schulden zu erreichen, die in Deutschland so nicht möglich wäre, und im Gegensatz zu einem COMI Shift ist es mit deutlich weniger Kosten und einem geringeren Zeitaufwand verbunden. Aber auch ein Scheme wird nur für eine überschaubare Anzahl von Fällen in Frage kommen, denn für die Vorbereitung des Antrags und der damit einzureichenden Dokumentation ist von einem entsprechenden Beratungsaufwand und den damit verbundenen Kosten auszugehen.

Ob ein bestätigtes Scheme of Arrangement in Deutschland anerkannt wird, ist umstritten, jedoch spricht die Mehrheit in der Literatur dafür. Aktuell liegt dem BGH ein Fall im Rahmen einer Revision zur Entscheidung vor (OLG Celle 08.09.2009).

3.2.5 Sanierung in der Insolvenz

Da der Insolvenzverwalter verpflichtet ist, das insolvente Unternehmen fortzuführen (§ 22 Abs. 1 Ziff. 2 Inso) und diese Fortführung auch den Interessen der Gläubiger dient, stellt sich bereits mit dem Insolvenzantrag die Frage nach der Finanzierung in der Insolvenz. Die Liquidität für die Fortführung wird zum einen durch die Insolvenzgeldfinanzierung und zum anderen durch Massekredite sichergestellt.

3.2.5.1 Übertragende Sanierung

Bei der übertragenden Sanierung werden Wirtschaftsgüter (Assets), die für das operative Geschäft benötigt werden, auf eine neue, hierfür gegründete GmbH übertragen. In der Insolvenz wird regelmäßig ein Asset Deal und kein Share Deal abgeschlossen. Es findet also keine Übertragung der Anteile statt. Der Vorteil der übertragenden Sanierung im Rahmen der Insolvenz ist, dass gemäß § 75 AO keine Haftung des Übernehmers für „alte" Steuerverbindlichkeiten besteht. Der Nachteil ist, dass die Haftung wegen Betriebsübergang (§ 613a BGB) auch im Rahmen der Insolvenz gilt.

Verfahrenstechnisch bedarf die übertragende Sanierung der Zustimmung der Gläubigerversammlung, die eine bestmögliche Verwertung der Assets zur Befriedigung ihrer Forderungen anstrebt.

3.2.5.2 Insolvenzplan

Die Akzeptanz des Insolvenzplanverfahrens soll sich nun durch das ESUG (Gesetz zur weiteren Erleichterung der Sanierung von Unternehmen) verbessern, insbesondere dadurch, dass die Gläubiger über den vorläufigen Gläubigerausschuss Einfluss auf die Auswahl des Insolvenzverwalters nehmen können. Das Insolvenzgericht ist an das Vorschlagsrecht des vorläufigen Gläubigerausschusses bei Einstimmigkeit gebunden.

Auch unter dem bisherigen Insolvenzrecht gab es einige Ausnahmefälle wie Ihr Platz, SinnLeffers und andere, die mit dem Konstrukt Insolvenzplan in Kombination mit Eigenverwaltung in der Insolvenz saniert wurden.

Der erste Schritt für eine solche Sanierung ist die Vorbereitung des Insolvenzantrags unter Berücksichtigung der Zusammensetzung des vorläufigen Gläubigerausschusses, der bezüglich der Person des Insolvenzverwalters ein Vorschlagsrecht gegenüber dem Insolvenzgericht hat. Ein *Pre-packaged-Plan*, also ein vorbereiteter Insolvenzplan, muss ausgearbeitet sein.

Bei einer Eigenverwaltung muss das Management durch Sanierungs-/Insolvenzexperten ergänzt oder ausgetauscht worden sein. Der Eigenverwalter hat die eigentliche Sanierung als Aufgabe und die Kommunikation zu den Banken auf der Agenda, während das bisherige Management sich um den operativen Geschäftsbetrieb kümmert. Denn in der Insolvenz können einige Effekte der Insolvenzordnung für die Sanierung des Unternehmens genutzt werden: Insolvenzgeld, Kappung des Sozialplans, verkürzte Kündigungsfristen bei Arbeits- und Mietverträgen sowie das Wahlrecht des Verwalters über die Fortführung von Verträgen.

In Kombination des *Pre-packaged-Plans* mit der Eigenverwaltung und insbesondere durch den Einfluss der Gläubiger auf die Person des Insolvenzverwalters nach dem ESUG kann eine erhebliche Beschleunigung der Sanierung im Rahmen einer Insolvenz erreicht werden.

3.2.6 Exitstrategien

Ist kein Sanierungspotenzial erkennbar, so muss die Bank eine Auswahl aus den bestehenden Exitinstrumenten treffen. Dies kann ein Verkauf am Sekundärmarkt sein. Zur Lösung muss der Return of Investment (RoI) berechnet werden und den Investitionen im „Loan Hospital" (Kosten der Bearbeitung in der Bank) gegenübergestellt werden. Der RoI der Sanierungskosten ist die Differenz zwischen dem Wert des Kredits bei Verkauf am Sekundärmarkt (Discount) und dem Wert des Kredits nach erfolgreicher Sanierung.

Eine Fälligstellung/Kündigung sprechen die Banken in den meisten Fällen erst bei Vorliegen des Insolvenzantrags aus. Würden sie es im Vorfeld tun, wäre dies der Auslöser der Insolvenz.

3.2.7 Praxisbeispiel Restrukturierung durch Enforcement in Luxemburg und Einstieg eines neuen Gesellschafters

Ein deutsches Unternehmen, Marktführer im Automobilzulieferbereich, in der Krise hatte eine Verschuldung, die die Verschuldungskapazität (*Debt Capacity*) bei Weitem überstieg. Das Konsortium wurde von einer britischen Bank geführt, aber mit mehrheitlich deutschen Banken besetzt, was unterschiedliche Interessen hinsichtlich Umwandlung von Kreditforderungen in Eigenkapital bedeutete.

Um diese Überschuldung zu beseitigen, wurden Teile des Senior Loans, nämlich der Teil, der nicht mehr von der Verschuldungskapazität gedeckt war (unsustainable debt), in PPLs umgewandelt und diese auf eine neu gegründete Luxemburger NewCo passiviert. Dies führte zu zusätzlichem Eigenkapital im Konzernabschluss durch die Differenz zwischen Nominalwert der PPLs und deren Verkehrswert (fair value). Ein neuer Gesellschafter für das Unternehmen hatte sich über den Sekundärmarkt in den Senior Loan eingekauft und wandelte diesen im Rahmen eines Debt to Equity Swap in Eigenkapital um.

Dieses Sanierungskonzept mit Einstieg eines Neu-Gesellschafters war bereits erarbeitet, aber die nachrangigen Mezzanine-Gläubiger versperrten sich dieser Lösung ebenso wie der Altgesellschafter. Daraufhin vollstreckten die Banken aufgrund einer teilgekündigten Forderung in die ihnen verpfändeten Gesellschaftsanteile der Holding in Luxembourg (Lux HoldCo), und über einen Mechanismus im Kreditvertrag (Intercreditor Release Mechanismus) konnte der Security Agent sowohl die nachrangigen Forderungen der Mezzanine-Gläubiger als auch den Altgesellschafter „abschneiden".

Die Kredite der Senior Lender wurden auf eine neue Gesellschaft (Aquilux), die von dem neuen Gesellschafter gehalten wurde, übertragen. Damit war die Verschuldung des Unternehmens auf die Höhe der Debt Capacity angepasst. Der Vorteil dieser Vollstreckungsmaßnahme lag in der Schnelligkeit der Umsetzung in Luxemburg und im gläubigerfreundlichen Vollstreckungsrecht.

Fazit
Die bestehenden Kreditrisiken werden den Bedarf an Restrukturierung weiter wachsen lassen und die Banken werden weiterhin eine wichtige Rolle spielen. Für die Banken stellt sich die aktive Begleitung von Sanierungen – inklusive der Übernahme von eigenkapitalähnlichen Positionen – als Alternative zum Exit dar. Spannend bleibt die Frage, ob es zu mehr Debt Equity Swaps unter dem neuen ESUG kommen wird.

3.3 Exkurs: Abwicklungsanstalten

Sven Guckelberger

Abstract

Zielsetzung des Beitrags ist die Heranführung des Lesers an das Thema Abwicklungsanstalten. Vor allem sollen dem Leser deren bisher oft nicht bekannten Tätigkeiten, Auftrag und Zielsetzung näher gebracht werden. Hierfür wird zunächst dargelegt, welche Faktoren zur Gründung von Abwicklungsanstalten führten und in welchem rechtlichen Rahmen diese operieren. Dabei wird auch aufgezeigt, welche Strategien Banken, die ihre Bilanzen schrumpfen müssen, zur Verfügung stehen, nämlich sogenannte „Interne Restrukturierungseinheiten" und eben Abwicklungsanstalten, also rechtlich selbständige, von den abgebenden Banken weisungsungebundene Einheiten. Am Beispiel der Ersten Abwicklungsanstalt in Düsseldorf werden Portfoliovolumen und -struktur, operative Vorgehensweise sowie organisatorischer Aufbau beschrieben. Dabei wird unter anderem deutlich gemacht, dass es sich keineswegs um „Bad Banks" handelt, als die Abwicklungsanstalten ebenso oft wie fälschlicherweise bezeichnet werden.

Der im Rahmen dieses Buchs besonders interessierende Aspekt, inwieweit Abwicklungsanstalten sich an der Sanierung von Unternehmen beteiligen können bzw. dürfen oder nicht, wird im letzten Abschnitt betrachtet. Dabei wird herausgearbeitet, dass sich Abwicklungsanstalten weder bei ihrer Entscheidungsfindung noch den für sie maßgeblichen Entscheidungsparametern, noch dem organisatorischen Set-up wesentlich von Kreditinstituten unterscheiden.

3.3.1 Begriffliche Einordnung

Abwicklungsanstalten stehen mitunter unter dem Generalverdacht, immer nur „nein" zu sagen. Demnach beteiligen sie sich nicht an Sanierungen, da sie gemäß ihren Statuten nur abwickeln können und dürfen. Dies führt zu teilweise wenig produktiven Situationen, die zunächst zu Lasten von gemeinsamen Kreditnehmern gehen könnten.

Solche Pauschalaussagen zeigen, dass Abwicklungsanstalten in ihren diversen Ausprägungen und Bezeichnungen für viele Marktteilnehmer eine Art Black Box darstellen. Eine Vielzahl von Marktteilnehmern und -beobachtern haben Schwierigkeiten, das Thema korrekt einzuordnen, und fühlen sich verunsichert. Diese fehlende Griffigkeit erstreckt sich sowohl auf den formalen Rahmen, in dem Abwicklungsanstalten operieren, als auch auf die letztendlich wirtschaftlich relevanten Entscheidungsparameter, die dort Anwendung finden. Zur leichteren Einordnung von Abwicklungsanstalten wird oft fälschlicherweise von „Bad Banks" gesprochen; eine zwar griffige, formaliter wie auch realiter allerdings irreführende Bezeichnung, wie zu zeigen sein wird.

Zielsetzung des nachfolgenden Beitrags ist es, den Begriff Abwicklungsanstalt formal einzuordnen sowie darzulegen, wie diese arbeitet und was ihre primäre Aufgabe ist. Dabei werden zunächst die Dynamiken und Zusammenhänge aufgezeigt, die zur Entstehung von Abwicklungsanstalten führten. Sodann wird versucht, die oben erwähnte begriffliche Unschärfe zu nehmen und deutlich zu machen, welche formalen Rahmenbedingungen den Entscheidungsraum der Abwicklungsanstalten beeinflussen. Zum Schluss wird direkt Involvierten Einblick in Arbeitsweise und Auftrag von Abwicklungsanstalten gegeben, also insbesondere Kreditnehmern, die einen neuen Kreditgeber an Bord haben, Co-Financiers in Syndikaten und Bankenpools sowie sonstigen Stakeholdern und am Marktgeschehen Interessierten.

Der Begriff „Abwicklungsanstalt" wird im folgenden Text für Einheiten verwendet, die (i) rechtlich selbständig sind, (ii) unter staatlicher Aufsicht stehen und (iii) deren alleiniger Zweck der Abbau der an sie übertragenen Forderungspositionen (Assets) solcher Kreditinstitute ist, die (iv) im Zuge der Finanzmarktkrise der Jahre 2008 und 2009 staatliche Unterstützungsmaßnahmen in Anspruch nehmen mussten und denen (v) zur Auflage gemacht wurde, problematische und nicht mehr strategienotwendige Assets oder ganze Geschäftsbereiche auf eine Abwicklungsanstalt auszulagern.

3.3.2 Entstehung der Abwicklungsanstalten

3.3.2.1 Die Situation an den Finanzmärkten in den Jahren 2008 und 2009 in Deutschland und Europa

Im Februar 2007 gingen erste Meldungen über signifikante Probleme einer US-Tochter der britischen HSBC im Zusammenhang mit sogenannten Residential-Mortgage-Backed-Securities(RMBS)-Transaktionen weltweit über die Ticker. Es folgte im Sommer desselben Jahres die Krise der IKB Deutsche Industriebank AG in Deutschland. Anders als im Fall der HSBC, bei der die Auswirkungen auf das Unternehmen selbst beschränkt blieben und aus eigener Substanz abgefedert werden konnten, barg die Situation bei der IKB die Gefahr, sehr viel weitreichendere Folgen nach sich zu ziehen. Denn die IKB war nicht in der Lage, die Verluste aufzufangen. Damit drohte sie, das deutsche und auch das europäische Bank- und Finanzwesen in Mitleidenschaft zu ziehen. Wie im Fall der HSBC waren auch bei der IKB Investitionen in verbriefte Forderungen, zumeist RMBS-Transaktionen, Auslöser der Probleme.

Rückblickend kann somit das erste Halbjahr 2007 als Ausgangspunkt jener Krise gewertet werden, die im März 2008 mit der „Nacht-und-Nebel-Rettung" von Bear Stearns ihre erste große Eruption und im September 2008 mit der Insolvenz von Lehman Brothers ihren (einstweiligen) Kulminationspunkt erreichte. Der Zusammenbruch von Lehman Brothers steht heute für jenen Zeitpunkt und Zustand, der dazu führte, dass der Interbankenmarkt de facto zum Stillstand kam, wodurch das gesamte Finanzsystem zu kollabieren drohte. Daneben wurde diese Insolvenz zum Sinnbild dafür, dass Kreditinstitute vor allem durch verbriefte Produkte in allen ihren Ausprägungen nicht mehr zu überschauende Risiken eingingen. Diese Risiken drohten bilanziell schlagend zu werden, sodass in der Folge zusätzliche Schwächen in anderen Bereichen dieser Banken offengelegt wurden. Zahlreiche Banken drohten unter dieser Last zu kollabieren und mussten durch staatliche Maßnahmen gerettet werden. Letztendlich standen Deutschland, Europa und mithin die gesamte Welt vor dem Kollaps des Finanzsystems, welcher auch drastische Folgen für die gesamte Realwirtschaft nach sich ziehen würde.

In Deutschland waren neben der IKB zahlreiche Landesbanken wie auch private Geschäftsbanken in ihrer Existenz akut bedroht. Je nach Institut war dies zurückzuführen auf (i) drohende Engpässe bei der Refinanzierung, (ii) zu hohe, nicht mehr tragbare Risiken aus verbrieften Transaktionen, (iii) unrentable Prozesse und Geschäftsbereiche sowie (iv) eine Kombination aus diesen Punkten. Sinnbildlich für schnelle und weitreichende Rettungsmaßnahmen, die erforderlich wurden, stehen die IKB, die WestLB AG sowie die Hypo Real Estate. Im europäischen Kontext sind es die Royal Bank of Scotland in Großbritannien, die belgische Fortis oder die schweizerische UBS, die stellvertretend für jene Banken stehen, die vor erheblichen Problemen standen und in der einen oder anderen Form auf (staatliche) Rettung angewiesen waren. Nur so war deren Zusammenbruch und mit ihnen der Zusammenbruch des gesamte Finanzsystems zu vermeiden. Peer Steinbrück, der damalige Bundesminister der Finanzen, wurde mit den Worten zitiert, dass „ … man in einen Abgrund blicke".

Dies war die Situation, in der sich die Finanzmärkte Ende 2008 befanden. Den handelnden Personen in den Kreditinstituten, den Regierungen und in den Parlamenten der diversen Länder sowie in den Zentralbanken und in der EU-Kommission war klar, dass schnell gehandelt werden musste. Es bedurfte dabei ebenso weitreichender wie koordinierter Maßnahmen, um gesamtwirtschaftlichen Schaden so weit wie möglich abzuwenden. Diese Maßnahmen wurden in nie gesehener Schnelligkeit und Konsequenz implementiert.

3.3.2.2 Maßnahmen zur Abwendung gesamtwirtschaftlichen Schadens

Der sehr oft hergestellten Analogie zwischen der überaus prekären Situation des Jahres 2008 und jener der 30er Jahre des vergangenen Jahrhunderts ist es zu verdanken, dass unverzüglich eine Politik des „billigen Geldes", d. h. eine expansive Geldpolitik, durch die Zentralbanken verfolgt wurde.

Die Zentralbanken stützten die Märkte im Wesentlichen durch zwei Instrumente. Einerseits traten die Zentralbanken an die Stelle der Geschäftsbanken im Interbankenmarkt, indem sie den Geschäftsbanken im Rahmen von Tenderprogrammen in nie zuvor gesehenem Umfang Geldmittel zur Verfügung stellten, um ein Austrocknen des Finanzsystems zu verhindern. Dies geschah zum Teil durch das Akzeptieren von Papieren als Sicherheit, die vor Ausbruch der Krise von der EZB nicht akzeptiert wurden. Andererseits wurden die Zinssätze in einer bis dato unbekannten Geschwindigkeit auf sehr geringe Niveaus heruntergefahren. Übergeordnetes Ziel war dabei, Kreditinstitute mit ausreichend Liquidität zu versorgen, sodass diese ihrer zentralen, mitunter in Vergessenheit geratenen, Funktion nachkommen konnten, nämlich die Versorgung der Realwirtschaft mit ausreichend Kredit- und Geldmitteln, um ein (abruptes) Abwürgen der Konjunktur zu verhindern.

Flankiert wurden diese finanzwirtschaftlich orientierten Schritte durch zahlreiche Maßnahmen zur Unterstützung der Realwirtschaft. Beispielhaft erwähnt seien hier in Deutschland die sehr viel flexiblere Anwendung von Kurzarbeiterregelungen, Förderprogramme wie die Abwrackprämie für Autos und Investitionsanreize über Sonderprogramme der diversen Förderbanken des Bundes und der Länder.

All diese Maßnahmen werden einleitend erwähnt, um Tragweite und Vielschichtigkeit der damaligen Krisensituation nochmals vor Augen zu führen, die ein Maßnahmenbündel in bis dahin nicht gekanntem Ausmaß nach sich zog.

Im Rahmen dieses Beitrags wird der Fokus auf jene Maßnahmen gelegt, die (i) zum Ziel hatten und haben, Stabilität und Vertrauen in das Finanzsystem wiederherzustellen und dabei (ii) direkt in die Autonomie der betroffenen Kreditinstitute eingriffen. Im Herbst 2008 wurden in mehreren EU-Ländern vielfältige Gesetze zur Stabilisierung der jeweiligen Finanzmärkte beschlossen. Den Rahmen für die in den Ländern EU-Europas geltenden Regelungen und Gesetze bildeten zunächst diverse sogenannte Mitteilungen („Guidelines“) der Europäischen Kommission vom Herbst 2008 und Frühjahr 2009. In Deutschland wurden die hierunter beschlossenen Gesetze und Maßnahmen unter dem Begriff Finanzmarktstabilisierungsgesetz zusammengefasst. Es sind vor allem diese Maßnahmen, die den rechtlichen Rahmen für die Gründung von Abwicklungsanstalten bzw. vergleichbarer Institute in anderen europäischen Ländern schufen.

3.3.2.3 Der formale Rahmen

Die diversen sogenannten Mitteilungen („Guidelines“) der Europäischen Kommission

Durch eine ganze Reihe von Guidelines hat die Europäische Kommission sehr schnell auf die Verwerfungen an den Finanzmärkten reagiert. Auf dieser Basis konnten die Regierungen der Mitgliedsländer der EU die in ihren jeweiligen Ländern erforderlichen Maßnahmen durchführen (vgl. Jestaedt/Amory/Morgan De Rivery). Durch diese Guidelines soll insbesondere sichergestellt werden, dass sich kein Land wie auch immer geartete Vorteile verschafft. Für alle Marktteilnehmer soll ein „level playing field“ geschaffen werden.

Es sei an dieser Stelle auch nochmals betont, dass die im letzten Quartal 2008 und im Frühjahr 2009 seitens der verschiedenen Regierungen in den EU-Ländern, der Europäischen Kommission sowie der sonstigen involvierten Organisationen und Institutionen (beispielhaft genannt seien hier die EZB, die Zentralbanken der einzelnen Länder, die Parlamente) an den Tag gelegte Kohärenz und Koordination eine zuvor nicht für möglich gehaltene Geschwindigkeit und Schlagkraft aufwiesen, die den Grundstein für das erfolgreiche Abwenden der damaligen Krisensituation legten.

So wurde unter dem noch frischen Eindruck des Insolvenzantrags von Lehman Brothers vom 15. September 2008 bereits am 13. Oktober 2008 (!) die sogenannte Bankenmitteilung veröffentlicht. In ihr wurde zunächst festgestellt, dass erforderlichenfalls Banken, wie anderen Unternehmen auch, Beihilfen gemäß den Leitlinien für Rettungs- und Umstrukturierungsbeihilfen zu gewähren sind. So weit, so üblich, wenngleich im Bankensektor bisher als nicht erforderlich erachtet. Aufgrund der besonderen Situation der Finanzbranche und ihrer zentralen Funktion für das gesamte Wirtschaftssystem wurde darin auf den zusätzlichen Regelungsbedarf verwiesen. So sollte insbesondere geklärt werden, ob eine Bank durch die Finanzmarktkrise induziert Beihilfe benötigt („exogene" Probleme), oder ob die Probleme hausgemacht sind infolge von Ineffizienzen oder übermäßigen Bilanzrisiken („endogene" Probleme, vgl. ebd., S. 3 ff.). Je nach Ausprägung sind diverse Unterstützungsmaßnahmen für eine betroffene Bank mit europäischem Recht vereinbart, z. B. in Form von staatlichen Garantien, Rekapitalisierung von Instituten oder gar kontrollierter Liquidation bzw. Verkauf von Instituten. Ergänzt und konkretisiert wurde diese Bankenmitteilung durch die Rekapitalisierungsmitteilung, die den EU-Mitgliedsstaaten detailliertere Richtlinien für die Rettungsphase und die jeweils angewandte Art der Rettungsmaßnahme auferlegte. Dabei ging es auch um die Vergütung des die Rettungsmaßnahme Übernehmenden, also etwa um die Erfordernis einer höheren Verzinsung bzw. Vergütung bei Unterstützung von Instituten mit endogenen Problemen im Vergleich zu solchen mit exogenen Problemen.

Zentral für die hier beleuchteten Abwicklungsanstalten deutscher Provenienz ist die sogenannte Impaired-Assets-Mitteilung vom 25. Februar 2009. Darin wurde präzisiert, wie (i) Entlastungsmaßnahmen für wertgeminderte Assets auszugestalten, (ii) relevante Assets zu identifizieren und (iii) diese Assets, soweit möglich, ex ante zu bewerten sind (sogenannter tatsächlicher wirtschaftlicher Wert). Anhand dieser Mitteilung wird auch konkretisiert, ob die in Rede stehenden Aktiva im Rahmen einer ausgegliederten „Bad Bank" verwaltet und abgewickelt werden können oder nicht. Dabei gesteht die Kommission den Mitgliedsstaaten bei der konkreten Ausgestaltung der Beihilfemaßnahme eine gewisse Flexibilität zu, um auf nationale Besonderheiten angemessen Rücksicht zu nehmen (vgl. Freshfields Bruckhaus Deringer, S. 1 ff.).

Auf Basis dieser EU-weiten Regelungen wurden dann die den jeweils nationalen Besonderheiten Rechnung tragenden Modelle zur Behandlung bzw. Abwicklung von Risikoaktiva aufgebaut. In Deutschland führte dies, grosso modo, zu zwei Ausprägungen: (i) Übertragung der Risikoaktiva und der nicht-strategischen Aktiva auf eine rechtlich und organisatorisch getrennte Einheit, also eine Abwicklungsanstalt, oder (ii) Übertragung gewisser Aktiva und Geschäftsbereiche auf eine Abteilung innerhalb der Bank („Bad Book").

Deutschland: Die diversen Gesetze zur Stabilisierung der Finanzmärkte
Aus der Vielzahl der Gesetze, die Ende 2008 und Frühjahr 2009 unter dem Eindruck der lichterloh brennenden Finanzmärkte in Windeseile in Deutschland beschlossen wurden, bildet insbesondere das Finanzmarktstabilisierungsfondsgesetz (FMStFG) das Fundament für die Gründung von Abwicklungsanstalten. Das FMStFG trat am 18. Oktober 2008 in Kraft, rund einen Monat nach der Insolvenzantragstellung von Lehman Brothers. Ebenfalls relevant ist daneben das Gesetz zur Fortentwicklung der Finanzmarktstabilisierung (FMStFentwG), welches im Juli 2009 verabschiedet wurde und das FMStFG in wesentlichen Teilen abändert, insbesondere bezüglich der Gründung von Abwicklungsanstalten. Übergeordnete Ziele der Gesetze waren und sind die Stabilisierung der Finanzmärkte und das Überwinden von Liquiditätsengpässen von Kreditinstituten.

Das FMStFG ist zunächst die wesentliche Rechtsgrundlage für die Gründung des „Sonderfonds Finanzmarkstabilisierung" (SoFFin) (vgl. Wolfers/Voland, S. 61 f.). Der SoFFin ist ein bundeseigener Fonds, aus dem die Stützungsmaßnahmen in Form von direkten Einlagen bzw. Eigenkapitaleinschüssen oder Garantien bereitgestellt wurden und der von der Bundesanstalt für Finanzmarktstabilisierung (FMSA) verwaltet wird. Diese wiederum steht unter der Aufsicht des Bundesministeriums der Finanzen. Wesentliche Aufgabe der FMSA ist die Überwachung der beiden in Deutschland gegründeten (bundesrechtlichen) Abwicklungsanstalten, nämlich der Ersten Abwicklungsanstalt (EAA) in Düsseldorf und der FMS Wertmanagement (FMSW) in München. Überwachung bedeutet hier in erster Linie *rechtliche* Aufsicht, in Abgrenzung zur *fachlichen* Aufsicht, welche wesentlich von der Bundesanstalt für Finanzdienstleistungsaufsicht (BaFin) wahrgenommen wird.

Mit dem FMStFentwG wurde unter anderem die Rechtsgrundlage für die Gründung von Abwicklungsanstalten geschaffen. Damit ist es Banken möglich, risikobehaftete oder nicht mehr als strategisch relevant erachtete Geschäftsteile und Aktiva auf separate Entitäten auszulagern, welche wiederum von der FMSA zu genehmigen und von ihr zu beaufsichtigen sind. Da die Abwicklungsanstalten Anstalten öffentlichen Rechts sind, die wiederum innerhalb einer anderen Anstalt, nämlich der FMSA, gegründet werden und damit eine Anstalt in der Anstalt sind, spricht man auch vom AidA-Modell (vgl. ebd., S. 68 f.).

3.3.3 Die beiden Modelle zur Abwicklung von Forderungspositionen in Deutschland

In diesem Kapitel werden die beiden im Markt anzutreffenden organisatorischen Varianten zum fokussierten Abbau von Assets vorgestellt: entweder der Abbau durch eigenständige, rechtlich selbständige Einheiten, also Abwicklungsanstalten, oder durch bankinterne Restrukturierungseinheiten, also ohne Ausgliederung aus der bestehenden Bank (vgl. Rudolf, S. 33 f.).

Beiden Varianten ist gemein, dass sie auf Grundlage einer Anweisung durch die EU-Kommission errichtet werden infolge zuvor in Anspruch genommener staatlicher Unterstützung. Diese Auflagen umfassen üblicherweise die Übertragung (i) problembehafteter Engagements, (ii) nicht mehr strategienotwendiger Assets, zum Teil durch Dritte definiert, und (iii) ganzer Geschäftsbereiche. Nach der eigentlichen Übertragung gilt der dann folgende zielgerichtete Abbau der Assets als Oberziel.

Welche Form der Abbau-Einheit gewählt wird, hängt maßgeblich von der spezifischen Situation der einzelnen Häuser ab. Wesentliche Faktoren sind Ausmaß der Krisensituation, Höhe und Herkunft der Unterstützungsmaßnahmen sowie Bedeutung eines Institutes im Finanzmarkt, d. h. inwieweit Ansteckungsrisiken bestehen bei einem zu befürchtenden Fallissement.

Beide Varianten verfolgen die gleichen Ziele: (i) Stabilisierung der Bank verbunden mit strategischer Neuausrichtung, (ii) Stabilisierung nationaler und internationaler Finanzmärkte, (iii) geordneter Abbau übertragener Assets als strategische Hauptaufgabe, (iv) fokussierte Abwicklungstätigkeit unter klar vorgegebenen Rahmenbedingungen.

3.3.3.1 Die Abwicklungsanstalten unter Aufsicht der FMSA

Grundsätzlich bestand bis 31. Dezember 2010 die Möglichkeit zur Errichtung von (landes- oder bundesrechtlichen) Abwicklungsanstalten. Bis zum Ablauf dieser Frist wurde davon für zwei Kreditinstitute Gebrauch gemacht und separate Abwicklungsanstalten zur Abwicklung notleidender und nicht-strategischer Assets bzw. Geschäftsbereiche gegründet. Zum einen die im Dezember 2009 gegründete Erste Abwicklungsanstalt (EAA), die sich um ehemalige Forderungspositionen der WestLB kümmert und auf die (rückwirkend) per 1. Januar 2010 Assets übertragen wurden (vgl. hierzu Erste Abwicklungsanstalt). Zum anderen die FMS Wertmanagement (FMSW), die dieselbe Funktion für ehemals bei der Hypo Real Estate verbuchte Forderungspositionen wahrnimmt (vgl. hierzu FMS Wertmanagement). Die FMSW wurde im Juli 2010 gegründet, die Forderungspositionen wurden zum 1. Oktober 2010 auf sie übertragen. Die FMSW ist via SoFFin zu 100 % im Eigentum des Bundes, während im Falle der EAA das Land Nordrhein-Westfalen sowie Sparkassen- und Landschaftsverbände des Landes Nordrhein-Westfalen die Eigentümer sind. Allerdings tritt auch hier, sozusagen am Ende der Kette, der Bund als Haftender auf.

Die jeweiligen Assets wurden primär im Wege der Abspaltung, also sozusagen qua Gesetz, auf die FMSW und die EAA übertragen. Sofern in einzelnen Ländern formaljuristische Gründe gegen eine Abspaltung sprachen, erfolgte eine synthetische Übertragung im Wege einer Unterbeteiligung oder Garantieübernahme durch die jeweilige Anstalt. Unabhängig vom Übertragungsweg tragen die Abwicklungsanstalten ultimativ das wirtschaftliche Risiko der auf sie übertragenen Positionen.

Auf die EAA, die, wie im Namen bereits mitschwingt, die Erste ihrer Art in Deutschland ist, wurden Assets in einem Gesamtvolumen von nominal rund EUR 77 Milliarden übertragen, auf die FMSW wiederum Assets mit einem Nominalvolumen von rund EUR 176 Milliarden. Das im Falle der FMSW höhere Volumen resultiert im Wesentlichen aus den unterschiedlichen Geschäftsmodellen und -bereichen der jeweils übertragenden Institute. Während es sich bei der WestLB, und folglich der EAA, eher um klassisches Kreditgeschäft jeglicher Art, Ausprägung und Geografie handelt, lag bei der Hypo Real Estate, und damit der FMSW, ein sehr viel größeres Gewicht auf Staatsschuldverschreibungen, welche tendenziell in höheren Losgrößen gehandelt werden. Hauptauftrag beider Abwicklungsanstalten ist es, das übertragene Portfolio verlustminimierend, d. h. so weit wie möglich ohne bzw. so gering wie mögliche Inanspruchnahme von Steuergeldern, abzubauen. Das Gesamtvolumen des „offiziellen Abwicklungsmarkts" in Deutschland summiert sich also auf insgesamt rund EUR 253 Milliarden, die auf die beiden Abwicklungsanstalten übertragen wurden. Daneben wird von einem etwa gleich hohen Abbauvolumen in den internen Restrukturierungseinheiten der Banken ausgegangen (vgl. PricewaterhouseCoopers), sodass der gesamte „Abwicklungsmarkt" in Deutschland auf etwa EUR 500 Milliarden geschätzt wird.

Statutarischer Auftrag sowohl der EAA als auch der FMSW ist die verlustminimierende Abwicklung der an sie übertragenen Assets (vgl. hierzu Erste Abwicklungsanstalt „Statut", vgl. hierzu FMS Wertmanagement „Übersicht"). Beide Anstalten werden landläufig zwar als „Bad Bank" ihrer jeweils abgebenden Häuser bezeichnet. Diese Bezeichnung ist jedoch in doppelter Hinsicht falsch, denn erstens wurden nicht ausschließlich „bad" Assets, also notleidende oder zumindest schwergängige Assets übertragen, und zweitens handelt es sich bei den Abwicklungsanstalten gerade nicht um „Banks" im eigentlichen Sinne.

(i): Sowohl im Falle der EAA als auch der FMSW wird der Anteil der notleidenden Forderungen jeweils im einstelligen Prozentbereich bezogen auf die Bilanzsumme ausgewiesen. Der weit überwiegende Teil der übertragenen Assets wird vertragskonform bedient, ist nicht mit Wertberichtigungen belastet und wird nicht zu Abschreibungen führen. Zum Ausdruck kommt hier der Umstand, dass die abgebenden Institute auch solche Assets übertrugen, die im Rahmen der strategischen Neuausrichtung dieser Institute als nicht mehr relevant definiert wurden. Dies ist nicht zuletzt deshalb von Bedeutung, als Marktteilnehmern wie auch Steuerzahlern wiederholt – fälschlicherweise – suggeriert wurde, dass die in die Abwicklungsanstalten übertragenen Assets samt und sonders „Schrottpapiere" und die Abwicklungsanstalten damit „Schrotthalden" seien, was nicht zutreffend ist.

(ii): Obwohl beide Abwicklungsanstalten der fachlichen Aufsicht durch das BaFin unterliegen, sind sie keine Kreditinstitute im Sinne des KWG. Neben vielen anderen Besonderheiten unterliegen die Abwicklungsanstalten nicht den regulatorischen Kapitalerfordernissen, was zahlreiche Konsequenzen in der täglichen Arbeit nach sich zieht. Zum Beispiel sind dadurch die Kosten für das Halten eines Asset weit niedriger als bei anderen Marktteilnehmern, was wiederum unmittelbar Auswirkungen auf „Hold-vs.-Sale"-Entscheidungen hat.

Beide Abwicklungsanstalten fußen auf dem erwähnten „AidA"-Modell, d. h. beide sind Anstalten innerhalb der FMSA. Sie sind insolvenzfest ausgestattet aufgrund der stets gegebenen und gesetzlich verankerten Nachschusspflicht ihrer Eigentümer. Nicht zuletzt dadurch wird die Refinanzierung der beiden Anstalten an den Kapitalmärkten erleichtert. Darüber hinaus sind EAA und FMSW rechtlich und organisatorisch getrennt von ihren jeweiligen abgebenden Häusern. Allerdings wurden in beiden Fällen umfangreiche Servicevereinbarungen mit den abgebenden Häusern abgeschlossen, d. h., es wird ein Modell des flexiblen Outsourcings betrieben. Dies zum einen, um so schlank wie möglich zu bleiben, was die gesamten Prozesse anbelangt. Zum anderen wäre die Gründung solch komplexer Einheiten mit allen erforderlichen Einheiten, Prozessen und nicht zuletzt Mitarbeitern in der Kürze der Zeit, als schnell gehandelt werden musste, auf der grünen Wiese realistischerweise nicht machbar gewesen.

3.3.3.2 Interne Restrukturierungs- bzw. Abbaueinheiten

Interne Restrukturierungseinheiten sind die in aller Regel „geräuschärmere" Variante zum Abbau von Assets oder Geschäftsbereichen (vgl. Rudolf, S. 44 ff.). Bei Entscheidungsfreiheit der betroffenen Bank wird diese Variante im Allgemeinen den Vorzug vor der Übertragung der Assets in eine Abwicklungsanstalt erhalten, da sie tendenziell größere Freiheitsgrade und mehr Gestaltungsspielraum belässt. Nahezu alle deutschen Banken von überregionaler Bedeutung verfügen heute über solche Einheiten, zum Teil offiziell so bezeichnet, in manchen Fällen nicht immer klar kommuniziert. Und selbst wenn dies nach außen kommuniziert wurde, ist Externen nicht immer klar, welcher Asset im Abbaubuch der Bank ist und welcher nicht.

Institutsinterner Nukleus solcher internen Abbaueinheiten sind oft die bereits bestehenden Sanierungsabteilungen, auch „Special-Assets-" oder „Workout"-Abteilung genannt. Dort liegt bereits umfangreiches Know-how im Zusammenhang mit dem Abbau von Forderungen vor, wenngleich der Umfang der dort üblicherweise begleiteten Engagements ein sehr viel geringerer ist als im Falle von internen Abbaueinheiten. Mit Aufbau einer solchen werden deshalb auch und besonders zusätzliche Mitarbeiter intern transferiert, die sich dann um Betreuung und Bearbeitung dieser Engagements mit allen vor- und nachgelagerten Prozessen kümmern.

Hierin liegt ein wesentliches Unterscheidungsmerkmal zu Abwicklungsanstalten. In diesen werden meist die erste und zweite Ebene komplett mit Mitarbeitern aus dem Markt besetzt. Diese Externen arbeiten dann mit Mitarbeitern der abgebenden Bank zusammen, die über ein spezifisches Know-how-Profil verfügen, z. B. historische Kenntnis zu Engagements, institutsspezifisches IT-Know-how oder Ähnliches. Durch den relativ hohen Anteil externer Mitarbeiter in Führungspositionen wird tendenziell ein fokussiertes Abwickeln möglich, da ohne „historischen Ballast" an die Aufgabenstellung herangegangen wird. Ferner finden durch extern hinzugestoßene Mitarbeiter neue Methoden, Herangehensweisen und Marktkontakte Anwendung, die tendenziell abwicklungsunterstützend wirken sollten. Demgegenüber ist denkbar, dass Mitarbeiter interner Restrukturierungseinheiten, die gegebenenfalls nicht immer aus eigenem Antrieb und eigener Überzeugung in dieser Funktion tätig werden, möglicherweise Probleme haben, die richtige Motivation zu entwickeln. Dies ist z. B. möglich, wenn die Umstrukturierung der Bank, bei der man möglicherweise seit Jahren arbeitet, nicht Ergebnis eines unabhängigen Entscheidungsprozesses des Managements war und damit nicht immer aus innerer Überzeugung mitgetragen wird. Mancher übernimmt auch nur eine zeitlich befristete Aufgabe und ist sich über Anschlussaufgaben nicht immer im Klaren.

Des Weiteren unterliegen interne Abbaueinheiten weiterhin allen regulatorischen Anforderungen, die für das gesamte Institut anzuwenden sind. Daraus folgt, dass zum Teil andere bzw. anders berechnete Entscheidungsparameter als in Abwicklungsanstalten Anwendung finden. Dies ist zentral bei jeglicher Form von Entscheidungen, sei es im Rahmen von „Hold-vs.-Sell"-Szenarien, sei es im Rahmen von Sanierungen und der Frage, unter welchen Bedingungen man gewillt ist, eine solche zu begleiten. In Zeiten knappen Kapitals und stetig steigender regulatorischer Anforderungen an das Haftkapital von Banken ist dies ein immer wesentlicher werdender Entscheidungsparameter. Dazu bilanzieren diese Banken – und damit auch die internen Abbaueinheiten – nach IFRS, während beide Abwicklungsanstalten den Regelungen des HGB unterliegen. Dies hat den Vorteil, dass tendenziell größerer bilanzieller Spielraum besteht, um Assets, die starken preislichen Schwankungen unterliegen, eher bis zur Endfälligkeit zu halten. Letztendlich werden dadurch nicht tagesaktuelle Marktpreisbewegungen wesentlicher Entscheidungstreiber, sondern der fundamental ermittelte Wert, der von Tagespreisen stark abweichen kann.

3.3.4 Auftrag und Arbeitsweise der Ersten Abwicklungsanstalt

3.3.4.1 Statut der EAA

Strategisch übergeordnete Ziele der Errichtung der EAA waren und sind die Stabilisierung der WestLB, der Finanzmärkte und die Entlastung der Steuerzahler (§ 2 Statut der EAA, vgl. hierzu sowie für die folgenden Kapitel insbesondere Erste Abwicklungsanstalt). Insbesondere Letzteres ergibt sich aus dem operativen Hauptziel, die übernommenen Risikopositionen langfristig wertoptimiert, d. h. verlustminimierend über die Zeit abzubauen.

Obwohl sie zur Erfüllung ihrer Aufgaben alle Arten von Bank- und Finanzdienstleistungen übernehmen kann, gilt die EAA *nicht* als Kreditinstitut im Sinne des Kreditwesengesetzes. Sie unterliegt somit nicht den Regeln zu Eigenkapitalausstattung und sonstigen regulatorischen Rahmenbedingungen, die für Kreditinstitute bindend sind. Es ist der EAA statutarisch nicht erlaubt, Neugeschäft zu betreiben, noch darf sie Einlagengeschäft betreiben.

Zentrales Element des verlustminimierenden Risikoabbaus, also die eigentliche Abwicklung der übernommenen Positionen, ist der sogenannte Abwicklungsplan. Dieser ist (i) von allen Gremien sowie der FMSA zu genehmigen, (ii) für alle Beteiligten bindend, wird (iii) quartalsweise überprüft und mindestens einmal jährlich erstellt, beinhaltet (iv) Plan-Bilanz, Plan-GuV sowie Liquiditätsplan (HGB-basiert) und muss (v) darlegen, wie und bis wann die vollständige Abwicklung der einzelnen Risikopositionen erwartet wird. Ferner muss (vi) plausibel gezeigt werden, dass auf Basis des jeweils gültigen Plans die jederzeitige Zahlungsfähigkeit der EAA ohne Inanspruchnahme der Verlustausgleichspflichten gegeben ist.

Der Abwicklungsplan wird erstellt als Aggregat aus allen einzelnen Forderungspositionen. Seine wesentlichen Elemente sind der sogenannte Expected Loss und das Netto-Zinsergebnis aller Einzelpositionen und damit des Gesamt-Portfolios. All dies auf Barwertbasis, d. h., sowohl der Expected Loss als auch alle Cashflows der Forderungspositionen werden diskontiert auf den Gegenwartswert. Der Abwicklungsplan bildet den Nukleus jedweder Entscheidung, die innerhalb der EAA getroffen wird. Das heißt im Falle von „Hold-vs.-Sale"-Entscheidungen ebenso wie im Falle der Unterstützung der Sanierung eines Kreditnehmers bzw. einer Finanzierung. Die generelle Abwicklungsstrategie – das sind „Halten", „Restrukturieren", „kurzfristiger Verkauf" oder „Verkauf grundsätzlich" – ist für jeden einzelnen Asset im Rahmen des Abwicklungsplans darzustellen.

Durch dieses zentrale Steuerungs-Instrument wird eine strukturierte, systematische Vorgehensweise zur Entscheidungsfindung angewandt, das zudem stets durch Dritte objektiv nachvollziehbare Ergebnisse liefert.

3.3.4.2 Eigentümerstruktur und Haftungskaskade

Die Eigentümerstruktur der EAA spiegelt jene der WestLB wieder, d. h., das Land Nordrhein-Westfalen hält rund 48 % der Anteile, der Rheinische Sparkassenverband und der Sparkassenverband Westfalen-Lippe halten jeweils 25 %, die verbleibenden rund 2 % halten zu jeweils gleichen Teilen der Landschaftsverband Rheinland und der Landschaftsverband Westfalen-Lippe. Trotz dieser Spiegelung der Eigentümerstruktur ist es wichtig zu betonen, dass die EAA keine Gesellschaft der WestLB ist und auch rechtlich und organisatorisch *vollständig* unabhängig von ihr ist.

Der Grund für die identische Eigentümerstruktur liegt in der Intention des Gesetzgebers bzw. des BMF/der FMSA, die Eigentümer von Banken, die in Schwierigkeiten gerieten und staatliche Unterstützung in Anspruch nehmen mussten, nicht aus ihren Pflichten als Eigentümer zu entlassen. Sie sollten deshalb angemessen in die Rettungsmaßnahme eingebunden werden. Dies auch und besonders für in der Zukunft liegende, aktuell möglicherweise noch nicht hinreichend exakt quantifizierbare Risiken und daraus resultierende Verluste.

Im Falle der EAA bedeutet dies, dass jenseits des im Wege der Abspaltung gebildeten Eigenkapitals in Höhe von EUR 3,1 Milliarden zusätzliche Verpflichtungen der Eigentümer für gegebenenfalls darüber hinausgehende Verluste bestehen. In Summe wurden, in verschiedenen zeitlichen Abfolgen und mit teilweise unterschiedlicher Verteilung der Eigentümer untereinander (sogenannte Phoenix-Garantie), EUR 14 Milliarden an Haftungsübernahmen abgegeben. Inklusive Eigenkapital errechnet sich somit eine „Haftungsmasse" von EUR 17,1 Milliarden. Sollte dieser Verlustpuffer nicht ausreichen, steht das Land Nordrhein-Westfalen, dann in Abstimmung mit der FMSA, also dem Bund, in der Pflicht. (Hinweis: Die Erweiterung der Haftungskaskade durch die FMSA im Zusammenhang mit der diskutierten Übertragung weiterer Assets soll an dieser Stelle unberücksichtigt bleiben.)

Die Haftungsbeteiligten haben dabei sicherzustellen, dass der EAA zeitlich und betraglich die Mittel immer so zur Verfügung stehen, dass diese jederzeit ihre fälligen Verbindlichkeiten auf erstes Anfordern begleichen kann. In der Konsequenz folgt daraus, dass die EAA *insolvenzfest* ausgestattet ist. Nimmt man die jederzeitige Zahlungsfähigkeit des Landes Nordrhein-Westfalen, gegebenenfalls im Konzert mit dem SoFFin, als hinreichend sicher gegeben an, sind Anlagen in Papiere der EAA somit als sicher anzusehen – ein nicht zu unterschätzender Aspekt, insbesondere was die Passivseite der EAA angeht.

3.3.4.3 Portfolio-Struktur und -Größe

Nachdem bereits per 1. Januar 2009 ein erster Teil des strukturierten Portfolios („Phoenix“) auf die EAA abgespalten wurde, wurde das Gros der übertragenen Assets am 30. April 2010, rückwirkend zum 1. Januar 2010, übertragen. Zu diesem Zeitpunkt lagen Forderungen in einem Gesamtbetrag von nominal EUR 77,5 Milliarden auf den Büchern der EAA. Ein in der Geschichte der Bundesrepublik bis dahin einmaliger Vorgang, nicht nur der Größe nach, sondern auch und besonders dem Auftrag und der Entstehungsgeschichte nach. Die bis dato größte und auch prominenteste Banken-Schieflage in Nachkriegsdeutschland, der Zusammenbruch der I.D. Herstatt KGaA, lag mehr als 30 Jahre zurück und war in ihrer Tragweite bei Weitem nicht vergleichbar.

Wenngleich natürlich auch notleidende Kreditengagements und sogenannte toxische Papiere Teil des übertragenen Portfolios waren und sind, kann nicht stark und oft genug betont werden, dass der weit überwiegende Teil des Portfolios der EAA aus risikomäßig unauffälligen, vertragskonform bedienten Positionen besteht.

Aufgrund des sehr hohen Volumens und der teils sehr komplexen Strukturen der einzelnen Positionen, rund 4.500 Stück Einzelforderungen, wurde das Portfolio zur effizienteren Steuerung zunächst in drei Sub-Portfolios segmentiert, nämlich

1. „Kredite“ mit rund 40 % Anteil. Hierin zusammengefasst sind verschiedenartige Produkte und Kreditarten, bilaterale wie syndizierte Kredite, Leveraged Loans, Projektfinanzierungen, Kredite an Firmen, an den öffentlichen Bereich wie auch an Privatpersonen.
2. „Handelbare Wertpapiere“ mit einem Anteil von rund 23 %. Hier handelt es sich im Wesentlichen um liquide gehandelte Papiere, die von Staaten, staatsnahen Organisationen und Firmen sowie von Kreditinstituten oder sonstigen Firmen begeben wurden.
3. Strukturierte Papiere aus der sogenannten „Phoenix“-Struktur mit rund 37 % Anteil. Dies sind Verbriefungstransaktionen, meist unterlegt durch immobilienbesicherte Kredite in den USA.

Innerhalb dieser Sub-Portfolios erfolgte eine weitere Segmentierung, sodass insgesamt 23 verschiedene Cluster, d. h. homogene Gruppen von Exposures, gebildet wurden. Diese unterliegen im Wesentlichen denselben Risikotreibern oder entspringen ähnlichen Produktgruppen und damit den tendenziell gleichen Steuerungsparametern.

Entsprechend der (früheren) Geschäftsstrategie der WestLB verteilt sich das übertragene Portfolio, was das Domizilland des Kreditrisikos angeht („Country of Risk"), rund um den Globus. Mit einem Anteil von jeweils rund 40 % konzentriert sich der Hauptteil der Positionen auf die USA und Lateinamerika sowie Europa (ohne Deutschland). Forderungspositionen gegenüber Kreditnehmern in der Bunderepublik trugen rund 15 % zum Gesamtportfolio bei, der Rest verteilte sich auf die Region Asia-Pacific.

Per 30. Juni 2011 konnte das gesamte übertragene Portfolio bereits auf rund EUR 57 Milliarden abgebaut werden, ohne dass hierfür ungeplante Verluste in Kauf genommen werden mussten – ein großer Erfolg nach nur rund anderthalbjährigem Bestehen und gar nur gut einjähriger operativer Tätigkeit.

3.3.4.4 Operativer Rahmen

Eine auf der grünen Wiese gegründete Abwicklungsanstalt,

- für die es keinen Präzedenzfall in der Geschichte der Bundesrepublik gibt,
- die ein Forderungsvolumen von rund EUR 77 Milliarden gegenüber mehr als 1.500 Kreditnehmern aus rund 4.500 Fazilitäten zu managen hat,
- deren Portfolio teilweise aus hochkomplexen Produkten besteht und
- die nur rund 50 Mitarbeiter hat,

konnte nicht alle operativ anfallenden Tätigkeiten alleine und sofort abdecken. Dies gilt umso mehr, als sie nahezu von einem Tag auf den anderen operativ sein musste. Denn es stand praktisch keine Vorbereitungszeit zur Verfügung und sie musste dennoch sowohl fachlich als auch formal ein Mindestmaß an Anforderungen abdecken.

Deshalb wurde ein operativer Set-up gewählt, der es nicht nur erlaubte, zu weiten Teilen auf vorhandenes, zum Teil kreditnehmerspezifisches Know-how zurückzugreifen. Gleichzeitig sollte sichergestellt werden, dass von Tag eins des Bestehens an das Portfolio angemessen transparent gemacht, verwaltet, analysiert und bewirtschaftet wurde. Konkret bedeutet dies, dass eine bereits in der Vergangenheit für das damals sogenannte Exit-Portfolio der WestLB zuständige interne Einheit, die Portfolio Exit Group („PEG"), als externer Servicer für die Bewirtschaftung des Portfolios durch die EAA mandatiert wurde. Seitens der PEG werden sowohl das Kreditportfolio wie auch die handelbaren Wertpapiere bis zur Entscheidungsreife bearbeitet. Im Einzelnen bedeutet dies, dass die Engagements durch die PEG kreditanalytisch aufbereitet und den Entscheidern in der EAA vorgestellt werden. Nachdem dort dann eine wie auch immer geartete Entscheidung getroffen wurde, wird diese, wiederum durch die PEG, umgesetzt. Verkürzt lautet also die Prozesskette:

1. **PEG:** Entscheidungsaufbereitung inklusive Handlungsempfehlung mit Erläuterung bestehender Alternativen sowie Begründung, weshalb eine konkrete Empfehlung gegeben wird;

2. **EAA:** Autonome Entscheidung zu dem vorgetragenen Engagement bzw. Anlass und Übermittlung an PEG;
3. **PEG:** Implementierung der durch die EAA getroffenen Entscheidung, d. h. z. B. Kommunikation der Entscheidung an Kunden, Eintritt in den Verkaufsprozess oder Ähnliches.

In diesem Zusammenhang ist wichtig, auf die fundamentale Bedeutung und Tragweite des Abwicklungsplans bei der Entscheidungsfindung der EAA hinzuweisen. Jegliche Entscheidung inklusive aller Alternativen wird nach der Abwicklungsplanlogik getroffen, d. h., es wird für jede zu treffende Entscheidung immer der inhärente Abwicklungseffekt berechnet. Dieser ist die quantitative Auswirkung einer Entscheidung auf eben den Abwicklungsplan (s. oben Abschnitt 3.3.4.1). Sobald eine zu entscheidende Sachlage einen zumindest nicht negativen Abwicklungsplaneffekt nach sich zieht, wird die entsprechende Entscheidung so auch getroffen.

Diese Steuerungslogik wird jedoch nicht dogmatisch gesehen. Gibt es in Einzelfällen, trotz möglicherweise (leicht) negativem Abwicklungsplaneffekt, gute andere Gründe, die für eine Entscheidung sprechen, werden in Einzelfällen auch solche Lösungen positiv votiert. Dies kann etwa bei hohen Forderungspositionen in Fremdwährung der Fall sein, wenn für die EAA seit Planerstellung erhöhte Refinanzierungskosten anfallen. Oder auch bei Fällen, bei denen die Reduzierung von Komplexitäten im Vordergrund steht.

Für das Sub-Portfolio Strukturierte Wertpapiere fungiert PIMCO, ein Unternehmen der Allianz-Gruppe, als Servicer. Sämtliche Entscheidungsabläufe und Prozesse entsprechen dem oben Dargestellten.

Diesen Servicern kommt zentrale Bedeutung zu, was Produkt-, Markt- und Risikosteuerungskenntnis betrifft. Ebenfalls wichtig ist die fundierte Kenntnis bankaufsichtsrechtlicher und regulatorischer Themenstellungen. Daneben sollten sie Erfahrung haben in der Herstellung von Transparenz in komplexen Portfolios, der kontinuierlichen Analyse solcher Portfolios sowie in der Herleitung angemessener Problemlösungen.

Angesichts der Komplexitäten und Vielschichtigkeit des Kredit- und in Teilen auch des handelbaren Wertpapierportfolios wäre es kaum möglich gewesen, in der Kürze der Zeit einen anderen externen Dienstleister zu etablieren, der ad hoc für all diese Aufgaben zur Verfügung gestanden hätte. Dies war und ist bei dem strukturierten Wertpapierportfolio deshalb einfacher, weil es sich hier um eine in sich geschlossene Produkt- bzw. Asset-Gruppe handelt, die im Wesentlichen gleichen Bedingungen unterliegt und damit „einfacher“ ganzheitlich zu steuern ist.

Zusammenfassend kann gesagt werden, dass kurzfristig verfügbares Kunden-, Markt- und Produkt-Know-how aus den Einheiten der früheren Forderungsinhaber rekrutiert wurde, um eine schnelle, effektive Bearbeitung des Portfolios und dessen marktschonende, verlustminimierende Abwicklung bestmöglich zu erreichen. Wesentlich ist dabei, dass adäquate „checks and balances“ eingeführt wurden, sodass keine Replikation alter Prozesse, Denkweisen und Methoden Platz greifen kann.

3.3.5 Das Verhalten von Abwicklungsanstalten als Kreditgeber im Rahmen einer Restrukturierung

Im Kontext dieses Buchs von besonderer Bedeutung ist – neben Entstehungsgeschichte und allgemeinen Erläuterungen zu den Abwicklungsanstalten – wie sich diese bei übertragenen Engagements im Falle von erforderlich werdenden Restrukturierungen verhalten. Die zentrale Fragestellung lautet hier zunächst: Gibt es einen Unterschied?

Startpunkt jeder Kreditverbindung einer Abwicklungsanstalt ist, dass ihr Forderungspositionen übertragen wurden, die sie abwickeln muss. So lautet ihr statutarischer Auftrag. Insofern bildet in einem Szenario, in welchem sich der Kreditnehmer stets vertragskonform verhält, das Ende der Kreditlaufzeit sozusagen das natürliche Ende der Verbindung. Es ist auch kein Geheimnis, dass eine Abwicklungsanstalt im Rahmen der gegebenen Möglichkeiten versuchen wird, Kredite ohne festes Laufzeitende eher früher als später zu beenden.

Realiter gibt es allerdings eine Vielzahl von Situationen, bei denen ein Kreditnehmer während der Kreditlaufzeit in eine Krisensituation gerät. Möglicherweise werden auch aufgrund des herannahenden Endes der Kreditlaufzeit zuvor nur latent bestehende Probleme virulent. Oder aber der Zeitpunkt einer Anschlussfinanzierung ist insofern schlicht der falsche, weil bis dato kreditorientierte Banken sich strategisch neu aufstellen und sich im großen Stil aus zuvor gesuchten Kreditverbindungen zurückziehen, sodass sich das gesamte Kreditangebot im Markt reduziert.

Was tut die Abwicklungsanstalt in einem solchen Fall? Zunächst ist festzustellen, dass sich die Ausgangslage einer Abwicklungsanstalt grundsätzlich nicht von der einer Geschäftsbank als Kreditgeberin unterscheidet, was die ökonomischen Rahmenbedingungen einer Entscheidung angeht. Das bedeutet, ganz profan, auch die Abwicklungsanstalt ist dem ökonomischen Prinzip verpflichtet. Das heißt sie wird wie jede andere Kreditgeberin auch abwägen, ob und wenn ja wie eine weitere Unterstützung des Kreditnehmers ökonomisch Sinn macht, auch und besonders im Falle einer Sanierung. Sie wird eine Sanierung immer dann unterstützen, wenn sich dies aus ihrer Sicht für sie rechnet. Sie wird eine Sanierung nicht begleiten, wenn sie der Ansicht ist, dass die Risiken die Chancen überwiegen. Oder sie wird, als dritte Variante, versuchen, das Engagement im Sekundärmarkt zu verkaufen. Das heißt, eine Abwicklungsanstalt steht vor denselben Entscheidungsvarianten wie eine Geschäftsbank. Es könnte eingewandt werden, dass je nach Kreditgeberstellung unterschiedliche Parameter in diesen Entscheidungsfindungsprozess einfließen. Zu denken ist hier an Cross-Selling-Überlegungen, Hausbankprinzip oder ähnliche Themen. Infolge der im Verlauf der letzten Jahre zu beobachtenden kontinuierlich nachlassenden Bindung zwischen Kreditgeber und Kreditnehmer – das Hausbankprinzip erlebt, wenn überhaupt, erst mit der Krise der letzten drei Jahre wieder eine gewisse Renaissance – können daraus nicht ernsthaft Argumente contra Abwicklungsanstalt abgeleitet werden. Umgekehrt würde nahezu jede Geschäftsbank ebenso versuchen, sich von notleidenden oder gefährdeten Engagements zu trennen.

Betont werden soll in diesem Zusammenhang, dass sich das oben Angeführte nicht allein auf solche Sanierungssituationen bezieht, bei denen es „nur“ um immaterielle Beiträge geht, sondern auch um Situationen, bei denen „Fresh-Money"-Entscheidungen anstehen. Zwar ist den Abwicklungsanstalten formal untersagt, Neukreditgeschäft zu betreiben (s. oben), weil sie keine Kreditinstitute im Sinne des KWG sind. Auf Basis des FMStFG und daraus abgeleitet statutarisch festgeschrieben ist aber, dass Abwicklungsanstalten alle Bankgeschäfte betreiben dürfen, die der Erfüllung ihres Zwecks dienen. Das heißt eben auch, in solchen Sondersituationen Kredite zu vergeben. Hierin kommt unter anderem auch der eher langfristige Auftrag der EAA zum Ausdruck, bei dem nicht die schnelle (Exit-)Lösung gesucht wird, sondern die langfristig verlustminimierende Strategie. Dies auch, wenn diese manchmal ihren Preis in Form von Fresh Money hat. Nur der Vollständigkeit halber sei erwähnt, dass die EAA entweder selbst oder durch ihren Servicer auch in Bankenpools, Steering Committees und ähnlichen Gremien aktiv beizutragen gewillt ist und dies in Einzelfällen auch bereits tut.

Ein Vorteil von Abwicklungsanstalten liegt dabei auch in deren schlanker Struktur. Vor allem in Sanierungssituationen, in denen schnelle und klare Entscheidungen gefragt sind, werden solche tendenziell besser gelingen als in großen, teilweise bürokratisch und sehr hierarchisch aufgebauten Banken alter Prägung.

Abschließend noch einige Hintergründe zur Verkaufsmotivation der EAA. Zahlreiche Marktteilnehmer, insbesondere potentielle Käufer, sind der Ansicht, dass die EAA möglichst schnell möglichst viele Assets zu nahezu jedem Preis abbauen muss. Das heißt, Assets im Sekundärmarkt mit hohen Abschlägen zu verkaufen. Eine solche Annahme unterschlägt den langfristig angelegten Charakter der Abwicklungsanstalten. Zur Erläuterung kann nochmals auf den Abwicklungsplan als Entscheidungsgrundlage verwiesen werden. Nur wenn der Verkauf eines Assets unter Abwicklungsplangesichtspunkten zu einem positiven Ergebnis führt, wird er getätigt. Dies ist zwar bei manchen Assets der Fall, zumal bei solchen, die wertberichtigt sind. Bei Weitem jedoch nicht bei der Mehrzahl, die, wie erläutert, vertragskonform bedient werden und damit einen Abschlag in der käuferseitig oft erwarteten Höhe nicht rechtfertigen. Die Situation der EAA lässt sich unter dem Begriff des „motivated seller" subsumieren, in Abgrenzung zum „forced seller", der die EAA aufgrund ihres langfristig angelegten Abwicklungsauftrags eben nicht ist.

Fazit

Karrieren und Erfolgsstories von Banken waren in der Vergangenheit auf Volumenwachstum gegründet. In den letzten rund drei Jahren hat sich dieser Fokus nahezu an das andere Ende des Spektrums verschoben: Der Abbau von Bilanzsummen ist heute das alles überragende Thema. Aufgrund ihrer noch jungen Geschichte sind Abwicklungsanstalten, die sich ausschließlich auf dieses Thema konzentrieren, für viele etablierte Marktteilnehmer noch ein Buch mit sieben Siegeln. Es ist zu hoffen, dass dieser Beitrag etwas Licht ins Dunkel bringen kann. Denn durch die zu beobachtende Labilität der Märkte, die zahlreiche Banken nach wie vor um ihr Überleben kämpfen lässt, könnte das Modell Abwicklungsanstalt eines der wachsenden „Geschäftsmodelle" im Finanzbereich sein.

Literaturverzeichnis

Erste Abwicklungsanstalt: www.aa1.de, März 2012, diverse Seiten

FMS Wertmanagement: www.fms-wm.de, diverse Seiten

Freshfields Bruckhaus Deringer LLP (2009): Informationspapier „Die Impaired-Asset-Mitteilung der Kommission vom 25. Februar 2009", März 2009

Jestaedt, T./Amory, B./Morgan De Rivery, E.-J. (2009): Day-Veröffentlichung „Beihilfen für Banken in der Finanzmarktkrise"

PricewaterhouseCoopers (2011): Problemkredite weiterhin auf hohem Niveau, Pressemitteilung, 14. April 2011

Rudolf, M. (2012): Alternative Konzepte zur Rettung angeschlagender Banken, in: Bolder, M./Wargers, M.: Modell „Bad Bank": Hintergrund – Konzept – Erfahrungen

Wolfers, B./Voland, Th. (2012): „Die Entstehung von Abwicklungsanstalten im rechtlichen „Wettbewerb der Systeme", in: Bolder, M./Wargers, M.: Modell „Bad Bank": Hintergrund – Konzept – Erfahrungen

3.4 Hedgefonds und Distressed-Debt-Investoren

Fredrik Metze und Lars Westpfahl

Abstract

Es gibt keine allgemein anerkannte Definition von Hedgefonds oder Distressed-Debt-Investoren. Insbesondere verfolgen diese Investoren keine einheitliche Investmentstrategie. Von grundlegender Bedeutung für ihr Verhalten im Rahmen einer Restrukturierung ist jedoch, ob sie letztlich eine gesellschaftsrechtliche Kontrolle über das Schuldnerunternehmen anstreben oder nicht. Wenn dem so ist, spielen sie eine zunehmend maßgebliche Rolle in der Entwicklung und Umsetzung von Restrukturierungsprozessen. Dabei stehen ihnen zwar grundsätzlich keine anderen Handlungsoptionen zur Verfügung als etwa den Banken. Allerdings betreiben Distressed-Debt-Investoren die Restrukturierung häufig zielgerichteter und aktivistischer als andere Gläubiger und stehen typischerweise jenen Instrumenten einschließlich ausländischer Verfahren, die auf einen Debt Equity Swap gerichtet sind oder diesen zumindest ermöglichen, aufgeschlossener gegenüber als Banken.

3.4.1 Interessendefinitionen

3.4.1.1 Abgrenzung von Hedgefonds gegenüber anderen Stakeholdern

Eine Abgrenzung von Hedgefonds gegenüber anderen institutionellen Anlegern im Sinne einer allgemeinen Begriffsbestimmung kann nicht gelingen. Die Bundesbank spricht demzufolge auch von „Hedgefonds als Sammelbegriff für eine sehr heterogene

Gruppe von Investmentgesellschaften [...], für die es weder eine Legaldefinition noch eine andere allgemein akzeptierte Abgrenzung gibt“ (Bundesbank 1999, S. 31 f.). Vor diesem Hintergrund greifen Attribute wie „Arbitrage“, „Leverage-Effekt“ und „Hedging“[1], welche zur Bestimmung von Hedgefonds in der gängigen Literatur genutzt werden, als Alleinstellungssmerkmale zu kurz und beschreiben nur Ausprägungen von Anlagestrategien, welche nicht unbedingt orignär Hedgefonds, sondern generell institutionellen Investoren zuzuschreiben sind.

Alternative Investment Manager, zu denen neben Hedgefonds auch Private-Equity-Investoren gehören, zeichnen sich im Gegensatz zu herkömmlichen institutionellen Investoren grundsätzlich dadurch aus, dass diese nicht allein darauf abstellen, eine relativ bessere Rendite gegenüber einem vorher definierten Benchmark zu erwirtschaften. Vielmehr sind diese (alternativen) Investoren darauf ausgerichtet, absolut positive Renditen, unabhänging von der allgemeinen Marktentwicklung, zu erwirtschaften, d. h. gewinnbringende Investitionsmöglichkeiten zu finden, welche eine niedrige Marktkorrelation aufweisen und deren Renditen einer im Zeitablauf geringen Volatilität unterliegen (Stefanini 2006, S. 1, Luttermann/Backmann 2002, S. 1017).

Während sich herkömmliche institutionelle Investoren durch die Märkte und Sektoren, in welche sie investieren, klassifizieren und messen lassen, werden Hedgefonds primär durch ihre Investitionsstrategie bestimmt und unterschieden. In diesem Zusammenhang lassen sich vier Grundtypen unterscheiden (Stefanini, 2006, S. 14):

- Relative Value
- Event Driven
- Directional Trading
- Long/Short Equity

Diese allgemeinen Anlagestrategien lassen sich in weitere spezielle Strategien herunterbrechen. Die Grenzen zwischen ihnen sind fließend und eine Vielzahl von Fonds ist nicht ausschließlich auf eine Strategie beschränkt. Bezifferungsversuche des Anlagevolumens von Hedgefonds mit einer bestimmten Strategie bleiben daher vage. Trotz dieser Unzulänglichkeiten können vorstehende Merkmale dazu dienen, ein besseres Verständnis für das Wesen und die Ziele dieser „sehr heterogenen Gruppe“ zu entwickeln. Drei Strategien, die nachfolgend skiziert werden, sind insbesondere im Zusammenhang mit Unternehmenskrisen von Interesse:

---

[1] Allgemein lässt sich der Begriff „Hedgefonds“ auf Alfred Winslow Jones zurückführen, welcher 1949 den ersten bekannt gewordenen Long/Short Equity Fonds gründete. Er kaufte Aktien, von denen er annahm, dass diese sich in einem „guten“ Marktumfeld überdurchschnittlich entwickeln würden, während sie in einem „schlechten“ Marktumfeld langsamer an Wert verlieren würden. Gleichzeitig verkaufte er Aktien, von denen er genau das Gegenteil annahm In diesem Sinne war sein Portfolio gegenüber allgemeinen Marktbewegungen, dem sogenannten „systematischen“ bzw. „Marktrisiko“ „gehedged“. Siehe dazu ausführlich (Loomis, 1966, S. 240).

Relative-Value-Investoren verfolgen Arbitragetransaktionen, die allein darauf abzielen, Gewinne aus dem Renditeunterschied bzw. der Bewertungsdifferenz zweier Anlagemöglichkeiten (z. B. Wertpapiere, Anleihen) zu generieren. Zu diesen Strategien gehören Merger Arbitrage, Convertible Bond Arbitrage, Fixed Income Arbitrage und Capital Structure Arbitrage.

Event-Driven-Investoren verfolgen Anlagestrategien, deren Wertgenerierungspotenzial auf eine bestimmte unternehmsspezifische Situation abstellt („Events"), welche sich im Rahmen des Lebenszyklus eines Unternehmens ergeben kann. Zu diesen Events zählen unter anderem Unternehmensübernahmen, Umstrukturierungen, Börsengänge, Insolvenzen oder Restrukturierungen.

Long/Short-Equity-Strategien zielen auf Gewinne ab, die durch den Kauf vermeintlich unterbewerteter Aktien bei gleichzeitigem Leerverkauf vermeintlich überbewerteter Aktien erzielt werden. In der Literatur werden diese Strategien teilweise auch als „Market Neutral" bezeichnet (Gehrke/Mager/Kiehn 2002, S. 480, ähnlich Bundesbank 1999, S. 3). Letztere Gruppe spielt aber als Stakeholder eine in der Praxis der Restrukturierung eher untergeordnete Rolle und soll hier nicht weiter behandelt werden.

Trotz ihrer unterschiedlichen Strategien lässt sich eine Gemeinsamkeit von Hedgefonds bestimmen. Hedgefonds sind grundsätzlich darauf ausgerichtet, Fehlbewertungen an (Kapital-)Märkten zu idenfizieren. Wenngleich hierbei eine möglichst geringe Volatilität der Ergebnisse im Sinne der Fondsrendite erzielt werden soll, bedienen sich Hedgefonds generell vergleichsweise volatiler Instrumente, deren Wert von einer Vielzahl von Determinanten abhängt, die in einem hohen Maße von wirtschaftlicher und rechtlicher Ungewissheit geprägt sind.

3.4.1.2 Distressed Debt – Markt und Instrumente

Weder in der Literatur noch in der Praxis besteht eine eindeutige oder allgemein anerkannte Definition des Begriffs „Distressed Debt" (Hofman/Walter 2004, S. 1566, 1568). Generell umfasst der Begriff Bankdarlehen, Anleihen und/oder sonstige Finanzverbindlichkeiten von Gesellschaften, die sich in einer Krisensituation befinden. Demzufolge wird nicht nur auf Instrumente abgestellt, bei denen ein tatsächlicher Zahlungsausfall eingetreten ist, sondern ganz allgemein auf Instrumente von Unternehmen, bei denen die Erreichung der Unternehmensziele als gefährdet gilt und die Nichterreichung dieser Ziele Zweifel am Forbestand des Unternehmens in seiner gegenwärtigen Form aufkommen lässt. Die Unsicherheit hinsichtlich der zukünftigen Finanzsituation des Unternehmes bzw. das Risiko eines (vollständigen) Zahlungsausfalls führt in der Regel dazu, dass diese Instrumente mit einem mehr oder weniger hohen Abschlag gegenüber ihrem Nennwert „gehandelt" werden (Kestler/Striegel/Jesch 2005, S. 417 ff.). Diese negative Preisspirale wird dadurch verstärkt, dass eine Vielzahl von institutionellen Anlegern gewissen aufsichts- bzw. satzungsrechtlichen Beschränkungen hinsichtlich notleidender Papiere unterliegen und diese veräußern (müssen). Darüber hinaus agieren Investoren in Krisensituationen nicht immer rational und sind bereit, ihre Ansprüche gegenüber dem Krisenunternehmen zu einem (vermeintlich niedrigen) Preis zu verkaufen, der gegebenenfalls nicht den intrinsischen Wert des Anspruchs reflektiert (einen Überblick über die Risikoaversion von Anlegern im Sinne der Vermeidung (weiterer) Verluste verschafft Bernstein, S. 272 ff.). Unabhängig davon erfordert die Bewertung von „Distressed Securities" einen hohen zeit-, finanz- und rechtsanalystischen Aufwand. Vielfach ziehen es (bestehende) Investoren demnach vor, diese Papiere zu einem Abschlag zu veräußern, da sie nicht über das Wissen, die notwendigen Informationen und/oder die Zeit verfügen, um die Situation entsprechend zu analysieren (Brass 2009, S. 28). In der Summe führen diese Faktoren dazu, dass sich hinsichtlich „Distressed Debt" ein illiquider Markt entwickelt, der in der Regel von einem Überhang an Verkäufern gekennzeichnet ist, gleichzeitig aber von einem Großteil herkömmlicher institutioneller Anleger gemieden wird. Der „Distressed-Debt"-Markt ist dabei ein höchst ineffizienter Markt in dem Sinne, dass der Marktpreis nicht alle vorhandenen Informationen widerspiegelt und die Akteure nicht unbedingt rational handeln (so besagt die von Eugene Fama formulierte Theorie, dass Kapitalmärkte insofern effizient sind, als alle vorhandenen Informationen in den Marktpreisen abgebildet sind und alle Marktteilnehmer vollständig rational handeln, Fama 1970, S. 383). Demzufolge kann es zu erheblichen Verwerfungen zwischen dem intrinischen Wert eines Papiers und seinem Handelspreis kommen. Die Attraktivität dieser Anlageklasse für Hedgefonds ergibt sich somit aus dem inhärenten Renditepotenzial der Instrumente, aber auch aus der niedrigen Korrelation zu anderen Assetklassen.

3.4.1.3 Investmenthypothese

Hedgefonds zielen darauf ab, die (temporären) Bewertungsineffizienzen, die sich im Zusammenhang mit Unternehmeskrisen im Allgemeinen und Restrukturierungen im Besonderen ergeben, auszunutzen, um Erträge unter Berücksichtigung ihres Risiko-Rendite-Profils zu erwirtschaften (Stefanini 2006, S. 191 f.). Risiko ist diesbezüglich als tatsächlicher Wertverlust des Investments zu verstehen, der entweder durch eine Verschlechterung der Gesamtsituation des Unternehmens hervorgerufen wird oder, was in der Praxis häufiger zu beobachten ist, darauf zurückzuführen ist, dass ein gegenüber dem „wahren" Wert des Papiers zu hoher Kaufpreis bezahlt wurde (Graham 1973, S. 61). Ein Kursrückgang ist dabei nicht nowendigerweise als ein (Verlust-)Risiko für den Anleger zu verstehen. Dies insbesondere sofern (i) die Kursveränderung zyklischer und temporärer Natur ist und (ii) der Kursrückgang nicht dazu führt, dass der Anleger gezwungen ist zu verkaufen (Keppler 1990, S. 612). Demzufolge definiert sich der Wertverlust dadurch, dass das Investment im Zeitablauf nicht zur Auschüttung jener Cashflows führt, die der Investor benötigt, um seinen Verpflichtungen, beispielsweise der Renditeerwartung seiner Anleger, nachzukommen (Jeffrey 1984, S. 34 f.). Risiko muss demnach immer im Vergleich zu einem individuellen Benchmark im Sinne einer Renditerwartung gesehen werden, welche in seiner einfachsten Form null beträgt (Bernstein 1996, S. 261). Ein Hedgefonds zielt demnach bei seiner ursprünglichen Kaufentscheidung darauf ab, die Wahrscheinlichkeit eines Verlustes bzw. einer negativen Rendite zu vermeiden, während er versucht, Gewinne durch die Wertsteigerung seines Investments zu erreichen.

3.4.1.4 Determinanten der Entscheidungsfindung

Unter Zugrundelegung des Risikobegriffs geht es Hedgefonds primär um die Bestimmung der erwarteten Zahlungsströme, die sich aus ihrer Investition ergeben. Diesbezüglich unterscheiden sich Hedgefonds aber nicht von anderen Anlegern. Der (theoretische) Wert eines Investments ergibt sich grundsätzlich aus dem Barwert der abdiskontierten Zahlungsflüsse, die sich im Zusammenhang mit eben diesen erzielen lassen. In einer „Going-Concern"-Betrachtung bedeutet dies vereinfacht, dass z. B. der Wert eines Unternehmenskredites oder einer Anleihe dem Barwert der künftigen Zins- und Tilgungszahlungen entspricht. Der Fokus der Entscheidungsfindung bzw. der Bewertung liegt in diesem Fall auf der Bestimmung des adäquaten Diskontierungsfaktors, während die vertraglich festgelegten Zahlungsströme als gegeben angenommen werden.

Charakteristisch für Restrukturierungen ist allerdings, dass sich die Zahlunsströme an den Investor substanziell sowohl dem Grunde als auch der Höhe nach verändern, da die vom Unternehmen erwirtschaften Erträge gerade nicht ausreichen, um den planmäßigen Zins- und Tiligungslasten nachzukommen. Häufig bedarf es einer Verringerung dieser Lasten, was in der Regel zu einer Veränderung der Ansprüche der Stakeholder gegenüber dem Unternehmen führt. Vor diesem Hintergrund steht der vertragliche Anspruch („Contractual Right") bzw. seine Durchsetzbarkeit in der Restrukturierung im Mittelpunkt der Analyse. Eine Zerschlagung bzw. Liquidation eines Unternehmens ist bespielsweise nur dann von Interesse, wenn der Investor einen Anspruch auf die realisierbaren Erlöse hat. Ebenso verhält es sich mit einem Debt Equity Swap. Ein Investor wird dem De-Leveraging im Wege der Umwandlung von Kreditforderungen in Eigenkapital nur dann zustimmen, wenn der Verzicht auf seinen orginären Anspruch (Zins- und Tilgungszahlungen) durch einen neuen Anspruch (Teilhabe am Eigenkapitalwert des Unternehmens) aufgewogen wird. Hierbei spielt insbesondere das Rangverhältnis des Anspruchs gegenüber anderen Finanzierungstranchen eine erhebliche Rolle. Gleichzeitig kommt auch der Jurisdiktion eine sehr große Bedeutung zu. So gibt es beispielsweise nach deutschem Recht keine generelle Pflicht eines Gläubigers an der Mitwirkung an einer Sanierung. Somit kann ein Anspruch im Rahmen einer Restrukturierung vermeintlich einen sogenannten „Hold-out Value" begründen. Versucht die (deutsche) Gesellschaft jedoch, die Sanierung über ein englisches „Scheme of Arrangement" durchzusetzen, kann sich Hold-out Value vergleichsweise schnell reduzieren (Westpfahl/Knapp 2011, S. 2034, 2036 f.).

In der Summe zielt die Analyse des Anspruchs auf die Identifizierung eben jener Quelle(n) ab, aus der sich Zahlungs(rück-)flüsse hinsichtlich der getätigten Investition realisieren lassen. Distressed-Debt-Investoren stellen aber bei Ihrer Investitionsentscheidung nicht allein auf die Fähigkeit des Unternehmens ab, auch künftig positive Erträge zu erwirtschaften. Sie unterscheiden sich insofern auch von anderen Stakeholdern, als dass der Wert ihres Investments dem Barwert aller künftigen Zahlungsströme, unabhängig von der Quelle, entspricht. Diesbezüglich lassen sich vier verschiedene Quellen identifizieren, die teilweise gänzlich außerhalb des Einflussbereichs des Unternehmens liegen (Whitman/Diz 2009, S. 84 f.):

1. Zahlungen der Gesellschaft (beispielsweise Zinsen, Tilgung, Verwertung von Sicherheiten etc.)
2. Durch den (Weiter-)Verkauf des Kredits
3. Durch Kontroll- und/oder Zustimmungsrechte („Nuisance/Hold-out Value")
4. Versicherungszahlungen, die durch einen sogenannten „Credit Event" im Zusammenhang mit einem CDS-Kontrakt ausgelöst werden

Insbesondere Credit Default Swaps (CDSs) stellen eine vergleichsweise neue Problematik im Restrukturierungsprozess dar und können den Prozess ganz entscheidend beeinflussen. Im Rahmen eines Credit Default Swap übernimmt der Sicherungsgeber (*protection seller*) gegen eine laufende oder einmalige Prämie das Kreditrisiko des Sicherungsnehmers (*protection buyer*) in Bezug auf einen bestimmten Referenzschuldner (*reference entity*) hinsichtlich zuvor vereinbarter Kreditereignisse (*credit events*). In der Regel werden als *credit events* zumindest die Insolvenz oder der Zahlungsverzug des Kreditnehmers vereinbart. Tritt ein *credit event* ein, erhält der Sicherungsnehmer eine Ausgleichsleistung. Die Besonderheit der Position des Inhabers einer CDS-Sicherung besteht nun darin, dass er von der teuer eingekauften Sicherung nur dann profitiert, wenn das definierte *credit event* eingetreten ist. Er muss also geradezu an dem Zahlungsverzug oder gar der Insolvenz des Kreditnehmers, sofern diese Ereignisse als *credit event* definiert worden sind, interessiert sein. Es gibt daher zwei Möglichkeiten: Sofern das *credit event* noch nicht die Insolvenz des Kreditnehmers ist, sondern nur der Eintritt eines Zahlungsverzuges oder der Beginn einer Restrukturierungsverhandlung, muss dieses Ereignis ausgelöst werden, sodass der Inhaber der CDS-Sicherung der Gesamtlösung zustimmen kann. Sofern das *credit event* die Insolvenz des Kreditnehmers ist, bleibt nur der Weg, die Zustimmung des Inhabers der CDS-Sicherung durch ein Verfahren, das einen Mehrheitsbeschluss erlaubt, entbehrlich zu machen. Beispiele hierfür sind insbesondere eine Beschlussfassung nach dem Schuldverschreibungsgesetz sowie insbesondere die englischen Sanierungsverfahren des Scheme of Arrangement und des Company Voluntary Arrangement (s. zu den Verfahrensarten Abschnitt 3.4.2.6).

Die Validilität eines Investments hängt hierbei ganz entscheidend von der Qualität der gewählten Bewertungsverfahren ab, welche unter anderem die DCF-Methode, Multplikatorenverfahren und die Bestimmung von Liquidationswerten umfassen. Im Gegensatz zu der Bewertung von Unternehmen, die sich außerhalb einer Krisensituation befinden, steht hier allerdings nicht die Bestimmung des Eigenkapitalwertes im Mittelpunkt der Analyse. Vielmehr geht es um die Ermittlung des Gesamtkapitalwertes (Altman/Hotchkiss 2006, S. 103). Ziel ist in diesem Zusammenhang die Ableitung des sogenannten „Economic Interest", welcher den rechtlichen Anspruch am Unternehmen begründet. Im Mittelpunkt steht die Frage, ob und inwieweit der Wert des Unternehmens zur Befriedigung des Anspruchs ausreicht. Jede Methode kann zu einem unterschiedlichen Wert führen. Deshalb hängt die Aussagekraft der gewählten Methode dabei entscheidend von der Belastbarkeit der zugrunde gelegten Zahlungsströme ab und erfordert die Betrachtung einer Reihe von unterschiedlichen Szenarien, um die Chancen und Risiken des Krisenunternehmens adäquat abzubilden (Altman/Hotchkiss 2006, S. 117). Insbesondere müssen hier Faktoren wie die Dauer der Restrukturierung und gegebenenfalls der zusätzliche Liquiditätsbedarf berücksichtigt werden. Zum einen ist ein Restrukturierungsprozess mit hohen (Beratungs-)Kosten verbunden. Diese stellen mit fortlaufender Dauer eine erhebliche Belastung des Unternehmens dar, welche den Unternehmenswert mindert (Whitman/Diz 2009, S. 86 f.). Zum anderen bedarf es vielfach trotz Tilgungs- und Zinsstundungen sowie einer Reduzierung der Schuldenlast des Unternehmens der Zuführung frischer Liquidität. Sei dies, um das Restrukturierungsprogramm umzusetzen oder um den Geschäftsbetrieb bis zur endgültigen Umsetzung des Restrukturierung aufrechtzuerhalten („Bridge-Financing"). Bestehende oder neue Kreditgeber sind aber in der Praxis nur dann bereit, (neue) Mittel zur Verfügung zu stellen, wenn diese adäquat besichert sind und die Rückzahlung ihrer Kredite im Verhältnis zu bestehenden Krediten vorrangig erfolgt (Westpfahl/Knapp 2011, S. 2034).

An dieser Stelle sei aber nochmal darauf hingewiesen, dass ein „Distressed-Debt"-Investor bei seiner Entscheidung nicht allein auf den Wert des Unternehmens bzw. seiner Vermögensgegenstände (im Sinne des Liquidationswertes als Untergrenze des Unternehmenswertes) abstellt. Für gewisse Gläubiger kann eine Insolvenz eines Unternehmens selbst dann vorteilhaft sein, wenn der Fortführungswert den Zerschlagungswert übersteigt. Insbesondere dann, wenn sie entsprechende CDS-Kontrakte halten, die ihnen beispielsweise bei Insolvenz des Unternehmens, unabhängig von dem „ökonomischen Wert" ihres Anspruchs gegenüber dem Unternehmen, die vollständige Rückzahlung des nominalen Wertes ihres Investments garantieren.

In der Summe ist der Entscheidungsfindungsprozess ein iteratives Verfahren, dem sowohl rechtliche als auch ökonomische Analysen zugrunde liegen, die darauf abzielen, die inhärente Unsicherheit von Investitionen in notleidende Kredite zu reduzieren und das Risiko eines dauerhaften Wertverlustes zu minmieren.

3.4.1.5 Hedgefonds als Stakeholder

Distressed-Debt-Investoren sind in ihrer Zielsetzung sehr unterschiedlich und ihre Rolle als Stakeholder kann diesbezüglich auch nicht allein aus einer „Equity"- oder „Fixed-Income"-Perspektive analysiert werden. Im Zuge eines Restruktierungsprozesses treten auf Seiten der Hedgefonds in der Regel drei verschiedene Investorentypen auf. Diese Investorentypen unterscheiden sich sowohl hinsichtlich ihrer Zielsetzung als auch ihres Anlagehorizonts. Vor dem Hintergrund ihrer Präsenz im Rahmen einer Restrukturierung lassen diese Investoren sich wie folgt klassifizieren (Altman/Hotchkiss 2006, S. 188 ff.):

1. „Active – Control"
2. „Active – Noncontrol"
3. „Passive"

Investoren der ersten Gruppe zielen darauf ab, die (Eigentums-)kontrolle über das Unternehmen zu erlangen. In diesem Sinne handelt es sich um eine der Private Equity sehr ähnliche Strategie, wobei die Kontrolle indirekt durch den Kauf von Krediten erlangt wird. Im Vordergrund steht hinsichtlich des Restrukturierungsprozesses ein Debt Equity Swap, durch den die Eigentumskontrolle erlangt werden soll. Der Exit des Investments erfolgt idealerweise nach zwei bis drei Jahren und die Renditeerwartungen liegen bei ca. 20 bis 25 %.

Investoren der zweiten Gruppe beteiligen sich auch aktiv am Restrukturierungsprozess, sind jedoch nicht an der Kontrolle des Unternehmens interessiert. Die „Exit"-Strategie ist vielmehr auf eine erfolgreiche Restrukturierung ausgerichtet, die es dem Investor erlaubt, seinen ursprünglichen Kredit, der mittlerweile gegebenenfalls einen Eigenkapitalanspruch darstellt, mit einem entsprechenden Gewinn zu veräußern. Der Anlagehorizont beträgt hier ein bis zwei Jahre und die Renditerwartung liegt bei 15 bis 20 %.

Der dritte Investorentypus ist eher passiv und sieht den geringen Einstiegspreis als (günstige) Prämie für eine Option, welche es ihm erlaubt, eine entsprechende Rendite aus einer (gegebenenfalls auch kurzfristigen) Wertsteigerung der notleidenden Kredite zu erreichen – dies inbesondere dann, wenn eine Unternehmenskrise weniger schwer ist als ursprünglich angenommen. In diesem Sinne verfolgt dieser dritte Typus eher eine reine Handelsstrategie. Der Anlagehorizont übersteigt nicht zwölf Monate und die Renditeerwartung liegt bei 12 bis 20 %. Vielfach versucht dieser Investorentypus, die implizite Volatilität seiner Position zu „hedgen". Dies kann zum einen durch sogenannte „Capital Structure Arbitrage" erfolgen oder aber auch durch den Kauf entsprechender Kreditausfallversicherungen.

Es ist aber darauf hinzuweisen, dass Distressed-Debt-Investoren in der Regel einen „Long"-Fokus haben, d. h. die Zielrendite ergibt sich aus der Werterhöhung der notleidenden Kredite. Eine „Short"-Position wird nur dann eingegangen, wenn mit einer hohen Wahrscheinlichkeit mit einem weiteren Wertverlust bei den enstprechenden Papieren gerechnet werden kann.

Diese verschiedenen Investorentypen haben eine entscheidende Implikation für den Restrukturierungsprozess. Die Zielsetzung der „Active"-Investoren ist in der Regel mit dem grundsätzlichen Ziel der anderen Stakeholder konform, d. h., eine erfolgreiche Umsetzung ihrer Strategie bedingt primär ein De-Leveraging des Unternehmens im Sinne einer erfolgreichen Sanierung außerhalb einer Insolvenz. Dieses muss bei „Passive"-Investoren nicht unbedingt der Fall sein und kann zu erheblichen Komplikationen bei der Umsetzung notwendiger Sanierungsschritte führen. Gleichzeitig ergeben sich je nach Investorentypus verschiedene Handlungsstrategien, welche wiederum ein gewisses Konfliktpotenzial zwischen den verschiedenen Stakeholdern begründen. Während ein „Control"-Investor primär ein De-Leveraging durch einen Debt Equity Swap anstreben wird, kann eine Refinanzierungslösung für „Non-Control"-Investoren beispielsweise einen adäquaten Katalysten im Sinne seiner „Exit"-Strategie darstellen.

3.4.2 Handlungsmöglichkeiten

Distressed-Debt-Investoren stehen, nachdem sie durch den Erwerb von Forderungen Gläubiger eines Unternehmens geworden sind, grundsätzlich die gleichen Handlungsmöglichkeiten zu wie den Banken (vgl. Abschnitt 3.4.3.2). Allerdings können sich aus den internen Regularien für den Investor, seiner Strategie im Allgemeinen oder den mit dem konkreten Investment verfolgten Ziel Besonderheiten ergeben. So werden Investoren, die eine „Active-Control"-Strategie verfolgen, einem Debt Equity Swap nicht nur sehr aufgeschlossen gegenüberstehen, sondern diesen gegebenenfalls als Primärziel verfolgen und ihr Verhalten im Rahmen der Restrukturierung entsprechend ausrichten. Gleichzeitig geht es Distressed-Debt-Investoren natürlich grundsätzlich um den größtmöglichen Ertrag aus dem Investment (sogenannter *return on investment*), wobei sie im Zweifel dadurch flexibler hinsichtlich ihrer Entscheidungen sein werden, da sie ihre Forderungen typischerweise mit einem (erheblichen) Abschlag vom Nominalbetrag erworben haben. Insoweit unterscheiden sich Distressed-Debt-Investoren grundsätzlich von einer Bank bzw. sonstigen Kreditgebern, die von Beginn an beteiligt waren, sei es als ursprünglicher Kreditgeber oder im Rahmen einer Syndizierung. Diesen Kreditgebern wird es in der Krise des Kreditnehmers typischerweise um Schadensbegrenzung gehen.

3.4.2.1 Standstill/Waiver

Die finanzielle Restrukturierung beginnt typischerweise mit dem unmittelbaren Bevorstehen oder der bereits eingetretenen Verletzung von aus der Kreditfinanzierung resultierenden Pflichten des Kreditnehmers (vgl. zu den typischen Inhalten eines Standstills oder Waivers auch Diem/Grell/Schormair, in: Theiselmann 2010, Kap. 11, Rn. 12 ff. sowie 27 ff. m. w. N.). Dabei kann es sich um die Verletzung eines oder mehrerer Financial Covenants oder die Nichtzahlung von Zinsen oder Regeltilgungen handeln. Bei den Financial Covenants handelt es sich um Bilanzrelationen oder Finanzkennzahlen, zu deren Einhaltung sich ein Kreditnehmer regelmäßig im Kreditvertrag verpflichtet. Sie werden anhand der Businessplanung des Unternehmens festgesetzt und ihre Einhaltung meist vierteljährlich auf Basis der jeweils letzten zwölf Monate (LTM – last twelve months) überprüft.

Befindet sich der Kreditnehmer in einer Liquiditätskrise, wird er kurzfristig oder bereits aktuell nicht mehr in der Lage sein, seine Zahlungspflichten zu erfüllen. In dieser Situation werden die verschiedenen Stakeholder zunächst damit beginnen, ihre jeweilige Position zu evaluieren. Größere Kreditgeberkonsortien werden hierzu zunächst einen Ausschuss zur Koordination ihrer Interessen (sogenanntes *steering committee*) bilden und rechtliche, finanzielle und gegebenenfalls operative Berater beauftragen, deren Kosten üblicherweise aufgrund entsprechender Regelungen im Kreditvertrag vom Kreditnehmer zu tragen sind. Sodann beginnt ein idealerweise vom Kreditnehmer gesteuerter und strukturierter Prozess der Informationsbeschaffung für die verschiedenen Stakeholder, sodass diese in die Position versetzt werden, eine Entscheidung darüber zu treffen, ob und wenn ja welchen Beitrag sie im Rahmen der Restrukturierung zu leisten bereit sind. Parallel dazu wird der Kreditnehmer damit beginnen, die für eine erfolgreiche Restrukturierung notwendigen Voraussetzungen zu schaffen. So wird der Kreditnehmer, ebenfalls mit Hilfe von rechtlichen, finanziellen und operativen Beratern, ein Sanierungskonzept entwickeln und dies durch einen unabhängigen Dritten begutachten lassen. Auch ist es häufig notwendig, eine verbindliche Auskunft von den zuständigen Steuerbehörden einzuholen.

All dies kostet Zeit. Den Beteiligten, und dabei insbesondere dem Kreditnehmer, wird daran gelegen sein, für Rechtssicherheit während dieser Phase der Restrukturierung zu sorgen. Er wird daher in aller Regel den Abschluss einer Stillhaltevereinbarung (sogenanntes *standstill agreement*) beantragen, mit der vertraglich vereinbarte Kündigungsrechte für einen zu bestimmenden Zeitraum suspendiert werden. Neben dem Recht zur Kündigung des Kreditvertrages wird üblicherweise auch das Recht zur Kündigung einer Zinssicherungsvereinbarung (sogenanntes *hedging agreement*) oder zur Verwertung von Sicherheiten bis zum Ablauf der Stillhalteperiode suspendiert. Gleichzeitig kann es dazu kommen, dass sich die Kreditgeber, je nach Liquiditätslage des Kreditnehmers, dazu verpflichten, das Recht, die Auszahlung oder Prolongation eines (Betriebsmittel-)Kredits zu verweigern, für die Dauer der Stillhalteperiode nicht geltend zu machen. Im Gegenzug wird der Kreditnehmer nicht nur Zusicherungen abgeben (etwa hinsichtlich seiner Abschlussbefugnis, der Wirksamkeit der Stillhaltevereinbarung, des Fehlens eines Verstoßes gegen das Gesetz, die Satzung oder sonstige Verträge, des Vorliegens aller Genehmigungen, des Fehlens weiterer Kündigungsgründe sowie der Richtigkeit und Vollständigkeit aller abgegebenen Informationen), sondern die Zahlung einer Gebühr für den Abschluss der Stillhaltevereinbarung, eine Erhöhung der Marge sowie die Bestellung zusätzlicher Sicherheiten versprechen. Weitere Regelungsgegenstände einer Stillhaltevereinbarung können sein: der Nachweis einer Mindestliquidität, die Verpflichtung, die Betriebsmittelkreditlinie nicht über einen bestimmten Betrag hinaus in Anspruch zu nehmen, die Ausgaben für Investitionen zu beschränken, zusätzliche oder häufigere Finanzinformationen zu liefern, einen Unternehmensberater und/oder einen finanziellen Berater zu beauftragen, der den Kreditgebern Auskunft über die Situation des Kreditnehmers erteilt, bestimmte Vermögensgegenstände zu verkaufen, bestimmte Restrukturierungsschritte innerhalb einer bestimmten Frist umzusetzen (sogenannte *milestones*), einen sogenannten Chief Restructuring Officer (CRO, vgl. Kapitel 5) einzusetzen oder die Werthaltigkeit der bestellten Sicherheiten durch einen externen Gutachter nachzuweisen.

Aus Sicht des Kreditnehmers vorzugswürdig gegenüber einer Stillhaltevereinbarung ist der – gegebenenfalls aufschiebend oder auflösend bedingte – Verzicht auf das Kündigungsrecht (sogenannter *Waiver*). Der Kreditnehmer erhält durch den Waiver die Sicherheit, dass seine Kredite nicht wegen des eingetretenen oder zu erwartenden Kündigungsgrunds gekündigt werden und er sie dann sofort zurückzahlen muss. Häufig erhält er auch die Gewissheit, dass ihm die noch nicht ausgeschöpften Kreditlinien weiterhin offenstehen. Über den Verzicht hinaus kann der Waiver die im Zusammenhang mit dem Standstill dargestellten Bedingungen enthalten.

Sofern es sich um eine mehrstufige Finanzierung handelt, wird es getrennte Standstills mit den jeweiligen Konsortien, z. B. dem Konsortium der Senior-Kreditgeber einerseits und dem Konsortium der Mezzanine-Kreditgeber andererseits, geben. Aus Sicht des Kreditnehmers ist es natürlich wichtig, dass die verschiedenen Stillhaltevereinbarungen aufeinander abgestimmt sind; insbesondere sollten sie nur gemeinsam und gleichzeitig in Kraft treten. Allerdings kann es durchaus vorkommen, dass den nachrangigen Kreditgebern weniger Rechte eingeräumt werden als den vorrangigen. Auch werden die Stillhaltevereinbarungen das rechtliche Rangverhältnis zwischen den verschiedenen Kreditgeber-Konsortien in aller Regel nicht verändern.

Welche Haltung ein Distressed-Debt-Investor in Bezug auf einen Standstill oder einen Waiver einnimmt, wird von der mit dem Investment verfolgten Strategie abhängen. Wenn es dem Distressed-Debt-Investor nicht vorrangig darum geht, etwa durch einen Debt Equity Swap Gesellschafter des Kreditnehmers zu werden, wird es ihm vor allem um eine möglichst hohe Gebühr für den Abschluss des Standstill oder des Waiver, eine möglichst große Margenerhöhung und die Bestellung von zusätzlichen Sicherheiten gehen. Wer eine „Active-Control"-Strategie verfolgt, wird demgegenüber durch den Standstill oder den Waiver sicherstellen wollen, dass die Voraussetzungen für einen Debt Equity Swap geschaffen werden. Sein Schwerpunkt wird daher zunächst auf der bestmöglichen Informationsbeschaffung liegen. Insbesondere die anglo-amerikanischen Distressed-Debt-Investoren (aber auch die ausländischen Geschäftsbanken) kennen als Informationsgrundlage vor allem den sogenannten Independent Business Review (IBR). Auch wenn der Independent Business Review nicht selten neben der Beschreibung der Situation und der Krisenursachen Vorschläge für die Restrukturierung enthält, genügt er doch nicht den vom Bundesgerichtshof aufgestellten Anforderungen an Sanierungsgutachten. Es empfiehlt sich daher insbesondere für den Kreditnehmer, rechtzeitig darauf hinzuwirken, dass anstelle eines Independent Business Review von vornherein ein Sanierungsgutachten erstellt wird. Andernfalls kann es zu einer unnötigen Doppelarbeit kommen.

3.4.2.2 Liquiditätswirksame Beiträge

Besteht das Problem des Kreditnehmers – zumindest auch – in einer Liquiditätskrise, sind liquiditätswirksame Beiträge der Kreditgeber notwendig. Diese können entweder kurzfristiger oder längerfristiger Natur sein:

Kurzfristige Beiträge

Je nachdem, wann die nächste Zins- oder Tilgungsleistung fällig wird, kann eine Stundung oder gar ein Verzicht auf diese Leistungen den entscheidenden Liquiditätsbeitrag bis zum Abschluss der Verhandlungen über die Restrukturierung darstellen. Auch sind diese Maßnahmen typischerweise mit einer weniger umfangreichen Dokumentation verbunden als ein Neukredit. Allerdings bedarf es nach den banküblichen Kreditverträgen grundsätzlich eines einstimmigen Beschlusses aller Kreditgeber; kein einzelner Kreditgeber kann von der Mehrheit gegen seinen Willen dazu gezwungen werden, eine ihm zustehende Zins- oder Tilgungsleistung zu stunden oder auf sie zu verzichten. Kurzfristig wirkende Stundungen oder Verzichte werden typischerweise im Rahmen eines Standstill oder eines Waiver vereinbart, die die zuvor beschriebenen Gegenleistungen vorsehen werden.

Kann der akute Finanzierungsbedarf nicht (nur) durch die Stundung von oder den Verzicht auf Zinsen oder Tilgungsleistungen gedeckt werden, bedarf es der Zurverfügungstellung weiterer Mittel. Damit ein derartiger Kredit haftungsrechtlich privilegiert ist, muss er die Voraussetzungen eines Überbrückungskredits erfüllen, dessen Voraussetzungen an anderer Stelle dargestellt sind (s. zu den Voraussetzungen eines Überbrückungskredites Kap. 3.2).

Langfristige Beiträge

Sofern sich die finanzielle Krise des Unternehmens nicht nur in einer Überschuldung erschöpft, muss die finanzielle Restrukturierung auch längerfristige liquiditätswirksame Beiträge umfassen. Eine Verbesserung der Liquiditätssituation kann – je nach Lage des Unternehmens – durch die unterschiedlichsten Maßnahmen bewirkt werden. Zu denken ist etwa an die Veräußerung von Vermögensgegenständen, sofern nicht die Erlöse für Pflichtsondertilgungen einzusetzen sind und keine entsprechende Freigabe von den entsprechenden Kreditgebern zu erreichen ist.

Vor allem aber werden Veränderungen der Kreditstruktur des Unternehmens Teil des Finanzierungskonzeptes sein. Denkbar ist zum einen die längerfristige Prolongation von fällig gewordenen oder kurzfristig fällig werdenden Krediten oder aber die Kapitalisierung von Zinsen oder Tilgungsleistungen. In letzterem Fall spricht man von einem sogenannten PIK-Kredit (*payment in kind*), da bestimmte Zins- und Tilgungsleistungen nicht mehr in bar zu entrichten sind, sondern in ein Darlehen umgewandelt werden, um welches sich die bereits geschuldete Darlehensvaluta erhöht. Denkbar ist auch die Vereinbarung eines sogenannten PIYC-Kredites (*pay if you can*). Bei einem derart strukturierten Kredit hat der Kreditnehmer das Recht, die Zinsen insoweit zu kapitalisieren, als er sie nicht in bar bezahlen kann, ohne eine Liquiditätsunterdeckung entstehen zu lassen.

Schließlich kommt die Ausreichung eines neuen Kredits in Betracht. Dieser wird typischerweise nach Vorliegen und auf der Basis eines positiven Sanierungsgutachtens ausgereicht; terminologisch handelt es sich dann um einen Sanierungskredit (s. zu den Voraussetzungen eines Sanierungskredites Abschnitt 3.2). Der Zweck eines Sanierungskredits besteht darin, die Finanzierung des Unternehmens nach Maßgabe des Sanierungsgutachtens umzusetzen und den laufenden Liquiditätsbedarf während der Sanierungsphase zu decken. Nicht selten ist daher mit einem Sanierungskredit die fortlaufende Überwachung der Umsetzung der vorgesehenen Sanierungsmaßnahmen verbunden. Neben der fortlaufenden Kontrolle der Finanzplanung (Ertrags-, Umsatz- und Liquiditätsentwicklung) verlangt dies auch eine Nachprüfung, inwieweit die festgelegten Restrukturierungsmaßnahmen umgesetzt werden. Durch einen Sanierungskredit kann ein bereits bestehender Kredit ganz oder teilweise abgelöst werden; vor allem aber geht es um die Zurverfügungstellung neuer Liquidität.

Bei vielen Distressed-Debt-Investoren ist eine grundsätzliche Bereitschaft, in der Unternehmenskrise eine Überbrückungs- oder eine Sanierungsfinanzierung bereitzustellen, zu erkennen. Diese Haltung ist vor dem Hintergrund, dass sich die Banken insoweit zunehmend zurückhaltender verhalten, zu begrüßen. Allerdings sind auch Distressed-Debt-Investoren in aller Regel nicht bereit, das erhöhte Risiko einer Nichtzahlung einzugehen. Vielmehr spiegelt sich das grundsätzlich erhöhte Risikoumfeld in der Krise in einer entsprechend erhöhten Marge wider und fordern auch Distressed-Debt-Investoren adäquate Sicherheiten. Sofern keine Vermögensgegenstände verfügbar sind, stehen auch Distressed-Debt-Investoren für eine Überbrückungs- oder Sanierungsfinanzierung nicht zur Verfügung, es sei denn, sie ist Teil der mit dem Imvestment im konkreten Fall verfolgten Zielsetzung.

In technischer Hinsicht ist zu berücksichtigen, dass Distressed-Debt-Investoren regulatorischen Beschränkungen hinsichtlich der Kreditvergabe unterliegen. Denn zur gewerblichen Kreditvergabe ist in Deutschland (ebenso wie in Europa) nur derjenige berechtigt, der über eine entsprechende bankaufsichtsrechtliche Genehmigung verfügt. Sofern Distressed-Debt-Investoren nicht ausnahmsweise – etwa über eine von ihnen betriebene Bank – eine derartige Genehmigung halten, bedürfen sie einer Abwicklungsstelle (sogenannte *fronting bank*).

3.4.2.3 De-Leveraging

Ist das Problem des Kreditnehmers – zumindest auch – bilanzieller Natur, sind bilanzwirksame Beiträge der Kreditgeber notwendig. Dabei geht es insbesondere um eine Verringerung der Finanzverbindlichkeiten des Kreditnehmers, die auf den unterschiedlichsten Wegen erreicht werden kann. Zwar wirken sich derartige Maßnahmen in aller Regel auch auf die Liquiditätslage des Kreditnehmers aus, da sich gleichzeitig auch der Zins- und Tilgungsdienst verringert; im Vordergrund stehen jedoch die bilanziellen Auswirkungen.

Debt Equity Swap

Wie bereits erwähnt, verfolgen einige Distressed-Debt-Investoren mit ihrem Debt Investment gerade das Ziel, in die Gesellschafterstellung des Kreditnehmers zu gelangen. In diesem Zusammenhang ist typischerweise vom Debt Equity Swap die Rede, ohne dass es jedoch eine anerkannte Definition dessen gibt, was darunter zu verstehen ist. Häufig wird der Debt Equity Swap im eigentlichen Sinne als die Umwandlung einer Forderung in Eigenkapitel im Wege einer Sachkapitalerhöhung verstanden. Daneben gibt es aber diverse Varianten, bei denen ein Gläubiger seine Forderung als „Währung“ verwendet, um im Gegenzug Gesellschafter seines Kreditnehmers zu werden. Für den Kreditnehmer bringt diese Maßnahme eine Vielzahl von Vorteilen mit sich. Durch die Reduzierung der Verbindlichkeiten und die Erhöhung des Eigenkapitals kann eine bevorstehende oder bereits eingetretene Unterbilanz oder gar insolvenzrechtliche Überschuldung beseitigt, ein die Ertragskraft übersteigender Zins- und Tilgungsdienst angepasst und dem Krisenunternehmen zusätzlich das für eine erfolgreiche Sanierung erforderliche Reinvermögen zur Verfügung gestellt werden. Außerdem können frei gewordene Sicherheiten und ein verringerter Verschuldungsgrad dazu genutzt werden, neue Darlehen aufzunehmen und dadurch die Liquiditätslage zu verbessern.

Die Kehrseite der Medaille insbesondere für den teilnehmenden Kreditgeber besteht zwar darin, dass etwaige Sicherheiten für die einzubringenden Kreditforderungen untergehen und für die Kapitalbeteiligung weder ein Rückzahlungstermin festgesetzt wird noch eine feste, ergebnisunabhängige Verzinsung erfolgt. Der Kreditgeber wird aber einen Debt Equity Swap dann in Betracht ziehen, wenn der Fortführungswert des Kreditnehmers größer ist als sein Zerschlagungswert. Auf welchem Weg dieses Ziel erreicht werden soll bzw. welche Variante des Debt Equity Swap im Einzelfall zur Anwendung kommt, hängt von den unterschiedlichsten Erwägungen ab.

Sachkapitalerhöhung

Im Grundfall erfolgt der Debt Equity Swap durch Sachkapitalerhöhung gegen Ausgabe neuer Anteile an dem Kreditgeber (s. zur Sachkapitalerhöhung Westpfahl in: Eilers/Koffka/Mackensen 2008, Kap. III. 2, Rn. 4 ff. m. w. N.). In Sanierungssituationen wird die Kapitalerhöhung dann üblicherweise mit einer Kapitalherabsetzung verbunden. Dabei handelt es sich ausschließlich um eine Buchsanierung, mit der eine Unterbilanz beseitigt wird, indem das Grund- bzw. Stammkapital mit den Verlusten verrechnet wird. Damit werden zum einen den Altgesellschaftern die eingetretenen Verluste zugewiesen, zum anderen wird so die Ausschüttungssperre für künftige Gewinne überwunden, die sonst aufgrund der Verlustvorträge auch gegen die neuen Gesellschafter gelten würde, die die Kapitalerhöhung zeichnen. Die anschließende Kapitalerhöhung kann grundsätzlich als Sachkapitalerhöhung unter Ausnutzung eines genehmigten Kapitals oder im Wege einer ordentlichen Kapitalerhöhung erfolgen. Zwar ist die Ausnutzung eines genehmigten Kapitals in technischer Hinsicht der vorzugswürdige Weg, da es keiner Haupt- bzw. Gesellschafterversammlung bedarf und mangels Anfechtungsmöglichkeit das Störpotenzial der Minderheit signifikant reduziert ist. Allerdings dürfte dieser Weg in aller Regel trotzdem nicht zum wirtschaftlich gewünschten Ziel führen. Denn der Nennbetrag des genehmigten Kapitals darf die Hälfte des Stammkapitals nicht übersteigen, weshalb jenen Kreditgebern, die den Debt Equity Swap betreiben, nicht die angestrebte Mehrheitsposition verschafft werden kann. Die für den Debt Equity Swap notwendigen neuen Aktien oder Geschäftsanteile müssen dann über eine ordentliche Kapitalerhöhung geschaffen werden.

Für den Kapitalerhöhungsbeschluss ist eine Mehrheit von mindestens 75 % der Stimmen erforderlich. Zwar kann die Satzung für eine Kapitalerhöhung auch eine kleinere Stimmenmehrheit vorsehen; für den in aller Regel notwendigen Bezugsrechtsausschluss gilt dies indes nicht. Hat der Kreditgeber die Verpflichtung zur Sacheinlage übernommen, kann er die Forderung in Erfüllung der Sacheinlageverpflichtung an die Gesellschaft abtreten, sodass die entsprechende Verbindlichkeit dieser Gesellschaft durch Konfusion erlischt. Möglich sind aber auch der Erlass der Kreditforderung in Anrechnung auf die Einlageverpflichtung oder die Aufrechnung zwischen Kreditverbindlichkeit und Sacheinlageverpflichtung zum Zeitpunkt der Eintragung der Kapitalerhöhung.

Debt Asset Swap

Der Weg einer Kapitalmaßnahme gegen Einbringung von Krediten ist allerdings zeitaufwendig und schon deshalb nicht immer geeignet, insbesondere wenn es darum geht, kurzfristig eine ansonsten drohende Insolvenz des Zielunternehmens abzuwenden. Außerdem besteht vor allem das Risiko der Differenzhaftung. Als eine Alternative kann sich daher der direkte Erwerb des Zielunternehmens gegen den (teilweisen) Verzicht auf die Kreditforderungen anbieten. Diese Variante setzt zwar die Veräußerungsbereitschaft auf Seiten der Gesellschafter des Zielunternehmens voraus; auch die Kapitalmaßnahme gegen Einbringung von Krediten stellt jedoch eine konsensuale Lösung dar und bedarf der Mitwirkung der Altgesellschafter bei der Kapitalmaßnahme (s. zum sogenannten Debt Asset Swap Westpfahl in: Eilers/Koffka/Mackensen 2008, Kap. III. 2, Rn. 23 ff. m. w. N.).

Für den Direkterwerb des Zielunternehmens gegen Verzicht auf Kreditforderungen kommen grundsätzlich zwei Varianten in Betracht: In der einen Variante erwirbt der Kreditgeber die Anteile an dem Kreditnehmer von dessen bisherigen Gesellschaftern. In der anderen Variante erwirbt der Kreditgeber die Vermögensgüter des Kreditnehmers von diesem. Im letzteren Fall kann es sich bei dem Erwerbsgegenstand sowohl um Anteile an einer Zwischenholding, um Anteile an operativen Beteiligungsgesellschaften oder um sonstige (betriebliche) Vermögensgüter des Kreditnehmers handeln. Die Entscheidung, welcher Weg beschritten wird, hängt von den unterschiedlichsten Erwägungen ab. Dazu zählen etwa die Rechtsform des Kreditnehmers bzw. seiner Beteiligungsgesellschaften, die Belastungen der jeweiligen Gesellschaften mit sonstigen Verbindlichkeiten und Sicherungsrechten sowie die Mitwirkungsbereitschaft der bisherigen Gesellschafter des Kreditnehmers. Ein erheblicher Vorteil des Erwerbs von dem Kreditnehmer (im Gegensatz zum Erwerb des Kreditnehmers selbst) oder darunter kann darin bestehen, dass der Kreditgeber nur den ihn interessierenden Teil des Zielunternehmens erwirbt (sogenanntes *cherry picking*).

Verwertung von Pfandrechten an Geschäftsanteilen

Sowohl die Umwandlung von Kreditforderungen in Eigenkapital als auch der Beteiligungserwerb gegen Verzicht auf Kreditforderungen sind Formen einer konsensualen Lösung, da es jeweils der Mitwirkung der Altgesellschafter bzw. des Kreditnehmers bedarf. Sofern eine derartige Einigung nicht herbeigeführt werden kann, muss der Kreditgeber auch nicht-konsensuale Optionen in Erwägung ziehen. Umfasst das Sicherheitenpaket für die Kreditforderung – was nicht nur in der Praxis der Akquisitionsfinanzierung häufig vorkommt – Pfandrechte an den Gesellschaftsanteilen an dem Kreditnehmer oder an Tochtergesellschaften, kommt die Erlangung der Kontrolle über das Zielunternehmen im Wege der Pfandverwertung in Betracht (s. zur Pfandverwertung nur Westpfahl in: Eilers/Koffka/Mackensen 2008, Kap. III. 2, Rn. 31 ff. m. w. N.). Während eine derartige

Vorgehensweise bis vor wenigen Jahren noch weitgehend eine *Terra incognita* war, gibt es inzwischen diverse Beispielfälle aus der Praxis, in denen Kreditgeber diesen Weg erfolgreich beschritten haben. Neben vereinzelten Beispielen aus den zurückliegenden Jahren sind vor allem die Verwertung der Pfandrechte an Anteilen der Kabelnetzbetreiber PrimaCom und TeleColumbus sowie des Call-Center-Betreibers von Call Center Walther Services zu nennen. In den beiden zuletzt genannten Fällen wurde jedoch letztlich eine konsensuale Lösung gefunden, da der jeweilige Gesellschafter zur Vermeidung einer Insolvenz einer Vereinbarung zustimmte.

Nach den auf die Verwertung von Pfandrechten an Geschäftsanteilen im Ausgangspunkt anwendbaren Vorschriften im BGB (§§ 1273 ff.) bedarf es zunächst der Pfandreife der durch das Pfandrecht besicherten Forderung. Sodann ist dem Sicherungsgeber der Verkauf des Pfandgegenstandes anzudrohen. Die gesetzliche Mindestfrist beträgt grundsätzlich eine Woche und findet sich auch in aller Regel in den Verpfändungsverträgen wieder. Der Verkauf der mit einem Pfandrecht belasteten Geschäftsanteile ist grundsätzlich im Wege öffentlicher Versteigerung zu bewirken. Ein freihändiger Verkauf ist nur dann möglich, wenn es sich um Anteile an einer börsennotierten Aktiengesellschaft handelt oder der Sicherungsgeber nach Eintritt der Pfandreife einer solchen Verwertung zustimmt. Zu den versteigerungsbefugten Personen zählen insbesondere die Notare, die in Anbetracht der wirtschaftlichen Bedeutung und zuweilen auch Komplexität des Vorganges in aller Regel auch den Vorzug vor den anderen versteigerungsbefugten Personen, wie etwa dem Gerichtsvollzieher, erhalten.

Sowohl der Zeitpunkt als auch der Ort der Versteigerung sind öffentlich bekannt zu machen. Die Bekanntmachung hat das Ziel, die Personen, die im Einzelfall als Erwerber in Betracht kommen, möglichst umfassend auf die bevorstehende Versteigerung hinzuweisen und durch Heranziehung zahlreicher Bieter ein günstiges Verwertungsergebnis zu erzielen. Allerdings enthält das Gesetz keine weitergehenden Regelungen etwa zu dem Publikationsorgan oder den einzuhaltenden Fristen. Üblicherweise wird eine Bekanntmachungsfrist von einem Monat als in jedem Falle ausreichend angesehen; im Einzelfall kann jedoch, insbesondere wenn die Stabilisierung und damit ein andernfalls zu besorgender Wertverlust der verpfändeten Gesellschaft dies erfordert, auch eine deutlich kürzere Frist angemessen sein.

Von zentraler Bedeutung für die Versteigerung sind die Versteigerungsbedingungen. Sie sollten zeitgleich mit der öffentlichen Bekanntmachung von Ort und Zeit der Versteigerung bekannt gemacht werden. Allerdings ist es im Hinblick auf die mitunter sehr umfangreichen Versteigerungsbedingungen nicht erforderlich, diese im Rahmen der Bekanntmachung im Wortlaut wiederzugeben. Ausreichend ist vielmehr die Angabe von Kontaktdaten, über die die Versteigerungsbedingungen bezogen werden können. Im Ausgangspunkt besteht der Zweck der Versteigerungsbedingungen darin, Regeln für eine geordnete Durchführung des Verwertungsverfahrens festzulegen und potenziellen Bietern damit die Voraussetzungen für die Teilnahme an der Versteigerung und den Ablauf des Verfahrens offenzulegen. Auch in den Fällen, in denen dem Pfandgläubiger daran gelegen ist, die Gesellschaftsanteile zunächst selbst zu erwerben, empfiehlt es sich, potenziellen Bietern und damit Beteiligten an der Versteigerung in gewissem Umfang Informationen über das Unternehmen zu geben, auf das sich die verpfändeten Gesellschaftsanteile beziehen.

Die Art und Weise der Bereitstellung von Informationen orientiert sich dabei insbesondere bei Unternehmen einer gewissen Größenordnung an Auktionsverfahren, wie sie üblicherweise von Investmentbanken für einen begrenzten Kreis von Interessenten durchgeführt werden (sogenannte *limited auctions*). Zu diesem Zweck sollten aussagekräftige Informationen über das Unternehmen in einem – gegebenenfalls virtuellen – Datenraum zusammengetragen werden. Je sensibler die Informationen über das Unternehmen sind, die in den Datenraum eingestellt werden, desto größer ist allerdings das Bedürfnis, den Zugang zu dem Datenraum zu beschränken. Es kann nämlich nicht ausgeschlossen werden, dass Wettbewerber des Unternehmens den Versuch unternehmen, sich unter dem Vorwand der Beteiligung an der Versteigerung Zugang zu vertraulichen Informationen über das Unternehmen zu beschaffen.

Nach Durchführung der Versteigerung in Übereinstimmung mit den zuvor veröffentlichten Versteigerungsbedingungen erhält der erfolgreiche Bieter den Zuschlag. Erhält der Pfandgläubiger selbst den Zuschlag, kann er den Kaufpreis mit der von ihm gehaltenen, gesicherten Forderung verrechnen. Vor dem Hintergrund dieser Möglichkeit ist in der Praxis die Teilnahme an der Versteigerung aus Sicht von Dritten häufig wenig Erfolg versprechend, sofern der Pfandgläubiger an der Versteigerung selbst teilnimmt. Denn im Zweifel muss der Dritte, der den Kaufpreis ja in bar entrichten muss, mindestens den Nennwert der besicherten Forderung in bar zu bezahlen bereit sein.

Debt Equity Swap im Insolvenzplanverfahren

Nicht immer wird sich jedoch eine Insolvenz vermeiden lassen. Dies mag daran liegen, dass die finanzielle Situation des Kreditnehmers bereits derart prekär ist, dass nicht genügend Zeit für eine Schuldumwandlung außerhalb der Insolvenz verbleibt. Auch kann es bei der Pfandverwertung zu „Domino"-Effekten kommen, die auch die operativen Gruppengesellschaften erfassen. Es kann aber auch so sein, dass eine Sanierung außerhalb der Insolvenz mit rechtlich unüberwindbaren Hindernissen verbunden und schlicht zu teuer wäre. Beispielhaft sei die Beendigung von für das Unternehmen nachteiligen Verträgen genannt, die im Zweifel außerhalb der Insolvenz nicht ohne Vertragsbruch möglich ist und damit zu einer erheblichen Schadensersatzforderung führen würde. Paradebeispiele sind insoweit Einzelhandelsunternehmen mit einer Vielzahl von Mietverträgen, sofern viele von diesen im Rahmen einer Restrukturierung zu beenden wären. Zumindest in diesen Fällen ist zu erwägen, ob es nicht in rechtlicher und praktischer Hinsicht möglich ist, den Erwerb des Zielunternehmens durch Umwandlung von Forderungen mit seiner Sanierung im Rahmen eines Insolvenzverfahrens zu kombinieren (s. zum Debt Equity Swap im Rahmen eines Insolvenzplanverfahrens nur Westpfahl in: Eilers/Koffka/Mackensen 2012).

Während es nach der bisherigen Rechtslage selbst in der Insolvenz nicht möglich war, in die Rechte der Altgesellschafter – sei es durch „Wegnahme" der Anteilsrechte oder eine verwässernde Kapitalerhöhung (im Zweifel mit vorhergehender Kapitalherabsetzung) – einzugreifen, obwohl diese Anteile in der Insolvenz in aller Regel wertlos sind und sie im Rahmen eines Insolvenzplanverfahrens nur durch Gläubigerbeiträge wieder werthaltig gemacht werden, ist mit dem Gesetz zur Erleichterung der Sanierung von Unternehmen (ESUG) ein Paradigmenwechsel herbeigeführt worden. Seit dem 1. März 2012 ist der Debt Equity Swap im Insolvenzplanverfahren auch gegen den Willen der Altgesellschafter möglich. Die Altgesellschafter sind nunmehr zu Beteiligten des Insolvenzplanverfahrens erklärt worden, sodass ihre Rechte in den Insolvenzplan einbezogen werden können. Der Insolvenzplan kann daher unter anderem vorsehen, dass Forderungen von Gläubigern in Anteils- oder Mitgliedschaftsrechte an der Schuldnergesellschaft umgewandelt werden. Die zur Umsetzung notwendigen gesellschaftsrechtlichen Beschlüsse (Fortsetzungsbeschlüsse, Beschlüsse zur Übertragung von Anteilen etc.) können durch eine entsprechende Regelung im Insolvenzplan ersetzt werden.

Die Abstimmung über den Insolvenzplan erfolgt wie bisher in Gruppen. Der Insolvenzplan ist angenommen, wenn alle Gruppen zustimmen und in jeder Gruppe eine Kopf- und Summenmehrheit erreicht ist. Eine Gruppe stimmt zu, wenn die Mehrheit aller abstimmenden Gruppenmitglieder dem Plan zustimmt (Kopfmehrheit) und die Forderungen der zustimmenden Gläubiger mehr als die Hälfte der Forderungen aller abstimmenden Gläubiger ausmachen (Summenmehrheit). Es besteht jedoch ein Obstruktionsverbot, das verhindern soll, dass ein wirtschaftlich sinnvoller Plan am Widerstand einzelner Gläubiger scheitert: Kommt die erforderliche Mehrheit in einer Gruppe nicht zustande, so gilt die Zustimmung gleichwohl als erteilt, wenn die Gläubiger der betreffenden Gruppe durch den Plan nicht schlechtergestellt werden, als sie ohne den Plan stünden (Werterhaltungsprinzip), und wenn diese Gläubiger angemessen am Erlös teilhaben sollen (Gleichbehandlungsgrundsatz). Außerdem muss die Mehrzahl der Gruppen dem Insolvenzplan tatsächlich zugestimmt haben. Das Obstruktionsverbot gilt jedoch auch für die Anteilsinhaber, soweit sie in den Insolvenzplan einbezogen sind. Allerdings gilt es nur insoweit, als kein Gläubiger wirtschaftliche Werte erhält, die den vollen Betrag seines Anspruches übersteigen und kein Altgesellschafter, der ohne einen Insolvenzplan den Altgesellschaftern der jeweiligen Gruppe gleichgestellt wäre, bessergestellt wird als diese.

Haben Gläubiger und Schuldner dem Insolvenzplan zugestimmt, muss er noch vom Insolvenzgericht bestätigt werden. Dabei hat das Gericht den gesetzlichen Minderheitenschutz zu berücksichtigen. Sobald der Bestätigungsbeschluss rechtskräftig ist, treten die im gestaltenden Teil des Insolvenzplans festgelegten Wirkungen für und gegen alle Beteiligten ein, d. h., es sind etwa Forderungen (teilweise) erlassen oder gestundet, (Gesellschafter-)Beschlüsse gefasst und neue Anteile geschaffen. Eine besondere Schwierigkeit dürfte sich daraus ergeben, dass – entgegen vorheriger Gesetzesentwürfe – eine Umwandlung von Forderungen gegen den Willen der betroffenen Gläubiger nicht möglich ist. Gläubiger können also nicht in eine Gesellschafterstellung gezwungen werden, was dazu führt, dass sie anstelle von Anteilen an der Schuldnergesellschaft eine Quotenzahlung erhalten, es sei denn, in dem Insolvenzplan ist mit ihrer Zustimmung etwas Abweichendes geregelt. Dies dürfte in praktischer Hinsicht ein nicht zu unterschätzendes Problem darstellen, weil im Sinne der Gläubigergleichbehandlung ermittelt werden muss, welche Insolvenzquote wirtschaftlich den Anteilen entspricht, die den zustimmenden Gläubigern gewährt werden. Damit stellt sich eine unter Umständen komplexe Bewertungsfrage.

Sofern Distressed-Debt-Investoren daran interessiert sind, über den Insolvenzplan in die Gesellschafterstellung zu gelangen, werden sie nicht nur daran interessiert sein, dass der Insolvenzplan zustande kommt, sondern auch selber darauf hinwirken wollen. Ein Instrument besteht darin, weitere Forderungen zu erwerben, um ein positives Abstimmungsergebnis zu erreichen. Je nach wirtschaftlicher Ausgangslage werden sie auch bereit sein, für die zu erwerbenden Forderungen einen höheren Kaufpreis als die im Insolvenzplan vorgesehene Quote zu bezahlen. In diesem Zusammenhang ist jedoch zu berücksichtigen, dass der Bundesgerichtshof entschieden hat, dass der Forderungskauf zu einem höheren Preis als der im Insolvenzplan vorgesehenen Quote als unlautere Handlung im Sinne der Insolvenzordnung (§ 250 Nr. 2 InsO) anzusehen ist, es sei denn, die Begünstigung ist im Insolvenzplan offen ausgewiesen (BGH, Beschl. v. 03.03.2005–IX ZB 153/04 = BGHZ 162, 283 ff.). Andernfalls ist dem Insolvenzplan die Bestätigung zu versagen. Zwar überzeugt diese Rechtsprechung nicht; allerdings bildet sie derzeit den Maßstab für die zugrundeliegende Frage.

Debt Mezzanine Swap

Insbesondere kreditgebende Finanzinstitute sind häufig nicht bereit, eine Gesellschafterstellung zu erwerben. Zuweilen liegt dem eine hausinterne Grundsatzentscheidung zugrunde; manchmal soll eine ansonsten im Einzelfall drohende Konsolidierung vermieden werden. Es können aber auch rechtliche Gründe ausschlaggebend sein, etwa weil das Risiko einer Differenzhaftung oder eines insolvenzrechtlichen Nachrangs verbleibender oder neuer Darlehensansprüche vermieden werden soll oder eine verbindliche Auskunft darüber, dass auf die Besteuerung eines etwaigen Sanierungsgewinnes verzichtet wird, nicht erteilt wird. Schließlich gibt es aber auch kreditgebende Fonds, nach deren Regularien kein Eigenkapital erworben werden kann. In diesen Fällen wird statt eines Debt Equity Swap eine Umwandlung von Forderungen in nachrangiges Kapital in Erwägung gezogen, z. B. in Genussrechte, stille Beteiligungen oder Wandel- bzw. Optionsanleihen (sogenannter Debt Mezzanine Swap oder Debt Hybrid Swap; s. nur Schlitt/Ries, in: Theiselmann 2010, Kap. 9, Rn. 12 ff. sowie 51 ff. m. w. N.).

Der wesentliche Vorteil einer solchen Umwandlung besteht darin, dass das nachrangige Kapital grundsätzlich so strukturiert werden kann, dass es zwar handelsrechtlich Eigenkapital, steuerrechtlich jedoch Fremdkapital darstellt. Es besteht daher die Möglichkeit, dass die Gesellschaft ihre Handelsbilanzstruktur verbessert, ohne dass gleichzeitig auch steuerrechtlich Eigenkapital entsteht und somit ein grundsätzlich zu versteuernder Sanierungsgewinn anfällt. Außerdem ist in aller Regel kein förmliches Kapitalerhöhungsverfahren durchzuführen, was sich in Krisensituationen als entscheidender Vorteil erweisen kann. Vor allem bietet sich für den Gläubiger die Möglichkeit, nach erfolgreicher Sanierung am Unternehmenserfolg zu partizipieren, ohne den zuvor genannten Risiken ausgesetzt zu sein. Schließlich ist der Debt Mezzanine Swap für den Gesellschafter besonders attraktiv, da die Beteiligungs- und Stimmrechtsverhältnisse unverändert bleiben.

Zu beachten ist, dass Mezzaninekapital grundsätzlich nur unter den folgenden, kummulativ vorliegenden Voraussetzungen handelsbilanziell als Eigenkapital ausgewiesen werden kann:

Zunächst bedarf es der Erfolgsabhängigkeit der Vergütung und Teilnahme am Verlust bis zur vollen Höhe. Die Vergütung muss unter der Bedingung stehen, dass sie aus Eigenkapitalbestandteilen geleistet werden kann, die nicht besonders gegen Ausschüttungen geschützt sind. Zudem muss das Genussrechtskapital spätestens im Zeitpunkt seiner Rückzahlung und vorrangig vor den gegen Ausschüttung besonders geschützten Eigenkapitalbestandteilen in seiner vollen Höhe an etwaigen Verlusten teilnehmen.

Sodann muss das Kapital für einen längeren Zeitraum überlassen werden, währenddessen sowohl für den Kapitalgeber als auch die Gesellschaft eine Rückzahlung ausgeschlossen ist. Häufig wird in diesem Zusammenhang von einer Mindestlaufzeit oder Kündigungsfrist von fünf bis sieben Jahren ausgegangen.

Schließlich muss das Mezzaninekapital nachrangig sein, mithin im Insolvenz- oder Liquidationsfall erst nach Befriedigung aller anderen Gläubiger geltend gemacht werden können.

Sind diese Voraussetzungen erfüllt, ist das Mezzaninekapital als Sonderposten innerhalb des Eigenkapitals auszuweisen. Gleichzeitig kommt grundsätzlich eine bilanzsteuerrechtliche Einordnung des Instruments als Fremdkapital in Betracht. Erforderlich ist lediglich, dass eine Rückzahlung der nachrangigen Verbindlichkeiten nicht nur aus Gewinnen, sondern zumindest auch aus allem künftigen Liquidationsüberschuss oder sonstigem freien Vermögen erfolgen kann.

Sonstige Modelle zur Vermeidung einer Besteuerung des Sanierungsgewinnes

Sofern eine verbindliche Auskunft, wonach ein etwaig anfallender Sanierungsgewinn nicht besteuert wird, abgelehnt wird oder davon auszugehen ist, dass sie nicht zu erlangen ist, müssen alternative Maßnahmen erwogen werden (vgl. für einen Überblick auch Meiisel/Weber, in: Theiselmann 2010, Kap. 9, Rn. 106 f. m. w. N.). Ein Weg besteht darin, die Entstehung eines Sanierungsgewinns durch Werthaltigmachen der Forderung vor Umsetzung eines Debt Equity Swap (z. B. durch Barzuschüsse oder Bürgschaften) zu verhindern. In der Krise sind diese Voraussetzungen jedoch in aller Regel nicht gegeben. Häufig kommt es daher stattdessen zu einem sogenannten Debt Push-up, bei dem eine im Ausland ansässige Konzerngesellschaft, bei der ein anschließender Debt Equity Swap nicht zu nachteiligen Besteuerungsfolgen führt, einen Teil der Schuld unter Verzicht auf Regressansprüche übernimmt. Je nachdem, wie groß der damit zusammenhängende Aufwand ist, kann auch an die Verlegung von Sitz und Geschäftsleitung der Gesellschaft in eine andere Juristiktion gedacht werden, nach deren Steuerrecht ein anschließender Debt Equity Swap nicht zu nachteiligen Besteuerungsfolgen führt. Schließlich wird ein sogenannter Reverse Debt Equity Swap diskutiert, bei dem die wandlungswilligen Kreditgeber ihre Forderungen in eine Zweckgesellschaft gegen Ausgabe von Anteilen an dieser Gesellschaft einbringen und im Anschluss der Betrieb des Kreditnehmers einschließlich der Verbindlichkeiten in die Zweckgesellschaft gegen Ausgabe neuer Anteile an ihr eingelegt wird.

3.4.2.4 Verkauf der (Forderungs-)Position

Letztlich wird der Distressed-Debt-Investor ebenso wie jeder sonstige Kreditgeber jederzeit abwägen, ob er nicht durch die Veräußerung der eigenen Position den Gewinn (*Return on Investment*) maximieren bzw. den Verlust beschränken kann. Für die Entscheidungsfindung können die unterschiedlichsten Parameter maßgeblich sein; im Vordergrund werden aber der beim Erwerb der Position gezahlte Kaufpreis, der aktuell am Markt zu erzielende Verkaufspreis sowie der Rückfluss für den Fall einer Insolvenz stehen.

Ein Verkauf kommt allerdings nur in Betracht, wenn er nach dem zugrundeliegenden Kreditvertrag erlaubt ist. Während nämlich Arrangeur, Underwriter und die ursprünglichen Kreditgeber an einer möglichst freien Übertragbarkeit der Kreditforderungen interessiert sind, möchte der Kreditnehmer die Übertragung von Konsortialanteilen an Dritte möglichst stark kontrollieren. Nicht selten sind daher Regelungen, wonach die Übertragung von Konsortialanteilen der vorherigen Zustimmung des Kreditnehmers bedarf oder aber eine Liste von Institutionen vereinbart ist, auf die nicht übertragen werden darf. Auch nach diesen Klauseln ist der jeweilige Kreditgeber jedoch regelmäßig dann zur Übertragung berechtigt, wenn bereits ein Kündigungsgrund vorliegt. Da der Distressed-Debt-Investor seine Position typischerweise bereits von einem vorherigen Kreditgeber erworben haben wird, dürfte er ohnehin keinen Beschränkungen bei der Veräußerung unterliegen. Gegebenenfalls kann der Kreditgeber jedoch auch eine Kreditunterbeteiligung (sogenannte *participation*) einräumen. Dies geschieht in der Praxis nicht nur dann, wenn der Kreditvertrag Beschränkungen bezüglich der Übertragung vorsieht, sondern auch in den Fällen, in denen der bisherige Kreditgeber gegenüber dem Kreditnehmer oder anderen Konsorten nicht offenlegen will, dass das wirtschaftliche Interesse an der Position auf einen Dritten übergegangen ist. Dies mag der langjährigen Kundenbeziehung mit dem Kreditnehmer oder Reputationserwägungen geschuldet sein. In der Vereinbarung über die Unterbeteiligung werden dann typischerweise die Quote der Unterbeteiligung, eine eventuelle Nachschusspflicht, Informations- und Mitentscheidungsrechte des Unterbeteiligten sowie Kündigungsrechte und -fristen geregelt. Sofern der Distressed-Debt-Investor seinerseits lediglich eine Kreditunterbeteiligung hält, kann er auch nur diese Position übertragen, soweit dies der zugrundeliegende Vertrag erlaubt.

Insbesondere wenn der zugrundeliegende Kreditvertrag – wie sehr häufig – englischem Recht unterliegt, richtet sich der Dokumentationsstandard nach den Mustern der Loan Market Association (LMA). Auf deren Website (www.loan-market-assoc.com) finden sich für alle denkbaren Konstellationen Musterformulare. Die Übertragung einer

Forderungsposition wird typischerweise über eine sogenannte *trade confirmation* umgesetzt. Inzwischen folgen allerdings auch Kreditverträge, die dem deutschen Recht unterliegen, typischerweise dem LMA-Standard.

3.4.2.5 Kündigung

Schließlich kann der Kreditgeber den Kredit auch kündigen, soweit ein Kündigungsgrund vorliegt. Kündigungsgründe sind typischerweise sehr umfangreich in dem Kreditvertrag geregelt. Gesetzliche Kündigungsgründe sind dann zumeist insoweit ausgeschlossen, als sie dispositiv sind. Distressed-Debt-Investoren werden jedoch eher selten zu dem Instrument der Kündigung greifen, es sei denn, dadurch wird eine gezielte Verwertungsmaßnahme wie etwa die Verwertung von Pfandrechten an Gesellschaftsanteilen vorbereitet.

3.4.2.6 Verfahrensarten

Die Unternehmensfinanzierung war in dem zurückliegenden Jahrzehnt unter anderem durch immer größere Komplexität geprägt. Nicht selten ist bei der Restrukturierung eines Unternehmens mit einer Vielzahl von Finanzierungsinstrumenten umzugehen, die sich in aller Regel in einem Rangverhältnis zueinander befinden (z. B. Super Senior Facility, Senior Facility, Second Lien Facility, Subordinated Facility, Genussrechte, Gesellschafterdarlehen etc.) oder sich dadurch unterscheiden, dass sie besichert sind oder nicht. Zwar gibt es seit der Finanzkrise einen Trend zu weniger Komplexität; viele der Finanzierungen, die in den nächsten Jahren zu Restrukturierungen führen werden, stammen jedoch noch aus der Zeit vor der Finanzkrise. Durch die Vielzahl der Beteiligten und ihrer Interessen ist es zunehmend schwieriger geworden, (finanzielle) Restrukturierungen im Konsens umzusetzen. Hinzu kommt, dass die rechtlichen Rahmenbedingungen für vorinsolvenzliche Sanierungen in Deutschland durch diverse Unsicherheitsfaktoren geprägt sind (Westpfahl 2010, S. 393 ff. m. w. N.). Da das deutsche Recht – mit Ausnahme des Verfahrens nach dem Schuldverschreibungsgesetz (SchVG) – kein vorinsolvenzliches Verfahren für die (finanzielle) Restrukturierung von Unternehmen vorsieht, sind daher schon seit Jahren ausländische Verfahrensarten stärker in den Blickpunkt gerückt.

Die Bedeutung dieser Verfahren liegt vor allem darin, einen Mechanismus zum Umgang mit dissentierenden Gläubigerminderheiten zur Verfügung zu stellen. Gerade bei größeren Konsortien ist die Einstimmigkeit nämlich praktisch unerreichbar. So gibt es erstens immer wieder Kreditgeber, die sich an dem Restrukturierungsprozess überhaupt nicht beteiligen. Dies kommt vor allem und leider nicht selten dann vor, wenn die entsprechende Forderung für den betroffenen Kreditgeber relativ (im Verhältnis zu dessen sonstigem Kreditportfolio) geringfügig oder bereits abgeschrieben ist, sodass die Aufmerksamkeit anderen Kreditpositionen gilt. Ebenfalls nicht selten gibt es zweitens Kreditgeber, die ihre Forderung mit erheblichem Abschlag erworben haben und von dem Unternehmen bzw. den anderen Kreditgebern nunmehr einen höheren Rückzahlungsbetrag als „Kompensation" für die Mitwirkung an der Restrukturierung verlangen (sogenannte *hold-out creditors*). Dabei sei durchaus nicht verkannt, dass es auch so sein kann, dass ein Gläubiger seine Zustimmung aus berechtigten oder zumindest anerkennungswerten Gründen versagt, etwa weil er der Auffassung ist, dass die zur Abstimmung gestellten Maßnahmen nicht notwendig oder zu weitgehend sind. Drittens haben insbesondere Inhaber von CDS-Sicherungen häufig ein Interesse gerade am Scheitern der Restrukturierung (s. zu CDS-Sicherungen bereits oben zu Beginn von 3.4.2).

Da Distressed-Debt-Investoren häufig anglo-amerikanischer Provenienz sind, stehen sie ausländischen Verfahren grundsätzlich aufgeschlossener gegenüber als deutsche Banken oder sonstige Kreditgeber.

Verfahren nach dem Schuldverschreibungsgesetz

Zunächst jedoch zu dem einzigen Verfahrensrahmen nach deutschen Recht außerhalb der Insolvenz, das den Eingriff in Gläubigerrechte durch Mehrheitsbeschluss erlaubt: das Schuldverschreibungsgesetz (SchuldVG). Vor allem die Zurückhaltung von Banken und institutionellen Investoren bei der Vergabe von hochvolumigen Konsortialkrediten hat dazu geführt, dass die Kapitalbeschaffung durch Unternehmensanleihen in Mode gekommen ist. Allein das Emissionsvolumen von in Euro denominierten Unternehmensanleihen hat in den zurückliegenden Jahren Rekordhöhen erreicht. Zwar gibt es keine gesetzliche Definition des Begriffs der Anleihe; nach allgemeiner Definition handelt es sich dabei jedoch um eine Mehrzahl von Wertpapieren, die als Gegenleistung für die Überlassung von Kapital in Serie zu gleichen Bedingungen ausgegeben werden und in denen der Emittent den Anleihegläubigern Rückzahlung und Verzinsung zu den festgelegten Bedingungen verspricht. In der Praxis wird die Restrukturierung von Anleihen (s. dazu nur Plank/Lürken, in: Theiselmann 2010, Kap. 5 m. w. N.) nicht selten von Distressed-Debt-Investoren dominiert. Dies hängt damit zusammen, dass Unternehmensanleihen häufig zunächst von sogenannten Retail-Investoren gezeichnet, dann aber in der finanziellen Krise des Emittenten verkauft und von Distressed-Debt-Investoren erworben werden, um sodann an der Restrukturierung teilzunehmen. Anschauliche aktuelle Beispiele sind die Restrukturierung der von dem Holzverarbeitungsunternehmen Pfleiderer und dem Solarunternehmen Q-Cells begebenen Anleihen, bei denen die Verhandlungen ausschließlich mit anglo-amerikanischen Distressed-Debt-Investoren geführt werden.

In der Vergangenheit war die finanzielle Restrukturierung von Unternehmensanleihen im Zweifel nur dann möglich, wenn auf sie nicht das alte deutsche Schuldverschreibungsgesetz Anwendung fand. Dies war allerdings auch tatsächlich typischerweise der Fall, da Unternehmensanleihen in aller Regel nach New Yorker oder englischem Recht begeben waren. Dann sehen sie auch in der Regel sogenannte Collective-Action-Klauseln vor, über die Unternehmensanleihen durch Mehrheitsentscheid restrukturiert werden können. Seit August 2009 gilt das Schuldverschreibungsgesetz jedoch in einer neuen Fassung, in der die lange bekannten und diskutierten Schwächen des alten Schuldverschreibungsgesetzes adressiert worden sind. Das neue Schuldverschreibungsrecht findet nunmehr Anwendung auf inhaltsgleiche Schuldverschreibungen aus Gesamtemissionen, die nach deutschem Recht begeben worden sind. Insbesondere ist es nicht mehr erforderlich, dass die Emission im Inland erfolgt ist. Zwar findet das neue Schuldverschreibungsrecht auf vor seinem Inkrafttreten begebene Unternehmensanleihen keine Anwendung. Allerdings können die Anleihegläubiger in bestimmten Konstellationen mit einer Mehrheit von mindestens 75 % und Zustimmung des Emittenten die Anleihebedingungen ändern, um die im neuen Schuldverschreibungsrecht vorgesehenen Instrumentarien nutzen zu können. Darüber hinaus ist auch ein „opt-in" zur Änderung der Rechtswahl ausländischem Recht unterliegender Anleihen auf deutsches Recht möglich. Danach können die Anleihegläubiger durch qualifizierten Mehrheitsbeschluss unter anderem einen gemeinsamen Vertreter bestellen, einen Beschluss über das Entfallen der Wirkungen einer Kündigung fassen sowie Sanierungsbeiträge beschließen. Diese können insbesondere in der Stundung, Herabsetzung oder dem Verzicht auf Zinsen, der Stundung oder der Verringerung auf die Hauptforderung, einer Nachrangerklärung, einem Debt Equity oder Debt Debt Swap, der Freigabe oder dem Austausch von Sicherheiten, einer Währungsänderung, dem Verzicht auf oder der Beschränkung von Kündigungsrechten, dem Schuldneraustausch oder der Änderung oder Aufhebung von Nebenbestimmungen bestehen. Die Begründung von Nachschusspflichten ist demgegenüber nicht möglich.

Für die Beschlussfähigkeit der Anleihegläubigerversammlung bedarf es eines Quorums von mindestens 50 % des stimmberechtigten Nennwerts der Anleihe. Wird es nicht erreicht, kann eine neue Versammlung einberufen werden, die ohne summenmäßiges Quorum beschlussfähig ist. Für Beschlüsse, für die eine qualifizierte Mehrheit erforderlich ist, müssen jedoch mindestens 25 % des stimmberechtigten Nennwerts der Anleihe vertreten sein. Die Anleihebedingungen können jedoch auch höhere Quoren vorsehen. Erstmals geregelt ist im neuen Schuldverschreibungsrecht auch der Rechtsschutz gegen die von der Gläubigerversammlung gefassten Beschlüsse. Er ist an die aktienrechtliche Anfechtungsklage angelehnt. Danach kann innerhalb einer Frist von einem Monat nach Bekanntmachung des Beschlusses Anfechtungsklage erhoben werden. Die Erhebung einer Anfechtungsklage hindert den Vollzug des Beschlusses und stellt daher ein wirksames Instrument für „räuberische" Anleihegläubiger dar. Allerdings kann die Vollzugssperre auf Antrag des Emittenten durch ein Freigabeverfahren beseitigt werden.

Die Restrukturierung von Unternehmensanleihen stellt praktisch deshalb ein Problem dar, weil es an einem Ansprechpartner fehlt, der über eine Entscheidungsbefugnis verfügt. Gerade die Distressed-Debt-Investoren stehen deshalb häufig bereit, um Mitglied eines sogenannten *ad-hoc-Committee* zu sein, mit dem der Emittent die Anleiherestrukturierung diskutieren und gegebenenfalls verhandeln kann. Dabei ist zu beachten, dass die Mitglieder des *ad-hoc-Committee* in dem Moment, da sie Insider-Informationen erhalten, mit ihren Anleihen nicht mehr handeln können. In der Praxis wird daher versucht, den Zeitraum, in dem das Handelsverbot gilt, so kurz wie möglich zu halten. Allerdings hat das *ad-hoc-Committee* weder Verhandlungsvollmacht für die Anleihegläubiger insgesamt, noch übernimmt es irgendwie geartete Treuepflichten (wie etwa ein Lenkungsausschuss bei Bankkonsortien); die Mitglieder des *ad-hoc-Committee* verhandeln lediglich im eigenen Interesse. Da dieses eigene Interesse aber typischerweise gleichgelagert ist mit dem Interesse der anderen Anleihegläubiger, wird eine entsprechend große *ad-hoc*-Gruppe als legitimierter Ansprechpartner anerkannt, da die Unterstützung einer Gruppe meist dazu führt, dass die anderen Anleihegläubiger im Vertrauen auf das von dieser Gruppe ausgehandelte Ergebnis einer Anleiherestrukturierung zustimmen. Das *ad-hoc-Committee* formiert sich in aller Regel um professionelle Berater (Rechtsanwälte, Financial Advisor), deren Bemühungen der Emittent unterstützen sollte.

Scheme of Arrangement/Company Voluntary Arrangement
Besondere Aufmerksamkeit verdient ein Trend, der im zurückliegenden Jahr begonnen hat und von dem erwartet wird, dass er zumindest kurzfristig kein Ende finden wird: Gemeint ist der Einsatz des englischen Scheme of Arrangement zur Sanierung deutscher Gesellschaften (für eine ausführliche Darstellung vgl. Westpfahl/Knapp 2011, S. 2033 ff. m. w. N.). Die Initialzündung für diesen Trend dürften die Sanierungen der spanischen Unternehmen La Seda und Metrovacesa gewesen sein, die, obwohl spanische Gesellschaften, eben über ein englisches Scheme of Arrangement saniert worden sind. Es folgten der deutsche Kabelnetzbetreiber Telecolumbus sowie der deutsche Brillenhersteller Rodenstock und zuletzt das deutsche Kabelunternehmen PrimaCom.

Während Schemes of Arrangements in England lange Jahre ganz überwiegend zur gesellschaftsrechtlichen Restrukturierung jenseits der Krise zum Einsatz gekommen waren, erlebte dieses Instrument zunächst in der englischen Sanierungslandschaft eine Renaissance. Es kommt insbesondere dann zum Einsatz, wenn Unternehmen mit einer komplexen Finanzierungsstruktur bilanziell restrukturiert werden sollen. Die Vorteile des Verfahrens bestehen vor allem darin, dass für die Annahme des Scheme of Arrangement keine Einstimmigkeit notwendig ist und daher obstruierende oder „teilnahmslose" Gläubiger überstimmt werden können, eine Abstimmung in Gruppen möglich ist und damit die wirtschaftliche Interessenlage bei mehrstufigen Finanzierungen abgebildet werden kann, nicht alle Gläubiger in das Verfahren einbezogen werden müssen und daher die Rechtspositionen von für das operative Geschäft notwendigen Vertragspartnern unberührt bleiben können, durch die Kombination mit einem Administration-Verfahren Eingriffe in die Rechte der Anteilseigner möglich sind sowie das Verfahren schließlich bei gleichzeitig gewährleistetem Minderheitenschutz in einem – je nach Dringlichkeit – sehr engen zeitlichen Rahmen umgesetzt werden kann. Insbesondere bedarf es bei grenzüberschreitenden Sachverhalten auch nicht etwa der vorhergehenden Verlegung des Mittelpunkts der Interessen, des sogenannten Centre of Main Interest (COMI), da für die Zuständigkeit der englischen Gerichte lediglich ein ausreichender Bezug zu England (sogenannte *sufficient connection*) notwendig ist. Gleichzeitig kann das Scheme of Arrangement durch seine Flexibilität den Besonderheiten des jeweiligen Falles gerecht werden, wobei aufgrund einer Vielzahl von diesbezüglichen Entscheidungen englischer Gerichte ein erhebliches Maß an Planungssicherheit besteht. Wenn auch die Planung, Vorbereitung und Umsetzung eines Scheme of Arrangement erhebliche Kosten verursachen, dürften diese jedoch, gegebenenfalls sogar spürbar, unter denen liegen, die durch langwierige Verhandlungen mit anschließendem Insolvenzverfahren in Deutschland verursacht werden.

Gleichzeitig kristallisiert sich seit Kurzem in der deutschen Literatur eine Auffassung als herrschend heraus, wonach ein Scheme of Arrangement auch in Deutschland anerkennungsfähig ist, jedenfalls wenn Gegenstand des Scheme of Arrangement Finanzierungsverträge sind, die englischem Recht unterliegen. Die mit Spannung erwartete Revisionsentscheidung des Bundesgerichtshofes in der Sache Equitable Life wird insoweit voraussichtlich zu keinem grundlegenden Richtungswechsel führen. Denn abgesehen davon, dass die Frage der Anerkennungsfähigkeit unter Umständen gar nicht entscheidungserheblich sein wird, handelt es sich bei dem streitgegenständlichen Rechtsverhältnis um ein solches, auf das deutsches Recht Anwendung findet. Ob der Trend, wonach deutsche Gesellschaften mit englischrechtlicher Finanzierung über ein englisches Scheme of Arrangement saniert werden, durch das Inkrafttreten des ESUG gebremst wird, bleibt jedoch abzuwarten.

Für die grenzüberschreitende Sanierung an Bedeutung verloren hat demgegenüber das englische Company Voluntary Arrangement (eine Kurzdarstellung des CVA-Verfahrens findet sich bei Westpfahl 2010, S. 385, 405 ff. m. w. N.). Während es gerade die CVAs über das Vermögen des Münzprägeunternehmens Deutsche Nickel und des Automobilzulieferers Schefenacker waren, die der Diskussion über eine Insolvenzrechtsreform erheblichen Auftrieb gaben, hat es zuletzt keine Sanierung deutscher Unternehmen unter Einsatz eines CVA mehr gegeben. Entscheidend dafür dürfte der schlanke Abstimmungsmodus im CVA-Verfahren sein, der den komplexen Finanzierungsstrukturen in größeren Unternehmenskrisen nicht gerecht wird. Überdies gilt das CVA als im Rahmen der europäischen Insolvenzverordnung anzuerkennendes Verfahren und hat daher noch mehr den Charakter eines Insolvenzverfahrens.

Chapter-11-Verfahren

Allerdings werden internationale Konzerne mit Aktivitäten in Europa nicht ausschließlich über mitgliedstaatliche Verfahren saniert. Vielmehr hat in letzter Zeit auch wieder die Sanierung unter Einbeziehung des US-amerikanischen Chapter-11-Verfahrens an Bedeutung gewonnen (vgl. für einen Überblick Westpfahl/Goetker/Wilkens 2008, Rn. 1539 ff. m. w. N.). Typischerweise handelt es sich in diesen Fällen um Konzerne mit ihrem Stammsitz, jedenfalls aber wichtigen Aktivitäten in den USA. Dabei kann es vorrangig darum gehen, dissentierende Gläubiger davon abzuhalten, den Insolvenzplan im Rahmen des Chapter-11-Verfahrens (sogenannter *plan of reorganization*) dadurch zu obstruieren, dass auf außerhalb der USA belegene Vermögensgüter zurückgegriffen wird. Typischerweise ist aber auch beabsichtigt, die materiellen Wirkungen des *plan of reorganization* auch auf die jeweilige nicht-amerikanische Gesellschaft zu erstrecken. So war es etwa im Fall des Aluminium-Herstellers Aleris, dessen amerikanische Konzerngesellschaften bereits im Jahr 2009 Chapter-11-Anträge gestellt hatten. Später folgte sodann unter anderem die deutsche Holding-Gesellschaft für die europäischen Aktivitäten des Konzerns. Chapter-11-Verfahren werden zudem dort in Betracht gezogen (bzw.

durchgeführt), wo es sich nicht um Konzerne mit dem Schwerpunkt ihrer Aktivitäten in den USA handelt oder die Verbindung zu den USA eher von untergeordneter Bedeutung ist. Als diesbezügliches Beispiel aus der jüngeren Vergangenheit ist insbesondere das Chapter-11-Verfahren über europäische Gesellschaften des weltgrößten Aluminiumoxid-Herstellers Almatis zu nennen.

Aus deutscher Sicht stellt sich in derartigen Konstellationen vor allem die Frage der Anerkennung des Chapter-11-Verfahrens in Deutschland. Während die Zugangshürden zu einem Chapter-11-Verfahren vonseiten des US-Rechts bekanntermaßen äußerst niedrig sind, legt das deutsche Recht einen höheren Maßstab an. Zwar hat der Bundesgerichtshof entschieden, dass ein Chapter-11-Verfahren in Deutschland als Insolvenzverfahren grundsätzlich anerkennungsfähig ist. Allerdings kommt eine Anerkennung im konkreten Fall nur dann in Betracht, wenn das amerikanische Gericht international zuständig ist, wofür es wiederum darauf ankommt, ob sich der Mittelpunkt der wirtschaftlichen Tätigkeit des Schuldners in den USA befindet. Zu einer gerichtlichen Überprüfung der internationalen Zuständigkeit des eröffnenden US-Gerichts kommt es jedoch nur, wenn Gläubiger der betroffenen Gesellschaft zulässigerweise vor einem deutschen Gericht auf Zahlung ihrer ungekürzten Forderungen klagen. Das dürfte häufig deshalb nicht einfach sein, wenn und weil die zugrunde liegenden Gerichtsstandsvereinbarungen die ausschließliche Zuständigkeit ausländischer Gerichte für Rechtsstreitigkeiten vorsehen. Allerdings müssen gegebenenfalls auch andere Beteiligte zur Überzeugung gelangen, dass die internationale Zuständigkeit des US-Gerichts gegeben ist. Zu nennen sind in diesem Zusammenhang etwa die Gesellschaftsorgane, die sich fragen müssen, ob sie bei Vorliegen einer Zahlungsunfähigkeit oder Überschuldung von einem Insolvenzantrag in Deutschland absehen können, oder die Abschlussprüfer, die sich fragen müssen, ob sich die Verbindlichkeiten der betroffenen Gesellschaft kraft des *plan of reorganization* reduziert haben. Jedenfalls bleibt abzuwarten, ob deutsche bzw. europäische Gesellschaften vermehrt über ein US-amerikanisches Chapter-11-Verfahren saniert werden.

3.4.3 Risiken

Die Beteiligung eines Kreditgebers oder eines sonstigen Gläubigers an der (finanziellen) Restrukturierung des Schuldners ist nicht frei von insbesondere rechtlichen Risiken. Je aktiver die Rolle des Stakeholders ist, desto größer sind die potenziellen Haftungsgefahren. Da Distressed-Debt-Investoren typischerweise einen aktivistischeren Part übernehmen als andere Unternehmensgläubiger, sind die rechtlichen Risiken für sie besonders relevant. Es sollte allerdings nicht der Eindruck entstehen, als würden die rechtlichen Rahmenbedingungen wirtschaftlich sinnvolle Sanierungen verhindern. Zwar ist es richtig, dass Sanierungen durch die rechtlichen Rahmenbedingungen zuweilen in nicht unerheblichem Maße erschwert werden. Als Faustregel gilt jedoch, dass rechtliche Probleme lösbar sind. Im Folgenden wird eine lediglich kursorische Übersicht der praktisch bedeutsamsten rechtlichen Risiken gegeben; eine detaillierte und umfassende Darstellung würde den Rahmen dieses Beitrages sprengen. Ebenfalls soll nicht ausführlicher auf sonstige Risiken wie etwa Reputationsschäden eingegangen werden. Es mag an dieser Stelle der Hinweis genügen, dass Distressed-Debt-Investoren in den seltensten Fällen nur ein einziges Investment in Deutschland betreiben und keine weiteren planen und sie daher nicht auf ihre Reputation bedacht wären. Das Gegenteil ist der Fall: Distressed-Debt-Investoren sind häufig nicht weniger als andere Stakeholder einschließlich der Banken um die Vermeidung von Reputationsrisiken bemüht.

3.4.3.1 Standstill/Waiver

Ein Kreditgeber ist grundsätzlich auch dann, wenn er Kenntnis vom Eintritt der Krise oder gar eines Insolvenzgrundes bei seinem Kreditnehmer hat, nicht verpflichtet, den Kredit zu kündigen. Mit dem Abschluss eines Standstill ist also in aller Regel ebenso wenig wie mit dem faktischen Stillhalten ein Haftungsrisiko verbunden. Nur wenn besondere, zusätzliche Umstände hinzutreten, kann sich ein Haftungsrisiko ergeben. Beispielhaft genannt seien insoweit die Einflussnahme des Kreditgebers auf die Geschäftsführung des Kreditnehmers zum eigenen Nutzen oder das aktive Bemühen um die Gewinnung Dritter als Partner für weitere Kredit- oder Leistungsverträge (BGH, Urt. v. 29.05.2001 – VI ZR 114/00 = WM 2001, S. 1458, 1459) sowie das Stillhalten zu dem ausschließlichen Zweck, die eigene Stellung bei der Insolvenz des Kreditnehmers zulasten der anderen Gläubiger in „rücksichtsloser und eigensüchtiger“ Weise zu verbessern (BGH, Urt. v. 09.12.1969 – VI ZR 50/68 = NJW 1970, S. 657, 658). Insoweit handelt es sich jedoch um extreme Fallgestaltungen, sodass die diesbezüglichen Haftungsrisiken durch Verhalten mit Augenmaß ausgeschlossen werden können.

Nicht selten wird von Kreditnehmern oder deren Beratern das Risiko betont, durch die Einräumung oder Ausübung von Veto- oder Mitwirkungsrechten laufe der Kreditgeber Gefahr, dass das Darlehen als Gesellschafterhilfe eingeordnet wird, mit der Folge, dass der Rückzahlungsanspruch in der Insolvenz nachrangig ist. Dem liegt eine Entscheidung des Bundesgerichtshofes aus dem Jahr 1992 zugrunde, in der der Darlehensrückzahlungsanspruch eines Nichtgesellschafters und Inhabers von Pfandrechten an Gesellschaftsanteilen am Kreditnehmer als nachrangig (in der Diktion des damals geltenden Rechts: Eigenkapital ersetzend) eingeordnet wurde. Häufig wird jedoch verkannt, dass es der Bundesgerichtshof in seiner Entscheidung aus dem Jahr 1992 als ausschlaggebend erachtet hatte, dass der Kreditgeber über eine dem Kreditnehmer aufoktroyierte Unternehmensberatung faktisch konkreten Einfluss auf die Geschäftsführung ausgeübt hatte (BGH, Urt. v. 13.07.1992 – II ZR 251/91 = BGHZ 119, 191, 201). Zwar ist es richtig, dass in der juristischen Literatur eine Diskussion darüber geführt wird, inwieweit die Einräumung oder Ausübung von Veto- oder Mitwirkungsrechten das Risiko einer Umqualifizierung als Gesellschafterhilfe mit sich bringt. Gleichwohl kann und sollte dies nicht dazu führen, dass Kreditgeber die ihnen gerade für die Krise des Kreditnehmers eingeräumten Rechte nicht ausüben. Es ist daher grundsätzlich unbedenklich, wenn sich Kreditgeber in der Krise des Kreditnehmers im Rahmen eines Standstill oder eines Waiver weitere Kontrollrechte einräumen lassen. Zu beachten ist lediglich, dass die dadurch entstehende Position ihrer konkreten Ausgestaltung nach im wirtschaftlichen Ergebnis nicht der Stellung eines Gesellschafters des Kreditnehmers gleich- oder jedenfalls nahekommt.

Die ebenfalls häufig erwähnte Gefahr einer faktischen Geschäftsführung ist ebenfalls in der Praxis weitgehend nicht gegeben. Denn sie kommt nur dann in Betracht, wenn ein Mitarbeiter des Kreditgebers oder eine von seinen Weisungen abhängige Person Geschäftsführungsbefugnisse erhält und nach außen als Geschäftsführer auftritt. Dies kann ohne Weiteres vermieden werden.

Soweit im Rahmen des Standstill oder Waiver eine höhere Marge versprochen und zusätzliche Sicherheiten eingeräumt werden, ist ein Anfechtungsrisiko (nach § 134 InsO wegen einer sogenannten unentgeltlichen Leistung) nicht gänzlich ausgeschlossen. Bedauerlicherweise steht der Bundesgerichtshof auf dem Standpunkt, dass allein der Verzicht auf die Ausübung eines Kündigungsrechtes noch keine Gegenleistung im Sinne dieser Vorschrift für Leistungen des Kreditnehmers wie etwa die Margenerhöhung oder die nachträgliche Besicherung darstellt (BGH, Urt. v. 07.05.2009 – IX ZR 71/08 = WM 2009, S. 1099, 1101).

3.4.3.2 Liquiditätswirksame Beiträge

Es wurde bereits an anderer Stelle dargestellt, unter welchen Voraussetzungen von einem Überbrückungs- bzw. einem Sanierungskredit im rechtlichen Sinne ausgegangen werden kann (s. dazu Abschnitt 3.2). Sofern diese Voraussetzungen eingehalten werden, ist mit Finanzierungsleistungen in der Krise des Kreditnehmers kein rechtliches Risiko verbunden. Werden diese Voraussetzungen nicht eingehalten, besteht grundsätzlich das Risiko einer (Beteiligung an einer) sittenwidrigen Insolvenzverschleppung. Zwar dürfte dieser Tatbestand regelmäßig nur dann erfüllt sein, wenn der Kreditgeber das Darlehen aufgrund eigennütziger Beweggründe (sorgfaltswidrig) gewährt und mit Schädigungsvorsatz handelt. Eigennutz in diesem Sinne liegt nur dann vor, wenn der Kreditgeber einen persönlichen Vorteil wie etwa besondere Sicherheiten oder Befriedigungsmöglichkeiten erlangt. Auch dürften diese Voraussetzungen bei einem ernsthaften Sanierungsversuch auch ohne Einhaltung der von der Rechtsprechung für einen Überbrückungs- oder Sanierungskredit aufgestellten Voraussetzungen nicht erfüllt sein. Allerdings setzt sich auch der gutwillige Kreditgeber dem Risiko aus, im Falle des Scheiterns des Sanierungsversuchs zunächst einmal der Geltendmachung eines Anspruchs durch den Insolvenzverwalter oder andere Gläubiger ausgesetzt zu sein.

Da sowohl die Kapitalisierung als auch die Stundung von Zins- und Tilgungsleistungen bereits überwiegend als Vergabe eines Neukredites angesehen werden, sollten auch für diese Maßnahmen die Voraussetzungen für einen Überbrückungs- oder Sanierungskredit erfüllt sein.

3.4.3.3 De-Leveraging

Es ist nicht lange her, dass behauptet wurde, ein Debt Equity Swap in der Krise sei unter den Bedingungen des deutschen Rechts nicht umsetzbar. Inzwischen ist jedoch durch diverse Beispielsfälle aus der Praxis belegt, dass die Umwandlung von Kreditforderungen in der Krise des Kreditnehmers in Eigenkapital oder andere Instrumente möglich ist. Dies gilt sowohl für konsensuale als auch nicht-konsensuale Szenarien.

Sachkapitalerhöhung
Sofern sich im Nachhinein herausstellt, dass der wirtschaftliche Wert der einzubringenden Kreditforderung zu hoch angesetzt war, droht dem Neugesellschafter (und ehemaligen Kreditgeber) beim Scheitern des Sanierungsversuchs nicht nur der Totalausfall mit der nunmehr in Eigenkapital umgewandelten Forderung, sondern auch eine Nachschusspflicht in Höhe des zu hoch angesetzten wirtschaftlichen Wertes des umgewandelten Kredits (s. zu rechtlichen Risiken einer Sachkapitalerhöhung und Lösungsansätzen nur Westpfahl in: Eilers/Koffka/Mackensen 2008, Kap. III. 2, Rn. 9 ff. m. w. N.). Allerdings kann das Risiko dadurch ganz erheblich reduziert werden, dass das Werthaltigkeitsgutachten eines Wirtschaftsprüfers eingeholt wird. Für den Fall, dass im Rahmen der Sachkapitalerhöhung die Kreditforderungen nicht vollumfänglich umgewandelt oder neue Kredite ausgereicht werden, ist zu vermeiden, dass der stehengelassene oder neue Forderungsteil in einer dann doch nachfolgend eintretenden Insolvenz des Kreditnehmers nachrangig wird. Zum Schutz vor dem Nachrang steht vor allem das Kleinbeteiligungsprivileg zur Verfügung, wonach Darlehen von nichtgeschäftsführenden Gesellschaftern, die mit 10 % oder weniger am Stammkapital einer Gesellschaft beteiligt sind, von dem Nachrang ausgenommen sind. Dies gilt nunmehr auch für die Rechtsform der Aktiengesellschaft. Von dem Nachrang sind zum anderen Alt- ebenso wie Neudarlehen dann ausgenommen, wenn der Kreditgeber Anteile am Kreditnehmer in dessen Krise zum Zweck der Sanierung erwirbt. Zum Nachweis des Sanierungswillens des Anteilserwerbers wird üblicherweise ein in sich geschlossenes Sanierungskonzept gefordert, das vorzugsweise durch einen objektiven Dritten im Rahmen eines Sanierungsgutachtens validiert worden ist.

Handelt es sich bei der Zielgesellschaft um eine börsennotierte Aktiengesellschaft, kann der Kreditgeber gezwungen sein, allen anderen Aktionären ein Pflichtangebot zu unterbreiten, sobald er mehr als 30 % der Anteile erwirbt. Allerdings besteht die Möglichkeit, dass die BaFin auf Antrag „im Zusammenhang mit der Sanierung der Zielgesellschaft“ eine Befreiung von der Pflicht zur Abgabe eines Übernahmeangebotes erteilt. Dafür müssen grundsätzlich folgende Kriterien erfüllt sein: Neben der Darlegung, dass die Zielgesellschaft sanierungsbedürftig und sanierungsfähig ist, ist vom Antragsteller ein Sanierungskonzept vorzulegen. Typischerweise wird diese Voraussetzung durch Vorlage des Sanierungsgutachtens erfüllt.

Auch kartellrechtliche Hürden können genommen werden. Zwar stellt der Beteiligungserwerb im Wege der Schuldumwandlung grundsätzlich einen Zusammenschluss im kartellrechtlichen Sinne dar. Allerdings sehen sowohl das deutsche als auch das europäische Kartellrecht Möglichkeiten vor, die Umwandlung und damit den Zusammenschluss ohne vorherige Durchführung des Anmeldeverfahrens umzusetzen. Dabei handelt es sich zum einen um die Befreiung vom Vollzugsverbot sowie zum anderen um die

Einschränkung des Zusammenschlussbegriffs bei Anteilserwerb durch Kreditinstitute, Finanzinstitute und Versicherungsunternehmen. Sofern genügend Zeit für die Durchführung des Anmeldeverfahrens bleibt, kann daneben nach den Grundsätzen der sogenannten „Failing Company Defense" trotz Entstehens oder Verstärkung einer marktbeherrschenden Stellung eine Genehmigung erzielt werden, wenn und weil es an der Kausalität des Zusammenschlusses für die Marktbeherrschung fehlt.

Schließlich kann die Sachkapitalerhöhung gegen Einbringung von Krediten sowohl für den Kreditnehmer als auch für den Kreditgeber steuerliche Folgen haben. Diesen kann teilweise durch gestalterische Maßnahmen begegnet werden, teilweise hingegen nicht. Zu den wesentlichen nachteiligen steuerlichen Folgen auf Seiten des Kreditnehmers gehören der Wegfall von nichtgenutzten Verlusten und die ertragsteuerliche Belastung auf den Konfusionsgewinn. Besonders problematisch ist zurzeit der Wegfall von nicht genutzten Verlusten, da die Europäische Kommission zwischenzeitlich entschieden hat, dass die sogenannte Sanierungsklausel (§ 8c Abs. 1a KStG) eine unzulässige Beihilfe darstellt, sodass sie derzeit nicht anwendbar ist. Demgegenüber kann die ertragsteuerliche Belastung auf den Konfusionsgewinn in aller Regel vermieden werden. Denn nach dem sogenannten Sanierungserlass des Bundesfinanzministeriums kann aus sachlichen Billigkeitsgründen nach Ausschöpfung der ertragssteuerrechtlichen Verlustverrechnungsmöglichkeiten die entsprechende Steuer zunächst abweichend festgesetzt und mit dem Ziel eines späteren Erlasses gestundet werden. Zu den diesbezüglichen Voraussetzungen gehört, dass ein Sanierungsgewinn vorliegt, das Unternehmen sanierungsbedürftig und sanierungsfähig, der Schulderlass zur Sanierung geeignet und die Sanierungsabsicht des Gläubigers gegeben ist. In der Praxis wird auch dieser Nachweis typischerweise durch das Sanierungsgutachten erbracht. Um vor Umsetzung der Transaktion Planungssicherheit zu bekommen, besteht die Möglichkeit der Einholung einer verbindlichen Auskunft über die Anwendbarkeit des Sanierungserlasses. Scheidet die Anwendbarkeit des Sanierungserlasses aus, müssen andere Gestaltungen zur Vermeidung oder zumindest Reduzierung steuerlicher Belastungen gewählt werden. Diese sind bereits an anderer Stelle dargelegt worden (vgl. 3.4.2.3).

Debt Asset Swap

Die zuvor genannten rechtlichen Risiken gelten grundsätzlich auch für den Beteiligungserwerb gegen Verzicht auf Kredite (s. zu rechtlichen Risiken und Lösungsansätzen nur Westpfahl in: Eilers/Koffka/Mackensen 2008, Kap. III. 2, Rn. 26 ff. m. w. N.). Lediglich das Risiko einer Differenzhaftung ist ausgeschlossen, da die Umsetzung eben nicht im Wege einer Kapitalerhöhungsmaßnahme erfolgt. Allerdings sollte darauf geachtet werden, dass der Erwerb so strukturiert wird, dass der Erwerber im Falle einer nachfolgenden Insolvenz des Veräußerers nicht der Insolvenzanfechtung durch den Insolvenzverwalter ausgesetzt ist bzw. dem Risiko, dass der Insolvenzverwalter die weitere Erfüllung des Austauschgeschäftes ablehnt.

Verwertung von Pfandrechten an Geschäftsanteilen

Auch die Pfandrechtsverwertung stößt auf keine durchgreifenden rechtlichen Risiken oder Verfahrenshindernisse (s. zu rechtlichen Risiken und Lösungsansätzen nur Westpfahl in: Eilers/Koffka/Mackensen 2008, Kap. III. 2, Rn. 43 ff. m. w. N.). Zunächst entspricht es der herrschenden Auffassung, dass der Kreditgeber und Pfandgläubiger auch nach Insolvenzantrag und Insolvenzeröffnung über das Vermögen des Sicherungsgebers die Befugnis zur Verwertung des Pfandrechts behält. Sofern insbesondere vonseiten der Insolvenzverwalter vereinzelt behauptet wird, dass dem Insolvenzverwalter die Verwertungsbefugnis zusteht, kann dem nicht zugestimmt werden.

Eine zentrale Problematik resultiert demgegenüber aus der für die Pfandverwertung erforderlichen Pfandreife, weil die Fälligstellung der gesicherten Kreditforderung gegen den Kreditnehmer regelmäßig zugleich seine Zahlungsunfähigkeit und damit die Insolvenzantragspflicht für die Geschäftsführer nach sich ziehen würde. Die in aller Regel Wert vernichtende Insolvenz der Zielgesellschaft soll jedoch gerade vermieden werden. Die Lösung für dieses vermeintliche Dilemma zwischen bezweckter Pfandreife einerseits und zu vermeidender Zahlungsunfähigkeit des Kreditnehmers andererseits findet sich in der neueren Rechtsprechung des Bundesgerichtshofes zur Bestimmung der Zahlungsunfähigkeit. Hiernach ist eine zivilrechtlich fällige Forderung im Rahmen des § 17 InsO für die Frage der Zahlungsunfähigkeit nicht zu berücksichtigen, wenn die Forderung nicht ernsthaft eingefordert wird. Vor diesem Hintergrund kann bei Vermeidung der insolvenzrechtlichen Zahlungsunfähigkeit der Gesellschaft die für die Zwecke der Pfandreife erforderliche zivilrechtliche Fälligkeit herbeigeführt werden.

Problematischer ist demgegenüber ein für diese Zwecke sogenanntes Zeitkorridorproblem, das darin besteht, dass der Erwerber zur Erlangung des Sanierungsprivilegs im Zeitpunkt der Übernahme der Gesellschaftsanteile ein Sanierungsgutachten und zur Vermeidung nachteiliger Steuerfolgen eine verbindliche Auskunft der zuständigen Steuerbehörden benötigt. Weder das eine noch das andere kann jedoch ohne Mitwirkung des Kreditnehmers erlangt werden, wenn und weil sich dessen Geschäftsführung oder Vorstand bis zum Anteilswechsel zumindest neutral verhalten muss und keine Maßnahmen ergreifen wird, die dem Kreditgeber die Erlangung der Anteile vom bisherigen Gesellschafter ermöglichen. Die Lösung besteht darin, dass die Anteile zunächst von einem neutralen Dritten übernommen werden, der sie nach Vorliegen der Voraussetzungen für das Sanierungsprivileg sowie einer verbindlichen Auskunft auf den oder die Kreditgeber übertragen wird. Bei der Ausgestaltung des Rechtsverhältnisses zwischen dem Kreditgeber und dem neutralen Dritten bedarf es jedoch großer Sorgfalt, um schon den Eindruck eines gesellschaftergleichen Einflusses des Kreditgebers auf den neutralen Dritten zu vermeiden. Hier besteht ein Spannungsverhältnis zwischen der Vermeidung eines rechtlichen Risikos (d. h. Nachrang der Kreditforderung in der Insolvenz) einerseits und größtmöglicher Transaktionssicherheit andererseits. Zuletzt wurde dieser Weg im Falle der Verwertung von Pfandrechten an Anteilen des Kabelnetzbetreibers PrimaCom gewählt (vgl. dazu 3.4.4).

Debt Equity Swap im Insolvenzplanverfahren
Für den Anteilserwerb gegen Einbringung von Kreditforderungen im Rahmen eines Insolvenzplans gelten zwar diverse insolvenzrechtliche Besonderheiten; allerdings können sich ebenso einige jener rechtlichen Risiken ergeben, die bereits für den vorinsolvenzlichen Anteilserwerb gegen Einbringung von Kreditforderungen dargestellt worden sind. Insbesondere kommt es auch beim Debt Equity Swap im Rahmen eines Insolvenzplans im Zweifel steuerrechtlich zu einer Erhöhung des Betriebsvermögens und damit grundsätzlich zu einem Sanierungsgewinn, sodass sich die Frage nach der Anwendbarkeit des Sanierungserlasses stellt (s. zu rechtlichen Risiken und Lösungsansätzen nur Westpfahl in: Eilers/Koffka/Mackensen 2012). Demgegenüber besteht das Risiko einer Differenzhaftung im Insolvenzplanverfahren nicht. Dies stellt § 254 Abs. 4 InsO ausdrücklich klar.

Abgesehen davon hat der Gesetzgeber mit dem ESUG für alle Beteiligten eine wesentlich größere Planungssicherheit hinsichtlich des Ablaufes des Insolvenzverfahrens geschaffen. Dies gilt sowohl für die Auswahl des (vorläufigen) Insolvenzverwalters, auf den die Gläubiger jetzt einen stärkeren, wenn auch nicht immer ausschließlichen Einfluss haben. Auch hinsichtlich der im Insolvenzplanverfahren zur Verfügung stehenden Rechtsmittel hat der Gesetzgeber mehr Planungssicherheit geschaffen. Insbesondere kann der Insolvenzplanarchitekt einer Versagung der Bestätigung des Insolvenzplans wegen einer vermeintlichen Verletzung des gesetzlichen Minderheitenschutzes dadurch vorbeugen, dass im gestaltenden Teil des Insolvenzplans Mittel für den Fall bereitgestellt werden, dass ein Beteiligter eine Schlechterstellung nachweist. Dementsprechend muss auch einer sofortigen Beschwerde gegen den Bestätigungsbeschluss der Erfolg versagt bleiben, wenn der Beschwerdeführer nicht glaubhaft machen kann, dass sein Nachteil eben nicht durch die für diesen Fall im Insolvenzplan zur Verfügung gestellten Mittel ausgeglichen werden kann.

3.4.3.4 Verkauf der (Forderungs-)Position

Der Verkauf der bisher gehaltenen Position ist mit keinen rechtlichen Risiken verbunden, soweit die vertraglichen Voraussetzungen eingehalten werden. Lediglich wenn es sich bei der Position um ein börsennotiertes Wertpapier handelt, für das nicht nur die entsprechenden börsenrechtlichen Zulassungsvorschriften, sondern auch die wertpapierhandelsrechtlichen Vorschriften wie insbesondere das Insider-Handelsverbot gelten, ist sicherzustellen, dass keine Handelsbeschränkung gilt. Dies ist typischerweise bei Anleihen der Fall und diese können dann nicht gehandelt werden, wenn der betreffende Anleihegläubiger über Insider-Informationen verfügt (§ 14 WpÜG). Erst wenn die entsprechende Insider-Information öffentlich zugänglich gemacht worden ist (sogenanntes *cleansing*), kann die Anleihe wieder gehandelt werden.

3.4.3.5 Kündigung

Es wurde bereits darauf hingewiesen, dass Distressed-Debt-Investoren in aller Regel nicht zum Instrument der Kündigung greifen, es sei denn, sie dient der Vorbereitung einer gezielten Verwertungsmaßnahme wie insbesondere der Verwertung von Pfandrechten an Gesellschaftsanteilen. Für diesen Fall ist darauf zu achten, dass einer der vertraglich vereinbarten oder gesetzlichen (und nicht abgedungenen) Kündigungsgründe vorliegt und keine Beschränkung des Kündigungsrechts etwa wegen des Gebotes der Rücksichtnahme, einer Kündigung zur Unzeit, eines widersprüchlichen Verhaltens oder in Ermangelung eines schutzwürdigen Interesses besteht. Nur der Vollständigkeit halber sei darauf hingewiesen, dass ein Kreditgeber auch dann, wenn er vom Eintritt einer Krise oder eines Insolvenzgrundes bei seinem Kreditnehmer weiß, nicht zur Kündigung des Kredits verpflichtet ist (BGH, Urt. v. 29.05.2001 - VI ZR 114/00 = WM 2001, S. 1458, 1459).

3.4.4 Case Study

Im Folgenden soll jedoch lediglich die Verwertung von Pfandrechten an Gesellschaftsanteilen dargestellt werden, die eine weitere finanzielle Restrukturierung erst möglich gemacht hat: Der Kabelbetreiber PrimaCom ist in der Vergangenheit mehrfach Objekt von finanziellen Restrukturierungen bzw. Refinanzierungen gewesen. Zuletzt, d. h. nach der hier darzustellenden Restrukturierungsmaßnahme, wurde ein englisches Scheme of Arrangement über die PrimaCom-Gruppe erfolgreich durchgeführt.

Zusammen mit dem Kabelnetzbetreiber TeleColumbus gehörte PrimaCom im Jahr 2009 mehrheitlich zur Escaline-Gruppe. Noch während die Bemühungen um eine Integration der beiden Kabelunternehmen liefen, verschlechterte sich jedoch die wirtschaftliche Situation der Gruppe und es kam, zunächst auf Seiten von TeleColumbus, später auch bei der PrimaCom, zu Verhandlungen zwischen dem Mehrheitsgesellschafter und den jeweiligen Kreditgebern über eine finanzielle Restrukturierung der jeweils hochverschuldeten Unternehmen. Obwohl sich die Hauptgesellschafter bereits bei den Verhandlungen mit den Gläubigern der TeleColumbus-Gruppe als äußerst schwierig erwiesen hatten und auch bei der PrimaCom-Gruppe fortwährend, insbesondere durch gesellschaftsrechtliche Maßnahmen, für Frustration auf Seiten der Kreditgeber sorgten, wurden die Verhandlungen über einen langen Zeitraum geführt. Letztlich scheiterten diese jedoch, da die Gesellschafterseite weder zur nachhaltigen finanziellen Unterstützung der PrimaCom noch zur Abgabe der Beteiligungsmehrheit gegen eine Reduzierung der Darlehensverbindlichkeiten bereit war.

Bei der Analyse ihrer Handlungsoptionen waren für die Kreditgeber folgende Erwägungen maßgeblich: In Anbetracht des obstruierenden Verhaltens der Gesellschafterseite mussten vor allem auch solche Handlungsoptionen in Betracht gezogen werden, mit denen deren Widerstand überwunden werden konnte. Dies wäre zum einen die Fälligstellung von Krediten mit nachfolgender Insolvenz der PrimaCom-Gruppe einschließlich der operativen Gesellschaften gewesen. Eine Insolvenz des operativen Geschäfts lag jedoch weder im Interesse der Kreditgeber noch des Unternehmens selbst. Insbesondere stand nämlich zu befürchten, dass das operative Geschäft der PrimaCom-Gruppe durch eine Insolvenz erheblich gefährdet wäre; auch ein völliger Zusammenbruch konnte nicht ausgeschlossen werden. Dadurch hätten nicht nur die Kreditgeber einen erheblichen Schaden erlitten, sondern auch die übrigen Gläubiger hätten große Einbußen hinnehmen müssen und eine Vielzahl der Arbeitsplätze wäre verloren gegangen. Den Kreditgebern blieb daher nur der Weg der Verwertung von Pfandrechten an Gesellschaftsanteilen.

Im vorliegenden Fall verfügten die Kreditgeber über Pfandrechte auf mehreren Ebenen der Gruppenstruktur, einschließlich solcher an den von der Escaline-Gruppe gehaltenen Aktien der börsennotierten Holdinggesellschaft PrimaCom AG sowie den von dieser gehaltenen Anteilen an einer als Zwischenholding fungierenden GmbH, die zugleich Kreditnehmerin war. Während bei der Verwertung von Pfandrechten an börsennotierten Aktien grundsätzlich auch ein freihändiger Verkauf zum Börsenkurs zulässig ist, sind andererseits vor allem wertpapier-handelsrechtliche Besonderheiten (z. B. Pflichtangebot) zu berücksichtigen, die die Verwertung von Aktienpfandrechten häufig unattraktiv machen. Dementsprechend entschlossen sich die Kreditgeber der PrimaCom, sofern der Verwertungsweg beschritten werden muss, die Pfandrechte an der Zwischenholding zu verwerten.

Die Verwertung wurde mit der Fälligstellung eines Teils der erstrangigen Darlehen eingeleitet und daraufhin eine Garantie der PrimaCom AG, die mit Pfandrechten an Gesellschaftsanteilen an der Zwischenholding-GmbH besichert war, in Anspruch genommen. Gleichzeitig wurden Maßnahmen ergriffen, um die Zahlungsunfähigkeit der Zwischenholding-GmbH sowie der darunterliegenden operativen Gesellschaften zu verhindern. Sodann wurden die an einer anderen Stelle dargestellten, für eine Pfandverwertung notwendigen Maßnahmen ergriffen.

Nicht überraschend stellte die PrimaCom AG noch während der Laufzeit der Ankündigungsfrist für die öffentliche Versteigerung Insolvenzantrag. Nach einer schnellen Analyse der Situation nahm der daraufhin eingesetzte vorläufige Insolvenzverwalter die Gespräche mit den Beteiligten auf. Neben der Kommunikation mit der Gesellschafterseite wurde vor allem mit den Kreditgebern bzw. Sicherungsnehmern über die Verwertung der Gesellschaftsanteile an der Zwischenholding-GmbH durch freihändigen Verkauf sowie mit Dritten über den Erwerb dieser Anteile verhandelt. Kurz vor Durchführung der öffentlichen Versteigerung gelang eine Einigung zwischen dem vorläufigen Insolvenzverwalter, den Kreditgebern bzw. Sicherungsnehmern sowie dem Erwerber.

Die Kreditgeber verfolgten nicht von vornherein die Absicht, die Anteile an der PrimaCom-Gruppe zu übernehmen. Vielmehr ging es ihnen darum, eine nachhaltige finanzielle Restrukturierung ihrer Kreditnehmer zu erreichen. Nachdem sich gezeigt hatte, dass dieses Ziel nur durch Überwindung des Widerstands der obstruierenden Gesellschafter zu erreichen war, mussten die Kreditgeber jedoch auch einen Debt Equity Swap in Betracht ziehen. Insbesondere war nicht gewährleistet, dass kurzfristig, d. h. im Rahmen der Pfandverwertung oder des Verkaufs durch den Insolvenzverwalter, der bestmögliche Verkaufspreis würde erzielt werden können. Ein Debt Equity Swap im Rahmen einer Pfandverwertung dürfte sich jedoch in aller Regel als das bereits zuvor beschriebene Zeitkorridorproblem darstellen, weil es kaum möglich sein wird, bis zum

Übergang der Beteiligung ein Sanierungsgutachten und eine verbindliche Auskunft zu erhalten. Demzufolge nahmen die Kreditgeber, deren Kredite durch den Dritterwerb vom Insolvenzverwalter nicht getilgt worden waren, Gespräche mit dem Dritterwerber auf. In der Folge konnte sowohl ein Sanierungsgutachten erstellt als auch eine verbindliche Auskunft zur Vermeidung nachteiliger Steuerfolgen erreicht werden. Schließlich übernahmen die Kreditnehmer die Anteile von dem Dritterwerber und führten die dringend notwendige finanzielle Restrukturierung der PrimaCom-Gruppe durch.

Der Fall PrimaCom ist deshalb von wegweisender Bedeutung für den deutschen Restrukturierungsmarkt, weil es unter schwierigsten Bedingungen gelungen ist, eine finanzielle Restrukturierung zu erreichen. Die Bedingungen können deshalb als erschwert gelten, weil unter anderem sich die Gesellschafterseite als besonders obstruierend gezeigt hat, sich in der Gruppenstruktur eine börsennotierte Aktiengesellschaft befand und die Finanzierung der PrimaCom-Gruppe aus einer komplexen Kreditstruktur mit einer Vielzahl von ausländischen Investoren bestand.

Literaturverzeichnis

Altman, E.-I./Hotchkiss, E. (2006): Corporate financial distress and bankruptcy: predict and avoid bankruptcy, analyze and invest in distressed debt, John Wiley & Sons, Inc., Hoboken, New Jersey

Bernstein, P.-L. (1996): Against the gods: The remarkable story of risk, John Wiley & Sons, Inc., New York

Brass, S. (2009): Hedgefonds als aktive Investoren, Peter Lang, Frankfurt am Main

Deutsche Bundesbank (1999): Deutsche Bundesbank: Monatsbericht März 1999, Frankfurt am Main

Eilers, S./Koffka N.-M./Mackensen, M. (Hrsg.) (2008): Private Equity, Beck, München

Eilers, S./Koffka N.-M./Mackensen, M. (Hrsg.) (2012): Private Equity, Beck, 2. Auflage erscheint voraussichtlich 2012

Fama, E. (1970): Efficient Capital Markets: A Review of Theory and Empirical Work, Journal of Finance, Heft 2, S. 383–417

Gehrke, W./Mager, F./Kiehn (2002): Zur Konzeption eines Deutschen Hedgefonds, Zeitschrift für Bankenrecht und Bankwirtschaft, Heft 6, S. 479–491

Graham, B. (1973): The Intelligent Investor: A Book of Practical Counsel, Harper Row, New York

Hofmann, S./Walter, B. (2004): Die Veräußerung Not leidender Kredite – aktives Risikomanagement der Bank im Spannungsverhältnis zwischen Bankengeheimnis und Datenschutz, Zeitschrift für Wirtschafts- und Bankenrecht, Heft 32, S. 1566–1574

Houghton, J./Maly, V./Neavill, H. (2011): The Impact of CDS on Restructurings, Latham Watkins Client Alert, Number 1152, S. 1–5 (Abrufbar unter: www.lw.com/upload/pubContent/_pdf/pub4014_1.pdf)

Jeffrey, R.-H. (1984): A New Paradigm for Portfolio Risk, Journal of Portfolio Management, Heft 11, S. 33–40

Keppler, M. (1990): Risiko ist nicht gleich Volatilität, Die Bank – Zeitschrift für Bankpolitik und Bankpraxis, S. 610–614

Kestler, M./Striegel, A./Jesch, T. (2005): Distressed Debt Investments – Insolvenzrechtliche Instrumentarien der Unternehmenssanierung über Fremdkapital, Neue Zeitschrift für das Recht der Insolvenz und Sanierung, Heft 8, S. 417–436

Luttermann, C./Backmann, J. (2002): Rechtsverhältnisse bei Hedge-Fonds („Risikofonds") in Deutschland und in den USA – Strukturen und Anlegerschutz („sophisticated Investor"), Zeitschrift für Wirtschaftsrecht, Heft 23, S. 1017–1024
Stefanini, F. (2006): Investment Strategies of Hedgefonds, John Wiley & Sons, Ltd., Chichester
Theiselmann, R. (Hrsg.) (2010): Praxishandbuch des Restrukturierungsrechtes, Wolters Kluwer, Köln
Westpfahl L. (2010): Vorinsolvenzliches Sanierungsverfahren, Zeitschrift für Unternehmens- und Gesellschaftsrecht, Heft 2/3, S. 385–436
Westpfahl, L./Goetker, U./Wilkens, J. (2008): Grenzüberschreitende Insolvenzen, RWS Verl. Kommunikationsforum, Köln
Westpfahl L./Knapp M. (2011): Die Sanierung deutscher Gesellschaften über ein englisches Scheme of Arrangement, Zeitschrift für Wirtschaftsrecht, Heft 43, S. 2033–2047.
Whitman, M.-J./Diz, F. (2009): Distressed Investing: Principles and Technique, John Wiley & Sons, Inc., Hoboken, New Jersey

3.5 Lieferanten

Rainer Riggert

Abstract

Lieferanten versorgen Unternehmen mit Waren, die zur Produktion oder zum Weiterverkauf verwendet werden. Die Kunden der Lieferanten sind in der Regel nicht verpflichtet, den Kaufpreis für den jeweiligen Liefergegenstand sofort zu bezahlen. Durch die Einräumung von Zahlungszielen erhält das Unternehmen Lieferantenkredit, der Lieferant geht Kreditrisiken ein. Die zunächst nicht benötigte Liquidität kann für den Wertschöpfungsprozess eingesetzt werden. In der Krise des Unternehmens müssen die Lieferanten entscheiden, inwieweit sie bereit sind, als Stakeholder den Sanierungsprozess zu unterstützen. In Betracht kommen insbesondere Forderungsverzichte und Stundungsvereinbarungen. Alternativ können sich die Lieferanten aber auch dafür entscheiden, den Sanierungsprozess nicht zu begleiten. Für diese Entscheidung sind eine genaue Abwägung und Folgenbetrachtung erforderlich. Dies setzt eine Bewertung der vorhandenen Informationen, der Sanierungswahrscheinlichkeit und schließlich eine Risikobetrachtung der eigenen Abhängigkeit vom Kunden voraus.

3.5.1 Interessenlage der Lieferanten

3.5.1.1 Struktur der Gläubigergruppe der Lieferanten

Die Lieferanten gehören wegen ihrer erheblichen Bedeutung für den Leistungsprozess der Unternehmen zu den klassischen Stakeholdern (Skrzipek 2005, S. 62 f.). Eine einheitliche Kategorisierung dieser Stakeholder-Gruppe ist jedoch nicht möglich. Die Unterschiede sind je nach gewählten Kriterien vielfältig (grundlegend Pietsch/Sundhoff 1964, S. 15 ff.).

Die Perspektive wird dabei meistens von der Kundenseite bestimmt: Die Einordnung der Lieferanten erfolgt etwa nach Beschaffungsvolumen, technologischer Kompetenz oder Leistungstiefe (System-, Modul- oder nur Teilelieferanten, vgl. Zubolski 2008, S. 56). Bei einer Orientierung an der Leistungstiefe stellt sich zusätzlich die Problematik der Lieferketten (3rd tier – 1st tier Lieferanten). Denn die Modul- und Systemlieferanten verwenden Einzelteile, die von weiteren Lieferanten zur Verfügung gestellt werden müssen. Besonders deutlich wird die Kundenperspektive, wenn die Ziele des Unternehmens (des Kunden) die Einordnung bestimmen. Die Lieferanten werden dann nach ihrer Bedeutung für Kostenvorteile, Technologieführerschaft oder Versorgungssicherheit geordnet (Schuff 2002, S. 67). Für besonders wichtige Lieferanten hat sich der Begriff „Schlüssellieferant" herausgebildet (Kammhuber/Karle 2009, S. 129).

Aus der Perspektive der Lieferanten ist eine Strukturierung dagegen kaum möglich: Nur das Unternehmen als Kunde steht mit dieser Gläubigergruppe insgesamt – segmentiert in einzelne Kauf-, Lieferverträge – in Geschäftsbeziehungen und kann Analysen erarbeiten. Die Lieferanten untereinander mögen vereinzelt ebenfalls Geschäftsbeziehungen zueinander haben, eine Gesamtschau ermöglicht dies nicht. Nur vereinzelt ist transparent, welche weiteren Lieferanten, gegebenenfalls Konkurrenten, ein Unternehmen beliefern. Dies ist ein Nachteil für die Lieferanten, dagegen ein Vorteil für die Kundenseite. Bei der Gläubigergruppe der Banken gibt es innerhalb dieser Gruppe Transparenz, zumindest wird diese spätestens in der Krise des Kundenunternehmens hergestellt. Dies ermöglicht eine Koordination, ein abgestimmtes Verhalten gegenüber dem Kunden. Durch Poolbildung wird die Gesamtheit der Gläubigergruppe verpflichtet, Vor- und Nachteile gemeinsam als Schicksalsgemeinschaft zu tragen. Dem Unternehmen ist es dann nicht möglich, einzelne Gläubiger gegenüber anderen Gläubigern auszuspielen, etwa vereinzelt die Konditionen zu verbessern.

Eine weitergehende Übersicht der Lieferantenstruktur haben die Kreditversicherer: Diese erheben die Kundenstruktur der Versicherungsnehmer zur Ermittlung ihres Ausfallrisikos. In Abstimmung mit anderen Kreditversicherern kann die Informationsdichte auf eine noch breitere Grundlage gestellt werden. Allerdings bleiben die nicht kreditversicherten Lieferanten außerhalb der sicheren Wahrnehmung.

Die Situation der Intransparenz ändert sich erst ab Insolvenzantrag des Kundenunternehmens. Ab diesem Zeitpunkt wird die Lieferantenstruktur sichtbar, sobald in Abstimmung mit dem Insolvenzverwalter ein Lieferantenpool konstituiert wird (hierzu Berner 2006, S. 55 ff.). Die Lieferantenpools verfolgen nicht die offenen Forderungen der Lieferanten, sondern die Sicherheiten, insbesondere die Erweiterungsformen des Eigentumsvorbehalts. Die Poolbildung ermöglicht eine einheitliche Verhandlungsposition und gibt der Gläubigergruppe insgesamt Gewicht. Der einzelne Lieferant hat wesentlich geringere Chancen, seine Rechtsposition durchzusetzen. Auch ohne Lieferantenpoolbildung kann ein Gläubigerverzeichnis, in welchem auch die angemeldeten Lieferantenforderungen nachgewiesen sind, gemäß § 175 Abs. 1 Satz 2 InsO in der Geschäftsstelle des jeweiligen Insolvenzgerichts eingesehen werden. Spätestens jetzt ist es jedem Lieferanten möglich, Informationen über die Involvierung der eigenen Gläubigergruppe zu erheben, insbesondere die Höhe der angemeldeten (nicht bezahlten) Forderungen.

Erfolgt eine Sanierung in einem Insolvenzverfahren, sind die Lieferanten eine wichtige in einem Insolvenzplan zu berücksichtigende Gläubigergruppe. Gläubigergruppen der Lieferanten können insbesondere nach § 222 Abs. 1 Ziff. 1 InsO sowie nach § 222 Abs. 1 Ziff. 2 InsO gebildet werden. Es ist damit zu rechnen, dass die Sanierung in der Insolvenz durch das neue Schutzschirmverfahren des § 270 b InsO an Bedeutung gewinnen wird. Hier setzt das Insolvenzgericht eine Frist zur Vorlage eines Insolvenzplans.

3.5.1.2 Die Lieferanten als Beschaffungspartner und Fremdkapitalgeber

Die Lieferanten gelten neben den Banken als die wichtigste Gläubigergruppe (Zirener 2005, S. 93). Sie gewährleisten durch die Lieferung von Waren die Funktionsfähigkeit des Geschäftsbetriebs. Dies wird am Beispiel der Automobilindustrie besonders deutlich: Das Ausbleiben eines einzigen wesentlichen Bauteils kann dazu führen, dass ein Fahrzeug nicht weiter produziert werden kann und die Produktionsbänder stillstehen. Verzögerungsschäden erreichen binnen kurzer Zeit astronomische Werte. Die Bedeutung der Lieferanten kann je nach Branche jedoch auch geringer sein: Bei nicht produzierenden und nicht Handel treibenden Kunden kann sich die Beschaffungsrelevanz auf das Anlagevermögen beschränken. Je stärker der Bezug des Liefergegenstandes zur Weiterverarbeitung/zum Weiterverkauf ist, desto größer wird die Wichtigkeit des Lieferanten als Beschaffungspartner. Innerhalb der Gruppe der Lieferanten – aus Sicht des Kunden – bemisst sich die Bedeutung nach den Kriterien Substituierbarkeit und Erheblichkeit des zu liefernden Gegenstands für den Produktionsprozess. Dies ändert sich auch nicht im Sanierungsfall. Gerade in der wirtschaftlichen Krise ist das Unternehmen auf reibungslose Betriebsabläufe angewiesen.

Die Kreditfunktion der Lieferanten resultiert aus der branchenübergreifenden Übung, dem Kunden aus Liefer- und Kaufverträgen ein Zahlungsziel einzuräumen. Der Lieferant ist dadurch vorleistungspflichtig hinsichtlich der Verpflichtung, den Kaufgegenstand zu liefern. Das Kundenunternehmen wird wegen des Eigentumsvorbehalts zwar in aller Regel nicht Eigentümer, jedoch Besitzer und Nutzungsberechtigter. Die Fälligkeit tritt je nach Vereinbarung zwischen Verkäufer und Käufer in der Regel erst nach ein bis drei Monaten nach der Lieferung ein. Für die späte Fälligkeit erhält der Lieferant einen höheren Kaufpreis (Einpreisung des Lieferantenkredits). Der Vertragsmechanismus ermöglicht es dem Kundenunternehmen, den gelieferten Gegenstand mit einem den Einkaufspreis übersteigenden Verkaufspreis weiterzuveräußern – gegebenenfalls nach Wertschöpfung durch Weiterbearbeitung. Der Weiterverkaufspreis kann dann eingezogen und zur Tilgung der Verbindlichkeiten gegenüber dem Lieferanten verwendet werden. Aus der Sicht des Unternehmens nimmt der Lieferant damit eine analoge Funktion wahr wie Finanzkreditgeber (Banken oder Sparkassen). Der bei Banken obligatorische Zins hat beim Lieferantenkredit eine Entsprechung, welche als Skonto bezeichnet wird. Zahlt das

Kundenunternehmen die Ware trotz des Warenkredits vorzeitig, wird als prozentualer Abzug zum Gesamtkaufpreis ein Preisnachlass gewährt.

3.5.1.3 Erhaltung Kundenbeziehungen versus Kreditrisiko

Die widerstreitenden Interessen Erhaltung Lieferbeziehung einerseits, Vermeidung Realisierung Kreditrisiko andererseits sind das typische Dilemma der Lieferanten (vgl. Mayr 2010, S. 143). In der Krise des Kunden nimmt die Wahrscheinlichkeit der Realisierung des Kreditrisikos zu, d. h., die offene Forderung aus dem Liefervertrag mit dem Kunden droht auszufallen. Gerät der Kunde in die Insolvenz, kann der Lieferant Schäden nur bei Abschluss einer Kreditversicherung und der effektiven Verwertung etwaig vereinbarter Eigentumsvorbehaltsrechte minimieren. Die Insolvenzquote wird mit hoher Wahrscheinlichkeit nur einen sehr geringen Rückfluss ermöglichen. Dennoch besteht die Hoffnung der Lieferantenseite, dass das Kreditrisiko nicht eintritt und die Krise des Kunden überwunden werden kann. Inwieweit die Lieferantenseite zu eigenen Sonderleistungen bereit ist, hängt von verschiedenen Faktoren ab, insbesondere der Höhe des möglichen Ausfalls, der Schwere der Krise des Kunden und der Abhängigkeit des Lieferanten von der Geschäftsbeziehung, schließlich von der Sicherheitensituation. Gerade den für den Kunden wesentlichen Lieferanten muss bewusst sein, dass ein etwaiger Abbruch der Kundenbeziehung erst recht die Krise des Kunden verschärfen würde. Dies gilt insbesondere dann, wenn der Liefergegenstand für den Wertschöpfungsprozess des Kunden entscheidende Bedeutung hat. Welche der Entscheidungen der jeweilige Lieferant trifft, ist schwer vorherzusehen: Gemäß einer durchgeführten Umfrage (vgl. von Leoprechting/Ziechmann 1999, S. 21 ff.) waren folgende Kriterien für die Entscheidungsfindung besonders häufig von den Lieferanten genannt worden: künftige Geschäftsaussichten, gerechte Lastenverteilung, keine weiteren signifikanten Risiken.

3.5.2 Handlungsmöglichkeiten der Lieferanten in der Krise

3.5.2.1 Sanierungsbeiträge in der Praxis

Die Rettung des Kunden ist der optimale Weg für den Lieferanten zur Erhaltung der Geschäftsbeziehung wie auch zur Vermeidung eines Kreditausfalls. Dabei ist zu berücksichtigen, dass der Lieferant wenig Chancen hat, den schon gewährten Lieferantenkredit rückabzuwickeln. Der gelieferte Gegenstand ist bereits im Besitz des Kunden, möglicherweise schon weiterverarbeitet oder weiterveräußert. Eine gerichtliche Durchsetzung der Lieferantenansprüche – gerichtet auf Zahlung oder Rückgabe des Liefergegenstandes – käme zu spät, zumal in der Insolvenz des Kunden sogar durch Vollstreckung erlangte Vermögensvorteile keine Bestandsfestigkeit haben (s. §§ 88, 129 ff. InsO). Doch selbst wenn die Ware zurückgeholt werden kann: In vielen Fällen ist diese für den Lieferanten gar nicht anderweitig verwertbar. Es kann sich um spezifisch für den Kunden gefertigte Teile handeln. Andere Abnehmer können die Teile gar nicht verwenden bzw. sind wegen Marktsättigung an den Teilen nicht interessiert. Schließlich ist offen, in welchem Zustand die Teile zurückgeholt werden können (Beschädigung durch unsachgemäße Lagerung, Entwertung der Teile durch Zeitablauf). Gelten die zurückgeholten Teile als „gebraucht", ist ein regulärer Weiterverkauf nicht mehr möglich. In diesen Fällen könnte die Rückholung den Schaden für den Lieferanten nicht hinreichend kompensieren.

Bei einer Sanierungsbegleitung ist Vorsicht geboten, wenn neue (Kredit-)Risiken von der Kundenseite gefordert werden. Sinnvoll erscheint es, die Sanierung beim Kundenunternehmen durch zumutbare Eigenbeiträge zu stützen und gleichzeitig die Geschäftsbeziehung zu erhalten. Die Sanierungsbeiträge können unterschiedlich strukturiert sein.

Forderungsverzicht

Ein Forderungsverzicht ist für die Lieferantenseite hinsichtlich der bestehenden Position der wirtschaftlich nachteiligste Sanierungsbeitrag. Durch den Verzicht gehen die Forderungen unwiederbringlich verloren. Wegen der Akzessorietät von Sicherheiten können auch sämtliche Formen des Eigentumsvorbehalts nicht mehr realisiert werden. Diese Sicherheiten setzen konstitutiv das Bestehen einer zu sichernden Forderung voraus und können isoliert nicht mehr als Sicherungsrecht verfolgt werden. Dies gilt auch für den einfachen Eigentumsvorbehalt. Auf das Bestehen von Kreditversicherungsschutz sollte sich der Lieferant hierbei nicht verlassen: Die Vornahme einer Verzichtserklärung ohne Abstimmung mit dem Kreditversicherer würde einen Verstoß gegen die Schadensminderungspflicht als Versicherungsnehmer darstellen. Etwas anderes gilt nur, wenn die Maßnahme vorab mit dem Kreditversicherer abgestimmt ist.

Für den Lieferanten etwas günstiger ist die Variante Verzicht mit Besserungsschein. Diese Modifikation bedeutet, dass die Forderung, welche Gegenstand des Verzichts ist, unter bestimmten Voraussetzungen wieder wirksam wird. Als Besserungssachverhalt werden z. B. bilanzielle Kennzahlen definiert. In der Praxis gelten Zahlungen auf Besserungsscheine allerdings als selten, die in der Vereinbarung definierten Besserungsfälle treten selten ein (Gabath 2010, S. 142).

Mit dem Verzicht mit Besserungsschein verwandt ist der Rangrücktritt (s. hierzu de Bra/Weber 2007, S. 5 ff.). Dieser hat typischerweise zum Gegenstand, dass der Lieferant mit seinen Forderungen hinter die Forderungen anderer Gläubiger zurücktritt. Die Forderung bleibt somit, anders als beim Verzicht, bestehen, kann durch die vereinbarte Rangänderung jedoch zunächst nicht realisiert werden. Die Geltendmachung darf vereinbarungsgemäß erst aus künftigen Gewinnen- bzw. die Schulden übersteigendem Vermögen erfolgen. Der Insolvenzgrund der Überschuldung (§ 19 Abs. 1 InsO) kann beim schuldnerischen Unternehmen durch Rangrücktritt vermieden werden. Forderungen, die dem Rangrücktritt unterworfen sind, müssen in die Überschuldungsbilanz nicht eingestellt werden.

Verlängerung Zahlungsziele und Stundungsvereinbarung

Ist der Kunde in Liquiditätsschwierigkeiten, kann eine Verlängerung des Zahlungsziels als weniger einschneidende Maßnahme helfen. Dies gilt insbesondere, wenn die Vermeidung einer Insolvenzantragspflicht nach § 17 Abs. 2 InsO (Zahlungsunfähigkeit) vorrangiges Ziel ist, um eine außergerichtliche Sanierung zu ermöglichen. Durch Verschieben des Zahlungsziels wird die Fälligkeit der Verbindlichkeit für den Kunden in die Zukunft verschoben, § 17 Abs. 2 Satz 1 InsO begründet dann keinen Insolvenzgrund.

Die Stundungsvereinbarung geht über die bloße Verlängerung des Zahlungszieles hinaus: Diese regelt vertraglich die Zahlungsmodalitäten hinsichtlich der bislang aufgelaufenen Lieferantenforderungen. Auch hierdurch kann Zahlungsunfähigkeit vermieden werden, weil die Fälligkeitszeitpunkte in die Zukunft verschoben werden.

Konditionenverbesserungen für den Kunden

Hierbei handelt es sich um einen zukunftsgerichteten Sanierungsbeitrag des Lieferanten. Dem Kunden wird durch günstigere Konditionen die Möglichkeit gegeben, mit geringerem Wareneinsatz eine Ertragssteigerung herbeizuführen. Für die Vermeidung einer aktuellen Liquiditätskrise ist diese Maßnahme zu langfristig angelegt. Sie ermöglicht dem Kunden bessere Voraussetzungen für eine Gewinnrealisierung, stellt damit aber eher einen auf eine nachhaltige Sanierung gerichtete, die Wettbewerbsfähigkeit des Kunden erhöhenden Beitrag dar. Eine kurzfristige Zahlungsunfähigkeit des Kunden kann damit nicht verhindert werden.

Moratorium

Das Moratorium unterscheidet typischerweise zwischen bereits bestehenden und künftigen Verbindlichkeiten des Kunden. Hinsichtlich der bestehenden Verbindlichkeiten erklärt der Lieferant Stundung (Fälligkeitsaufschub). Neu abgeschlossene Lieferverträge müssen dagegen gemäß den bisherigen Konditionen bezahlt werden.

Zweiseitige oder vielseitig koordinierte Sanierungsbeiträge?

Alle vorbezeichneten Sanierungsbeiträge der Lieferanten können bilateral vereinbart werden. Dies hat für den Lieferanten jedoch Nachteile: Bei bilateralen Vereinbarungen besteht keine Transparenz, welche weiteren Maßnahmen mit anderen Lieferanten bzw. anderen Gläubigergruppen (insbesondere Banken) abgestimmt werden. Möglicherweise beteiligen diese sich nicht oder nur vereinzelt an dem Sanierungsversuch. Die Sanierung hat dann wenig Aussicht auf Erfolg. Der Beitrag des Lieferanten und der hiermit verbundene wirtschaftliche Nachteil waren von vornherein sinnlos. Denn der wirtschaftliche Vorteil von vereinzelten Sanierungsbeiträgen wird nur in wenigen Fällen hinreichend sein, einen Beitrag zur Überwindung der Krise des Kundenunternehmens zu leisten. Doch selbst wenn die Sanierung gelingen sollte, ist es wichtig, dass sich alle Gläubiger angemessen an dem Sanierungsaufwand beteiligt haben. Auf die für die Lieferanten bedeutsamen Gesichtspunkte der gerechten Lastenverteilung wurde bereits hingewiesen (s. Abschnitt 3.5.1.3).

3.5.2.2 Erwartungen der Lieferanten an eine Partizipation im Sanierungsprozess

Aus der Sicht des Unternehmens und des begleitenden Sanierungsberaters ist die Einbindung der Lieferantenseite zweischneidig. Die Befürchtung ist insoweit, dass statt erhoffter Sanierungsbeiträge Lieferanten versuchen, den Exit der Geschäftsbeziehung einzuleiten. Wegen der regelmäßig großen Zahl von Lieferanten besteht des Weiteren die Gefahr, dass die Informationshoheit über den Sanierungsprozess verloren geht. Fehlende Vertraulichkeit, im schlimmsten Fall negative Presseveröffentlichungen, würden die Krise weiter verschärfen. Wegen der Inhomogenität der Lieferantengruppe fehlt es auch an einem zentralen Ansprechpartner, sofern die Kreditversicherer nicht involviert sind. Die Ansprache der Lieferantenseite und deren Einbeziehung in den Sanierungsprozess gelten deshalb als „gewagter Schritt" (Faulhaber/Grabow 2009, S. 60 ff.). Gleichwohl wird im Zweifel eine aktive Informationspolitik empfohlen (Kammhuber/Karle 2009, S. 130). Die Lieferanten sollten als Kooperationspartner verstanden werden (Wellner 2001, S. 149).

Aus Lieferantensicht wird die Beteiligung am Sanierungsprozess wegen der dann möglichen Informationserhebung und der Abschätzung des Eigenrisikos begrüßt werden. Nur in diesem Fall kann auch geklärt werden, dass der Lieferantenseite keine Sonderopfer im Verhältnis zu anderen Gläubigergruppen auferlegt werden. Allerdings bindet eine solche Beteiligung Personalmittel und verursacht Aufwand. Spezielle Risikoabteilungen für den Verkaufsbereich werden lediglich von sehr großen wirtschaftlichen Einheiten vorgehalten. Nur mit solchen schon institutionellen Lieferanten und den Kreditversicherern kann eine bankenähnliche Begleitung professionell organisiert werden. Rechtspflichten zur Gestaltung der Beteiligung bestehen nicht. Dies ist anders bei der Gläubigergruppe der Banken, da diese im Falle der aktiven Beteiligung im Sanierungsprozess Prüfungspflichten hat. Es gelten spezielle Sanierungsanforderungen (s. etwa Obermüller 2011, S. 295 ff.).

3.5.2.3 Vertragskündigung und Vorkasse – der Ausstieg aus der Sanierung

Die Einbeziehung der Lieferanten in den Sanierungsprozess kann aus Kundensicht nachteilige Folgen haben: Lieferanten könnten versuchen, bereits abgeschlossene Kaufverträge zu kündigen, rückabzuwickeln oder sofort fällig zu stellen. Soweit ein Lieferant überhaupt bereit ist, neue Lieferverträge abzuschließen, kann die Weiterbelieferung von verschärften Konditionen abhängig gemacht werden. Insbesondere wird in diesem Fall der Lieferant den Kreditteil der Lieferbeziehung nicht mehr aufrechterhalten, er wird Zug-um-Zug-Abwicklung bzw. Vorkasse verlangen. Dies verursacht einen zusätzlichen Liquiditätsbedarf auf der Kundenseite, da der Lieferantenkredit nicht mehr in Anspruch genommen werden kann. Aus der Sicht des Lieferanten kann dies bei erkanntem Insolvenzrisiko des Kunden die richtige Konsequenz sein, Insolvenzanfechtungen zu vermeiden.

3.5.3 Risiken für die Lieferantenseite

3.5.3.1 Lieferanten als Ersatzbank – Kreditrisiken

Der Lieferantenkredit begründet eine permanente Vorleistung der Lieferanten. Insoweit fungieren diese permanent als Lieferantenkreditgeber mit immanentem Ausfallrisiko. Anders als die ebenfalls kreditierenden Banken/Sparkassen ist es den Lieferanten nur begrenzt möglich, dem Kreditvolumen angemessene Sicherheiten zu bestellen. Hier fehlt es nicht nur an der Branchenüblichkeit und an der Akzeptanz durch den jeweiligen Kunden. Vielmehr werden werthaltige Sicherheiten weitgehend den Finanzkreditgebern vorbehalten. Im Zuge von Massengeschäft mit Lieferanten unterliegt es schließlich auch organisatorischen Schwierigkeiten, jeweils angemessene Sicherheitenbestellungen vorzunehmen. Deshalb verbleibt es bei der Standardisierung der Lieferantensicherheiten durch Vereinbarung von Eigentumsvorbehaltsrechten. Etwas anderes gilt nur, soweit es sich um kreditversicherte Lieferanten handelt, zu deren Gunsten die Kreditversicherer im Einzelfall separat Sicherheitenvereinbarungen (echter Vertrag zugunsten Dritter) mit dem schuldnerischen Unternehmen abgeschlossen haben.

3.5.3.2 Die Sicherheitenbestellung durch Eigentumsvorbehaltsrechte

Die übliche Grundform der Lieferantensicherheit ist der Eigentumsvorbehalt. Hier gibt es verschiedene Varianten: Durch den einfachen Eigentumsvorbehalt vereinbaren Lieferant und Kundenunternehmen, dass der gelieferte Gegenstand so lange Eigentum des Lieferanten bleibt, bis dieser Gegenstand bezahlt ist. Zulässig ist aber auch der Kontokorrentvorbehalt, wonach der Eigentumsvorbehalt so lange wirksam bleibt, bis alle Forderungen des Lieferanten aus der gesamten Geschäftsverbindung ausgeglichen sind. Wird der gelieferte Gegenstand weiterverarbeitet, muss des Weiteren eine Verarbeitungsklausel vereinbart werden, wonach der Lieferant Miteigentümer der neu hergestellten Sache wird. Schließlich kann ein verlängerter Eigentumsvorbehalt geregelt werden, wonach zur Sicherheit die Forderung aus der Weiterveräußerung der gelieferten Ware an den Lieferanten abgetreten wird.

Die Vereinbarung der Sicherungsrechte erfolgt regelmäßig über die Lieferbedingungen des Lieferanten. In verschiedenen Fallkonstellationen können die Eigentumsvorbehaltsrechte jedoch leerlaufen. Alle Formen des Eigentumsvorbehalts knüpfen an den eigenen Liefergegenstand als Sicherheit an. Ist dieser Gegenstand nicht mehr beim Kunden vorhanden, auch die Forderung aus der Weiterveräußerung eingezogen, so können keine Sicherheiten durch den Lieferanten mehr realisiert werden. Andere Gründe des Sicherungsausfalls sind für einzelne Formen des Eigentumsvorbehaltsrechts relevant: Am sichersten zu realisieren ist der einfache Eigentumsvorbehalt, der selbst durch Einkaufsbedingungen mit Abwehrklauseln nicht ausgehebelt werden kann. Diese Rechtsposition korrespondiert damit, dass in der Insolvenz des Kunden als wahrscheinlichste Variante des Sicherungsfalls ein Aussonderungsrecht gewährt wird (§ 47 InsO). Alle anderen Formen des Eigentumsvorbehalts gewähren lediglich ein Absonderungsrecht (§ 51 InsO). Gegenüber durch den Kunden verwendete Einkaufsbedingungen mit Abwehrklausel können sich diese Sonderformen regelmäßig nicht durchsetzen.

Ein weit verbreiteter Irrtum aus der Sicht des Lieferanten ist, dass ein nochmaliger Widerspruch gegenüber kundenseits verwendeten Einkaufsbedingungen hinreichend wäre. Diese sogenannte „Theorie des letzten Wortes“ war lange Jahre durch den Bundesgerichtshof vertreten worden. Inzwischen ist es jedoch gefestigte Rechtsprechung, dass bei kollidierenden Geschäftsbedingungen (Lieferbedingungen versus Einkaufsbedingungen) lediglich übereinstimmende Regelungen erhalten bleiben. Dabei spielt es keine Rolle, welche Vertragspartei sich zuletzt auf ihre eigenen Bedingungen berufen hat. Hinsichtlich verbleibender Lücken gilt das Gesetzesrecht, insbesondere das Bürgerliche Gesetzbuch. Da in der Praxis lediglich der Lieferant Interesse an der Regelung des Eigentumsvorbehalts hat, finden sich dieser meist in den Einkaufsbedingungen nicht. Kraft Gesetzes ist – abgesehen vom Handelsbrauch – ein Eigentumsvorbehalt nicht vorgesehen. Dieser muss vereinbart werden. Eine für die Lieferanten günstigere Sicherheitensituation ergibt sich nur dann, wenn der Kunde explizit auf die Geltung seiner Einkaufsbedingungen verzichtet hat oder die Eigentumsvorbehaltsrechte in einer Individualvereinbarung anerkennt. Entsprechende Verhandlungen sind aufwendig, setzen auch eine Durchsetzungsmacht auf Seiten des Lieferanten voraus. Für kreditversicherte Lieferanten kann sich eine günstigere Situation ergeben, wenn die Kreditversicherer zu deren Gunsten mit dem Kunden dieser Lieferanten eine generelle Anerkennungsvereinbarung hinsichtlich der Geltung des Eigentumsvorbehalts abschließen. Beim verlängerten Eigentumsvorbehalt kann sich eine für den Lieferanten nachteilige Kollision mit echtem Factoring stellen:

Beim echten Factoring übernimmt der Factor die Verwaltung der Außenstände seines Vertragspartners, des sogenannten Anschlusskunden, einschließlich der Buchführung und der Einziehung und erwirbt die Forderung gemäß § 433 BGB. Dieser Anschlusskunde ist auch der Kunde des Lieferanten. Der Lieferant werde nach Auffassung des BGH nicht benachteiligt, gleich ob die durch verlängerten Eigentumsvorbehalt abgetretene Forderung gegenüber dem Kunden des Lieferanten erfüllt oder die Forderung abgekauft wird. Allerdings ist die Zahlung durch den Factor an den (Anschluss-)Kunden in der Höhe niedriger. Der Verlängerte Eigentumsvorbehalt geht dann in beiden Fällen ins Leere. Nach Auffassung der Rechtsprechung wird der Kunde durch die Zahlung in die Lage gesetzt, die Lieferantenforderung zu begleichen, was aber gerade im Sanierungsfall keineswegs unterstellt werden kann (s. zur Rechtslage Bülow 2006, Rn. 1677 ff.).

Sind die Eigentumsvorbehaltsrechte seitens des Lieferanten wirksam vereinbart, stellt sich die Frage nach etwaig konkurrierenden Banksicherheiten am Umlaufvermögen. Hinsichtlich des einfachen Eigentumsvorbehalts ist die Situation für den Lieferanten günstig: Da der Lieferant sein Eigentum an den gelieferten Gegenständen nicht aufgegeben hat, kann der Kunde diese nicht als Banksicherheit verwenden. Der Lieferant ist insoweit stets vorrangig. Entsprechendes gilt für den erweiterten Eigentumsvorbehalt, auch hier hat sich der Lieferant das originäre Eigentum vorbehalten. Bei verlängertem Eigentumsvorbehalt (Forderungsabtretung) stellt sich dagegen eine Konkurrenzfrage im Verhältnis zur Sicherungsabtretung der Kreditinstitute, in der Regel umfassend erfolgend durch Vornahme einer Globalzession. Diese Kollision ist seit Langem zugunsten der Lieferanten entschieden. Globalzessionsverträge müssen eine sogenannte dingliche Teilverzichtsklausel enthalten, die eine Erfassung von Forderungen aus dem Weiterverkauf von Waren durch Lieferanten ausschließt (vgl. hierzu Ganter 2007, S. 587).

3.5.3.3 Risiken der Insolvenzanfechtung

Selbst wenn ein Lieferant zivilrechtlich umfassend Eigentumsvorbehaltsrechte vereinbart hat, stellt sich die Frage der Bestandsfestigkeit. Nach den §§ 129 ff. InsO kann der Insolvenzverwalter Sonderanfechtungsrechte geltend machen. Maßgebliches verbindendes Merkmal der Anfechtungstatbestände ist das Bestehen einer Krisensituation auf der Kundenseite bei Kenntnis des Lieferanten von dieser Situation. § 133 InsO (vorsätzliche Benachteiligung) ermächtigt den Insolvenzverwalter unter bestimmten geregelten Voraussetzungen, Zahlungen an Lieferanten anzufechten, die bis zu zehn Jahre zuvor in der Vergangenheit erfolgt sind.

Zwar ist das Lieferverhältnis zwischen Lieferanten und Kunden gerade auch bei erkannter Krisensituation im Sinne eines Bargeschäfts (§ 142 InsO) anfechtungsrechtlich privilegiert. Dies bedeutet, dass bei einer Zug-um-Zug-Leistung (Ware gegen Bezahlung) ein Anfechtungsrecht des Insolvenzverwalters ausscheiden würde. Dieses Bargeschäftsprivileg scheidet jedoch in folgenden Konstellationen aus:

- Der Lieferant hat Lieferantenkredit gewährt, der Kaufpreis wird erst mehrere Wochen nach der Lieferung bezahlt (kein Bargeschäft, sondern Kreditcharakter). Für den Lieferanten kann somit die Beibehaltung des üblichen Lieferantenkredits in der Krise des Kunden schädlich sein.
- Der Kaufvertrag wird zwar zeitnah wechselseitig erfüllt, der Lieferant hat auf seinen Kunden jedoch Druck ausgeübt, um eine Zahlung zu erlangen (Drohung mit Insolvenzantrag, Stellung eines Drittinsolvenzantrags, Zwangsvollstreckung). Die Zahlungserzwingung durch Drohung bzw. Druck wird nicht durch § 142 InsO privilegiert.
- Der Lieferant hat eine marktbeherrschende Stellung ausgenutzt und dadurch überhöhte, nicht marktübliche Konditionen erlangt. Insoweit fehlt es an einer Gleichwertigkeit des Leistungsaustausches, die ebenfalls zur Erlangung der Privilegierung erforderlich ist.

Liegen die Voraussetzungen des Bargeschäfts nicht vor, so bedeutet dies nicht zwingend, dass die Voraussetzungen einer Insolvenzanfechtung vorliegen. Insoweit kommt es maßgeblich darauf an, inwieweit eine Krisensituation beim Kunden vorlag und der Lieferant hiervon Kenntnis hatte. Wird der Lieferant explizit um Sanierungsbeiträge gebeten, so kann sich dieser nicht mehr darauf berufen, dass er stets von einer stabilen wirtschaftlichen Situation des Kunden ausgegangen sei. Entscheidend ist, inwieweit das Kundenunternehmen – mit Kenntnis des Lieferanten – mit überwiegender Wahrscheinlichkeit von einer Überwindung der Krise ausgehen dürfte. Liegt ein Sanierungsgutachten vor und bescheinigt dieses die Sanierungsfähigkeit, kommt eine Insolvenzanfechtung nicht in Betracht. Dies gilt gerade auch dann, wenn später das Kundenunternehmen Insolvenz beantragen muss und ein Insolvenzverwalter bestellt wird. Dies zeigt, dass es aus der Sicht des Lieferanten vorteilhaft ist, am Informationsfluss über den Stand des Sanierungsprozesses teilzuhaben, um die Risiken eigener Maßnahmen einschätzen zu können. Überwiegt aus Lieferantensicht die Wahrscheinlichkeit des Scheiterns des Kunden, so sollte Neugeschäft auf Bargeschäft umgestellt werden. Bewertet der Lieferant die Situation rechtlich falsch, so führt dies im Anfechtungszeitraum nicht nur zur Rückforderung von Zahlungen, die das Kundenunternehmen an den Lieferanten geleistet hat, darüber hinaus werden auch die hierfür bestellten Lieferantensicherheiten (Eigentumsvorbehaltsrechte) hinfällig.

3.5.4 Praxisbeispiel

Die S-GmbH produziert Back- und Süßwaren. Lieferant L ist der Hauptrohstofflieferant (Kakaoprodukte und Schokoladenrohware). Der Lieferant L wurde auf Probleme bei der Kundin aufmerksam, als mehrere Rechnungen in erheblicher Höhe nicht mehr beglichen wurden. In einem Rundschreiben, welches auch an die anderen Lieferanten gesandt wurde, verwies die S-GmbH auf wirtschaftliche Probleme – welche aber überwunden werden könnten – und bat um Stundung der überfälligen Verbindlichkeiten für drei Monate. Der Lieferant L entschied sich dazu, Neulieferungen nur noch gegen Vorkasse zuzulassen (kurzfristige Lieferung nach Zahlungseingang). Hinsichtlich der aufgelaufenen Forderungen schloss der Lieferant mit der S-GmbH als Sanierungsbeitrag eine Ratenzahlungsvereinbarung. Fünf Monate später stellte die S-GmbH Insolvenzantrag. Der Insolvenzverwalter fordert alle Zahlungen zurück, die an den Lieferanten L ab dem Zeitpunkt des Lieferantenrundschreibens durch die S-GmbH geleistet worden waren.

Die Sanierungsbegleitung durch den Lieferanten war im Wesentlichen ordnungsgemäß und führte für diesen nicht zu schwerwiegenden Nachteilen: Zwar lag dem Lieferanten kein Sanierungskonzept vor. Jedoch war nach dem Informationsstand des Lieferanten auf Grundlage der Lieferantenrundschreiben des Kunden eine Situation gegeben, bei welcher überwiegend mit einem Sanierungserfolg gerechnet werden konnte. Die Ratenzahlungen auf Grundlage der Stundung waren nicht anfechtbar, der Lieferant gutgläubig. Im Übrigen konnte, soweit Vorkasse verlangt worden war, sogar von einem unanfechtbaren Bargeschäft ausgegangen werden. Der Lieferantenkredit war nicht länger gewährt worden. Auch war durch den Lieferanten auf das schuldnerische Unternehmen kein unangemessener Druck ausgeübt worden. Einen Rechtsverlust hatte der Lieferant jedoch hinzunehmen: Durch die Vorkassenvereinbarung wurde die Beziehung der Parteien auf eine neue Grundlage gestellt. Es hätte daher einer ausdrücklichen Vereinbarung bedurft, dass der in den allgemeinen Geschäfts- und Lieferbedingungen des Lieferanten enthaltene umfassende Kontokorrenteigentumsvorbehalt auch für gegen Vorkasse getätigte Lieferungen gelten solle (Fall nach OLG Saarbrücken ZInsO 2010, 92; BGH ZInsO 2010, 87).

3.5.5 Fazit

Die Lieferanten gehören zu den wesentlichsten Stakeholdern des Sanierungsprozesses. Gerade in der Krise des Unternehmens ist der Turnaround von Zugeständnissen dieser Gläubigergruppe abhängig. Aus Sicht der Lieferanten kann eine konstruktive Mitwirkung jedoch nur erwartet werden, wenn das Unternehmen offen über den Stand des Prozesses informiert. Nur dies ermöglicht es den Lieferanten, nach Abwägung der Risiken, sich für eine konstruktive Positionierung zu entscheiden und die Sanierungsmaßnahmen zu unterstützen. Dabei ist für die Lieferantenseite bedeutsam, dass die Lasten der Sanierung gerecht verteilt werden. Eine einseitige oder unangemessene Belastung würde von dieser Gläubigergruppe nicht akzeptiert werden. Ein wesentlicher Aspekt ist, inwieweit – analog zu den ebenfalls gesicherten Banken – Kreditrisiken durch Eigentumsvorbehaltsrechte gemindert werden können. Die gerechte Lastenverteilung ist aber auch für den Erfolg des Sanierungsprozesses unumgänglich: Es ist unrealistisch, dass eine einzige Gruppe von Stakeholdern mit ihren Beiträgen die wirtschaftliche Krise des Kunden überwinden kann.

Literaturverzeichnis

Berner, S. (2006): Sicherheitenpools der Lieferanten und Banken im Insolvenzverfahren, Köln
Bülow, P. (2007): Recht der Kreditsicherheiten, 3. Auflage, Heidelberg
de Bra, P. (2007): Rangrücktritt im Überschuldungsstatus und in der Handels- und Steuerbilanz, in: Kiessner, F./Kind, T./Frank, A. (Hrsg.), Festschrift für Eberhard Braun, München
Faulhaber, P./Grabow, H. (2009): Turnaround-Management in der Praxis, 4. Auflage, Frankfurt am Main
Gabath, C. (2010): Risiko- und Krisenmanagement im Einkauf, Wiesbaden
Ganter, G. (2007): in: Schimansky, H./Bunte, H./Lwowski, H., Bankrechtshandbuch, Band III, 3. Auflage, München
Kammhuber, S./Karle, A. (2009): in: Haarmayer, H. (Hrsg.), Sanierung und Insolvenzmanagement II, Dormagen, S. 129
Leoprechting, G./Ziechmann, P. (1999): Entscheidungsprozesse im Insolvenzverfahren, Münster
Mayr, S. (2010): Stakeholdermanagement in der Unternehmenskrise, Wiesbaden
Obermüller, M. (2011): Insolvenzrecht in der Bankpraxis, 8. Auflage, Köln
Pietsch, E./Sundhoff, E. (1964): Lieferantenstruktur industrieller Großunternehmen, Göttingen
Schuff, G. (2002): Entwicklungsperspektive für die Beschaffung in der Weltautomobilindustrie, in: Hahn, D./Kaufmann, C. (Hrsg.), Handbuch industrielles Beschaffungsmanagement, 2. Auflage, Wiesbaden
Skrzipek, M. (2005): Shareholder Value versus Stakeholder Value, Wien
Wellner, K. (2001): Shareholder Value und seine Weiterentwicklung zum Market Adapted Shareholder Value Approach, Wiesbaden
Zirener, J. (2005): Sanierung in der Insolvenz, Wiesbaden
Zubolski, A. (2008): Kooperations-Kompetenz im dynamischen Wettbewerb: Analyse im Kontext der Automobilindustrie, Wien

3.6 Der Lieferant in der Krise

Rolf Weidmann

Abstract

Der Beitrag „Lieferant in der Krise“ soll dem Berater die zur Absicherung der Beschaffungsseite eines gegebenenfalls selbst kriselnden Abnehmers möglichen Handlungsalternativen aufzeigen. Er zeigt die Gefahren, die einzelne Maßnahmen im Verhältnis Abnehmer/Lieferant, insbesondere in dem Fall mit sich bringen, bei dem am Ende eine Insolvenz des Lieferanten doch nicht vermeidbar ist. Die insolvenzrechtlichen Vorschriften bergen in diesem Zusammenhang eine Reihe von Fallen, denen vor endgültigen Entscheidungen nachzugehen lohnt.

3.6.1 Einleitung

Viele Betrachtungen über Krisensituationen in „Kunden-Lieferanten-Beziehung“ erörtern die Sicht des Lieferanten, der bei seinem Kunden nicht versicherte offene Forderungen hat. Dabei liegt dann das Hauptaugenmerk der Betrachtung auf dem Forderungsmanagement. Das Interesse ist kurzfristig darauf gerichtet, dass diese Forderungen bezahlt werden, damit negative Auswirkungen auf das eigene Unternehmen möglichst vermieden werden.

Betrachtungen der „Kunden-Lieferanten-Beziehung“ aus Sicht des Kunden zum Lieferanten sind seltener im Blickfeld. Dies mag darin begründet sein, dass Krisen von Lieferanten auf den ersten Blick keine kurzfristigen finanziellen und nur selten existenzielle Auswirkungen auf den Abnehmer bzw. Käufer haben. Bei Krisen des Abnehmers bzw. Käufers, die oft mit einem Debitorenausfall einhergehen, ist das anders.

Doch die Krise eines Lieferanten kann auch erhebliche wirtschaftliche Folgen für einen Abnehmer bzw. Käufer haben und gegebenenfalls dessen eigene Krise verschärfen. Dafür kommen mehrere denkbare Gründe in Betracht:

- Kompletter Ausfall eines Lieferanten und damit einhergehender Verlust der Beschaffungsquelle
- Zeitliche Verzögerungen bei der Belieferung mit negativen Folgewirkungen für die eigene Lieferfähigkeit, und sei es nur hinsichtlich zugesicherter Termine und Mengen;
- Unterbrechung der Lieferketten
- Nicht einkalkulierte und nicht weiterbelastbare Kostensteigerungen bei den gelieferten Vorprodukten

Kurz zusammengefasst: Kommt es zu der Situation, dass wichtige Lieferanten in die Krise geraten oder gar Insolvenz anmelden müssen, so können ihre Abnehmer dadurch schnell selbst in die Krise geraten – es drohen Produktionsausfälle und Zahlungsschwierigkeiten (Lemme 2010).

Wichtig für den Abnehmer ist es, die Krise des Lieferanten rechtzeitig zu erkennen, um sich möglichst breitgefächerte Handlungsalternativen zu erhalten. Je nach Abhängigkeit und Intensität der Zusammenarbeit mit dem Lieferanten dürfte sich eine fortlaufende Beobachtung seiner Situation empfehlen (Lemme 2010). Dabei kann das „Monitoring" auf der Basis von internen und externen Daten erfolgen (Lemme 2010). Weil zum Fremdunternehmen regelmäßig keine engen informationellen Verflechtungen bestehen werden, kann nur auf die – üblicherweise extern – zugänglichen Informationen, wie z. B. Pressemitteilungen, Jahresabschlüsse und sonstige veröffentlichte Information als Grundlage für die Früherkennung zugegriffen werden (Krystek/Moldenhauer 2007, S. 129). Interne Daten können z. B. in der Termintreue des Lieferanten, der Einhaltung von Qualitätsstandards und Ähnlichem bestehen; als externe Daten kommen auch Daten in Betracht, die punktuell oder kontinuierlich bei verschiedenen Institutionen wie z. B. der Creditreform abgerufen werden können (Lemme 2010).

Die Ausführungen zur Krisenfrüherkennung gelten natürlich auch, wenn Unternehmenskooperationen des Lieferanten und seines Abnehmers bzw. Käufers vorliegen, wie z. B. in der Lieferkette, in der Forschung und in der Produktentwicklung gemeinsamer Projekte (Lemme 2010). Allerdings stehen im Rahmen dieser Unternehmenskooperationen mehr auswertbare Informationen zur Verfügung (Krystek/Moldenhauer 2007, S. 129).

Unabhängig vom „Monitoring" auf der Seite des Abnehmers stellt sich unweigerlich die Frage nach den Ursachen der Lieferantenkrise.

In der Regel wirken bei einer Lieferantenkrise immer mehrere Faktoren zusammen. Dass Lieferantenkrisen auf Einzelursachen beruhen, ist eher selten. Rein theoretisch sind also mehrere Krisen auslösende Ursachen denkbar. Grundsätzlich ist es aber wichtig, den „Krisenherd" zu bestimmen. Man unterscheidet in endogene Krise und exogene Krise. Endogen ist die Krise, wenn sie im Unternehmen selbst entstanden ist. Exogen ist die Krise, wenn von außerhalb auf das Unternehmen eingewirkt wird (Hess/Fechner-Fechner 1998, S. 189). Beispiele für endogene Krisen sind: Fehlkalkulationen, Qualitätsmängel, falsche Finanzvorschau und ein desolater Vertriebsapparat. Beispiele für exogene Krisen sind: extrem hohe Zinsen, Arbeitskräftemangel, Unterbrechung der Rohstoffversorgung und Streiks (Hess/Fechner-Fechner 1998, S. 19 f.). Diese Aufzählung ist natürlich nicht abschließend. Um endogene Krisen eines Lieferanten handelt es sich auch, wenn er den technischen und wirtschaftlichen Prozess einer Leistungserstellung nicht im Griff hat. Zu den häufigsten Ursachen einer endogenen Krise gehören deshalb auch eine ineffiziente Organisation oder mangelndes Controlling.

So kann die Krise aber auch auf weiteren exogenen Ursachen beruhen. Weitere Beispiele sind durch Kundenbeziehungen ausgelöste Probleme oder durch Fremdkapitalgeber oder Kreditversicherer ausgelöste Finanzierungsengpässe.

Der Abnehmer bzw. Käufer kann aber auch durch eigenes Verhalten eine exogene Krise des Lieferanten erst auslösen. Es kann z. B. dazu kommen, dass der Abnehmer den

Zeitpunkt oder den Umfang seiner Abnahmen verschiebt und dies zu einem Umsatzeinbruch oder Liquiditätsengpass des Lieferanten führt (TAC 2007, S. 11). Schließlich kann die wirtschaftliche Krise eines nennenswerten Abnehmers die Kreditinstitute des Lieferanten veranlassen, ihre Kreditlinien einzufrieren oder Kreditzusagen zurückzunehmen. In Extremfällen kann damit die Krise des Abnehmers auch die Insolvenz des Lieferanten verursachen.

3.6.2 Interessen des Abnehmers

Die Interessen des Abnehmers werden durch den Grad seiner eigenen Abhängigkeit von dem in der Krise befindlichen Lieferanten bestimmt; handelt es sich z. B. um einen „Schlüssellieferanten“ oder um einen „Systempartner“, wird der Abnehmer ein großes Interesse an der Fortsetzung gerade dieser Lieferbeziehung haben (Kolb 2006, S. 125 f.; Kischewski/Michaelsen-Friedlieb/Zell 2010, S. 110 f.; Buschmann 2006, S. 126).

Insbesondere hoch spezialisierte Lieferanten oder langjährige Lieferbeziehungen, die nicht kurzfristig zu ersetzen sind, können für den Abnehmer der nachgelagerten Fertigungsstufe von mitunter existenzieller Bedeutung sein. Dies macht es auch für den selbst krisenbedrohten Abnehmer wirtschaftlich sinnvoll, seinen schwachen Lieferanten zumindest so lange zu stützen, bis ein Ersatzlieferant gefunden ist. Im Fall eines Automobilzulieferers, der regelmäßig eng in den Fertigungsprozess des Herstellers integriert ist, können die Suche und Eingliederung eines neuen Lieferanten aber durchaus mehrere Monate in Anspruch nehmen.

Es mag eine Fülle von Präventionsmaßnahmen geben, die ein Unternehmen treffen kann, um in der Krise seines Lieferanten gut positioniert zu sein vgl. Lemme 2010, vgl. dazu auch Schmidt/Uhlenbruck-Maus 2009, Rn. 1.122 ff.). Diese Maßnahmen müssen aber finanziell machbar und im Gesamtkontext der Lieferbeziehung sinnvoll bleiben. Ein vorsichtshalber und künstlich erweiterter Lagerbestand dürfte einem ausgeklügelten Liefersystem eher zuwiderlaufen und daher nur im Sinne einer begrenzten Sofortmaßnahme wirtschaftlich sinnvoll sein. Beim Umgang mit dem kriseninfizierten Lieferanten ist zudem darauf zu achten, dass der Abnehmer in der Furcht vor Nachteilen nicht risikobehaftete und in ihrer Tragweite nur schwer kalkulierbare Maßnahmen veranlasst. Das Risiko einer schließlich nicht sicher vermeidbaren Insolvenz des Abnehmers und die daraus erwachsenden rechtlichen Folgen, z. B. Anfechtungen gemäß §§ 129 ff. InsO, sollten bei allen Überlegungen stets bedacht werden.

Zunächst ist also eine Auseinandersetzung mit den Beteiligten und den Abläufen einer Unternehmenssanierung erforderlich, um als Abnehmer angemessen und systematisch agieren zu können. Die Abnehmer werden, wenn sie nicht (Mit-)Verursacher der Krise sind, aufgrund ihrer Kundenstellung zu denjenigen gehören, die erst relativ spät von der Krise des Zulieferers erfahren. Oft werden sie zu einem Zeitpunkt mit einbezogen, an dem die Krise bereits fortgeschritten ist und eventuell umfassende Verhandlungen zwischen dem Unternehmen und seinen Gläubigern stattgefunden haben. Seine Ursache hat die späte Information der Abnehmer auf der einen Seite zunächst im fehlenden Gläubigerstatus der Abnehmer, womit ein formeller Grund fehlt, den Abnehmer einzubinden. Auf der anderen Seite fürchtet der Lieferant, dass sich die Kenntnis seiner Krise negativ auf die Kundenbeziehung auswirkt und zumindest mittelfristig zu Umsatzeinbrüchen und damit einer weiteren Verschärfung der Situation führt (Uhlenbruck 2001, S. 1643).

3.6.2.1 Abgrenzung: Außergerichtliches Sanierungsverfahren/ Insolvenz-(plan-)verfahren

Der Abnehmer wird bei seinen Entscheidungen zu prüfen haben, ob er den von einer Krise betroffenen Lieferanten besser im Rahmen eines außergerichtlichen Vergleichs unterstützt oder es auf ein Insolvenzplanverfahren ankommen lässt.

Grundsätzlich steht einem außergerichtlichen Sanierungsverfahren nichts entgegen. Zuletzt gab es immer wieder Diskussionen darüber, ob diesem außergerichtlichen Sanierungsverfahren bzw. vorinsolvenzlichen Sanierungsverfahren ein rechtlicher Rahmen in Form eines „Sanierungsgesetzes" gegeben werden soll (vgl. Frind 2010, S. 1426; Jacoby 2010, S. 361 ff.). Auch das Gesetz zur leichteren Sanierung von Unternehmen (kurz: ESUG) beschäftigt sich mit der Frage einer leichteren und besseren Sanierungschance von Unternehmen. Im ESUG wird auf eine schon seit Längerem zur Diskussion stehende Reformierung des gerichtlichen Insolvenzplanverfahrens gesetzt (vgl. Frind 2010, S. 1427 mit weiteren Nachweisen). Im Regierungsentwurf (RegE) des ESUG heißt es in seiner Begründung, dass der Schwerpunkt des Gesetzentwurfs die Erleichterung der Sanierung von Unternehmen durch einen stärkeren Einfluss der Gläubiger auf die Auswahl des Insolvenzverwalters, durch Ausbau und Straffung des Insolvenzplanverfahrens, durch die Vereinfachung des Zugangs zur Eigenverwaltung und durch eine größere Konzentration der Zuständigkeit der Insolvenzgerichte ist. Durch die Verbesserung der Sanierungschancen soll zugleich zum Erhalt von Arbeitsplätzen beigetragen werden (RegE zum ESUG, S. 24, Stand: 23.02.2011). Ferner heißt es: „Ziel des Gesetzentwurfs ist es daher, im Interesse einer Verbesserung von Sanierungschancen zu erreichen, dass Schuldner und Gläubiger in die Auswahl der maßgeblichen Akteure einbezogen werden und dass alle Beteiligten eine größere Planungssicherheit hinsichtlich des Ablaufs des Verfahrens erhalten. Die Möglichkeiten der Sanierung durch einen Insolvenzplan werden erweitert, Blockadepotential wird abgebaut (RegE zum ESUG, S. 24, Stand: 23.02.2011)."

Ein außergerichtliches, auch „freie Sanierung" (der Begriff „freie Sanierung" stammt von Karsten Schmidt; vgl. Uhlenbruck 2001, S. 1643; Eidenmüller 1999, S. 262) genanntes Verfahren hat sich demgegenüber am heutigen IDW-Standard „IDW S 6" zu orientieren (Frind 2010, S. 1429; vgl. Buth et al. 2009, § 7 Rn. 1 ff.). Bei der außergerichtlichen Sanierung unterscheidet man zwischen interner und externer Sanierung. Die interne Sanierung erfolgt durch leistungswirtschaftliche oder finanzwirtschaftliche Maßnahmen innerhalb des Unternehmens. Die externe Sanierung erfolgt durch die Einbeziehung von Dritten in die Sanierungsmaßnahmen, vor allem von Gläubigern.

Außergerichtliches Sanierungsverfahren

Innerhalb der Krise des Lieferanten und noch zur Zeit eines außergerichtlichen Sanierungsverfahrens verfolgen die Beteiligten zumeist unterschiedliche Interessen. Das stellt auch kein Problem dar, solange die Beteiligten eine einheitliche Zielsetzung, z. B. den Erhalt des Unternehmens, haben.

Aber natürlich kann es auch anders sein. Gut gesicherten Gläubigern erscheint eine Sanierung über die Insolvenz eventuell als der beste Weg, schnellstmöglich an ihr Geld zu kommen, während ungesicherte Gläubiger oder Gläubiger von Dauerschuldverhältnissen eher an einer Aufrechterhaltung und Fortführung des Unternehmensträgers Interesse haben werden. Hinzu kommt, dass die Unternehmenssanierung einer gewissen Dynamik unterliegt. Infolgedessen ändern sich die Interessen der Beteiligten in der Krise mitunter mehrfach. In der frühen Phase der Krise bzw. der Sanierung gibt es einen relativ klar strukturierten Teilnehmerkreis, der sich aus unterschiedlichen Stakeholdern, z. B. Gesellschaftern, Unternehmensleitung, Arbeitnehmern und ihren Vertretungen, Banken, Lieferanten und anderen Gläubigern zusammensetzt. In diesem Exkurs bleibt das Hauptaugenmerk aber auf die Interessen des Kunden bzw. des Abnehmers gerichtet.

Der Abnehmer ist Beteiligter, unter Umständen Gläubiger des Lieferanten, soweit er die bestellte Leistung noch nicht oder nicht vollständig erhalten hat. In der Insolvenz seines Lieferanten wandelt sich sein Leistungsanspruch regelmäßig nach § 45 InsO in einen auf Geldzahlung gerichteten Anspruch um (Jauernig/Berger 2007, § 41 Rn. 4). Der Abnehmer oder Besteller wird darum eher ein Interesse am Fortbestand seines kriselnden Lieferanten haben; da die Probleme des Lieferanten in der Regel mehrere Kunden gleichzeitig betreffen, dürften alle Abnehmer zunächst grundsätzlich das gleiche Interesse verfolgen. Ungeachtet dessen wird jeder Abnehmer in der Praxis bestrebt sein, seine eigene Belieferung, mitunter auch verbunden mit Nachteilen für andere Abnehmer, sicherzustellen und somit seine individuellen Einzelinteressen durchzusetzen (TAC 2007, S. 19).

Der eine Abnehmer kann ein Interesse daran haben, seine Beziehung zu dem Lieferanten langfristig zu erhalten und ihn deshalb in der Krise zu unterstützen. Ein anderer Abnehmer ist in der Krise des Lieferanten eventuell daran interessiert, diesen nur so lange zu unterstützen, bis er seine Beschaffung auf einen Alternativlieferanten verlagert oder dessen Geschäft übernommen hat (Kolb 2006, S. 125 f.; Kischewski/Michaelsen-Friedlieb/Zell 2010, S. 110 f.; Buschmann 2006, S. 126 f.).

Besteht eine große Abhängigkeit des Bestellers zum Lieferanten, kann eine allzu großzügige Stützung des Lieferanten mitunter weiteres Risikopotential bergen (vgl. Buschmann 2006, S. 126). Die Stabilisierung der Lieferbeziehungen kommt indirekt auch anderen Abnehmern und damit möglicherweise eigenen Mitbewerbern zugute. Springen während oder nach der Stabilisierung Abnehmer ab bzw. wechseln den Lieferanten, können alle vorherigen Anstrengungen schnell dadurch zunichtegemacht werden oder weiteren Stabilisierungsaufwand erfordern.

In Branchen mit einem konzentrierten und überschaubaren Kreis an Abnehmern, wie z. B. in der Automobilbranche, bietet sich mitunter ein „Poolen“ der Interessen an, um gemeinsam den Problemlieferanten zu stabilisieren und nicht mit kontraproduktiven Aktionen die Maßnahmen und Bemühungen der anderen Abnehmer zu torpedieren.

Insolvenzverfahren

Wird für den in der Krise befindlichen Lieferanten das Insolvenzverfahren beantragt, ändern sich mitunter auch die Interessenlagen der Beteiligten. Die Eröffnung des Insolvenzverfahrens hat erhebliche Auswirkungen auf die Kunden-Lieferanten-Beziehungen. Denn anders als bei einer außergerichtlichen Krisenbewältigung und Sanierung folgt das Insolvenzverfahren einem Rahmen rechtlich zwingender Normen.

Das Insolvenzverfahren dient der bestmöglichen und gleichmäßigen Gläubigerbefriedigung (LSZ-Smid, Leonhardt 2010, § 1 Rn. 32 f.). Die Interessen der Kunden bilden nur ein Betätigungsfeld, auf das der Insolvenzverwalter sein Augenmerk im Sinne einer Massemehrung durch Fortführung richten wird. Im Vordergrund stehen grundsätzlich die Interessen der Gläubiger. Kollidieren diese mit den Interessen eines oder mehrerer Abnehmer, z. B. weil die Fortsetzung eines Liefervertrages nur unter Inkaufnahme von Verlusten möglich ist, so wird und muss der Verwalter im Zweifelsfall den Interessen der Gläubiger den Vorrang geben und von seinem Wahlrecht gemäß § 105 InsO Gebrauch machen. Hiervon wird er sich in solchen Fällen nur abbringen lassen, wenn der Besteller sich zum Ausgleich dieser Verluste verpflichtet. Der Besteller wird diese Kosten gegen die Mehrkosten alternativer Beschaffungsquellen einschließlich möglicher Stillstandskosten abzuwägen haben.

3.6.2.2 Stellungnahme

Es ist von großer Bedeutung für die Feststellung des Kundeninteresses, in welchem Stadium der Krisenbewältigung (außergerichtliche Sanierung oder Insolvenzverfahren) sich der Lieferant befindet, denn der Abnehmer hat im Insolvenzverfahren des Lieferanten kaum Mitgestaltungsmöglichkeiten auf Grund seiner fehlenden Gläubigerstellung. Im Stadium vor der Insolvenzantragstellung kann grundsätzlich das Interesse des Abnehmers an der Stabilisierung des Lieferanten bejaht werden. Dabei ist außer Acht gelassen, ob es sich auch um ein dauerhaftes Interesse handelt. Aber grundsätzlich will der Abnehmer zunächst seine Beziehung zum Lieferanten aufrechterhalten. Im Vorfeld seiner Überlegungen wird der Besteller allerdings auch bedenken, dass die Unterstützung eines späteren Insolvenz- oder Eigenverwalters im eröffneten Insolvenzverfahren das Risiko einer Insolvenzanfechtung aller möglichen Rechtshandlungen im Rahmen einer dann doch gescheiterten, außergerichtlichen Sanierung nicht trägt.

3.6.3 Handlungsmöglichkeiten des Kunden in der Krise des Lieferanten und deren Risiken

Die ebenso vielfältigen wie unterschiedlichen Handlungsmöglichkeiten des Kunden in der Krise seines Lieferanten bergen mitunter erhebliche Risiken. Gegen diese Risiken muss sich der Kunde schützen, um seine gegebenenfalls eigene Krise nicht zu verschlimmern. Die Wahl der Stabilisierungsmaßnahme sowie die Intensität des Kundenhandelns hängen sicherlich von der Bedeutung des Lieferanten für den Kunden ab; vgl. dazu Kischewski, Michaelsen-Friedlieb, Zell 2010, S. 111; Kolb 2006, S. 125 f.; Buschmann 2006, S. 127). Das Mittel der Wahl der Stabilisierungsmaßnahmen wird regelmäßig eine Finanzierungshilfe für den Lieferanten sein, denn ein Merkmal der Krise ist meist, dass es zu finanziellen Engpässen kommt. Der selbst in einer Krise steckende Besteller wird in seinem Sanierungskonzept eine nennenswerte Verteuerung seiner Beschaffungswege und einen höheren Bedarf an liquiden Mitteln einzukalkulieren haben, wenn seine Konzeption nicht im Ansatz scheitern soll.

Dem Besteller bieten sich mehrere Handlungsmöglichkeiten an, wie z. B.: feste Abnahmezusagen und Preise, vorgezogene Abnahmen, Verkürzung von Zahlungszielen bzw. Vorkasse, Beistellkonzepte für Material, Änderung von Gewährleistungsmodalitäten, Übernahme von Halbfabrikaten, Darlehensgewährung und Kauf von Verbindlichkeiten (Kischewski/Michaelsen-Friedlieb/Zell 2010, S. 111). Diese Handlungsmöglichkeiten bedeuten jeweils ein eigenes Risikopotential für den Abnehmer, das er bei seinen Entscheidungen berücksichtigen und, soweit es möglich ist, reduzieren muss.

3.6.3.1 Abnahmezusagen und vorgezogene Abnahmen

Der Abnehmer kann seinen Lieferanten in der Krise stabilisieren, indem er feste Abnahmezusagen und Preiszusagen trifft. Aus Sicht des Kunden dürfte dies die gefahrloseste Handlungsalternative für die Unterstützung seines kriselnden Lieferanten bieten. Die Kalkulation für die bestellten Waren behält er in Händen, Zahlungen leistet er nach Lieferung und Prüfung der Waren. Dem Lieferanten führen diese Maßnahmen zwar unmittelbar keine zusätzliche Liquidität zu, aber sie reduzieren die Gefahr von Umsatz- und damit einhergehenden Liquiditätseinbrüchen. Eine Liquiditätsverbesserung für den Lieferanten mag sich allenfalls einstellen, wenn z. B. das ihn finanzierende Kreditinstitut daraufhin Kreditzusagen erteilt oder erweitert.

Der Abnehmer kann auch vorgezogene Abnahmen mit seinem Lieferanten vereinbaren. Dabei wird dem in der Krise befindlichen Lieferanten, in Abhängigkeit von den vereinbarten Zahlungsterminen, unmittelbar Liquidität zugeführt. Diese Konzeption verlagert das Liquiditätsproblem allerdings nur in die Zukunft. Der Abnehmer wird zu irgendeinem Zeitpunkt seine Bestellungen insgesamt zurückfahren, um den durch die vorgezogenen Lieferungen erfolgten Bestandsaufbau zu reduzieren. So kommt es folglich zeitversetzt zu einem Umsatz- und damit Liquiditätsrückgang beim Lieferanten. Vorgezogene Abnahmen vermögen einen kurzfristigen Liquiditätsengpass beim Lieferanten zu überbrücken; sie führen aber nicht nachhaltig zur Lösung einer Liquiditätskrise.

Da sich im vorliegenden Exkurs der Abnehmer selbst schon in der Krise befindet, stellt sich die Handlungsmöglichkeit der vorgezogenen Abnahme und der damit einhergehende Bestandsaufbau beim Lieferanten als nicht immer sinnvoll und praktikabel dar. Eine vorgezogene Abnahme kann zu einer erheblichen Steigerung der logistischen Komplexität beim Abnehmer und/oder zu einem überproportionalen Lageraufbau führen. Dies wird unweigerlich mit Mehrkosten und höherem Liquiditätsbedarf für den Abnehmer verbunden sein. Gerade dies wird er zur Bewältigung seiner eigenen Krise sicher vermeiden wollen.

3.6.3.2 Verkürzung von Zahlungszielen bzw. Vorkasse

Eine weitere Handlungsmöglichkeit liegt in der Änderung der Zahlungskonditionen. In bestimmten Branchen sind langfristige Zahlungsziele von 60 oder 90 Tagen keine Seltenheit mehr. Die Verkürzung von Zahlungszielen kann zur Lösung einer Liquiditätskrise und allem voran zur Überbrückung von Liquiditätsengpässen beitragen. Allerdings birgt das Verkürzen von Zahlungszielen das gleiche Risiko wie die vorgezogene Abnahme. Das Vorziehen von Zahlungen führt dazu, dass Liquidität zu einem späteren Zeitpunkt fehlt. Das Verkürzen von Zahlungszielen stellt deshalb auch ein eher kurzfristig wirksames Instrument dar, um die Zahlungsfähigkeit des Lieferanten aufrechtzuerhalten.

Über das Verkürzen von Zahlungszielen hinaus geht das Zahlen von Vorkasse durch den Besteller. Die Vorkasse versetzt den Lieferanten in die Lage, seine Zulieferer zu bezahlen. Das kann für den Abnehmer von entscheidender Bedeutung sein. Denn wenn die Zulieferer die Lieferungen an den Lieferanten einstellen, weil sie zu große Bedenken haben, nicht bezahlt zu werden, fehlen dem Abnehmer im Endeffekt seine Produkte. Die vorhandene Rechtsprechung zum Thema „Vorkassezahlungen in der Insolvenz" befasst sich eigentlich nur mit den Fällen, in denen der Lieferant an seinen Vorlieferanten Vorkasse leisten muss, um weiter beliefert zu werden. Diese Vorkassezahlungen ficht der jeweilige Insolvenzverwalter dann in einem späteren über den Lieferanten eröffneten Insolvenzverfahren an (vgl. dazu als Beispiel LG Berlin, Urt. v. 30.10.2006 – 14 O 229/06; OLG Saarbrücken, Urt. v. 23.01.2007 – 4 U 311/06 – 95, 4 U 311/06; vgl. dazu auch Kaufmann 2010, S. 65 ff.).

Anders ist es in dem Fall, wenn die Vorkasse an den Lieferanten geleistet werden soll, um ihm weitere Leistungen und eine Fortsetzung der Marktteilnahme zu ermöglichen. Auch diese Zahlungen bergen erhebliche Risiken für den vorleistenden Besteller. So besteht das größte Risiko darin, dass der Lieferant die Krise nicht überwindet und doch über ihn das Insolvenzverfahren eröffnet wird. In einem solchen Fall muss der Abnehmer mit dem Verlust seiner Vorkasseleistungen rechnen, da er sie in der Regel nicht absichern kann. Zudem sieht sich der Abnehmer eventuell mit einer Anfechtung der Leistungserbringung durch den späteren Insolenzverwalter seines Lieferanten konfrontiert. Darüber hinaus trägt der Abnehmer auch das Risiko, dass der Lieferant die Vorkassezahlung nicht dafür verwendet, neue Grundstoffe für die bestellten Waren seines Abnehmers zu beschaffen, sondern anderweitig ausgibt. Auch ist die geleistete Vorkasse Pfändungen Dritter (z. B. des Finanzamtes) in das Konto des Lieferanten ausgesetzt. Gegebenenfalls können einige dieser Risiken dadurch abgemildert werden, dass die Vorauszahlung durch Überweisung auf ein Treuhandkonto erfolgt. Diese Überweisung erfolgt dann mit der Anweisung, nur die unmittelbar der Leistungserbringung für diesen Abnehmer zuzuordnenden Kosten aus der Anzahlung zu begleichen.

Dem Besteller ist zu raten, die Höhe der Vorauszahlungen auf den Umfang der Lieferungen der nächsten, höchstens drei Wochen zu beschränken, um dem Anfechtungsrisiko durch einen späteren Insolvenzverwalter zu begegnen (vgl. § 142 InsO). Technisch würde ein Insolvenzverwalter die Übereignung der nach dem Eingang der Vorkassen gelieferten Ware anfechten und erneute Zahlung verlangen. Gemäß § 142 InsO ist eine

Leistung des Schuldners, für die unmittelbar eine gleichwertige Gegenleistung in sein Vermögen gelangt, nur anfechtbar, wenn die Voraussetzungen des § 133 I InsO gegeben sind. Die Gläubiger des Insolvenzschuldners werden nicht unmittelbar benachteiligt, wenn der Schuldner für seine eigene Leistung eine mindestens gleichwertige Gegenleistung erhält (MüKo-InsO-Kirchhof, 2008, § 142 Rn. 1). In einem solchen Fall kommt dann nur eine mittelbare Gläubigerbenachteiligung in Betracht, die allerdings für die meisten anderen Anfechtungstatbestände ausreicht, insbesondere für §§ 130, 131 und 132 II InsO (MüKo-InsO-Kirchhof 2008, § 142 Rn. 1; vgl. ausführlich mit weiteren Nachweisen MüKo-InsO-Kirchhof 2008, § 142 Rn. 1 Fn. 1). Da bei diesen Tatbeständen auch eine bloß mittelbare Benachteiligung der Insolvenzgläubiger ausreicht, kann diese durch eine gleichwertige Gegenleistung nicht kompensiert werden (Uhlenbruck-Hirte 2010, § 133 Rn. 6; Uhlenbruck-Hirte 2010, § 142 Rn. 3). Aber es ist davon auszugehen, dass bei einer für ein Bargeschäft erforderlichen kongruenten Leistung der für eine unmittelbare Gläubigerbenachteiligung erforderliche Vorsatz in der Regel fern liegen wird (Uhlenbruck-Hirte 2010, § 142 Rn. 3; BGH, ZIP 1997, S. 1553; BGH, NZI 2009, S. 723).

Wären alle vom Schuldner abgeschlossenen wertäquivalenten Rechtsgeschäfte wegen der Kenntnis einer wirtschaftlichen Krise anfechtbar, würde der Schuldner während der Krise praktisch sogar vom Geschäftsverkehr mit Barzahlung ausgeschlossen. Dies soll § 142 InsO verhindern, indem er allgemein die Möglichkeit einschränkt, einen gleichwertigen, zeitnah erfolgenden Leistungsaustausch anzufechten (MüKo-InsO-Kirchhof 2008, § 142 Rn. 1; LSZ-Zeuner, 2010, § 142 Rn. 1; Amtl. Begr. zu § 161 RegInsO, BT-Drucks. 12/2443, S. 167). Das Erfordernis der Unmittelbarkeit setzt nicht notwendigerweise einen sofortigen Zug-um-Zug-Austausch der Leistungen voraus (MüKo-InsO-Kirchhof 2008, § 142 Rn. 16). Ein Bargeschäft im Sinne des § 142 InsO liegt vor, wenn Leistung und Gegenleistung in einem engen zeitlichen Zusammenhang ausgetauscht werden (MüKo-InsO-Kirchhof 2008, § 142 Rn. 15; Amtl. Begr. zu § 161 RegInsO, BT-Drucks. 12/2443, S. 167). Die Zeitspanne zwischen Leistung und Gegenleistung darf jedoch nicht so lange sein, dass das Rechtsgeschäft unter Berücksichtigung der üblichen Zahlungsbräuche den Charakter eines Kreditgeschäfts annimmt (Amtl. Begr. zu § 161 RegInsO, BT-Drucks. 12/2443, S. 167). Bei einer Zeitspanne von drei Wochen (für bewegliche Sachen) mag man gerade noch von einer Unmittelbarkeit ausgehen (vgl. BGH, NJW 1980, S. 1961 f.).

3.6.3.3 Änderung der Gewährleistungsmodalitäten

Einen weiteren Beitrag zu einer erleichterten Sanierung des Lieferanten kann der Besteller durch Zugeständnisse bei den Gewährleistungsrechten leisten. Durch den Verzicht auf Gewährleistungsansprüche kann der Abnehmer die Bilanz des Lieferanten entlasten und eventuell eine etwaige Überschuldung verringern (vgl. dazu Pflugbeil 2006, S. 145). Der Besteller kann seinen Forderungsverzicht mit einer Besserungsabrede – schriftlich niedergelegt als Besserungsschein – verbinden (Pflugbeil 2006, S. 137). Die Besserungsabrede ist eine Vereinbarung zwischen Schuldner und Gläubiger, durch die der Gläubiger auf seine Forderungen bzw. auf deren Geltendmachung ganz oder wenigstens teilweise verzichtet, um sie bei einer späteren Besserung der Vermögensverhältnisse des Schuldners wieder geltend zu machen. Der verfolgte Zweck dabei ist die Stärkung der Liquidität und/oder die Beseitigung der Überschuldung des Schuldners (Gottwald-Drukarczyk/Schöntag 2010, § 3 Rn. 91). Zivilrechtlich (vgl. ausführlich zur zivilrechtlichen Einordnung der Besserungsabrede Herlinghaus 1994, S. 110 ff.; Pflugbeil 2006, S. 137 ff.) ist der Forderungsverzicht gegen Besserungsschein als ein Erlassvertrag gemäß § 397 I BGB unter einer auflösenden Bedingung einzuordnen (Gottwald-Drukarczyk/Schöntag 2010, § 3 Rn. 91; Herlinghaus 1994, S. 110). Dabei soll der Forderungsverzicht bei einer Besserung der Vermögensverhältnisse des Schuldners entfallen (Herlinghaus 1994, S. 110).

Das Hauptziel eines Forderungsverzichts mit Besserungsabrede ist die Vermeidung eines Ausweisens der Forderung in der Bilanz (vgl. Pflugbeil 2006, S. 145). Ob es sich nun um den Überschuldungsstatus (vgl. dazu ausführlich Pflugbeil 2006, S. 145 f.) oder die Jahresbilanz (vgl. dazu ausführlich Pflugbeil 2006, S. 146 ff.) handelt, ist an dieser Stelle nicht so entscheidend. Grundsätzlich kann man sagen, dass die Besserungsabrede so gestaltet werden kann, dass die Forderung, auf die verzichtet wurde, nicht mehr in der Bilanz aufgeführt werden muss (Pflugbeil, S. 145 ff.; Lutter/Hommelhoff-Kleindiek 2009, § 64 Rn. 32; Groh 1993, S. 1884; Beck'scher Bilanzkommentar-Kozikowski, Schubert 2010, § 249 Rn. 100 „Zuwendungen, bedingt zurückzahlbare").

Darüber hinaus kann dem Lieferanten auch geholfen werden, indem etwaige Fertigstellungs- und Gewährleistungseinbehalte vom Abnehmer freigegeben werden. Ein Hauptanwendungsgebiet kann dafür die Baubranche darstellen. In der Praxis werden in Bauträgerverträgen Sicherungseinbehalte zugunsten des Erwerbers vereinbart (Basty 2004, S. 9). Diese dienen dazu, die vertragsgemäße Ausführung der Leistung und die Gewährleistung sicherzustellen (Nicklisch/Weick-Weick 2001, § 17 Rn. 16).

Diese Sicherungseinbehalte können vor Ablauf der Gewährleistungsfristen ganz oder jedenfalls teilweise freigegeben werden. Ein Umtausch der Sicherheiten in Gewährleistungsbürgschaften einer Bank (vgl. § 17 Nr. 3 VOB/B) wird dem klammen Lieferanten in der Regel nicht helfen, weil die Kreditinstitute dafür regelmäßig Sicherheiten, z. B. die Hinterlegung des vereinnahmten Geldbetrags, verlangen.

3.6.3.4 Beistellung von Material und Rohstoffen

Unternehmen/Lieferanten in der Krise haben häufig das Problem, dass ihre eigenen Lieferanten aufgrund des mitunter schlechten Zahlungsverhaltens nur in begrenztem Umfang Material liefern und/oder ihrerseits Vorkasse verlangen. Allerdings ist das Krisenunternehmen ohne dieses „Vormaterial" nicht in der Lage, seine eigenen Abnehmer zu beliefern. Beistellkonzepte für Warenlieferungen können für dieses Problem einen möglichen Ausweg darstellen. Dabei erwirbt nicht der Lieferant, sondern der Abnehmer das zu verarbeitende Material selbst. Dieses Material kann der Abnehmer dann auf sein Geheiß hin an seinen Lieferanten liefern lassen. Der Bedarf an finanziellen Mitteln des Krisenunternehmens wird so deutlich gesenkt. Die finanzielle Entlastung für den Lieferanten ist dabei umso größer, je mehr der Abnehmer selbst einkauft und je höher die Preise für die „Vormaterialien" sind.

Risiko dieses Beistellkonzepts ist aber, dass durch die Beistellung von Material, das im Eigentum des Abnehmers ist, für die Kreditgeber auch Sicherheiten im Rahmen von Lagerbeständen verloren gehen können und diese sich dann zu einer Einschränkung ihrer Kreditzusagen veranlasst sehen. Der Abnehmer schützt sich durch das Beistellkonzept aber auch für den Fall der Eröffnung eines Insolvenzverfahrens über das Vermögen des Lieferanten. Denn durch die Lieferungen auf Geheiß des Abnehmers an den Lieferanten erlangt der Abnehmer trotzdem das Eigentum am Material (Palandt-Bassenge 2011, § 929 Rn. 19; BHG; NJW 1999, S. 425). Aufgrund dessen ist der Abnehmer im Falle einer Insolvenz seines Lieferanten auch Aussonderungsberechtigter im Sinne des § 47 InsO. Ungeachtet dessen kann es aber zu Schwierigkeiten kommen, wenn Kreditgeber sich im Rahmen einer Sicherungsübereignung Warenlagerbestände sicherungsübereignen lassen, in denen sich auch beigestellte Rohstoffe des Abnehmers befinden (vgl. dazu mit weiteren Beispielen und Nachweisen KS-Gottwald/Adolphsen 2000, S. 1048, Rn. 25).

Da es sich bei diesen beigestellten Materialen wohl hauptsächlich um Rohstoffe zur Weiterverarbeitung durch den Lieferanten handelt, wird es zur Sicherung der Eigentumsrechte des Abnehmers unumgänglich sein, eine Herstellerklausel zu vereinbaren, die den Abnehmer als Eigentümer der verarbeiteten Materialien ausweist (vgl. §§ 947 ff. BGB; vgl. zur Herstellerklausel Palandt-Bassenge 2011, § 950 Rn. 6 ff.; BGH 14, S. 117). Denn soll der Lieferant die gelieferten Waren verarbeiten dürfen, besteht für den Abnehmer als Eigentümer der Rohstoffe die Gefahr, dass der Lieferant nach § 950 BGB durch die Herstellung eines neuen Produktes Eigentum an den verarbeiteten Rohstoffen erwirbt (Nerlich/Kreplin-Riering 2006, § 29 Rn. 178). Um dies zu verhindern, kann man eine so genannte Herstellerklausel vereinbaren.

Nach einer solchen Herstellerklausel darf der Käufer grundsätzlich die Ware „für den Verkäufer" verarbeiten, der rechtlich zum Hersteller wird (Nerlich/Kreplin-Riering 2006, § 29 Rn. 178; BGHZ 14, S. 117; BGHZ 20, S. 163).

Die Verschiebung der Herstellereigenschaft muss aber stets als Ausnahme betrachtet werden (Staudinger-Wiegand 2011, § 950 Rn. 32). Die Verlagerung der Herstellerfunktion kann auch nur erfolgen, wenn derjenige, der als Hersteller angesehen werden soll, ein entscheidend höheres Risiko als die übrigen Gläubiger des Verarbeiters trägt (Staudinger-Wiegand 2011, § 950 Rn. 33). Diese Risikoverlagerung muss auch anhand objektiver Kriterien feststellbar sein. So ist eine Risikoverlagerung z. B. gegeben, wenn der Außenstehende in erheblichem Maße am Produktions- und Absatzrisiko teilnimmt und eventuelle Fehlschläge ihn in unmittelbarer Weise treffen würden (Staudinger-Wiegand 2011, § 950 Rn. 34).

Vorliegend wird angenommen, dass der Lieferant die Waren für seinen Abnehmer verarbeitet. Die Rohstoffe werden ihm dabei von dem Abnehmer zur Verfügung gestellt, nachdem dieser sie auf eigene Rechnung gekauft hat. Der Abnehmer trägt also selbst ein hohes Risiko, welches wohl höher ist als das anderer Gläubiger, die ihre Ware eventuell unter (verlängertem) Eigentumsvorbehalt an den Lieferanten geliefert haben. Der Abnehmer nimmt durch seine Beistellung von Material nämlich in erheblichem Maße am Produktions- und Absatzrisiko teil.

Es kommt aber natürlich auch darauf an, ob, und wenn ja, wie viele Stoffe anderer Eigentümer noch in die neue produzierte Sache mit eingearbeitet werden. Das hängt immer von Einzelfall ab. Aber wird eine neue Sache aus Stoffen verschiedener (Vorbehalts-) Eigentümer hergestellt, dann erwerben sie bei Fehlen einer besonderen Abrede Allein- oder Miteigentum nach §§ 947, 948 BGB (Palandt-Bassenge 2011, § 950 Rn. 9; OLG Frankfurt am Main, MDR 1959, S. 579).

Im Ergebnis ist es stark vom Einzelfall abhängig, wie eine Herstellerklausel im Fall der Krise eines Lieferanten ausgestaltet werden kann bzw. muss und wie sie rechtlich zu beurteilen ist. Die Bestellung von Rohstoffen in Kombination mit einer Herstellungsklausel ist folglich keine völlig risikolose Handlungsalternative, um den in der Krise befindlichen Lieferanten zu stabilisieren.

In der Baubranche ist die Möglichkeit der Beistellung von Rohstoffen in gewisser Weise normativ geregelt worden. Denn in der Baubranche kann sich der Auftraggeber auch der Direktzahlung an die Subunternehmer seines Auftragsnehmers bedienen. Diese Direktzahlungen sind in § 16 Nr. 6 VOB/B geregelt. Allerdings können solche Direktzahlungen für den Auftraggeber mit erhöhten Transaktionskosten verbunden sein, da er sich bezüglich der Bezahlung mit den Subunternehmen einzeln auseinandersetzen muss.

Darüber hinaus kann der Auftraggeber natürlich auch außerhalb der Baubranche Direktzahlungen an Zulieferer und Subunternehmer vornehmen.

3.6.3.5 Übernahme von Halbfabrikaten

Der Abnehmer kann dem Lieferanten auch Liquidität zuführen, indem er die vom Lieferanten angearbeiteten Waren schon im Stadium des Halbfabrikats erwirbt und bezahlt. Dabei ist die Zielsetzung dem Grunde nach mit der der vorgezogenen Abnahme zu vergleichen. Der Unterschied ist allerdings, dass der Abnehmer dem Lieferanten durch vorgezogene Abnahmen zu mehr Liquidität verhelfen will, was auch für ihn Risiken birgt (vgl. 3.6.2.1). Bei der Übernahme von Halbfabrikaten will der Abnehmer seinem Lieferanten die Liquidität allerdings nur „früher" zukommen lassen. Diese Möglichkeit kommt insbesondere dann in Frage, wenn der Lieferant seinen Herstellungsanteil an dem Halbfabrikat abgeschlossen hat und die Restarbeiten von einem Nachunternehmer ausgeführt werden müssen. In diesem Fall könnte dann der Abnehmer die restliche Bearbeitung des Halbfabrikates unmittelbar beauftragen und bezahlen. Der kriselnde Lieferant spart die Vorfinanzierung seines Nachunternehmers und erhält für seinen Leistungsanteil schneller das Geld. Der Abnehmer profitiert von dieser Konstellation, weil er in sehr frühem Stadium Eigentümer der Sache wird und die weitere Bearbeitung bestimmt. Von Vorteil ist dieser verfrühte Eigentumserwerb für den Abnehmer auch, weil ihm im Falle der Insolvenz des Lieferanten an den Halbfabrikaten ein Aussonderungsanspruch nach § 47 InsO zusteht.

Einem Insolvenzanfechtungsrisiko setzt der Abnehmer sich bei der vorgenannten Konstellation möglicherweise allerdings dann aus, wenn die anderen Gläubiger sich in Pools zusammenschließen und den von der Insolvenz bedrohten Schuldner veranlassen, sämtliche Vermögenswerte, an denen Aus- und Absonderungsrechte bestehen, in den

Pool einzubringen. Der Pool führt dann die gesamte Produktion weiter und bedient sich hierbei der bisherigen Arbeitskräfte des Schuldners. Nach der *Fertigverarbeitung der Halbfabrikate* wird die Fertigware von den Pool-Mitgliedern beansprucht und zu ihren Gunsten verwertet (Uhlenbruck-Brinkmann 2010, § 51 Rn. 78). Derartige Poolverträge, die vor der Eröffnung des Insolvenzverfahrens mit dem Schuldner mit dem Zweck der Verarbeitung von Rohmaterial und mit dem Zweck der Fertigstellung von Halbfabrikaten zugunsten der Pool-Mitglieder geschlossen werden, sind entweder wegen vorsätzlicher Gläubigerschädigung nach § 138 I BGB nichtig oder jedenfalls nach den §§ 129 ff. InsO anfechtbar (Uhlenbruck-Brinkmann 2010, § 51 Rn. 78; Nerlich/Römermann-Andres 2011, § 52 Rn. 10).

Zudem stellt sich für den Abnehmer, der zuvor Rohstoffe beigestellt hat und eventuell auch Halbfabrikate erworben hat, allerdings nicht an einem Pool beteiligt ist, das Risiko, dass sein Eigentum in Form von Rohstoffen und Halbfabrikaten verarbeitet bzw. fertig verarbeitet werden, ohne dass er daran in Form von Fertigprodukten beteiligt wird. Dies würde dann einen finanziellen Schaden für den Abnehmer bedeuten.

3.6.3.6 Darlehensgewährung und Kauf von Forderungen

Eine weitere Handlungsmöglichkeit des Abnehmers, um seinen Lieferanten in der Krise (finanziell) zu unterstützen, und gleichzeitig auch die weitestgehendste Maßnahme ist die Darlehensgewährung. Die Darlehensgewährung kann dabei auf verschiedene Weisen erfolgen.

Der Besteller kann seinem Lieferanten beispielsweise die durch seine Bestellungen erworbenen Boni stunden. Nimmt der Abnehmer diese Boni nicht in Anspruch, indem er sie nicht mit seinen eigenen Verbindlichkeiten aus den Lieferungen des Krisenunternehmens verrechnet, gewährt der Abnehmer dem Lieferanten de facto ein Darlehen. Der Abnehmer führt dem Lieferanten zwar auf diese Weise kein frisches Geld zu, reduziert jedoch den Mittelabfluss bei ihm. Schließlich kann der Abnehmer auch noch durch den Kauf von Verbindlichkeiten in die Gläubigerposition eintreten. Ein solches Verhalten kann für den Abnehmer sinnvoll sein, wenn das wirtschaftliche Risiko durch den Kauf, z. B. aufgrund eines entsprechend hohen Abschlags auf den Kaufpreis der Forderungen, gering ist und die erlangte Gläubigerposition ihm im Gegenzug die Möglichkeiten zur besseren Durchsetzung eigener Interessen erhöht. Zu beachten ist bei den zuvor genannten Möglichkeiten, dass den Abnehmer, wenn er in die Gläubigerstellung eintritt, dieselben Risiken wie alle anderen Gläubiger treffen können. Er muss ferner ausschließen, dass keine anderen, älteren Sicherungsrechte an den zu finanzierenden Forderungen bestehen.

3.6.4 Fazit

Der Abnehmer muss ein Interesse an einer stabilen Beschaffungssituation, sprich an verlässlichen Lieferanten haben. Gerät sein Lieferant in existenzielle Nöte, die möglicherweise durch eine Schieflage des Abnehmers verursacht wurden, so wird das Sanierungskonzept auch die Aspekte der Warenbeschaffung sowie die Fragen einer kontinuierlichen Weiterbelieferung beleuchten müssen. Im Verhältnis Abnehmer/Lieferant stehen dabei verschiedene Instrumente zur Verfügung. Der mit einer Sanierung befasste Unternehmensberater sollte bei der Maßnahmenwahl stets auch deren insolvenzrechtliche Folgen abwägen.

Literaturverzeichnis

Basty, G. (2004): Vorhabenadäquate Gestaltung von Bauträgerverträgen und Gemeinschaftsordnung, in: Bauträgervertrag, Teilungserklärung und Gemeinschaftsordnung – von der Planung bis zur Fertigstellung des Bauvorhabens, S. 1–17, Köln

Beck'scher Bilanzkommentar-Bearbeiter (2010): Beck'scher Bilanzkommentar, Handels- und Steurbilanz, §§ 238 bis 339, 342 bis 342e HGB mit IFRS-Abweichungen, 7. Auflage, München

Buschmann, H. (2006): Erfolgreiches Turnaround-Management, 1. Auflage, Wiesbaden

Buth, A. K./Hermanns, M. (2009): Restrukturierung, Sanierung, Insolvenz – Handbuch, 3. Auflage, München

Eidenmüller, H. (1999): Unternehmenssanierung zwischen Markt und Gesetz, 1. Auflage, Köln

Eisolt, D. (2010): Erstellung von Sanierungskonzepten nach dem neuen IDW S 6, in: BB, S. 427–432

Frind, F. (2010): Vorinsolvenzliche Sanierungsregelungen oder Relaunch des Insolvenzplanverfahrens?, in: ZInsO, S. 1426–1431

Gottwald, P. (2010): Insolvenzrechts-Handbuch, 4. Auflage, München

Groh, M. (1993): Eigenkapitalersatz in der Bilanz, in: BB, S. 1882–1892

Herlinghaus, A. (1994): Forderungsverzichte und Besserungsvereinbarungen zur Sanierung von Kapitalgesellschaften, in: Rechtsordnung und Steuerwesen, Band 22, Köln

Hess, H./Fechner, D./Freund, K./Körner, F. (1998): Sanierungshandbuch, 3. Auflage, Neuwied

Jacoby, F. (2010): Vorinsolvenzliches Sanierungsverfahren, in: ZGR, S. 359–384

Jauernig, O./Berger, C. (2007): Zwangsvollstreckungs- und Insolvenzrecht, 22. Auflage, München

Kaufmann (2010): Eigentumsvorbehalte bei Vorkassezahlungen des Insolvenzschuldners und Anfechtbarkeit derartiger Zahlungen", in: ZInsO, S. 65–69

Kischewski, S./Michaelsen-Friedlieb, D./Zell, M. (2010): Früherkennung und Bewältigung von Unternehmenskrisen, in: Arbeitskammer des Saarlandes – Beiträge 1/2010, Saarbrücken

Kolb, S. (2006): Integriertes Turnaround-Management, in: KMU-Forschung, Band 1, Frankfurt am Main

Krystek, U./Moldenhauer, R. (2007): Handbuch Krisen- und Restrukturierungsmanagement, 1. Auflage, Stuttgart

KS-Bearbeiter (2000): Gottwald, P./Adolphsen, J.: Die Rechtsstellung dinglich gesicherter Gläubiger in der Insolvenzordnung, in: Kölner Schrift zur Insolvenzordnung, S. 1043–1082, 2. Auflage, Köln

Lemme, M. (2010): Lieferanteninsolvenz: „Vorsorge statt Krisenmanagement" vom 26.03.2010, abrufbar unter: http://www.management-praxis.de/recht/finanzierung/lieferanteninsolvenz-vorsorge-statt-krisenmanagement

LSZ-Bearbeiter (2010): Leonhardt, P./Smid, S./Zeuner, M.: Insolvenzordnung (InsO)Kommentar, 3. Auflage, Stuttgart

Lutter/Hommelhoff-Bearbeiter (2009): Lutter, M./Hommelhoff, P.: GmbH-Gesetz Kommentar, 17. Auflage, Köln

MüKo-InsO-Bearbeiter (2008): Münchener Kommentar zur Insolvenzordnung, Band 2, §§ 103–269, 2. Auflage, München

Nerlich/Römermann-Bearbeiter (2011): Nerlich, J./Römermann, V.: Insolvenzordnung (InsO) Kommentar, Stand: Januar 2011, München

Nerlich/Kreplin-Bearbeiter (2006): Nerlich, J./Kreplin, G.: Münchener Anwaltshandbuch Sanierung und Insolvenz, 1. Auflage, München

Nicklisch/Weick-Bearbeiter (2001): Nicklisch, F./Weick, G.: VOB Verdingungsordnung für Bauleistungen Teil B, 3. Auflage, München

Palandt-Bearbeiter (2011): Palandt, Bürgerliches Gesetzbuch, 70. Auflage, München

Pflugbeil, A. (2006): „Steuerliche Auswirkungen von Sanierungsmaßnahmen bei Kapitalgesellschaften – Forderungsverzicht des Anteilseigners mit und ohne Besserungsschein, Rangrücktrittsvereinbarung und andere Gestaltungsmöglichkeiten –", Dissertation, Münster

Schmidt/Uhlenbruck-Bearbeiter (2009): Schmidt, K./Uhlenbruck, W.: Die GmbH in Krise, Sanierung und Insolvenz, 4. Auflage, Köln

Staudinger-Bearbeiter (2011): J. von Staudingers Kommentar zum Bürgerlichen Gesetzbuch mit Einführungsgesetz und Nebengesetzen, Buch 3 – Sachenrecht, §§ 925–984; Anhang zu §§ 929 ff. (Eigentum 2), Berlin

TAC 2007: TAC Consulting GmbH: „Aktive Unterstützung krisengefährdeter Lieferanten", Juli 2007, Abrufbar unter: http://www.tacconsulting.de/home/mdb/data/media/workpaper_lieferan.7857d777.pdf

Uhlenbruck, W. (2001): Gerichtliche oder außergerichtliche Sanierung? – Eine Schicksalsfrage Not leidender Unternehmen, in: BB, S. 1641–1648

Uhlenbruck-Bearbeiter (2010): Uhlenbruck, W.: Insolvenzordnung Kommentar, 13. Auflage, München

3.7 Kreditversicherer

Dorothee Milewski und Kai Olbrich

Abstract

Ziel dieses Beitrags ist es, die Rolle der Kreditversicherer in der Restrukturierung zu beschreiben und deren Beweggründe sowie Reaktionsmöglichkeiten zu erläutern. Neben der Finanzierung über Banklinien nutzen viele Unternehmen Lieferantenkredite als alternative Finanzierungsquelle. Speziell in Deutschland werden Lieferantenkredite häufig von Kreditversicherern abgesichert, so dass ein weiterer Stakeholder Einfluss auf den Ablauf einer Restrukturierung hat. Dieser Beitrag beschreibt zunächst die verschiedenen Tätigkeitsfelder der Kreditversicherer sowie im Anschluss deren Interessen im Rahmen einer Restrukturierung. Das darauf folgende Kapitel erläutert die Handlungsmöglichkeiten, die ihnen zur Verfügung stehen, sollte sich eine Unternehmenssituation überraschend anders darstellen als bisweilen angenommen. Dem schließt sich die Erörterung der Frage an, welche Auswirkung eine veränderte Sichtweise der Kreditversicherer und Lieferanten auf das zu restrukturierende Unternehmens hat.

3.7.1 Definition der Kreditversicherung

Für viele Unternehmen in Deutschland ist der Lieferantenkredit eine der wichtigsten Finanzierungsquellen. Die Position „Forderungen aus Warenlieferungen und Leistungen" ist nicht selten eine der größten in der Bilanz. Bei Ausfällen kommen selbst Firmen mit guter Finanzierungsstruktur in Schwierigkeiten. Intakte Unternehmen können durch unverschuldete Forderungsausfälle selbst schnell in Zahlungsschwierigkeiten gelangen.

Die übliche Form, sich gegen solche Risiken abzusichern, ist eine Kreditversicherung als Ergänzung des Forderungsmanagements. Zusätzlich zur klassischen Kreditversicherung, die auch Delkredeversicherung genannt wird (lat. credere: glauben, vertrauen), bieten Kreditversicherer in Deutschland unter anderem auch Kautions- und Vertrauensschaden-Versicherungen an.

Die Delkredereversicherung

Bei der Delkredereversicherung verpflichtet sich der Versicherer, dem Versicherten Ausfälle von Forderungen aus Warenlieferungen oder Dienstleistungen im Rahmen der vereinbarten Bedingungen zu ersetzen.

Unterschieden wird bei der Delkredeversicherung nach Art des Risikos zwischen der Warenkreditversicherung (WKV) und der Investitionsgüterkreditversicherung (IKV). Die WKV ist die übliche Absicherung eines Lieferantenkredits im Warenhandel zwischen Unternehmen, die heute grundsätzlich sowohl die inländischen als auch die Export-Warenströme deutscher und internationaler Unternehmen umfasst. Die Investitionskreditversicherung ist eine spezielle Variante für Hersteller von Maschinen und Anlagen, die meistens mit sehr viel längeren Zahlungszielen operieren als Anbieter im kurzfristig revolvierenden Warenherstellungs- und -handelsgeschäft. Dabei können besondere Herstellungsrisiken versichert werden. Die Zahlung erfolgt zumeist in mehreren Raten und zusätzliche Zinszahlungen oder Finanzierungsaspekte spielen eine Rolle.

Eine Kreditversicherung ist nicht auf die Entschädigung im Schadensfall begrenzt. Primäres Anliegen des Versicherers ist vielmehr, einen Schaden überhaupt zu verhindern, indem die Kreditwürdigkeit der Abnehmer regelmäßig und qualifiziert überwacht (Bonitätsprüfung) wird. Durch permanentes Risikomonitoring während der gesamten Vertragslaufzeit sollen Schäden verhindert oder vermindert werden. Das Monitoring erfolgt unter anderem durch laufende Auswertung von bonitätsrelevanten Informationen wie z. B. Bank- und Büroauskünften, Jahresabschlüssen, Zwischen- und Planzahlen bis hin zu Vor-Ort-Gesprächen bei den Abnehmern. Bonitätsinformationen sind integraler Bestandteil einer Delkredereversicherung. Der Versicherungsnehmer erhält schon bei seinen Kreditlimitanfragen wichtige Hinweise zur möglichen Bonität seiner Abnehmer, wenn diese Anträge etwa ganz oder teilweise abgelehnt werden.

Zusätzlich bieten diese Assekuranzunternehmen häufig Inkassodienstleistungen an. Ein mit dem Versicherer verbundenes Unternehmen nimmt das Inkasso der notleidend gewordenen Forderungen vor. Dies hat sowohl für die Kunden als auch die Versicherer eine Reihe von Vorteilen. Die Kunden vermeiden einen eventuell hohen Aufwand im

Inkassomanagement, das Inkassounternehmen ist auf den professionellen Einzug spezialisiert und hat in der Regel damit größeren Erfolg als der Lieferant selbst.

Die Kautionsversicherung

Im Gegensatz zur Delkredereversicherung, bei der das betrachtete Risiko der Abnehmer des Versicherungsnehmers ist, besteht das Risiko bei einer Kautionsversicherung (KTV) in der Bonität des Versicherungsnehmers selbst. Bei der KTV übernimmt der Versicherer Bürgschaften oder Garantien für bestimmte geschäftliche Verpflichtungen des Versicherungsnehmers. Diese Form der Versicherung entspricht dem Avalgeschäft der Banken.

Eingesetzt wird die Kautionsversicherung z. B. als Sicherheit in Bietungsverfahren, für Anzahlungen, Vertragserfüllung oder Gewährleistung bei Mängeln. Besonders verbreitet ist sie deshalb in der Bauindustrie, aber auch im Maschinen- und Anlagenbau. Ohne Bürgschaften oder Garantien wäre ein Anbieter im Baugewerbe praktisch nicht wettbewerbsfähig. Er würde Aufträge nur bekommen, wenn er den Aufschub von Zahlungen über mehrere Jahre akzeptierte, um mögliche Gewährleistungsansprüche des Kunden nachhaltig zu sichern.

Die Vertrauensschaden-Versicherung

Eine Police zum Schutz vor Vertrauensschäden versichert Unternehmen bei Vermögensschäden, die ihnen aufgrund von vorsätzlichen unerlaubten Handlungen wie Diebstahl, Unterschlagung oder Betrug entstehen. Auch unmittelbare Schäden beispielsweise bei Computersabotage oder Geheimnisverrat fallen unter den Versicherungsschutz. Zusätzlich werden die Kosten der Rechtsverfolgung oder der Ermittlung des Schadens größtenteils ersetzt.

In den Versicherungsschutz können je nach vertraglicher Gestaltung alle Mitarbeiter und Betriebsangehörigen einbezogen werden, unabhängig davon, ob sie befristet oder unbefristet beschäftigt sind. Der Schutz kann auch für Personen gelten, die nur vorübergehend im Unternehmen tätig sind, und ebenso für alle Filialen und Tochtergesellschaften.

Exportgarantien der Bundesrepublik

In der Regel bieten die Policen der privaten Anbieter Schutz für kurzfristige Forderungen gegen ausländische Schuldner, während längerfristige Geschäfte mit Investitionsgütern – insbesondere in politisch instabilen Ländern – üblicherweise mit staatlichen Exportgarantien gedeckt werden. Wegen des hohen politischen Risikos werden Exporte in manche Länder von privaten Kreditversicherern grundsätzlich nicht abgesichert. Das gilt insbesondere für Abnehmer in Schwellen- und Entwicklungsländern.

Die Exportkreditgarantien der Bundesrepublik Deutschland („Hermesdeckungen") schützen Unternehmen vor den politischen und den wirtschaftlichen Risiken bei Geschäften in solchen Ländern. Dabei werden auch Risiken mit öffentlichen Abnehmern und sogar politische Risiken mit gruppeninternen Gesellschaften gedeckt. Insofern sind auch die „Hermesdeckungen" ein wesentlicher Bestandteil eines professionellen Risikomanagements.

Der Staat ist verpflichtet, die Verhältnismäßigkeit seiner Deckungen gegenüber den Steuerzahlern zu gewährleisten. Deshalb müssen bestimmte Bedingungen erfüllt sein, um die Exportgarantien des Bundes zu erhalten. Für die Beurteilung spielen die Art der Waren eine Rolle, das Empfängerland, die Vertragspartner, Umweltaspekte, Menschenrechte oder z. B. auch die eventuelle Gefahr von Korruption. Grundsätzlich müssen die Geschäfte hinsichtlich der politischen Risiken vertretbar sein.

3.7.2 Interessendefinition in der Restrukturierung

Position des Kreditversicherers

Die Kreditversicherer haben eine entscheidende Funktion für das Debitoren- und Liquiditätsmanagement von Unternehmen und spielen somit zweifellos eine wichtige Rolle bei der Restrukturierung eines in wirtschaftliche Schwierigkeiten geratenen Unternehmens. Dabei wird aber häufig übersehen, dass sie sich hier in einer besonderen Situation befinden. Ein Kreditversicherer hat per se keinerlei vertragliche Verbindung mit dem betroffenen Unternehmen, dessen Überleben gesichert werden soll. Direkte Vertragsparteien sind zunächst die Eigentümer und Banken, deren Aufgabe die Finanzierung des Unternehmens ist.

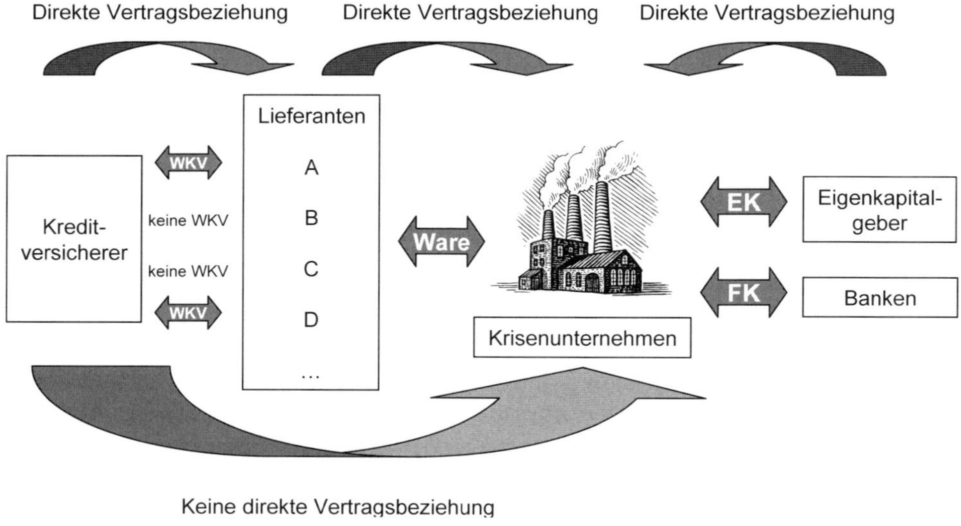

Abb. 3.7.1 Übersicht der Vertragsbeziehungen

Eine vertragliche Verbindung hat der Kreditversicherer lediglich zu den bei ihm versicherten Lieferanten der angeschlagenen Firma. Zu ihnen besteht ein Vertrauensverhältnis und der Kreditversicherer übt eine Beratungsfunktion aus. Es geht darum, die Risiken der versicherten Lieferanten so zu managen, dass ihm möglichst kein Schaden entsteht, da jeder Versicherungsvertrag einen Selbstbehalt regelt.

Wie groß ein Schaden für den Lieferanten sein kann, verdeutlicht ein einfaches Beispiel: Bei einem Forderungsausfall von EUR 1.000.000 hätte der Lieferant bei einer Selbstbeteiligung von 20 % einen Schaden von EUR 200.000 selbst zu tragen. Diesen zu vermeiden ist die Aufgabe des Kreditversicherers.

Transparenz über die eingeräumten Kreditlinien

Ob und wie hoch Lieferungen kreditversichert sind, wissen Abnehmer und Banken auch bei einer Restrukturierung nicht. Der Kreditversicherer kann dies wegen seiner vertraglichen Konstellation mit dem Versicherungsnehmer/Lieferanten auch nicht ohne weiteres offenlegen, ganz abgesehen davon, dass er die Höhe seines tatsächlichen Risikos zunächst nicht kennt. Hintergrund ist, dass das Versicherungsunternehmen seinem Kunden bei einer Delkredereversicherung üblicherweise eine revolvierende Kreditlinie mit einem definierten – zwischen Lieferant und Abnehmer zu vereinbarenden – Zahlungsziel einräumt.

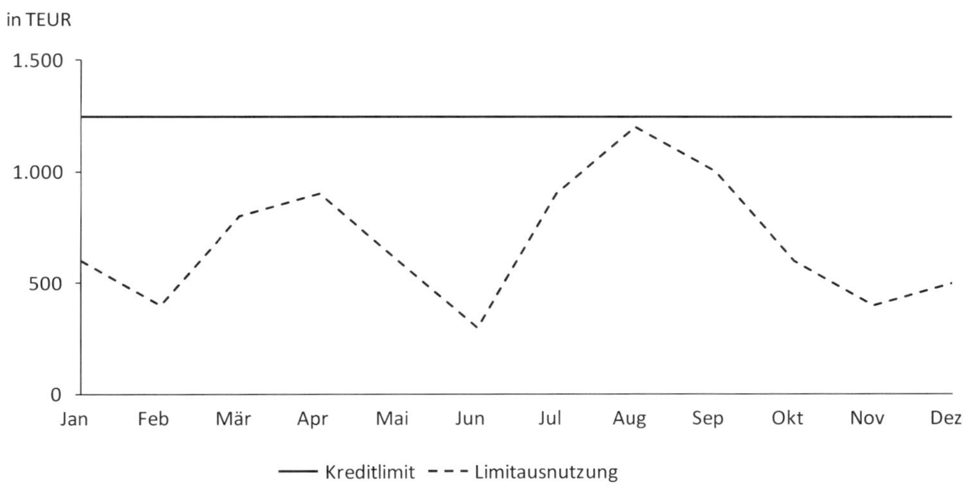

Abb. 3.7.2 Kreditlimit vs. Ausnutzung

In welchem Umfang zu einem bestimmten Zeitpunkt geliefert wurde und wie stark die Kreditlinie zum Zeitpunkt der Krise ausgenutzt ist, entzieht sich zunächst seiner Kenntnis. Die Linie kann zu einem bestimmten Zeitpunkt voll oder gar nicht genutzt sein. Eine

Offenlegung der versicherten Lieferanten und deren Limiten gegenüber dem Abnehmer oder seinen Kapitalgebern könnte zudem den Wettbewerb verzerren. Der Abnehmer könnte andere Lieferanten bevorzugen, so dass für die Auswahl nicht mehr allein der Preis oder die Qualität entscheidend wäre, sondern die eigentlich nicht wettbewerbsrelevante Kreditversicherung.

Zahlungsbedingungen
Auch wenn Kreditversicherer nicht unmittelbar an einer Restrukturierung beteiligt sind, haben sie doch mittelbar großen Einfluss auf deren Erfolgschance. Sie beraten ihre Kunden, die Lieferanten, bei der Entscheidung, ob sie ein Unternehmen überhaupt und eventuell mit welchem Zahlungsziel beliefern. Die Bonitätsprüfung der Abnehmer ist eine Kernaufgabe und ein integraler Bestandteil des Debitorenmanagements von Unternehmen. Werden plötzliche Schwierigkeiten bekannt, überprüft der Versicherer die Situation und wird gegebenenfalls das Limit oder das Zahlungsziel kürzen bzw. den Versicherungsschutz aufheben.

Die Folgen werden insbesondere von Mittelständlern meistens unterschätzt. Ein einfaches Beispiel verdeutlicht die möglichen drastischen Auswirkungen: Im Laufe der Zeit schwankt die Liquidität eines Unternehmens, abhängig von den Zahlungseingängen und -abflüssen. Ein Abnehmer wird deshalb ein Zahlungsziel mit dem Lieferanten so vereinbaren, dass die Rechnung für eine Lieferung über eine Million EUR dann fällig wird, wenn die Liquiditätssituation die Bezahlung zulässt. Verkürzt der Lieferant das bisher vereinbarte Zahlungsziel (z. B. weil der Kreditversicherer das Zahlungsziel verkürzt oder ein Limit aufgehoben hat), können daraus resultierende vorgezogene Liquiditätsabflüsse zu erheblichen Engpässen bis hin zur Illiquidität führen.

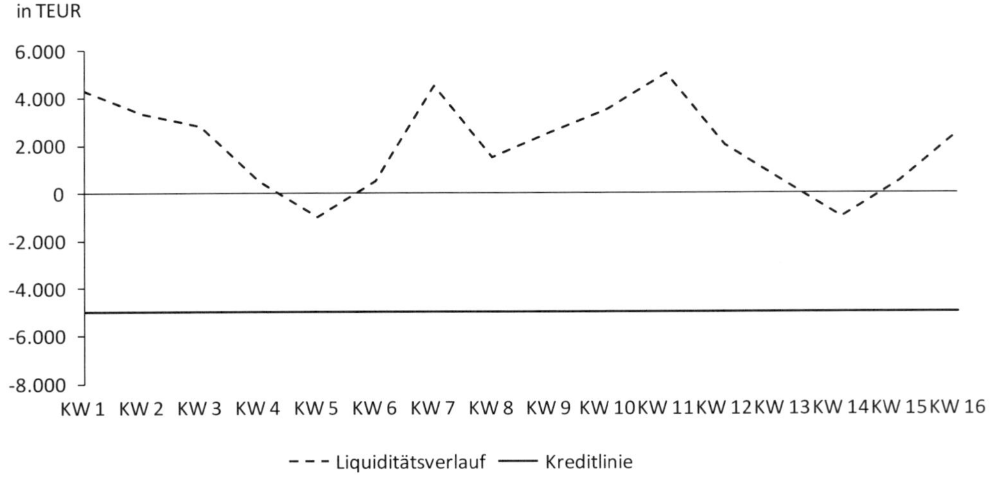

Abb. 3.7.3 Liquiditätsplanung mit 60 Tagen Zahlungsziel

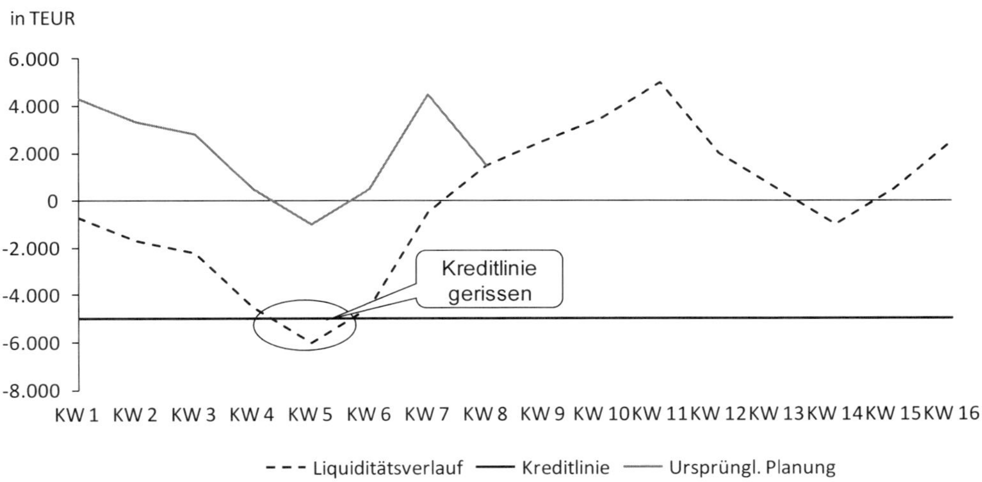

Abb. 3.7.4 Liquiditätsverlauf bei ungeplanter Umstellung auf Vorkasse

Alle Versicherungsnehmer sind vertraglich verpflichtet, den Kreditversicherer über Zahlungsstörungen bei ihren Abnehmern zu informieren. Über den so entstehenden Pool an Lieferanteninformationen werden die Kreditversicherer schnell über Veränderungen im Zahlungsverhalten von Unternehmen informiert. Diese ermöglichen wichtige Rückschlüsse auf die momentane Liquiditätslage von Unternehmen: Ein Unternehmen, das Skonto in Anspruch nimmt, ist offensichtlich liquide, entstehen bei eventuell sogar mehreren versicherten Lieferanten Überfälligkeiten, weist das auf Engpässe in der Liquidität, möglicherweise nachhaltige Schwierigkeiten hin.

Finanzkommunikation

Das Beispiel zeigt eindrucksvoll, wie wichtig es ist, auch die Kreditversicherer rechtzeitig und gleichwertig in die Finanzkommunikation einzubinden, wenn eine Restrukturierung erfolgreich verlaufen soll, obwohl sie nicht direkt vertraglich involviert sind. Gerade in dieser Situation ist Vertrauen (Delkredere) entscheidend, denn fehlende Informationen können schnell zu ungewollten Reaktionen der Kreditversicherer mit gravierenden Folgen führen. Das Vertrauen wird insbesondere dann gestört, wenn der Versicherer zunächst nur auf Markt-Gerüchte angewiesen ist. Die Neigung, schnell und ohne Rückfrage zu handeln und z. B. Kreditlimite zu kürzen, wird noch verstärkt, wenn die direkt Betroffenen, also Banken und Unternehmen, bereits untereinander Gespräche über eine Restrukturierung geführt haben oder wenn das Unternehmen auch nach mehrfacher Aufforderung seine finanzielle Situation nicht adäquat kommuniziert.

Wie wichtig die Finanzkommunikation bereits unter normalen Bedingungen ist, zeigt eine repräsentative Studie, die im Auftrag der Euler Hermes Kreditversicherungs-AG durch den Lehrstuhl für Marketing der Universität Erlangen-Nürnberg erstellt wurde

(„Fikomm 2005 – Finanzkommunikation im Mittelstand"). Professionelle Finanzkommunikation hat danach erhebliche Vorteile, gerade für mittelständische Unternehmen: Sie bekommen leichter Finanzmittel, erhalten günstigere Konditionen und arbeiten besser mit ihren Kapitalgebern zusammen. Umso mehr gilt das in Ausnahmesituationen.

Zusammenfassend ist festzuhalten, dass gerade in Krisenzeiten die proaktive Kommunikation nicht nur mit den unmittelbaren Kapitalgebern, sondern auch mit den mittelbar an der Finanzierung beteiligten Kreditversicherern von immenser Bedeutung ist. Wenn die Finanzierung über Lieferantenkredite (die im Wesentlichen durch Limite der Kreditversicherer ermöglicht werden) nicht mehr gewährleistet ist, kann dies eine gesicherte Versorgung mit Waren gefährden, da eventuell Vorkasse aufgrund eingeschränkter Liquidität nicht geleistet werden kann. Daran kann letztlich auch eine Restrukturierung scheitern. Insbesondere in einer solchen Ausnahmesituation ist es deshalb wichtig, dass alle Beteiligten eng miteinander kooperieren. Mit umfassender Information kann vermieden werden, dass es allein aufgrund von Unsicherheit und mangelnder Transparenz auf Seiten der Lieferanten oder Kreditversicherer zu Störungen der Warenversorgung bzw. ungeplanten Liquiditätsabflüssen kommt.

Eigentumsvorbehaltsrechte

Grundsätzlich sind die Versicherungsnehmer vertraglich dazu verpflichtet, Eigentumsvorbehaltsrechte zu vereinbaren. Ein exemplarischer Standardtext in den Policen der Kreditversicherer hat folgenden Wortlaut:

Eigentumsvorbehalt als weitere Voraussetzung für den Versicherungsschutz

1. *Forderungen aus Warenlieferungen an Kunden mit Sitz in der Bundesrepublik Deutschland sind nur versichert, wenn der Versicherungsnehmer den einfachen Eigentumsvorbehalt und seine Erweiterungen in Form der Kontokorrent-/Salden-, Verarbeitungs-/Verbindungs- und Vorausabtretungsklausel in seinen Geschäftsbedingungen mit den Kunden wirksam vereinbart hat.*
2. *Abweichungen oder Einschränkungen von diesen Eigentumsvorbehaltsrechten zu Lasten des Versicherungsnehmers – insbesondere durch entgegenstehende Einkaufsbedingungen des Kunden – schließen den Versicherungsschutz nur dann nicht aus, wenn sie dem Versicherer bekannt gemacht worden sind und dieser den Versicherungsschutz schriftlich bestätigt hat.*

Um den Aufwand von ansonsten notwendigen Vereinbarungen jedes einzelnen Lieferanten mit einem Abnehmer zu vermeiden, haben die Kreditversicherer einen gemeinsamen Mustervertrag aufgesetzt, der die Rechte von versicherten Lieferanten regelt. Diese „Schubladenvereinbarung" der Kreditversicherer wird im Versicherungsfall angewendet, um den versicherten Lieferanten, die eine Restrukturierung mittragen sollen, eine Absicherung für den eventuellen Insolvenzfall zu geben. Danach unterwirft sich das zu restrukturierende Unternehmen dem verlängerten Eigentumsvorbehalt, der das Recht an den Waren beim Lieferanten belässt. Die Versicherer haben im Sinne der bei ihnen versicherten Lieferanten das Interesse, diese Vereinbarung bereits im Vorwege abzuschließen, die keinerlei Nachteile für den Abnehmer selbst birgt.

Worum es dabei letztlich geht, mag wiederum ein Beispiel verdeutlichen:

Ein Lieferant hat Metallplatten geliefert, die der Abnehmer bereits für die weitere Verwendung angearbeitet hat. Die Platten wurden zwar nicht bezahlt, dem Anspruch des Lieferanten, die Ware zurückzubekommen, kann der Insolvenzverwalter dennoch widersprechen, da der einfache Eigentumsvorbehalt nur so lange gilt, wie die Ware unbehandelt ist. Mit dem verlängerten Eigentumsvorbehalt aus dem Mustervertrag der Kreditversicherer bleibt das Recht auch an einer weiterverarbeiteten Ware beim Lieferanten und damit eine Sicherheit im Falle der Insolvenz.

Schutzfunktion der Warenkreditversicherung

Auf Basis aller vorliegenden Informationen wird der Kreditversicherer dem Lieferanten Empfehlungen für seine weitere Geschäftsbeziehung mit einem auffälligen Abnehmer geben. Letztlich geht es immer um die Frage, ob der Versicherte ein Liefer-Risiko noch eingehen soll oder nicht. Dabei schützt eine Kreditversicherung dreifach. Sie kann:

- Schaden verhindern: Bereits bei Limit-Einräumung prüft der Versicherer die Kreditwürdigkeit der Abnehmer, überwacht sie kontinuierlich und warnt rechtzeitig, wenn sie sich verschlechtert.
- Schaden vermindern: Mit einem professionellen Inkasso- und Mahnverfahren helfen die Experten, notleidende Forderungen vor oder nach Entschädigung einzutreiben.
- Schaden ersetzen: Unabhängig von der Dauer eines Inkassovorgangs entschädigt der Kreditversicherer zu einem vertraglich festgelegten Zeitpunkt die offene Forderung.

Wie auch immer der Kreditversicherer entscheidet, er handelt in jedem Fall sowohl im Interesse seines Kunden als auch seines eigenen.

3.7.3 Handlungsmöglichkeiten

Gerät ein Unternehmen in wirtschaftliche Schwierigkeiten und erhält der Kreditversicherer hiervon Kenntnis, wird er schnellstmöglich reagieren. Dabei hat er eine Reihe von Möglichkeiten, das Risiko hinsichtlich des gefährdeten Unternehmens zu begrenzen. Er kann:

- die Limite an den aktuellen Bedarf der Versicherungsnehmer anpassen.
- die Limite an den aktuellen Außenstand der Versicherungsnehmer anpassen.
- die Limite für künftige Lieferungen seiner Versicherungsnehmer kürzen oder komplett aufheben.
- die Vorgaben für Zahlungsziele verkürzen und damit die Lieferbedingungen des Versicherungsnehmers beeinflussen.
- den Selbstbehalt der Versicherungsnehmer erhöhen, nicht zuletzt um das Risikobewusstsein der Versicherten zu stärken.

Die Maßnahmen können dazu führen, dass nur noch reduzierte oder überhaupt keine Limite mehr für das betroffene Risiko gewährt werden, also künftige Forderungen der Versicherungsnehmer nur noch eingeschränkt oder gar nicht versichert sind. Der Lieferant wird daraufhin entscheiden, inwieweit er bereit ist, ins eigene Risiko zu gehen. Es kann dazu kommen, dass er Lieferungen reduziert, einstellt oder möglicherweise nur noch gegen Vorkasse liefert. Dadurch kann die Krise verschärft werden bis hin zur Auslösung einer Insolvenz.

Im Rahmen der Sanierung eines Unternehmens wird – oft unter Federführung eines einschlägig erfahrenen Unternehmensberaters – als erster Schritt ein Sanierungskonzept erstellt. Ein wesentliches Element davon kann der Zusammenschluss der Kreditgeber zu einem so genannten „Bankenpool" sein. Dabei handelt es sich um ein Vertragswerk zwischen dem Unternehmen sowie gegebenenfalls den Eigentümern und den Kreditgebern, das Sachverhalte wie Kreditlinien, Kreditlaufzeiten und die Zuordnung von Sicherheiten mit dem Ziel regelt, eine angemessene Lastenverteilung zwischen allen Finanzierungspartnern vorzunehmen. Kreditversicherer treten einem Pool nur in ihrer Funktion als Avalkreditgeber bei, nicht aber als Warenkreditversicherer.

Poolvereinbarungen in der Restrukturierung gehen häufig mit dem Abschluss einer Standstill-Vereinbarung einher. Kernelemente dieser Vereinbarung sind einerseits Erklärungen der Banken, den aktuellen Liquiditätsbedarf bis zu einer bestimmten Höhe für einen vereinbarten Zeitraum zu decken, sowie andererseits der Avalgeber (Banken und Kreditversicherer), den Avalrahmen aufrechtzuerhalten oder möglicherweise auszuweiten.

Das Verhalten der Kreditversicherer hat, wie beschrieben, maßgeblichen Einfluss auf die Erfolgschancen des Sanierungskonzepts, weil die Lieferanten als Kreditgeber sich am Verhalten der Kreditversicherer orientieren. Ist der Kreditversicherer von der Tragfähigkeit des Sanierungskonzepts überzeugt, schließt er sich nicht nur als Kautionsversicherer dem Gläubigerpool an, sondern wird die Sanierung auch als Kreditversicherer begleiten und seinen Versicherungsnehmern risiko- und bedarfsgerechte Limite zur Verfügung stellen.

Hierbei ist allerdings zu berücksichtigen, dass die Warenkreditversicherer im Gegensatz zu den finanzierenden Banken in der Regel nicht an über die mittelbar schützenden vereinbarten Eigentumsvorbehalts-Rechte hinausgehenden sonstigen üblichen Sicherheiten (wie z. B. Grundschulden, Bürgschaften der Gesellschafter oder liquide Sicherheiten) partizipieren, da sie nicht Vertragspartner einer Poolvereinbarung sind. Darüber hinaus werden häufig Risikoaufschläge auf den Zinssatz oder Standstill-Fees vereinbart, von denen die Warenkreditversicherer ebenfalls nicht profitieren. Vor diesem Hintergrund kann von ihnen nicht ohne Weiteres die Begleitung einer Standstill-Situation erwartet werden.

Beteiligt sich ein Kreditversicherer an der Restrukturierung eines Unternehmens, obwohl er durch seine besondere Stellung in der Warenkreditversicherung nicht direkt involviert ist, wird auch er ein „Standstill" eingehen. Er stimmt damit zu, die Restrukturierung innerhalb eines bestimmten Rahmens (z. B. seines bisherigen Engagements) zu begleiten. Häufig wird versucht, eine „bedarfsgerechte" Begleitung der Kreditversicherer mit Limiten zu vereinbaren. Dieser wird der Kreditversicherer nicht uneingeschränkt entsprechen können, da die zukünftige Umsatzentwicklung und damit einhergehend Anforderungen an Kreditlimite nicht abschätzbar sind.

Kreditversicherer begleiten Restrukturierungen, indem sie z. B. bestehende Risikolimite aufrechterhalten oder eng am tatsächlichen Bedarf der für die Fortführung wesentlichen Lieferanten zeichnen. Diese Bereitschaft steht unter dem Vorbehalt, dass alle Bedingungen des Versicherungsvertrags weiterhin erfüllt bleiben. Das bedeutet insbesondere, dass es nicht zu Zahlungsbeeinträchtigungen kommt.

Kreditlimite gelten in der Regel bis auf Weiteres, können also jederzeit aufgehoben werden. Mit einer „Standstill-Vereinbarung" berauben sich Kreditversicherer dieser Möglichkeit, da diese üblicherweise über einen längeren Zeitraum läuft. Die Folge ist eine Veränderung des normalen Risikoverlaufs. Während die Entscheidung, ob ein Risiko zu vertreten ist, üblicherweise mit der Perspektive des eingeräumten Zahlungsziels getroffen werden muss, verlängert sich die Frist bei einer Standstill-Vereinbarung möglicherweise erheblich.

3.7.4 Risiken

Die Kürzung von Limiten kann vielfältige gravierende Folgen für den Abnehmer haben. Hatte ein Lieferant z. B. eine Warenkreditversicherung mit einem Limit von einer Million EUR für einen Abnehmer, das regelmäßig vollständig in Anspruch genommen wird, und der Kreditversicherer halbiert dieses, dann bleiben ihm prinzipiell drei Reaktionsmöglichkeiten:

- Er kann seine Lieferungen ebenfalls halbieren,
- er kann für EUR 500.000 Vorkasse fordern oder
- auch weiterhin im vollen Umfang liefern, dann aber für die Hälfte auf eigenes Risiko.

Die beiden ersten Reaktionen bergen die bereits oben beschriebenen Risiken für den Abnehmer (Engpass Warenversorgung, Liquiditätsanspannung). Gerade Unternehmen in der Restrukturierung haben in der Regel ohnehin Liquiditätsprobleme, sie werden also erhebliche Schwierigkeiten haben, vorgezogene Zahlungen zu leisten. Ohne Auswirkungen für den Abnehmer bleibt die dritte Variante, dabei geht allerdings der Lieferant erheblich höher ins Risiko. Das gilt auch für den Fall, dass der Kreditversicherer die Selbstbeteiligung des Lieferanten erhöht, z. B. von 20 auf 40 %, und die Lieferung nicht reduziert wird.

Wie sehr der Ausfall einer Forderung gerade kleine Firmen in Bedrängnis bringen kann, zeigt ein Rechenbeispiel: Wenn ein Unternehmen mit einer Umsatzrendite von 10 % eine Forderung von EUR 100.000 abschreiben muss, ist ein zusätzlicher Umsatz von EUR 1 Million erforderlich, um diese Ergebnisminderung wieder auszugleichen. Ungleich höher muss zusätzlicher Umsatz bei niedrigeren Renditen sein, wie die folgende Tabelle 3.7.1 zeigt:

Tab. 3.7.1 Übersicht notwendiger Mehrumsatz, um Forderungsverluste auszugleichen

	Notwendiger Mehrumsatz in TEUR – bei einer		
Forderungsverlust durch	Umsatzrendite vor Steuern in Prozent		
Kundeninsolvenz in TEUR	2 %	5 %	10 %
10	500	200	100
25	1.250	500	250
50	2.500	1.000	500
100	5.000	2.000	1.000

Jede Einschränkung der Versicherungsleistung durch den Kreditversicherer geht häufig mit einer Beeinträchtigung der Reputation des abnehmenden Unternehmens einher. Es ist ein deutliches Signal an den Markt, wenn ein Kreditversicherer mit seinen vielfältigen professionellen Möglichkeiten, ein Unternehmen zu analysieren, zu dem Schluss gekommen ist, es schlechter als bisher einzuschätzen, und daraus Konsequenzen hinsichtlich der Vergabe von Limiten zieht. Über das Ergebnis der Analyse werden dadurch alle versicherten Lieferanten informiert, was eine vergleichsweise schnelle Verbreitung zur Folge hat. Da die Versicherer ein relativ breites Spektrum an Lieferanten abdecken, ist das Thema Reputationsverlust nicht zu unterschätzen.

Wie sich Lieferanten bei restriktiven Maßnahmen der Versicherer entscheiden, hängt stark davon ab, wie vertrauensvoll und bedeutend die geschäftliche Beziehung zwischen Lieferant und Abnehmer ist. Sofern das beziehende Unternehmen ein großer Kunde ist und/oder langfristige gute Geschäftsbeziehungen bestehen, wird der Lieferant tendenziell bereit sein, ein höheres Eigenrisiko einzugehen. Ein auch nur teilweiser Rückzug eines Zulieferers kann beim zu restrukturierenden Abnehmer insbesondere bei Just-in-Time-Produktion gravierende Folgen bis hin zum Stillstand der Produktion haben.

Bei einer Restrukturierung ist es für die Gläubiger sehr wichtig, die eigenen Interessen professionell wahrzunehmen. Dabei kommt es darauf an, zügig die richtigen Schritte einzuleiten: Wer muss informiert werden? Bei wem sind welche Ansprüche anzumelden? Welche Interessenparteien sind besonders zu beachten? All diese Themen gehören für die Kreditversicherer zum Tagesgeschäft, in denen sie ihre Kunden, die selten mit einer solchen Situation konfrontiert sind, professionell unterstützen. Bei einer bestehenden Kreditversicherung managen die Assekuranz-Unternehmen darüber hinaus den gesamten Schadenprozess.

3.7.5 Fazit

Das Verhalten der Kreditversicherer hat auf den Erfolg einer Restrukturierung maßgeblichen Einfluss, obwohl sie – wie oben beschrieben – an der Finanzierung eines Unternehmens nur mittelbar beteiligt sind. Trotz dieser entscheidenden Rolle versäumen es die betroffenen Unternehmen und deren Finanzierungspartner häufig, die Kreditversicherer ausreichend früh und in erforderlichem Umfang in die Informationsversorgung und den Restrukturierungsprozess einzubinden. Dennoch stellt man häufig an sie gleiche Anforderungen wie an die Finanzierungspartner. Es wird dabei nicht berücksichtigt, dass ein Kreditversicherer vertraglich einzig und allein dem Lieferanten verpflichtet ist und die Verantwortung hat, diesen bei der Entscheidung zu unterstützen, ob und unter welchen Bedingungen er weiterhin Lieferberziehungen aufrechterhält.

Das Risiko der finanziellen Restrukturierung eines Unternehmens müssen in erster Linie das Unternehmen und seine Kapitalgeber, insbesondere die Eigentümer und die Banken tragen. Inhalt der vertraglichen Beziehung zwischen Lieferant und Abnehmer ist die Lieferung von Waren und nicht die Finanzierung des Abnehmers. Einen Lieferanten, der im Rahmen dieses Liefervertrags ein gewisses Zahlungsziel zur Überbrückung des Zeitraums zwischen Bezahlung der gelieferten Ware und dem Geldeingang aus dem Weiterverkauf der Ware gewährt, in die Rolle eines (Fremd-)Kapitalgebers zu drängen, widerspricht prima vista dem Geist der vertraglichen Vereinbarungen.

Selbstverständlich ist der Finanzierungsaspekt im Verhältnis zwischen Lieferant und Abnehmer faktisch gegeben. Die Aufgabe des Kreditversicherers ist es, seinen Kunden vor Schaden aus diesem Finanzierungsaspekt zu schützen. Dafür kann im Einzelfall die Zeichnung von Warenkreditlimiten, die ein Kreditversicherer aus reiner Risikobetrachtung heraus nicht vornehmen würde, erforderlich sein, um die Warenversorgung für das Unternehmen in der Restrukturierung sicherzustellen und insolvenzbeschleunigende Liquiditätseffekte aus Vorkasseforderungen zu vermeiden.

Das primäre Interesse des Kreditversicherers ist, seine Kunden so lange wie möglich in deren geschäftlichen Aktivitäten zu begleiten. Besteht die Gefahr, dass ein Abnehmer seinen finanziellen Verpflichtungen nicht mehr nachkommen kann, ist es die Pflicht des Kreditversicherers, seinen Kunden vor einem Forderungsausfall zu schützen. Die Expertise des Kreditversicherers liegt genau darin, treffsicher zu bewerten, wann dieses Risiko so groß wird, dass er seinem Kunden gegebenenfalls sogar raten muss, die geschäftliche Beziehung zum Abnehmer zu beenden. Im Restrukturierungsfall kommt es darauf an einzuschätzen, ob das Verlustrisiko für den Versicherungsnehmer durch die Begleitung der Restrukturierung kleiner wird. Kommt der Kreditversicherer zu dem Ergebnis, dass die Restrukturierung zum Vorteil für seinen Kunden ist, wird er sie begleiten.

Sonstige Stakeholder 4

4.1 Einführung und Grundlagen

Patrik Sven Jacob und Alban Baiker

Neben den direkten Beteiligten einer Restrukturierung auf der Eigenkapital- und Fremdkapitalseite der Unternehmung gibt es darüber hinaus eine größere Anzahl weiterer direkt und indirekt beteiligter Parteien. Diese Beteiligten verfolgen wie auch die Eigenkapital- und Fremdkapitalgeber in weiten Teilen eigene Interessen und können daher ebenfalls maßgeblichen Einfluss auf das Gelingen einer Restrukturierung haben. Dazu gehören unter anderem:

- **Gewerkschaften, Betriebsräte, Mitarbeiter** – wesentliche Ansprechpartner für einmalige oder dauerhafte „Sonderopfer" der Belegschaft wie z. B. Verzichte auf Lohn, Gehalt, Sonderleistungen oder z. B. das Aussetzen von Tariferhöhungen bzw. für den Abschluss von Betriebsvereinbarungen in Gestalt von Interessenausgleich und Sozialplan bei für den Sanierungserfolg notwendigem Personalabbau
- **Beteiligte im Rahmen der betrieblichen Altersversorgung bzw. der Pensionssicherungsverein** im Falle des Misslingens einer Sanierung und einer daran anschließenden Insolvenz – immer dann, wenn im Rahmen von Restrukturierungen in bei dem betroffenen Unternehmen vorhandene Regelungen zur Altersversorgung der Mitarbeiter eingegriffen werden soll bzw. im Rahmen einer Insolvenz der Pensionssicherungsverein als Garant für solche Ansprüche der Mitarbeiter eintreten soll
- **Wirtschaftsauskunfteien** und Ratingagenturen – Informationsinstrument für viele dem betroffenen Unternehmen verbundene Partner, die Informationen über das betroffene Unternehmen und dessen Kreditwürdigkeit von den unterschiedlichen am Markt agierenden Wirtschaftsauskunfteien und Ratingagenturen wie z. B. Creditreform beziehen und darauf aufbauend eigene unternehmerische Entscheidungen

über die mögliche Gestaltung einer weiteren Zusammenarbeit mit den betroffenen Unternehmen bzw. die Beendigung treffen. Insoweit ist es für ein in der Sanierung befindliches Unternehmen von enorm hoher Bedeutung, über ein positives Rating zu verfügen und möglichst transparent und zeitnah über einen laufenden Turnaround zu berichten

- **Die öffentliche Hand** – in Gestalt von Bund, Ländern und gegebenenfalls auch Gemeinden als wesentlichen Interessengruppen im Hinblick auf den Erhalt von überregional oder regional strategisch bedeutsamen industriellen Clustern bzw. der damit verbundenen Arbeitsplätze, die aus diesem Grund als Bürgen zur Sicherung von Krediten fungieren oder anderweitige Unterstützung im Rahmen einer Restrukturierung gewähren können
- **Treuhänder** – ein in letzter Zeit immer häufiger genutztes Instrument im Rahmen von Restrukturierungen bei dessen Umsetzung die Gesellschaftsanteile, häufig auf Betreiben der Fremdkapitalgeber, an einen neutralen, außenstehenden Dritten in Form einer sogenannten doppelnützigen Treuhandschaft übertragen werden

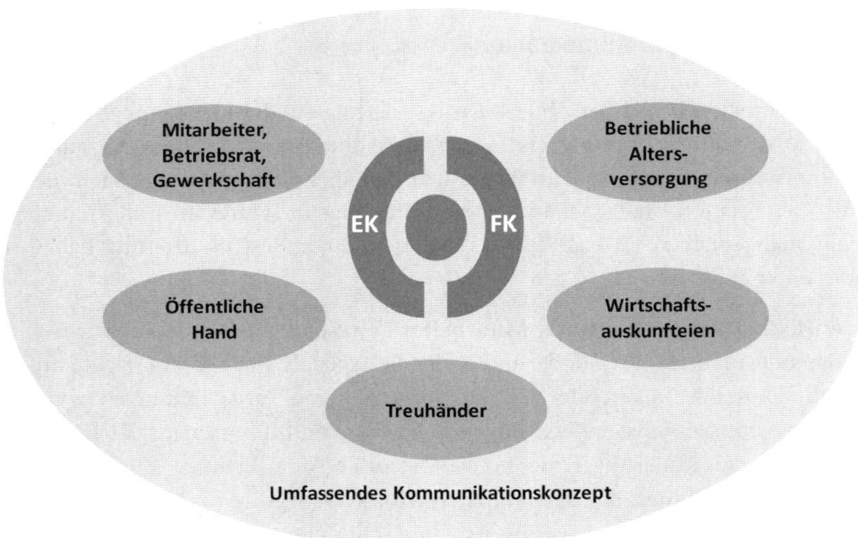

Abb. 4.1.1 Überblick Auswahl sonstige Stakeholder im Restrukturierungsprozess

Wesentlich im Hinblick auf die oben genannten sonstigen Akteure ist vor allem, dass jeder dieser Akteure über eigene Interessen im Rahmen einer Restrukturierung verfügen kann und dass die Bedeutung dieser Spieler und ihrer Interessen vielfach kaum geringer ist als die der Eigenkapital- und Fremdkapitalgeber. Nicht selten ist der Einfluss dieser Spieler so bedeutsam, dass sie letztendlich über Wohl und Wehe einer erfolgreichen Restrukturierung bestimmen können oder diese zumindest signifikant verkomplizieren bzw. verzögern können. Wesentlich ist hier vor allem das Verständnis der möglichen Handlungsspielräume anderer Akteure und der vorhandenen betrieblichen und rechtlichen Grenzen, in deren Rahmen diese agieren können.

Als Beleg hierfür kann unter anderem die Tatsache dienen, dass z. B. der Pensions-Sicherungs-Verein (PSVaG) Sanierungsbeiträge vor Insolvenz durch einen außergerichtlichen Vergleich nur in seltenen Ausnahmefällen und dann nur unter Einhaltung sehr strenger Kriterien gewährt. Insoweit können z. B. andere Fremdkapitalgeber ihre Zustimmung zur Prolongation bestehender Kredite oder zur Gewährung von zusätzlichen liquiden Mitteln nur bedingt von einer gleichzeitigen Reduzierung der Pensionsverbindlichkeiten eines Unternehmens durch eine teilweise Übernahme durch den Pensionssicherungsverein abhängig machen, zumindest nur unter Berücksichtigung dieser strengen Kriterien, die andere Stakeholder wie der PSVaG einzuhalten haben, und naturgemäß durch die Sicherstellung des zeitgerechten Vorliegens aller notwendigen Informationen und Unterlagen in der jeweils benötigten Qualität.

Gleiches gilt auch für Finanzierungszusagen unter dem Vorbehalt von vorab zu vereinbarenden Beiträgen der Mitarbeiter wie z. B. Lohnverzicht, der Verzicht auf tarifliche Einmalzahlungen wie Urlaubs- oder Weihnachtsgeld oder das Aussetzen bereits zwischen den Tarifparteien vertraglich vereinbarter Lohnzuwächse. Hier ist weiterhin noch komplexitätserhöhend zu berücksichtigen, dass in Einzelfällen auch die Interessen von Mitarbeitern und Betriebsräten und den verantwortlichen Gewerkschaften durchaus divergieren können, denn mögliche Mitarbeiterbeiträge erfordern gegebenenfalls die Zustimmung unterschiedlicher Akteure. In solchen Fällen ist es nicht in jedem Fall selbstverständlich, dass die z. B. beim Aussetzen von Tariferhöhungen zu beteiligenden Gewerkschaften in jedem Fall einer solchen Maßnahme zustimmen, selbst wenn die Mitarbeiter und Betriebsräte des betroffenen Unternehmens einen solchen Schritt befürworten. Eine Gewerkschaft mag hierbei vollkommen andere Maßstäbe anlegen wie z. B. ein aus ihrer Sicht übergeordnetes Brancheninteresse, das jedoch aus Sicht eines örtlichen Betriebsrates und der betroffenen Mitarbeiter völlig bedeutungslos ist, wenn die Arbeitsplätze auf dem Spiel stehen. In jedem Fall sind die Interessen und notwendigen rechtlichen Gegebenheiten vorab im Detail zu bedenken und zu beleuchten und die verantwortlichen Akteure in jedem Fall einzubinden.

Als weiteres Beispiel dafür mag auch der mögliche Einfluss der Politik bzw. der Öffentlichkeit dienen. Erinnert sei hier an das Beispiel Opel und die wochenlange öffentliche Diskussion der politischen Parteien über den richtigen Weg zur Sanierung der Adam Opel AG. Im Rahmen dieser Diskussion erstreckten sich die Lösungsvorschläge von einem Verkauf an einen Investor, ausgestattet mit entsprechenden Bürgschaften, bis hin zu einer Insolvenz des Unternehmens, und teilweise wurden diese Diskussionen abgekoppelt von einer tatsächlichen Realisierung solcher Optionen bzw. den möglichen Auswirkungen geführt.

In diesem Zusammenhang ist auch der Faktor Zeit von wesentlicher Bedeutung. In anderen Fällen hätte eine solche wochenlang anhaltende Diskussion auch zu einer zwischenzeitlichen Insolvenz des Unternehmens führen können mangels ausreichender liquider Mittel. Auch dieses Beispiel verdeutlicht eindrücklich, dass es absolut unabdingbar ist, die möglichen Reaktionen aller an einer Restrukturierung beteiligten Parteien vorab zu prüfen und bei allen Überlegungen einzubeziehen, um das Risiko eines möglichen Scheiterns so überschaubar wie möglich zu gestalten.

Ein weiteres unbedingt zu beachtendes Kriterium ist die Erfahrung einzelner Spieler mit Restrukturierungsprozessen. Auf der Seite von Eigen- und Fremdkapital sind in der überwiegenden Anzahl der Fälle Profis involviert, die über langjährige Erfahrung in vergleichbaren Situationen verfügen und mit allen gängigen Instrumenten vertraut sind. Dies gilt teilweise sicherlich auch für die sonstigen Akteure wie z. B. den PSVaG, nicht zwingend jedoch z. B. für Mitarbeiter und Betriebsräte, die häufig das erste Mal mit einer solchen Situation konfrontiert werden. Unter Umständen kann dies zu Reaktionen führen, die der kritischen Situation nicht angemessenen sind und eben dieser Unerfahrenheit geschuldet sind. Hier wird es in den meisten Fällen hilfreich sein, auch diesen Akteuren restrukturierungserfahrene Berater zur Seite zu stellen, um einen erfolgreichen Restrukturierungsprozess gewährleisten zu können.

Nicht zuletzt deshalb ist auch die Kommunikation in einer Krise von entscheidender Bedeutung. Dies gilt sowohl für die externe als auch für die interne Kommunikation. Aus Sicht des in der Krise befindlichen Unternehmens müssen alle wesentlichen Beteiligten informiert werden mit klaren, eindeutigen und gleichlautenden Botschaften über die aktuelle Situation und das Konzept des Unternehmens, mit dem die Krise nachhaltig überwunden werden soll.

Im Folgenden werden die einzelnen genannten Akteure, deren Rollen und Interessen sowie Handlungsoptionen und die daraus gegebenenfalls resultierenden Konsequenzen bzw. Risiken für einen Restrukturierungsprozess näher beschrieben.

4.2 Die Rolle der Betriebsräte in der Restrukturierung

Jürgen Walter

Abstract

Verhandlungen über Betriebsänderungen stellen hohe betriebswirtschaftliche, juristische und vor allem verhandlungstaktische sowie kommunikative Ansprüche an die Beteiligten. Die Unternehmen sollten aus Zweckmäßigkeitserwägungen auch die externe Unterstützung der Betriebsräte durch Berater im Rahmen einer Restrukturierung unterstützen. Bei Verhandlungen über Interessenausgleich und Sozialplan sollten Ziele und Taktik vorher eindeutig definiert sein, denn Zeit ist häufig ein kritischer Faktor, insbesondere wenn das Unternehmen kurz vor einer Insolvenz steht. Das Unternehmen braucht schnelle Ergebnisse bei den Verhandlungen mit den Arbeitnehmervertretern, für die Mitarbeiter hingegen bedeutet eine Insolvenz häufig den Verlust des Arbeitsplatzes, allerdings unter deutlich schlechteren Abfindungsbedingungen. Beide Parteien sollten sich daher bewusst sein, dass es nicht um „Gewinnen“ oder „Verlieren“ geht, sondern um die nachhaltige Sicherung der Unternehmensexistenz.

Die immer weiter fortschreitende Internationalisierung des Wirtschaftslebens und die damit einhergehende Komplexität der Lösungskonzepte stellen wachsende Ansprüche an die Betriebsräte. Betriebsräte müssen heute – ähnlich wie die Unternehmensvertreter – Manager mit hoher sozialer, ökonomischer, kommunikativer und internationaler Kompetenz sein. Im Unterschied zu den Geschäftsleitungen sind die Betriebsräte jedoch auf Zeit gewählte Vertreter der Arbeitnehmer und damit (nicht nur bei den Betriebsratswahlen) auf das Vertrauen der Belegschaft angewiesen. Dies führt dazu, dass die Betriebsräte oftmals viel besser in den Belegschaften verankert sind und auch ein höheres Ansehen und Vertrauen genießen als die Unternehmensvertreter.

4.2.1 Die Interessen der Unternehmensführung

Motor jedes unternehmerischen Handelns ist das Streben nach Gewinn. Dies gilt auch dann, wenn das Gewinnstreben durch Begriffe wie Verbesserung der Wettbewerbssituation, Ausnutzung von Synergieeffekten oder Risikostreuung umschrieben wird. Auch die verschiedenen Restrukturierungsmaßnahmen sollen letztlich dazu beitragen, den Gewinn des Unternehmens zu steigern. Das Ziel mag allgemeinverbindlich sein, die jeweilige Ausgangslage und die konkreten Maßnahmen sind es nicht.

Noch immer werden viele Restrukturierungsprozesse aus der puren Not heraus geboren. Auch in diesen Fällen streben die Unternehmen natürlich an, zu irgendeinem Zeitpunkt Gewinne zu erwirtschaften. Tatsächlich wären allerdings schon alle glücklich, wenn es gelingen könnte, die Verluste der vergangenen Jahre nachhaltig zu reduzieren oder auch nur die drohende Insolvenz abzuwenden und den Bestand des Unternehmens zu sichern. In diesen Fällen dürften Kostenreduzierungen, Personalabbau und Kapazitätsanpassungen im Vordergrund stehen.

Von diesen kurzfristigen Maßnahmen zu unterscheiden sind strategische Entscheidungen, etwa zur Erhöhung der Marktmacht am Absatz- und Beschaffungsmarkt, zur Erzielung von Kostenvorteilen aufgrund größerer Produktionsmengen, zur Verbesserung der Kapitalausstattung oder der Senkung von Kapitalkosten oder zur Erzielung steuerlicher Vorteile. Hier dürften Umwandlungen, Spaltungen, Fusionen oder der Wechsel der Rechtsform auf der Agenda stehen – selbstverständlich können auch diese strategischen Entscheidungen mit einschneidenden Personalmaßnahmen einhergehen.

Erdacht und geplant werden diese Vorhaben regelmäßig in den Firmenzentralen oder den Büros von Beratungsunternehmen (wo stets ein gewisses Interesse an Veränderungen besteht). Umgesetzt werden müssen die Pläne aber in den Betrieben und bei den Belegschaften. Veränderungsprozesse, insbesondere wenn diese mit Personalabbau oder sonstigen Personalmaßnahmen einhergehen, sind immer gefahrgeneigt. Aus einer Beunruhigung der Belegschaft kann schnell eine grundsätzliche Ablehnungs- und Abwehrhaltung entstehen. Zudem droht die Abwanderung von Leistungs- und Know-how-Trägern, wenn diese nämlich ihre Entwicklungsmöglichkeiten innerhalb des Unternehmens kritisch sehen. Unternehmen sind also gut beraten, ihre Belegschaften und deren Betriebsräte möglichst frühzeitig über Restrukturierungsvorhaben zu informieren und diese auch bereits bei den Planungen mit einzubeziehen. Transparenz und Offenheit ist meines Erachtens hier nicht nur das Gebot des Betriebsverfassungsgesetzes, sondern auch der ökonomischen Vernunft.

4.2.2 Die Interessen der Betriebsräte

Selbstverständlich sind die Interessenlagen von Betriebsräten und Unternehmensleitungen nicht deckungsgleich. Für Betriebsräte stehen der Erhalt der Arbeitsplätze, die Sicherung der Einkommen und der Arbeitsbedingungen im Vordergrund. Die Gewinnoptimierung des Unternehmens ist nicht die Aufgabe von Betriebsräten. Dies bedeutet allerdings nicht, dass die wirtschaftliche Situation des Unternehmens keine Rolle für die Betriebsräte spielt. Es ist vielmehr so, dass verantwortliche Betriebsräte notwendige Veränderungsprozesse aktiv begleiten und dabei auch das Gesamtinteresse des Unternehmens im Blick haben. Voraussetzung hierfür ist allerdings, dass sich die Unternehmen auch auf einen gemeinsamen Prozess einlassen.

Gerade bei Restrukturierungsprozessen wird deutlich, dass Sozialpartnerschaft zwischen Arbeitgebern und Arbeitnehmern kein nostalgischer Wert aus der Zeit der Bonner Republik ist, sondern dass gelebte Sozialpartnerschaft einen wesentlichen Standort- und Wettbewerbsvorteil darstellt.

Die Tarifpartner in der chemischen Industrie haben hierzu eine gemeinsame Erklärung abgegeben, aus der nachfolgende Auszüge entnommen wurden:

> *„Die Sozialpartner der chemischen Industrie bekennen sich zu ihrer Verantwortung für die Gestaltung der Sozialen Marktwirtschaft. Es ist unser gemeinsames Interesse, mit nachhaltigem unternehmerischen Erfolg die Soziale Marktwirtschaft unter den Bedingungen der Globalisierung weiterzuentwickeln. Unternehmerischer Erfolg, der von nachhaltig handelnden und wettbewerbsfähigen Unternehmen erzielt wird, ist Bedingung für Innovationen, Investitionen und Arbeitsplätze.*
>
> *Die Sozialpartner der chemischen Industrie bekennen sich zu dem Anspruch: Gute Arbeit schaffen. Unser Ziel ist es, unter den Bedingungen des globalen Wettbewerbs die Voraussetzungen für gute Arbeit zu bewahren, um gemeinsam von ihren Vorteilen zu profitieren. Daher werden wir weiterhin – in der Tradition unserer bewährten Sozialpartnerschaft – für eine respektvolle Verständigung eintreten, faire Standards und Regeln einfordern und mitgestalten, Vertrauen aufbauen und verantwortungsvoll für gute Arbeit eintreten. Nachhaltiger unternehmerischer Erfolg ist dabei die Basis für gute Arbeit. Sie erfordert die Harmonisierung von Lebens- und Arbeitswelt. Gute Arbeit fördert Innovation und Wettbewerbsfähigkeit durch Qualifikation und Weiterbildung. Gute Arbeit ist geprägt von einer Kultur der Teilhabe und Mitgestaltung.“*

4.2.3 Externe Unterstützung durch Berater

Externe juristische und betriebswirtschaftliche Berater sollten diese besondere Situation der Betriebsräte stets vergegenwärtigen und sich nicht auf juristische oder betriebswirtschaftliche Beratung beschränken. Eine ganzheitliche Beratung umfasst daher gerade in Krisensituationen auch die Unterstützung im Umgang mit den Belegschaften (interne Kommunikation) und den Medien (externe Kommunikation).

Auch eine ganzheitliche Beratung sollte sich jedoch immer auf die Beratung beschränken: Berater unterstützen – die Entscheidungen treffen die Betriebsräte.

Voraussetzungen für die Hinzuziehung von Beratern durch Betriebsräte
Restrukturierungen sind im Normalfall komplexe Prozesse, die betriebswirtschaftlich, sozialpolitisch, kommunikativ und nicht zuletzt auch juristisch erhebliche Anforderungen an die Beteiligten stellen. Zur Bewältigung dieser Schwierigkeiten greifen die Geschäftsleitungen – je nach Größe und finanzieller Leistungsfähigkeit des Unternehmens – regelmäßig auf spezialisierte Berater zurück. Für Betriebsräte ist die Hinzuziehung von Beratern noch längst nicht die Regel. Zum einen versuchen viele Betriebsräte – gerade in mittelständischen Familienbetrieben –, die Probleme „irgendwie" selbst in den Griff zu bekommen, zum anderen wehren sich viele Unternehmen gegen externe Berater auf Seiten der Betriebsräte.

Die Rechtsprechung zur Zulässigkeit, Gebotenheit und Erforderlichkeit der Hinzuziehung von Beratern von Betriebsräten kann hier außer Acht gelassen werden. Es soll genügen, die beiden wesentlichen Normen des Betriebsverfassungsgesetzes zu benennen:

> *§ 80 III BetrVG*
> *Der Betriebsrat kann bei der Durchführung seiner Aufgaben nach näherer Vereinbarung mit dem Arbeitgeber Sachverständige hinzuziehen, soweit dies zur ordnungsgemäßen Erfüllung seiner Aufgaben erforderlich ist.*

> *§ 111 BetrVG*
> *In Unternehmen mit in der Regel mehr als zwanzig wahlberechtigten Arbeitnehmern hat der Unternehmer den Betriebsrat über geplante Betriebsänderungen, die wesentliche Nachteile für die Belegschaft oder erhebliche Teile der Belegschaft zur Folge haben können, rechtzeitig und umfassend zu unterrichten und die geplanten Betriebsänderungen mit dem Betriebsrat zu beraten. Der Betriebsrat kann in Unternehmen mit mehr als 300 Arbeitnehmern zu seiner Unterstützung einen Berater hinzuziehen; § 80 Abs. 4 gilt entsprechend; im Übrigen bleibt § 80 Abs. 3 unberührt. Als Betriebsänderungen im Sinne des Satzes 1 gelten*

1. *Einschränkung und Stilllegung des ganzen Betriebs oder von wesentlichen Betriebsteilen,*
2. *Verlegung des ganzen Betriebs oder von wesentlichen Betriebsteilen,*

3. *Zusammenschluss mit anderen Betrieben oder die Spaltung von Betrieben,*
4. *grundlegende Änderungen der Betriebsorganisation, des Betriebszwecks oder der Betriebsanlagen,*
5. *Einführung grundlegend neuer Arbeitsmethoden und Fertigungsverfahren.*

Der Unterschied zwischen beiden Vorschriften besteht darin, dass Betriebsräte in Unternehmen mit mehr als 300 Arbeitnehmern ohne vorherige Zustimmung durch den Arbeitgeber einen Berater hinzuziehen dürfen. In kleinen Unternehmen muss der Betriebsrat dagegen vor der Beauftragung von Sachverständigen die Zustimmung des Arbeitgebers einholen. Tatsächlich ist der Unterschied zwischen den beiden Normen nicht wirklich bedeutsam. Zum einen kann die fehlende Zustimmung des Arbeitgebers durch die Arbeitsgerichte ersetzt werden, zum anderen können sich die Arbeitgeber in Unternehmen mit mehr als 300 Arbeitnehmern auch von Anfang an weigern, die Kosten für die Beauftragung von Sachverständigen zu übernehmen, so dass auch in diesem Falle die Gerichte prüfen müssen, ob der Betriebsrat einen Anspruch auf Hinzuziehung von Sachverständigen hat. Die Gerichte werden einen entsprechenden Anspruch des Betriebsrats in der Regel dann bejahen, wenn eine Betriebsänderung i. S. d. § 111 BetrVG vorliegt oder ein relevanter Personalabbau nach § 112a BetrVG geplant ist.

In diesen Fällen sind Arbeitgeber (und ihre Berater) gut beraten, sich der Hinzuziehung von Sachverständigen nicht zu versperren. Erfahrungsgemäß müssen Restrukturierungsprozesse unter erheblichem Zeitdruck abgewickelt werden. Bei in Turbulenzen geratenen Unternehmen kann die Frage, wie schnell eine Kostenreduzierung durch Personalanpassungen umgesetzt werden kann, über den Fortbestand des Unternehmens entscheiden. Und auch bei Betriebsspaltungen oder Fusionen ist der Zeitfaktor der größte Deal Breaker. Unternehmen, die sich dem berechtigten Anspruch ihrer Betriebsräte auf Unterstützung durch Sachverständige versperren, riskieren eine deutliche Zeitverzögerung, die unter Umständen schwerwiegende Konsequenzen für den Prozess haben kann. Schon an dieser Stelle wird deutlich, dass der Zeitfaktor eine scharfe Waffe für Betriebsräte darstellen kann. Unternehmen und ihre Berater sollten dies bereits zu Beginn der Verhandlungen berücksichtigen.

Berater unterstützen die Betriebsräte bei den komplexen Fragestellungen. Sie helfen bei der Strukturierung der Verhandlungen und tragen dazu bei, dass Verhandlungen im Interesse des Unternehmens und der Beschäftigten sachgerecht durchgeführt werden können.

Exkurs: Sachverständige und Gewerkschaften

Die Beratung und Unterstützung von Betriebsräten ist neben der Tarifpolitik die ureigenste Aufgabe der zuständigen Gewerkschaften. Die zuständigen Gewerkschaftssekretäre sind in der Regel als Erste „vor Ort" und helfen entsprechend. Externe Berater sind nicht Ersatz, sondern Ergänzung. Die Verantwortlichkeit für die Beschäftigten wird durch die Beauftragung von externen Sachverständigen genauso wenig verschoben, wie die Beauftragung von Beratungsunternehmen eine Geschäftsleitung aus ihrer eigenen Verantwortung entlassen kann.

Der Vorsitzende der IG BCE Michael Vassiliadis hat das Spannungsverhältnis Berater-/Gewerkschaft wie folgt beschrieben:

„Arbeitnehmerorientierte Berater müssen wissen, wen sie beraten. Ich meine die spezifische und politische Welt der Interessenvertretung, in der die Beratung von Betriebsräten und Gewerkschaften stattfindet. Es ist zugleich ein wirtschaftlicher, rechtlicher, sozialer, politischer öffentlicher und auch ein vertraulicher Kontext. In dieses traditionelle Vertrauensverhältnis kommt nun ein Dritter hinzu. Wenn wir als Gewerkschaften externen Beratern den Eintritt in unsere Betriebe organisieren, dann muss gewährleistet sein, dass sie ein Verständnis zu diesem traditionellen Vertrauensverhältnis bekommen."

Interessenwahrnehmung
Die Aufgabe von Beratern ist es, die Interessen ihrer Mandanten wahrzunehmen. Es ist selbstverständlich, dass man Interessen nur dann wahrnehmen kann, wenn klar ist, welche Interessen der Mandant verfolgt. Ebenso wichtig ist aber auch die Kenntnis der Interessenlage der „anderen Seite". Um Verhandlungen erfolgreich führen zu können, muss man wissen, welche Beweggründe die Verhandlungspartner leiten und welche Ziele die Verhandlungspartner verfolgen. Hilfreich ist es, sich gelegentlich auf die „andere Seite des Schachbretts zu setzen" und die Stellung aus der Sicht des Verhandlungspartners zu analysieren.

4.2.4 Verhandlungen über einen Interessenausgleich und einen Sozialplan

Allgemeines
Im Interessenausgleich wird geregelt, ob eine Betriebsänderung überhaupt durchgeführt werden soll und wenn ja, in welchem Ausmaß, mit welchen Inhalten und in welchem zeitlichen Rahmen. Für den Betriebsrat geht es hier darum, Nachteile für die Arbeitnehmer erst gar nicht entstehen zu lassen oder aber die Anzahl der betroffenen Arbeitnehmer und Intensität der Betroffenheit möglichst gering zu halten. Die Milderung der wirtschaftlichen Nachteile ist nicht Gegenstand des Interessenausgleichs, sondern des Sozialplans.

Bei einem Interessenausgleich handelt es sich nach der Rechtsprechung des BAG nicht um eine Betriebsvereinbarung, sondern „um eine kollektive Vereinbarung sui generis". Dies hat zur Folge, dass weder der Arbeitgeber noch der Betriebsrat die Einhaltung der in dem Interessenausgleich getroffenen Vereinbarungen auf dem Rechtswege durchsetzen können. Weicht der Arbeitgeber in erheblichem Maße von den getroffenen Vereinbarungen ab, so begründet dies lediglich den einklagbaren Anspruch der Beschäftigten auf Nachteilsausgleich nach § 113 BetrVG (s. unten). Sofern eine größere rechtliche Sicherheit gewünscht ist, ist es angezeigt, die entsprechenden Themen im Interessenausgleich lediglich zu benennen und sodann in getrennten (einklagbaren) Betriebsvereinbarungen festzulegen.

Anders verhält es sich bei den Regelungen in einem Sozialplan. Weigert sich der Arbeitgeber, die im Sozialplan vorgesehenen Leistungen zu erbringen, so können die betroffenen Arbeitnehmer (nicht der Betriebsrat) ihre Ansprüche aus dem Sozialplan vor den Arbeitsgerichten einklagen. Verletzt der Arbeitgeber Ansprüche auf Mitwirkungsrechte des Betriebsrats, die er diesem im Sozialplan eingeräumt hat, so kann der Betriebsrat dagegen unter Bezugnahme auf den Sozialplan eine einstweilige Verfügung beantragen.

Zuständigkeit

Vor Beginn der Verhandlungen muss zunächst geklärt werden, welches Betriebsratsgremium für die Wahrnehmung der Beteiligungsrechte zuständig ist. Erfahrungsgemäß wird diese Frage von vielen Unternehmen höchst fahrlässig behandelt. Unternehmen haben in der Regel ein Interesse daran, die anstehenden Verhandlungen mit einem Verhandlungspartner abzuwickeln, und sind daher sehr daran interessiert, dass die Verhandlungen auf Konzern- oder Gesamtbetriebsratsebene durchgeführt werden. Dies mag auf den ersten Blick bequem sein, nach der Kompetenzverteilung des Betriebsverfassungsgesetzes liegt die originäre Kompetenz jedoch bei den örtlichen Betriebsräten. Eine originäre Zuständigkeit des Gesamtbetriebsrats besteht nur dann, wenn kumulativ zwei Voraussetzungen erfüllt sind:

Die Angelegenheit muss das Gesamtunternehmen oder mehrere Betriebe des Unternehmens betreffen,
und die Angelegenheit kann nicht durch die einzelnen Betriebsräte innerhalb ihrer Betriebe geregelt werden (§ 50 I BetrVG).

Das BAG hat hierzu ausgeführt, dass Interessenausgleich und/oder Sozialplan notwendigerweise einheitlich geregelt werden müssen. Dies sei immer dann der Fall, wenn entweder Regelungen auf der betrieblichen Ebene objektiv unmöglich sind oder ein zwingendes Erfordernis für eine unternehmenseinheitliche Regelung bestünde. Das BAG hat dabei ausdrücklich darauf hingewiesen, dass bloße Zweckmäßigkeitserwägungen des Unternehmens nicht ausreichend seien (BAG vom 26.01.1993 1 AZR 303/92).

Für das Unternehmen sind also Verhandlungen mit dem GBR ein wenig gefahrgeneigt. Falls die Interessenausgleichsverhandlungen beispielsweise zu Ergebnissen kommen, die einen Standort des Unternehmens besonders hart treffen, so wird der Betriebsrat dieses Standorts den Interessenausgleich mit der Begründung anfechten, dass das Unternehmen mit dem „falschen" Gremium verhandelt hat. Falls das Arbeitsgericht dieser Argumentation folgt, müssen die Verhandlungen von vorne beginnen. Für das Unternehmen kann dies dramatische Konsequenzen haben.

Einen Ausweg aus diesem Dilemma bietet § 50 II BetrVG. Danach kann der örtliche Betriebsrat den GBR (auch höchst vorsorglich) beauftragen, eine Angelegenheit für ihn zu behandeln. Der örtliche Betriebsrat kann sich dabei die abschließende Entscheidungsbefugnis vorbehalten. Dies bedeutet, dass die vom GBR ausgehandelten Ergebnisse vor Abschluss der Vereinbarungen von den örtlichen Betriebsräten genehmigt werden müssen. Für die Betriebsräte ist also sichergestellt, dass ihnen die abschließende Entscheidung verbleibt. Für das Unternehmen hat dies den Vorteil, dass im Falle einer Verweigerung der Genehmigung der Ergebnisse die Verhandlungen nicht noch einmal von vorne beginnen müssen, sondern der Weg zur Einigungsstelle frei ist.

Verhandlungen unter Zeitdruck

Unternehmen verbinden die Information ihrer Betriebsräte über bevorstehende Betriebsänderungen oft mit der Ankündigung, dass die Verhandlungen möglichst schnell abgeschlossen werden müssen, da bei zeitlichem Verzug erhebliche Nachteile drohen. Bei notleidenden Unternehmen wird regelmäßig auch mit einer Insolvenz gedroht, falls nicht unverzüglich nachhaltige Kostenreduzierungen realisiert werden können.

Die Unternehmen sollten sich bewusst sein, dass der Aufbau von übermäßigem zeitlichen Druck ein zweischneidiges Schwert ist. Grundsätzlich ist ein Betriebsrat nämlich gut beraten, wenn er dem zeitlichen Druck nicht nachgibt, sondern sich die Zeit nimmt, um sich auf die bevorstehenden Verhandlungen vorzubereiten. Abgesehen von dem Fall, dass ein Betriebsrat tatsächlich nur durch schnelles Handeln eine wirtschaftliche Notsituation abwenden kann, wird der Betriebsrat – sofern er gut beraten ist – den Zeitdruck nämlich umkehren und eine zügige Verhandlung als Gegenleistung für die Erfüllung seiner Verhandlungsziele anbieten. Dies mag den Unternehmen nicht gefallen, es ändert aber nichts an der Tatsache, dass Unternehmen gut beraten sind, wenn sie eine entsprechende Abwägung vor Beginn der Verhandlungen vornehmen. Selbstverständlich ist die genaue Kenntnis der rechtlichen Rahmenbedingungen für Verhandlungen über einen Interessenausgleich und einen Sozialplan unerlässlich, mindestens genauso wichtig ist jedoch auch eine gewisse Erfahrung in Verhandlungstaktik und -strategie.

Informationsphase

Unternehmen sollten bei ihrer zeitlichen Planung berücksichtigen, dass professionell agierende Betriebsräte nicht unmittelbar nach Ankündigung der geplanten Maßnahmen in Verhandlungen über einen Interessenausgleich und/oder einen Sozialplan eintreten werden. Zunächst wird der Betriebsrat alle erforderlichen Informationen über die Betriebsänderung bei der Geschäftsleitung einholen. Hierzu gehören auch zwingend eine Einschätzung der aktuellen wirtschaftlichen Situation des Unternehmens und die von der Geschäftsleitung mit den Maßnahmen erhofften Effekte. Es bietet sich an, der Geschäftsleitung einen ausführlichen Fragenkatalog zu übermitteln, der (jedenfalls gedanklich) in drei Kapitel gegliedert werden sollte, nämlich (1) wo stehen wir, (2) welche Ziele verfolgt die Geschäftsleitung mit der Betriebsänderung und (3) wie will die Geschäftsleitung diese Ziele erreichen.

Unternehmen sollten in ihrem eigenen Interesse die Fragen des Betriebsrats möglichst umfassend und substanziiert beantworten. Offenheit und Transparenz führen zur Beschleunigung des Prozesses und können das notwendige Vertrauen schaffen, das für erfolgreiche Verhandlungen hilfreich ist. Darüber hinaus können die Fragen des Betriebsrats dem Unternehmen auch Schwachstellen ihrer Konzepte aufzeigen. Betriebsräte sprechen nämlich auch Themen an, die das Unternehmen bislang tunlichst ausgeklammert hat. Die Beantwortung der Fragen des Betriebsrats zwingt die Unternehmen zu eindeutigen Festlegungen.

Sollte das Unternehmen dennoch dem Betriebsrat die erforderlichen Informationen vorenthalten wollen, so kann der Betriebsrat seinen Anspruch gegebenenfalls durch den Erlass einer einstweiligen Verfügung erzwingen. Auch kann der Betriebsrat den Konflikt über die erforderlichen Informationen zum Gegenstand einer Einigungsstelle nach § 109 BetrVG machen. Jedenfalls kann das Unternehmen nicht verlangen, mit den Verhandlungen zu beginnen, solange es Informationen rechtswidrig vorenthält.

Nachdem die Antworten auf den Fragenkatalog vorliegen und von der Geschäftsleitung erläutert worden sind, können die Prämissen der Geschäftsleitung unter Zuhilfenahme des betriebswirtschaftlichen Beraters überprüft werden. Am Ende der Informationsphase sollten sich die Betriebsräte ein möglichst genaues Bild über die Lage des Unternehmens und die Auswirkungen der angekündigten Maßnahmen verschafft haben.

Vorbereitung der Verhandlungen

Vor Eintritt in die Verhandlungen sollte sich der Betriebsrat über seine Verhandlungsziele klar sein. Die Bestimmung der Verhandlungsziele hängt vom Handlungsbedarf, den finanziellen Rahmenbedingungen sowie von den Durchsetzungsmöglichkeiten ab.

Der Handlungsbedarf des Betriebsrats hängt im Wesentlichen davon ab, welche negativen Auswirkungen für die Beschäftigten mit der Betriebsänderung einhergehen. Die „Gefährdungsanalyse“ entspricht den Handlungsmöglichkeiten der Unternehmen. Folgende Maßnahmen sind denkbar:

1. **Arbeitsplätze:** Neben der Reduzierung des Personals ist auch die innerbetriebliche oder überbetriebliche Versetzung wichtig.
2. **Arbeitszeit:** Beispielsweise Verlängerung der Arbeitszeit bei angepasstem Entgelt entsprechend den tariflichen Möglichkeiten oder die Einführung neuer Schichtsysteme.
3. **Einkommen:** Etwa in Form von Abschlägen übertariflicher Entgeltbestandteile, Verzicht auf Einmalzahlungen oder Reduzierung der Wochenarbeitszeit mit Lohnausgleich.
4. **Sonstige Nachteile:** Beispielsweise Umzugskosten oder längere Fahrtzeiten zur Arbeitsstätte, Entwertung erworbener Qualifikationen, Verschlechterung der Arbeitsbedingungen oder der Sozialleistungen.

Nachdem der Betriebsrat den Handlungsbedarf identifiziert hat, muss er sich entscheiden, welche Ziele er in den Verhandlungen erreichen will. Grundsätzlich kann der Betriebsrat versuchen,

1. die Betriebsänderung gänzlich zu verhindern,
2. die Betriebsänderung im Interesse der Beschäftigten abzumildern,
3. die Betriebsänderung zeitlich zu verzögern oder
4. die Betriebsänderung im Grundsatz zu akzeptieren.

Sollte es dem Betriebsrat gelingen, die angedrohte Betriebsänderung vollständig zu verhindern, so erübrigen sich selbstverständlich auch Verhandlungen über einen Sozialplan, da mangels Betriebsänderung auch keine Nachteile für die Arbeitnehmer auszugleichen sind. In allen anderen Fällen muss der Betriebsrat jedoch bei seinen strategischen Überlegungen die Frage mit einbeziehen, wie die mit der Betriebsänderung verbundenen Nachteile für die Beschäftigten durch einen Sozialplan ausgeglichen werden können.

Wenn sich der Betriebsrat entschließt, die angekündigte Betriebsänderung abzuwehren, inhaltlich zu verändern (abzumildern) oder zeitlich zu verzögern, wird er vor Beginn der Verhandlungen mit der zuständigen Gewerkschaft und seinen Beratern ein Alternativkonzept zu den Vorstellungen des Unternehmens entwickeln und mit diesem Alternativkonzept in die Verhandlungen gehen. Dies hat den Vorteil, dass sich der Betriebsrat nicht einseitig an dem Konzept des Unternehmens abarbeiten muss, sondern mit einer eigenen Alternative argumentieren kann.

Für den Fall, dass die Kosteneinsparungen auch die Regeln eines Tarifvertrags berühren, ist das Hinzuziehen der zuständigen Tarifpartner auch rechtlich zwingend. Die Regeln der Tarifverträge stehen nicht zur Disposition der Betriebsräte oder der Unternehmen. Sogenannte Sanierungstarifverträge können ausschließlich durch die Tarifvertragsparteien abgeändert werden.

Die Verhandlungen über einen Interessenausgleich und einen Sozialplan

Je nach Umfang und Folgen einer Betriebsänderung kann sich der Zeitraum von der Ankündigung der Betriebsänderung durch das Unternehmen bis zum Beginn der Verhandlungen über einen Interessenausgleich und einen Sozialplan über viele Monate hinziehen. Unternehmen sollten dies bei ihren Planungen berücksichtigen.

Die eigentlichen Verhandlungen können dann allerdings oft in einem überschaubaren Zeitraum durchgeführt werden. Es empfiehlt sich, einen Zeitplan zu vereinbaren, der feste Verhandlungstermine enthält. In den Verhandlungen selbst werden beide Seiten nochmals ihre Konzepte vorstellen und nach und nach zu erkennen geben, ob und an welchen Stellen Kompromissbereitschaft besteht. Ob es zu einer Verständigung kommt, hängt von den Zielen der Verhandlungspartner, ihrer Kompromissbereitschaft und -fähigkeit sowie von ihrem Verhandlungsgeschick ab.

Die Einigungsstelle

Für den Fall, dass sich die Parteien nicht einigen können, steht beiden Parteien der Weg zur Einigungsstelle offen. In der Regel wird das Unternehmen das Scheitern der Verhandlungen feststellen und die Einigungsstelle anrufen. Die Zusammensetzung der Einigungsstelle regelt § 76 II BetrVG wie folgt:

> *Die Einigungsstelle besteht aus einer gleichen Anzahl von Beisitzern, die vom Arbeitgeber und Betriebsrat bestellt werden, und einem unparteiischen Vorsitzenden, auf dessen Person sich beide Seiten einigen müssen. Kommt eine Einigung über die Person des Vorsitzenden nicht zustande, so bestellt ihn das Arbeitsgericht. Dieses entscheidet auch, wenn kein Einverständnis über die Zahl der Beisitzer erzielt wird.*

Sofern auch vor der Einigungsstelle keine Einigung der Parteien auf einen Interessenausgleich und einen Sozialplan erzielt werden kann, wird der Vorsitzende das endgültige Scheitern der Einigungsbemühungen feststellen. Der Einigungsstelle steht es nicht zu, die geplanten Betriebsänderungen durch Mehrheitsbeschluss gegen den Willen des Unternehmens abzuändern oder zu untersagen. Dies wäre ein unzulässiger Eingriff in die unternehmerische Freiheit. Jedoch kann die Einigungsstelle durch Mehrheitsentscheidung einen Sozialplan beschließen, der die wirtschaftlichen Nachteile für die betroffenen Arbeitnehmer mindern soll.

Hat der Vorsitzende das endgültige Scheitern der Verhandlungen festgestellt, so steht dem Unternehmen der Weg zur Umsetzung der geplanten Maßnahmen offen. Ansprüche auf Nachteilsausgleich nach § 113 BetrVG sind in diesem Fall ausgeschlossen.

4.2.5 Risiken

Risiken für das Unternehmen

Verhandlungen über einen Interessenausgleich und einen Sozialplan sind aufwendig, zeitintensiv und unter Umständen mit erheblichen Kosten für das Unternehmen verbunden. Trotzdem wären Unternehmen ausgesprochen schlecht beraten, sollten sie versuchen, die Interessensausgleichsverhandlungen zu umgehen. Zum einen könnte der Betriebsrat hiergegen mit einer einstweiligen Verfügung vorgehen und das Unternehmen so mit gerichtlicher Hilfe an den Verhandlungstisch zwingen. Zum anderen drohen einem Unternehmen, das mitbestimmungspflichtige Betriebsänderungen durchführt, ohne einen Interessenausgleich versucht zu haben, Ansprüche der betroffenen Arbeitnehmer auf Nachteilsausgleich nach § 113 BetrVG.

So können Arbeitnehmer, die unter den Voraussetzungen des § 113 BetrVG ihren Arbeitsplatz verloren haben, beim Arbeitsgericht eine Klage auf Zahlung einer Abfindung erheben. Die nach § 113 BetrVG vom Arbeitsgericht zugesprochene Abfindung wird im Rahmen der Höchstgrenzen nach § 10 KSchG für jeden Arbeitnehmer individuell festgelegt. Die wirtschaftliche Leistungsfähigkeit des Unternehmens bleibt dabei – im Gegensatz zu einem Sozialplan – außer Betracht. Im Ergebnis drohen einem Unternehmen, das die Mitwirkungsrechte des Betriebsrats zu umgehen versucht, also nicht nur eine Vielzahl von Klagen vor dem Arbeitsgericht, sondern auch Zahlungsverpflichtungen, die ein denkbares Sozialplanvolumen deutlich übersteigen können.

Risiken für den Betriebsrat und die Arbeitnehmer

Es wurde mehrfach darauf hingewiesen, dass der Zeitfaktor eine scharfe Waffe in Händen der Betriebsräte sein kann. Aber auch für den Betriebsrat ist das „Spielen auf Zeit" nicht ohne Risiken.

So kann die Verzögerung oder Abschwächung von geplanten Kostenreduzierungen bei insolvenzgefährdeten Unternehmen tatsächlich zu einem Insolvenzantrag führen. Dabei sind es regelmäßig nicht die Geschäftsleitungen der Unternehmen, sondern deren Kreditgeber, die den Ausschlag für den Insolvenzantrag geben. Wenn nämlich die Kreditgeber den Glauben an die Reformfähigkeit des Unternehmens verlieren, weil jeder kleine Fortschritt zäh erkämpft und teuer erkauft werden muss, werden sie ihr Engagement in Frage stellen. Niemand wirft dauerhaft „gutes Geld schlechtem Geld hinterher".

Betriebsräte sollten sich dessen bewusst sein, dass eine Insolvenz tatsächlich das endgültige Aus für das Unternehmen bedeuten kann. Darüber hinaus sind auch die Rechte der Arbeitnehmer und der Betriebsräte in der Insolvenz deutlich eingeschränkt. So kann der Insolvenzverwalter die Ersetzung der Zustimmung zu Betriebsänderungen beim Arbeitsgericht beantragen, wenn nicht innerhalb von drei Wochen ab Verhandlungsbeginn oder berechtigter Aufforderung zur Aufnahme von Verhandlungen ein Interessenausgleich zustande kommt (§ 122 InsO). An Abfindungen dürfen in der Insolvenz nicht mehr als zweieinhalb Monatsgehälter pro Arbeitnehmer gezahlt werden und dies auch nur dann, wenn die Gesamtabfindungssumme nicht mehr als ein Drittel des Wertes der Masse übersteigt. Schon diese beiden Punkte zeigen, dass der Betriebsrat in der Regel ein hohes Interesse an der Vermeidung der Insolvenz haben sollte. Der Betriebsrat sollte sich auch stets vergegenwärtigen, dass das Unternehmen die geplanten Betriebsänderungen nach dem endgültigen Scheitern der Einigungsbemühungen in der Einigungsstelle in der Regel ohne Abstriche umsetzen darf. Je weiter der Verhandlungsprozess also fortgeschritten ist, desto weniger Zugeständnisse wird das Unternehmen machen.

4.2.6 Fazit

Verhandlungen über Betriebsänderungen stellen hohe betriebswirtschaftliche, juristische und vor allem verhandlungstaktische und kommunikative Ansprüche an die Beteiligten. Trotz aller Interessenwidersprüche haben Unternehmen und Betriebsräte dabei eine gemeinsame Verantwortung für das Gesamtunternehmen und die Arbeitnehmer des Unternehmens. Beide Parteien sollten sich stets bewusst sein, dass es bei den Verhandlungen über Betriebsänderungen nicht um das „Gewinnen" oder „Verlieren" geht, sondern darum den wirtschaftlichen Erfolg des Unternehmens langfristig abzusichern und den Interessen der Beschäftigten gerecht zu werden.

4.3 Interessenvertretung in der Restrukturierung – Interview

Klaus Franz

Die Interessen der Mitarbeiter spielen in Restrukturierungen – ungeachtet der Unternehmensgröße – eine wesentliche Rolle. Häufig geht dies einher mit der Streichung einer größeren Anzahl von Arbeitsplätzen und finanziellen Opfern auch der verbleibenden Mitarbeiter, sei es durch Lohnverzicht oder auch unentgeltliche Mehrarbeit. Welchen Anspruch haben Sie als Vertreter der Arbeitnehmer an Restrukturierungskonzepte der Arbeitgeberseite und wann bzw. wie möchten Sie eingebunden werden?

Wenn ein Unternehmen restrukturiert werden muss, ist dies immer ein Zeichen, dass beim Produkt, der Qualität, der Kostenstruktur, der Unternehmenskultur, dem Management oder den MitarbeiterInnen etwas nicht stimmt. Um ehrlich zu sein, bei einem funktionierenden Unternehmen und ausgeprägten Risiko-Management sowie dem entsprechenden Controlling sollte es erst gar nicht zu einer Restrukturierung kommen.

Im Falle einer Restrukturierung muss die Interessenvertretung und gegebenenfalls die Gewerkschaft schon in der Planungsphase, also in die Erstellung eines Restrukturierungsplans, mit eingebunden sein.

Drei Faustregeln sind zwingend zu beachten:

Absolute Transparenz, Zielorientierung der zu treffenden Maßnahmen und alle, vom Azubi bis zum Vorstandsvorsitzenden, müssen ihren Beitrag leisten. Sprich der gefühlten Ungerechtigkeit muss auf jeden Fall Rechnung getragen werden.

Das Unternehmen sollte die Vorschläge des Betriebsrates und seiner Berater ernst nehmen. Kein Unternehmen kann gegen, sondern nur mit der Belegschaft saniert werden. Unternehmen dürfen Interessenvertretungen nicht benutzen, sondern müssen auf gleicher Augenhöhe mit ihnen kooperieren.

Welche Rolle spielt in diesem Zusammenhang aus Ihrer Sicht der Begriff der Nachhaltigkeit?

In der Krise hat die deutsche Mitbestimmung eine Renaissance erfahren. Arbeitnehmervertreter sind oftmals die besseren Krisenmanager. Sie sind in den Belegschaften verwurzelt, genießen ein hohes Maß an Vertrauen und verkörpern Kontinuität und Nachhaltigkeit. Sie haben ein hohes Maß an unternehmerischem Verständnis und eine ausgeprägte Unternehmensidentifikation. Interessenvertretungen haben immer ein sehr langfristiges Interesse an einem gesunden Unternehmen mit sicheren Arbeitsplätzen. Dies ist auch für sie Garant dafür, bei Wahlen Erfolge einzufahren. Mir ist kein Unternehmen bekannt, das durch zu viel Mitbestimmung in die Krise gekommen ist, aber welche, wie Opel, die durch ein Vetorecht der Arbeitnehmer im Aufsichtsrat nachhaltigere Wirkung hätten erzielen können.

Wie sollte aus Ihrer Sicht – abgesehen von dem durch das BetrVG vorgegebenen Rahmen – der Verhandlungsprozess über die Umsetzung eines von Arbeitgeberseite vorgeschlagenen Restrukturierungskonzepts gestaltet werden, und was erwarten Sie von den Beratern der Unternehmensführung, was von der Unternehmensführung selbst?

Die Arbeitnehmervertretung sollte immer die eigene Wahl seiner Berater haben. Berater genießen ein hohes Maß an Vertrauen und damit Verantwortung. Die Berater beider Seiten sollten den gleichen Datenzugang haben sowie die gleichen Analysemethoden anwenden. Berater dürfen nie Selbstzweck sein. Wichtig ist, dass die Berater der Unternehmensleitung immer das eigene Gespräch mit der Interessenvertretung suchen und führen.

Oftmals ist das Image der Berater bei Arbeitnehmervertretern sehr negativ, weil diese selten mit Interessenvertretern reden, die soziale Komponente weniger berücksichtigen und die Erfahrung ist, dass Berater mit ihren schwarzen Koffern und Laptops in Büros einziehen und zum wirklichen Unternehmen und zur Belegschaft wenig oder gar keine Verbindung suchen oder haben. Sie gehen nach getaner Arbeit weg, zum nächsten „Fall", und lassen die Betriebsparteien alleine.

Solche Verhandlungsprozesse sind häufig komplex und langwierig. Welche sozialen und fachlichen Kompetenzen braucht ein Betriebsrat, um die betroffenen Mitarbeiter und ihre Interessen in angemessener Weise zu vertreten?

Sie brauchen den Blick für den/die Einzelne und das Gesamte. Je nach Bildungsgrad und Einkommen ist die Belegschaft den Vorschlägen des Managements gegenüber unterschiedlich aufgeschlossen. Diesen Spagat gilt es zu managen. Oftmals überlagern kurzfristige Interessen der Beschäftigten langfristige und nachhaltige Lösungen. Sie verfolgen die Strategie des sozialen Dialogs und nicht die des Shareholder Value.

Interessenvertretungen müssen oft Tausende Beschäftigte mit unterschiedlicher soziokultureller Herkunft auf ein Ziel, Einschnitte, eine Forderung zusammenbringen. Das ist weitaus schwieriger als die Rolle des Managements. Die Unternehmensführung verhandelt mit wenigen Verhandlungspartnern, aber die Interessenvertretung muss Tausende überzeugen. Ein ergebnisorientiertes und nachhaltiges Management gibt den Gremien des Betriebsrates die nötige Zeit, den Raum, ja, auch Siege sind für diese Überzeugungsarbeit notwendig.

Das Beispiel Opel zeigt, dass Arbeitnehmer durch aktive Wahrnehmung der Mitbestimmung und Gestaltung unternehmerischen Handelns „ihr" Unternehmen retten können. Gleichzeitig gingen große Teile des Managements, bestehend aus Ja-Sagern, in Deckung und hatten kaum Beziehungen zur Außenwelt.

Angesichts immer umfangreicherer betriebswirtschaftlicher Zusammenhänge, insbesondere in Krisensituationen, werden auch die in entsprechenden Konzepten angebotenen Lösungen immer komplexer. Wie sehen Sie in diesem Zusammenhang die Einbindung von externen Beratern auf der Seite der Betriebsräte?

Das A und O ist immer die umfassende und rechtzeitige Information und Konsultation. Dieser Prozess muss ergebnisoffen sein, sich an Fakten, den Wettbewerbern und gegenseitigen Interessen orientieren. Ideologien, egal von welcher Seite, sind kontraproduktiv.

Da ArbeitnehmervertreterInnen ein politisches und kein fachliches Mandat haben, müssen sie die Möglichkeit haben sich fachlich, juristisch, ökonomisch und kommunikativ externem Sachverstand zu bedienen. Diese Sachverständigen müssen „offene Datenbücher" beim Unternehmen vorfinden. Entsprechende gesetzliche Regelungen sehen dies auch vor.

Entscheidend ist jedoch, dass die verantwortlichen ArbeitnehmervertreterInnen auch gegenüber den Beratern „das letzte Wort" haben. Die Berater sind Dienstleister und nicht Player. Sie übernehmen nach Abschluss des Prozesses in der Regel keine Verantwortung und ziehen von dannen.

Welche spezifischen Kompetenzen müssen die Berater eines Betriebsrates heute haben?

Arbeitnehmervertreter müssen sich weiter professionalisieren. Sie brauchen heute fünf umfassende Qualifikationen in entscheidenden Kernkompetenzen: soziale, fachliche, ökonomische, mediale und internationale Kompetenz. Eine Herkules-Aufgabe und dies bei einem Wahlmandat. Dazu sind Berater und Spezialisten notwendig. In der Regel eine Kombination aus Juristen und Betriebswirten.

Entscheidend sehe ich jedoch, dass Berater einen ganzheitlichen Ansatz mit ihren Mandanten finden müssen. Berater haben eine enorm wichtige Funktion, sie haben eine Vertrauensrolle. Berater sollten Alternativen aufzeigen, aber niemals die Entscheider sein.

Sowohl interne als auch externe Kommunikation spielt in Phasen der Restrukturierung eine zunehmend wichtige Rolle. Über welche Fähigkeiten bzw. Instrumente müssen Betriebsräte heute verfügen, um diesen wesentlichen Punkt auch und vor allem im Interesse der Mitarbeiter erfolgreich gestalten zu können?

Der entscheidende Grundsatz ist die offene und transparente Information und Kommunikation gegenüber der Belegschaft. Diese muss immer vor der Öffentlichkeit informiert sein. Diese Kommunikation hat immer dem mit der Belegschaft verabredeten Ziel zu dienen. Abteilungs-, Betriebs- oder Bereichsversammlungen sind je nach Zielgruppe die richtige Kommunikationsform. Flugblätter bergen das Risiko in sich, nach außen getragen zu werden.

Arbeitnehmervertretungen müssen bei jeder Kommunikation im Vorfeld eine Risikoanalyse durchführen, ob die Veröffentlichung schadet oder nutzt. Die Belegschaften und die Öffentlichkeit sind in der Regel auf Harmonie eingestellt. Negative Schlagzeilen helfen angeschlagenen Unternehmen nicht. Die Grundregel sollte sein: Kooperation wenn immer möglich – Konfrontation wenn nötig.

Das Beispiel Opel hat in der Krise gezeigt, dass mit einer balancierten PR-Strategie die Arbeitnehmervertretung in der Öffentlichkeit und Politik punkten kann. Oftmals hat eine gute Pressekampagnen größere Durchschlagskraft, als ein paar Mal „um den Block" zu ziehen. Das eine soll das andere jedoch nicht ausschließen.

Welche Rolle spielt in diesem Zusammenhang die Politik, insbesondere im Rahmen von Restrukturierungen mit einem hohen publizitätswirksamen Zusammenhang – erinnert sei in diesem Zusammenhang an das Engagement des ehemaligen Bundeskanzlers Gerhard Schröder im Fall Philipp Holtzmann – und sind unter dem Primat der Politik nachhaltige Lösungen erzielbar?

PolitikerInnen haben natürlich einerseits ein eigenes Interesse. Auf der anderen Seite darf niemand ihnen ein taktisches Verhältnis unterstellen. Gerade der Fall Opel hat gezeigt, dass es jenseits aller Parteipolitik einen übergroßen Konsens „wir wollen, dass Opel weiter besteht" gab. Über den Weg gab und gibt es unterschiedliche Auffassungen. So wollten SPD, Grüne und die Linke, dass der Staat sich mindestens vorübergehend an Opel beteiligen sollte. Die CDU wollte den Einstieg eines Investors, der dann entsprechende Bürgschaften erhalten sollte, und schließlich zu Guttenberg, der die geregelte Insolvenz forderte. Brüderle als Wirtschaftsminister hat sich dann populistisch auf dem

Rücken der Opel-Beschäftigten profiliert. Dies alles mitten in der ersten Finanzmarktkrise, wo viel und in großer Übereinstimmung über die Rettung der Banken geredet und verabredet wurde. Über die Realwirtschaft am Beispiel von Opel wurde oftmals eine Schattendiskussion geführt, ob das Unternehmen systemrelevant ist oder nicht.

Schwierig kann es für ein Unternehmen und die Belegschaft werden, wenn Beispiele wie z. B. Holzmann gescheitert sind oder Politiker sich nur aus populistischen Erwägungen an die Spitze der Bewegung setzen. Oder wenn wegen parteipolitischen Differenzen, ideologischen Unterschieden der Restrukturierungsfall oder das Anliegen der Beschäftigten untergehen.

Schwieriger wird die Kooperation oder der Schulterschluss mit der Politik, wenn die Parteien sich im Wahlkampf befinden. Diese Widersprüchlichkeiten bedürfen einer genauen Risikoanalyse im Vorfeld, um die richtige Strategie zu finden. Aber oftmals muss die Politik auf kommunaler, Landes- oder Bundesebene alleine schon wegen eventueller Auswirkungen mit an Bord genommen werden. Eines ist aber auch klar, dass im Schulterschluss mit der Politik die Publizität und die öffentliche Wahrnehmung erheblich ausgeprägter sind.

Global tätige Unternehmen verfügen häufig über Konzernzentralen außerhalb Deutschlands. Somit werden in Restrukturierungsprozessen oft Entscheidungen zentral getroffen, die unmittelbare Auswirkungen auf inländische Tochtergesellschaften haben. Wie können inländische Betriebsräte in solchen Situationen bereits zu einem möglichst frühen Zeitpunkt Einfluss nehmen?

Sie brauchen einen direkten Draht nach oben. Sie müssen sich informell und offiziell Zugang zu den Entscheidern verschaffen. Das ist vom Ergebnis unbedingt notwendig und verschafft den Arbeitnehmervertretern aber auch den Respekt und den notwendigen Einfluss beim nationalen Management. Oftmals ist es entscheidend, bei Restrukturierungen an der „Lehmschicht“ vorbei das Top-Management zu informieren und um die eigenen Ideen zu werben. In der Regel spielt im Falle von Restrukturierungen das nationale Management dem Entscheidungsgremium gegenüber auch nicht mit offenen Karten.

Der direkte Zugang zum Top-Management ist auch wichtig, um dieses aus erster Hand über kulturelle, rechtliche und gesellschaftliche Differenzen zur Konzernzentrale zu versuchen zu überzeugen. In dieser Angelegenheit muss das internationale Recht, die Direktive zur Information und Konsultation ausgedehnt werden. Entscheidend ist jedoch, internationalen Vertretungsgremien die rechtlich verbindliche Vertragskompetenz zu geben. Bis dies gesetzlich geregelt ist, sollte dies mittels freiwilliger Vereinbarungen mit dem Konzern geschehen. Vereinbarungen, die zulassen, dass die Arbeitnehmervertreter noch *vor* der Management-Entscheidung im Sinne von Alternativvorschlägen einbezogen werden. So geschehen bei Opel/Vauxhall.

Schauen wir noch auf einen weiteren wesentlichen Punkt: die weiter fortschreitende Internationalisierung der Unternehmen und damit einhergehend die Internationalisierung des Wettbewerbs um Arbeit. Welchen Einfluss hat das auf die Sichtweise und das Handeln eines Betriebsrates in einem international agierenden Konzern im Rahmen einer Restrukturierung?

Eine der spannendsten Fragen.

Von ihrer historischen Entwicklung, ihrem Ansatz und von ihrer Verankerung in der Gesellschaft sind Gewerkschaften in der Regel nationalstaatlich organisiert und fokussiert. Bei Restrukturierungen geht es heute immer um international vernetzte Unternehmen und in der Regel um Kosten, Standorte, Kapazitäten und Märkte. Um eine nachhaltige Gegenmacht und Arbeitnehmerstrategie entfalten zu können, müssen Gewerkschaften und Arbeitnehmervertreter diese Enge des nationalstaatlichen Denkens und Handelns verlassen. Wer sich nur auf die Lösung des Problems in einem Land konzentriert, wird im besten Fall nur einen kurzfristigen „Sieg" zu Lasten einer anderen Belegschaft oder Standortes in einem anderen Land erzielen.

Deshalb sage ich auch, dass die internationale Kompetenz ein Schlüssel für erfolgreiche Arbeitnehmerpolitik ist. Das bedeutet die Fähigkeit, „in die Schuhe des anderen zu schlüpfen", sich der anderen, oftmals fremden Sicht-, Denk- und Handlungsweise zu öffnen und sich diese zu eigen zu machen. Gerade für uns Deutsche mit der Mitbestimmung, den umfassenenden Arbeitnehmerrechten und dem ausgeprägten sozialen Dialog ist das Verlassen der eigenen Sichtweise zugunsten der des anderen oftmals sehr schwer. Dazu kommt, dass es für alle Beteiligten einfach ist, Wachstum solidarisch zu verteilen. Kürzungen, Rückbau, Werkschließungen, Entlassungen aber eine Art Supergau für Arbeitnehmervertretungen darstellen.

Wir haben Bei Opel/Vauxhall in einem Prozess der Logik, von der internationalen Ebene auf die nationale Ebene zu gehen, Vertrauen und gegenseitigen Respekt geschaffen. In all den Krisenzeiten war und ist unser Motto: „To share the pain."

Ist aus Ihrer Sicht damit zu rechnen, dass sich auch die Strukturen in den Arbeitnehmervertretungen weiter internationalisieren werden, und was bedeutet das für die persönlichen Anforderungen an die Ausübung eines Amtes im Betriebsrat?

Ja, auf jeden Fall werden sich Arbeitnehmervertreter und Gewerkschaften verändern, internationaler werden und das nicht nur am 1. Mai, sondern dieser internationale Ansatz muss in der Zukunft der Ausgangspunkt von jeder Überlegung, jeder Strategie sein.

Diese internationale Kompetenz zeigt sich darin, wie aufgeschlossen ist sie oder er gegenüber dem Fremden, dem Unbekannten. Das Erlernen von Fremdsprachen, mindestens Englisch, ist Grundvoraussetzung. Um all diese Aufgaben zu stemmen, sind Teams, Fachreferenten und Berater unumgänglich. Der Einsatz von modernen Kommunikationsinstrumenten ist selbstverständlich. Aufbau von internationalen Behördenkontakten z. B. ILO in Genf, die europäische Politik in Brüssel und Strasbourg und schließlich die Einbindung in die europäischen Gewerkschaftsstrukturen wie im Falle der Metallindustrie den EMB und global den IMB.

Wie in allen anderen Bereichen des Handels werden Interessenvertreter immer professioneller, sie müssen sich crossfunktional aufstellen und dürfen dabei jedoch nie vergessen, woher sie kommen, wer sie gewählt hat und wem sie verbunden und verpflichtet sind.

4.4 Die betriebliche Altersversorgung in der Restrukturierung

Christian Freiherr von Buddenbrock und Jörn Manhart

Abstract

Die betriebliche Altersversorgung stellt für Unternehmen häufig eine der größten zu bilanzierenden Verpflichtungspositionen dar. Im Gegenzug ist die betriebliche Altersversorgung für heutige Arbeitnehmer und zukünftige Rentnergenerationen ob der Reduzierung der Leistungen aus der gesetzlichen Rentenversicherung ein wesentlicher Baustein der Alterseinkünfte. Vor dem Hintergrund dieser gesellschaftlichen Relevanz sollen die nachfolgenden Ausführungen – nach einer kurzen Einführung in die rechtlichen Gestaltungsformen der arbeitgeberfinanzierten betrieblichen Altersversorgung und der beteiligten Stakeholder aus Sicht der Autoren – darstellen, wie die betriebliche Altersversorgung im Rahmen einer Unternehmensrestrukturierung bzw. -sanierung vor dem Eintritt einer insolvenzantragspflichtigen Situation berücksichtigt werden kann. In diesem Zusammenhang werden zunächst die klassischen arbeitsrechtlichen Handlungsinstrumentarien sowie ihre Wirkungsmöglichkeiten auf die betriebliche Altersversorgung beleuchtet und an einem Musterfall dargestellt. Zuletzt werden in kurzen Exkursen die Möglichkeiten der umwandlungsrechtlichen Trennung von Versorgungsverpflichtungen und der sanierende Übertragungsansatz in der Insolvenz mit Blick auf die betriebliche Altersversorgung behandelt.

4.4.1 Die Bedeutung der betrieblichen Altersversorgung

Nach einer Untersuchung von TNS Infratest Sozialforschung, die alle Durchführungswege der betrieblichen Altersversorgung umfasste, hatten zum Schluss des Kalenderjahres 2007 64 % aller sozialversicherungspflichtig Beschäftigten in Deutschland eine Betriebsrentenanwartschaft (vgl. Arbeitsgemeinschaft für betriebliche Altersversorgung e. V., URL http://www.aba-online.de/seiten/betriebsrente/daten_fakten/2_Verbreitung_bav/A_Infratest_und_Ifo/2Aa_Infratest2006_Studie.shtml, zuletzt abgerufen am 23.02.2012). 53 % dieser Personen hatten Anwartschaften über eine Direktzusage (Arbeitsgemeinschaft für betriebliche Altersversorgung e. V., URL http://www.aba-online.de/seiten/betriebsrente/daten_fakten/1_Deckungsmittel_bav/1a_deckungsmittel.shtml?navid=36, zuletzt abgerufen am 23.02.2012).

Die hohe gesellschaftliche Durchdringung spiegelt die gesellschaftliche Relevanz der betrieblichen Altersversorgung wider. Unumstritten wird sie heute nach der gesetzlichen Rentenversicherung und vor der privaten Altersvorsorge als die zweite Säule des Ruhestandseinkommens in Deutschland betrachtet. Diese Bedeutung ist seitens der Politik in jüngerer Vergangenheit insbesondere durch das Alterseinkünftegesetz 2004 (in Kraft getreten zum 1. Januar 2005) gefördert worden, nachdem die dritte Säule mit dem 2001 verabschiedeten Altersvermögensgesetz („Riester-Rente") gefördert worden war.

Mit der Stärkung der zweiten und dritten Säule der Alterseinkünfte hat der Gesetzgeber versucht, den zu erwartenden demografischen gesellschaftlichen Veränderungen und den damit einhergehenden Verringerungen des Versorgungsniveaus der umlagefinanzierten gesetzlichen Rentenversicherung Rechnung zu tragen. In Verbindung mit den weiteren Reformen aus dem RV-Nachhaltigkeitsgesetz wird das Leistungsniveau der Gesetzlichen Rentenversicherung bis 2030 um rund 20 % sinken. Das Mindestsicherungsniveau für das Rentenniveau Netto vor Steuern liegt demnach bis zum Jahr 2020 bei 46 % und bis zum Jahr 2030 bei 43 % (vgl. http://de.wikipedia.org/wiki/Standardrentenniveau, abgerufen am 15.03.2012).

Hieraus ist indes zweierlei abzuleiten. Aus Sicht der Arbeitnehmer bzw. der Versorgungsberechtigten stellt die betriebliche Altersversorgung (insbesondere perspektivisch) nicht ein Zusatzeinkommen für Luxusaufwendungen dar, sondern wird (zumindest häufig) der Grundversorgung dienen müssen.

Aus Arbeitgebersicht verdeutlicht dies, welch erheblicher Teil der Ruhestandsfinanzierung nicht umlagefinanziert durch die öffentliche Hand, sondern durch die Privatwirtschaft in unmittelbarer Finanzierung zu leisten ist.

Diese Bedeutung der betrieblichen Altersversorgung lässt bereits vermuten, dass die betrieblichen Versorgungssysteme erheblichen Niederschlag in den Finanzdaten der Privatwirtschaft finden müssen. So betrugen die Deckungsmittel der betrieblichen Altersversorgung zum Ende des Jahres 2009 in allen Durchführungswegen auch EUR 468,2 Milliarden (betriebliche Altersversorgung 2011, 476). Nach Angaben des Pensionssicherungsvereins aG, der gesetzlich und mit hoheitlichem Auftrag versehenen Einrichtung zur Organisation und Administration der Insolvenzsicherung der betrieblichen Altersversorgung, betrug der insolvenzgeschützte Kapitalwert am 31. Dezember 2010 bei derzeit zehn Millionen Versorgungsberechtigten EUR 289 Milliarden (vgl. PSVaG, Fakten und Zahlen, abgerufen am 15.03.2012: http://www.psvag.de/framesets/wir2.html). Durchschnittlich ergibt dies einen Wert von EUR 28.900 je Versorgungsberechtigtem.

4.4.2 Gesellschaftliche und rechtliche Realität der betrieblichen Altersversorgung

Aus §§ 1 Abs. 1 Satz 2, Abs. 2, 1b Abs. 24 BetrAVG lässt sich entnehmen, dass die betriebliche Altersversorgung in Deutschland fünf Durchführungswege, zwei Finanzierungsformen und drei Zusageformen kennt. Hiermit ist die betriebliche Altersversorgung derzeit abschließend normiert, es ist somit unzulässig, weitere Durchführungswege etc. zu erschließen (vgl. Rolfs/Giesen et al., Clemens, BeckOK Arbeitsrecht, BetrAVG, § 1 Rn. 31). Diese Durchführungswege lassen sich zunächst in zwei Kategorien einteilen: interne Durchführungswege, bei denen der Arbeitgeber der allein Verpflichtete ist, und externe, bei denen neben dem Arbeitgeber noch ein Dritter verpflichtet ist. Der Arbeitgeber haftet gemäß § 1 Abs. 1 Satz 3 BetrAVG jedoch auch in diesen externen Durchführungswegen weiterhin für die Leistungsfähigkeit der Gesellschaft, streitig ist jedoch, ob der Arbeitgeber lediglich nachrangig oder gesamtschuldnerisch mit der externen Gesellschaft haftet (vgl. Rolfs/Giesen et al., Clemens, a. a. O., Rn. 32; Blomeyer et al., Rolfs, BetrAVG, 5. Auflage, § 1 Rn. 272).

4.4.2.1 Interne Durchführungswege

Die Grundform der betrieblichen Altersversorgung ist die *Direktzusage*. In diesem Fall verspricht der Arbeitgeber, Rentenleistungen nach Eintritt des Versorgungsfalls zu erbringen. Er ist dann unmittelbar und direkt selbst verpflichtet und trägt das Risiko einer langen Leistungspflicht alleine (Rolfs, a. a. O., § 1 Rn. 210). Die Verpflichtung bildet der Arbeitgeber über Pensionsrückstellungen ab.

Ein weiterer Fall der internen Durchführung einer betrieblichen Altersversorgung ist die *Unterstützungskassenzusage*. In diesem Fall ist eine Unterstützungskasse Versorgungsträger und übernimmt die Leistungen. Sie gewährt allerdings keinen Anspruch auf Leistung. Der Arbeitgeber muss sich verpflichten, der Unterstützungskasse das erforderliche Vermögen zuzuwenden, diese darf jedoch Vermögen an den Arbeitgeber als Darlehen zurückgewähren, deswegen gilt auch für diesen Durchführungsweg der Insolvenzschutz nach § 7 Abs. 1 Satz 1 Nr. 2 BetrAVG (für das Vorstehende Rolfs/Giesen et al., Clemens, a. a. O., Rn. 34).

4.4.2.2 Externe Durchführungswege

Ein Fall der externen Durchführung ist die *Direktversicherungszusage*, in diesem Fall schließt der Arbeitgeber eine Lebensversicherung für den Arbeitnehmer ab. Der Arbeitgeber als Vertragspartner der Versicherungsgesellschaft ist Schuldner der vereinbarten Prämien. Der Arbeitnehmer oder gegebenenfalls seine Hinterbliebenen sind Berechtigte aus dem Vertrag, es handelt sich also um einen Vertrag mit Schutzwirkung zugunsten Dritter (für das Vorstehende Rolfs/Giesen et al., Clemens, a. a. O., Rn. 35). Verfügungsberechtigt über den Versicherungsvertrag ist allein der Arbeitgeber, der jedoch keine Abtretungen oder Beleihungen mehr durchführen soll, wenn die Unverfallbarkeit nach § 1b Abs. 1 BetrAVG eingetreten ist (Rolfs/Giesen et al., Clemens, a. a. O., Rn. 36). Für die Direktversicherungszusage gilt der Insolvenzschutz nach § 7 Abs. 1 Satz 2 Nr. 1 BetrAVG unter den Voraussetzungen des § 1b Abs. 2 Satz 3 BetrAVG.

Eine weitere Möglichkeit bildet die *Pensionskassenzusage*. Sie sichert die Renten- und Hinterbliebenenversorgung eines oder mehrerer verbundener Unternehmen. Der Arbeitnehmer wird Mitglied der Pensionskasse und erwirbt direkt einen Anspruch gegen sie. Finanziert werden die Renten über Zuwendungen des Arbeitgebers, der diese als Betriebsausgaben steuerlich geltend machen kann (für das Vorstehende Rolfs/Giesen et al., Clemens, a. a. O., Rn. 37). Die Pensionskassenzusage genießt keinen Insolvenzschutz aus § 7 Abs. 1 Satz 1 BetrAVG, da die Pensionskasse ihr Vermögen nur risikoarm anlegen darf und der Arbeitgeber keinen Zugriff auf das Vermögen erhält; die Pensionskasse unterliegt zudem der Versicherungsaufsicht (Rolfs/Giesen et al., Clemens, a. a. O., Rn. 38).

Zuletzt in das BetrAVG eingefügt wurde die Möglichkeit, die *Pensionsfondszusage* als Durchführungsweg auszuwählen. Pensionsfonds arbeiten nach dem Kapitaldeckungsverfahren. Aufgrund der größeren Freiheit, sich am Kapitalmarkt zu betätigen, ist das Risiko bei Pensionsfonds größer als bei den meisten anderen Durchführungswegen, allerdings steigen mit dem Risiko auch die Renditechancen. Beiträge an den Pensionsfonds können als Betriebsausgabe absetzbar sein (für das Vorstehende Rolfs/Giesen et al., Clemens, a. a. O., Rn. 40). Bei der Wahl des Pensionsfonds greift im Insolvenzfall auch der Insolvenzschutz nach § 7 Abs. 1 Satz 2 Nr. 2 BetrAVG (Rolfs/Giesen et al., Clemens, a. a. O., Rn. 41). Der Pensionsfonds erfreut sich aber nach § 10 Abs. 4 BetrAVG einer um 80 % verminderten Betriebshaftpflicht an den PSV aG.

4.4.3 Interessen- und Interessentendefinition

4.4.3.1 Arbeitnehmer

Aus Sicht der Arbeitnehmer stellt die betriebliche Altersversorgung wie bereits oben dargelegt einen wesentlichen Beitrag zur Altersabsicherung dar. Spiegelbildlich zu der wahrgenommenen Bedeutung der betrieblichen Altersversorgung bei der Ermittlung der Attraktivität eines Arbeitgebers am Stellenmarkt hat die betriebliche Altersversorgung für Arbeitnehmer bei der Stellenauswahl eine erhebliche Bedeutung. Arbeitnehmer und die beteiligten Arbeitnehmervertretungen interessiert hierbei häufig nicht allein die Höhe der zugesagten Rentenleistungen, sondern auch die hinreichende Absicherung und Veränderungsfestigkeit der Zusage.

4.4.3.2 Fiskus/Staat

Die Interessen des Staates sind verschieden ausgeprägt. Der Staat als Sozialleistungserbringer hat mit den bereits oben benannten gesetzgeberischen Maßnahmen sein Interesse zum Ausdruck gebracht, das über die gesetzliche Rentenversicherung darzustellende Alterseinkommen zu reduzieren und damit die öffentlichen Haushalte und zuletzt die Beitragslast der Arbeitgeber zu reduzieren. Dieses Interesse wird indes nur erfüllt werden können, wenn Arbeitgeber angehalten werden, betriebliche Altersversorgung in abgesicherter und finanzierbarer Form einzurichten. Andernfalls würden die sozialen Sicherungssysteme die Versorgungslücken im Alter wieder umlagefinanziert auffangen müssen.

In der Anwendung einer kombinierten Zwangs- und Anreizpolitik hat der Gesetzgeber mit der Einführung der gesetzlichen Pflicht zum Angebot der Entgeltumwandlung zumindest das Administrations- und Beratungsrisiko hinsichtlich dieser Form der (wirtschaftlich gesehen) arbeitnehmerfinanzierten betrieblichen Altersversorgung den Arbeitgebern auferlegt. Im Gegenzug hat er die Umwandlungsbeträge von der Sozialversicherungsbeitragspflicht freigestellt, ohne die Arbeitgeber zu verpflichten, diese Einsparung an die Arbeitnehmer weiterzureichen.

Dieses Interesse unterstützt der Staat, indem er den versorgungsversprechenden Unternehmen in den meisten Durchführungswegen die Pflichtabsicherung über den PSV aG gesetzlich auferlegt hat.

Ein häufig konträr ausgerichtetes Ziel verfolgt der Staat im Rahmen der Steuerpolitik bzw. -verwaltung. Pensionsrückstellungen, Umgestaltungen, Durchführungswegwechsel oder die Aufbringung von Beiträgen zu extern finanzierten betrieblichen Versorgungssystemen sind undurchsichtig sowie komplex reglementiert und sorgen nach der Erfahrung der Autoren zumindest in der praktischen Umsetzung häufig für Begehrlichkeiten des Fiskus, um das Steueraufkommen zu erhöhen.

4.4.3.3 Produktanbieter

Externe Durchführungswege kommen nicht aus, ohne dass externe Dritte Lösungen zur externen Abbildung von Versorgungsverpflichtungen anbieten. Bei diesem besteht ein erhebliches Vertriebsinteresse sowie ein Absicherungsinteresse dergestalt, dass in der Versorgungszusage angelegte finanzielle Risiken nicht übernommen werden, sondern lediglich im Rahmen der gewählten Ausfinanzierung administriert werden. Selbst nichtversicherungsförmige Lösungen wie der nichtversicherungsförmige Pensionsfonds gelangen hier nicht in Zielkonflikte, da sie zur Leistung vertraglich und/oder gesetzlich nur so weit verpflichtet sind, wie das vom Arbeitgeber bereitgestellte Geld ausreicht. Gesetzliche Unterstützung findet dies bereits in § 1 Abs. 1 Satz 3 BetrAVG, wonach der Arbeitgeber auch bei externen Durchführungswegen von der Verpflichtung aus der betrieblichen Altersversorgung nie frei wird.

Da das Risiko sowohl in den versicherungsförmigen Lösungswegen wie auch in den nichtversicherungsförmigen limitiert ist, spielen externe Versorgungsanbieter in der Unternehmenskrise als Stakeholder keine maßgebliche Rolle. Als Vehikel können sie aber für Restrukturierungsansätze hilfreich sein.

4.4.3.4 Arbeitgeber

Gerade in den 60er und 70er Jahren des vergangenen Jahrhunderts wurden Pensionszusagen (insbesondere an Gesellschafter-Geschäftsführer) als Steuersparmodell betrachtet. In der Erwartung ständig wachsender Konjunktur glaubte man, dass der spätere Aufwand der Versorgung aus den laufenden Ertragszuwächsen zu bezahlen sei. Die Möglichkeit der Bildung einer Pensionsrückstellung bei Unterlassung der Bildung einer Kapitalrücklage wurde als Steuersparmodell (Stichwort „Innenfinanzierungseffekt") angesehen. Mit der zunehmenden Veränderung der Konjunkturlage und realisierbarer Kapitalrenditen verdeutlichte sich hingegen, dass viele Arbeitgeber hier einem Trugbild aufgesessen waren. Die Ertragszuwächse in der erhofften Form blieben aus, eine Finanzierung der zugesagten Rentenleistungen aus Ertragszuwächsen wurde zunehmend unmöglich und eine Kapitalrücklage war häufig nicht oder nicht hinreichend gebildet, sodass die Liquidität der Gesellschaft erheblich belastet wurde. Diese Bedeutung der Versorgungsverpflichtungen zeigt sich auch darin, dass die angesichts des Verpflichtungsumfanges in die Bilanz gemäß § 253 Abs. 1 HGB/§ 6a EStG einzustellende Pensionsrückstellung häufig die größte Bilanzposition darstellt, sofern der Arbeitgeber nicht bereits von den durch das Bilanzrechtsmodernisierungsgesetz (BilMoG) neu in die Handelsbilanz eingeführten und aus den anglo-amerikanischen Rechnungslegungssystemen nach US-GAAP und IAS/IFRS importierten Saldierungsmöglichkeiten Gebrauch gemacht hat. Dies setzt jedoch wiederum voraus, dass der Arbeitgeber hinreichend und als „Planvermögen" zu qualifizierende Liquidität zur späteren Erbringung der Versorgungsleistungen vorhält. Dies erklärt, weshalb die betriebliche Altersversorgung im Falle der Krise des Unternehmens häufig Begehrlichkeiten weckt: Ohne die betriebliche Altersversorgung hätte das Unternehmen keine Liquiditätsprobleme mehr und die Bilanz würde ein positives Bild zeigen.

Der väterliche Fürsorge-Gedanke der Arbeitgeber hat im Zusammenhang mit der Einrichtung und Durchführung eines betrieblichen Versorgungssystems immer noch erheblichen Stellenwert, wie eine 2011 veröffentlichte Studie im Auftrag der Zurich Versicherung belegt (Zurich/YouGov Psychonomics Report 2011/2012, http://www.zurich.de/NR/rdonlyres/4E19ADFC-78FF-4424-9646-04E05E154374/0/zurich_gruppe_bav_studie.pdf, abgerufen am 15.03.2012).

Hiernach sehen 52 % der befragten Arbeitgeber die Fürsorgepflicht gegenüber den Arbeitnehmern als sehr wichtig, weitere 36 % als eher wichtig an und heben diesen Gesichtspunkt damit auf Platz eins der Gründe für die Einrichtung und Durchführung einer betrieblichen Altersversorgung.

Betriebliche Altersversorgung ist indes auch zu einem wichtigen Bestandteil der Personalpolitik geworden. Gerade im Bereich der hochqualifizierten, begehrten Mitarbeiter kann das Angebot einer gut dotierten Versorgungsregelung neben im Übrigen attraktiven Arbeitsbedingungen die Entscheidung im „War of Talents" (so der von der amerikanischen Unternehmensberatung McKinsey geprägte Terminus für den Kampf der Arbeitgeber um die besten Bewerber am Stellenmarkt, vgl. http://en.wikipedia.org/wiki/The_war_for_talent) bringen.

Betriebliche Altersversorgung ist zudem ein gewichtiges Motivationsinstrument auch für den Arbeitnehmerbestand – 50 % der Arbeitgeber verorten dies nach der Zurich-Umfrage als wichtigen Aspekt – und hilft, Mitarbeiterfluktuation einzuschränken – 51 % der Arbeitgeber sehen dies nach der Zurich-Umfrage als wichtigen Grund für betriebliche Altersversorgung.

Für den Arbeitgeber gibt es verschiedene Motive, sich mit einer Neuordnung der betrieblichen Altersversorgung zu beschäftigen. Da, wie bereits eingangs dargestellt, die betriebliche Altersversorgung immer mehr zu einem unverzichtbaren Versorgungsbestandteil für die Arbeitnehmer wird und auch einen Wettbewerbsfaktor am Arbeitsmarkt darstellt, ist es Arbeitgebern in der Regel wichtig, auch zukünftig eine betriebliche Altersversorgung anzubieten. Gleichzeitig sind nicht mehr zeitgemäße Versorgungswerke an die vielfach geänderten Rahmenbedingungen in Bilanz-, Steuer- sowie Arbeitsrecht anzupassen.

Insbesondere die Neubewertung von Versorgungsverpflichtungen in der betrieblichen Altersversorgung mit Einführung des BilMoG hat bei vielen Unternehmen zu einem nicht unbeträchtlichen Anstieg der handelsrechtlich auszuweisenden Pensionsverpflichtungen geführt. Hintergrund ist, dass die Bundesbank seit dem 01.01.2010 (erstmalig) einen realistischen Rechnungszins vorgibt, der derzeit niedriger ist als der für die steuerliche Bewertung nach § 6a EStG heranzuziehende Zinssatz in Höhe von 6 %. Des Weiteren sind Trendfaktoren wie z. B. Gehaltstrends und Rententrends verpflichtungserhöhend zu berücksichtigen. Bilanztechnisch kann diese Rückstellungserhöhung zwar seit Einführung des BilMoG in 2010 auch sukzessive über 15 Wirtschaftsjahre verteilt werden. Trotzdem führt dieser Anstieg für viele Unternehmen zu einer Belastung des Eigenkapitals. Darüber hinaus ist zu beachten, dass bei dem Aufstellen einer Überschuldungsbilanz die Rückstellungserhöhung unmittelbar und ohne die Möglichkeit einer Verteilung auf die folgenden Wirtschaftsjahre durchzuführen ist (Buddenbrock/Rathje BB 2010, 1331).

Auch die Steigerung der Transparenz eines Versorgungswerks ist oft das Ziel einer Neuordnung, da sie in der Regel zu einer höheren Attraktivität für Investoren führt und das Kredit-Rating erleichtert.

Darüber hinaus geht es den Arbeitgebern häufig darum, aus arbeitsrechtlicher Sicht Risikopotenziale zu erkennen und zu beheben sowie den laufenden Verwaltungsaufwand eines Versorgungswerks in der betrieblichen Altersversorgung gegebenenfalls auf externe Versorgungsträger zu delegieren.

Von besonderer Bedeutung für die Unternehmen ist bei einer Neuordnung regelmäßig, dass die Liquidität des Unternehmens geschont wird. Viele Unternehmen wurden in der Vergangenheit dadurch abgeschreckt, dass sie Angebote zur Übertragung der Versorgungsverpflichtungen auf externe Versorgungsträger wie z. B. Pensionsfonds und Unterstützungskassen erhalten haben, die einen derartigen Liquiditätsaufwand gefordert hätten, dass sie für die Unternehmen schlicht nicht durchführbar waren.

Darüber hinaus können auch steuerliche Aspekte Anlass zur Neuordnung der betrieblichen Altersversorgung sein, insbesondere wenn diese über Direktzusagen durchgeführt wird. Die Bewertungsvorgaben des § 6a EStG gestatten es dem Arbeitgeber nicht, die Pensionsverpflichtungen in adäquater Höhe abzubilden. Vielmehr führen die Bewertungsparameter des § 6a EStG dazu, dass ein unrealistisch hoher Rechnungszins von 6 % anzusetzen ist, Trendfaktoren wie beispielsweise Gehalts- und Rententrends bei der Bewertung keine Berücksichtigung finden und (anders als bei der handelsbilanziellen Bilanzierung) der Arbeitgeber daher ein unrealistisch hohes Ergebnis zeigt und der Besteuerung zuführt. Bereits in einer Pressemitteilung vom 16. Januar 2006 hat das Institut der Wirtschaftsprüfer (IDW) diesbezüglich ausgeführt:

> *„Damit hat der Arbeitgeber, dessen arbeitgeberfinanzierte betriebliche Altersversorgung über Direktzusagen abgebildet wird, mannigfaltige Motivationsgründe, sich mit einer Neuordnung seines Versorgungswerkes in der betrieblichen Altersversorgung zu beschäftigen."*

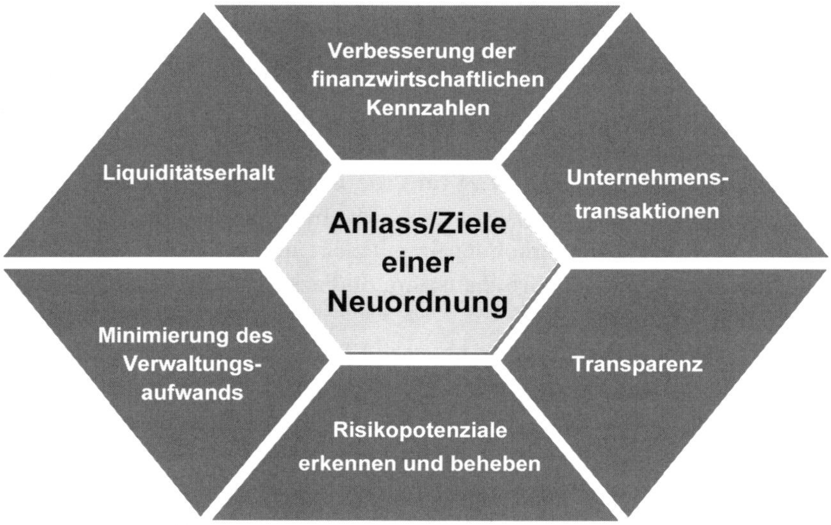

Abb. 4.4.1 Motivationsgründe für die Neuordnung eines betrieblichen Versorgungssystems

4.4.4 Rechtliche Möglichkeiten zur Aufhebung, Ablösung und Veränderung von betrieblichen Altersversorgungsregelungen

Für die betriebliche Altersversorgung gilt ein unter Juristen verbreitetes Bonmot wie kaum in einem anderen Bereich: „Geld hat man zu haben". Übersetzt heißt dies für den Bereich der betrieblichen Altersversorgung: „Die zugesagte Rente muss bezahlt werden." Außerhalb des PSV-Vergleichs gibt es vor der Insolvenz zwar verschiedene Restrukturierungsansätze, um die liquiditätsmäßige Belastung des Arbeitgebers aus der betrieblichen Altersversorgung besser zu verteilen oder das Bilanzbild zu optimieren. Eine kurzfristige effektive Entlastung von schon erdienten Anwartschaften ist jedoch nahezu ausgeschlossen und die Reduzierung zukünftiger Anwartschaften ist – ähnlich einer Gehaltskürzung – nur gegen die Interessen der Arbeitnehmer möglich!

Die Möglichkeit der Anpassung von betrieblichen Versorgungsregelungen ist hierbei mit der Rechtsnatur des Rechtsbegründungsaktes zwingend verbunden. Zutreffend ist es daher, dass bei der Konzeption der Neuordnung zwei Fragenkreise streng auseinanderzuhalten sind: zum einen – ausgehend von der jeweiligen Rechtsgrundlage der Versorgungszusage – welche rechtlichen Instrumente technisch für die Änderung überhaupt zur Verfügung stehen, zum anderen und in Abhängigkeit von ersterem Ergebnis, welche konkrete Eingriffstiefe zulässig ist (Schnitker/Grau, NZA-Beil. 2010, 68). Denn die jeweils zu beachtenden Eingriffsschranken sind je nach Änderungsinstrument unterschiedlich ausgeprägt (Schnitker/Grau a. a. O.).

4.4.4.1 Individualrechtliche Gestaltungsinstrumente

Das einfachste Instrument, um das zukünftige Anwachsen von Versorgungsverbindlichkeiten zu vermeiden, ist es, neu eintretenden Arbeitnehmern keine Ansprüche auf betriebliche Altersversorgung mehr zu gewähren. Basiert die betriebliche Altersversorgung auf Einzelzusagen bzw. individuellen vertraglichen Regelungen, erreicht der Arbeitgeber dieses Ziel bereits, indem er ab einem zu definierenden Stichtag entsprechende Vereinbarungen nicht mehr abschließt. Um etwaige Auseinandersetzungen wegen behaupteter Ungleichbehandlung zu vermeiden, ist es in der Regel sinnvoll, die Abstandsnahme von entsprechenden Zusagen wahrnehmbar, gegebenenfalls sogar durch Regelung in den Arbeitsverträgen der Neueintritte, festzuhalten (vgl. unter anderem Andresen/Cisch, MüHdB ArbR, 3. Aufl., § 151 Rn. 42). Rechtlich ist indes ein Verstoß gegen den Gleichbehandlungsgrundsatz bei einer stichtagsbezogenen Schließung eines Versorgungswerks nicht anzunehmen (vgl. zur Frage der grundsätzlichen Zulässigkeit von Stichtagsregelungen: unter anderem BAG v. 18.10.2011, 9 AZR 225/10 Rn. 46; vgl. zur stichtagsbezogenen Schließung eines Versorgungswerkes: Blomeyer, a. a. O., § 1 Rn. 87; Höfer, Bd. 1, ART 667; Schnitker/Grau, a. a. O.). Dies gilt indes nur, wenn der Stichtag nicht im Sinne einer rückwärtigen Änderung gewählt wird (vgl. hierzu BAG v. 28.06.2011 – 3 AZR 448/09, Rn. 28).

Da das BAG im Übrigen in ständiger Rechtsprechung anerkennt, dass der Arbeitgeber in der Entscheidung frei ist, ob und für welche Personengruppen eine betriebliche Altersversorgung eingerichtet wird, ist für einen entsprechenden Beschluss der Einstellung bislang individualvertraglich gewährter Altersversorgung die Beteiligung des Betriebsrats nicht erforderlich (BAG 12.06.1975 – 3 ABR 13/74).

Wie auch im übrigen Arbeitsrecht gilt auch im Recht der betrieblichen Altersversorgung der Grundsatz der Vertragsfreiheit (vgl. unter anderem Blomeyer et al., BetrAVG, 5. Aufl., Anhang zu § 1 Rn. 132). So weit nicht zwingende Arbeitnehmerschutzbestimmungen entgegenstehen, sind die Arbeits- und Versorgungsvertragsparteien frei darin, Inhalt und Umfang der betrieblichen Altersversorgung selbst zu bestimmen. Für die Bestimmung des Abfindungsbetrages ist nach § 3 Abs. 5 BetrAVG ausschließlich der Übertragungswert maßgeblich, der in § 4 Abs. 5 BetrAVG definiert wird. Damit ist für die Bestimmung des Abfindungsbetrages der „Barwert" der betrieblichen Altersversorgung anzuwenden. Bei Direktzusagen dürfte dieser Barwert nach der Auffassung der Verfasser dem Erfüllungsbetrag nach § 253 Abs. 2 Satz 1 HGB entsprechen, da dies der Betrag ist, der aus Sicht des Gesetzgebers notwendig ist, um die Versorgungsverpflichtung zu erfüllen. Wird die betriebliche Altersversorgung über eine Direktversicherung, eine Pensionskasse oder einen Pensionsfonds durchgeführt, entspricht der Barwert regelmäßig dem gebildeten Kapital (Diller, NZA 2011, 1021).

Gleichsam ist es den Vertragsparteien grundsätzlich möglich, einvernehmlich die einmal vereinbarten Regelungen nachträglich abzuändern. Das Spektrum der hierbei denkbaren Änderungen reicht von dem Wechsel des Durchführungsweges und der Finanzierungsform über einen Wechsel zwischen Renten- und Kapitalleistungszusagen bis hin zu der Änderung der zukünftig zu erdienenden bzw. bereits erdienten Rentenleistung.

Insbesondere ist während des Bestehens des Arbeitsverhältnisses rechtlich weder ausgeschlossen, die Betriebsrentenanwartschaft abzufinden, noch dass der Arbeitnehmer hierauf verzichtet (zugegebenermaßen ist die letzte Variante in der Regel mangels Bereitschaft der Versorgungsberechtigten nicht umzusetzen).

Das in § 3 BetrAVG normierte Abfindungsverbot erfasst zunächst Anwartschaften nicht, die noch verfallbar sind (vgl. § 3 Abs. 1 BetrAVG; Kemper/Kisters-Kölkes et al., BetrAVG, 4. Aufl., § 3 Rn. 14). Für die Unverfallbarkeit kommt es hierbei allein auf die gesetzliche, nicht aber auf eine eventuell vertraglich vereinbarte Unverfallbarkeit an. Nur die gesetzliche Unverfallbarkeit gemäß § 1b BetrAVG unterliegt dem zwingenden Schutzgedanken des § 3 BetrAVG (vgl. BAG v. 22.03.1983 – 3 AZR 499/80, NZA 1985, 218).

Weiterhin erfasst das in § 3 BetrAVG normierte Verbot den Eingriff in erdiente, unverfallbare Anwartschaften so lange nicht, wie der Eingriff nicht im Zusammenhang mit dem Ausscheiden des Arbeitnehmers aus dem Betrieb vereinbart wird (vgl. BAG v. 02.09.1987 – NZA 1988, 470; BAG v. 20.11.2001 – AP BetrAVG § 3 Nr. 12). Bedeutung hat das Abfindungsverbot daher nur für Vereinbarungen mit Rentnern – vgl. § 30g II BetrAVG –, die erstmals nach dem 01.01.2005 Rentenleistungen bezogen haben (Schnitker/Grau, a. a. O.), sowie für Vereinbarungen, die im unmittelbaren Zusammenhang mit dem Ausscheiden getroffen werden.

Soweit die Rentenleistung die in § 3 Abs. 2 BetrAVG vorgesehenen Grenzen nicht übersteigt (monatliche Rentenleistung in 2012: West EUR 26,25, Ost: 22,40), ist der Arbeitgeber zudem berechtigt, die Abfindung – auch laufender Leistungen – einseitig durchzuführen.

Der einseitige Widerruf einer Versorgungszusage durch den Arbeitgeber hat hingegen kaum noch eine Bedeutung, da der von der Finanzverwaltung allein als „steuerunschädlich“ angesehene Widerrufsvorbehalt nach Auffassung des BAG lediglich als Hinweis auf die Regelungen des § 313 BGB verstanden wird (vgl. m.w.Nw. Blomeyer et al., a. a. O., Anh. § 1 Rn. 492).

Die Änderungskündigung als Instrument der Veränderung von betrieblichen Versorgungsregelungen hat praktisch keine Bedeutung, da die strengen Anforderungen an die soziale Rechtfertigung i. S. der §§ 1, 2 KSchG in der Regel nicht zu erfüllen sind.

4.4.4.2 Kollektivrechtliche Gestaltungsinstrumente

Für das Verständnis kollektivrechtlicher Gestaltungsinstrumente sind zwei voneinander getrennte Themenbereiche fundamental. Zum einen die Frage, inwiefern die betriebliche Altersversorgung überhaupt der betrieblichen Mitbestimmung zwingend unterliegt.

Zum anderen die vom BAG aus Verhältnismäßigkeitserwägungen entwickelten Eingriffsschranken, die grundsätzlich für alle betrieblich-kollektivrechtlichen Gestaltungsinstrumente gelten. Zu beachten ist für den Rechtsanwender damit, dass das sogenannte „Drei-Stufen-Modell“ bei der Abänderung von einer betrieblichen Übung, einer Gesamtzusage oder einer Betriebsvereinbarung zu einer neuen Betriebsvereinbarung anzuwenden ist (vgl. Rolfs/Giesen et al., Clemens, BeckOK Arbeitsrecht, BetrAVG, § 1

Rn. 75). Das Drei-Stufen-Modell ist hingegen nicht auf eine individualrechtliche oder tarifvertragliche Abänderung von Versorgungszusagen anzuwenden (a. a. O., § 1 Rn. 75). Zudem kann das Drei-Stufen-Modell nicht auf laufende Renten angewendet werden (Höfer, BetrAVG, Band 1, ART Rn. 571).

Das BetrAVG selbst enthält keine Regelungen zur betrieblichen Mitbestimmung. Diese Frage ist daher an den Regelungen des Betriebsverfassungsgesetzes zu messen. Hierbei gilt, dass arbeitgeberfinanzierte betriebliche Altersversorgung Soziallohn ist und damit zu den mitbestimmungspflichtigen Fragen der betrieblichen Lohngestaltung gehört. Insofern greift der Mitbestimmungstatbestand des § 87 Abs. 1 Nr. 10 BetrVG ein (BAG, 12.06.1975 – 3 ABR 13/74, BB 1975, 1062; Kemper/Kisters-Kölkes et al., BetrAVG, § 1 Rn. 378; Höfer, BetrAVG, Bd. I., Arbeitsrecht, Rn. 1012). Beabsichtigt der Arbeitgeber, die betriebliche Altersversorgung über eine eigene Sozialeinrichtung durchzuführen, ist zur Prüfung der Mitbestimmungsrechte zudem § 87 Abs. 1 Nr. 8 BetrVG zu beachten (vgl. unter anderem Schnitker/Sittard, NZA 2011, 331).

Dennoch hat das Bundesarbeitsgericht bereits 1976 (BAG v. 18.03.1976 – 3 ABR 32/75, BB 1976, 1175) festgestellt, dass für die Beantwortung der Frage nach dem Umfang der Beteiligungsrechte des Betriebsrates aus dem Umstand, dass betriebliche Altersversorgung als Frage der betrieblichen Lohngestaltung zu qualifizieren ist, nicht viel zu gewinnen ist: „Es sind nämlich die Besonderheiten der Versorgungsleistungen, insbesondere deren Freiwilligkeit zu berücksichtigen."

Das BAG (BAG v. 18.03.1976 – 3 ABR 32/75, BB 1976, 1175; BAG v. 26.04.1988 – 3 AZR 168/86, BB 1988, 2249; BAG v. 16.02.1993 – 3 ABR 29/92, BB 1993, 1291) hat hieraus für die arbeitgeberfinanzierte betriebliche Altersversorgung entwickelt, dass die Beantwortung von folgenden vier grundlegenden Fragen allein und mitbestimmungsfrei dem Arbeitgeber zusteht. Der Arbeitgeber ist demnach frei darin,

- ob er finanzielle Mittel für die betriebliche Altersversorgung zur Verfügung stellen will, also ob er eine betriebliche Altersversorgung einführt oder abschafft (natürlich unter Beachtung bestehender vertraglicher Verpflichtungen),
- das Volumen der zur Verfügung gestellten Mittel zu bestimmen,
- die Versorgungsform bzw. den Durchführungsweg auszuwählen,
- welchen Arbeitnehmerkreis er versorgen will.

Die Freiheit bezogen auf den (zukünftigen) Dotierungsrahmen hat der Arbeitgeber nicht nur bei der Einrichtung einer betrieblichen Altersversorgung, sondern ebenfalls im Rahmen einer die Versorgung einschränkenden Neuordnung. Auch hier entscheidet allein der Arbeitgeber darüber, wie viele finanzielle Mittel er zukünftig im Rahmen der betrieblichen Altersversorgung aufwenden will (BAG, 10.03.1992 – 3 AZR 221/91, BB 1992, 1431) Dies bedeutet jedoch nicht, dass er an bestehende vertragliche Vereinbarungen nicht gebunden bleibt.

Sollen die gekürzten Mittel umverteilt werden, besitzt der Betriebsrat ein Mitbestimmungsrecht nach § 87 Abs. 1 Nr. 10 BetrVG. Unabhängig hiervon steht es dem Arbeitgeber ebenfalls frei (sofern vertraglich im Rahmen des jeweiligen Versorgungssystems möglich), die Neuordnung der betrieblichen Altersversorgung im Rahmen der freiwilligen Mitbestimmung nach § 88 Nr. 2 BetrVG zu regeln. Anders verhält es sich, wenn der Arbeitgeber bereits bei der Erteilung der Versorgungszusage in einer freiwilligen Betriebsvereinbarung ein bestimmtes Dotierungsprogramm zugesagt hatte. Auch in diesem Fall ist er zunächst an diese Betriebsvereinbarung gebunden.

Die Veränderung oder der Abbau von Betriebsrenten kann auf Seiten des Arbeitnehmers erhebliche „Rentenkürzungen" auslösen (so auch BAG v. 17.04.1985 – 3 AZR 72/83, NZA 1986, 57). Hierbei ist zu beachten, dass die betriebliche Altersversorgung anders als das Ruhegehalt, das eine Gegenleistung für die Betriebstreue des Arbeitnehmers ist, sowohl Versorgungs- als auch Entgeltcharakter besitzt (BAG, a. a. O. (59)). Das BetrAVG gewährt dem Arbeitnehmer gerade vor diesem Hintergrund einen Insolvenzschutz auf die erdienten unverfallbaren Anwartschaften, um seine Rechtsposition zu schützen und zu verhindern, dass sein Vertrauen auf eine Leistung, für die er mit seiner Betriebstreue und Arbeitsleistung in Vorleistung getreten ist, nachträglich schwer enttäuscht wird (BAG, a. a. O. (59)). Trotzdem gelten Versorgungszusagen, insbesondere im Wege der Betriebsvereinbarung, über einen sehr langen Zeitraum und müssen sich daher auch dem Wandel der Zeit anpassen lassen. Aus diesem Grund ist es nach anerkannter Auffassung des BAG möglich, die Versorgung zu verändern oder neu zu ordnen. Es ist jedoch unzulässig, unverhältnismäßig in die erdienten Anwartschaften einzugreifen, Zudem müssen Eingriffe den Grundsätzen der Billigkeit und des Vertrauensschutzes Rechnung tragen; Eingriffe sind daher nur in seltenen Ausnahmefällen zulässig. Das Bundesarbeitsgericht wendet hierbei die vom Bundesverfassungsgericht entwickelte sogenannte „Verhältnismäßigkeitskontrolle" an, nach der Eingriffe in rechtlich geschützte Interessen nur nach Maßgabe der Erforderlichkeit und Verhältnismäßigkeit möglich sind (BVerfG 15. Dezember 1965 – 1 BvR 13/65, BVerfGE 19, 342, 348; vgl. Blomeyer et al., BetrAVG, Anhang zu § 1 Rn. 615–617a). Für das Recht der betrieblichen Altersversorgung hat das BAG diese Verhältnismäßigkeitskontrolle im sogenannten „Drei-Stufen-Modell" umgesetzt (grundlegend BAG v. 17.04.1985 – 3 AZR 72/83; BAG v. 24.01.2006 – 3 AZR 483/04).

Die erste und am intensivsten geschützte Besitzstandsstufe ist hiernach der am Stichtag i. S. d. § 2 BetrAVG erdiente Teilbetrag. Dieser bildet den Ausgangspunkt, da er auch bei einem Ausscheiden aus dem Unternehmen oder einer Insolvenz nicht mehr versagt werden dürfte (BAG v. 17.04.1985 – 3 AZR 72/83, NZA 1986, 57 (58)).

Eingriffe in den solchermaßen geschützten Teil der Anwartschaft („erste Stufe") können nur aus *zwingenden Gründen* erfolgen (vgl. BAG v. 23.10.1990 – 3 AZR 260/89, NZA 1991, 242). Würde man niedrigere Maßstäbe ansetzen, käme dies einer entschädigungslosen Enteignung gleich (Höfer, a. a. O., Rn. 573, m. w. N.). Solche zwingenden Gründe liegen nur in seltenen, nahezu nur theoretisch denkbaren Ausnahmefällen vor. Eine wirtschaftlichte Notlage kommt jedenfalls als zwingender Grund nicht in Betracht (Rolfs/Giesen et al., Clemens, a. a. O., Rn. 78).

Die zweite Besitzstandsstufe bezeichnet die erdiente Dynamik, die das BAG erstmals 1985 anerkannt hat. Eine solche erdiente Dynamik kann es nur in solchen Versorgungssystemen geben, in denen sich der Rentenanspruch (zumindest auch) aus einer dienstzeitunabhängigen Steigerung ergibt; beispielsweise bei einer Berechnung anhand des letzten Gehaltes des Arbeitnehmers (Rolfs/Giesen et al., Clemens, a. a. O., Rn. 79). Sofern auf die Dienstzeit abgestellt wird, ist die zweite Stufe nicht zu berücksichtigen. Die dienstzeitunabhängige Steigerung ist nicht auf eine noch zu erfüllende Betriebstreue bezogen, sondern soll den Versorgungsbedarf zum Zeitpunkt des Versorgungsfalles flexibel erfassen (Rolfs/Giesen et al., Clemens, a. a. O., Rn. 79). Diese Steigerung ist damit schon erdient und dadurch stärker geschützt als andere zukünftige Steigerungsbeträge (Rolfs/Giesen et al., Clemens, a. a. O., Rn. 79). Ein Eingriff liegt also dann vor, wenn nicht mehr das volle Endgehalt als Berechnungsgrundlage herangezogen oder ein Festbetragssystem eingeführt werden soll (Rolfs/Giesen et al., Clemens, a. a. O., Rn. 82.1).

Auf der zweiten Stufe genügen nach der Rechtsprechung des BAG triftige Gründe für einen Eingriff (vgl. etwa BAG 11.12.2001 – 3 AZR 128/01, NZA 2003, 1407). Begründet wird dies mit dem Fehlen eines Schutzes durch eine Unverfallbarkeit der Ansprüche und dem Fehlen des Insolvenzschutzes (BAG v. 17.04.1985 – 3 AZR 72/83, NZA1986, 57 (59)). Ein triftiger Grund liegt dann vor, wenn eine langfristige Substanzgefährdung des Unternehmens droht (Höfer, a. a. O., Rn. 583). Dies ist dann der Fall, wenn die Versorgungsverbindlichkeiten aus der alten Regelung voraussichtlich nicht aus den Erträgen des Unternehmens gedeckt werden können, mithin sind diese deckungsgleich mit den Voraussetzungen, unter denen der Arbeitgeber die Anpassung von Betriebsrenten unterlassen darf (Höfer, a. a. O., Rn. 583). Jedoch kommen auch andere als nur wirtschaftliche Gründe in Betracht, wie die Umstrukturierung des Versorgungssystems oder die Vereinheitlichung verschiedener Versorgungszusagen (Höfer, a. a. O., Rn. 586). Der Gesamtaufwand des Arbeitgebers darf hierdurch nicht geschmälert werden (Höfer, a. a. O., Rn. 586). Der Eingriff muss über den triftigen Grund hinaus auch verhältnismäßig sein (Höfer, a. a. O., Rn. 584).

Durch die zweite Stufe geschützt ist der Betrag, der sich ergeben würde, wenn der Arbeitnehmer nach diesem System aus dem Beruf ausscheiden würde (Rolfs/Giesen et al., Clemens, a. a. O., Rn. 80). Dieser kann jedoch häufig gar nicht bis zum Eintritt des Versorgungsfalles sicher berechnet werden, insofern bestehen für die Arbeitgeber bei der Veränderung der Versorgungsregelungen erhebliche wirtschaftliche Risiken (Rolfs/Giesen et al., Clemens, a. a. O., Rn. 80).

Die schwächste Besitzstandsstufe sind „zukünftige Steigerungsbeträge". Es handelt sich dabei um die zukünftig zu erdienenden Anwartschaftsbestandteile. Dies sind diejenigen Beträge, die der Arbeitnehmer auf Grund der bisherigen Versorgungszusage in Zukunft beim Fortbestehen der Versorgungszusage noch erdient hätte. Das geringe Schutzinteresse ist folgerichtig, da die Betriebsvereinbarung jederzeit gekündigt werden könnte. Daher mangelt es an schutzwürdigem Vertrauen der Anwärter (vgl. Höfer, a. a. O.).

Dennoch ist ein Eingriff nicht schrankenlos zulässig (Rolfs/Giesen et al., Clemens, a. a. O., Rn. 84). Nach der ständigen Rechtsprechung findet auch hier eine Verhältnismäßigkeitskontrolle statt. Es genügen aber *sachlich-proportionale Gründe* zur Rechtfertigung des Eingriffs (vgl. BAG v. 24.01.2006 – 3 AZR 483/04). Dies sind willkürfreie, nachvollziehbare und anerkennenswerte Gründe, die auf einer wirtschaftlich ungünstigen Entwicklung des Unternehmens oder einer Fehlentwicklung der betrieblichen Altersversorgung beruhen (vgl. BAG v. 11.05.1999 – 3 AZR 21/98, AP BetrAVG § 1 Betriebsvereinbarung Nr. 6). Die Gründe müssen erkennen lassen, welche Umstände und Erwägungen die Änderungen bedingen (Blomeyer et al., Rolfs, a. a. O., Anh § 1 Rn. 632). Je stärker der sachliche Grund wiegt, desto schwerer kann der Eingriff auf dieser Stufe sein (Höfer, a. a. O. Rn. 589; Blomeyer et al., Rolfs, a. a. O., Anh § 1 Rn. 633). Dies verlangt das Verhältnismäßigkeitsprinzip (Blomeyer et al., Rolfs, a. a. O., Rn. 632).

Ein solcher sachlich-proportionaler Grund wäre die Harmonisierung unterschiedlicher Versorgungsstrukturen, die Beseitigung von Ungleichbehandlungen oder die Rückführung von inzwischen gestiegenen Aufwendungen auf den ursprünglich festgesetzten Dotierungsrahmen, die dauerhafte Änderung der Ertragslage oder auch eine Umverteilung bei gleichbleibender Leistung, um bisher unberücksichtigte Arbeitnehmer zu berücksichtigen (Höfer, a. a. O., Rn. 598, 600; Rolfs/Giesen et al., Clemens, a. a. O., Rn. 77, m. w. N.). Zudem kann auch die ungünstige wirtschaftliche Lage ein sachlich-proportionaler Grund sein (Höfer, a. a. O., Rn. 599). In Frage kommt auch eine Stärkung des Leistungsprinzips durch eine Änderung der betrieblichen Altersversorgung (Höfer, a. a. O., Rn. 600). Darüber hinaus können die geänderte Rechtslage oder ein Anstieg der Lebenserwartung als Gründe berücksichtigt werden (Höfer, a. a. O., Rn. 601).

Beschränkt der Arbeitgeber seine Maßnahme nur darauf, dass bislang zu keiner Zeit begünstigte Dritte (hier die neu eintretenden Arbeitnehmer) nicht begünstigt werden sollen, greift der Arbeitgeber in keine der drei Besitzstandsstufen ein. Da er auch im Sinne der oben genannten Entgelttheorie nicht das Entgelt bzw. die Entgelterwartungen der Arbeitnehmer berührt, bedarf es keiner Verhältnismäßigkeitsabwägung. So ist beispielsweise die Kündigung einer Betriebsvereinbarung mit der Beschränkung darauf, dass das Versorgungswerk für Neueintritte geschlossen wird, ohne Einschränkung als zulässig zu betrachten (Höfer, a. a. O., Rn. 596).

Durch kollektive Maßnahmen können nicht nur kollektivrechtliche Versorgungswerke, sondern unter besonderen Gegebenheiten auch individualrechtlich begründete Versorgungszusagen abgelöst werden. Gerade bei großen individualrechtlich begründeten Versorgungswerken ist dies schon aus praktischen Gründen oft wünschenswert, da es – gerade vor dem Hintergrund eines gewünschten homogenen Versorgungswerkes – einfacher ist, eine Betriebsvereinbarung zu verhandeln, als beispielsweise 500 individualvertragliche Änderungsnachträge abzuschließen.

Einfach möglich ist die Ablösung durch Betriebsvereinbarung, wenn die individualvertragliche Regelung betriebsvereinbarungsoffen ausgestaltet war, also mit einem ausdrücklichen oder konkludenten Änderungsvorbehalt durch Betriebsvereinbarung versehen war (vgl. unter anderem Andresen/Cisch, MüHdB Arbeitsrecht, Bd. 1 § 151 Rn. 86 f.).

Fehlt es an dieser Offenheit, wird die kollektive Regelung zumindest bei verschlechternden Eingriffen Schwierigkeiten bereiten, da der Arbeitnehmer sich stets auf das Günstigkeitsprinzip wird berufen können (vgl. Schnitker/Grau, a. a. O.).

Dennoch ist die kollektivrechtliche Änderung auch bei Versorgungszusagen auf individualvertraglicher Grundlage nicht gänzlich ausgeschlossen, wenn die Versorgungsanwartschaften auf einer Einheitsregelung, einer Gesamtzusage oder auf betrieblicher Übung beruhen (BAG GrS v. 16.09.1986, NZA 1987, 168). Nach Auffassung des Großen Senates ist bei diesen Fallgestaltungen für die Versorgungsberechtigten erkennbar, dass die Ansprüche untereinander in einem Bezugssystem verbunden sind, das eine Abänderung über eine Betriebsvereinbarung für die Arbeitnehmer vorhersehbar erscheinen lässt (BAG GS a. a. O., Andresen/Cisch, a. a. O., Rn. 84 f.).

Individualvertragliche Versorgungsregelungen mit kollektivem Bezug können demnach durch sogenannte umstrukturierende Betriebsvereinbarung geändert werden, sofern die Neuregelung bei kollektiver Betrachtung insgesamt für die erfassten Arbeitnehmer nicht ungünstiger ist (Schnitker/Grau, a. a. O.).

Nach obigen Darlegungen braucht der Arbeitgeber den Betriebsrat unter betriebsverfassungsrechtlichen Aspekten in der Regel nicht zu beteiligen, um das Versorgungswerk zu verändern. Nach Auffassung der Autoren gilt diese Freiheit grundsätzlich auch für den Wechsel des Durchführungsweges (Buddenbrock/Manhart, BB 2011, 2293). Neben der Beteiligungsfrage nach dem Betriebsverfassungsgesetz stellt sich zusätzlich die Frage, ob der Betriebsrat als Vertragspartner des Arbeitgebers die Einhaltung der bisherigen Regelung zur betrieblichen Altersversorgung verlangen kann. Hierzu gilt: Wurde die Versorgungsordnung durch eine vertragliche Vereinbarung mit dem jeweiligen Betriebsrat begründet, so bedarf eine Änderung auch grundsätzlich einer abändernden Vereinbarung mit dem Betriebsrat. Will der Arbeitgeber im Übrigen die Versorgungsvereinbarung einseitig ändern, so bleibt ihm nur die Kündigung.

Die Kündigungsmöglichkeit ergibt sich hierbei aus § 77 Abs. 5 BetrVG. Die Wahrnehmung des Kündigungsrechts durch den Arbeitgeber bedarf keiner Rechtfertigung und unterliegt keiner inhaltlichen Kontrolle. Allein die Kündigungswirkung wird hierbei durch die Grundsätze von Recht und Billigkeit nach Maßgabe des oben dargestellten Drei-Stufen-Modells begrenzt. Soweit durch die Begrenzung der Kündigungswirkung Versorgungsbesitzstände unangetastet bleiben, ist deren Rechtsgrundlage weiterhin die gekündigte Betriebsvereinbarung.

Sofern die betriebliche Altersversorgung durch Tarifvertrag geregelt ist, ist grundsätzlich zu unterscheiden, ob es sich um einen Haustarifvertrag oder einen Verbandstarifvertrag handelt. Bei einem Haustarifvertrag haben die Tarifvertragsparteien die Möglichkeit der einvernehmlichen Änderung. Der Arbeitgeber kann den Haustarifvertrag auch kündigen und eine Neuverhandlung anstreben. Bis zu einem Abschluss bleibt der Arbeitgeber durch die Nachwirkung des Tarifvertrages gemäß § 4 Abs. 5 TVG gebunden. Bei Verbandstarifverträgen wird dem änderungswilligen Arbeitgeber häufig und nur für zukünftige Änderungen lediglich der Verbandswechsel oder der Verbandsaustritt helfen, wobei die Tarifflucht durch die neuere Rechtsprechung des Bundesarbeitsgerichtes grundsätzlich zunehmend erschwert wird (vgl. unter anderem Bayreuther, DZWIR 2010, 353).

4.4.5 Musterbeispiel der Restrukturierung einer betrieblichen Altersversorgung

Betrachtet man die Aufteilung des Verpflichtungsumfangs eines durchschnittlichen Versorgungswerkes in der betrieblichen Altersversorgung, so ist häufig festzustellen, dass der größte Teil des bilanzierten Verpflichtungsumfanges auf die aktuell in Rente befindlichen Leistungsempfänger entfällt. Der geringere Teil betrifft die aktiven sowie die mit unverfallbaren Anwartschaften ausgeschiedenen Versorgungsberechtigten.

Beispiel

Der in die Bilanz der X GmbH eingestellte Erfüllungsbetrag für die betrieblichen Altersversorgungsverpflichtungen (Direktzusage) nach § 253 Abs. 2 HGB beträgt zum 31.12.2011 EUR 4,35 Millionen, die betriebliche Altersversorgung beruht auf einer Betriebsvereinbarung.

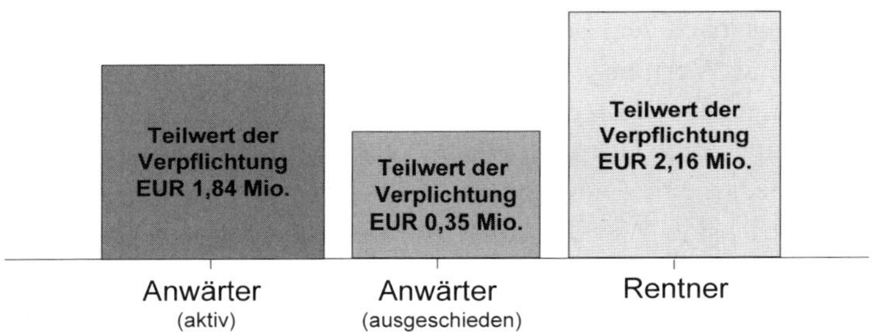

Abb. 4.4.2 Teilwert der Verpflichtungen nach Art der Versorgungsberechtigten

Betrachtet man hingegen die Anzahl der Versorgungsberechtigten, so ist in der Regel ein umgekehrtes Verhältnis festzustellen.

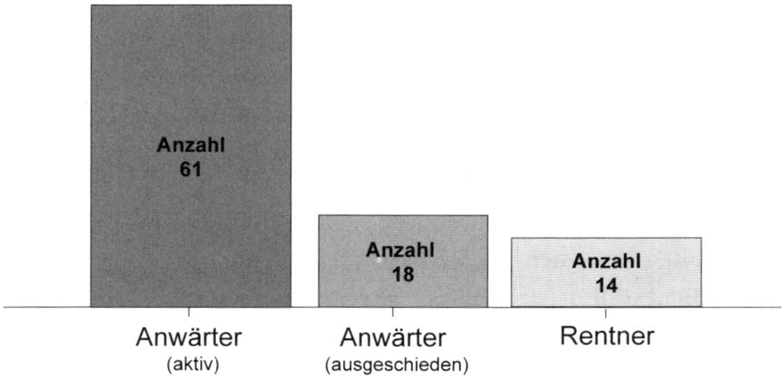

Abb. 4.4.3 Anzahl Versorgungsberechtigter nach Gruppen

Die größere Anzahl der versorgungsberechtigten Arbeitnehmer wird sich ihre Versorgungsverpflichtungen erst noch erdienen. Auch die bilanzielle Belastung für das Unternehmen hat sich daher bislang in geringem Umfang realisiert und wird zukünftig ansteigen.

Die nachfolgende Grafik soll dies exemplarisch an dem Verlauf der zu bilanzierenden Rückstellungssumme für die betriebliche Altersversorgung eines Arbeitgebers darstellen:

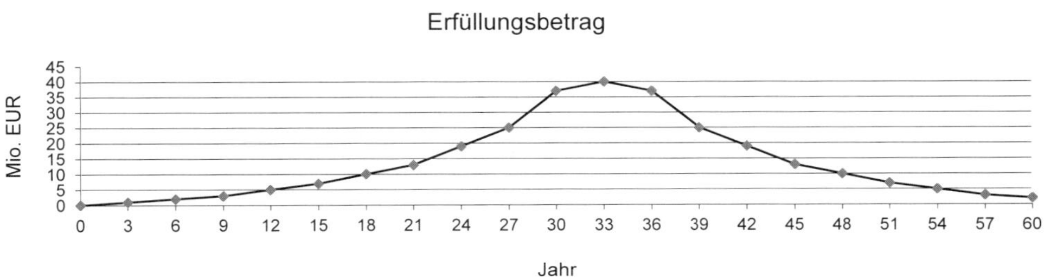

Abb. 4.4.4 Exemplarischer Verlauf der bilanzierten Rückstellungssumme bei definiertem Anwärterkollektiv

Zu unterstellen ist hierbei, dass der Arbeitgeber einem altersgemischten Kollektiv an Arbeitnehmern zum Zeitpunkt t 0 eine Versorgungszusage erteilt, die sich über die Jahre der Dienstzeit aufbaut und während des Rentenbezuges abbaut, ohne dass neue Versorgungsberechtigte hinzukommen.

Diese häufige und auch für den Musterfall zu unterstellende Aufteilung des Verpflichtungsumfangs eines Versorgungswerks lässt es nach Auffassung der Autoren sinnvoll erscheinen, die unterschiedlichen Personengruppen, nämlich neueintretende/zukünftige Arbeitnehmer, aktive Arbeitnehmer mit Versorgungsanwartschaften, ausgeschiedene Versorgungsanwärter und Leistungsempfänger, im Rahmen einer Neuordnung unterschiedlichen Lösungswegen zuzuführen. Unter Liquiditäts- und Bilanzierungsaspekten sollte es das Ziel sein, zunächst sukzessive Vermögen zur Finanzierung der später in den Leistungsbezug eintretenden Versorgungsanwärter aufzubauen. Ziel ist, dass nach der Neuordnung möglichst kein Anwärter mehr in den Leistungsbezug eintritt, für den nicht hinreichendes Versorgungsvermögen zur Finanzierung der Rentenleistung zu Verfügung steht. Das Unternehmen nimmt so eine sukzessive Ausfinanzierung der Versorgungsverpflichtungen vor und gewinnt mit zunehmendem Ausfinanzierungsgrad des Verpflichtungsumfanges eine höhere Flexibilität, beispielsweise in Zeiten einer erneuten Krise.

Modellhaft kann ein Restrukturierungsszenario wie folgt dargestellt werden:

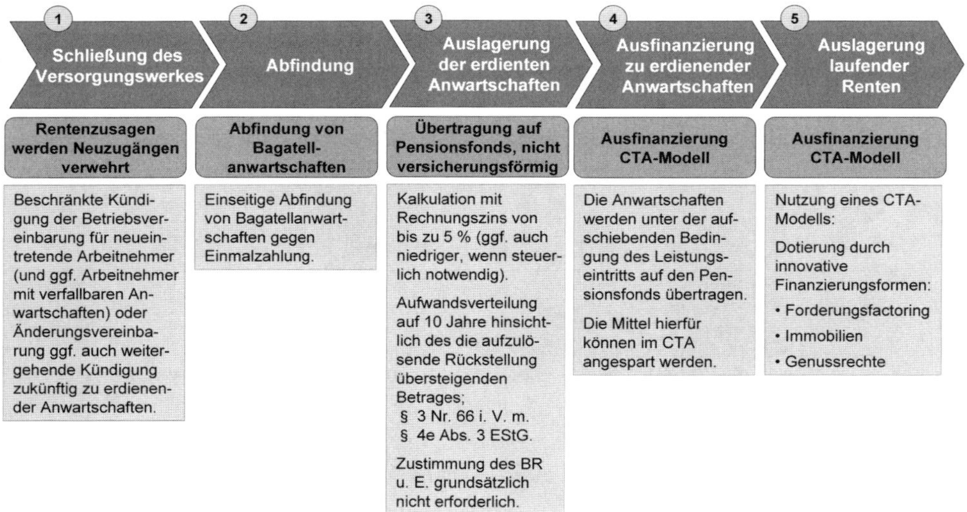

Abb. 4.4.5 Modellhafte Darstellung eines Restrukturierungsszenarios

Um das per Betriebsvereinbarung eingerichtete Versorgungswerk für Neuzugänge zu schließen, kündigt der Arbeitgeber die Betriebsvereinbarung lediglich für neu in das Unternehmen eintretende Arbeitnehmer. Da hierdurch keine Besitzstandstufe eines Arbeitnehmers betroffen ist, ist diese Kündigung schrankenlos zulässig und verstößt wegen Einhaltung des Stichtagsprinzips nicht gegen den Gleichbehandlungsgrundsatz. In der Folge kommen Mitarbeiter, die neu in das Unternehmen eintreten, nicht mehr in den Genuss der entsprechenden Versorgung. Ihnen kann keine oder eine aus Arbeitgebersicht günstigere betriebliche Altersversorgung (z. B. kombinierte, beitragsorientierte Arbeitgeber-, arbeitnehmerfinanzierte Versorgung) angeboten werden.

Im zweiten Schritt werden die Anwartschaften der Arbeitnehmer mit unverfallbaren Anwartschaften und Anwartschaften unterhalb der Bagatellgrenze einseitig abgefunden. Sofern ein Versorgungswerk aus vielen Kleinstrenten bzw. Kleinstanwartschaften besteht, kann eine solche Abfindung zu einer deutlichen Verringerung des Verwaltungsaufwandes führen.

Zudem kann der Arbeitgeber versuchen – je nach vorhandener Liquidität und Umfang der Versorgungsanwartschaften –, mit den aktiven Versorgungsanwärtern Vereinbarungen über die Abfindung von Versorgungsanwartschaften zu treffen.

Hinsichtlich der erdienten Versorgungsanwartschaften der aktiven sowie unverfallbar ausgeschiedenen Versorgungsanwärtern ist häufig der Durchführungswegwechsel auf den Pensionsfonds ein probates Mittel. Der Pensionsfonds tritt der Versorgungsverpflichtung des Arbeitgebers bei, indem er dem Versorgungsberechtigten einen eigenen Rechtsanspruch gegen sich gewährt. In diesem Zusammenhang kann der Pensionsfonds als versicherungsförmige Lösung oder auch als nichtversicherungsförmige Lösung gewählt werden. Insbesondere die nichtversicherungsförmige Lösung erfreut sich mittlerweile hoher Beliebtheit, da hier der Pensionsfonds mit einem Rechnungszins von bis zu 5 % rechnen kann und damit der an den Pensionsfonds zur Finanzierung der erdienten Versorgungsanwartschaften zu entrichtende Beitrag erheblich niedriger ausfällt, als dies bei versicherungsförmigen Lösungen, die seit dem 1. Januar 2012 auf einen Garantiezins von 1,75 % abstellen, der Fall ist. In Einzelfällen kann der zur Finanzierung notwendige Beitrag auch in Raten an den Pensionsfonds erbracht werden. Etwaige Unterdeckungen des Pensionsfonds muss der Arbeitgeber spätestens zum Zeitpunkt des jeweiligen Leistungsbeginns ausgleichen.

In der Handelsbilanz hat der Durchführungswegwechsel auf den Pensionsfonds zur Folge, dass die handelsbilanzielle Rückstellung aufzulösen ist, sofern der Pensionsfonds in die Versorgungszusage vollumfänglich eintritt. Kommt es im Folgenden zu einer Unterdeckung, beispielsweise durch eine unzureichende Entwicklung der Kapitalanlage, so ist die Unterdeckung im Anhang der Unternehmensbilanz als sogenannter Fehlbetrag auszuweisen (Art. 28 EGHAGB analog). Eine Pensionsrückstellung ist hierfür in der Regel nicht mehr zu bilden.

Die Lohnsteuerfreiheit der Beitragsleistung an den Pensionsfonds kann dadurch erreicht werden, dass der Arbeitgeber einen Antrag nach § 4e Abs. 3 EStG stellt. Diese Lohnsteuerfreiheit erkauft sich der Arbeitgeber damit, dass er nicht den vollen Beitrag an den Pensionsfonds unmittelbar als Aufwand abziehen kann, sondern vielmehr nur den Teil, der betragsmäßig der in der Steuerbilanz aufzulösenden Pensionsrückstellung entspricht. Einen darüber hinausgehenden Mehraufwand kann der Arbeitgeber lediglich über die folgenden zehn Wirtschaftsjahre abziehen.

Auch wenn dies in der Literatur nicht ganz unumstritten ist, kann ein solcher Durchführungswegwechsel (vgl. oben) bei richtiger Ausgestaltung häufig erreicht werden, ohne dass dies der Zustimmung des Betriebsrats oder der Versorgungsberechtigten selber bedarf.

Bezogen auf die zukünftig noch durch weitere Betriebstreue durch die aktiven Versorgungsberechtigten zu erdienenden Versorgungsanwartschaften hat der Arbeitgeber nicht selten das Interesse, diesen Teil der späteren Versorgungsverpflichtung spätestens ab Rentenleistungsbeginn ebenfalls über den Pensionsfonds zu erbringen. Hier kann es sich anbieten, diese noch zu erdienenden Versorgungsanwartschaften durch einen entsprechenden rechtlichen Automatismus zum jeweiligen Leistungsbeginn auf den Pensionsfonds zu übertragen und in der Zwischenzeit Vermögen zur Finanzierung des Durchführungswegwechsels anzusparen. Dieses Vermögen kann durch den Arbeitgeber so besichert werden, dass es mit den zukünftig für den sogenannten Future-Service weiterhin zu bilanzierenden Rückstellungen nach § 246 HGB saldiert werden kann. Hierzu ist sicherzustellen, dass dieses Vermögen (sogenanntes Planvermögen) insolvenzsicher, zweckgebunden zur Erfüllung der betrieblichen Altersversorgung sowie vom übrigen Vermögen des Arbeitgebers separiert gehalten wird.

Bezüglich der zum Neuordnungszeitpunkt bereits im Leistungsbezug befindlichen Versorgungsberechtigten ist der Beitragsaufwand an einen externen Versorgungsträger zur Ausfinanzierung dieser Personengruppe in der Regel am höchsten. Vor diesem Hintergrund ist es aus Arbeitgebersicht häufig attraktiver, laufende Versorgungsleistungen zwar außerbilanziell abzubilden, hierfür aber keinen hohen Liquiditätsaufwand erbringen zu müssen. Hierfür bieten sich beispielsweise Finanzierungsformen in Form von Forderungsfactoringmodellen oder auch das Einbringen von Immobilienbeständen an, welche ebenfalls dergestalt besichert werden, dass sie als Planvermögen qualifiziert werden können.

4.4.6 Exkurs: Restrukturierung, betriebliche Altersversorgung und Gesamtrechtsnachfolge?

Die Trennung von Versorgungsverpflichtungen unverfallbar ausgeschiedener Versorgungsanwärter sowie Leistungsempfänger mit schuldbefreiender Wirkung ist für den Arbeitgeber auch im Wege umwandlungsrechtlicher Vorgänge, z. B. durch Ausgliederung, möglich. Nach Ansicht des BAG (BAG v. 11.03.2008 – 3 AZR 358/06) besteht hier keine Schutzbedürftigkeit der Versorgungsberechtigten, die zu einer erweiterten Auslegung und damit einhergehenden Anwendung des § 613a BGB auf diese Fälle führt. Auch soll eine einschränkende Auslegung der umwandlungsrechtlichen Vorschriften nicht geboten sein (BAG a. a. O.). Um dem Schutzbedürfnis der Arbeitnehmer gerecht zu werden, trifft den Arbeitgeber nach Ansicht des BAG bei einer solchen Ausgliederung aus dem Arbeitsverhältnis heraus allerdings die Pflicht, die „Rentnergesellschaft", auf die die Versorgungsverpflichtungen ausgegliedert werden sollen, so auszustatten, dass sie die laufenden Betriebsrenten zahlen kann und zu den gesetzlich vorgesehenen Rentenanpassungen (§ 16 BetrAVG) in der Lage ist. Verletzt der Arbeitgeber diese Sorgfaltspflicht, macht er sich gegenüber den Versorgungsberechtigten schadensersatzpflichtig. Die sich hieraus ergebende Frage, wann von einer hinreichenden Ausstattung der Rentnergesellschaft durch den Arbeitgeber gesprochen werden kann, dürfte nach Ansicht der Verfasser mit Einführung des BilMoG beantwortet worden sein. Sah sich das BAG im Urteil vom 11. März 2008 noch gezwungen, diese Frage auf Basis der handelsrechtlichen Bewertungsgrundsätze unter Heranziehung der Sorgfaltspflicht des Arbeitgebers zu beantworten, hat der Gesetzgeber dem Arbeitgeber die vom BAG in Bezug genommenen Bewertungsspielräume entzogen und durch eine gesetzliche Regelung ersetzt. Die handelsrechtlichen Bewertungsgrundsätze, auf die das BAG auch in 2008 verwies, sehen nunmehr einen klar definierten Erfüllungsbetrag zur Abbildung der Versorgungsverpflichtungen vor. Für ein kaufmännisches Ermessen besteht kein Raum mehr. Im Ergebnis hat dies die Errichtung von Rentnergesellschaften wirtschaftlich attraktiver gemacht, da das BAG noch in 2008 zur Ermittlung des Ausstattungsumfangs im Rahmen der Ermessensbandbreite einen Zinssatz von 3 % forderte, der nunmehr durch die nach § 253 Abs. 2

Satz 1 HGB fest vorgegebenen und von der Bundeszentralbank monatlich festgelegten Zinssätze (zurzeit 5,13 % für Versorgungsverpflichtungen mit einer Restlaufzeit von 15 Jahren, http://www.bundesbank.de/download/statistik/abzinsungszinssaetze.pdf, abgerufen am 12.04.2012) abgelöst wurde.

4.4.7 Exkurs: „Distressed M&A und betriebliche Altersversorgung"

Ein letztes Instrument kann – dies allerdings im Zeitpunkt der schon eingetretenen Insolvenzlage – die zielgerichtete sogenannte „Sanierende Übertragung" sein. Verkauft der Insolvenzverwalter die wesentlichen Betriebsmittel an einen Investor, der hiermit das Geschäft fortsetzen will, kommt es in der Regel zu einem Betriebsübergang der in der insolventen Gesellschaft beschäftigten Mitarbeiter gemäß § 613a BGB (vgl. unter anderem Arends/Hofert-von-Weiss, BB 2009, 1538). Die erdienten sozialen Besitzstände der Arbeitnehmer gehen in diesem Fall grundsätzlich mit über. Hinsichtlich der Übernahme der bereits erdienten Versorgungsanwartschaften wird der Erwerber hingegen weitestgehend befreit: Nach der Rechtsprechung des BAG haftet der Erwerber nur für die nach Verfahrenseröffnung entstandenen Verbindlichkeiten des Veräußerers aus dem Arbeitsverhältnis, somit nur für die ab Verfahrenseröffnung erdienten Anwartschaften (ErfK, Preis, BGB, § 613a Rn. 148 m. w. Nw.)

4.4.8 Fazit

Die Gestaltungsmöglichkeiten im Bereich der betrieblichen Altersversorgung sind vielfältig. Eine Befreiung von einmal eingegangenen Verpflichtungen ist hingegen nur möglich, wenn für die entsprechenden Anwartschaften „bezahlt" wird. Dennoch kann im Bereich der betrieblichen Altersversorgung durch eine Vielzahl von Maßnahmen das Ziel einer Sanierung nachhaltig unterstützt werden und hierbei die Interessen aller Stakeholder berücksichtigt werden.

Literaturverzeichnis

Kommentare/Handbücher etc.

Blomeyer/Rolfs/Otto (2010): Betriebsrentengesetz, 5. Auflage

Ellrott et al. (2012): Beck'scher Bilanzkommentar, 8. Auflage

Fitting/Engels/Schmidt/Trebinger/Linsenmaier (2010): Betriebsverfassungsgesetz, 25. Auflage

Höfer (2011): Gesetz zur Verbesserung der betrieblichen Altersversorgung – Arbeitsrecht (Bd. 1) – 12. Auflage, Stand Juni 2011

Kemper/Kisters-Kölkes/Berenz/Huber (2010): BetrAVG, 4. Auflage

Langohr-Plato (2010): Betriebliche Altersversorgung, 5. Auflage

Moll (2009): Münchener Anwaltshandbuch Arbeitsrecht, 2. Auflage

Müller-Glöge/Preis/Schmidt (2012): Erfurter Kommentar zum Arbeitsrecht, 12. Auflage

Reichel/Schmandt (2006): Betriebliche Altersversorgung bei Unternehmenskauf und Umstrukturierung

Richardi (2012): Betriebsverfassungsgesetz, 13. Auflage

Richardi/Wissmann/Wlotzke/Oetker (2009): Münchener Handbuch zum Arbeitsrecht, Bd. 1, 3. Auflage
Richardi/Wissmann/Wlotzke/Oetker (2009): Münchener Handbuch zum Arbeitsrecht, Bd. 2, 3. Auflage
Rolfs/Giesen/Kreikebohm/Udsching (2011): Beck'scher Online Kommentar Arbeitsrecht, Edition 22, Stand 01.12.2011
Schaub (2011): Arbeitsrechts-Handbuch, 14. Auflage

Aufsätze

Arends/Hofert-von Weiss (2009): Distressed M & A – Unternehmenskauf aus der Insolvenz, BB, S. 1538
Boemke (2009): Wirtschaftliche Notlage und Widerruf von Zusagen der betrieblichen Altersversorgung, NJW, S. 2491
Briese: Auslagerung von Pensionsanwartschaften auf Pensionsfonds, BB 2009, S. 2733
Classen (2010): Distressed M & A – Besonderheiten beim Unternehmenskauf aus der Insolvenz, BB, S. 2898
Diller (2011): Abfindung von Betriebsrenten und Anwartschaften, NZA, S. 1021
Daub/Paul (2011): Die betriebliche Altersversorgung im Rahmen von M & A Deals, BB, S. 1525
Dworzack (2011): Pensionszusagen im Zeichen von BilMoG: Neue Einschätzungen zu Bewertungs- und Finanzierungsfragen, BC, S. 88
Großmann/Bredebusch (2010): Bilanzsteuerliche Rahmenbedingungen bei der Übertragung einer Pensionszusage auf einen Pensionsfonds, DStR, S. 1441
Heinze (1982): Möglichkeiten der Sanierung von Unternehmen durch Maßnahmen im Unternehmens-, Arbeits-, Sozial- und Insolvenzrecht, NJW, S. 1665
Höfer/Lüschper/Verhuven (2005): Betriebliche Versorgungsleistungen im Rahmen von Mergers & Acquisitions, DSTR, S. 1829
Hölzle (2004): Sanierende Übertragung – Besonderheiten des Unternehmenskaufs in Krise und Insolvenz, DStR, S. 1433
Kort (2004): Die Kündigung einer Betriebsvereinbarung über Betriebsrenten, NZA 2004, S. 889
Küppers/Louven: Outsourcing und Insolvenzsicherung von Pensionsverpflichtungen durch Contractual Trust Arrangements (CTA's), BB, S. 337
Küppers/Louven/Schröder (2005): Contractual Trust Arrangements – Insolvenzsicherung und Bilanzverkürzung, BB, S. 763
Langohr-Plato (2005): Unternehmensspaltung nach dem UmwG – Konsequenzen für betriebliche Versorgungsverpflichtungen, NZA, S. 966
Löwisch/Diller (2012): Wechsel des Durchführungsweges in der bAV gegen den Willen des Arbeitnehmers? BetrAV, S. 411
Neufeld (2008): Besonderheiten der betrieblichen Altersversorgung bei der übertragenden Sanierung, BB, S. 2346
Reinecke (2010): Betriebliche Altersversorgung: Wechsel des Durchführungswegs gegen den Willen des Arbeitnehmers?, DB, S. 2392
Rößlern(2010): Contractual Trust Arrangements – eine rechtliche Bestandsaufnahme, BB, S. 1405
Schnitker/Grau (2010): Fixkostenblock betriebliche Altersversorgung?, NZA-Beil., S. 68
Schnitker/Sittard (2011): Wie frei ist der Arbeitgeber? Betriebliche Altersversorgung und Mitbestimmung, NZA, S. 331
Schrehardt/Gladys (2010): Die betriebliche Altersversorgung – Eine Haftungsfalle für den Steuerberater? DStR, S. 1051
Simon/Leuering (2005): Deckung von Pensionsverpflichtungen: Contractual Trust Arrangement, NJW-Spezial, S. 507

Stadelbauer (2009): Abfindung von und Verzicht auf Pensionszusagen – Zulässigkeit und Konsequenzen, DStR, S. 2551
Thüsing/Granetzny (2009): Der Wechsel des Durchführungswegs in der betrieblichen Altersversorgung, BetrAV, S. 485
von Buddenbrock/König (2009): Restrukturierungsmöglichkeiten von Versorgungszusagen an beherrschende Gesellschafter-Geschäftsführer („GGF-Zusagen"), BetrAV, S. 206
von Buddenbrock/Manhart (2011): Betriebliche Mitbestimmung in der betrieblichen Altersversorgung, BB, S. 2293
von Buddenbrock/Manhart (2009): Rechtsprechung des BAG zur Ausstattung einer „Rentnergesellschaft" im Licht des BilMoG, DB, S. 1237
von Buddenbrock/Rathje (2010): Neubewertung von Pensionsverpflichtungen nach dem BilMoG: Risiko im Überschuldungsstatus nach § 19 InsO?, BB, S. 1331
Wellisch/Gellrich/Quiring (2010): Besteuerung, Bilanzierung und Finanzierung der Auslagerung von Direktzusagen auf Pensionsfonds, BB, S. 623
Zobel (2011): Sanierungsarbeitsrecht – Wunsch oder Wirklichkeit?, S. 1397

4.5 Betriebliche Altersversorgung in der Insolvenz

Hermann Peter Wohlleben

Abstract

Eine frühzeitige wie sachkundige Einbeziehung der betrieblichen Alterversorgung in die Sanierungsüberlegungen eröffnet beste Chancen für eine interessengerechte Fortführung sowohl des von einer Insolvenz betroffenen Unternehmens als auch des betrieblichen Versorgungswerkes. Voraussetzung für den Schutz durch den PSVaG ist eine Zusage des Arbeitgebers auf eine betriebliche Altersversorgung im Sinne des § 1 BetrAVG, auf die ein Anspruch oder eine unverfallbare Anwartschaft besteht, ein Versorgungsfall sowie das Vorliegen eines Sicherungsfalls gemäß § 7 Abs. 1 BetrAVG. In Ausnahmefällen kann der PSVaG unter streng definierten Voraussetzungen auch einem außergerichtlichen Vergleich zustimmen. Aufgrund des gesetzlichen Forderungsübergangs gemäß § 9 BetrAVG tritt der PSVaG in die Rechte der Betroffenen ein und ist in gebildeten Gläubigerausschüssen häufig aktiv, verfügt aber selbst über kein Insolvenzantragsrecht. Auch der Insolvenzplan bietet verschiedene Lösungswege zu einer situationsbezogenen Wahrung der Interessen aller Beteiligten.

4.5.1 Abgrenzungsfragen und Begriffsklärung

Die nachstehenden Ausführungen konzentrieren sich auf den schon volumenmäßig bedeutsamsten Teil der durch den PENSIONS-SICHERUNGS-VEREIN Versicherungsverein auf Gegenseitigkeit (PSVaG) geschützten betrieblichen Altersversorgung.

Nicht gemäß § 7 BetrAVG durch den PSVaG geschützt sind Versorgungsanwartschaften bzw. -ansprüche, soweit

- sie keine betriebliche Altersversorgung i. S. v. § 1 BetrAVG darstellen, wie z. B. Guthaben auf Zeitkonten,
- die gesetzlichen Unverfallbarkeitsvoraussetzungen (§ 1b BetrAVG) nicht erfüllt sind,
- die Höchstgrenzen des § 7 Abs. 3 BetrAVG überschritten wurden,
- es sich um Zusagen an Unternehmer oder beherrschende Gesellschaftergeschäftsführer handelt (vgl. § 17 Abs. 1 BetrAVG; hierzu Wohlleben 2008),
- Zusagen erst bei bereits absehbarer Inanspruchnahme des PSVaG bzw. innerhalb der Zwei-Jahres-Frist gegeben wurden (§ 7 Abs. 5 BetrAVG) oder
- Versorgungsteile erst nach Eintritt der Insolvenz erdient wurden.

Solche Rechte sind nach den allgemeinen Regeln zu behandeln und demgemäß von den Berechtigten selbst beim Insolvenzverwalter geltend zu machen (allgemein zu den Möglichkeiten der Insolvenzsicherung Hoppenrath/Wohlleben 2001). Nach Eröffnung eines gerichtlichen Insolvenzverfahrens erdiente Anwartschaften auf Leistungen der betrieblichen Altersversorgung richten sich gegen die Insolvenzmasse und sind insoweit privilegiert. Der Insolvenzverwalter kann sie jedoch nach der Spezialregelung des § 3 Abs. 4 BetrAVG abfinden, sofern die Anwartschaften nicht im Rahmen eines Betriebsübergangs (§ 613a BGB) auf einen Erwerber übergehen.

4.5.1.1 Insolvenzgesicherte betriebliche Altersversorgung

Der Insolvenzschutz durch den PSVaG ist gegeben, wenn eine ganze Reihe von Voraussetzungen erfüllt ist (jeweils aktuell dazu die PSVaG-Merkblätter, aufrufbar im Internet unter www.psvag.de – Quicklinks). In aller Regel ist das schon deshalb der Fall, weil das Steuer- und das Sozialversicherungsrecht zumeist an die (gleichen) Begrifflichkeiten des Betriebsrentengesetzes (BetrAVG) anknüpft.

Zusage des Arbeitgebers

Voraussetzung für die Insolvenzsicherung ist zunächst eine Zusage des Arbeitgebers (§ 1 Abs. 1 Satz 1 BetrAVG). Der Arbeitgeber muss selbst vertragliche Verpflichtungen gegenüber dem Arbeitnehmer eingehen. Bevor der Arbeitgeber oder bei Tarifverträgen der für ihn handelnde Arbeitgeberverband dies tut, wird er die in Rede stehende Versorgung regelmäßig einer Plausibilitätskontrolle unterziehen sowie die Bonität und Seriosität der Anbieter von Finanzprodukten hinterfragen. Dabei wird er sich zumindest kursorisch mit den sehr unterschiedlichen Möglichkeiten betrieblicher Altersversorgung beschäftigen und auch im Eigeninteresse die wichtigen Themen der Kapitalanlage und der Kostenbelastung im Auge behalten. Von daher ist auch in der Insolvenz kein überstürztes Handeln, sondern ein besonnenes Vorgehen gefragt.

Betriebliche Altersversorgung im Sinne des Gesetzes

Insolvenzgesichert ist nur betriebliche Altersversorgung im Sinne von § 1 BetrAVG. Der Gesetzeswortlaut „Leistungen der Alters-, Invaliditäts- oder Hinterbliebenenversorgung“ schließt bloße Sparvorgänge aus und setzt die Absicherung eines biometrischen Risikos voraus, nämlich den Schutz vor den Folgen einer Invalidität, des Erreichens der Altersgrenze oder des Versterbens des (früheren) Arbeitnehmers bei Hinterbliebenenleistungen.

Von praktischer Bedeutung sind auch so manche Fragen, die sich aus der Begriffserweiterung in § 1 Abs. 2 BetrAVG etwa zum Thema der Entgeltumwandlung ergeben. Nicht jede sogenannte Deferred Compensation unterfällt dem Betriebsrentengesetz. Sind aufgeschobene Lohnzahlungsansprüche vererblich, so kann es am Versorgungscharakter fehlen, weil die Leistungen an kein biometrisches Ereignis anknüpfen. Dann gibt es keinen PSVaG-Schutz.

§ 1 BetrAVG bildet einen gewissen Filter zur Abgrenzung insolvenzgesicherter betrieblicher Altersversorgung von reinen Kapitalanlageprodukten. Er ist die Schlüsselvorschrift des Betriebsrentenrechts sowohl aus arbeits- und steuerrechtlicher als auch aus insolvenzrechtlicher Sicht. Er gewährleistet zumindest ein Minimum an Einheit in der deutschen Rechtsordnung und verhindert so einen nicht mehr überschaubaren Wildwuchs in dem für jedwede sinnstiftende Wirtschaftstätigkeit unverzichtbaren Rechtsrahmen.

Anspruch oder gesetzlich unverfallbare Anwartschaft

Insolvenzgeschützt sind nur solche betrieblichen Versorgungsleistungen, auf die bereits ein Anspruch (§ 7 Abs. 1 BetrAVG) oder aber eine gesetzlich unverfallbare Anwartschaft (§ 7 Abs. 2 in Verbindung mit § 1b BetrAVG) besteht. Für die Unverfallbarkeit arbeitgeberfinanzierter Versorgungszusagen bedarf es der Vollendung des 25. Lebensjahres und einer mindestens fünfjährigen Betriebszugehörigkeit[1]. Bei einer nachträglichen Verbesserung der Versorgungszusage schützt darüber hinaus die zweijährige Ausschlussfrist des § 7 Abs. 5 Satz 3 BetrAVG den PSVaG davor, dass der Arbeitgeber kurz vor der Insolvenz seine Mitarbeiter mit freigebigen Versorgungsversprechen – gleichsam mittels eines Vertrages zulasten Dritter – vergüten kann.

Mit der Zusage sofort unverfallbar und auch sofort gesetzlich insolvenzgeschützt ist betriebliche Altersversorgung insoweit, als sie durch Entgeltumwandlung im Sinne von § 1 Abs. 2 Nr. 3 BetrAVG finanziert wird, wenn also etwa Ansprüche auf Barentgelt in eine wertgleiche Anwartschaft auf betriebliche Versorgungsleistungen umgewandelt werden, worauf der Arbeitnehmer seit etwa zehn Jahren einen gesetzlichen Anspruch hat. Aufgrund dieser mit dem Altersvermögensgesetz (AVmG, Gesetz vom 26.06.2001, BGBl. Teil I, S. 1310) erfolgten Ausweitung des insolvenzgesicherten Bereichs der be-

---

1 Für Altzusagen gilt unter Umständen noch das Mindestalter 35 und die früher zehnjährige Unverfallbarkeitsfrist, vgl. § 30 f. BetrAVG.

trieblichen Altersversorgung hat sich die Zahl der Mitgliedsunternehmen des PSVaG von rund 40.000 auf mittlerweile über 90.000 erhöht.

Versorgungsfall

Zur Inanspruchnahme von Leistungen des PSVaG bedarf es weiterhin eines Versorgungsfalls. Zum Beispiel muss der Anwärter die in der Versorgungszusage festgelegte Altersgrenze erreicht haben oder aber es müssen die Voraussetzungen einer Invaliditäts- bzw. Hinterbliebenenversorgung erfüllt sein.

Ein Anspruch auf eine – vorzeitige – Abfindung von Rentenansprüchen oder Versorgungsanwartschaften besteht nicht. Zwar ist der PSVaG nach § 8 Abs. 2 BetrAVG seinerseits zur Abfindung von Anwartschaften berechtigt, was sich insbesondere bei niedrigen Anwartschaften[2] und in Fällen mit Auslandsbezug als wirtschaftlich sinnvoll erweist. Die Versorgungsberechtigten ihrerseits können vom PSVaG aber keine Abfindung verlangen. Auch der Insolvenzverwalter kann sich gegenüber den einzelnen Versorgungsberechtigten auf fehlende Anspruchsvoraussetzungen berufen, sofern diese nach Insolvenzeintritt überhaupt noch selbst Ansprüche haben und selbige nicht nach § 9 Abs. 2 BetrAVG kraft Gesetzes auf den PSVaG übergegangen sind.

4.5.1.2 Sicherungsfall

Vor einer Inanspruchnahme des PSVaG muss ein Sicherungsfall beim Arbeitgeber vorliegen. Nur wenn der Arbeitgeber insolvent ist, muss die Solidargemeinschaft der im PSVaG zusammengeschlossenen Unternehmen einstehen. Die Sicherungsfälle sind in § 7 Abs. 1 Sätze 1 und 3 BetrAVG abschließend normiert.

Eröffnung des gerichtlichen Insolvenzverfahrens

Die weit überwiegende Zahl der Sicherungsfälle beim PSVaG sind Fälle der Eröffnung eines gerichtlichen Insolvenzverfahrens über das Vermögen des Arbeitgebers (oder über seinen Nachlass). Bei mittleren und größeren Unternehmen mit aktiver Belegschaft *dauert* es von der Stellung des Insolvenzantrags beim zuständigen Amtsgericht bis zur Verfahrenseröffnung *regelmäßig drei Monate*. Gründe hierfür sind zum einen die notwendige Prüfung der Insolvenzgründe (Zahlungsunfähigkeit, drohende Zahlungsunfähigkeit, Überschuldung) und die erforderliche Feststellung und Sicherung einer zur Durchführung des Insolvenzverfahrens ausreichenden Masse durch den vom Gericht eingesetzten vorläufigen Insolvenzverwalter oder Gutachter. Vor allem geht es der Praxis aber um den nur bis zur Verfahrenseröffnung möglichen Bezug von Insolvenzgeld.

Das *Insolvenzgeld* wird maximal drei Monate gewährt und erleichtert wegen des Wegfalls von Personalkosten die Betriebsfortführung. Den Betriebsrentnern kommt das Insolvenzgeld allerdings nicht zugute. Bei ihnen kommt es aufgrund der insolvenzbedingten Zahlungseinstellung des Arbeitgebers regelmäßig zu Leistungsunterbrechungen.

---

2 2012, alte Länder bis zu EUR 26,25 Monatsrente entsprechend ein vom Hundert der Bezugsgröße gemäß § 18 SGB IV.

Frühestens mit Insolvenzeröffnung wird der PSVaG in der Lage versetzt, die Zahlung – bis zu einem Jahr rückwirkend[3] – wieder aufzunehmen.

Abweisung mangels Masse

Ein gesetzlicher Sicherungsfall ist ebenfalls gegeben, wenn der Antrag auf Eröffnung eines gerichtlichen Insolvenzverfahrens zwar gestellt, vom Amtsgericht aber mangels einer die Kosten des Verfahrens deckenden Masse oder eines von dritter Seite gestellten Massekostenvorschusses abgewiesen wird. In diesen Fällen sogenannter Masselosigkeit ist entweder überhaupt kein Vermögen vorhanden oder das vorhandene Vermögen ist aufgrund bestehender Sicherungsrechte dem Zugriff durch den (vorläufigen) Insolvenzverwalter soweit entzogen, dass er hieraus die Verfahrenskosten nicht decken kann. Die Fälle der Masselosigkeit treten in der allgemeinen Insolvenzpraxis häufig auf, sind aber im Bereich der durch den PSVaG insolvenzgeschützten betrieblichen Altersversorgung seit Inkrafttreten der Insolvenzordnung von abnehmender Bedeutung.

Vollständige Beendigung der Betriebstätigkeit, wenn ein gerichtliches Insolvenzverfahren mangels einer die Verfahrenskosten deckenden Masse offensichtlich nicht in Betracht kommt

Wird kein Insolvenzantrag bei Gericht gestellt, weil ein gerichtliches Insolvenzverfahren mangels einer die Verfahrenskosten deckenden Masse von vornherein nicht in Betracht kommt, so ist der Auffangtatbestand der vollständigen Beendigung der Betriebstätigkeit in Betracht zu ziehen. Solche Fälle der Masselosigkeit treten hauptsächlich bei kleinen, bereits vor Längerem stillgelegten Betrieben auf.

Nach wie vor werden in Deutschland viele Unternehmen still liquidiert. Vor allem Familienbetriebe versuchen auch heute noch mit allen Mitteln, den Makel einer gerichtlichen Insolvenz zu vermeiden, und bemühen sich bis zuletzt um eine volle Gläubigerbefriedigung. Volumenmäßig sind diese Fälle allerdings beim PSVaG nur von untergeordneter Bedeutung.

Zustimmung des PSVaG zu einem außergerichtlichen Vergleich

Sofern der Arbeitgeber mit seinen Gläubigern einen außergerichtlichen Vergleich (Stundungs-, Quoten- oder Liquidationsvergleich) zur Abwendung eines gerichtlichen Insolvenzverfahrens schließt, kann der PSVaG unter sehr strengen, durch die Rechtsprechung des Bundesarbeitsgerichts näher definierten Voraussetzungen einem außergerichtlichen Sicherungsfall auch und gerade dann zustimmen, wenn beim Arbeitgeber noch freie Vermögensmasse nennenswerten Umfangs vorhanden und für eine gleichmäßige Gläubigerbefriedigung verfügbar ist (vgl. BAG 24.04.2001 – 3 AZR 402/00 – DB 2001, 1787 sowie PSVaG Merkblatt 110/M1, aufrufbar unter www.psvag.de – Quicklinks).

---

3 Nach § 7 Abs. 1a Satz 3 BetrAVG umfasst der Anspruch des Betriebsrentners gegen den PSVaG regelmäßig auch rückständige Versorgungsleistungen, und zwar bis zu zwölf Monate vor Entstehung des Anspruchs gegenüber dem PSVaG (definiert in Satz 1 der Vorschrift).

Unabdingbare Voraussetzung für eine außergerichtliche Sanierung von Unternehmen unter Beteiligung aller maßgebenden Gläubigergruppen sind insbesondere ein schlüssiges operatives wie finanzwirtschaftliches Gesamtkonzept und ausreichend Zeit für eine sorgfältige Analyse der maßgeblichen Entscheidungsgrundlagen durch die Beteiligten.

Der Antrag auf Zustimmung des PSVaG kann formlos gestellt werden, muss allerdings konkret und hinreichend bestimmt sein. Die notwendigen Unterlagen fordert der PSVaG nach Antragseingang bezogen auf den Einzelfall an.

4.5.2 Abwicklung im Regelinsolvenzverfahren

Die gesetzliche Qualifizierung der Ansprüche und Anwartschaften auf betriebliche Altersversorgung als Insolvenzforderungen ist weithin bekannt, anders als eine Reihe von Spezialregelungen, die nicht in der Insolvenzordnung selbst, sondern im Betriebsrentengesetz (BetrAVG) zu finden sind oder von der Praxis etabliert wurden.

4.5.2.1 Gesetzlicher Übergang von Rechten (§ 9 BetrAVG)

Kraft Gesetzes gehen bestimmte Rechte der Betriebsrentner und Anwärter mit Eintritt des Sicherungsfalles auf den PSVaG über, da der PSVaG nach § 7 BetrAVG die Ansprüche und Anwartschaften auf betriebliche Versorgungsleistungen zu befriedigen hat und aus den übergegangenen Rechten zumindest teilweise schadlos gestellt werden soll.

Beachtenswert ist insoweit, dass der PSVaG aufgrund der Rechtsnachfolge nach § 9 Abs. 2 BetrAVG nicht nur die betrieblichen Versorgungsrechte und Anwartschaften beim Insolvenzverwalter anmeldet sowie hierzu akzessorische Sicherungsrechte wie z. B. Pfandrechte an Rückdeckungsversicherungen realisiert, sondern sich auch eventuell vorhandene nicht akzessorische Sicherungsrechte im Gegenzug zu seinen Leistungen von den Versorgungsberechtigten abtreten lässt.

Bei Unterstützungskassen eines insolventen Arbeitgebers gehen kraft Gesetzes deren Vermögen und zumeist auch deren Verpflichtungen auf den PSVaG über (§ 9 Abs. 3 BetrAVG).

Eine Überschuldung kann bei einer Unterstützungskasse aufgrund der Insolvenz des Trägerunternehmens und der von diesem eingegangenen betrieblichen Versorgungsverpflichtungen nie eintreten. Leistungen über eine Unterstützungskasse ist nämlich kraft gesetzlicher Definition immanent, dass darauf kein Rechtsanspruch gegenüber der Kasse bestehen kann[4] (§ 1b Abs. 4 BetrAVG). Wird dort dennoch Insolvenzantrag gestellt, so macht der PSVaG wegen der Sachwidrigkeit des Antrags von seinem Recht auf sofortige Beschwerde nach § 9 Abs. 5 BetrAVG Gebrauch (instruktiv dazu Gareis 2007).

[4] Gleichwohl muss aber der Arbeitgeber für die Erfüllung der zugesagten Leistungen einstehen (§ 1 Abs. 1 Satz 3 BetrAVG) und meldet der PSVaG aufgrund § 9 Abs. 2 BetrAVG im Insolvenzverfahren Forderungen an.

Bei den sogenannten Gruppenunterstützungskassen mehrerer ansonsten nicht miteinander verbundener Arbeitgeber kommt es hingegen nicht zum Vermögensübergang. Dort hat der PSVaG einen Zahlungsanspruch gegen die Kasse, der aus dem anteiligen Kassenvermögen zu befriedigen ist (§ 9 Abs. 3 Satz 3 BetrAVG). Ansonsten würden aufgrund der Insolvenz einzelner Arbeitgeber die großen überbetrieblichen Einrichtungen gesprengt, die durch die Tarifvertragsparteien oder Versicherer betrieben werden.

Pensionsfonds können bei zeitnaher Zustimmung der BaFin wie eine Art Versicherungsunternehmen fortbestehen (§ 9 Abs. 3a i. V. m. § 8 Abs. 1a BetrAVG). Ansonsten verhält es sich dort wie bei Unterstützungskassen.

Kein befriedigendes Zugriffsrecht auf betrieblichen Versorgungszwecken gewidmete Vermögenswerte hat der PSVaG derzeit bei sogenannten Contractual Trust Arrangements (CTAs) und bei Rückdeckungslösungen für unmittelbare Versorgungszusagen des Arbeitgebers bzw. für Unterstützungskassenzusagen, weil solche Gestaltungen große Vertragsfreiheit genießen und darin eingebundene Vermögenswerte häufig nicht zeitnah liquidiert werden können (s. zur versicherungsförmigen Unterstützungskassenzusage Wohlleben: Unterstützungskasse und der PSVaG, 2011).

4.5.2.2 Kapitalisierte Forderungsanmeldung (§ 9 Abs. 2 Satz 3 BetrAVG)

Aufgrund des gesetzlichen Übergangs nach § 9 BetrAVG erlangt der PSVaG regelmäßig ein Sammelsurium höchst unterschiedlicher Rechtspositionen. Diese umfassen bereits fällige oder erst künftig fällig werdende Ansprüche aus Versorgungszusagen, sich erst mit Eintritt eines Versorgungsfalles zum Vollrecht konkretisierende Versorgungsanwartschaften, akzessorische Sicherungsrechte, versicherungsvertragliche Ansprüche, Wertpapiere, Beteiligungsrechte und Immobilien.

Wie der Insolvenzverwalter ist auch der PSVaG in den seltensten Fällen mit der Sache vorbefasst, anders als es etwa Kreditinstitute, Lieferanten oder Arbeitnehmer aufgrund ihrer langjährigen Vertragsbeziehungen zu dem schuldnerischen Unternehmen sind. Zwar hat der PSVaG vom Unternehmen normalerweise über viele Jahre die gesetzlichen Meldungen zur Beitragsbemessung erhalten. Wegen des gesetzlich festgeschriebenen Selbstveranlagungsprinzips (dazu Feder 2006) sind diese Meldungen allerdings bloße Summenmeldungen, denen sich lediglich die Anzahl der Versorgungsberechtigten und die Summe der Kapitalwerte aller Versorgungsansprüche und Versorgungsanwartschaften des jeweiligen Durchführungsweges der betrieblichen Altersversorgung (unmittelbare Versorgungszusage, Unterstützungskassenzusage, Pensionsfondszusage) entnehmen lässt. Es bedarf also einer gründlichen Einarbeitung seitens des Verwalters und des PSVaG in die Details des betrieblichen Versorgungswerks, bevor dieses in einem Insolvenzverfahren sachgerecht berücksichtigt werden kann. Denn hierzu sind häufig sowohl komplexe Sachverhalts- als auch schwierige Rechtsfragen zu klären.

Einen langjährigen Juristenstreit, ob der PSVaG künftige Forderungen und Anwartschaftsrechte im Konkursverfahren sofort mit ihrem Kapitalwert geltend machen darf oder aber die dem PSVaG dafür zustehenden Teile der Insolvenzmasse zunächst zu hinterlegen sind und erst Jahre bzw. Jahrzehnte später herausgegeben werden können, hat der Gesetzgeber mit dem im Rahmen der EGInsO[5] in das BetrAVG eingefügten § 9 Abs. 2 Satz 3 praxisgerecht entschieden. Diese Vorschrift bestätigt die Praxis der kapitalisierten Forderungsanmeldung durch den Träger der Insolvenzsicherung. Dementsprechend sind nicht nur die mit Eintritt des Versorgungsfalls entstandenen Forderungen, sondern auch die auf den PSVaG übergegangenen Anwartschaften auf eventuelle Versorgungsleistungen als unbedingte Forderungen nach § 45 InsO geltend zu machen, und zwar mit dem Wert, der für die Zeit der Eröffnung des Insolvenzverfahrens geschätzt werden kann.

Bei der Schätzung des Wertes der betrieblichen Altersversorgung zum Insolvenzstichtag sind die anerkannten Regeln der Versicherungsmathematik anzuwenden (vgl. Paulsdorff/Wohlleben 1999). Diese können mit den steuerlichen Regelungen zur Ermittlung des Teilwerts der Pensionsverpflichtungen übereinstimmen, müssen es aber nicht. So schreibt § 6a EStG für die Abzinsung der künftigen Versorgungsleistungen zur Ermittlung des in der Steuerbilanz abzugsfähigen Verpflichtungsumfangs einen Zinssatz von 6 % vor, während der PSVaG seit Langem seinen Forderungsanmeldungen einen Abzinsungssatz von 5,5 % zugrunde legt (vgl. Feldkamp 2006).

Der vom PSVaG herangezogene Zinsfuß mag – abhängig von den jeweiligen Zinsen und der jeweiligen Risikolage auf den Finanzmärkten – manchmal etwas niedrig oder auch etwas hoch erscheinen. Über die Jahrzehnte hat sich aber die Heranziehung eines gleichbleibenden Zinssatzes bewährt, da sowohl die betrieblichen Versorgungszusagen als auch die Insolvenzverfahren lange Laufzeiten haben, sich so manche Schwankungen über längere Sicht ausgleichen und zumindest der bürokratische Aufwand sowie das Streitpotenzial hierdurch minimiert werden. Damit wird im Übrigen auch der ausdrücklich im Gesetzestext festgeschriebenen Stichtagsbetrachtung etwas an Schärfe genommen, nach der für die Berechnung der Höhe der Leistungen des PSVaG Veränderungen nach dem Insolvenzstichtag ebenfalls außer Betracht zu bleiben haben (§ 7 Abs. 2 i. V. m. § 2 Abs. 5 BetrAVG).

Bei der Schätzung des Kapitalbetrags der Forderungsanmeldung des PSVaG sind gemäß § 45 Satz 1 InsO solche Tatsachen nicht zu berücksichtigen, die erst nach der Eröffnung des Insolvenzverfahrens eintreten. Insbesondere mindert deshalb das Ableben eines Versorgungsbegünstigten nach dem Insolvenzstichtag die Forderung des PSVaG nicht. Dies ist sowohl im Ergebnis richtig als auch systemgerecht. Denn die Todeswahrscheinlichkeit wird bereits in den versicherungsmathematischen Rechnungsgrundlagen berücksichtigt. Diese Rechnungsgrundlagen beruhen auf langjährigen statistischen Erwartungswerten und berücksichtigen mittlerweile in sogenannten Generationentafeln auch die sich verlängernde Lebenswahrscheinlichkeit der Menschen. Sie bilden also sowohl früh versterbende als auch sehr lang lebende Personen zutreffend ab.

Aufgrund der vorstehend beschriebenen Spezialregelungen hat der Insolvenzverwalter im Übrigen gegenüber dem PSVaG auch kein Zurückbehaltungsrecht, wie es § 191 Abs. 1 Satz 2 InsO ansonsten für aufschiebend bedingte Forderungen vorsieht.

---

5 Einführungsgesetz zur Insolvenzordnung (EGInsO) vom 05.10.1994, BGBl. Teil I, S. 2911.

Die kapitalisierte Anmeldung sowohl der Betriebsrenten als auch der Anwartschaften ist schließlich auch insofern systemgerecht, als der PSVaG mit der Eröffnung des Insolvenzverfahrens bzw. der Abweisung der Verfahrenseröffnung mangels Masse durch das Gericht hierfür insgesamt eintrittspflichtig wird und als bilanzierpflichtiger Versicherungsverein auf Gegenseitigkeit sowohl die bereits feststehenden Versorgungsverpflichtungen als auch die noch nicht zum Vollrecht erstarkten Anwartschaften mit ihrem Kapitalwert zu passivieren hat. Beide fließen gemäß § 10 BetrAVG mit ihrem Kapitalwert in die Beitragskalkulation des PSVaG ein und müssen von den Mitgliedsunternehmen sofort ausfinanziert werden. Von daher wäre es – gerade bei einem auf die zügige Gläubigerbefriedigung ausgerichteten Regelinsolvenzverfahren – nicht vermittelbar, wenn auf Verwalter- oder Hinterlegungskonten Deckungsmittel der betrieblichen Altersversorgung länger als unvermeidbar parken und Teile der betrieblichen Versorgungsverpflichtungen deshalb doppelt finanziert werden müssen. Auch angesichts der knappen öffentlichen Kassen widersprächen solche Lock-in-Effekte der gesetzgeberischen Intention, die demografischen Probleme mit Hilfe einer effizienten wie kostengünstigen betrieblichen Altersvorsorge zu lösen.

4.5.2.3 Nachträgliche Berichtigung der PSVaG-Forderungen

Um die von der Insolvenz betroffenen Betriebe und deren Verwalter in dem ohnehin sehr kurzen Zeitfenster für die Sanierung nicht mehr als unbedingt nötig zu belasten, meldet der PSVaG seine kapitalisierten Forderungen zunächst auf Basis der vom Unternehmen gemeldeten Summenwerte an. Erst wenn die den jeweiligen Einzelansprüchen zugrunde liegenden Daten beim PSVaG vorliegen, kann damit begonnen werden, die individuellen Rentenansprüche und Anwartschaften dem Grunde und der Höhe nach zu prüfen bzw. neu zu berechnen (vgl. Birkenbeul 2006). Die hierzu erforderlichen Daten hat der Insolvenzverwalter dem PSVaG zeitgerecht mitzuteilen (§ 11 Abs. 3 BetrAVG).

Die wesentlichen Basisdaten der Versorgungsberechtigten – wie z. B. Name, Anschrift und Kontoverbindung, die Höhe der Betriebsrente und gegebenenfalls der Zeitpunkt der letzten Zahlung – sind meist in der firmeneigenen EDV gespeichert und können nach Aufbereitung in eine für die EDV-Systeme des PSVaG lesbare Form diesem im Wege des elektronischen Datenträgeraustauschs zugänglich gemacht werden. Die Datenübernahme setzt allerdings voraus, dass die Daten im Unternehmen aktuell sind, da nachträgliche Korrekturen beim PSVaG einen unverhältnismäßig hohen und vor allem zeitraubenden Aufwand nach sich ziehen würden.

Die z. B. infolge von Sterbefällen, Adressänderungen oder neuen Rentenanträgen erforderliche Aktualisierung der Daten hat aufgrund seiner gesetzlichen Mitwirkungspflicht der Insolvenzverwalter zu veranlassen. Hierzu ist es zweckmäßig, dass der Insolvenzverwalter möglichst frühzeitig die organisatorischen und technischen Details vor Ort mit den Mitarbeitern festlegt. Insbesondere die Anwartschaftsmeldungen können meist nur von den bislang schon mit der betrieblichen Altersversorgung des Unternehmens befassten Sachbearbeitern vorgenommen werden. Im eigenen Interesse ist es dem Insolvenzverwalter deshalb anzuraten, dass er diese Mitarbeiter in seiner Abwicklungsmannschaft weiterbeschäftigt. Insbesondere bei Großinsolvenzen muss hierfür ein Zeitraum von zwei und mehr Jahren einkalkuliert werden.

Erst wenn der Insolvenzverwalter seinen Mitteilungspflichten entsprochen hat, kann der PSVaG die einzelnen Ansprüche bzw. Anwartschaften endgültig feststellen und erforderlichenfalls seine Forderungsanmeldung berichtigen (dazu Berenz 2006 sowie ders. in Kemper, 2010, § 11 Rn. 51 ff.). Bis dahin ist dann auch klar, ob überhaupt Aussicht auf die Zahlung einer Quote auf die Insolvenzforderungen besteht. Nur in diesem Falle macht es Sinn, ein versicherungsmathematisches Gutachten zur exakten Festsetzung der Forderung des PSVaG zu erstellen und seine Forderungsanmeldung zu berichtigen. Ansonsten können die erheblichen Kosten für eine interne oder externe Begutachtung gespart werden. Der PSVaG weist hierauf bereits in seiner Forderungsanmeldung auf Meldebogenbasis hin und bittet die Insolvenzverwalter jeweils um entsprechende zeitliche Koordination, damit die Insolvenzverfahren zielgerichtet, zügig und kostengünstig abgewickelt sowie schlussgerechnet werden können.

4.5.2.4 Zahlungsaufnahme

Einer zielführenden Insolvenzabwicklung wie auch der Vermeidung sozialer Härten für die Versorgungsempfänger dient es, wenn die Betriebsrentenzahlung überhaupt nicht oder nur für kurze Zeit unterbrochen wird. Ansonsten ist das Schlüsselpersonal bei größeren Personenzahlen mehr mit Erklärungen als mit der zu leistenden Arbeit beschäftigt.

Nur in seltenen Fällen werden die Betriebsrenten nach der Zahlungseinstellung des Unternehmens aufgrund eines Schuldbeitritts oder einer anderweitigen, z. B. versicherungsvertraglichen Verpflichtung von dritter Seite weiterhin ausgezahlt. Angesichts dessen ist der PSVaG üblicherweise bereit, dem Insolvenzverwalter die Betriebsrenten ohne vorherige Einzelfallprüfung zur Auszahlung an die Berechtigten zur Verfügung zu stellen. Eine entsprechende Vereinbarung mit bewährten Mustertexten wird sinnvollerweise schon vor der Verfahrenseröffnung getroffen, damit – gegebenenfalls auch rückwirkende – Zahlungen mit Eintritt des Sicherungsfalls unverzüglich auf den Weg gebracht werden können.

Ausgeführt wird die Zahlung normalerweise zunächst über Sonderkonten des Insolvenzverwalters unter Nutzung der personellen und organisatorischen Strukturen des insolventen Arbeitgebers. Nach der Einzelfallbearbeitung werden die Renten dann üblicherweise gegen Einmalbeitrag beim Versicherungskonsortium für den PSVaG versichert und von dort ausgezahlt. Kapitalzahlungen und Abfindungszahlungen erbringt der PSVaG hingegen zumeist selbst.

4.5.2.5 Mitwirkung in vorläufigen Gläubigerausschüssen und Gläubigerbeiräten

Unabhängig von der jeweiligen Fallkonstellation und den verfahrensrechtlichen Besonderheiten empfiehlt es sich bei Unternehmen mit größerer Personenzahl und nennenswerter betrieblicher Altersversorgung, deren Behandlung bereits in der Anfangsphase eines Verfahrens nach den Vorschriften der Insolvenzordnung auf ein zielführendes Gleis zu setzen. Während der PSVaG sich aus ordnungspolitischen und rechtlichen

Gründen bei außergerichtlichen Sanierungen tendenziell eher zurückhält, ist er bei gerichtlichen Sanierungen wegen der unvermeidlichen Eintrittspflicht bei entsprechender Betroffenheit regelmäßig von Anfang an zur Mitwirkung bereit. Hierzu entsendet er im Wege der Institutsmitgliedschaft sachkundige und erfahrene Mitglieder in vorläufige Gläubigerbeiräte und Gläubigerausschüsse. So hat der PSVaG auch die jüngste Insolvenzrechtsnovelle[6] insbesondere im Hinblick auf eine frühzeitige Gläubigerbeteiligung ausdrücklich unterstützt und sich bereits an gerichtlichen Anhörungen zur Schlüsselfrage der Verwalterbestellung beteiligt.

Im krisenbedingt härter werdenden und zunehmend von Verteilungskämpfen geprägten Umfeld wäre es nicht zu verantworten, die Führungsrolle allein dem Gesellschafterkreis und der Finanzgläubigerschaft zu überlassen, zumal die Grenzen zwischen risikobehaftetem Eigenkapital und besichertem Fremdkapital aufgrund von Finanzinnovationen wie etwa des Debt Equity Swaps mehr und mehr verschwimmen. Zu guten Teilen wertlos gewordene und abgeschriebene Finanzforderungen werden sowohl vor Beginn als auch während des Verlaufes von Insolvenz(eröffnungs-)Verfahren veräußert und dann zum Nennwert im Verfahren geltend gemacht. Es bilden sich erstaunliche Allianzen im weiten Feld der Interessen vom Hedgefonds bis hin zur Arbeitnehmerschaft. Von daher tut sowohl ein neutraler als auch ein auf die Belange der betrieblichen Altersversorgung ausgerichteter Blick einer ausgewogenen Diskussion in den Gremien der Gläubigerbeteiligung gut.

Richtigerweise kann eine solche Mitwirkung nicht erst dann beginnen, wenn die wesentlichen Personalentscheidungen getroffen sind. Von daher ist der PSVaG bei einer die richterliche Verwalterbestellung womöglich beeinflussenden Mitwirkung der Gläubigerschaft frühzeitig zu beteiligen, auch wenn er selbst noch gar kein Gläubiger ist und das Unternehmen nicht so gut kennen kann wie etwa seine wichtigsten Kreditgeber, Kunden oder Lieferanten.

Sofern der betrieblichen Altersversorgung im fraglichen Unternehmen keine oder eine nur weit untergeordnete Bedeutung zukommt, wird der PSVaG auch künftig regelmäßig keine Mitglieder in die Gremien der Gläubigerbeteiligung entsenden. Ebenso wird er es weiterhin mittragen, wenn der Verwalter insbesondere aus Kostengründen in Absprache mit dem Gericht und wesentlichen Gläubigern von der Bildung eines (vorläufigen) Gläubigerausschusses abrät.

Ein zwangloser Kontakt zwischen dem Verwalter bzw. dessen Büro und dem PSVaG ist im Übrigen mit Blick auf die in diesem Exkurs bei Weitem nicht abschließend beschriebenen Besonderheiten der betrieblichen Altersversorgung und deren effizienten Fortführung bzw. Überleitung auch ansonsten von Nutzen, wenn es z. B. ein Informationsschreiben an die Versorgungsberechtigten zu formulieren gilt.

6 Gesetz zur weiteren Erleichterung der Sanierung von Unternehmen (ESUG) vom 07.12.2011, BGBl. Teil I, S. 2582.

4.5.2.6 Kein besonderes Insolvenzantragsrecht

Angesichts der Fokussierung auf den gesetzlichen Auftrag und seiner wettbewerbspolitischen Neutralität hat der PSVaG bisher beim Gesetzgeber kein besonderes Insolvenzantragsrecht für den Träger der Insolvenzsicherung eingefordert. Zu rechtfertigen ist diese Haltung, solange ein Zwangsverfahren mit Eingriffen in die dem Sozialschutz dienenden betrieblichen Versorgungsrechte durch klar umrissene Insolvenzgründe gerechtfertigt ist. Hier auf eine nur rechnerisch gegebene Überschuldung abzustellen wäre hingegen sehr problematisch. Aus gutem Grund wird bisher im deutschen Recht zwischen der stille Reserven zulassenden Handelsbilanz und der diese aufdeckenden Überschuldungsbilanz unterschieden.

Nicht unproblematisch erscheint auch das maßgebliche Abstellen auf eine nur schwer zu verifizierende Fortführungsprognose. Die künftige Geschäftsentwicklung kann man bekanntlich sowohl schön- als auch schlechtrechnen.

So wünschenswert es ist, dass konkret von Insolvenz bedrohte Unternehmen frühzeitig eine Sanierung erforderlichenfalls auch nach den Vorschriften der Insolvenzordnung einleiten, so gilt es im Interesse einer ausgewogenen Verteilung von Rechten und Pflichten ebenfalls sicherzustellen, dass nicht nur die vom Gesellschafterinteresse maßgeblich gelenkte Unternehmensleitung, sondern auch andere Stakeholder über ein ausgewogenes Bündel an Rechten verfügen können.

Sollte sich das sogenannte Schutzschirmverfahren nach ESUG[7] zu einem insolvenzfernen Entschuldungsverfahren weiterentwickeln lassen, so müsste möglicherweise auch der PSVaG als Träger der gesetzlichen Insolvenzsicherung der betrieblichen Altersversorgung stärkeren Einfluss auf die Geschicke von sanierungsbedürftigen Unternehmen nehmen können, als dies bisher schon möglich ist.

Nach § 13 Abs. 1 Satz 2 InsO sind nur der Schuldner und die Gläubiger antragsberechtigt. Beim PSVaG ergibt sich die Besonderheit, dass er – abgesehen von eventuell bestehenden Beitragsforderungen – erst mit der Verfahrenseröffnung und dem daran angeknüpften Forderungsübergang Gläubiger wird, vorher also kein besonderes Insolvenzantragsrecht hat.

Wie alle anderen Gläubiger zum Insolvenzantrag berechtigt ist der PSVaG jedoch dann, wenn er aufgrund eines vorherigen Sicherungsfalles und eines mit seinem Eintritt erfolgten gesetzlichen Übergangs der Ansprüche der Versorgungsberechtigten nach § 9 Abs. 2 BetrAVG bereits eine Gläubigerstellung innehat. Dies gilt insbesondere dann, wenn der PSVaG einem außergerichtlichen Vergleich zugestimmt hatte.

Hat ein Arbeitgeber seine werbende Betriebstätigkeit bereits eingestellt und kommt ein Insolvenzverfahren offensichtlich mangels Masse nicht in Betracht, so kann der PSVaG gemäß § 7 Abs. 1 Satz 4 Nr. 3 BetrAVG eigeninitiativ den Sicherungsfall feststellen, den Versorgungsberechtigten gemäß § 9 Abs. 1 BetrAVG seinen Eintritt mitteilen und damit den gesetzlichen Forderungsübergang nach § 9 Abs. 2 BetrAVG bewirken. Damit wird der PSVaG zum Gläubiger und kann als solcher nach § 13 Abs. 1 InsO In-

[7] Siehe Fn. 6.

solvenzantrag stellen, was im Übrigen auch dann gilt, wenn das Mitgliedsunternehmen nicht mehr in der Lage ist, seine nach dem Betriebsrentengesetz ihm obliegenden Pflichtbeiträge termingerecht an den PSVaG zu entrichten.

In den zuletzt beschriebenen Fallkonstellationen ist der Niedergang des schuldnerischen Unternehmens allerdings bereits so weit fortgeschritten, dass das beschriebene Instrumentarium letztlich ins Leere läuft und eine Sanierung des schuldnerischen Unternehmens unmöglich ist. Ein ausgewogenes Gegengewicht zu vorher die Weichen stellenden Initiativrechten anderer Beteiligter bildet dieses Instrumentarium also nicht.

4.5.3 Handlungsoption Insolvenzplan

4.5.3.1 Allgemeines zum Planverfahren[8]

Das Planverfahren bietet als integraler Bestandteil der Insolvenzordnung ein geeignetes und in der Praxis vielfach bewährtes Instrumentarium, um Unternehmen und Unternehmensträger binnen weniger Monate zu sanieren und aus der Insolvenz zu führen. Wie bei einer erfolgreichen übertragenden Sanierung ist dafür jedoch erforderlich, dass der Insolvenzverwalter Zugriff nicht nur auf Unternehmensfragmente hat, sondern über die wesentlichen Bestandteile eines sanierungsfähigen Unternehmens einschließlich seiner Vertragsbeziehungen disponieren kann. Häufig ist das etwa aufgrund grenzüberschreitender Aktivitäten oder besonderer (Vertrags-)Gestaltungen (Beispiel: insolvenzbezogene Kündigungsrechte) extrem schwierig; zudem waren bisher die Mitwirkungspflichten der Gesellschafter im Insolvenzverfahren unzureichend. So konnten die nach der veröffentlichten allgemeinen Anschauung ungenügenden Sanierungserfolge des deutschen Insolvenzwesens nicht wirklich verwundern[9].

Statistisch betrachtet ist der Anteil der Planverfahren an der Zahl der Unternehmensinsolvenzen immer noch niedrig und manche sagen zu niedrig; im Wege der übertragenden Sanierung werden nach wie vor wesentlich mehr Betriebe aus der Insolvenz geführt als mit einem Insolvenzplan[10]. Nach über zwölfjähriger Anwendung der Insolvenzordnung lässt sich dies nicht mehr damit erklären, dass die Insolvenzpraktiker hierzulande angeblich lieber auf unter der Konkursordnung Bewährtes zurückgreifen, als sich auf Neuland zu wagen. Häufiger wird jetzt angeführt, dass ein Planverfahren mit Blick auf die Marktpositionierung des Unternehmens zu lange dauere und nur die übertragende Sanierung bereits am Tag der Eröffnung des gerichtlichen Insolvenzverfahrens vollzogen werden könne.

---

8 Ausgeführt vom Verfasser in der Festschrift für Jobst Wellensiek: Insolvenzplan zur Fortführung von Unternehmen mit betrieblicher Altersversorgung, 2011.

9 Zur Versachlichung beigetragen hat eine gemeinsame Tagung des BMWi und des BMJ am 08.06.2010 in Berlin, vgl. WM 2010, S. 1337 ff.

10 Laut Kranzusch, WM 2010 S. 1338 m. w. N., in NRW in den letzten Jahren rund 11 % der Unternehmen gegenüber rund 2 % mit Insolvenzplan.

Den lohnenswerten Versuch, bereits am Eröffnungstag einen kombinierten Berichts-, Planerörterungs- und Abstimmungstermin abzuhalten, hat im auf Vollständigkeit und perfekte Terminabwicklung bedachten Deutschland noch niemand gewagt. Vermutlich würde er seitens der Insolvenzexperten mit dem gleichen Wohlwollen und ähnlich großer Unterstützung begleitet wie die ersten Insolvenzpläne nach der überfälligen Ablösung des unbefriedigend gespaltenen alten Rechts der Konkursordnung, der Vergleichsordnung und der Gesamtvollstreckungsordnung. Voraussetzung hierfür ist allerdings, dass die Gesellschafter ihre formal fortbestehende Rechtsposition nicht derart hemmungslos zu Geld machen wollen, wie sie dies in einigen der ersten Planverfahren getan haben.

Seine Stärken kann das Planverfahren voll zur Geltung bringen, wenn die operative Sanierung des Unternehmens bereits vor der Insolvenz auf den Weg gebracht wurde und seine Aufspaltung oder aber die Abspaltung kranker Teile nicht (mehr) erforderlich ist. Die bei der übertragenden Sanierung erforderliche Einzelübertragung aller Vermögenswerte und relevanten Vertragsbeziehungen kann im Planverfahren unterbleiben, was besonders für Großunternehmen und bei bestehenden Übertragungshemmnissen bedeutsam ist.

Andererseits muss der Plan alle Rechtsgestaltungen und Abwicklungsthemen zumindest in Rahmenregelungen umfassen sowie hinreichend konkretisieren, weil mit Aufhebung des Insolvenzverfahrens dessen Privilegien für Insolvenzverwalter und Insolvenzschuldner wieder entfallen. Bei der übertragenden Sanierung können sich der Verwalter und sein Team hingegen zunächst auf die Realisierung der Fortführungslösung konzentrieren und die meisten anderen arbeitsaufwendigen Themen wie etwa Anfechtungsfragen, Abrechnung und Berichterstattung auf später vertagen.

4.5.3.2 Betriebliche Altersversorgung im Plan

In der fallbezogenen Behandlung der betrieblichen Altersversorgung liegt eine der wenigen großen Gestaltungschancen, die das durch das Abstraktionsprinzip geprägte deutsche Zivil- und Verfahrensrecht für insolvenzbedrohte Unternehmen eröffnet[11]. Diese Chance verständig zu ergreifen zählt zu den vornehmsten Aufgaben sowohl der Sanierungsberater als auch der Insolvenzverwalter notleidender Unternehmen.

Arbeitsrechtliche Ausgangslage

Aufgrund der Vorschriften des Betriebsrentengesetzes und der hierzu ergangenen Rechtsprechung des Bundesarbeitsgerichts ist ein Eingriff in erteilte Versorgungszusagen nur unter strengen Voraussetzungen und in aller Regel ausschließlich zukunftsbezogen mög-

---

[11] Die Überhöhung der gesellschaftsrechtlichen Eignerstellung wurde inmitten der Finanzkrise bei der HRE auf die Spitze getrieben, Covenants unterwandern die Verlässlichkeit der Kreditbeziehungen, die Besicherungspraxis erfasst beinahe alles, was werthaltig ist, Vertragsnetze erschweren die Ausübung der dem Insolvenzverwalter in der InsO eingeräumten Rechte (sogenanntes Ringfencing).

lich (kompakt dazu Kemper et al. 2010, § 1 Rn. 340 ff. m. w. N.). Hierbei sind weitgehende Mitbestimmungsrechte des Betriebsrats[12] hinsichtlich der betrieblichen Lohngestaltung sowie der Form, Ausgestaltung und Verwaltung von Sozialeinrichtungen zu beachten. Die arbeitgeberseitig mögliche Schließung des Versorgungswerks betrifft nur danach ins Arbeitsverhältnis eingetretene Personen. Das sogenannte Einfrieren der Versorgung erfasst nur künftige Zuwächse. In laufende Versorgungsleistungen und erdiente Besitzstände kann in aller Regel überhaupt nicht eingegriffen werden.

Finanzwirtschaftliche Auswirkungen

Die künftigen Zahlungsströme aus dem Versorgungswerk sind auf Jahre hinaus festgelegt und können den Geschäftsbetrieb erheblich beeinträchtigen. Die Deckungsmittel für die betriebliche Altersversorgung sind direkt im Betrieb oder bei einem sonstigen Versorgungsträger (Unterstützungskasse, Pensionskasse, Pensionsfonds, Versicherungsunternehmen) gebunden. Die Versorgungsberechtigten können gleichwohl ihre Ansprüche gerichtlich durchsetzen und aufgrund der Einstandspflicht nach § 1 Abs. 1 Satz 3 BetrAVG letztlich in das Unternehmensvermögen vollstrecken. Neben den liquiditätsmäßigen sind auch noch die bilanziellen und die Auswirkungen auf die Ertragsrechnung beträchtlich.

Im Regelinsolvenzverfahren hat der PSVaG die auf ihn nach § 9 BetrAVG übergehenden Rechte mit dem Wert geltend zu machen, der für die Zeit der Eröffnung des Insolvenzverfahrens geschätzt werden kann.[13] Aufgrund der Kapitalisierung zementieren sich diese am Insolvenzstichtag zum Vollrecht, das es bei herkömmlicher Abwicklung durch Quotenzahlungen vom Insolvenzverwalter zu befriedigen gilt. Eine wirtschaftlich sinnvolle und damit auch schuldnerfreundliche Modifikation der Versorgungsansprüche und Anwartschaften ist dort nicht mehr möglich. Dies bedingt, dass auch das schuldnerische Aktivvermögen verwertet und sein Gegenwert dem Unternehmen zwecks ordnungsgemäßer Gläubigerbefriedigung entzogen werden muss. Eine Fortführung sowohl des Betriebes als auch des Versorgungswerks wird dadurch erheblich erschwert, wenn nicht unmöglich.

Anders beim Insolvenzplan: Mit der Rechtskraft der Bestätigung des Insolvenzplans treten die im gestaltenden Teil festgelegten Wirkungen für und gegen alle Beteiligten ein[14]. Die Vertragsbeziehungen des Unternehmens müssen nicht entweder gekappt oder unverändert fortgeführt, sondern können umgestaltet werden. Anfechtungsthemen müssen nicht vor Gericht ausgefochten, sondern können in eine interessensgerechte Plangestaltung eingebettet werden.

---

12 § 87 Abs. 1 Nrn. 8 und 11 BetrVG.

13 Gemäß dem unter 4.5.2.2 erläuterten § 9 Abs. 2 Satz 3 BetrAVG i. V. m. § 45 InsO gilt dies auch für Versorgungsanwartschaften, die erst Jahre später mit Eintritt eines biometrischen Ereignisses (Invalidität, Erreichen der Altersgrenze, Tod) zu einem Vollrecht erstarken.

14 § 254 Abs. 1 Satz 1 InsO.

Für die betriebliche Altersversorgung, auf die sich dieser Beitrag konzentrieren soll, eröffnet das einen Strauß von Lösungswegen zu einer situationsbezogenen Wahrung der Interessen aller Beteiligten. Dem Missverständnis einer formalistischen Gläubigergleichbehandlung hat der Gesetzgeber insoweit in § 7 Abs. 4 BetrAVG explizit mehrere Riegel vorgeschoben. Von daher erübrigen sich auch Diskussionen mit dem Tenor, dass der PSVaG nicht anders als andere Insolvenzgläubiger behandelt werden dürfe. Eine solche vereinfachende Betrachtung verbietet sich schon deshalb, weil es nicht nur um die Befriedigung des Gläubigers PSVaG, sondern in erster Linie um eine wettbewerbs- und sozialpolitisch angemessene Behandlung betrieblicher Versorgungswerke in der Insolvenz geht.

Ordnungspolitische Einordnung

Eine Unternehmenssanierung durch eine schlichte Befreiung des Unternehmensträgers von Versorgungsverpflichtungen widerspräche nicht nur dem Sozialschutzgedanken, sondern auch der Wettbewerbsgerechtigkeit (ausführlicher zur Sozialschutzfunktion sowie zu gesellschafts- und ordnungspolitischen Aspekten der Insolvenzsicherung, Wohlleben 2004). Richtigerweise können weder den Betriebsrentnern und den Anwärtern auf betriebliche Versorgungsleistungen noch den wettbewerbsfähigen Mitgliedsunternehmen des PSVaG die Folgen des unternehmerischen Misserfolgs der Insolvenzschuldnerin vollumfänglich angelastet werden. Im Sinne eines wohlverstandenen Interessenausgleichs muss stets auch der sanierungsbedürftige Betrieb in angemessener Weise zur Fortführung seiner eigenen betrieblichen Altersversorgung beitragen, wenn er künftig werbend tätig sein und innerhalb unserer sozialen Marktwirtschaft an den sich hier bietenden Wettbewerbschancen teilhaben möchte.

4.5.3.3 Aufteilungsmöglichkeiten im Plan

Ein sowohl der marktwirtschaftlichen Ordnung als auch dem Sozialstaatsgedanken entsprechender Interessenausgleich lässt sich am besten durch eine Aufteilung der Lasten herstellen. Zudem lassen sich dadurch unerwünschte Doppelungseffekte in der Finanzierung der betrieblichen Altersversorgung vermeiden. Über die Jahre hat die Praxis eine ganze Reihe von Möglichkeiten zur Aufteilung der gesetzlichen Versorgungslast[15] zwischen dem insolvenzschuldnerischen Unternehmen und dem im PSVaG zusammengeschlossenen Mitgliedsunternehmen entwickelt und umgesetzt, die nachfolgend ohne Anspruch auf Vollständigkeit wiedergegeben und mitunter auch kombiniert werden können (ausführlicher hierzu Bremer 2011).

[15] Die aktive und die frühere Belegschaft des insolventen Unternehmens haben nach der gesetzlichen Risikoverteilung des BetrAVG unter Umständen die Schließung bzw. das Einfrieren des Versorgungswerks sowie den Wegfall von Anpassungen der Versorgungsleistungen an Preis- und Entgelttrends hinzunehmen.

Quotale Aufteilung

Abgeleitet von dem Gedanken einer quotalen Gläubigerbefriedigung kann sich das schuldnerische Unternehmen an allen gesetzlich insolvenzgeschützten Leistungen mit einem im Insolvenzplan festgelegten Prozentsatz beteiligen. Hierdurch werden die Chancen und die Risiken aus dem betrieblichen Versorgungswerk im selben Verhältnis zwischen dem Arbeitgeber und dem PSVaG aufgeteilt. Es werden ein dauerhafter Interessengleichlauf und periodengerechte Dämpfungseffekte für beide erreicht. Allerdings müssen dann alle Versorgungsverpflichtungen sowohl vom Arbeitgeber als auch vom PSVaG dauerhaft verwaltet werden. Die Versorgungsberechtigten erhalten ihre Leistungen in zwei Teilen oder es muss eine Erstattung von Leistungsteilen organisiert werden.

Aufteilung nach Personenkreisen

Nicht nur unter Verwaltungsaspekten wird häufig eine Aufteilung nach Personenkreisen vorgenommen. Sie ist regelmäßig auch durch finanzwirtschaftliche Überlegungen beeinflusst. So trägt etwa die Bedienung der Rentner durch den PSVaG überproportional zur Schonung der Liquidität des schuldnerischen Unternehmens in den ersten Jahren nach der Insolvenz bei. Nach vollständiger Bewältigung der Krise kann dann der Betrieb die später fällig werdenden Anwartschaftsrechte insgesamt bedienen. Hierbei treffen den PSVaG jedoch erhöhte Risiken aus einer eventuellen Folgeinsolvenz, die es bei der Aufteilung durch angemessene Risikozuschläge besonders zu berücksichtigen gilt.

Aufteilung nach Durchführungsweg oder Rechtsgrundlage

Aufgrund des gesetzlichen Übergangs von Unterstützungskassenvermögen[16] auf den PSVaG bereits bei Eröffnung des gerichtlichen Insolvenzverfahrens kann es empfehlenswert sein, dass der Träger der Insolvenzsicherung die Leistung nach dem Leistungsplan der Unterstützungskasse insgesamt erbringt und die Verpflichtungen aus anderen Durchführungswegen (unmittelbare Versorgungszusagen, Pensionsfondszusagen) durch den Insolvenzplan allein dem schuldnerischen Unternehmen auferlegt werden.

Auch kann es sich anbieten, dass der PSVaG den auslaufenden Bestand aus einer alten Versorgungsordnung insgesamt übernimmt, während die Zusagen aus einer neueren Versorgungsordnung dem schuldnerischen Unternehmen zugewiesen werden, weil diese vor allem die weiterhin im Betrieb tätigen Mitarbeiter betreffen.

Schließlich kann es sich empfehlen, an das Management gegebene Einzelzusagen ausschließlich dem Unternehmen zuzuordnen, um hierdurch einen zusätzlichen Leistungsanreiz für das Management zu schaffen. Andererseits kann die Realisierung des Risikos aus einer hohen Einzelzusage (Invalidität, Aktiventod) kleinere Unternehmen überfordern und deshalb dort eher die Fortführung der weniger risikoträchtigen allgemeinen Versorgungsordnung durch die Insolvenzschuldnerin angezeigt sein.

---

16 Vgl. die obigen Ausführungen unter 4.5.2 zu § 9 Abs. 3 BetrAVG mit den Besonderheiten bei Gruppenunterstützungskassen.

Aufteilung nach vertraglicher Absicherung

Häufiger als früher ist mittlerweile zumindest ein Teil der Versorgungszusagen durch Rückdeckungsversicherungen, Grundpfandrechte oder (künftige) Ansprüche gegen einen Treuhänder im Rahmen eines sogenannten Contractual Trust Arrangements (CTA) oder sonstige Schuldbeitretende (Betriebsveräußerer) abgesichert. Derartige Sicherungen unterliegen regelmäßig diversen Bedingungen, deren Eintritt erst in der Zukunft liegt und/oder vom PSVaG kaum beeinflusst werden kann. Auch ist es nicht unüblich, dass das Sicherungsgut betriebsnotwendige Vermögensteile umfasst. Im Sinne einer effizienten Verwaltung und optimalen Nutzung des Sicherungsgutes kann es sich empfehlen, dass gesicherte Versorgungen im Insolvenzplan dem schuldnerischen Unternehmen und gänzlich ungesicherte Versorgungsverpflichtungen dem PSVaG zugewiesen werden.

Zeitliche Aufteilung

Bei einem eher temporären Sanierungsbedarf oder einem durch Fremdeinflüsse ausgelösten Einbruch des Geschäfts mit klar erkennbaren Aufwärtstendenzen sind Leistungen des PSVaG bis zu einem im Plan näher bestimmten Zeitpunkt in Anwendung von § 7 Abs. 4 Satz 3 BetrAVG das Mittel der Wahl. Der Zeitpunkt des Wiedereintritts der Insolvenzschuldnerin in die Versorgungsverpflichtungen kann angelehnt an die Beiträge anderer Gläubigergruppen bereits bei Planerstellung kalendarisch festgelegt oder aber von der weiteren Entwicklung des schuldnerischen Unternehmens abhängig gemacht werden. Wichtig ist in letzterem Falle eine klar definierte Bezugsgröße, um späteren Auseinandersetzungen über den Zeitpunkt des Wiedereintritts des Arbeitgebers in die Versorgungsverpflichtungen vorzubeugen. Dabei gilt es, Unwägbarkeiten wie etwa einen späteren Verkauf des Unternehmens oder von relevanten Teilen in die Überlegungen einzubeziehen.

Entgeltumwandlung

Einen besonderen Arbeitnehmerbezug haben regelmäßig die Zusagen aufgrund der Umwandlung von Ansprüchen auf Barentgelt in betriebliche Altersversorgung, auf die die Arbeitnehmer seit dem 1. Januar 2002 einen Rechtsanspruch haben[17]. Diese Zusagen werden typischerweise durch Versicherungsverträge oder Fondsprodukte ausgefüllt, die sich gar nicht oder nur unter Inkaufnahme beträchtlicher Nachteile vorzeitig auflösen lassen. Solche Verträge und die damit getätigten Kapitalanlagen sind regelmäßig an den Bedürfnissen des Unternehmens und/oder der einzelnen Versorgungsberechtigten ausgerichtet. Sie lassen sich deshalb in sinnvoller Weise auch nicht auf den PSVaG überführen.

Jedenfalls die Zusagen aufgrund sogenannter Entgeltumwandlung sollten möglichst auch nach der Insolvenz fortgeführt und nach sorgfältiger Überprüfung mit weiteren

---

[17] § 1a BetrAVG eingefügt durch das Altersvermögensgesetz (s. oben unter 4.5.1.1).

steuerbegünstigten oder staatlich geförderten Beiträgen bedacht werden, am besten aufgrund einer entsprechenden Regelung im Insolvenzplan. Denn der PSVaG kann regelmäßig weder Zahlungen an die Produktanbieter leisten noch die Finanzverträge den Arbeitnehmern zur Fortführung übergeben[18].

4.5.4 Zusammenfassung

Zusammenfassend bleibt festzuhalten, dass eine frühzeitige wie sachkundige Einbeziehung der betrieblichen Alterversorgung in die Sanierungsüberlegungen beste Chancen für eine interessengerechte Fortführung sowohl des insolvenzbetroffenen Unternehmens als auch des betrieblichen Versorgungswerkes eröffnet.

Literaturverzeichnis

Berenz, C. (2006): Pflichten des Arbeitgebers im Zusammenhang mit der gesetzlichen Insolvenzsicherung der betrieblichen Altersversorgung – Systematik des § 11 BetrAVG, in: Betriebliche Altersversorgung, S. 225 ff.

Birkenbeul, U. (2006): Praxisgesichtspunkte für die Sicherung betrieblicher Versorgungszusagen in einer Großinsolvenz, in: Betriebliche Altersversorgung, S. 227 ff.

Bremer, W. (2011): Die Fortführung insolvenzgeschützter betrieblicher Altersversorgung durch den Arbeitgeber bei Durchführung von Insolvenzplänen – Praktische Erfahrungen aus Sicht des PSVaG, in: Der Betrieb, S. 875 ff.

Feder, S. (2006): Vereinfachungen für den Arbeitgeber bei Meldungen und Beitragszahlungen an den PSVaG, in: Betriebliche Altersversorgung m. w. N., S. 224 f.

Feldkamp, R. (2006): Die Rolle der Versicherungsmathematik beim PSVaG, in: Betriebliche Altersversorgung, S. 232 ff.

Gareis, G. (2007): Insolvenzrechtliche Regelungen betreffend den PSVaG im Betriebsrentenrecht (BetrAVG), in: ZInsO, S. 23 ff.

Hoppenrath, M./Wohlleben, Dr. H. P. (2001): Möglichkeiten der Insolvenzsicherung, in: Andresen, B.-J./Rößler, N./Rühmann, J. (Hrsg), Betriebliche Altersversorgung im 21. Jahrhundert, Festschrift für Wolfgang Förster, Köln, S. 285 ff.

Kemper, K./Kisters-Kölkes, M./Berenz, C./Huber, B. (2010): BetrAVG: Kommentar zum Betriebsrentengesetz mit Insolvenzsicherung und Versorgungsausgleich, 4. Auflage

Paulsdorff, J./Wohlleben, H. P. (1999): Die Rechtsstellung des Pensionssicherungsvereins, in: Kölner Schrift zur Insolvenzordnung, hrsg. v. Arbeitskreis für Insolvenzwesen Köln e.V., 2. Auflage, Herne/Berlin, S. 1655 ff.

Wohlleben, H. P. (2008): Insolvenzschutz für geschäftsführende Gesellschafter – Eine Kurzbetrachtung der Trennlinie zwischen Eigenverantwortung und Sozialschutz, in: Berufung als Beruf: Festschrift für Sigmar-Jürgen Samwer zum 70. Geburtstag, hrsg. v. Jacobs, R./Loschelder, M., München m. w. N., S. 281 ff.

18 Der PSVaG hat nach § 7 BetrAVG selbst zu leisten und kann sich von dieser Pflicht nur in den strengen (Abfindungs-)Grenzen des § 8 BetrAVG befreien, die es gegebenenfalls zu erweitern gilt, vgl. Wohlleben: Unterstützungskasse und der PSVaG, 2011.

Wohlleben, H. P. (2004): 29 Jahre Insolvenzsicherung durch den PSVaG, in: Finanzintermediation – Theoretische, wirtschaftspolitische und praktische Aspekte aktueller Entwicklungen im Bank- und Börsenwesen. Festschrift für Wolfgang Gerke zum 60. Geburtstag, hrsg. v. Bank, M./Schiller, B., S. 332 ff.

Wohlleben, H. P. (2011): Unterstützungskasse und der PSVaG, 2011: Wohlleben, Hermann Peter: Unterstützungskasse und der PSVaG – Neuere Entwicklungen, in: Betriebliche Altersversorgung, S. 232 ff.

Wohlleben, H. P. (2011): Insolvenzplan zur Fortführung von Unternehmen mit betrieblicher Altersversorgung, 2011: Festschrift für Jobst Wellensiek zum 80. Geburtstag, München, S. 691 ff.

WM (2010): Wertpapier-Mitteilungen – WM Zeitschrift für Wirtschafts- und Bankrecht: Sanierung im Vorfeld von Insolvenzverfahren – Vorträge der gemeinsamen Tagung des BMWi und des BMJ, in: WM Zeitschrift für Wirtschafts- und Bankrecht, S. 1337 ff.

4.6 Finanzkommunikation zu Wirtschaftsauskunfteien in der Restrukturierung

Carsten Uthoff

Abstract

Wirtschaftsauskünfte und Bonitätseinschätzungen von Auskunfteien sind eine wichtige externe Informationsquelle für Unternehmen, um Risiken auf Kunden- oder Lieferantenseite zu steuern. Die hohen Abfragezahlen von Auskünften bei Wirtschaftsauskunfteien zeigen deutlich, wie wichtig eine gute Unternehmensbonität für funktionierende Geschäftspartnerbeziehungen in der Wirtschaft ist. In Krisensituationen sind Unternehmen gefordert, Informationsanbieter, wie Wirtschaftsauskunfteien oder Ratingagenturen, aktiv in ihre Finanzkommunikation einzubeziehen. Eine aktive Finanzkommunikation ist ein wichtiger Baustein für den Erfolg der Restrukturierung. Die Wirtschaftsauskunftei ist zeitnah und plausibel über die Restrukturierung, ihren Fortschritt und insbesondere die liquiditäts- und kapitalbezogenen Maßnahmen zu informieren. Mit einer aktiven Finanzkommunikation kann der Restrukturierungserfolg wirksam für die aktuellen und die künftigen Geschäftspartner des Unternehmens dargestellt werden.

4.6.1 Kein Warenkredit bei schlechter Wirtschaftsauskunft

Dank der günstigen Konjunkturlage haben sich die Unternehmensinsolvenzen 2011 auf ca. 30.200 nach 32.060 im Jahr 2010 wieder deutlich verringert. Nach 2010 war 2011 das zweite Jahr in Folge, in dem die deutsche Wirtschaft gewachsen ist. Obwohl das Wachstum in der zweiten Jahreshälfte an Dynamik eingebüßt hat, sollte die Zuwachsrate des

BIP in 2011 rund 3 % zu Vorjahr erreichen (Creditreform 2011, S. 1 f.). Nach Sektoren entfallen 57 % der Insolvenzen auf den Wirtschaftsbereich Dienstleistungen, 21 % auf den Handel, 14 % auf das Baugewerbe und 8 % auf das verarbeitende Gewerbe. Das verarbeitende Gewerbe zeigt nicht nur die zahlenmäßig niedrigste Zahl an Insolvenzen, sondern liegt ebenfalls gemessen an der Risikoquote auf dem ersten Platz. Mit nur 67 Insolvenzen von 10.000 Unternehmen liegt die Quote deutlich unter dem bundesdeutschen Schnitt von 96. Das Baugewerbe zeigt mit 123 die schlechteste Quote, d. h., die Ausfallhäufigkeit ist im Baugewerbe im Vergleich zu den anderen Wirtschaftsbereichen am höchsten (vgl. Creditreform 2011, S. 14 f.).

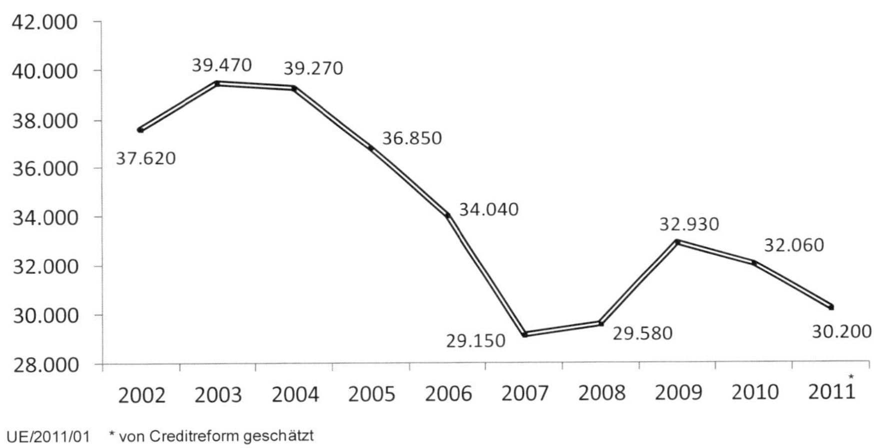

Quelle: Creditreform

Abb. 4.6.1 Entwicklung Unternehmensinsolvenzen in Deutschland

Durch die Insolvenzen haben private Gläubiger 2010 fast EUR 23 Milliarden verloren, 2011 schätzt Creditreform noch einen Ausfallschaden von EUR 16,7 Milliarden. Da die Vergleichsquote üblicherweise im einstelligen Prozentbereich liegt, werden die Gläubiger ihre Forderungen überwiegend abschreiben müssen (vgl. Creditreform 2011, S. 8 f.). Lediglich ein Fünftel des Creditreform Mittelstand Panel gab in der Herbstbefragung 2011 an, keine Forderungsausfälle in 2011 zu verzeichnen. Forderungsausfälle von mehr als 1 % des Jahresumsatzes gaben knapp 9 % der Unternehmen an (vgl. Creditreform 2011, S. 12). Gerade in Wachstumsphasen setzen Unternehmen auf die Lieferantenfinanzierung. Für das Unternehmen ist es somit nicht nur im konjunkturellen Abschwung, sondern ebenfalls im Aufschwung wichtig, Bonitätsrisiken auf Kundenseite effizient und zielgerichtet zu steuern. Aktuell gilt dies mehr denn je, da sich die traditionelle Bankfinanzierung rückläufig entwickelt und der Lieferantenkredit eine Renaissance erfährt.

In der Bilanz deutscher Unternehmen haben Forderungen aus Lieferungen und Leistungen mit ca. 11 % einen gewichtigen Anteil an der Bilanzsumme. Nach dem Rezessionsjahr 2009 sind die Forderungen aus Lieferungen und Leistungen von knapp EUR 325 Milliarden auf EUR 365 Milliarden im Jahr 2010 gestiegen. Kongruent zur Aktivposition weiteten sich 2010 die Verbindlichkeiten aus Lieferungen und Leistungen aus. Kurzfristige Bankkredite wurden wie schon in 2009 erneut von den Unternehmen in 2010 um mehr als ein Zehntel verringert (Deutsche Bundesbank 2011, S. 45 f.). Der Trend der letzten Jahre hat sich in 2011 fortgesetzt, dass die kurzfristige Bankfinanzierung durch eine Lieferantenfinanzierung ersetzt wird (Deutsche Bundesbank 2011a).

Welche Risiken entstehen können, wenn ein wichtiger Lieferant in Leistungsverzug gerät, haben Unternehmen in der Rezession 2008 insbesondere im Maschinenbau erfahren. Durch die arbeitsteilig organisierten Wertschöpfungsketten im Automobilbau entstehen zügig Fertigungsengpässe, wenn ein oder mehrere Lieferanten ausfallen. Nicht nur in der Automobilindustrie, sondern zunehmend auch in anderen Industrien beobachten Unternehmen systematisch die finanzielle Stabilität ihrer Top-Lieferanten. Prozesse zur Identifikation und Steuerung von Bonitätsrisiken auf Abnehmerseite (Credit Management) werden auf die Lieferantenseite übertragen und mit produktionstechnischen Anforderungen (Supply Chain Management) ergänzt (vgl. zu den verschiedenen Risiken Egeli 2009, S. 185–188). Die Einzelrisiken und Einzelchancen des Unternehmens sind im Risikomanagementsystem gesamthaft abzubilden. Sicherung und Weiterentwicklung des Unternehmens sind die wesentlichen Ziele des Risikomanagements (vgl. Baetge/Schmidt/Hater 2012, S. 38).

Zwischen dem Unternehmen und seinen Lieferanten oder dem Unternehmen und seinen Kunden besteht eine Informationsasymmetrie. Das Unternehmen sollte seine eigene Risikosituation valide einschätzen können. Dritte, wie Lieferanten und Kunden des Unternehmens, verfügen als neuer Geschäftspartner über keine eigenen Erfahrungen zur Leistungserfüllung des Unternehmens. Selbst in einer langjährigen Geschäftspartnerbeziehung kann der Dritte das Unternehmen nur auf Basis der ihm verfügbaren Informationen beurteilen. Es besteht grundsätzlich eine Informationsasymmetrie zwischen dem Unternehmen und den externen Geschäftspartnern. Um die Informationsasymmetrie aufzulösen, bedienen sich Dritt-Unternehmen der Hilfe professioneller Informationsanbieter: den Wirtschaftsauskunfteien. Wirtschaftsauskunfteien bieten aktuelle Bonitätsinformationen zu allen wirtschaftsaktiven Unternehmen in Deutschland an (vgl. Rossen 2010a, S. 75). Die Bonitätsinformationen können online abgerufen werden und über unterschiedliche Datenformate in die unternehmensinternen Prozesse im Credit Management oder Supply Chain Management umfassend integriert werden (vgl. von Padberg 2008, S. 111 f.).

4.6.2 Wirtschaftsauskunfteien als externe Informationsdrehscheibe zu den externen Stakeholdern eines Unternehmens

In Deutschland besteht ein etablierter Anbietermarkt für bonitätsbezogene Wirtschaftsinformationen. Die etablierten Produzenten und Anbieter für eigenrecherchierte Wirtschaftsauskünfte sind Bürgel Wirtschaftsinformationen, Creditreform und die Bisnode

Gruppe, die unter den Marken Hoppenstedt und Dun & Bradstreet Bonitätsinformationen anbietet. Die Firmen Bürgel, Creditreform und Dun & Bradstreet blicken auf eine über 125-jährige Tradition als Wirtschaftsauskunftei zurück. Die Personenauskunftei Schufa bietet ebenfalls eigenproduzierte Wirtschaftsauskünfte an. Auskunfteien verstehen sich nicht nur als Informationsanbieter für die Überprüfung von neuen und laufenden Geschäftskontakten, sondern auch als Plattform, auf der das Unternehmen seine Bonität aktiv kommuniziert.

Durch die Digitalisierung und die Veröffentlichung von Daten hat sich der Informationszugang zu bonitätsrelevanten Informationen für Unternehmen in den letzten Jahren massiv zu ihrem Vorteil verändert. Unternehmen können heute Registereintragungen, Bilanzen oder Leistungsangebote eines potenziellen Geschäftspartners im Handelsregister, Bundesanzeiger oder auf der Unternehmens-Website online recherchieren. Trotz des sich immer weiter öffnenden Informationszugangs ist die Geschäftsentwicklung der etablierten Wirtschaftsauskunfteien unverändert prosperierend. Nicht digital und frei verfügbare Informationen wie Zahlungsinformationen, Inkassomerkmale, Lieferantenrückmeldungen und Eigenrecherchen haben heute eine deutlich größere Bedeutung für die Bonitätsbeurteilung als noch in der Vergangenheit.

Als Marktführer in Deutschland gilt Creditreform. Creditreform hat 2010 mehr als 16 Millionen Wirtschaftsauskünfte über deutsche Firmen erteilt. Sieben von zehn der in Deutschland erteilten Wirtschaftsauskünfte kommen von Creditreform. Creditreform versteht sich im Geschäftsfeld Wirtschaftsinformationen nicht nur als Markt-, sondern ebenfalls als Qualitätsführer.

Im Folgenden werden am Beispiel von Creditreform die Bonitätsbewertung, ihre Informationsquellen und Informationsverarbeitungsprozesse dargestellt. Mit rund 1.000 Mitarbeitern bearbeitet, aktualisiert und vervollständigt Creditreform täglich die größte deutsche Wirtschaftsdatenbank mit ca. 4 Millionen abrufbaren Datensätzen. Täglich werden bis zu 100.000 Änderungen vorgenommen, um die ausgelieferten Auskünfte auf dem neuesten Stand zu halten (vgl. Creditreform 2010, S. 3). Grundlage der Creditreform-Wirtschaftsdatenbank ist die Erfassung, Analyse und Bewertung von Daten aus einer Vielzahl verschiedener Informationsquellen. Die öffentlichen Register dienen als Grundlage für Neueintragungen, Veränderungen und die Löschung einer Firma. Nicht nur die beim eBundesanzeiger hinterlegten Bilanzen, Jahresabschlüsse und Geschäftsberichte werden von Creditreform analysiert und auf die Bilanzbonität beurteilt, sondern ebenfalls zahlreiche von den Unternehmen direkt an Creditreform übergebene Jahresabschlüsse und Geschäftsberichte. Die dabei identifizierten Implausibilitäten führen zu 200.000 Zusatzrecherchen pro Jahr, insbesondere bei negativem Eigenkapital, nicht stimmiger Bilanzsumme oder fehlender veröffentlichter Bilanz. In der Creditreform-Bilanzdatenbank werden mehr als 4,4 Millionen Jahresabschlüsse von über einer Million Unternehmen abgebildet (vgl. Creditreform 2011b, S. 8). Bundesweit und flächendeckend analysiert Creditreform die Tagespresse auf bonitätsrelevante Veröffentlichungen. Internetseiten werden standardmäßig durch Webcrawler beobachtet, die Unternehmensänderungen identifizieren und in der Datenbank melden (vgl. Creditreform 2010, S. 6).

Bundesweit bearbeitet Creditreform rund 5 Millionen Inkasso-Verfahren. Mehr als 1,5 Millionen Verfahren werden pro Jahr neu aufgenommen. Die Verfahren reichen von außergerichtlichen Mahnverfahren bis hin zu titulierten Verfahren. Jedes der Inkassoverfahren wird im Auskunftsdatensatz des Schuldners aufgenommen und fließt in die Bonitätsbeurteilung ein. Creditreform hat einen umfassenden Zahlungserfahrungspool aufgebaut. Die Teilnehmer des Pools melden jährlich ca. 50 Millionen Zahlungserfahrungen ihrer Kunden an Creditreform. Die Zahlungsinformationen werden mindestens im Vier-Wochen-Rhythmus an Creditreform übergeben und systematisch auf das Zahlungsverhalten ausgewertet. Das Zahlungsverhalten eines Unternehmens und seine Änderungen werden durch die Analysen für die Creditreform-Bonitätsbewertung transparent (vgl. Creditreform 2010, S. 7) abgebildet.

Die noch vor zehn Jahren umfangreich genutzte direkte Befragung des zu beauskunftenden Unternehmens hat heute für die Bonitätsbewertung des Unternehmens keine Relevanz mehr. Vielmehr dient die Selbstauskunft dazu, die bereits bestehende, umfangreiche Datenbasis zu plausibilisieren (vgl. Creditreform 2010, S. 7).

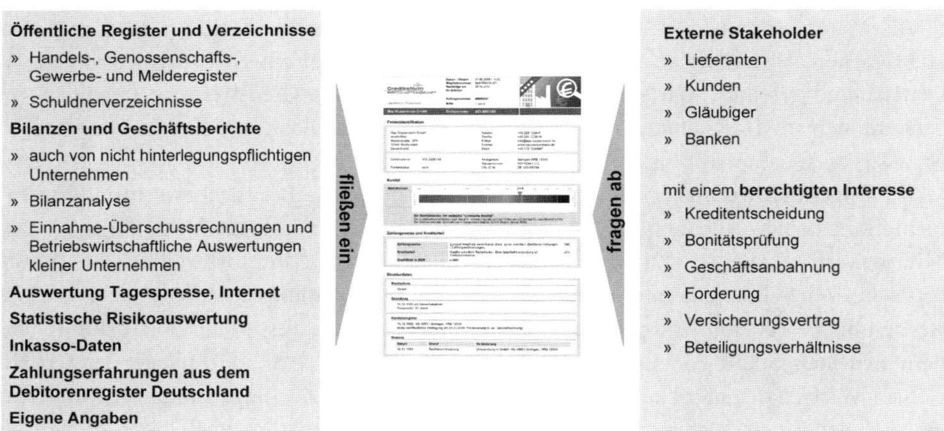

Abb. 4.6.2 Informationsquellen und Zielgruppen für Wirtschaftsauskünfte

Lieferanten, Kreditgeber, Banken und andere Geschäftspartner rufen von der Creditreform Datenbank Wirtschaftsauskünfte ab, um die Zahlungsfähigkeit des Unternehmens zu beurteilen. Rechtliche Voraussetzung ist, dass der Auskunftsempfänger ein berechtigtes Interesse zum Bezug der Wirtschaftsauskunft dokumentiert. Vorboten einer drohenden Insolvenz lassen sich regelmäßig an einer verschlechterten Bonitätseinschätzung ablesen. Im Creditreform Bonitätsurteil, dem Creditreform Bonitätsindex, findet die Fähigkeit des Unternehmens seinen Ausdruck, seine Lieferantenverbindlichkeiten fristgerecht zu erfüllen. Die Bonität misst das Risiko, das mit der Ausfallwahrscheinlichkeit über einen Zeitraum von bis zu zwölf Monaten ausgedrückt wird. Für die vielfältigen

Entscheidungssituationen ist nicht nur relevant, ob das zu beurteilende Unternehmen als „solvent" oder „insolvenzgefährdet" eingestuft wird, sondern sind vielmehr graduelle Urteile über die Bonitätsstärke notwendig (vgl. Creditreform 2011a, S. 4 f.).

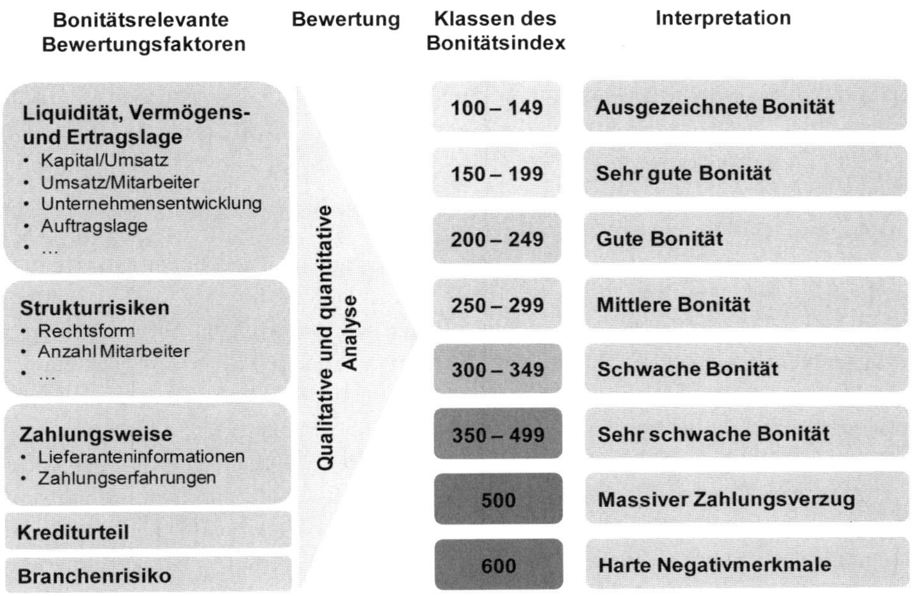

Abb. 4.6.3 Schema zur Ermittlung des Creditreform Bonitätsindex

Der Creditreform Bonitätsindex bewertet die Unternehmensbonität auf einer Skala von 100 bis 600. Mit 100 wird eine ausgezeichnete Bonität beschrieben, mit 600 der Ausfall einer Forderung. Die Ausprägungen des Creditreform Bonitätsindex entsprechen in ihrer ersten Ziffer grundsätzlich dem Schulnotensystem. Wie der Gläubiger mit dem durch den Bonitätsindex dargestellten Risiko letztlich umgeht und wie er über die Geschäftsbeziehung bei welchem Bonitätsindex entscheidet, legen Unternehmen in ihrer Credit-Policy fest. So kann das Unternehmen auch bei einer schwachen Bonität die Geschäftsbeziehung aufnehmen oder fortsetzen, wenn geeignete Sicherungsmaßnahmen ergriffen oder die Zahlungsziele gekürzt werden (vgl. Weiß/Stach/Leick 2010, S. 5 f.).

Grundlage des Creditreform Bonitätsindex sind die zahlreichen Informationen über die wirtschaftliche Situation des Unternehmens der Creditreform Datenbank. Der Creditreform Bonitätsindex ist das Gesamturteil über die wirtschaftliche Lage des Unternehmens der Creditreform Wirtschaftsauskunft. Die im Index verarbeiteten Einzelinformationen reichen von strukturellen Informationen (Branche, Rechtsform, Unternehmensgröße) über wirtschaftliche Informationen (Unternehmensentwicklung, Auftragslage, Umsatz je Mitarbeiter, Bilanzbonität) bis hin zu Zahlungsinformationen (Zahlungsweise, Lieferanteninformationen). Die verschiedenen Informationen werden bewertet, gewichtet und zum Gesamturteil Creditreform Bonitätsindex verdichtet (vgl. Creditreform 2011a, S. 4 f.; von Padberg 2008, S. 113). Die Gesamtbewertung erfolgt nicht automatisiert, sondern wird von dem Creditreform Rechercheur geprüft und final freigegeben (vgl. Creditreform 2011a, S. 5).

Der Creditreform Datenbestand ist in ständiger Bewegung. Über 120.000 Creditreform Mitglieder, vom kleinen Gewerbebetrieb bis hin zum großen Dax-Unternehmen, fragen durchschnittlich in jeder Stunde kumuliert 7.500 Wirtschaftsauskünfte mit dem Bonitätsindex ab. Gleichzeitig geben die Mitglieder Creditreform eine Rückmeldung, wie sie die Zahlungsweise der angefragten Unternehmen erlebt haben (vgl. Creditreform 2011a, S. 5).

Creditreform hat umfassende Prozesse zur Qualitätssicherung intern aufgesetzt. Qualität ist ein Kernbestandteil der Unternehmensstrategie und im Führungssystem von Creditreform fest verankert. In der Aufbau- und Ablauforganisation sind qualitätsprüfende und -sichernde Prozesse abgebildet. Ferner hat Creditreform eine Abteilung zur Betrugsprävention installiert, die über das Internet gehandelte Firmen auf Betrugsabsicht prüft. Über ein weites Set an Plausibilitätsprüfungen, ein Expertensystem mit branchentypischen Informationen und über das zentrale Qualitätsmanagement ad hoc angestoßene Qualitätsselektionen wird der Qualitätsanspruch in der Organisation umgesetzt. Darüber hinaus wird viermal im Jahr die Prognosefähigkeit des Creditreform Bonitätsindex auf Basis des gesamten Firmendatenbestands getestet, analysiert und die Berechnungssystematik des Index modifiziert. Für jeden einzelnen Datensatz wird geprüft, wie der Bonitätsindex vor zwölf Monaten war und wie er sich zum Analysestichtag verändert hat. Die sehr guten Analyseergebnisse bestätigen die hohe Prognosefähigkeit des Bonitätsindex und damit auch die Qualität der Firmendatenbank (vgl. Creditreform 2010, S. 8–11; vgl. Rossen 2010, S. 76 f.). Anfang 2011 hat Creditreform den Creditreform Bonitätsindex 2.0 in den Auskunftsprodukten abgebildet, um den strukturellen Änderungen in der deutschen Wirtschaft und einem erweiterten Datenkranz der Creditreform Firmendatenbank Rechnung zu tragen (vgl. Creditreform 2011a, S. 8 f.). Im Gegensatz zum vorherigen Modell werden bonitätsstarke Unternehmen mit einer besseren Bonität und bonitätsschwache Unternehmen mit einer geringeren Bonität beurteilt (vgl. Rossen 2011, S. 24).

Nicht nur Wirtschaftsauskunfteien, sondern gerade auch Ratingagenturen, wie Standard & Poor's, Fitch, Moody's oder Creditreform Rating erstellen ein Urteil über die Fähigkeit eines Unternehmens, seine finanziellen Verpflichtungen fristgerecht und vollständig zu erfüllen. Das Unternehmens-Rating reflektiert die Wahrscheinlichkeit einer Zahlungsstörung des Unternehmens während der Kreditlaufzeit, sogenanntes Credit Rating (vgl. Munsch/Weiß 2002, S. 14). Über die Ausfallwahrscheinlichkeit kann der Creditreform Bonitätsindex so auf die Ratingskala z. B. von Standard & Poor's überführt werden: Einem Bonitätsindex von 200 entspricht ein S&P-Rating von BBB.

Trotz einer vergleichbaren Aussage und der Überleitung sind die beiden Ratings nur begrenzt zu vergleichen. Ratingagenturen werden vom Unternehmen für ein Ratingprojekt beauftragt und vergütet. Nach Art und Umfang des Ratings stellt das Unternehmen dem Team der Ratingagentur unternehmensinterne Daten zur Verfügung. Je nach Größe und Komplexität des Unternehmens ist der Ratingprozess nach zwei bis sechs Monaten abgeschlossen, und das Rating-Board der Agentur hat ein Urteil über die Bonität des Unternehmens getroffen. Die mit dem Rating ausgedrückte Ausfallwahrscheinlichkeit hat einen über ein Jahr liegenden Zeithorizont. Das Rating wird durch das Unternehmen und die Ratingagentur veröffentlicht. Die Ratingagentur behält sich vor, das Rating periodisch zu prüfen und bei bonitätsrelevanten Veränderungen zu modifizieren (vgl. Munsch 2008, S. 187–193). In Deutschland haben alle Ratingagenturen zusammen Ratings von ca. 250 Unternehmen veröffentlicht.

Im Gegensatz zum Geschäftsmodell einer Ratingagentur wird die Wirtschaftsauskunftei nicht vom beauskunfteten Unternehmen, sondern vom Auskunftsempfänger vergütet. Ein einer Ratingagentur unterstellter Conflict of Interest aufgrund der Mandatsbeziehung zwischen Ratingagentur (Auftragnehmer) und zu beurteilendem Unternehmen (Auftraggeber) scheidet aufgrund der Auskunfts-Empfängerbasierten Vergütung per se für die Wirtschaftsauskunftei aus. Das Auskunfts-Rating basiert primär nicht auf Daten, die das Unternehmen exklusiv für die Auskunftei zur Verfügung stellt, sondern vielmehr auf Daten aus öffentlichen und nicht-öffentlichen Drittquellen. Um eine hohe Abdeckung für potenzielle Abfragen zu erhalten, ist es Geschäftszweck der Wirtschaftsauskunftei, möglichst erschöpfend alle wirtschaftsaktiven Unternehmen regelmäßig zu bewerten und den Datenbestand hoch aktuell zu halten.

Die Ratingagenturen Standard & Poor's, Moody's und Fitch dominieren aktuell weltweit den Markt für Ratingleistungen. Bekanntmachungen der Ratingagenturen zu Länder-Ratings oder Unternehmens-Ratings finden ein ausgeprägtes Presse-Echo. Sofern Ratingagenturen die Rating-Noten senken, wird dies als Start und Beschleunigen eines Krisenszenarios bewertet. Doch berechtigterweise ist zu fragen, ob den Ratingagenturen nicht eine Machtfülle zugesprochen wird, über die sie indes nicht verfügen, und ob ihre Urteile nicht vielmehr überinterpretiert werden. Über die Verantwortung der Ratingagenturen für die weltweite Rezession 2008 ist viel geschrieben worden. Das Urteil schwankt zwischen einer Rolle als Treiber oder nur als Mitläufer für die Entwicklung von Immobilienkrise, Bankenkrise, Wirtschaftskrise und Schuldenkrise.

Die großen Ratingagenturen haben eingestanden, dass ihnen Fehlbewertungen bei der Beurteilung von synthetischen Schuldverschreibungen auf Basis von Hypothekenkrediten in den USA unterlaufen sind. Die Agenturen haben strukturell den Wert der finanzierten Immobilien zu hoch bewertet und über einen längeren Zeitraum zu einer Beschleunigung der Immobilienpreise beigetragen. Mit dem Verlangsamen des konjunkturellen Wachstums setzte sich eine Abwertungsspirale in Gang, die sich beschleunigte und die Immobilienblase Mitte 2007 platzen ließ. Niedrige Zinsen und eine Tilgung, die maßgeblich auf die Wertsteigerung der Immobilie und nicht auf die Tilgungskraft des Schuldners abstellte, setzten eine Verschuldungsspirale in Gang, die die US-amerikanische Inlandsnachfrage anschob und die Immobilienpreise unaufhaltsam nach oben trieb (vgl. Stiglitz 2010, S. 6–11).

Ratingagenturen wurden von den Finanzinstituten eingesetzt, um Anleihen zur Refinanzierung der Hypothekenkredite über den Markt auf ihre Ausfallwahrscheinlichkeit zu strukturieren und zu bewerten. Bei der Berechnung der Ausfallwahrscheinlichkeit stellten die Ratingagenturen maßgeblich auf konstante volkswirtschaftliche Rahmenbedingungen (niedrige Zinsen, Vollbeschäftigung) und eine steigende Wertentwicklung der Immobilie und nicht auf die Tilgungsfähigkeit des Schuldners ab. Dies wurde damit begründet, dass zahlreiche Schuldner „subprime“ waren, d. h. ohne die dingliche Besicherung nicht den Kredit erhalten hätten. Die Wertentwicklung der Immobilie wurde auf Basis historischer Werte projiziert. Die steigende Wertentwicklung der Vergangenheit wurde auf die Zukunft übertragen. Indem Ratingagenturen die Anleihe nicht nur auf ihre Bonität beurteilten, sondern die Emissionshäuser im Vorfeld konzeptionell beraten haben, haben sie zudem ihre für ein Rating notwendige Unabhängigkeit wesentlich verletzt (vgl. Stiglitz 2010, S. 92–94).

Mit dem Platzen der Immobilienblase waren die Ratings der mit Immobilien besicherten Anleihen zur Makulatur geworden. Top-geratete Anleihen drohten auszufallen und Banken, die für die Zahlungssicherheit gebürgt haben, wurden in Regress genommen. Die Immobilienkrise hatte sich zur internationalen Bankenkrise fortentwickelt (vgl. Stiglitz 2010, S. 21–24). Ob Ratingagenturen die Immobilienkrise, die Bankenkrise und die folgende Rezession ausgelöst haben, ist fraglich. Durch ihre Fehlbewertung von Anleihen haben sie zum Aufblähen der Immobilienblase beigetragen. Ursächlich für die Krise waren eine Mischung aus ungeregelten Finanzmärkten, fehlgeleiteten Anreizen der Marktteilnehmer und eine US-amerikanische Finanzpolitik des billigen Geldes (vgl. Stiglitz 2010, S. 6–14). Gleichfalls müssen sich die US-amerikanischen Ratingagenturen neben dem eingegangenen Conflict of Interest und den Bewertungsmodell-bezogenen Fehleinschätzungen die Kritik gefallen lassen, warum sie nicht rechtzeitig auf die Gefahren von billigem Geld und der damit einhergehenden öffentlich rechtlichen Verschuldung hingewiesen haben.

Die EU hat mit einer Verabschiedung der Ratingrichtlinie 2010 auf die Entwicklungen im US-amerikanischen Ratingmarkt reagiert. Unabhängigkeit, Prozessexzellenz, Haftung für Fehlleistungen und Monitoring durch eine unabhängige Instanz (ESMA) sind verbindliche Voraussetzungen für die Ausübung der Tätigkeit einer Ratingagentur in der EU. Derzeit prüft die EU, die bestehende Richtlinie zu verschärfen, um den Anbietermarkt effektiver für neue Anbieter zu öffnen und um die Dominanz der großen drei Ratingagenturen Standard & Poor's, Fitch und Moody's langfristig zu verringern. Mit einem Rotationsprinzip sollen Auftraggeber veranlasst werden, dieselbe Ratingagentur maximal drei Jahre zu beauftragen. In Sonderfällen soll sogar die Ratingagentur jährlich gewechselt werden. Ferner soll es Ratingagenturen untersagt werden, Anleiheprodukte und Emittenten gleichzeitig zu beurteilen (Schrörs 2011, S. 17). Ferner werden Initiativen geprüft, ob durch eine zentrale Europäische Ratingagentur oder ein Netzwerk unabhängiger nationaler Ratingagenturen in Europa auf kurze Sicht mehr Wettbewerb auf Anbieterseite geschaffen werden kann.

Aus Sicht von Creditreform sind die Initiativen der EU zu begrüßen. Creditreform bedient mit der Creditreform Rating das Marktsegment der mittelständischen Unternehmens- und Emissions-Ratings in Deutschland erfolgreich. Das Unternehmen ist als Ratingagentur von der BaFin akkreditiert und auf EU-Ebene als Ratingagentur 2011 registriert worden. Durch die aktuelle Diskussion um die Öffnung des Ratingmarktes auf Anbieterseite erwartet Creditreform eine Stärkung seiner Marktposition.

Aus Unternehmenssicht sind Wirtschaftsauskunfteien und Ratingagenturen keine sich ausschließenden Anbieter von Bonitätsinformationen. Die nahezu vollständige Abdeckung des wirtschaftlichen Geschehens durch die Firmendatenbanken der Wirtschaftsauskunfteien spricht für den systematischen Bezug von Bonitätsinformationen von Auskunfteien. Sollte ein Unternehmens-Rating eines Unternehmens veröffentlicht sein, so kann dieses Rating ebenfalls für eine Entscheidung zur Aufnahme einer Geschäftsbeziehung herangezogen werden. Gleichzeitig zeigt sich auch, dass Wirtschaftsauskunfteien für die Finanzkommunikation des Unternehmens eine immer wichtiger werdende Zielgruppe sind (vgl. Raschdorf/Raschdorf 2011, S. 237). Gerade die hohen Abfragezahlen, wie an der Creditreform Datenbank dargestellt, unterstreichen die hohe Bedeutung, die eine gute Wirtschaftsauskunft für eine belastbare Leistungsbeziehung zwischen Unternehmen hat. Nach einer von Creditreform im Frühjahr 2011 durchgeführten Umfrage hat Finanzkommunikation für ein Unternehmen als wesentliche Zielsetzungen einen Beitrag zur Sicherung der Unternehmensstabilität zu leisten, das Vertrauensverhältnis zum Kreditgeber auszubauen, zur Finanzierungssicherheit beizutragen und letztlich die Reputation des Unternehmens zu verbessern (vgl. Bretz 2011, S. 103, vgl. Creditreform 2011b, S. 6). Gerade in guten Zeiten tun die Unternehmen gut daran, eine transparente Beziehung zur Wirtschaftsauskunftei als Multiplikator aufzubauen, die in schlechten Zeiten vertrauensvoll und belastbar ist.

4.6.3 Aktives Einbinden von Auskunfteien in die Finanzkommunikation eines Krisenunternehmens in der Restrukturierung

Für eine erfolgreiche Restrukturierung eines Unternehmens (vgl. zu Phasen und Inhalte der Restrukturierung: Kraus/Haghani 2004, S. 18–36) ist eine adressatenbezogene, transparente und Vertrauen schaffende Kommunikation mit den relevanten Stakeholder-Gruppen notwendig. In Krisensituationen ist die Stimme des Managements gefragt, denn das Management repräsentiert die Entscheidungskompetenz und den aktuellen Entscheidungsstand (vgl. Harzer 2004, S. 280). Doch alleine schon durch die offen gelegte Unternehmenskrise hat das Management an Vertrauen eingebüßt. Der offenbarte Misserfolg wird dem Management von den Mitarbeitern, den Gesellschaftern, den Finanzgebern, den Kunden und den Lieferanten angelastet. Durch unzureichende Kommunikation, Ausblenden von einzelnen Stakeholder-Gruppen, Nicht-Kommunikation oder Falschmeldungen kann ein massiver und manifester Vertrauensverlust für das Krisenunternehmen entstehen (vgl. Evertz/Krystek 2010, S. 34). Vielmehr gilt es, den schon entstandenen Vertrauensverlust zu stoppen und durch eine zielgerichtete und offene Kommunikation wieder die Basis für eine vertrauensvolle Beziehung zu den Stakeholdern zu legen.

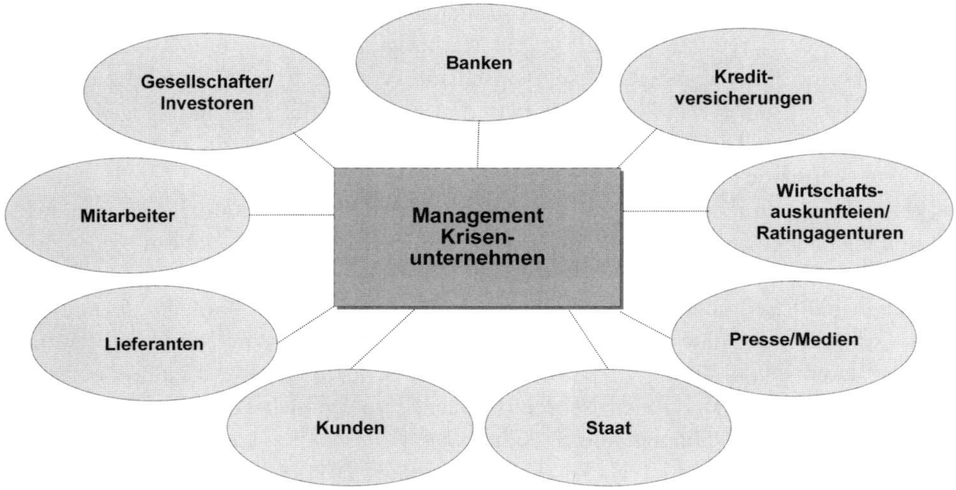

Abb. 4.6.4 Stakeholder in der Restrukturierung

Eng definiert sind nur diejenigen Stakeholder des Krisenunternehmens, die in einer ökonomischen Beziehung zum Unternehmen stehen. Als Stakeholder können die Gruppen Gesellschafter/Investoren, Banken, Kreditversicherungen, Mitarbeiter, Lieferanten, Kunden und Staat betrachtet werden (vgl. Buschmann 2004, S. 201, vgl. zu einer Stakeholder-Definition nach Größe des Unternehmens: Bretz 2011, S. 103 f.). Im weiteren Sinne gelten als Stakeholder auch Wirtschaftsauskunfteien/Ratingagenturen und Presse/Medien, da sie ein Interesse an der wirtschaftlichen Entwicklung haben und ihre Berichterstattung wiederum von den Stakeholdern im engeren Sinne verfolgt wird und zum Teil eine wesentliche Informationsgrundlage für die Entscheidungsfindung ist (vgl. Kötzle/Grüning 2008, S. 50 f.). Im Gegensatz zu den Stakeholdern im engen Sinne haben Wirtschaftsauskunfteien oder Ratingagenturen kein wirtschaftliches Interesse daran, ob die Restrukturierung erfolgreich ist oder nicht. Ihr Verständnis ist vielmehr das einer unabhängigen Instanz, die Bonität des Unternehmens zutreffend zu beurteilen und Bonitätsänderungen zeitnah an die berechtigten Kunden zu kommunizieren. Ihr Urteil hat somit einen erheblichen Multiplikator-Effekt. Sofern Creditreform über das Unternehmen in den letzten zwölf Monaten eine Wirtschaftsauskunft erteilt hat, so werden dem Auskunftsempfänger bonitätsrelevante Änderungen unaufgefordert als Auskunftsnachtrag automatisch geliefert.

Erfolgreich bewältigte Krisen zeigen, dass der adressenorientierten Kommunikation in einer Krise eine wichtige, aber häufig unterschätzte Bedeutung beizumessen ist (vgl. Többe/Wortmann 2010, S. 259). Stakeholder-Beziehungen gelten als ein kritischer Faktor in der Restrukturierung, und je verlässlicher die Stakeholder-Beziehung gestaltet wird, desto höher ist die Wahrscheinlichkeit für eine erfolgreiche Restrukturierung. Die Stakeholder im engen Sinne müssen in der Restrukturierung entscheiden, ob und wie sie die Restrukturierung des Unternehmens begleiten wollen. Lieferanten müssen beispielsweise entscheiden, ob sie ihre Forderungen absichern oder die Geschäftsbeziehung erhalten wollen. Kunden müssen sich entscheiden, ob sie die Bezugsquelle wechseln oder beibehalten (vgl. Buschmann 2004, S. 202–205).

Aus Sicht des Unternehmens empfiehlt es sich, die Kommunikation auf die Stakeholder nach ihrer Relevanz für die Überlebensfähigkeit des Unternehmens zu differenzieren. In erster Linie muss das Unternehmen die Stakeholder im engen Sinne, je nach Stakeholder differenziert, in der Finanzkommunikation ansprechen. So ist es insbesondere notwendig, die strategischen Lieferanten und die Schlüsselkunden individuell in die Finanzkommunikation aufzunehmen und über Lage und Ausblick des Unternehmens zu informieren. B- und C-Lieferanten wie auch B- und C-Kunden können dagegen über allgemeine Maßnahmen der Finanzkommunikation informiert werden.

Da für Lieferanten und Kunden des Unternehmens Wirtschaftsauskunfteien eine maßgebliche Informationsquelle sind, um die Bonität eines Geschäftspartners zu beurteilen, sind die namhaften Wirtschaftsauskunfteien in die Finanzkommunikation unmittelbar aufzunehmen. Sofern das Unternehmen von einer Ratingagentur mit einem Rating beurteilt wurde, ist das Unternehmen verpflichtet, bonitätsrelevante Sachverhalte der Ratingagentur zeitnah zu melden.

Eine strategische Krise (vgl. zu den Krisenphasen und Handlungsspielräumen des Managements: Kraus/Haghani 2004, S. 15–18) ist auf Basis des für eine Wirtschaftsauskunftei zugänglichen Informationskranzes nicht valide zu identifizieren. Beginnend mit der Ertragskrise erhält die Wirtschaftsauskunftei Indikationen für eine Abwertung der Bonität. Auftragslage und Unternehmensentwicklung sind abzuwerten. Angaben zu einer rückläufigen Umsatzentwicklung führen gleichfalls zu einer Bonitätsabwertung. In der Erfolgskrise wird die Wirtschaftsauskunftei aufgrund ihres nur mittelbaren Einblicks in die tatsächliche Situation des Unternehmens nur moderat die Bonität des Unternehmens abwerten. Sehr wohl steht das Unternehmen unter Beobachtung und aufgrund des veränderten Bonitätsurteils erhalten die Mitglieder von Creditreform einen Nachtrag über das Unternehmen, sofern sie in den zwölf Monaten zuvor eine Wirtschaftsauskunft von Creditreform bezogen haben. Im Credit Management der Geschäftspartner des Krisenunternehmens wird die Bonitätsänderung genau registriert und löst Anfragen an die Kreditversicherung oder das Krisenunternehmen aus.

Mit einer deutlichen Herabstufung der Unternehmensbonität reagiert die Wirtschaftsauskunftei, wenn das Krisenunternehmen sein Zahlungsverhalten gegenüber seinen Lieferanten verschlechtert. Creditreform erhält monatlich mehr als 4 Millionen Zahlungserfahrungen zu deutschen Unternehmen und wertet die Zahlungserfahrungen systematisch auf das Zahlungsverhalten der jeweiligen Firma aus. Die Zahlungsinformationen werden um Lieferantenrückmeldungen ergänzt, die Creditreform regelmäßig von ihren 120.000 Mitgliedsunternehmen abfragt. Sollten neben dem Zahlungsverzug zudem Inkassoverfahren vorliegen, wird die Unternehmensbonität, dargestellt mit dem Creditreform Bonitätsindex, konsequent in den 4er- bis 5er-Bereich abgewertet. Beim Creditreform Bonitätsindex 2.0 erklären das Zahlungsverhalten, das Vorliegen von Negativmerkmalen der Schuldnerregister und Inkassoverfahren die Bonität zu einem hohen Anteil.

Abb. 4.6.4 Reaktion der Wirtschaftsauskunftei in Krisenphasen

Vor diesem Hintergrund ist zu empfehlen, dass das Krisenunternehmen die Wirtschaftsauskunftei aktiv in seine Finanzkommunikation einbezieht. Ein Mehr an Transparenz und Kommunikation ist notwendig, um das in der Krise verloren gegangene Vertrauen wiederzugewinnen (vgl. Bretz/Gude 2009, S. 36). Nach dem zeitlichen Aspekt kann in die Kommunikation zur Wirtschaftsauskunftei vor, während und nach der Restrukturierung unterschieden werden.

Das Unternehmen sollte den Status der Bonitätsbeurteilung über alle relevanten Wirtschaftsauskunfteien eng kontrollieren, d. h., vor Beginn der Restrukturierung sind von den Wirtschaftsauskunfteien die Wirtschaftsauskünfte einschließlich der Ratings aller relevanten Gesellschaften des Krisenunternehmens einzuholen. Das Krisenunternehmen erhält somit eine Einschätzung über seine Bonität durch die Wirtschaftsauskunfteien und zugleich ist dies ein Spiegelbild, wie Lieferanten und Kunden die Bonität des Unternehmens beurteilen.

Grundsätzlich ist zu empfehlen, dass im Risikomanagement des Unternehmens diejenigen Informationen überwacht werden, die externen Stakeholdern des Unternehmens für eine Bonitätseinschätzung zur Verfügung stehen (vgl. Baetge/Schmidt/Hater 2012, S. 82).

Mit Start der Restrukturierung ist die Kommunikation zu den verschiedenen Stakeholdern festzulegen und umzusetzen. Die Wirtschaftsauskunftei ist durch das Unternehmen zu informieren, bevor Maßnahmen mit Außenwirkung (z. B. betriebsbedingter Abbau von Mitarbeitern, Standortschließung, systematisch längere Inanspruchnahme von Lieferantenkrediten) kommuniziert und umgesetzt werden. Folgende Maßnahmen sind zu empfehlen:

- Für die Finanzkommunikation mit der Wirtschaftsauskunftei ist ein Ansprechpartner im Management des Unternehmens im Ressort Finanzen festzulegen.
- Die Wirtschaftsauskunftei ist zu informieren, bevor liquiditätsschöpfende Maßnahmen über einzelne Kreditorengruppen ergriffen werden.
- Für bestehende Inkassofälle ist der Wirtschaftsauskunftei ein Maßnahmenplan zur Regelung der Fälle darzulegen.
- Neue Inkassofälle sind strikt zu vermeiden. Falls Inkassofälle bekannt werden, ist die Wirtschaftsauskunftei über Inhalt und Begleichung kurzfristig zu informieren. Insbesondere sind strittige Inkassofälle darzustellen.
- Der Wirtschaftsauskunftei ist belastbar darzulegen, welche Unternehmenseinheiten von der Krise betroffen sind und wie ein Übergreifen der Krise auf die gesunden Unternehmensbereiche vermieden wird.
- Die Gespräche sollten mit dem zuständigen Rechercheur geführt werden. Bei Creditreform ist auf der Wirtschaftsauskunft vermerkt, welches Creditreform Büro die Wirtschaftsauskunft über das Unternehmen erstellt hat. In der Regel ist es das Creditreform Büro, das dem juristischen Sitz des Unternehmens lokal am nächsten liegt.
- Der Wirtschaftsauskunftei ist fundiert darzulegen, wie das Restrukturierungsprogramm zur Sanierung des Unternehmens inhaltlich, zeitlich und nach Verantwortlichkeiten in seinen Eckpunkten aufgebaut ist. Ferner ist darzulegen, welche Milestones das Unternehmen wann erreicht haben möchte, um die finanzielle Lage zu stabilisieren.
- Die Wirtschaftsauskunftei ist in den Verteiler der Statusreports über die Umsetzung der Restrukturierung und der unterjährigen finanziellen Berichterstattung (Quartalsberichte oder Monatsberichte) aufzunehmen, sodass die Auskunftei erkennen kann, ob und wie die Ziele der Restrukturierung erreicht wurden.
- Mit der Wirtschaftsauskunftei ist ein Fahrplan zu vereinbaren, wie die Bonitätsbewertung durch welche Maßnahmen sukzessive verbessert werden kann. Um belastbare Informationen an die Wirtschaftsauskunftei zu übergeben, kann die Aufstellung eines Zwischenabschlusses, in dem kapital- und liquiditätswirksame Maßnahmen abgebildet sind, vorteilhaft sein.
- Je nach Krisensituation und -verlauf ist die Häufigkeit der Gespräche zu gestalten. Je kritischer die Lage, desto enger sollte der Informationszyklus getaktet sein. Anfragen der Wirtschaftsauskunftei, z. B. zu Inkassobeauftragungen, sind zügig inhaltlich zu klären, damit sie angemessen in der Bonitätsbewertung abgebildet werden.

Nach erfolgreichem Abschluss der Restrukturierung hat das Unternehmen ein hohes Maß an Vertrauen bei der Wirtschaftsauskunftei aufgebaut. Die Auskunftei ist aus Sicht des Unternehmens zu nutzen, um die nunmehr wieder solide Unternehmensbonität gegenüber Dritten zu kommunizieren. Hierzu bietet sich das Jahresgespräch mit der Wirtschaftsauskunftei an, in dem das Unternehmen seinen Jahresabschluss vorstellt.

4.6.4 Fazit

Die Bedeutung des Lieferantenkredits zur Finanzierung der deutschen Unternehmen nimmt weiterhin zu. Die aus Basel III erhöhten Anforderungen zur Eigenkapitalunterlegung, die aktuell laufenden Strukturveränderungen in der deutschen Kreditwirtschaft und unverändert schwierige kapitalbezogene Refinanzierung der Kreditgeber forcieren den Trend, dass die kurzfristige Bankfinanzierung durch eine Lieferantenfinanzierung ersetzt wird. Im Rezessionsjahr haben es die Lieferanten leidvoll erfahren, wenn Forderungen aufgrund von Unternehmensinsolvenzen ausfallen. Durch ein konsequentes Credit Management auf Kundenseite und durch ein Supply Chain Management auf Lieferantenseite versuchen Unternehmen, die finanziellen Risiken aus Geschäftspartnerbeziehungen effizient zu steuern. Durch den Bezug von Wirtschaftsauskünften und Bonitätseinschätzungen von Wirtschaftsauskunfteien unterstützen die Unternehmen ihre Risikosteuerung mit entscheidungsrelevanten Informationen.

Wirtschaftsauskunfteien verstehen sich als professionelle Informationsdrehscheibe, um die Informationsasymmetrien zwischen Kreditgeber und Kreditnehmer auszugleichen. Der Markt für Bonitätsinformationen über Firmen wird in Deutschland von den drei Auskunfteien Bürgel Wirtschaftsinformationen, Bisnode und Creditreform dominiert. Mit sieben von zehn Auskunftsanfragen gilt Creditreform als der Markt- und Qualitätsführer in Deutschland. Creditreform misst die Wahrscheinlichkeit, dass ein Unternehmen seine Zahlungsverpflichtungen gegenüber seinen Lieferanten fristgerecht erfüllen kann, mit dem Creditreform Bonitätsindex. Im Gegensatz zu Ratingagenturen beurteilen Wirtschaftsauskunfteien ein Unternehmen unbeauftragt und überwiegend auf Basis von Drittinformationen. Eine wichtige Voraussetzung für den Erfolg der Wirtschaftsauskunftei aus Kundensicht ist eine aktuelle und die wirtschaftsaktiven Unternehmen abdeckende Datenbank. Aufgrund der hohen Abfragezahlen von Wirtschaftsauskünften, allein Creditreform hat 2010 über 16 Millionen Auskünfte erteilt, zeigt sich die Bedeutung einer guten Unternehmensbonität für eine funktionierende Geschäftspartnerbeziehung. Bonitätsänderungen eines Unternehmens teilen Wirtschaftsauskunfteien systematisch über Nachträge und ein Bonitäts-Monitoring mit. Über die Wirtschaftsauskunftei wird die Bonität eines Unternehmens an Dritte bei Vorliegen eines berechtigten Interesses kommuniziert.

In Krisensituationen sind Unternehmen gefordert, Wirtschaftsauskunfteien aktiv in die Finanzkommunikation einzubeziehen. Die aktive Finanzkommunikation zu den Wirtschaftsauskunfteien ist ein wichtiger Baustein für die erfolgreiche Restrukturierung des Krisenunternehmens. Das Unternehmen erweitert aktiv über seine Finanzkommunikation den Informationskranz, den die Wirtschaftsauskunftei ihrer Bewertung zugrunde legt. Durch die hohe Aktualität der Informationen haben sie für die Auskunftei einen besonderen Wert. Indem das Unternehmen die Wirtschaftsauskunftei in die Finanzkommunikation zu den Stakeholdern, wie zu den Banken und Kreditversicherungen, einbindet, baut das Unternehmen einen Vertrauensvorschuss auf, der durch die erfolgreiche Restrukturierung zu bestätigen ist. Die Wirtschaftsauskunftei ist zeitnah und plausibel über die Restrukturierung, den Fortschritt und insbesondere die liquiditäts-

und kapitalbezogenen Maßnahmen des Unternehmens zu informieren. Denn der Erfolg der Restrukturierung hängt nicht nur von ihrer erfolgreichen Umsetzung, sondern ebenfalls von einer transparenten Information der relevanten Stakeholder ab. Mit einer aktiven Finanzkommunikation zur Wirtschaftsauskunftei kann der Restrukturierungserfolg für die aktuellen und künftigen Geschäftspartner des Unternehmens wirksam dargestellt werden.

Literaturverzeichnis

Baetge, J./Schmidt, M./Hater, A. (2012): Determinanten einer Unternehmenskrise, in Unternehmenssanierung, hrsg. v. Thierhoff, M., et. al., Heidelberg, S. 19–85

Bretz, M. (2011): Die wachsende Bedeutung der Finanzkommunikation für den Mittelstand – Bedeutung, Elemente, Erfolgsfaktoren, in Finanzkommunikation, Chancen durch Kreditmediation, hrsg. v. Armbruster, F./Everling, O./Langen, R., Köln, S. 101–108

Bretz, M./Gude, H. (2009): Anforderungen an das Liquiditäts- und Forderungsmanagement, in: Handbuch Credit Management, Köln, S. 17–38

Buschmann, H. (2004): Stakeholder-Management als notwendige Bedingung für erfolgreiches Turnaround-Management, in: Die Unternehmenskrise als Chance, Innovative Ansätze zur Sanierung und Restrukturierung, hrsg. v. Bickhoff, N. et. al., Berlin/Heidelberg, S. 197–220

Creditreform (2011): Insolvenzen, Neugründungen, Löschungen, Jahr 2011, Eine Untersuchung der Creditreform Wirtschaftsforschung, Neuss

Creditreform (2011a): Creditreform: Creditreform Bonitätsindex 2.0, Neuss

Creditreform (2011b): Creditreform: Finanzkommunikation, Wissen und Bewerten für den Mittelstand, Neuss

Creditreform (2010): Creditreform: Auskunftsqualität, Neuss 2010

Deutsche Bundesbank (2011): Deutsche Bundesbank: Monatsbericht 12/2011, Frankfurt am Main

Deutsche Bundesbank (2011a): Deutsche Bundesbank: Vermögensbildung und Finanzierung im Jahr 2010 (Ergebnisse der gesamtwirtschaftlichen Finanzierungsrechnung), Pressenotiz v. 17. Mai 2011, Frankfurt am Main

Egeli, R. (2009): Früherkennung und Minimierung von Bonitätsrisiken, in: Handbuch Credit Management, Köln, S. 177–210

Evertz, D./Krystek, U. (2010): Das Management von Restrukturierung und Sanierung, in: Restrukturierung und Sanierung von Unternehmen, Grundlagen, Fallstudien und Instrumente für die Praxis, hrsg. v. Evertz, D./Krystek, U., Stuttgart, S. 19–39

Harzer, T. (2004): Erfolgreiche Kommunikation in der Krisensituation, in: Die Unternehmenskrise als Chance, Innovative Ansätze zur Sanierung und Restrukturierung, hrsg. v. Bickhoff, N. et. al., Berlin/Heidelberg

Kötzle, A./Grüning, M. (2008): Unternehmenskommunikation, in: Finanzstrategisch denken! Paradigmenwechsel zur Strategic Corporate Finance, hrsg. v. Eilenberger, G. et. al., Berlin, Heidelberg, S. 47–67

Kraus, K.-J./Haghani, S. (2004): Krisenverlauf und Krisenbewältigung – der aktuelle Stand, in: Die Unternehmenskrise als Chance, Innovative Ansätze zur Sanierung und Restrukturierung, hrsg. v. Bickhoff, N. et. al., Berlin/Heidelberg, S. 13–37

Munsch, M./Weiß, B. (2002): Externes Rating, Finanzdienstleistung und Entscheidungshilfe, DIHK – Deutscher Industrie- und Handelskammertag, 3. Auflage, Berlin

Munsch, M. (2008): Einfluss von Bilanzdaten auf das Rating, in: Das Credit Management als Informationsaggregator „Kenne Deine Kunden“, Verein für Creditmanagement, hrsg. v. van Koeverden, A./Schneider-Maessen, J./Schumann, M./Weiß, B., Goch, S. 175–194

Raschdorf, H./Raschdorf, F. (2011): Rating und Kreditmediation, in: Finanzkommunikation, Chancen durch Kreditmediation, hrsg. v. Armbruster, F./Everling, O./Langen, R., Köln, S. 219–248

Rossen, J. (2010): Wirtschaftsauskünfte und deren Bedeutung für das Risikomanagement, in: FLF Finanzierung, Leasing, Factoring, Heft 2 2010, S. 74–77

Rossen, J. (2010): Punktgenaue Bonitätsbewertung für das Kreditrisikomanagement, in: Kredit & Praxis, Heft 1 2011, S. 22–24

Schrörs, M. (2011): Ratingverbote sind erst der Anfang, in Financial Times Deutschland, 24.10.2011, S. 17

Stiglitz, J. E. (2010): Freefall, America, Free Marktes, and the Sinking of the World Economy, New York

Többe, J./Wortmann, A. (2010): Restrukturierungen in der Schiffsbranche, in: Restrukturierung und Sanierung von Unternehmen, Grundlagen, Fallstudien und Instrumente für die Praxis, hrsg. v. Evertz, D./Krystek, U., Stuttgart, S. 233–261

Padberg, U. (2008): Risikomanagement mit System, in: Das Credit Management als Informationsaggregator „Kenne Deine Kunden", Verein für Creditmanagement, hrsg. v. van Koeverden, A./Schneider-Maessen, J./Schumann, M./Weiß, B., Goch, S. 111–118

Weiß, B./Stach, A./Leick, D. (2010): IT-Lösungen für das Credit Management – Eine empirische Analyse standardisierter Lösungen im Kontext der Mindestanforderungen an das Credit Management (MaCM), Goch

4.7 Instrumente staatlicher Förderung in der Krise

Bernd Papenstein und Mona Lienenkämper

Abstract

Unabhängig von Finanzierungsbeiträgen bieten speziell ausgerichtete staatliche Stellen wertvolle Unterstützung im Rahmen von Restrukturierungen in Form der Erfahrungs- und Kontaktvermittlung oder auch der Einwirkung auf andere Stakeholder. Von daher ist eine frühzeitige, für das Unternehmen unverbindliche und kostenlose Einbindung der staatlichen Stellen bei sich abzeichnenden Krisensituationen und damit gegebenenfalls Restrukturierungen zu empfehlen. Neben den über die jeweiligen Förderbanken, beispielsweise die NRW.Bank in Nordrhein-Westfalen oder die KfW für den Bund, ausgereichten Förderdarlehen kommt hier den direkt von den Ländern oder dem Bund gewährten Bürgschaften eine zentrale Rolle zu. Dabei wird hinsichtlich des Vorgehens im Rahmen einer Restrukturierung im Folgenden dahingehend differenziert, ob Bundesländer bzw. Bund bei einem Unternehmen bereits finanziell engagiert sind oder sich im Rahmen einer Restrukturierung neu engagieren. In jedem Fall sind dabei auch die Anforderungen des EU-Beihilferechts zu berücksichtigen.

Will man die Sicht des Staates in der Restrukturierung beschreiben, so ist zunächst einmal zwischen den verschiedenen Ebenen staatlichen Handelns zu differenzieren. Staat in diesem Kontext beinhaltet zum einen die jeweiligen nationalen Gebietskörperschaften auf den Ebenen Kommunen, Bundesländer und Bund sowie zum anderen die EU-Kommission. National ergibt sich in der Praxis die Abgrenzung hinsichtlich der Zuständigkeit aus der Unternehmensgröße bzw. dem Volumen erforderlicher Finanzierungsmittel, wobei es keine scharfen Trennlinien gibt. Primäre Anlaufstelle für kleinere Unternehmen oder Finanzierungsvolumina, beispielsweise von Handwerksbetrieben, sind die Einrichtungen der Wirtschaftsförderung auf kommunaler Ebene, ergänzt um die entsprechenden Anlaufstellen bei Handwerks- sowie Industrie- und Handelskammern. Bei großen Restrukturierungen, beispielhaft zu nennen sind hier Babcock, Holzmann, Mobilcom oder auch Opel, liegt die Federführung beim Bund, von denen es jährlich allerdings weniger als ein Dutzend gibt. Der relativ umfassende Bereich dazwischen – pro Jahr mehrere Hundert Fälle – wird von den Bundesländern abgedeckt, in denen in den jeweiligen Wirtschaftsministerien sowie auch den jeweiligen Förderbanken entsprechende Ansprechpartner bereitstehen.[1]

Auf allen drei Ebenen sind zunächst Leistungen jenseits von Finanzierungsbeiträgen erhältlich. Hierbei handelt es sich um die Einberufung bzw. Leitung von sogenannten „Runden Tischen", an die sämtliche Stakeholder einer Restrukturierung zwecks Abstimmung über das gemeinsame Vorgehen gebeten werden, sonstige Moderations- oder Mediationsleistungen, so z. B. im Kontext der in einer Restrukturierung gegebenenfalls angespannten Beziehung zwischen Unternehmen und Finanzierern, sowie die Vermittlung von Erfahrungen oder Kontakten. Diese Leistungen können einen echten Mehrwert darstellen, da die staatlichen Vertreter mit ihrer Routine einer Vielzahl von Restrukturierungen dem Unternehmen nützliche Erfahrungen ohne direkte eigene wirtschaftliche Interessen zukommen lassen – so z. B. auch bezüglich der Auswahl geeigneter Berater – und darüber hinaus aufgrund der Funktion dieser Stellen in der Regel ein direkter Zugang zu Entscheidungsträgern auf Seiten von Finanzierungspartnern, Gewerkschaften oder Behörden besteht. Die staatlichen Leistungen sind in der Regel für die Unternehmen kostenlos. Auch insofern empfiehlt sich hier eine frühzeitige Einbindung, um Krisenverschärfungen gegebenenfalls mit staatlicher Unterstützung entgegenzuwirken.

Spätestens im Rahmen dieser Gespräche dürfte auch ein Hinweis auf die in einer Vielzahl von Ländern bestehenden Programme erfolgen, mit denen im begrenzten Umfang externe Beratungsleistungen im Kontext einer Restrukturierung finanziell gefördert werden können.

---

1 Den Bürgschaftsbanken, die als Selbsthilfeeinrichtung der Wirtschaft mit Risikoabsicherung durch Bund und Länder Bürgschaften bis zu einem Betrag von EUR 1 Million übernehmen, sind Bürgschaftsübernahmen im Rahmen von Restrukturierungen regelmäßig nicht möglich. Die Rückbürgschaftserklärungen vom Bund und den Ländern schließen Engagements im Rahmen von Sanierungen aus. Insoweit findet deren Angebot im Weiteren keine Berücksichtigung.

Über diese beratenden oder vermittelnden Leistungen hinaus verfügen die Bundesländer und der Bund anders als in der Regel die Kommunen über Möglichkeiten zu eigenen Finanzierungsbeiträgen. Die Länder decken insoweit auch kleinere Volumina mit ab. Neben den über die jeweiligen Förderbanken, beispielsweise die NRW.Bank in Nordrhein-Westfalen oder die KfW für den Bund, ausgereichten Förderdarlehen kommt hier den direkt von den Ländern oder dem Bund gewährten Bürgschaften eine zentrale Rolle zu. Dabei wird hinsichtlich des Vorgehens im Rahmen einer Restrukturierung im Folgenden dahingehend differenziert, ob Bundesländer bzw. Bund bei einem Unternehmen bereits finanziell engagiert sind (Abschnitt 4.7.1) oder sich im Rahmen einer Restrukturierung neu engagieren (Abschnitt 4.7.2).

Leistungen im Sinne von Beratung bzw. Moderation oder Finanzierungsbeiträge werden von der EU-Kommission nicht erbracht. Der EU-Kommission obliegt vielmehr gemäß Art. 108 des Vertrages über die Arbeitsweise der Europäischen Union (ABl. C 115 vom 9. Mai 2008, S. 47; im Nachfolgenden AEUV) die umfassende Kontrollbefugnis im Rahmen des europäischen Beihilferechts. Dies hat zur Folge, dass auch im Rahmen von Restrukturierungen die Vorschriften zur Beihilfekontrolle, mithin der AEUV, die sekundären Rechtsvorschriften sowie die Rechtsprechung des Europäischen Gerichtshofes (im Nachfolgenden EuGH) zu berücksichtigen sind, worauf inhaltlich im Weiteren noch detailliert eingegangen wird (Abschnitt 4.7.2.4 Beihilferecht).

4.7.1 Bestehende Finanzierungen

Bezüglich bestehender finanzieller Engagements, sei es in Form von Darlehen oder auch Bürgschaften, entsprechen die Anforderungen und Handlungsoptionen des Staates praktisch denen der privaten Gläubiger. Ausgenommen verschiedene, über Hausbanken durchgeleitete staatliche Förderkredite partizipiert der Staat üblicherweise entsprechend den privaten Gläubigern an Maßnahmen zur Restrukturierung wie Tilgungsaussetzungen, Kreditprolongationen, Sicherheitenfreigaben oder auch Teilverzichten. Die Maßnahmen müssen dabei dem Gleichbehandlungsgrundsatz bzw. der individuellen Stellung des staatlichen Gläubigers in Relation zu anderen Stakeholdern adäquat ausgestaltet sein. Insofern erfolgt in dieser Situation keine günstigere Behandlung des zu restrukturierenden Unternehmens oder gar anderer Stakeholder. Zudem werden beispielsweise auch Maßnahmen zur Personalanpassung oder Standortschließungen bei entsprechender betriebswirtschaftlicher Notwendigkeit von staatlicher Seite mitgetragen. Primäres Ziel ist in dieser Situation, den Ausfall aus einer Finanzierung zu vermeiden bzw. zu reduzieren.

Im Gegenzug für seine den Privaten vergleichbaren Beiträgen erwartet der Staat auch eine entsprechende Partizipation an potenziellen Upsides, wie beispielsweise Success Fees oder späteren Erlösen aus Debt Equity Swaps. Prozessual ist eine Einbindung der staatlichen Stellen entweder mittelbar durch die den staatlichen Kredit oder die staatliche Bürgschaft durchleitende bzw. nutzende Hausbank oder auch unmittelbar parallel zu den privaten Banken, so z. B. in Form einer direkten Einladung auch der staatlichen

Vertreter zu wichtigen Gläubigertreffen, zielführend. Es gilt, Informationsdefizite bei den staatlichen Stellen zu vermeiden bzw. zu beseitigen, um hier nicht unter Umständen Verzögerungen im Entscheidungsprozess hinnehmen zu müssen. Zwar kann formal bei vielen staatlichen Finanzierungsinstrumenten, so beispielsweise den staatlichen Bürgschaften, eine Entscheidung auf Seiten des Staates erst auf der Grundlage einer vorherigen Entscheidung der privaten Kreditgeber getroffen werden, doch ist in der Praxis eine frühzeitige parallele Einbindung der staatlichen Entscheidungsträger in den Entscheidungsprozess angeraten.

Dabei können die oben aufgezählten Restrukturierungsmaßnahmen bestehender staatlicher Finanzierungen eine staatliche Beihilfe darstellen. In diesen Maßnahmen kann dann eine Wettbewerbsverfälschung gesehen werden, wenn ein privater Gläubiger oder Bürge nicht ebenso handelt oder – in Fällen, in denen ein parallel engagierter Gläubiger oder Bürge nicht gegeben ist – theoretisch gehandelt hätte. So wird durch die strenge Ausrichtung der staatlichen Beiträge an den Beiträgen vergleichbarerer privater Gläubiger dem sogenannten Private Creditor Test Rechnung getragen. Ein positiver Private Creditor Test führt dazu, dass beihilferechtlich eine Begünstigung des zu restrukturierenden Unternehmens nicht gegeben ist und damit ein Beihilfetatbestand nicht vorliegt.

Schwieriger stellt sich die Situation diesbezüglich dar, wenn es eine zum Staat vergleichbare Risikoposition auf der privaten Seite nicht gibt und damit ein gleiches Agieren ausgeschlossen ist. So z. B. wenn ausschließlich zugunsten einer staatlichen Finanzierung Sicherheiten bestellt sind, und nur diese – für die privaten Finanzierungen sind in dem Beispielfall keine Sicherheiten bestellt – zur Liquiditätssicherung eines Unternehmens freigegeben werden sollen. In diesen Konstellationen wird darauf abgestellt, ob ein hypothetischer privater Gläubiger im Sinne einer bestmöglichen Durchsetzung seiner Forderungen einem Schuldner dasselbe Zugeständnis eingeräumt hätte wie der öffentliche Gläubiger (vgl. EuGH, Rs. C-342/96, Slg. 1999, S. I-2459, Rn. 46 – Tubacex; EuGH, Rs. C-276/02, Slg. 2004, S. I-8091 – GEA; EuG, Rs. T-152/99, Slg. 2002, S. II-3049, Rn. 166 – HAMSA; vgl. auch Soltész/Makowski 2003). Ein Forderungsverzicht oder Zahlungsaufschub kommt dabei für einen privaten Gläubiger nur in Betracht, wenn dadurch ein erkennbarer wirtschaftlicher Vorteil für ihn entsteht. So kann eine Sicherheitenfreigabe oder auch ein Teilverzicht beispielsweise dann sinnvoll sein, wenn der Gläubiger im Falle einer Insolvenz des Schuldners mit einem deutlich höheren Ausfall rechnen müsste.

Sollte bezüglich der erforderlichen Maßnahmen von staatlicher Seite der Private Creditor Test nicht positiv geführt werden können, liegt eine Beihilfe vor. In diesem Fall bedarf es einer EU-beihilferechtlichen Freistellung bzw. Genehmigung analog der Gewährung neuer Finanzierungen. Insofern wird auf die diesbezüglichen Ausführungen im nachfolgenden Abschnitt verwiesen.

4.7.2 Neue Finanzierungen

4.7.2.1 Instrumente

Zentrales Instrument des Staates für die Generierung zusätzlicher Finanzierungsmittel im Zusammenhang mit Restrukturierungen sind Bürgschaften. In einem kleineren Umfang bestehen in verschiedenen Bundesländern zudem Programme oder Fonds, die im Kontext der Restrukturierung oder des Turnarounds eigenkapitalwirksame Finanzierungen anbieten.[2] Spezielle Kreditprogramme stehen dagegen nicht zur Verfügung, und bei den allgemeingültigen Kreditprogrammen ist die Gewährung in einem Sanierungskontext regelmäßig ausgeschlossen. Auch verfügen staatliche Stellen – abgesehen von den oben erwähnten Beratungskostenzuschüssen – über keine Zuschussprogramme für Restrukturierungen.

Staatliche Bürgschaften werden praktisch ausschließlich gegenüber Kreditinstituten, in Ausnahmefällen auch Versicherungsgesellschaften, nicht aber gegenüber Fonds, institutionellen oder privaten Investoren übernommen. Es sind Kreditinstitute aus sämtlichen Staaten der EU akzeptiert. Kreditinstitute können einzeln oder auch im Rahmen von Konsortien staatliche Bürgschaften erhalten.

4.7.2.2 Finanzierungszweck

Die Bestätigung der volkswirtschaftlichen Förderungswürdigkeit des zu begleitenden Vorhabens ist dabei Grundvoraussetzung für die Gewährung einer staatlichen Bürgschaft. Die Prüfung der volkswirtschaftlichen Förderungswürdigkeit obliegt industriespezifischen Fachreferaten in der Regel in den involvierten Wirtschaftsministerien und ist in den Antragsprozess integriert. Kriterien für die volkswirtschaftliche Förderungswürdigkeit sind vor allem die Beschäftigungswirkung einer Maßnahme im Sinne der Schaffung oder des Erhalts von Arbeitsplätzen, können daneben aber auch die Bedeutung eines Antragstellers für Lieferanten oder Abnehmer in der Wertschöpfungskette, für die Region oder die Innovationspolitik sein. Im Kontext von Restrukturierungen dominiert hier eindeutig der Aspekt der Arbeitsplatzsicherung.

Der Anwendungsbereich staatlicher Bürgschaften ist dabei auch im Zusammenhang mit Restrukturierungen hinsichtlich des Verwendungszwecks der zu verbürgenden Mittel unter dieser Voraussetzung weitgehend offen. Finanzierungen von erforderlichen (Ersatz-)Investitionen können grundsätzlich ebenso in Deckung genommen werden wie Betriebsmittelfinanzierungen einschließlich Avale für Anzahlungen, Gewährleistungen oder sonstige marktüblichen Zwecke. Verbürgungsfähig sind dabei sowohl langfristige Darlehen als auch Kreditlinien, Letztere in Form von täglich disponierbaren Kontokorrentkreditlinien oder auch als Fazilität für kurzfristige Ziehungen von üblicherweise ein bis zwölf Monaten.

---

2 So z. B. in Nordrhein-Westfalen der NRW.BANK Spezial Fonds.

Bei Restrukturierungen geht es vornehmlich um die Finanzierung von temporären, liquiditätswirksamen Verlusten und Restrukturierungsmaßnahmen. Verbürgungsfähig ist im Rahmen von Restrukturierungen auch die Finanzierung von Auszahlungen, die gegebenenfalls für eine Personalanpassung zu tragen sind; hier begründet sich die volkswirtschaftliche Förderungswürdigkeit praktisch aus dem Erhalt der verbleibenden Beschäftigungsverhältnisse.

Unter bestimmten Voraussetzungen kann durch staatliche Bürgschaften auch die Anschlussfinanzierung wegfallender Finanzierungsbausteine realisiert werden. Eine solche Konstellation kann sich ergeben, wenn ein Kreditinstitut nicht mehr bereit ist, ein Unternehmen konstruktiv zu begleiten, sondern vielmehr für die weitere Entwicklung hinderlich ist und sich eine solche Rolle aus der eigenen Risikoposition heraus – z. B. aufgrund auskömmlicher Besicherung – auch erlauben kann. Darüber hinaus kann der Rückzug von Kreditgebern nach signifikanten Teilverzichten unter Umständen mit Hilfe staatlicher Bürgschaften finanziert werden. Ist ein Kreditinstitut bereit, zwecks Bereinigung des Kreises der Finanzierungspartner eines Unternehmens ein anderes Institut abzulösen, so kann dies unter Umständen nach einem Teilverzicht des ausscheidenden Instituts mit Hilfe staatlicher Bürgschaften realisiert werden. Analoge Transaktionen wurden auch im Hinblick auf die Ablösung von Standard-Mezzanine-Finanzierungen nach entsprechenden Teilverzichten vereinzelt umgesetzt.

4.7.2.3 Anforderungen an die weiteren Stakeholder

Die wesentlichen Anforderungen staatlicher Bürgen an die zu begleitende Finanzierungsstruktur sowie die weiteren Stakeholder eines Unternehmens lassen sich unter den folgenden Schlagworten zusammenfassen:

- Subsidiarität der staatlichen verbürgten Finanzierung
- Ausweitung der Engagements der Kreditgeber
- Gesellschafterbeitrag
- Gleichbehandlung oder auch Privilegierung des verbürgten Kredits in der Finanzierungsstruktur
- Vollumfängliche Belegung freien Sicherheitenpotenzials
- Reglementierung des zukünftigen Ausschüttungsverhaltens

Auf die Anforderungen wird im Folgenden jeweils vertiefend eingegangen.

Subsidiarität

Der Grundsatz der Subsidiarität beinhaltet, dass staatliche Bürgschaften nur dann und in dem Umfang gewährt werden, wie die Darstellung einer alternativen Finanzierung ohne staatliche Unterstützung nicht möglich ist. Es ist insoweit zumindest implizit auch glaubhaft darzulegen, dass die Finanzierung seitens des Kreditgebers aufgrund der Risiko- und Besicherungskonstellation ohne die anteilige Obligoübernahme seitens des Staates nicht dargestellt werden könnte.

Im Umkehrschluss bedeutet das Subsidiaritätsprinzip auch, dass staatliche Bürgschaften allein zur Optimierung von Zinskonditionen oder als Ersatz für ansonsten vom Unternehmen oder den Gesellschaftern zu stellende Sicherheiten nicht übernommen werden.

Kreditgeberengagement

Der Staat gewährt die Bürgschaft aufgrund der lediglich quotalen Obligoübernahme – Bürgschaften von 50 bis zu 80 % – ausschließlich im Rahmen einer Risikopartnerschaft mit dem begleitenden Kreditinstitut. Das Kreditinstitut übernimmt an dem zu verbürgenden Kredit ein strukturell gleiches Risiko und entsprechend der nicht staatlich verbürgten Quote am Kredit auch ein zusätzliches Obligo. Für dieses Obligo ist die Stellung gesonderter Sicherheiten, sei aus dem Unternehmen oder von dritter Seite, nicht zulässig. Sämtliche Sicherheiten sind quotal gleichrangig für den staatlich verbürgten und dem im Eigenobligo des Kreditgebers verbleibenden Kreditteil zu stellen. Seitens der staatlichen Bürgen wird dabei konsequent darauf geachtet, dass Kreditgeber nicht durch die Reduzierung von Linien oder die Vereinnahmung signifikanter Tilgungen im zeitlichen Zusammenhang mit der Gewährung des verbürgten Kredits das zusätzliche Obligo über ihr Gesamtengagement an anderer Stelle kompensieren.

Gesellschafterbeitrag

Mit dem neuen oder zusätzlichen Obligo für den Staat und den Kreditgeber wird regelmäßig auch ein zusätzliches Commitment eines gegebenenfalls vorhandenen maßgeblichen Gesellschafters gefordert. Kann ein solcher identifiziert werden, d. h., das Kredit suchende Unternehmen befindet sich nicht in Streubesitz, wird zunächst seine Fähigkeit zu liquiden Beiträgen zwecks Sicherstellung der Finanzierung im Sinne des Subsidiaritätsprinzips hinterfragt. Darüber hinaus ist zumindest bei den Bürgschaftsprogrammen der Länder eine zumindest anteilige selbstschuldnerische Bürgschaft maßgeblicher Gesellschafter – unabhängig von einem gegebenenfalls bereits geleisteten Barbeitrag – obligatorisch. Von den Gesellschaftern sind dabei regelmäßig Bürgschaften von mindestens 10 % bis 20 % des neuen Kreditbetrags zu übernehmen. So ist gewährleistet, dass der Gesellschafter sich doch mehr als ideell für die Finanzierung mit verpflichtet. Dabei spielt die Fähigkeit des maßgeblichen Gesellschafters, bei Ziehung seiner Bürgschaftsverpflichtung auch nachkommen zu können, d. h. über entsprechendes Vermögen zu verfügen, praktisch keine Rolle. Gerade im Rahmen einer Krise, in der mittelständische Unternehmer manchmal erstmals mit dem Erfordernis einer persönlichen Bürgschaft konfrontiert wurden, wird hierdurch die persönliche Überzeugung von der nachhaltigen Fortführungs- oder auch Sanierungsfähigkeit dokumentiert – ein für den staatlichen Bürgen wesentliches Entscheidungskriterium.

Finanzierungsstruktur

Die Anforderungen staatlicher Bürgen an eine zu begleitende Finanzierungsstruktur zielen zum einen auf die Vermeidung einer Verschiebung von Kreditobligos von den engagierten Finanzierungspartnern hin zum Staat sowie zum anderen auf die Gewährung von Stabilität in der zukünftigen Unternehmensfinanzierung ab. Zwecks Vermeidung von Obligoverschiebungen gehen gerade Betriebsmittelfinanzierungen mit staatlichen Bürgschaften im Krisenumfeld häufig mit einer zumindest zeitlich begrenzten Aussetzung der Tilgungen auf bestehende Darlehen einher. Das Unternehmen soll die Tilgung aus erwirtschaftetem Cashflow, nicht aber staatlich verbürgten Betriebsmittelkrediten leisten. Dies bedeutet in der Praxis Tilgungsaussetzungen von regelmäßig ein bis zwei Jahren und darüber hinaus gegebenenfalls auch eine nachhaltige Reduzierung insgesamt zu erbringender Tilgungsleistungen.

In dem risikoreichen Umfeld einer erforderlichen Restrukturierung sind darüber hinaus allerdings auch Last-in-First-out-Strukturen für staatlich verbürgte Kredite nicht selten anzutreffen. Der Staat bürgt für zusätzliche Kreditmittel, erwartet aber auch angesichts der durch die zusätzlichen Mittel zu erreichenden Stabilisierung bestehender Finanzierungen eine privilegierte Rückzahlung. Daraus folgt, dass in diesen Fällen sämtliche Tilgungen so lange auszusetzen sind, bis die Bürgschaft an den Staat als erledigt zurückgegeben worden ist.

Bezüglich kurzfristiger Kreditlinien ist mit der Hereinnahme einer staatlichen Bürgschaft in eine Finanzierungsstruktur regelmäßig die Festschreibung dieser für die Laufzeit der Bürgschaft verbunden. Der Staat erwartet zumindest im Verhältnis der Kreditgeber zum staatlichen Bürgen eine entsprechende Verpflichtung der Kreditgeber. Im Außenverhältnis zum Kreditnehmer können die Linien ungeachtet dessen weiter bis auf Weiteres oder kurzfristig befristet vereinbart werden. Auch werden Gesellschafterdarlehen oder relevante Finanzierungen Dritter – beispielsweise Mezzanine-Finanzierer – regelmäßig für die Laufzeit der staatlichen Bürgschaft festgeschrieben.

Neben der Ermöglichung zusätzlicher Finanzierungen durch anteilige Obligoübernahme ist dies oftmals der größte Nutzen einer staatlichen Bürgschaft: Der Staat bildet auch im Interesse des Unternehmens eine Klammer um die einzelnen Finanzierungsbausteine. Gerade in nachhaltig schwierigen Konstellationen kann eine solche Klammer schwerwiegende Finanzierungsprobleme vermeiden.

Besicherung

Die Übernahme staatlicher Bürgschaften wird naturgemäß grundsätzlich nicht an die Verfügbarkeit und Bereitstellung werthaltiger Sicherheiten geknüpft. Bereits bestehende Besicherungsrechte bereits engagierter Finanzierer werden grundsätzlich nicht in Frage gestellt.

Der Bürge wird jedoch veranlassen, dass sämtliches gegebenenfalls noch freies Besicherungspotenzial für den zu verbürgenden Kredit herangezogen wird. Somit wird gerade bei bereits weitgehend ausgereiztem Besicherungspotenzial oftmals die Hereinnahme auch von solchen Sicherheiten beauflagt, denen nach banküblichen Maßstäben nicht zwingend noch ein Beleihungswert beizumessen ist. Dies kann beispielsweise nachrangige Grundschulden oder auch die Belastung gewerblicher Schutzrechte betreffen.

Im Rahmen von Restrukturierungen sind jedoch zwei Aufweichungen des Grundsatzes einer aus Bürgensicht nur nachrangigen Bedeutung von Sicherheiten zu verzeichnen. Zum einen werden staatlich verbürgte Kredite nicht selten Bestandteil umfassender Anschlussfinanzierungen, bei deren Umsetzung erstmals Sicherheiten für die Kreditgeber insgesamt bestellt werden. Hier erwarten die staatlichen Bürgen eine gleichrangige Besicherung mit etwaigen nicht verbürgten Krediten, für die im Rahmen der Restrukturierung neue Sicherheiten bestellt werden. In Ausnahmefällen wird sogar eine Privilegierung des zu verbürgenden neuen Geldes bei der Besicherung erwartet. Zum anderen betreffen die Aufweichungen die Konstellationen, in denen ausscheidende Finanzierer nolens volens durch zu verbürgende Kreditmittel ersetzt werden. In diesen Fällen ist der verbürgten Finanzierung mindestens die Besicherungsposition der abzulösenden bisherigen Finanzierung einzuräumen.

Gewinnausschüttungen

Staatliche Bürgschaften und die Vornahme von Gewinnausschüttungen stehen angesichts des subsidiären Charakters staatlich verbürgter Finanzierungen grundsätzlich in einem Spannungsverhältnis. Dennoch sind Gewinnausschüttungen während der Laufzeit einer Bürgschaft grundsätzlich in angemessenem Verhältnis zur Ergebnis- und Liquiditätslage zulässig. Für Engagements im Rahmen von Restrukturierungen sind jedoch diese grundsätzlichen Regelungen dahingehend verändert, dass häufig in die Bürgschaftsentscheidung ein explizites Verbot von Gewinnausschüttungen für die Bürgschaftslaufzeit aufgenommen wird.

4.7.2.4 Beihilferecht

Gerade im Kontext von Unternehmensrestrukturierungen werden in der Praxis die seitens der staatlichen Bürgen zu beachtenden beihilferechtlichen Rahmenbedingungen besonders offensichtlich. Das EU-Beihilferecht ist von dem Grundsatz geprägt, dass staatliche Beihilfen mit dem Gemeinsamen Markt unvereinbar sind. So regelt Art. 107 Abs. 1 AEUV, dass staatliche oder aus staatlichen Mitteln gewährte Beihilfen gleich welcher Art, die durch die Begünstigung bestimmter Unternehmen oder Produktionszweige den Wettbewerb verfälschen oder zu verfälschen drohen, mit dem Binnenmarkt unvereinbar sind, soweit sie den Handel zwischen den Mitgliedstaaten beeinträchtigen und in den Verträgen nicht etwas anderes bestimmt ist. Die gemeinschaftliche Überwachung staatlicher Beihilfen basiert auf dem Grundsatz der Anmeldepflicht und Vorabgenehmigung. Das bedeutet, dass die Mitgliedstaaten die Kommission grundsätzlich über jede beabsichtigte Begebung oder Umgestaltung von Beihilfen unterrichten müssen und die beabsichtigten Maßnahmen nicht durchführen dürfen, bevor die Kommission eine abschließende Entscheidung erlassen hat. Von diesem Grundsatz gibt es allerdings – neben den Ausnahmen des Art. 107 Abs. 2 und 3 AEUV – Ausnahmen durch von der Anmeldepflicht freigestellte Beihilfemaßnahmen.

Es werden folglich zwei Arten von Beihilfemaßnahmen unterschieden:

- von der Anmeldepflicht freigestellte Beihilfemaßnahmen und
- anmeldepflichtige Beihilfemaßnahmen

Für die Entscheidung, ob im Rahmen einer Restrukturierung eine von der Anmeldepflicht freigestellte Beihilfemaßnahme erfolgen kann oder eine Anmeldung erfolgen muss, ist es von zentraler Bedeutung, ob das zu restrukturierende Unternehmen als Unternehmen in Schwierigkeiten gemäß der Leitlinien der Gemeinschaft für staatliche Beihilfen zur Rettung und Umstrukturierung von Unternehmen in Schwierigkeiten (ABl. C 244 vom 1. Oktober 2004, S. 2) einzustufen ist.

Es gibt keine gemeinschaftsrechtliche Bestimmung des Begriffs „Unternehmen in Schwierigkeiten“ (kurz UiS). Gleichwohl geht die Kommission davon aus, dass sich ein Unternehmen im Sinne der vorgenannten Leitlinien in Schwierigkeiten befindet, wenn es nicht in der Lage ist, mit eigenen finanziellen Mitteln oder Fremdmitteln, die ihm von seinen Eigentümern/Anteilseignern oder Gläubigern zur Verfügung gestellt werden, Verluste aufzufangen, die das Unternehmen auf kurze oder mittlere Sicht so gut wie sicher in den wirtschaftlichen Untergang treiben werden, wenn der Staat nicht eingreift. Darüber hinaus hat die Kommission zwecks Beurteilung, ob ein Unternehmen in Schwierigkeiten ist, die sogenannten „harten“ und „weichen“ Kriterien entwickelt.

Nach den „harten“ Kriterien befindet sich ein Unternehmen unabhängig von der Größe insbesondere dann in Schwierigkeiten, wenn mehr als die Hälfte des gezeichneten Kapitals verschwunden und mehr als ein Viertel dieses Kapitals während der letzten zwölf Monate verloren gegangen ist sowie wenn – unabhängig von der Unternehmensform – die im innerstaatlichen Recht vorgesehenen Voraussetzungen für die Eröffnung eines Insolvenzverfahrens erfüllt sind. Selbst wenn keine der vorgenannten Voraussetzungen im Sinne der „harten“ Kriterien erfüllt ist, kann ein Unternehmen aufgrund der Erfüllung der sogenannten „weichen“ Kriterien dennoch als ein Unternehmen in Schwierigkeiten beurteilt werden, wenn die dafür typischen Symptome auftreten, wie steigende Verluste, sinkende Umsätze, wachsende Lagerbestände, Überkapazitäten, verminderter Cashflow, zunehmende Verschuldung und Zinsbelastung sowie Abnahme oder Verlust des Reinvermögenswerts.

Die fehlende Legaldefinition des UiS stellt die Beihilfen gewährenden Behörden in der Praxis vor große Herausforderungen. Für nicht als UiS einzustufende Unternehmen sind von der Anmeldepflicht unter anderem diejenigen Beihilfemaßnahmen freigestellt, die die Voraussetzungen der Verordnung der Kommission (EG) Nr. 1998/2006 vom 15. Dezember 2006 über die Anwendung der Artikel 87 und 88 EG-Vertrag (nunmehr Artikel 107 und 108 AEUV) auf De-minimis-Beihilfen (kurz De-minimis-Verordnung; ABl. L 379 vom 28. Dezember 2006, S. 5) erfüllen. Nach der De-minimis-Verordnung können einem Unternehmen seitens des Staates insgesamt Beihilfen in Höhe von EUR 200.000 zugewendet werden, wobei sich diese Limitierung auf das laufende sowie die zwei vorangegangenen Kalenderjahre bezieht.

Für Bürgschaften bedeutet dies, dass der Beihilfewert einer staatlichen Bürgschaft den Maximalbetrag nach De-minimis bzw. den aufgrund bereits nach De-minimis erhaltener Beihilfen verbliebenden Maximalbetrag nicht überschreiten darf. Der Beihilfewert einer Bürgschaft entspricht dabei in der Regel nicht dem Nominalwert. Der Beihilfewert ergibt sich verkürzt zusammengefasst als Differenz der kalkulatorischen Ausfallkosten und der für die Bürgschaft an den Staat zu zahlenden Prämien. Für die Berechnung ist seitens der EU-Kommission Deutschland eine Berechnungsmethode genehmigt worden[3], die hinsichtlich der Ausfallkosten auf dem vom Kreditgeber zu erstellenden Rating sowie empirischen Ausfallquoten fußt. Der Beihilfewert eine Bürgschaft muss dabei jeweils zum Zeitpunkt einer Bürgschaftsübernahme aktuell ermittelt werden, da einige Faktoren (Ausfallraten, Abzinsungssatz) im Zeitverlauf Änderungen unterliegen. Die programmspezifischen Bürgschaftsprämien können bei einer Reihe von Programmen nach oben angepasst werden, um den Beihilfewert innerhalb der maximal möglichen Grenzen zu halten.

Exemplarisch ergeben sich per Januar 2012 auf der Grundlage eines De-minimis-Betrags von EUR 200.000 folgende maximal möglichen Kreditbeträge:

Tab. 4.7.1 Beispielrechnung für De-minimis

Bürgschaftsquote	80 %	
Rückzahlung/Tilgung	3 Jahre endfällig	
Rating		
Bürgschaften	2	
DSGV	12	
S&P	B+	
Bürgschaftsprämie	1 % p. a.	2 % p. a.
Maximaler Kreditbetrag	EUR 5.316.213	EUR 24.176.353

Quelle: PricewaterhouseCoopers AG WPG

Die hinter den Beispielrechnungen steckende von der EU-Kommission[4] genehmigte Berechnungsmethode beruht auf einem risikobasierten Ansatz. Danach entspricht der Beihilfewert einer Bürgschaft der Summe des Barwertes der voraussichtlichen Entschädigungszahlung abzüglich der Summe des Barwertes der künftig erwarteten Bürgschafts-

[3] www.pwc.de/de/Beihilfewertrechner

[4] Zum Beispiel für Bürgschaften für Investitionskredite, genehmigt von der EU-Kommission mit Schreiben K (2007) 4287 vom 25. September 2007 in der Sache N 197/2007; für Bürgschaften für Betriebsmittelkredite, genehmigt von der EU-Kommission mit Schreiben vom 29. November 2007 in der Sache N 541/2007.

entgelte. Die Berechnungsmethode stützt sich auf eine vom Kreditgeber durchgeführte Bewertung des Kreditnehmers. Ausgehend von dieser Bewertung wird der Kreditnehmer in eine entsprechende Ratingkategorie eingestuft, die den von der Ratingagentur Creditreform Rating AG empirisch ermittelten Ausfallwahrscheinlichkeiten zugeordnet wird. Im Rahmen der Ermittlung der voraussichtlichen Entschädigungszahlungen findet darüber hinaus die sogenannte Recovery Rate Berücksichtigung. Diese bildet die durchschnittliche Erlösquote aus Sicherheitenerlösen ab und beträgt für Betriebsmittelkredite 12,5 % und für Investitionskredite 20 %, wobei diese Prozentsätze aus historischen Daten der gewerblichen Wirtschaft ermittelt und so von der Kommission akzeptiert wurden.

Der Berechnungsmethode liegt folgende Formel zugrunde:

$$\text{Beihilfewert} = \sum_{t=1}^{n} B_t \left[\frac{(PD_{RK;\,t} - PD_{RK;\,t-1}) * (1-r)}{(1+i)^t} - \frac{P * (1-PD_{RK;\,t-1})}{(1+i)^{(t-1)}} \right]$$

n = Laufzeit in Jahren
B_t = Bürgschaftsbetrag bei Valutierung bzw. zu Jahresbeginn
$PD_{RK;\,t}$ = Kumulierte Ausfallwahrscheinlichkeit in Abhängigkeit von der Ratingkategorie und dem Jahr der Kreditlaufzeit
r = Recovery Rate
i = EU-Referenzzinssatz (Diskontierungszinssatz)
P = Bürgschaftsprovision

Quelle: PricewaterhouseCoopers AG WPG

Abb. 4.7.1 Formel für die Berechnung des Beihilfewerts einer Bürgschaft

Ist ein Unternehmen als UiS einzustufen, können nach der Leitlinie für Unternehmen in Schwierigkeiten unter engen Voraussetzungen Rettungs- und bzw. oder Umstrukturierungsbeihilfen gewährt werden. Diese Beihilfen bedürfen der Anmeldung bei und Genehmigung durch die EU-Kommission.

Bei einer Rettungsbeihilfe handelt es sich gemäß den Leitlinien um eine vorübergehende, reversible Unterstützungsmaßnahme, die in akuten Liquiditätsschwierigkeiten befindlichen Unternehmen die nötige Zeit verschaffen soll, um die Umstände, die zu den Schwierigkeiten geführt haben, eingehend prüfen und im positiven Fall einen Restrukturierungs- oder im Falle des Scheitern der Restrukturierungsbemühungen einen Liquidationsplan erstellen zu können. Bei der Rettungsbeihilfe muss es sich wegen der erforderlichen Reversibilität um Liquiditätsbeihilfen in Form von Bürgschaften oder Darlehen handeln, wobei für die Rückzahlung von Darlehen bzw. die Laufzeit von Bürgschaften eine höchstens sechsmonatige Frist gilt. Die Höhe muss auf den Betrag begrenzt sein, der für die Weiterführung des Unternehmens während des Zeitraums, für den die Beihilfe genehmigt wird, erforderlich ist.

EU-beihilferechtlich erfordert die Rettungsbeihilfe somit naturgemäß noch nicht das Vorliegen eines Restrukturierungsplans, vielmehr ist es Intention, die Erarbeitung eines solchen Plans durch eine staatliche Unterstützung zu ermöglichen. In der Praxis dürften sich die nationalen Behörden aufgrund der hohen Risiken jedoch in der Regel schwertun, eine Rettungsbeihilfe zu genehmigen, ohne zumindest schon die Grundzüge der folgenden Restrukturierung und die nachhaltigen Perspektiven des zu restrukturierenden Unternehmens zu kennen.

Sobald ein Umstrukturierungs- oder auch Liquidationsplan erstellt ist und durchgeführt wird, gilt jede weitere Beihilfe als Umstrukturierungsbeihilfe. Der Restrukturierungsplan muss dabei gemäß den Anforderungen der Beihilfekontrolle die Wiederherstellung der langfristigen Rentabilität des Unternehmens innerhalb einer angemessenen Frist erlauben, die wiederum den Erhalt des Unternehmens aus eigener Kraft verspricht. In der Praxis dürfte ein Sanierungsgutachten in Anlehnung an den IDW Standard S 6 dieser Anforderung Rechnung tragen.

Zwecks Vermeidung unzumutbarer Wettbewerbsverfälschungen sind im Bereich der Umstrukturierungsbeihilfen Ausgleichsmaßnahmen zu Lasten des zu restrukturierenden Unternehmens treffen. Es handelt sich praktisch um eine Abgabe des Unternehmens an den Markt als Gegenleistung für die erhaltene Beihilfe. Diesbezüglich kommen die Veräußerung von Vermögenswerten, ein Kapazitätsabbau, eine Beschränkung der Marktpräsenz oder eine Senkung etwa bestehender Zutrittsschranken an den betreffenden Märkten in Betracht. Eine finale Festlegung der Ausgleichsmaßnahmen hat in der Praxis auf Vorschlag des Unternehmens in Abstimmung mit der EU-Kommission zu erfolgen. Hier kommt es zu wirklich individuellen Lösungen, wie das Beispiel einer Reduzierung der Sitzreihen in Flugzeugen als akzeptierte Ausgleichsmaßnahme verdeutlicht.

Darüber hinaus sehen die Leitlinien bei Umstrukturierungsbeihilfen einen erheblichen Eigenbeitrag zum Umstrukturierungsplan vor; so z. B. durch den Verkauf von Vermögenswerten, durch Beiträge von Gesellschaftern oder durch eine Fremdfinanzierung zu Marktbedingungen. Dabei muss es sich um einen tatsächlichen Beitrag, mithin ohne für die Zukunft erwartete Gewinne wie Cashflow, handeln, der so hoch wie möglich sein muss.

Bei Beihilfen nach den Leitlinien für Unternehmen in Schwierigkeiten handelt es sich um anmeldepflichtige Beihilfemaßnahmen, wobei sich die rechtlichen Grundlagen des Verfahrens aus der Verordnung (EG) Nr. 659/1999 des Rates vom 22. März 1999 über besondere Vorschriften für die Anwendung von Art. 93 des EG-Vertrages (nunmehr Art. 113 AEUV) (ABl. L 83 vom 27. März 1999, S. 1; im Nachfolgenden Verordnung 659) und der Verordnung (EG) Nr. 794/2004 der Kommission vom 21. April 2004 zur Durchführung der Verordnung 659 (ABl. L 140 vom 30. April 2004, S. 1; im Nachfolgenden Verordnung 794) ergeben. Weiterhin wurde ein Verhaltenskodex für die Durchführung von Beihilfeverfahren von der Kommission (ABl. C 136 vom 16. Juni 2009, S. 13) entwickelt, in dem praktische Vorgehensweisen dargelegt sind, die dazu beitragen sollen, auf allen Stufen der Prüfung die Beihilfeverfahren zu beschleunigen sowie transparenter und berechenbarer zu gestalten.

Aus der Praxis heraus hat sich im Zusammenhang mit den anmeldepflichtigen Beihilfemaßnahmen herausgestellt, dass vor der eigentlichen Anmeldung, dem sogenannten Notifizierungsverfahren, oftmals ein sogenanntes freiwilliges Pränotifizierungsverfahren hilfreich ist. Das Pränotifizierungsverfahren gibt den Kommissionsdienststellen und dem anmeldenden Mitgliedstaat die Möglichkeit, die rechtlichen und wirtschaftlichen Aspekte eines geplanten Beihilfevorhabens im Vorfeld der Anmeldung informell zu erörtern, was sich auf Qualität und Vollständigkeit der förmlichen Anmeldung positiv auswirkt (vgl. Ziffer 3 Rz. 10 des Verhaltenskodex). Mit Blick auf eine zügige Bearbeitung findet das Pränotifizierungsverfahren meistens in Form von E-Mail-Austausch und Telefonkonferenzen anstelle von physischen Treffen statt. Die Führung liegt hier bei der die Beihilfe gewährenden Behörde, wobei die Kommunikation durchgängig über das Bundesministerium für Wirtschaft zu erfolgen hat. Das Pränotifizierungsverfahren sollte im Allgemeinen nicht länger als zwei Monate dauern und endet in der Regel mit einer informellen ersten Einschätzung der Kommission im Hinblick auf Konformität des Vorhabens mit dem EU-Beihilferecht. Wichtig ist dabei allerdings, dass die Einschätzung der Kommission am Ende des Pränotifizierungsverfahrens nicht rechtsverbindlich ist und keinerlei Präjudizwirkung auf das sich gegebenenfalls anschließende förmliche Anmeldungsverfahren hat.

Das Notifizierungsverfahren selbst beginnt mit der Anmeldung der Beihilfemaßnahme durch den Mitgliedstaat. Diese setzt das Vorliegen einer entsprechend finalen Entscheidung auf nationaler Ebene voraus. Gemäß Art. 4 der Verordnung 659 erfolgt nach der Anmeldung zunächst eine vorläufige Prüfung. Stellt die Kommission dabei fest, dass die angemeldete Maßnahme, insoweit sie in den Anwendungsbereich des Art. 112 Abs. 1 AEUV fällt, keinen Anlass zu Bedenken hinsichtlich ihrer Vereinbarkeit mit dem Gemeinsamen Markt gibt, so entscheidet sie, dass die Maßnahme mit dem Gemeinsamen Markt vereinbar ist. Stellt die Kommission nach der vorläufigen Prüfung fest, dass die angemeldete Maßnahme Anlass zu Bedenken gibt, so entscheidet sie, das Verfahren gemäß Art. 113 Abs. 2 AEUV zu eröffnen (im Nachfolgenden „Entscheidung über die Eröffnung des förmlichen Prüfverfahrens"). Die vorstehenden Entscheidungen werden innerhalb von zwei Monaten nach dem Eingang der vollständigen Anmeldung erlassen. Vertritt die Kommission die Auffassung, dass die von dem betreffenden Mitgliedstaat vorgelegten Informationen unvollständig sind, so fordert sie alle sachdienlichen ergänzenden Auskünfte an.

Die Entscheidung über die Eröffnung des förmlichen Prüfverfahrens enthält gemäß Art. 6 der Verordnung 659 eine Zusammenfassung der wesentlichen Sach- und Rechtslage, eine vorläufige Würdigung des Beihilfecharakters der geplanten Maßnahme durch die Kommission und Ausführungen über ihre Bedenken hinsichtlich der Vereinbarkeit mit dem Gemeinsamen Markt. Der betreffende Mitgliedstaat und die anderen Beteiligten werden in dieser Entscheidung zu einer Stellungnahme innerhalb einer Frist von normalerweise höchstens einem Monat aufgefordert. Das förmliche Prüfverfahren wird gemäß Art. 7 der Verordnung 659 mit einer Entscheidung der Kommission abgeschlossen.

Darin kann die Kommission feststellen,

- dass die angemeldete Maßnahme keine Beihilfe darstellt,
- dass die Bedenken hinsichtlich der Vereinbarkeit der angemeldeten Maßnahme mit dem Gemeinsamen Markt ausgeräumt sind und die Beihilfe mit dem Gemeinsamen Markt vereinbar ist (Positiventscheidung), wobei diese Entscheidung an Bedingungen und Auflagen geknüpft werden kann, die es der Kommission ermöglichen, die Beihilfe für mit dem Gemeinsamen Markt vereinbar zu erklären bzw. die Befolgung ihrer Einschätzung zu überwachen (mit Bedingungen und Auflagen verbundene Entscheidung) oder
- dass die angemeldete Maßnahme mit dem Gemeinsamen Markt unvereinbar ist und nicht durchgeführt werden darf (Negativentscheidung).

Die Kommission bemüht sich, eine Entscheidung möglichst innerhalb von 18 Monaten nach Eröffnung des förmlichen Prüfverfahrens zu erlassen, wobei diese Frist nicht überdimensioniert ist und die Kommission in der Praxis für die Entscheidung in der Regel mindestens ein Jahr benötigt. Für die Verfahrensdauer dürfen etwa gewährte Rettungsbeihilfen weiter fortbestehen.

Während des Prozesses der Notifizierung einer Umstrukturierungsbeihilfe können dem Unternehmen jedoch keine weiteren Beihilfen zugeführt werden. Von daher ist es von hoher Bedeutung, dass die für die sechsmonatige Rettungsphase gewährten Beihilfen trotz der erforderlichen Limitierung auf den Bedarf dieses Zeitraums tatsächlich so bemessen sind, dass die Liquidität auch während der Phase der Notifizierung der Umstrukturierungsbeihilfe gesichert ist.

Insgesamt betrachtet stellen Beihilfen für Unternehmen in Schwierigkeiten schon aufgrund des relativ zeitaufwendigen Verfahrens seltene Ausnahmefälle dar.

4.7.2.5 Verfahren

Zentral für das Verfahren zur Erlangung staatlicher Bürgschaften ist das sogenannte Hausbankenprinzip. Es bedeutet, dass eine staatliche Bürgschaft nur zusammen mit einer Hausbank beantragt werden kann. Dies dokumentiert sich darin, dass formgebundene Anträge in der Regel von einem Kreditinstitut mit einer Stellungnahme zum Vorhaben zu versehen und mit zu unterschreiben sind. Ausschließlich bei Bürgschaften des Bundes kann die Antragstellung formlos allein durch das Unternehmen erfolgen, doch ist vor materieller Beratung des Antrags die sogenannte Bankenstellungnahme nachzureichen. Es ist somit nicht möglich, ein Bürgschaftsverfahren erfolgreich ohne Begleitung durch eine Bank zu durchlaufen und dann mit der Zusage einer Bürgschaft finanzierungsbereite Kreditgeber zu akquirieren. Dagegen kann es jedoch mit Zustimmung der Bürgen nach Bewilligung einer Bürgschaft zu einem Austausch des Kreditgebers kommen. Der Antragsprozess stellt sich übersichtsartig wie folgt dar:

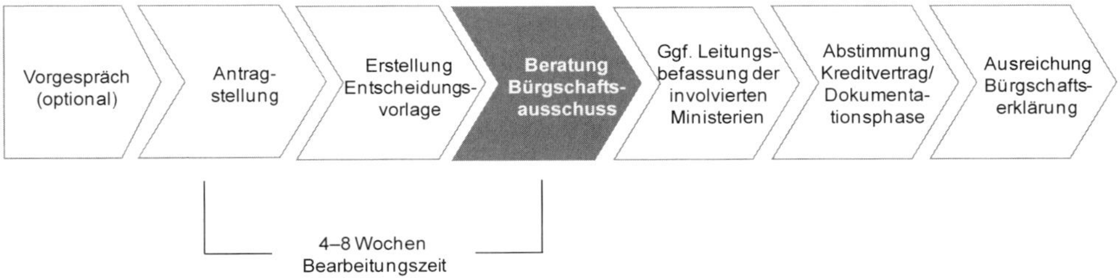

Quelle: PricewaterhouseCoopers AG WPG

Abb. 4.7.2 Der Antragsprozess für staatliche Bürgschaften

Nach entsprechenden Vorgesprächen beginnt mit der formellen Antragstellung das eigentliche Bürgschaftsverfahren. Zunächst gilt es dabei für Antragsteller und Kreditgeber, dem Bürgen bzw. dessen Beauftragten die Verschaffung hinreichender Transparenz zu ermöglichen. Im Auftrag der Bürgen wird durch den Mandatar, das sind Förderbanken oder auch andere Beauftragte, eine Entscheidungsvorlage erstellt. Es gilt, Informationsasymmetrien zwischen dem staatlichen Bürgen auf der einen Seite sowie Antragsteller und Kreditgeber, die aufgrund der unmittelbaren und oftmals langjährigen Verbindung in der Regel über einen entsprechenden Vorsprung verfügen, auf der anderen Seite abzubauen. Wichtigste Unterlage ist hier bei Restrukturierungen in der Regel ein Sanierungsgutachten.

Gerade Restrukturierungssituation erfordern häufig zeitnahe Entscheidungen, sodass schon im Rahmen der Vorgespräche eine Abstimmung der zeitlichen Prozesse unter allen Beteiligten einschließlich der Bürgen erfolgen sollte. Wenngleich ein Minimum an zeitlichem Vorlauf berücksichtigt werden muss, erfolgt die Beratung von Bürgschaftsanträgen in der Regel bedarfsgerecht. Hier wird beispielsweise dem Auslaufen von temporären Standstill-Vereinbarungen oder dem Auftreten eines zusätzlichen Liquiditätsbedarfs nach Möglichkeit Rechnung getragen.

Auf der Grundlage einer entsprechenden Entscheidungsvorlage berät ein sogenannter Bürgschaftsausschuss oder auch interministerieller Ausschuss. Es handelt sich um einen in der Regel mit Vertretern der involvierten Ministerien sowie externen Fachleuten besetzen Ausschuss, der ein Beratungsergebnis hinsichtlich der Frage der Übernahme einer Bürgschaft und auch deren Konditionierung abgibt. Hier werden Antragsteller und Kreditgeber bei einer Mehrzahl der Bürgen hinzugeladen, sodass sich eine Beratungs- und Verhandlungssituation ergibt. Eine Präsentation seitens der Antragsteller oder Kreditgeber ist in dieser Phase nicht mehr vorgesehen. Hier geht es auf Antragstellerseite darum, Rückfragen beantworten zu können sowie den Mitgliedern des Entscheidungsgremiums einen unmittelbaren Eindruck von den verantwortlichen Personen zu ermöglichen. Bei einem positiven Beratungsergebnis empfiehlt es sich für Unternehmen und begleitenden Kreditgeber, etwaige Unklarheiten in der Entscheidung oder wichtiger noch erwartungsgemäß nicht durchsetzbare Konditionierungen der Entscheidung direkt in diesem Gremium zu hinterfragen. Spätere Anpassungen sind zumindest zeitlich und prozessual aufwendiger.

Es schließt sich bei positivem Beratungsergebnis der formale Prozess der „Gremienentscheidungen" auf Seiten des staatlichen Bürgen an, an dessen Ende die Übersendung einer Bürgschaftsbewilligung mit den Einzelheiten der Entscheidung und der Beginn der Dokumentationsphase stehen. Bei der Bürgschaftsbewilligung handelt es sich um einen die staatlichen Bürgen bindenden Verwaltungsakt, noch nicht um die staatliche Bürgschaft. Erst zu diesem Zeitpunkt könnte mit dem Vorliegen der konditionierten Bürgenentscheidung auch eine gegebenenfalls erforderliche formale Notifizierung bei der EU-Kommission erfolgen. Erst auf der Grundlage des von Kreditnehmer und Kreditgeber unterzeichneten Kreditvertrages übersendet der staatliche Bürge dem Kreditgeber ein Angebot zum Bürgschaftsvertrag zur Annahme.

Auch im Kontext von Restrukturierungen wird diese Dokumentationsphase vielfach unterschätzt, insbesondere wenn es um die Erfüllung einer Mehrzahl von Bedingungen geht. Diese Phase kann also nochmal vier bis acht Wochen Zeit beanspruchen.

Dabei ist gerade in der Dokumentationsphase aus Sicht des Antragstellers eine zügige Umsetzung geboten. Die staatlichen Bürgen statten ihre Entscheidung regelmäßig mit einem Widerrufsvorbehalt bis zum Abschluss des Bürgschaftsvertrages für den Fall aus, dass es zu einer wesentlichen Verschlechterung der wirtschaftlichen Situation des Antragstellers gegenüber der Beratung kommt. In einem wirtschaftlichen Umfeld mit negativer Dynamik oder auch in Fällen, in denen schlicht fehlende Liquidität zu einer ungeplanten Beeinträchtigung der Geschäftsentwicklung geführt hat, hat dieser Vorbehalt mehrfach Relevanz bekommen.

4.7.2.6 Anforderungen an Präsentation, Dokumentation und laufende Kommunikation

Präsentation in der Antragsphase

Für Vorgespräche mit Bürgenvertretern sind kurze Präsentationen über den Antragsteller mit einem Schwerpunkt auf das Antragsvorhaben und insbesondere dessen Finanzierungsstruktur zielführend. Es sollten die Grundzüge der vorgesehenen Restrukturierung einschließlich eines Bildes zum aktuellen Umsetzungsstand vermittelt werden können.

Dem mit Ausnahme der Bundesbürgschaften formulargebundenen Antrag auf eine staatliche Bürgschaft ist ein umfassendes Anlagenpaket beizufügen, für dessen Zusammensetzung programmspezifische Checklisten erhältlich sind. Es handelt sich dabei im Kern um die auch Kreditinstituten zur Verfügung zu stellenden Unterlagen, bürgschaftsspezifisch ergänzt um Aufstellungen zu den finanziellen Verhältnissen maßgeblicher Gesellschafter, Erklärungen zu erhaltenen sonstigen Beihilfen sowie Bescheinigungen zur steuerlichen Zuverlässigkeit. Zudem ist für die beihilferechtliche Einordnung und damit die Bestimmung maximaler Bürgschaftsvolumina oder auch die Höhe der zu zahlenden Bürgschaftsprovision die Angabe der Ratingkategorisierung des Antragstellers durch die begleitende Hausbank unerlässlich. Der Businessplanung sollte neben den quantitativen

Planungsrechnungen direkt ein umfassender qualitativer Teil beigefügt sein; die Planungsprämissen sollten detailliert erläutert und Veränderungen gegenüber dem Plan und dem Ist zahlenmäßig nachvollziehbar abgeleitet sein. Die Unterlagen sollten den Bearbeitern eine umfassende Analyse der wirtschaftlichen und auch rechtlichen Verhältnisse, der technischen Aufstellung sowie der Positionierung im Wettbewerb ermöglichen. Erfahrungsgemäß hat die Qualität der zusammengestellten Unterlagen einen hohen Einfluss auf die Länge eines Antragsverfahrens.

Bei Restrukturierungen haben Szenariorechnungen dabei eine große Bedeutung. So sind neben der vom Management verfolgten Planung (sogenannter Management Case) Planungen mit deutlich konservativeren Prämissen vorzulegen (sogenannter Downside Case). Dabei ist aus Sicht des Antragstellers gerade diesem Downside Case hohe Aufmerksamkeit zu schenken, denn in der Praxis wird er von den vorsichtigen Kreditgebern und Bürgen praktisch zum alleinigen Gegenstand der Analysen und auch späteren Monitorings- sowie von Covenant-Vereinbarungen gemacht. Der Downside Case ist dabei regelmäßig insbesondere durch zurückhaltendere Erwartungen betreffend die konjunkturelle Erholung geprägt. Für die Bürgenvertreter steht die Frage der Durchfinanzierung des Geschäftsmodells auch unter den konservativen Prämissen des Downside Case im Fokus. Zusätzlich sollten Sensitivitäten im Hinblick auf die wichtigsten Einflussparameter des Geschäftsmodells schon vonseiten des Antragstellers aufgezeigt werden.

Dokumentation in Form des Kredit- und Bürgschaftsvertrags

Die Kreditvertragsdokumentation ist den staatlichen Bürgen in der Regel zur Prüfung vorzulegen, sodass die Umsetzung der Bürgenentscheidung sowie Berücksichtigung Allgemeiner Bedingungen des staatlichen Bürgen auch im Verhältnis zum Kreditnehmer gewährleistet ist.

In der Praxis ergeben sich dabei die bei Restrukturierungen für die Kreditinstitute im Rahmen des Vertragswerkes zu vereinbarenden Gebühren unter Umständen als Reibungspunkt.

Insbesondere auch im Kontext von Restrukturierungen erweisen sich Kreditinstitute häufig kreativ, was die Implementierung von Gebührentatbeständen und deren Höhe angeht. Bezüglich der Gebühren wirken die Bürgen jedoch regelmäßig darauf hin, dass das Obligo der begleitenden Kreditinstitute nicht über die anteilige Bürgschaft hinaus durch insgesamt übermäßige Gebühren auf die verbürgten oder nicht verbürgten Kredite wirtschaftlich signifikant weiter reduziert wird. Dies kann die Einflussnahme auf den Umfang einer insgesamt erhöht erscheinen Gebührenstruktur beinhalten oder aber auch nur die Umwandlung anfänglich oder laufend fälliger Gebühren in nach Erledigung des Bürgschaftskredits als PIK-Komponente fällige Vergütungen.

Laufende Kommunikation während der Bürgschaftslaufzeit

Während der Laufzeit einer Bürgschaft ist der Staat im Optimalfall stiller Risikoträger. Besondere Reportingverpflichtungen bestehen bei vielen Programmen standardmäßig nicht, können aber individuell beauflagt werden. Das heißt aber gerade bei wirtschaftlich anspruchsvollen Restrukturierungen nicht, dass der staatliche Bürge nicht mehr zu involvieren ist. Jegliche Anpassung der Finanzierungs- und Besicherungsstruktur bedarf der Zustimmung des Bürgen. Hier spiegelt sich die stabilisierende Wirkung des staatlichen Bürgschaftsengagements im Hinblick auf die Finanzierungsstruktur wider. Gleiches gilt für wesentliche Änderungen im Geschäftsmodell des Kreditnehmers. Die erforderlichen Prozesse sind dabei mit denen der Kreditgeber vergleichbar, sodass hier keine nennenswerten zusätzlichen Zeiterfordernisse zu berücksichtigen sind. Zu den genehmigungspflichtigen Tatbeständen zählt dabei insbesondere auch die Kündigung eines Kreditengagements aus Gründen, die nicht aufgrund unmittelbar bevorstehender oder eingetretener Insolvenz gegeben sind. Hierzu zählt insbesondere die Kündigung aufgrund von Covenant-Verletzungen.

Schließlich ist die reduzierte Fungibilität staatlich verbürgter Kreditforderungen von Relevanz. Der Verkauf und die Abtretung solcher Kreditforderungen bedürfen der Zustimmung des Bürgen, anderenfalls erlischt der Bürgschaftsschutz. Der Bürge wird einem Verkauf nur dann zustimmen, wenn nach seiner Auffassung weiterhin eine zukunftsgerichtete Begleitung des Engagements gewährleistet ist.

4.7.3 Bewertung

Anders als vielfach unterstellt, begleitet der Staat Restrukturierungen in den seltensten Fällen mit politisch motivierten Geschenken. Vielmehr entsprechen sein Verhalten und damit auch seine Erwartungen an die anderen Stakeholder weitestgehend dem privater Finanzierungsgeber, dies konsequent im Rahmen bereits bestehender Finanzierungen und mit Abstrichen betreffend die Erwartung an Bonität und Besicherung bei neu zu erbringenden Finanzierungsbeiträgen. Unabhängig von Finanzierungsbeiträgen bieten speziell ausgerichtete staatliche Stellen wertvolle Unterstützung im Rahmen von Restrukturierungen in Form der Erfahrungs- und Kontaktvermittlung oder auch der Einwirkung auf andere Stakeholder. Von daher ist eine frühzeitige, für das Unternehmen unverbindliche und kostenlose Einbindung der staatlichen Stellen bei sich abzeichnenden Krisensituationen und damit gegebenenfalls Restrukturierungen zu empfehlen.

Literaturverzeichnis

Soltész, U./Makowski, G. C. (2003): Die Nichtdurchsetzung von Forderungen der öffentlichen Hand als staatliche Beihilfe, EuZW, 73 ff.

4.8 Die doppelnützige Treuhand in der Restrukturierungspraxis – Chancen und Risiken

Sven-Holger Undritz

Abstract

Bei der doppelnützigen Treuhand übernimmt der Treuhänder die Gesellschaftsanteile der Treugeber zum Zwecke der Restrukturierung der Treugutgesellschaft. Die Banken, die der Treugutgesellschaft neue Kredite zur Verfügung stellen, werden durch den Treuhandvertrag begünstigt, sodass ihnen für den Fall einer Verwertung des Treugutes aus dem Erlös vorrangige Ansprüche auf Befriedigung ihrer Forderungen zustehen. Der Beitrag macht die typische Interessenlage deutlich, die der Gestaltung auf Seiten des Unternehmens, der Anteilseigner und der beteiligten Kreditinstitute zugrunde liegt. Anhand der Aufgaben des Treuhänders zeigt er die wesentlichen Eckpunkte der vertraglichen Gestaltung des Treuhandverhältnisses auf. Auf dieser Grundlage erfolgt eine nähere Analyse der zentralen Risiken (Beratungsrisiken, Insolvenzrisiken, steuerrechtliche Risiken).

4.8.1 Einleitung

Treuhandverhältnisse tauchen in den unterschiedlichsten Zusammenhängen auf, so etwa im Rahmen der Sicherungsübereignung, der Inkassozession, dem Rechtsanwalts- oder Notaranderkonto, dem Sicherheitenpool usw. (s. dazu nur Palandt/Ellenberger 2012, Überblick vor § 104, Rz. 25; Palandt/Bassenge 2012, § 903, Rz. 35; weitere Beispiele bei Hirschberger 2005 S. 30 ff., S. 109 ff.). Seit einigen Jahren findet eine besondere, durch die Praxis herausgebildete Form des Treuhandverhältnisses zunehmende Verbreitung im Bereich der Restrukturierung von Unternehmen. Es handelt sich dabei um die „doppelseitige Treuhand" oder auch „doppelnützige Treuhand". Der Treuhänder übernimmt hier die Gesellschaftsanteile der Treugeber zum Zwecke der Restrukturierung der Treugutgesellschaft. Zugleich werden den Banken, die der Treugutgesellschaft neue Kredite zur Verfügung stellen, als Begünstigte aus der Treuhandvereinbarung, die insoweit als echter Vertrag zugunsten Dritter wirkt, für den Fall einer Verwertung des Treuguts vorrangige Ansprüche auf Befriedigung ihrer Forderungen eingeräumt. Diese Form der Treuhand, die man (nach ihrem Zweck) auch als Restrukturierungs- oder Sanierungstreuhand (vgl. Hagebusch/Knittel 2010, Rz. 24) bezeichnen kann, verdankt ihren Namen dem Umstand, dass der Treuhänder seine Tätigkeit nicht nur im Interesse *einer* Partei wahrnimmt, sondern für die beteiligten Banken *und* die (bisherigen) Anteilseigner des Unternehmens tätig wird. Die Eigenart der rechtlichen Konstruktion wird maßgeblich durch die unterschiedlichen Interessen der beteiligten Stakeholder bestimmt, die im

Folgenden zunächst (unter Abschnitt 4.8.2) deutlich gemacht werden. Im Anschluss daran werden (unter Abschnitt 4.8.3) die Eckpunkte für die Gestaltung der Restrukturierungstreuhand umrissen. Auf dieser Grundlage erfolgt schließlich eine Analyse der zentralen Risiken, und zwar der Risiken rechtlicher Beratung (Abschnitt 4.8.4), der Insolvenzrisiken (Abschnitt 4.8.5) und der steuerrechtlichen Risiken (Abschnitt 4.8.6).

4.8.2 Typische Interessenlage für die doppelnützige Treuhand

4.8.2.1 Ausgangssituation

In der typischen Ausgangssituation, in der die doppelnützige Treuhand zur Anwendung kommt, befindet sich das zu restrukturierende Unternehmen in einer wirtschaftlichen Krise, d. h., es bestehen zumindest kurz- oder mittelfristige Refinanzierungsschwierigkeiten. Häufig wird daneben eine Liquiditätskrise oder Überschuldung drohen bzw. bereits eingetreten sein. In dieser Situation lässt sich die wirtschaftliche Krise des Unternehmens zumeist nur noch durch Zuführung neuen Fremdkapitals („fresh money“) meistern. In Ausnahmefällen geht es „nur“ um die Prolongation ursprünglich gewährter Kreditlinien. Dafür werden sich das Unternehmen und seine Eigner hauptsächlich an die bereits engagierten Kreditinstitute wenden. Daneben werden je nach geschäftlichem Umfeld weitere Sanierungsbeiträge etwa durch Lieferanten, Dienstleister, Vermieter oder auch durch die Arbeitnehmer erforderlich und einzufordern sein.

4.8.2.2 Restrukturierungsinteresse des Unternehmens und der Gesellschafter des Unternehmens

Das Interesse des Unternehmens ist regelmäßig primär auf eine Restrukturierung und damit auch eine Sanierung des Unternehmensträgers gerichtet (zur Unterscheidung von Sanierung und Restrukturierung, Bork 2011, S. 101). Von vielen Unternehmen wird zunächst überhaupt nur eine Restrukturierung außerhalb des Insolvenzverfahrens erwogen, obwohl das Insolvenzverfahren gemäß § 18 InsO bereits bei drohender Zahlungsunfähigkeit auf Antrag des Schuldnerunternehmens eingeleitet werden kann. Dabei steht vielen Unternehmen offenbar in erster Linie nur die Sanierung im Insolvenzverfahren durch die sogenannte übertragende Sanierung vor Augen, die unter Abwicklung des bisherigen Unternehmensträgers erfolgt. Als Alternative stand aber auch schon bisher der Insolvenzplan zur Verfügung, der eine Sanierung gerade auf der Grundlage eines Fortbestehens des vorhandenen Unternehmensträgers ermöglicht. Durch das Gesetz zur Erleichterung der Sanierung von Unternehmen (ESUG), das das Insolvenzplanverfahren (insbesondere mit dem Debt Equity Swap und der Einschränkung von Rechtsbehelfen opponierender Gläubiger) den Bedürfnissen der Praxis anpasst und mit dem sanierungsvorbereitenden Eröffnungsverfahren die Möglichkeiten der Eigenverwaltung stärkt, werden auch die Möglichkeiten für den Erhalt des Unternehmensträgers im Insolvenzverfahren verbessert. Damit werden ausreichend rechtlich beratene Unternehmen Chancen und Risiken für eine Restrukturierung innerhalb und außerhalb des Insolvenzverfahrens zukünftig noch sorgfältiger als bisher abwägen müssen (dazu Oberle, 2011, S. 73 ff.).

Für die Restrukturierung außerhalb des Insolvenzverfahrens ist das Unternehmen regelmäßig auf zusätzliche Kredite der bisherigen Kreditgeber angewiesen. Als denkbare Sicherheiten dafür kommen zumeist nur noch die Gesellschaftsanteile an dem Unternehmen in Betracht, deren Wert je nach Stand der wirtschaftlichen Krise nicht selten nur noch gering sein wird. Gleichwohl wird in dieser Situation zumeist der Weg einer außerhalb des Insolvenzverfahrens erfolgenden Sanierung beschritten, für die sich dann die doppelnützige Treuhand anbietet: Sie vermeidet aus Sicht der Unternehmensinhaber den Totalverlust bei gleichzeitiger Chance, am Erfolg von zugleich eingeleiteten Restrukturierungsmaßnahmen (etwa in Form des späteren Rückerwerbs der auf den Treuhänder übertragenen Gesellschaftsanteile, der Wertsteigerung von Minderheitsanteilen oder der Vereinnahmung überschüssiger Erlöse aus dem Verkauf der Gesellschaftsanteile) zu partizipieren. Zugleich kann bei erfolgreicher Durchführung der Restrukturierung ein Reputationsverlust des betroffenen Unternehmens vermieden werden, da das Insolvenzverfahren, auch wenn es zum Zwecke der Sanierung durchgeführt wird, vielfach immer noch mit dem Makel des Scheiterns verbunden wird. Ob die durch das ESUG eingeleitete Reform insoweit auch die kulturellen Rahmenbedingungen der Sanierung im Rahmen des Insolvenzverfahrens verändern wird, bleibt abzuwarten (zum Problem: Braun/Heinrich 2011; Paulus 2011; Vallender 2010).

Die Interessen der Gesellschafter des Unternehmens als der Treugeber leiten sich zunächst aus dem Interesse an der Restrukturierung des Unternehmens her, das sie natürlicherweise als Inhaber des Unternehmens haben. Zur doppelnützigen Treuhand entschließen sich die Gesellschafter in der Regel nur dann, wenn sie den Finanzierungsbedarf des Unternehmens nicht mehr anderweitig decken können oder wollen (vgl. Achsnick 2010 Rz. 45; Braun/Riggert 2010, S. 99: Freiheit der Finanzierungsentscheidung der Gesellschafter). Durch die Übertragung der Gesellschaftsanteile auf den Treuhänder verbleiben dem Treugeber – je nach Vertragskonstruktion – häufig noch Mitspracherechte, und zwar gegebenenfalls durch Weisung des Treuhänders. Dabei ist allerdings zu berücksichtigen, dass wesentliche Rahmenbedingungen durch den eingeleiteten Restrukturierungsprozess bereits feststehen und davon abweichende Weisungen regelmäßig auftragswidrig sind. Je nachdem, ob noch ein ausreichendes Vertrauensinteresse zu den finanzierenden Banken besteht, können Gesellschafter auch weiterhin eine etwaige Geschäftsführungstätigkeit ausüben. Die treuhänderische Übertragung der Gesellschaftsanteile birgt für die Gesellschafter aber auch immer das Risiko, dass sie ihre Anteile bei Eintritt des Verwertungsfalles endgültig verlieren. Dieses Risiko werden sie nur dann in Kauf nehmen, wenn die Alternativen weniger Erfolg versprechen.

4.8.2.3 Beteiligung der Kreditinstitute an der Restrukturierung durch Gewährung neuen Kredits

Die bereits beteiligten Kreditinstitute müssen sich zunächst darüber klarwerden, ob sie die mit der doppelnützigen Treuhand verbundenen Risiken einer Verstärkung ihres Kreditengagements übernehmen können und wollen. Grundlage einer Zuführung neuer

Geldmittel kann dabei nur ein Sanierungsgutachten sein, das den Anforderungen nach IDW S 6 entspricht (dazu Eisold 2010; Brömmenkamp/Radner 2010; kritisch Pohl 2011). Für die Ausreichung neuer Geldmittel stehen dabei aber in der wirtschaftlichen Krise des Unternehmens nur noch die Gesellschaftsanteile an dem zu restrukturierenden Unternehmen zur Verfügung, die zumeist auch schon früher an die Kreditgeber verpfändet worden sind. Die Entscheidung über die Vergabe neuer Kredite ist nicht selten dadurch erschwert, dass das Vertrauensverhältnis zwischen den Banken und den bisherigen Verantwortlichen des Unternehmens (Gesellschafter, Geschäftsführung) infolge der wirtschaftlichen Krise belastet ist. Auf Bankenseite wird dann nicht selten das Potenzial der bisherigen Gesellschafter gefürchtet, den Restrukturierungsprozess zu beeinträchtigen oder gar zu blockieren. Hinzu kommt, dass bei verschiedenen Kreditgebern zumeist auch keine einheitlichen Interessen bestehen, und dies eine erfolgreiche Unternehmensrestrukturierung zusätzlich erschweren kann. Mit der doppelnützigen Treuhand verbinden Banken daher in erster Linie einen rechtlichen Rahmen, durch den die Bedingungen für die Restrukturierung eines Unternehmens verbessert werden. Zugleich wird auf diese Weise sichergestellt, dass sie für die neu ausgereichten Kredite vorrangig an einem Erfolg der Restrukturierung profitieren. Andererseits trägt die Konstruktion der doppelnützigen Treuhand auch einem etwaigen Scheitern der Restrukturierungsmaßnahmen Rechnung, indem sie für diesen Fall ausreichende Sicherheiten der Kreditgeber vorsieht.

Risiken eines Erwerbs der Gesellschaftsanteile durch die Bank

Von zentraler Bedeutung der Kredite für die Restrukturierung vergebenden Bank ist die Vermeidung von Haftungsrisiken. Das zentrale Risiko wird deutlicher, wenn man als Alternative zur doppelnützigen Treuhand einen Direkterwerb von Gesellschaftsanteilen durch die Bank, etwa im Wege des sogenannten Debt Equity Swap in die Betrachtung einbezieht. Die ausgereichten Darlehen müssen dann bei Scheitern der Restrukturierung in einem Insolvenzverfahren über das Vermögen des Unternehmens möglicherweise gemäß § 39 Abs. 1 Nr. 5 InsO als nachrangige Gesellschafterdarlehen angesehen werden, sodass für die bestellten Sicherheiten ein Anfechtungsrisiko gemäß § 135 Abs. 1 Nr. 1 InsO bestünde (dazu etwa Budde 2011, S. 1369; Hagebusch/Knittel 2010, Rz. 44). In der Literatur wird erwogen, ob in diesem Fall das Sanierungsprivileg gemäß § 39 Abs. 4 S. 2 InsO zum Zuge kommen kann (Braun/Riggert 2010, S. 100 f.; Hagebusch/Knittel 2010, Rz. 44 ff.), sodass „bis zur nachhaltigen Sanierung" die Anwendung von § 39 Abs. 1 Nr. 5 InsO für die zur Sanierung gegebenen Darlehen ausgeschlossen wäre.

Das durch das Gesetz zur Modernisierung des GmbH-Rechts und zur Bekämpfung von Missbräuchen (MoMiG) in die InsO eingeführte Sanierungsprivileg ist allerdings noch mit erheblichen rechtlichen Unsicherheiten belastet, die insbesondere die relevanten Zeiträume der Begründung der Gesellschafterstellung und der Gläubigerstellung betreffen (dazu Hirte/Knof 2009, S. 1962 ff.). Schon deshalb wäre der Erwerb der Gesellschaftsanteile des zu restrukturierenden Unternehmens durch die kreditgebende Bank mit erheblichen Gefahren verbunden. Hinzu kommt, dass infolge der mit dem Anteilserwerb verbundenen Finanzierungsverantwortung naturgemäß bei drohendem Scheitern der Restrukturierung auch der Druck für weitere, weniger sinnvolle Finanzierungsmaßnahmen steigt. Insoweit ist mit der Übernahme der Gesellschaftsanteile durch die Bank auch das Risiko verbunden, dass die Insolvenz des Unternehmens, dessen Anteile übernommen worden sind, letztlich auch auf die Bank selbst zurückfällt und damit zu einem Reputationsschaden führt (Braun/Riggert 2010, S. 101).

Abgesehen von dem Haftungsrisiko passt der Erwerb der Gesellschaftsanteile regelmäßig auch nicht zu den strategischen Interessen der finanzierenden Kreditinstitute. Infolge der verschärften Anforderungen an die Ausstattung von Banken mit Eigenkapital, die auf die Beschlüsse des Baslers Ausschusses für Bankenaufsicht („Basel II" und „Basel III") zurückgehen, verzichten Kreditinstitute auf den Erwerb von Gesellschaftsanteilen, um eine Bewertung der Rechte in ihren Bilanzen zu vermeiden. Hinzu kommt, dass viele deutsche Banken auch gar nicht mehr über die Ressourcen verfügen, derartige Beteiligungen zu verwalten und gegebenenfalls auch zu verwerten. Unter diesem Gesichtspunkt ist auch nicht zu erwarten, dass die mit dem ESUG eingeführte Möglichkeit des Eingriffs in die Gesellschafterrechte durch einen Insolvenzplan die Rahmenbedingungen für die doppelnützige Treuhand grundlegend verändern wird. Denn an einer solchen Umwandlung der Gläubigerforderungen in Anteilsrechte, die gemäß § 225a Abs. 2 Satz 2 InsO-ESUG gegen den Willen der betroffenen Gläubiger ausgeschlossen ist, werden die Banken aus denselben Gründen wie bei einem rechtsgeschäftlichen Erwerb der Anteile voraussichtlich kein Interesse haben.

Schwierigkeiten der Verwertung des Pfands an den Gesellschaftsanteilen

Insbesondere für den Fall, dass eine einvernehmliche Umsetzung von Restrukturierungsmaßnahmen auf der Grundlage einer doppelnützigen Treuhand nicht zustande kommt, wird auch diskutiert, ob die Verwertung der zumeist bereits verpfändeten Gesellschaftsanteile und ihr Erwerb durch eine Treuhandgesellschaft eine sinnvolle Option darstellen. Gegen diese Annahme sprechen eine Reihe von Schwierigkeiten, die sich insbesondere aus der Unberechenbarkeit der Pfandverwertung ergeben (im Einzelnen Budde 2011, S. 1371 f.; Hagebusch/Knittel 2010, Rz. 50 ff.): Zunächst einmal müsste die Bank als Pfandgläubigerin sicherstellen, dass es während des Verwertungsvorganges zu keiner Insolvenz der Gesellschaft kommt, deren Anteile verwertet werden sollen. Im Hinblick auf die grundsätzliche Notwendigkeit, die Anteile gemäß § 1235 Abs. 1 BGB im Wege öffentlicher Versteigerung zu verkaufen, ist in dieser Situation vor allem problematisch, wie eine ausreichende Due Diligence für die Bietinteressenten sichergestellt werden kann (Tetzlaff 2007, S. 481; Budde 2011, S. 1372). Abweichende Vereinbarungen über einen risikoloseren Verkauf im Wege freihändiger Veräußerung sind gemäß § 1245 Abs. 2 BGB erst nach Eintritt der Pfandreife möglich. Bei dem Erwerb der Anteile durch eine Treuhandgesellschaft der Bank ist zunächst zu beachten, dass diese durch die finanzierende Bank mit ausreichendem Kapital für den Anteilserwerb ausgestattet werden muss. Überdies besteht hier ein noch viel höheres Risiko, dass das von der Bank zu Restrukturierungszwecken zur Verfügung gestellte Kapital als Gesellschafterdarlehen im Sinne von § 39 Abs. 1 Nr. 5 InsO qualifiziert wird, da der Treuhänder in dieser Gestaltung allein im Interesse der kreditgebenden Bank handelt. Die Installation eines Treuhänders auf diesem Wege dürfte daher kaum jemals eine sinnvolle Lösung sein.

Restrisiken der „doppelnützigen Treuhand"
Unabhängig von den Risiken solcher alternativer Beteiligungsformen für die kreditgebenden Banken bleiben Restrisiken aber auch bei der „doppelnützigen Treuhand". Sie resultieren vor allem daraus, dass bisher keine ausreichende höchstrichterliche Rechtsprechung zum Einsatz einer solchen Ausgestaltung der Treuhand als Restrukturierungsinstrument vorliegt. Daher müssen die erforderlichen Treuhandverträge mit größter Sorgfalt gestaltet werden, um verbleibende Risiken nach Möglichkeit zu minimieren. Dazu gehört nicht nur die Beschränkung der beteiligten Banken auf eine Stellung als bloße Begünstigte des Treuhandvertrags (und nicht deren Beteiligung als Vertragspartner), sondern etwa auch die Ausschaltung von Einflüssen auf die Geschäftsführung, da andernfalls auch das Risiko droht, wegen faktischer Geschäftsführung in Anspruch genommen zu werden (dazu Hagebusch/Knittel 2010, Rz. 34–36).

4.8.3 Eckpunkte für die Gestaltung der „doppelnützigen Treuhand"

4.8.3.1 Vertragsparteien, Präambel

Notwendige Vertragsparteien des Treuhandvertrages sind nur der Treuhänder, bei dem es sich regelmäßig um eine Treuhand-GmbH handelt, und der oder die Treugeber, nämlich die bisherigen Gesellschafter der Treugutgesellschaft. In Betracht kommt daneben auch die Beteiligung der Treugutgesellschaft als Vertragspartner. Das ist insbesondere dann erforderlich, wenn die Treugutgesellschaft eigene Pflichten übernimmt. In der Praxis spielt dies vor allem dann eine Rolle, wenn die Kosten der Treuhand von der Treugutgesellschaft getragen werden sollen.

Grundlage der Treuhandvereinbarungen, die zumeist in der Präambel aufgeführt wird, ist zunächst ein Sanierungsgutachten, das die Sanierungsfähigkeit der Treugutgesellschaft bestätigt. Darüber hinaus wird an dieser Stelle zumeist auch aufgeführt, wer Kredite zur Verfügung stellt oder sonstige Sanierungsbeiträge leistet. Die Restrukturierung geht häufig auch mit einem bereits im Vorfeld geklärten Wechsel der Geschäftsleitung einher, die dann ebenfalls wesentliche Geschäftsgrundlage ist. Auch hierfür empfiehlt es sich, sie in die Präambel mit aufzunehmen. Die Rahmenbedingungen des Restrukturierungsprozesses selbst können hier ebenfalls angeführt werden.

4.8.3.2 Aufgaben des Treuhänders

Zum Auftrag des Treuhänders gehört zunächst die Übernahme der im Vertrag vorgesehenen Treuhandstellung durch Erwerb der Gesellschaftsanteile an der zu restrukturierenden Gesellschaft (Treugutgesellschaft). Sodann gehört zu den Pflichten des Treuhänders das Halten des Treuguts. Der Auftrag beinhaltet weiter, das Treugut gegebenenfalls zu verwerten und den erzielten Erlös gemäß den getroffenen Vereinbarungen zu verteilen.

Übernahme des Treuguts

Der Treuhänder erhält das Treugut, indem er die Gesellschaftsanteile der Treugutgesellschaft als Vollrechtsinhaber erwirbt. Optimal ist es im Hinblick auf eine etwaige freihändige Veräußerung (nicht unbedingt hingegen in steuerrechtlicher Hinsicht, dazu unten Abschnitt 4.8.5.1 und 4.8.5.2), wenn der Treuhänder sämtliche Anteile erwirbt. Für eine Steuerung der Gesellschaft können bei einer Aktiengesellschaft aber auch mehr als 50 % der Anteile genügen, bei einer GmbH sind zumindest 75 % der Anteile erforderlich (näher Braun/Riggert 2010, S. 110). In diesen Fällen können sich allerdings besondere Risiken aus gesellschaftsvertraglich eingeräumten Minderheitenrechten ergeben (Braun/Riggert 2010, S. 110), sodass eine Anpassung der Satzung zu prüfen ist. Bei einer börsennotierten Aktiengesellschaft besteht gegebenenfalls eine Pflicht zur Veröffentlichung des Kontrollerwerbs und zur Abgabe eines Pflichtangebots gemäß § 35 WpÜG (Hagebusch/Knittel 2010, Rz. 135). Die Übertragung von Anteilen an einer offenen Handelsgesellschaft oder einer Gesellschaft bürgerlichen Rechts scheidet wegen der unmittelbaren Haftung des Gesellschafters regelmäßig aus, da kaum ein Treuhänder bereit ist, ein derartiges wirtschaftliches Risiko zu übernehmen. Wenn sich im Vermögen der Treugutgesellschaft ein inländisches Grundstück befindet, ist zu beachten, dass mit der Übertragung der Anteile eine Grunderwerbsteuerpflicht ausgelöst werden kann (s. unten 4.8.6.2).

Mit der Übertragung der Gesellschaftsanteile sind für den Treuhänder Risiken verbunden, die sich daraus ergeben, dass Existenz und Inhalt der Anteile nur schwer überprüfbar sind. Sicherheit ist für ihn in dieser Frage aber sowohl bei der Wahrnehmung der Gesellschafterrechte als auch bei einer etwaigen Veräußerung der Anteile erforderlich. Aus diesem Grunde erfolgen im Treuhandvertrag üblicherweise umfassende Garantien der Treugeber in Bezug auf die Gesellschaftsanteile (freies Verfügungsrecht, Lastenfreiheit mit Ausnahme etwaiger Pfandrechte der begünstigten Banken, Erfüllung der Einlageleistungen, keine Rückzahlungen, keine stillen Beteiligungen, keine sonstigen Vereinbarungen zwischen Treugeber und Treugutgesellschaft). Diese Garantien werden als selbständige Garantieversprechen im Sinne von § 311 Abs. 1 BGB formuliert und nicht als bloße Beschaffenheitsgarantien (zu den erforderlichen Garantien näher Achsnick 2010, Rz. 163 ff.).

Halten des Treuguts

Das Halten des Treuguts beinhaltet insbesondere den Auftrag, die Gesellschafterrechte auszuüben. Bei der Ausübung der Gesellschafterrechte durch den Treuhänder ist allerdings zu bedenken, dass dieser in einer durchaus komplizierten Gemengelage von Einflussmöglichkeiten auf seine Tätigkeit handelt. Zunächst ist zu berücksichtigen, dass häufig ein Beirat, ein Lenkungsausschuss oder ein ähnliches Gremium eingesetzt wird, das aus Vertretern der unterschiedlichen Interessengruppen (begünstigte Banken, Treugeber, betriebswirtschaftlicher Restrukturierer) besteht. Die Funktion dieses Gremiums besteht darin, dem Treuhänder Empfehlungen oder Vorgaben zur Orientierungshilfe zu geben. So hat sich der Treuhänder nach den üblichen vertraglichen Bestimmungen bei den wesentlichen Entscheidungen über die Verwaltung und Verwertung des Treugutes an den Empfehlungen des Lenkungsausschusses zu orientieren. Wenig klar ist allerdings häufig, wie der Ausschuss zu solchen Empfehlungen kommt, ob er also etwa nur auf Initiative des Treuhänders oder aus eigener Initiative tätig wird, ob er eine eigene Geschäftsordnung hat oder sich geben sollte usw. Jedenfalls vor Veräußerung des Treuguts hat sich der Treuhänder nach den üblichen vertraglichen Bestimmungen mit dem Ausschuss zu beraten. Haftungsrechtliche Erleichterungen ergeben sich daraus für den Treuhänder allerdings nicht. Dieser bleibt dennoch zur eigenständigen Prüfung der Verpflichtungen aus dem Treuhandvertrag und der wirtschaftlichen Beurteilung der maßgeblichen Gesichtspunkte für sein Handeln verpflichtet. Der Ausschuss (oder ein sonstiges Gremium) hat damit im Ergebnis in rechtlicher Hinsicht nur eine relativ unverbindliche Beratungsfunktion. Sollte er dieses Mandat aus- oder überdehnen, so könnten sich auch für den Beirat Haftungsprobleme ergeben, die an dieser Stelle nicht weiter beleuchtet werden sollen.

Zu beachten ist bei der Ausübung der Gesellschafterrechte weiter, dass der oder die Treugeber erhebliche Weisungsrechte haben können. Der Treugeber ist häufig weisungsbefugt, sofern er nur keine auftragswidrigen Weisungen erteilt. Im Übrigen ist prinzipiell jede Weisung durch den Treugeber zulässig und dann auch für den Treuhänder verbindlich (vgl. § 665 Satz 1 BGB). Solche Weisungsrechte des Treugebers werden in der Literatur allerdings unterschiedlich beurteilt. Zum Teil wird es für sinnvoll erachtet, solche Befugnisse auszuschließen (Achsnick 2010, Rz. 170 ff.). Der Treuhänder müsse zur vollen weisungsfreien Ausübung der Gesellschafterrechte befugt sein, da bei internen Bindungen des Treuhänders das Risiko einer Blockade durch den Treugeber bestehe. Demgegenüber ist als Alternative zu diesem „einstufigen Modell“, in dem der Treuhänder vom Vertragsschluss an keinen Weisungen unterliegt, ein „zweistufiges Modell“ ins Gespräch gebracht worden, bei dem der Treugeber im Rahmen der Treuhandvereinbarung zur Weisung gegenüber dem Treuhänder berechtigt ist, dieses Weisungsrecht aber mit Eintritt des Verwertungsfalles verliert (Braun/Riggert 2010, S. 112 f.).

Das Modell der sofortigen Weisungsfreiheit des Treuhänders hat eine Reihe von Vorteilen. Es schließt nicht nur Blockaden von Seiten der Treugeber aus, sondern es macht auch die durchaus schwierige Beurteilung, ob eine Weisung sich im Rahmen des Auftrages hält oder auftragswidrig ist, überflüssig. Dennoch ist das „zweistufige Modell“ insbesondere aus steuerlichen Gründen vorzuziehen. Weisungsbefugnisse des Treugebers werden häufig ein wesentliches Kennzeichen für die Anerkennung des Treuhandverhältnisses im Sinne von § 39 Abs. 2 Nr. 1 Satz 2 AO sein (näher unter 4.8.6.1). Insofern wird es sinnvoll sein, zur Vermeidung einer Steuerpflicht des Treuhänders dem Treugeber – entsprechend der Vorstellung eines Treuhandverhältnisses – die Weisungsrechte grundsätzlich zu belassen (ähnlich Budde 2011, S. 1378; anders Braun/Riggert 2010, S. 116). Ein Ausweg könnte darin liegen, sich von der zuständigen Finanzverwaltung eine verbindliche Auskunft einzuholen, wonach die Weisungsfreiheit des Treuhänders der steuerlichen Anerkennung des Treuhänderverhältnisses nicht entgegensteht. Solche Auskünfte sollen bereits vereinzelt erteilt worden sein. Keine Weisungsbefugnisse können mehr bei Verwertung des Treugutes durch den Treuhänder bestehen, da dieser die

Möglichkeit haben muss, einen Veräußerungsprozess ungehindert durchzuführen. Insoweit ist eine vertragliche Regelung sinnvoll, wonach die Weisungsrechte des Treugebers mit Entstehung der Verwertungsbefugnis des Treuhänders entfallen.

Verwertung des Treuguts

Bei erfolgreicher Restrukturierung erhält der Treugeber die von ihm zu treuhänderischen Zwecken übertragenen Gesellschaftsanteile regelmäßig zurück. Bleibt der Erfolg der geplanten Restrukturierungsmaßnahmen hingegen aus, so kann der Treuhänder zur Verwertung des Treuguts berechtigt und verpflichtet sein. Nach den getroffenen Vereinbarungen ist das Verwertungsrecht zumeist vom Eintritt eines Bedingungsfalles abhängig, der möglichst rechtssicher geregelt sein muss. Typische Voraussetzungen sind etwa ein Antrag auf Eröffnung eines Insolvenzverfahrens (Eigenantrag oder zulässiger und begründeter Fremdantrag), ein genauer definierter Verzug der Treugutgesellschaft mit der Rückzahlung der Neukredite, Kündigung und nicht rechtzeitige Rückführung anderweitiger Kredite (s. auch Achsnick 2010, Rz. 174). Diskutiert wird als Voraussetzung des Bedingungsfalles häufig auch die Nichtumsetzung bestimmter Maßnahmen des Sanierungskonzeptes oder das Nichterreichen bestimmter Kenzahlen. Solche Bedingungen werden sich allerdings nicht in jedem Fall eignen, sondern nur dann, wenn enge Vorgaben existieren. In jedem Fall wäre darauf zu achten, dass sich die fraglichen Maßnahmen oder Kennzahlen mit ausreichender Sicherheit feststellen lassen.

Die Verwertung selbst erfolgt üblicherweise nach vorheriger Mitteilung der Absicht gegenüber dem Treugeber und den begünstigten Banken im Wege freihändiger Veräußerung. Aus dem erzielten Erlös werden zunächst Abwicklungs- und Treuhandkosten befriedigt. Sodann werden vorrangig die begünstigten Banken bedient. Insoweit steht ihnen ein unmittelbarer Anspruch gegen den Treuhänder aus dem Treuhandvertrag als einem echten Vertrag zugunsten Dritter zu. Bei der Befriedigung der begünstigten Banken muss gegebenenfalls auf eine Rangfolge der Befriedigung von Neu- und Altforderungen geachtet werden. Insbesondere bei Beteiligung mehrer begünstigter Banken kann es angesichts der konkurrierenden Gläubigerinteressen sinnvoll sein, zuvor eine Art „Verteilungsverzeichnis“ zu erstellen und den Gläubigern Gelegenheit zur Stellungnahme zu geben.

4.8.3.3 Zur Rechtsnatur der doppelnützigen Treuhand

Bei der hier nur in Umrissen skizzierten doppelnützigen Treuhand handelt es sich – wie in vielen anderen Bereichen auch – um eine durch die kautelarjuristische Praxis begründete Gestaltungsform, die verschiedenartige Momente miteinander kombiniert (dazu auch Braun/Rigert 2010, S. 95 ff.; Hagebusch/Knittel 2010, Rz. 5 ff.). Die doppelnützige Treuhand enthält zunächst einmal Momente eines Geschäftsbesorgungsvertrages im Sinne von § 675 Abs. 1 BGB und solche eines Sicherungsvertrages als eines Vertrages sui generis im Sinne von § 311 Abs. 1 BGB. Geschäftsbesorgende Elemente ergeben sich vor allem aus dem Halten der Anteile und der Begleitung der Restrukturierung, sicherungsvertragliche Elemente ergeben sich natürlich vor allem aus der Begünstigung der Banken.

Sodann kombiniert die doppelnützige Treuhand Verwaltungs- und Sicherungstreuhand (dazu Bork 1999, S. 337; Hirschberger 2005, S. 130 ff.). Eine Verwaltungstreuhand liegt vor, wenn der Treuhänder ein Recht fremdnützig für den Treugeber hält. Eine Sicherungstreuhand liegt demgegenüber vor, wenn der Treuhänder ein Recht eigennützig zum Zwecke seiner Befriedigung im Sicherungsfall hält. Die doppelnützige Treuhand dient der Sicherung des Treuguts durch den Treuhänder, atypisch ist allerdings, dass der Treuhänder nicht eigennützig handelt. Mit der doppelnützigen Treuhand wird das Treugut durch den Treugeber in der Restrukturierungsphase verwaltet. Atypisch ist allerdings, dass die Verwaltung nicht nur im Interesse des Treugebers, sondern auch im Interesse Dritter erfolgt. Die Schwierigkeit der Bewältigung der Probleme, die sich bei der doppelnützigen Treuhand stellen, ergeben sich unter anderem auch aus der Kombination verschiedener Gestaltungsformen, deren Zusammenführung zu hoher rechtlicher Komplexität führt. Von diesen Problemen seien im Folgenden die Risiken einer Rechtsberatung, die Insolvenzrisiken und die steuerrechtlichen Risiken herausgehoben.

4.8.4 Risiken einer Rechtsberatung

Rechtliche Risiken einer Rechtsberatung ergeben sich nicht nur aus Rechtsdienstleistungen des Treuhänders, sondern auch aus der rechtlichen Beratung der Treugutgesellschaft während des Treuhandmandates durch die Sozietät des Treuhänders.

4.8.4.1 Risiken des Verstoßes gegen das Rechtsdienstleistungsgesetz

Verstoßen die im Treuhandvertrag übernommenen Aufgaben des Treuhänders gegen das Rechtsdienstleistungsgesetz (RDG), ist der Vertrag gemäß § 134 BGB wegen Verstoßes gegen ein gesetzliches Verbot nichtig. Die Risiken eines sich hieraus gegebenenfalls ergebenden Rückabwicklungsszenarios liegen auf der Hand. Die Überlegungen in diesem Zusammenhang sind kompliziert und können hier nur kurz angerissen werden.

Nach der Bestimmung des Begriffs der Rechtsdienstleistung durch § 2 Abs. 1 und 2 RDG kann bereits das Erwerben und Verwalten von Gesellschaftsanteilen als Rechtsdienstleistung angesehen werden, noch viel mehr jedenfalls die Verwertung der Anteile sowie die Verteilung des daraus resultierenden Erlöses. Will man die Untiefen dieser schwierigen Diskussion vermeiden, wäre beispielsweise an die Gründung einer Anwalt-GmbH als Treuhandgesellschaft zu denken. Da dieser – wiederum komplexe – Weg in der Praxis nicht gegangen wird, müsste die Tätigkeit des Treuhänders *auf die Abwicklung wirtschaftlicher Fragen* beschränkt werden. Das verhindert zwar den bankenseitig häufig gewünschten „aktiven" Treuhänder, ist aber wohl die zwingende Kehrseite dieser Medaille. Der Treuhänder kann sich das Recht einräumen lassen, auf Kosten des Treugebers bzw. der Treugutgesellschaft juristischen Rat in Anspruch zu nehmen (s. auch Achsnick 2010, Rz. 190 f.). Das setzt allerdings voraus, dass der Treugeber auch bereit ist, diese Kosten zu übernehmen, die häufig zu Beginn eines solchen Doppeltreuhandmandates sehr schwer einzuschätzen sind. Sie können durchaus erheblich sein.

4.8.4.2 Risiken des Verstoßes gegen berufsrechtliche Pflichten gemäß § 43a Abs. 4 BRAO oder § 45 Abs. 1 Nr. 4 BRAO

Dieses Risiko soll hier ebenfalls nur der Vollständigkeit halber kurz angedeutet werden. Auch ein Verstoß gegen das Verbot der Vertretung widerstreitender Interessen gemäß § 43a Abs. 4 BRAO soll einen Verstoß gegen ein gesetzliches Verbot im Sinne von § 134 BGB beinhalten. Das gilt gegebenenfalls auch für eine gemäß § 45 Abs. 1 Nr. 4 BRAO verbotene Tätigkeit (vgl. Palandt/Ellenberger 2012, § 134, Rz. 20 Stichwort „Rechtsanwälte"). Das Problem ergibt sich dann, wenn während des Treuhandmandates auch die Treugutgesellschaft durch die Sozietät des Doppeltreuhänders beraten wird. Nach § 3 Abs. 2 Satz 1 BRAO gilt, dass das Verbot der Vertretung widerstreitender Interessen auch für in derselben Berufsausübungsgemeinschaft verbundene Rechtsanwälte Anwendung findet. Ausgeschlossen wäre die Problematik nur dann, wenn der Treuhänder ohne Rechtsdienstleistungstätigkeit auskäme, was praktisch kaum möglich sein dürfte, wenn der Treuhänder seinerseits keine Rechtsdienstleistung erbringen soll und darf.

In Betracht kommt sowohl ein Verstoß gegen das Verbot widerstreitender Interessen gemäß § 43a Abs. 4 BRAO als auch ein Verstoß gegen das Tätigkeitsverbot gemäß § 45 Abs. 1 Nr. 4 BRAO. In letzterem Fall hebt das Einverständnis der Beteiligten einen Verstoß gegen das Tätigkeitsverbot nicht auf (Hartung/Römermann 2008, § 45 BRAO, Rz. 11). Vor diesem Hintergrund sollte genau geklärt werden, ob der Treuhänder ebenso wie die Treugutgesellschaft von derselben Sozietät beraten werden kann. Virulent sind regelmäßig die Bereiche

- insolvenzrechtliche Beratung
- steuerliche Beratung
- arbeitsrechtliche Beratung
- M&A-Beratung inkl. Gesellschaftsrecht
- Beratung gegenüber den kreditgebenden Banken

Die Beratung der Treugutgesellschaft muss stets sorgfältig geprüft werden, um etwaige Interessenkonflikte zu vermeiden. Sollte das Risiko der präzisen Abgrenzung der Beratungsleistungen als zu hoch eingeschätzt werden, dürfte die Einschaltung bislang nicht am Restrukturierungsprozess beteiligter Sozietäten empfehlenswert sein.

4.8.5 Insolvenzrisiken

Im Hinblick auf das Insolvenzrisiko ist zwischen der Insolvenz der Treugutgesellschaft und der des Treugebers zu unterscheiden. Keine Rolle soll hier eine Insolvenz des Treuhänders spielen (dazu etwa Budde 2011, S. 1376 f.).

4.8.5.1 Insolvenz der Treugutgesellschaft

Die Insolvenz der Treugutgesellschaft führt regelmäßig zum Bedingungseintritt und löst damit die Verwertungsbefugnis des Treuhänders aus. Soweit die Treugutgesellschaft an der Treuhandabrede beteiligt war (s. Abschnitt 4.8.3.1), erlischt sie gemäß §§ 116 Satz 1,

115 Abs. 1 InsO; im Übrigen aber bleibt sie im Verhältnis zwischen Treugeber und Treuhänder unberührt. Anfechtungsrisiken bestehen prinzipiell nicht, da die Gesellschaftsanteile aus dem Vermögen der Gesellschafter herrühren. Eine Anfechtung der Tilgung der im Zuge der Restrukturierung ausgereichten Darlehen gemäß § 135 Abs. 1 Nr. 2 InsO scheitert jedenfalls daran, dass Gesellschafter der Treuhänder ist. Die Zahlung der Vergütung des Treuhänders aus dem Vermögen der Treugutgesellschaft ist allerdings mit dem Risiko behaftet, dass diese Zahlungen gegen § 30 Abs. 1 Satz 1 GmbHG verstoßen. In der Regel werden diese einem sogenannten Drittvergleich standhalten, sodass damit kein Verstoß gegen das Auszahlungsverbot vorläge (Budde 2011, S. 1374; Hagebusch/Knittel 2010, Rz. 116 ff.). Die Insolvenz der Treugutgesellschaft birgt weiter das Risiko, dass sie (etwa bei persönlich übernommenen Bürgschaften) die Insolvenz des Treugebers nach sich zieht.

4.8.5.2 Insolvenz des Treugebers

Durchaus schwierigere Probleme wirft die Insolvenz des Treugebers auf, die einerseits unabhängig von der Insolvenz der Treugutgesellschaft eintreten kann, andererseits aber auch gerade in ihrer Folge. Dann läge eine Doppelinsolvenz vor, aus der sich aber üblicherweise keine zusätzlichen Risiken ergeben.

Verwertung der Gesellschaftsanteile

Infolge der Insolvenz des Treugebers erlischt gemäß §§ 116 Satz 1, 115 Abs. 1 InsO der Treuhandvertrag, sodass der Insolvenzverwalter über das Vermögen des Treugebers gemäß §§ 675 Abs. 1, 667 BGB grundsätzlich einen Anspruch auf Rückübertragung der als Treugut überlassenen Gesellschaftsanteile hat (s. nur MünchKommInsO/Ott/Vuia 2008, § 115 Rz. 11; Hagebusch/Knittel 2010, Rz. 155 f.; unrichtig Budde 2011, S. 1376, der den Treuhandvertrag nicht auseichend vom Sicherungsvertrag zugunsten der Banken unterscheidet). Die im Treuhandvertrag enthaltene Sicherungsabrede zugunsten der Banken bleibt aber wirksam und soll in diesem Fall nach herrschender Meinung ein Absonderungsrecht an den Anteilen geben (s. Bork 1999, S. 341; HambK/Büchler 2009, § 47, Rz. 37; Achsnick 2010, Rz. 282 m. w. N.). Nach vereinzelter Auffassung soll insoweit sogar ein Aussonderungsrecht bestehen (Hagebusch/Knittel 2010, Rz. 158). Dagegen spricht allerdings, dass die Begünstigung eher einem Pfandrecht oder einer Sicherungsabtretung vergleichbar ist, da es nur um die wertmäßige Sicherung der Anteile für die Banken geht und die Gesellschaftsanteile durch die Treuhand noch nicht vollständig aus dem Vermögen der Treugeber ausgegliedert sind (MünchKommInsO/Ganter 2007, § 47, Rz. 389). Damit sprechen die besseren Gründe für ein Absonderungsrecht.

Unklar ist sodann, wem das Absonderungsrecht zusteht. Häufig wird von einem Absonderungsrecht des Treuhänders ausgegangen (s. etwa Achsnick 2010, Rz. 282; ausführlich Hirschberger 2005, S. 138 f.). Es findet sich aber auch die Annahme, es handle sich dabei um ein Befriedigungsrecht der Drittbegünstigten (Braun/Riggert 2010, S. 114). Daran ist richtig, dass der Treuhänder kein eigennütziges Absonderungsrecht haben kann, da der Erlös aus der Verwertung des Absonderungsgutes nur den Begünstigten gebühren kann (s. Jaeger/Henckel 2004, § 47, Rz. 85). Die Frage ist also, ob insoweit ein unmittelbares Befriedigungsrecht der Begünstigten aus dem Erlös besteht oder nur unter Zwischenschaltung des Treuhänders. Für eine Verteilung des den Begünstigten zustehenden Erlöses durch den Treuhänder spricht etwa, dass dieser gegebenenfalls noch vorrangige Kosten aus dem Treuhandauftrag zu befriedigen hat, bevor der Erlös verteilt werden kann.

Die Problematik wird von zwei weiteren ungeklärten Fragen überlagert. Zum einen ist umstritten, wer die Befugnis zur Verwertung der mit einem Absonderungsrecht belasteten Gesellschaftsanteile des Schuldners hat. § 166 Abs. 2 InsO gibt dem Insolvenzverwalter ein Verwertungsrecht nur für zur Sicherheit abgetretene Forderungen. § 173 Abs. 1 InsO erwähnt das dem Gläubiger verbleibende Verwertungsrecht aber auch nur für bewegliche Sachen und Forderungen, für die kein Verwertungsrecht des Insolvenzverwalters besteht. Daraus wird zu Recht geschlossen, dass die Problematik des Verwertungsrechts für sonstige Rechte, zu denen auch die Gesellschaftsanteile gehören, gesetzlich nicht geregelt ist. In der Literatur wird zum Teil eine Analogie zu § 166 Abs. 2 InsO (oder auch § 166 Abs. 1 InsO) befürwortet, weil auch insoweit der Zweck der gesetzlichen Regelung gelte, den wirtschaftlichen Verbund des Unternehmens zu erhalten (HambKomm/Büchler 2009, § 166, Rz. 20 m. w. N.). Teils wird eine solche Analogie abgelehnt, weil keine planwidrige Regelungslücke vorliege; vielmehr müsse der Gesetzgeber tätig werden, um dem Insolvenzverwalter für solche Rechte ein Verwertungsrecht zu geben (MünchKommInsO/Lwowski/Tetzlaff 2008, § 166, Rz. 66 m. w. N.). Geht man für die Gesellschaftsanteile des Schuldners von einem Verwertungsrecht des Gläubigers aus, so müssten gegebenenfalls die begünstigten Banken selbst die Verwertung betreiben. Insoweit liegt es aber viel näher, dass dies aufgrund der im Treuhandvertrag enthaltenen Sicherungsabrede durch den Treuhänder für die Banken zu erfolgen hat, sodass dieser die Verwertung des Absonderungsrechts zugunsten der Begünstigten vornähme.

Zum anderen wäre weiter aber auch noch zu berücksichtigen, dass sich ein Absonderungsrecht der begünstigten Banken zusätzlich noch häufig aus einer früheren Verpfändung der Gesellschaftsanteile ergibt. In diesem Fall muss das Verhältnis beider Absonderungsrechte geklärt werden. Insoweit wird befürwortet, auf das Prioritätsprinzip zurückzugreifen (Budde 2011, S. 1375), sodass das Verwertungsrecht für die verpfändeten Gesellschaftsanteile bei den begünstigten Banken läge. Richtiger dürfte es aber sein, das Prioritätsprinzip durch die im Treuhandvertrag getroffenen Vereinbarungen als verdrängt anzusehen und dem Treuhänder das Verwertungsrecht für die begünstigten Banken zu geben. Insgesamt ist aber festzustellen, dass die Detailfragen um die Verwertung der Gesellschaftsanteile in der Insolvenz des Treugebers noch ungeklärt sind.

Anfechtungsrisiken

Im Hinblick auf Anfechtungsrisiken stellt sich primär die Frage einer Anfechtung der in der Übertragung der Gesellschaftsanteile liegenden Sicherheitenbestellung. Eine Anfechtung gemäß § 130 InsO oder § 131 InsO dürfte regelmäßig jedenfalls daran scheitern, dass der Drei-Monatszeitraum bereits überschritten ist. Für eine Anfechtung gemäß

§ 133 InsO wird es am Gläubigervorsatz fehlen. Eine Anfechtung nach § 134 InsO scheidet schließlich ebenfalls aus, weil keine unentgeltliche Leistung vorliegt. Der Treuhänder erlangt die Gesellschaftsanteile nicht für sich, sondern zur Sicherung der begünstigten Banken. Maßgeblich für die Beurteilung der Anfechtung ist deshalb das Verhältnis zwischen Treugeber und Begünstigtem (vgl. dazu OLG Celle ZIP 2006, 1878, 1880; MünchKommInsO/Kirchhof 2008, § 134, Rz. 13; HambK/Rogge 2009, § 134, Rz. 8). In diesem Verhältnis erfolgt die Übertragung der Gesellschaftsanteile zur Sicherung des von den Banken neu gewährten Kredits, sodass eine Gegenleistung vorliegt und damit eine Anfechtung gemäß § 134 InsO mangels unentgeltlicher Leistung ausscheidet (Hagebusch/Knittel 2010, Rz. 163; Budde 2011, S. 1376; im Ansatz auch Braun/Riggert 2010, S. 114). Zweifelhaft ist die Anfechtungsfestigkeit der Übertragung der Anteile aber, soweit sie auch der Sicherung von Altforderungen dienen sollte, da es sich insoweit in der Regel um eine nachträgliche Drittsicherheit handeln dürfte (s. dazu BGH ZIP 2009, 1122 sowie allgemein zur Anfechtung bei der Nachbesicherung von Krediten, Berger 2010). Für die Altforderungen liegt die zentrale Sicherheit daher regelmäßig in der schon früher erfolgten Verpfändung der Gesellschaftsanteile.

Im Hinblick auf die Zahlung der Vergütung des Treuhänders aus dem Vermögen des Treugebers wird die in erster Linie in Betracht kommende Anfechtung gemäß § 130 InsO bei monatlicher Abrechnung und Zahlung unter Zugrundelegung der vom Bundesgerichtshof für Rechtsanwälte und sonstige Berater entwickelten Grundsätze am Bargeschäftseinwand im Sinne von § 142 InsO scheitern (s. dazu BGH ZIP 2006, 1261, 1264 f. sowie Uhlenbruck/Hirte 2010, § 142, Rz. 14 m. w. N.). Ob es hingegen schon an einer Gläubigerbenachteiligung fehlt, weil erst durch die Einrichtung der Treuhand das Treugut als Vermögen des Treugebers noch erhalten bleibe (so Hagebusch/Knittel 2010, Rz. 164), erscheint zweifelhaft, weil dies nichts daran ändert, dass die Zahlungen aus dem Vermögen der Treugeber erfolgen.

4.8.6 Steuerrechtliche Risiken

Die steuerrechtlichen Rechtsfolgen sind vor allem im Hinblick auf Ertragsteuer, Grunderwerbsteuer und Umsatzsteuer zu berücksichtigen.

4.8.6.1 Ertragsteuer

Wirtschaftlicher Eigentümer soll nach den üblichen Treuhandverträgen der Treugeber bleiben. Steuerrechtliche Grundlage dafür kann nur § 39 Abs. 2 Nr. 1 Satz 2 AO sein. Danach sind bei Treuhandverhältnissen die Wirtschaftsgüter dem Treugeber zuzurechnen. Dabei genügt es freilich nicht, wenn die Parteien bloß vereinbaren, dass ein Treuhandverhältnis vorliegt und der Treugeber wirtschaftlicher Eigentümer sein soll. Der Bundesfinanzhof hat vielmehr eigene Vorstellungen, wann ein steuerrechtlich anzuerkennendes Treuhandverhältnis vorliegt (s. insbesondere BFHE 188, 254 sowie Klein/Brockmeyer/Ratschow 2009, § 39, Rz. 32; Pahlke/König 2009, § 39, Rz. 53). Maßgeblich dafür sind die vereinbarten Rechte und Pflichten der Parteien. Die mit der Eigentümerstellung verbundene Verfügungsmacht muss nach den schuldrechtlichen Vereinbarungen im Innenverhältnis eindeutig derart beschränkt sein, dass die Ausübung der Rechtsmacht nach außen vom Willen des Treugebers abhängt. Ein wesentliches Kriterium dafür ist die Weisungsbefugnis des Treugebers gegenüber dem Treuhänder. Außerdem soll in der Regel die Aufnahme einer Verpflichtung des Treuhänders zur Rückgabe des Treuguts erforderlich sein. Insoweit muss das Treuhandverhältnis dem Treugeber gewissermaßen die Herrschaft über das Treugut vermitteln. Gemessen daran sind Vertragsgestaltungen der „doppelnützigen Treuhand", die Weisungsrechte des Treugebers gänzlich ausschließen, problematisch. Auch Gestaltungsformen, die keine ausdrückliche Regelung zur Rückübertragung der Gesellschafsanteile nach erfolgreicher Restrukturierung enthalten, sollten vermieden werden. Wird das Treuhandverhältnis steuerlich anerkannt, so bedeutet dies, dass Dividendeneinkünfte, Veräußerungsgewinne und -verluste durch die Treugeber und nicht durch den Treuhänder zu versteuern sind.

Im Hinblick auf die steuerliche Geltendmachung von Verlustvorträgen durch die Treugeber ist zu berücksichtigen, dass § 8c Abs. 1a KStG für den Fall der Sanierung eine Ausnahme von dem Grundsatz vorsieht, dass solche Verlustvorträge bei einem Beteiligungserwerb zwischen 25 % und 50 % beschränkt oder bei Erwerb von mehr als 50 % sogar gänzlich ausgeschlossen werden. Nach Auffassung der EU-Kommission verstößt diese nationale Regelung aber gegen die EU-Beihilferegeln (Beschluss vom 26.01.2011, Az. 2011/527/EU, ABl. L 235 vom 10.09.2011 S. 26 ff), sodass sie derzeit nicht mehr angewandt wird. Die Bundesregierung hat gegen die Entscheidung der EU-Kommission aber Nichtigkeitsklage erhoben (s. ABl. vom 26.06.2011 S. 28 ff.). Die Restrukturierungslage ist damit in diesem Punkt derzeit mit erheblicher Unsicherheit behaftet, da die Möglichkeiten der Nutzung des Verlustabzugs nicht ausreichend vorhersehbar sind (zur Problematik etwa Zimmer 2011).

Zur Überwindung dieser Schwierigkeiten kommt in Betracht, dass der Treuhänder etwa nur Anteile von 24,9 % übernimmt, sodass es nach der allgemeinen Regel des § 8c Abs. 1 KStG bei der Möglichkeit einer unbeschränkten Geltendmachung von Verlustvorträgen bliebe. In diesem Fall müssten – ähnlich wie schon bisher bei der Grunderwerbsteuer (dazu unten Abschnitt 4.8.6.2) – hinsichtlich der restlichen Anteile durch die Treugeber zusätzliche Verkaufsverpflichtungen übernommen oder Vollmachten erteilt werden. Außerdem wären aber gegebenenfalls auch weitere flankierende Maßnahmen erforderlich, um etwa zu gewährleisten, dass der Treuhänder ausreichenden Einfluss auf die Gesellschaft hat. Im Übrigen scheidet dann allerdings für den Fall der Insolvenz der Treugeber insoweit auch ein Absonderungsrecht an den restlichen Anteilen für die begünstigten Banken aus. In diesem Fall ist darauf zu achten, dass die Gesellschaftsanteile zu ihren Gunsten verpfändet sind und insoweit ein Absonderungsrecht ihre Forderungen sichert.

4.8.6.2 Grunderwerbsteuer

Anders als für Ertragsteuern gilt § 39 AO nicht auch für die Grunderwerbsteuer, da es dafür gemäß § 1 Abs. 2 und 3 GrEStG nur auf bestimmte Vorgänge des Rechtsverkehrs ankommt, nicht auf die wirtschaftlichen Vorgänge (Klein/Brockmeyer/Ratschow 2009, § 39, Rz. 4). Daher wird bei Übertragung von 95 % der Gesellschaftsanteile und mehr auf den Treuhänder die Grunderwerbsteuerpflicht ausgelöst, wenn sich im Vermögen der Gesellschaft ein inländisches Grundstück befindet. Dies kann durch Beschränkung auf einen Erwerb von weniger als 95 % der Anteile vermieden werden. Hinsichtlich der restlichen Gesellschaftsanteile kommen verschiedene Lösungen in Betracht. So kann insoweit etwa ein zweiter Treuhänder eingesetzt werden. Denkbar ist auch, dass dem Treuhänder hinsichtlich der restlichen Anteile eine unwiderrufliche Verkaufsvollmacht eingeräumt wird oder die Treugeber eine unwiderrufliche Verpflichtung zum Verkauf und zur Übertragung der restlichen Anteile übernehmen (Achsnick 2010, Rz. 205). Zur Entkräftung des Vorwurfs missbräuchlicher Gestaltung im Sinne von § 42 AO kann es erforderlich werden, gegebenenfalls plausible Gründe für die Gestaltung anzuführen (Hagebusch/Knittel 2010, Rz. 109; Achsnick 2010, Rz. 205). Die Einschaltung eines zweiten Treuhänders mag insoweit aufwendiger sein, ist steuerrechtlich aber unproblematischer.

4.8.6.3 Umsatzsteuer

§ 39 AO gilt nach herrschender Auffassung auch nicht für die Umsatzsteuer. Die Frage dürfte für die „doppelnützige Treuhand" grundsätzlich auch keine Bedeutung haben. Grundlage der Umsatzsteuerpflicht sind die Lieferungen und Leistungen des Unternehmens und damit der Treugutgesellschaft. Auf das Verhältnis zwischen Treugeber und Treuhänder kommt es insoweit nicht an (anders der Fall des FG Schleswig-Holstein EFG 2001, 716, in dem es um ein Treuhandverhältnis zum Unternehmen ging).

4.8.7 Fazit

Der Erfolg einer Restrukturierung mit Hilfe der doppelnützigen Treuhand beruht auf vielen Faktoren: auf einer realistischen Einschätzung der Lage des Unternehmens durch die Anteilseigner, dem Vertrauen der beteiligten Kreditinstitute auf den Erfolg eines Sanierungsprozesses, auf der Unterstützung durch Management, Arbeitnehmer, Lieferanten, Vermieter und Kunden. Ohne einen Treuhänder, der auf sicherer rechtlicher Grundlage agiert, lassen sich in einem derartigen Beziehungsgeflecht die Sanierungsprozesse häufig nicht ausreichend steuern. Dabei zeigt sich, dass die Schwierigkeit der doppelseitigen Treuhand vor allem in ihrer hohen rechtlichen Komplexität liegt, die nicht selten zu Zielkonflikten führt und daher sorgfältige Gestaltungen für den Einzelfall erfordert. Insoweit können Überlegungen zur typischen Interessenlage nur der Ausgangspunkt für eine passgenaue Treuhandlösung sein.

Literaturverzeichnis

Achsnick, J. (2010): Die doppelnützige Treuhand in der Sanierung

Berger, C. (2010): Insolvenzanfechtung der Nachbesicherung von Krediten. Zugleich Besprechung BGH v. 18.03.2010 – IX ZR 57/09, ZIP 2010, 2078

Bork, R. (1999): Die Doppeltreuhand in der Insolvenz, NZI, S. 337 ff.

Bork, R. (2011): Pflichten des Geschäftsführers in Krise und Sanierung, ZIP, S. 101 ff.

Braun, E./Heinrich, J. (2011): Auf dem Weg zu einer (neuen) Insolvenzplankultur in Deutschland – Ein Beitrag zu dem Regierungsentwurf für ein Gesetz zur weiteren Erleichterung der Sanierung von Unternehmen, NZI 2011, 505 ff.

Braun, E./Riggert, R. (2010): Die doppelseitige Treuhand als Sanierungsinstrument, in: Sanierung und Insolvenz, Festschrift für K. H. Görg zum 70. Geburtstag, S. 95 ff.

Brömmenkamp, U./Radner, B. (2010): Die Anforderungen an die Erstellung von Sanierungskonzepten nach dem neuen IDW S 6, InsVZ, S. 152 ff.

Budde, M. (2011): Die doppelnützige Treuhand in der Restrukturierungspraxis, ZInsO, S. 1369 ff.

Eisold, D. (2010): Erstellung von Sanierungskonzepten nach dem neuen IDW S 6, BB, S. 427 ff.

Hagebusch, A./Knittel, C. (2010): Treuhandlösungen, in: Praxishandbuch des Restrukturierungsrechts, hrsg. v. R. Theiselmann, Kap. 16

Hamburger Kommentar zum Insolvenzrecht (2009), hrsg. v. A. Schmidt, 3. Auflage

Hartung, W./Römermann, V. (2008): Berufs- und Fachanwaltsordnung, 4. Auflage

Hirschberger, H. (2005): Die Doppeltreuhand in der Insolvenz und Zwangsvollstreckung

Hirte, H./Knof, B. (2009): Das „neue" Sanierungsprivileg nach § 39 Abs. 4 Satz 2 InsO, WM, S. 1961 ff.

Jaeger (2004), InsO, hrsg. v. W. Henckel/W. Gerhardt

Klein, Franz (2009): Abgabenordnung, 10. Auflage

Münchener Kommentar zur Insolvenzordnung (2007 o. 2008), hrsg. v. Kirchhof, H.-P./Lwowski, H.-J./Stürner, R., Bd. 1 (§§ 1–102, InsVV), 2. Auflage, 2007; Bd. 2 (§§ 103–269), 2. Auflage, 2008

Oberle, T. (2011): Außergerichtliche Sanierung oder Sanierung in der Insolvenz? – Ansätze für eine Vergleichsrechnung, Festschrift für J. Wellensiek zum 80. Geburtstag, S. 73 ff.

Pahlke, A./König, U. (Hrsg.) (2009): Abgabenordnung, 2. Auflage

Palandt, Otto (2012): Bürgerliches Gesetzbuch, 71. Auflage, 2012

Paulus, C. G. (2011): Deutschlands langer Weg in die insolvenzrechtliche Moderne – Auf der Suche nach einer Sanierungskultur (Rescue Culture), WM, 2205 ff.

Pohl, R. (2011): Kann IDW S 6 Marktstandard werden?, ZInsO, S. 207 ff.

Tetzlaff, C. (2007): Verwertung von Pfandrechten an Unternehmensbeteiligungen durch eine öffentliche Versteigerung und freihändige Veräußerung, ZInsO, S. 478 ff.

Uhlenbruck W./Hirte H./Vallender, H. (Hrsg.) (2010): Insolvenzordnung, 13. Auflage

Vallender, H. (2010): Insolvenzkultur gestern, heute und morgen, NZI, S. 838

Zimmer, F. T. (2011): Abschaffung der Sanierungsklausel (§ 8c Abs. 1a KStG) und Debt Equity Swap nach ESUG, ZInsO, S. 950 ff.

4.9 Kommunikation in der Krise

Mirko Wollrab

Abstract

Für Unternehmen in Distressed-Situationen scheint die Lage oft aussichtslos. Eine stringente Kommunikationsstrategie ist in dieser Situation unerlässlich und duldet keinen Aufschub. Gelungene Kommunikation ist nicht, die Krisensituation in der Presse in einem möglichst positiven Licht darzustellen, sondern in Bezug auf unterschiedliche Zielgruppen differenzierte Botschaften zu senden. Dabei sind vor allem die Interessen der Zielgruppen – Kunden, Lieferanten, Mitarbeiter, Banken – sehr unterschiedlich, nicht selten sogar konträr. Im Sinne einer „One-Voice-Policy" müssen sowohl die Restrukturierung als auch der Neustart unterstützt werden. In diesem Zusammenhang spielt auch der nach außen sichtbar kommunizierte Bruch mit der Vergangenheit eine wichtige Rolle.

4.9.1 Ausgangssituation

Für Unternehmen in Distressed-Situationen scheint die Lage oft aussichtslos: Kunden und Mitarbeiter sind verunsichert, Lieferungen gibt es nur noch gegen Vorkasse. Mit allen Mitteln versucht die Geschäftsführung, den Umsatz zu stabilisieren und das Vertrauen in Geschäftsmodell und Management aufrechtzuerhalten. Gewerkschaften wittern einen personellen Kahlschlag, Politiker warnen vor unternehmerischen Fehlentscheidungen und der Wettbewerb reibt sich bereits die Hände. Kreditversicherer werden nervös, die Banken drehen den Geldhahn zu und haben die Schulden längst an Finanzinvestoren weitergereicht. Die Konflikte sind immens, der Druck auf das Management enorm, der Gang zum Insolvenzrichter steht kurz bevor.

Eine stringente Kommunikationsstrategie ist in dieser Situation unerlässlich und duldet keinen Aufschub. Gerade Unternehmen in schwierigen Situationen sind in hohem Maße darauf angewiesen, dass die für sie relevanten Bezugsgruppen verstehen, was im Unternehmen tatsächlich geschieht, wo es hingeht, welche konkreten Schritte zum Überleben notwendig sind. Angemessene Kommunikation zählt damit ebenso wie gutes (betriebswirtschaftliches) Krisenmanagement zu den Erfolgsfaktoren eines gelungenen Turnarounds.

Idealerweise geht die Kommunikation vom ersten Tag an mit glaubwürdigen Botschaften in den Markt, die die Restrukturierung bis zum Ende unterstützen und begleiten. Dieses zu gewährleisten bedarf einer adequaten Vorlaufzeit – und seien es auch nur wenige Tage –, in der das Kommunikationspaket zumindest in seiner Grundstruktur entworfen und abgestimmt wird.

Häufig kocht die Gerüchteküche allerdings bereits und es scheint fast schon zu spät, wenn Kommunikationsberater engagiert werden. Bevor die wichtigsten Kommunikationsinstrumente erarbeitet werden können, müssen deshalb zwingend folgende Fragen geklärt werden:

- Hat das Unternehmen eine Perspektive, und gibt es ein schlüssiges Sanierungskonzept, das über Monate trägt?
- Stehen die Hauptgläubiger und Kreditgeber weiterhin zum Unternehmen?
- Ist das Management handlungsfähig und für eine Sanierung gewappnet, bleibt es an Bord?
- Wie transparent kann und will das Unternehmen vorgehen?

So unterschiedlich das Ergebnis ausfällt, so verschieden sind auch die Kommunikationsstrategien, -mittel und -ziele. Im öffentlich heiß diskutierten Insolvenzverfahren um Arcandor – hier speziell in der Diskussion um die Mieten der meisten Karstadt-Warenhäuser – galt es, eine objektive Sachlage in den Medien zu schaffen und so die Akzeptanz der notwendigen Restrukturierungsmaßnahmen bei Gläubigern und Öffentlichkeit zu steigern. Nichts weniger als das war die kommunikative Grundvoraussetzung für den nachhaltigen Fortbestand des Unternehmens. Im Zuge der Restrukturierung und des späteren Verkaufs des traditionsreichen Automobilzulieferers Honsel waren die wenigen öffentlichen Informationen adressatengerecht und verständlich zu kommunizieren. Zugleich ging es darum, das für den letztlich erfolgreichen Investorenprozess richtige Maß an Öffentlichkeit und Transparenz zu gewährleisten. Bei Knaus Tabbert, einem Hersteller von Reisemobilen und Wohnwagen, musste vor allem eine Beeinträchtigung der Markenreputation bei Händlern und Endkunden verhindert werden. Denn es bestand die akute Gefahr, dass verunsicherte Kunden ihre Bestellungen stornieren und das Vertrauen in die Händler verlieren.

In drei Aspekten ähneln sich die meisten Restrukturierungsfälle. Erstens: In der politischen Diskussion, der Auseinandersetzung mit den Arbeitnehmervertretern sowie den Lokalmedien dreht sich Restrukturierungskommunikation nahezu ausschließlich um die Frage, wie viele Arbeitsplätze verloren gehen. Zweitens: Für die Entwicklung ausgefeilter Kommunikationsstrategien bleibt so gut wie nie genügend Zeit. Und drittens: Die Grundlage eines umfassenden Kommunikationspakets ist vor allem die enge Einbindung der Kommunikation in das Managementteam um Geschäftsführung, Investoren, Sanierer, Banker und Juristen.

4.9.2 Interessendefinition

Was soll und kann professionelle Kommunikation in einer Distressed-Situation wirklich leisten? Um mit einem Vorurteil gleich aufzuräumen: Gelungene Kommunikation ist nicht, die Krisensituation in der Presse in möglichst positivem Licht darzustellen. Das Gegenteil ist der Fall: Medien stehen zunächst oft nicht im Fokus der Krisen-PR. Die Kommunikation soll vor allem:

- die Moral der Mitarbeiter stärken
- die Sachlage in den Medien fair darstellen
- Kunden halten
- Zulieferer beruhigen
- Banken überzeugen
- politische Entscheidungsträger zu sachlichen Einschätzungen führen
- keine Begehrlichkeiten bei der Konkurrenz wecken
- kurz: die „Goldene Formel" finden, mit der alles auf einmal geklärt wird

Die erfolgreiche Kommunikation in Sondersituationen folgt festen Regeln

Kommunikation setzt Trends und gibt die Richtung vor	▪ Aktive Kommunikation zerstreut Gerüchte und sichert die **Interpretationshoheit**. ▪ Faktentreue Kommunikation und gute Netzwerke können zur **Aufrechterhaltung des Geschäftsbetriebs** beitragen.
Frühzeitige Kommunikation und Planung	▪ Je früher die Kommunikation mit im Boot ist, desto besser für das betroffene Unternehmen. **Gezielte und aktive Kommunikation schafft Zeit.** ▪ Planung und Vorbereitung im Vorfeld des Insolvenzfalls mindern den „Aufprall" und schaffen Möglichkeiten für die spätere erfolgreiche Restrukturierung.
Kommunikation identifiziert „Gut" und „Böse"	▪ Im Vorfeld der Restrukturierung ist das Interessengemenge häufig sehr komplex. ▪ Wer die Kommunikation strategisch verwendet, setzt die Agenda, sichert sich **Handlungsspielräume** und sorgt für effiziente Nutzung interner Ressourcen.
Einfach, aber umfassend kommunizieren	▪ Die Tatsachen müssen klar **verständlich**, aktiv und ehrlich kommuniziert werden. ▪ Vermeidung einer **scheibchenweisen Kommunikationspolitik** („Salamitaktik"). ▪ **Abgestimmte, stringente Botschaften** müssen fortwährend wiederholt werden.
Externe und interne Kommunikation müssen abgestimmt sein	▪ Am Tag X hat das Unternehmen eine **Bringschuld** bei allen Beteiligten. ▪ Für die interne Kommunikation hat sich eine Präsenz beim Kunden vor Ort bewährt. ▪ Botschaften aus einer Hand (**One-Voice-Policy**) steigern Vertrauen und Motivation bei Mitarbeitern und Kunden.
Rechtliche Rahmenbedingungen einer Insolvenz	▪ Verschiedene Insolvenzmöglichkeiten (Planinsolvenz, Eigenverwaltung) bieten Chancen in der Kommunikation. ▪ Journalisten und Kunden sind dankbar für Erklärungen und Unterstützungsmaterial. ▪ Erklärung der rechtlichen Vorgaben erhöht die **Glaubwürdigkeit**.
Kommunikation ist ein kontinuierlicher Prozess	▪ Nach der Kommunikation der erforderlichen Restrukturierungsmaßnahmen gilt es, im Rahmen eines **Good News Programmes** die relevanten internen und externen Stakeholder über die erreichten Meilensteine zu informieren.

Quelle: CNC

Abb. 4.9.1 Regeln erfolgreicher Kommunikation im Überblick

4.9.3 Komplexe Zielgruppen

So vielschichtig die finanziellen und strukturellen Probleme des Unternehmens ausfallen, so verschieden oder gar divergent sind auch die Ansprüche und Interessenlagen der Betroffenen.

Insbesondere bei traditionsreichen, oft weitverzweigten Familienunternehmen blockieren sich die **Gesellschafter** nicht selten gegenseitig und sind zudem nicht willens oder in der Lage, das Unternehmen zügig mit frischem Kapital und neuen Absatzideen nach vorne zu bringen. Kommunikation kann helfen, die Verhandlungspartner an einen Tisch zu bringen, den Erkenntnisgewinn und das Verständnis bei den jeweiligen Parteien zu erhöhen bzw. dahingehend zu wecken, weshalb der eingeschlagene Weg die beste Lösung für alle und das gesamte Unternehmen ist.

Mitarbeiter und Gewerkschaften fürchten zu Recht um die Sicherheit der Arbeitsplätze. Oft haben sie bereits im Vorfeld auf Lohn verzichtet oder leisten unbezahlte Mehrarbeit, um dem angeschlagenen Betrieb zu helfen. Kommunikation kann helfen, Ängste abzubauen und den gelegentlich auch sperrigen Restrukturierern sowie möglichen neuen Investoren ein Gesicht zu geben. Im Falle von Karstadt leisteten die Mitarbeiter und Gewerkschaften nicht nur einen der wichtigsten Sanierungsbeiträge, sie beeinflussten auch die Wahl des neuen Investors durch Gläubiger und Insolvenzverwalter.

Kunden wollen bei zugesagten Lieferungen und Garantien keine Abstriche machen. Eine mögliche Auslagerung von Produktionsstätten in das billigere Ausland kann zudem die auf das Gütesiegel „Made in Germany" bedachten Kunden verschrecken. Kommunikation kann helfen, Qualitätszusagen zu geben und damit die Bedenken der Kunden zu zerstreuen und notwendig gewordene Neuerungen zu erklären. Der neue Investor von Knaus Tabbert räumte Bedenken und Vorbehalte durch Gewährleistungen aus, die weit über die gesetzlich vorgeschriebene Dauer hinausgingen.

Zulieferer verweigern plötzlich die sonst üblichen Zahlungsziele oder bestehen auf Vorkasse. Besonders die Kreditversicherer sind oft die Ersten, die bei zunehmender Verschlechterung der Liquidität hellhörig werden und die Deckung kürzen oder sie gar komplett entziehen. Für die Kommunikation bedeutet das: Das Management muss einen kurzen Draht zu Zulieferern und Kreditversicherern halten, gerade unangenehme Wahrheiten direkt adressieren und diese zwei Anspruchsgruppen unbedingt frühzeitig über die nächsten Schritte ins Bild setzen.

Gläubiger und Kreditgeber werden im Gegenzug für einen Forderungsverzicht immer häufiger Miteigentümer oder sogar Hauptgesellschafter: Deshalb fordern sie aus ureigenem Interesse ein nachhaltiges Zukunftskonzept. Gleichzeitig finden sich Kreditgeber selber mehr und mehr im Fokus der Öffentlichkeit. Denn die oft sehr komplexen und schwierigen Details von Umschuldungsverhandlungen finden immer öfter Eingang in die öffentliche Berichterstattung. Kommunikation muss die Gläubiger frühzeitig ins Vertrauen ziehen, Transparenz beweisen und einen klaren Lösungsweg aufzeigen.

Politiker schalten sich öffentlichkeitswirksam in den „Überlebenskampf" des Unternehmens ein und stemmen sich teilweise auf Kosten potenzieller – ausländischer – Investoren gegen eine sinnvolle und überfällige Restrukturierung. Während Lokalpolitiker im Fall von Karstadt vor allem versuchten, Standortschließungen zu vermeiden oder Einfluss auf den Verkauf von Gebäuden zu nehmen, meldeten sich Bundespolitiker zu etwaigen neuen Karstadt-Investoren zu Wort. Kommunikation kann hier zwischen scheinbar konträren Lagern Brücken bauen, an die gebotene Objektivität erinnern und Informationen und Unterstützung für die „beste" Lösung liefern.

Die **Medien** nehmen in diesem Zusammenhang als Kristallisationspunkt der öffentlichen Wahrnehmung eine herausragende Stellung ein: Zulieferer und Kunden erfahren von den Schwierigkeiten häufig – leider – erst aus der (Lokal-)Zeitung. Doch auch für die weiteren Verhandlungen mit den Gläubigern und die Stimmung unter den Mitarbeitern ist die Berichterstattung prägend. Kommunikation kann das Informationsvakuum schließen und durch fundierte Argumentationsstränge einen glaubwürdigen Rahmen für die Berichterstattung liefern.

Im Idealfall steht die Kommunikationsabteilung bereit: Sie ist rechtzeitig als wesentliche Funktion des Krisenmanagements eingeschaltet worden, hat die Bezugsgruppen und deren Interessenlagen identifiziert. Informationsbausteine sind vorbereitet, und die Lage wird situationsgerecht kommuniziert. Dort, wo die Krise bereits unkoordiniert die Wahrnehmung der Zielgruppen geprägt hat, gilt es, die Forderungen und Bedenken einzufangen und zu analysieren, um schließlich das Vertrauen in den eingeschlagenen Weg durch Überzeugungsarbeit und Zugeständnisse zurückzugewinnen.

4.9.4 Handlungsmöglichkeiten

Besondere Situationen erfordern besondere Methoden. Auch die Kommunikation muss sich dieser Komplexität stellen. Für die Entwicklung ausgefeilter Kommunikationsstrategien bleibt dabei häufig nicht genügend Zeit. Deshalb zählen neben einem umfassenden Kommunikationspaket, das weit über die reine Pressearbeit hinausgeht, vor allem die Erfahrung und eine enge Einbindung in das Managementteam um Geschäftsführung, Investoren, Sanierer, Banker und Juristen. Die dafür notwendige Glaubwürdigkeit lässt sich nur durch einen fundierten „Track-Record" und ein gutes Netzwerk im Finanzsektor aufbauen.

Quelle: CNC

Abb. 4.9.2 Herangehensweise für ein Kommunikationskonzept

In der operativen Umsetzung ist eine interne wie externe Kommunikation erforderlich, die schnell, verständlich und vor Ort abgestimmt ist. Alle Botschaften müssen durch den „Legal Check“, damit aus der Medienarbeit kein rechtlicher Bumerang wird. Erfolgreiche Kommunikation im Krisenfall setzt in diesem Zusammenhang auf eine Vielzahl unterschiedlicher Formate zur Ansprache interner wie externer Entscheidungsträger:

- Storyline: Für eine konsequente Umsetzung der Kommunikation aus einem Guss bedarf es zunächst der Konzeption und Abstimmung einer belastbaren, realistischen und glaubwürdigen Storyline. Diese bildet die Grundlage für jegliche weitere Kommunikation nach innen und außen und dient als Masterdokument für alle zu erstellenden Pressemitteilungen, Briefe, Reden etc.
- Bezugsgruppenanalyse: Parallel dazu läuft der Check, wie gut oder wie schlecht die Daten und Beziehungen zu Zulieferern, Kunden und Mitarbeitern sind und wer mit ihnen kommunizieren soll.
- Schlüsselmedien: Ebenso zügig folgen die Analyse und Identifizierung der Schlüsselmedien sowie des politischen Umfelds. Jetzt ist ein belastbares Netzwerk bei Journalisten und Politikern gefordert, denn auch im Hintergrund wird dort konsistenter und fortlaufender Kontakt erwartet.
- Projektplanung: Die Aufbereitung der umfangreichen Informationen für die verschiedenen „Öffentlichkeiten“ setzt handwerkliches Können voraus. Eine Projektplanung, ein integriertes Team zur pünktlichen Umsetzung der Schritte, die tägliche Analyse der Berichterstattung sowie Managementcoachings und die Unterstützung und Umsetzung von Interviews runden die Palette ab.

Mithilfe dieser Maßnahmen sollen im Prozessverlauf vor allem zwei Ziele erreicht werden, die den „Neustart“ des Unternehmens unterstützen: Eine konsistente Kommunikation mit Medien, Mitarbeitern, Kunden und Lieferanten entlang einer „One-Voice-Policy“ sichert die Fortführung des operativen Geschäfts. Zugleich ist die strategische (Neu-)Positionierung der Geschäftsführung und Investoren die glaubwürdige Basis für positive Geschäftsperspektiven des restrukturierten Unternehmens.

Etwaiges Missmanagement der Vergangenheit darf dabei nicht verschwiegen werden. Häufig wird der bewusste Bruch mit der Vergangenheit auch genutzt, um eine neue Geschäftskultur oder eine veränderte Firmenidentität bei Kunden und Mitarbeitern zu etablieren.

4.9.5 Risiken

Der enorme Zeitdruck und die Notwendigkeit, innerhalb sehr kurzer Zeiträume Konzepte für die Kommunikation zu erstellen, bergen auch Risiken. Diese liegen nicht zuletzt in den unterschiedlichen Interessen einzelner Stakeholder, die man nicht in jedem Fall alle abdecken kann. Darüber hinaus gibt es singuläre Themen, die mit hoher Geschwindigkeit eine nicht erwartete Eigendynamik entwickeln und trotz eigentlich eher untergeordneter Bedeutung öffentlich in einem anderen und größeren Kontext gesehen werden, wie

z. B. die Schließung eines kleineren Werkes, an der sich plötzlich eine umfangreiche Diskussion über die strukturellen Probleme einer ganzen Branche entzündet.

Die erfolgreiche Kommunikation in kniffligen Sondersituation – das sind im Blickwinkel der direkt Betroffenen oftmals ausgewachsene Krisen – erfordert eine sehr spezielle und differenzierte Herangehensweise. Deshalb gibt es kein Patentrezept, kaum standardisierte Prozesse und allenfalls Erfahrungswerte, die auf dem jahrelangen Umgang mit solchen Fällen basieren, oftmals auch in Zusammenarbeit mit den bekannten Restrukturierungsberatern. Daraus bilden sich ein Erfahrungsschatz und das Wissen um einige herausragende Besonderheiten, die nahezu immer zu beachten sind:

Gerade in mittelständischen Unternehmen – oft angesiedelt in eher strukturschwachen Gebieten – müssen die informellen, über Jahre gewachsenen Beziehungen von Entscheidungsträgern zum regionalen Umfeld berücksichtigt und dürfen keinesfalls unterschätzt werden. Exemplarisch sei hier genannt, dass etwa Mitglieder des Betriebsrates oft eine große Nähe zu regionalen Mandatsträgern in der Politik haben oder gar selbst als Kommunalpolitiker aktiv sind. Querverbindungen zu anderen Interessengemeinschaften wie etwa den regionalen Unternehmerverbänden – aber auch informeller Gruppen spielen eine ebenso gewichtige Rolle. Kein Inhaber eines traditionsreichen Familienunternehmens oder einer der langjährigen Geschäftsführer bekommt etwa beim Treffen im Rotary Club gerne unvorbereitet pikante Fragen zur aktuellen „Krise" in seinem Unternehmen gestellt. Solche Situationen muss eine vorausschauende Kommunikation berücksichtigen, damit die handelnden Personen entsprechend gut vorbereitet sind. Denn die Außenwirkung und die informelle Kommunikation in den oben genannten Gruppen haben eine erhebliche Rückwirkung auf das gesamte Erscheinungsbild und die Wahrnehmung der allgemeinen Situation.

4.9.6 Über den wahren Erfolg entscheidet nur die Zukunft

Bei der strategischen Ausrichtung der Kommunikation gilt, dass Unternehmen nach einer erfolgreichen Restrukturierung im In- und Ausland meist wieder wachsen wollen. Deshalb ist es entscheidend, nicht nur die akute Krise zu kommunizieren, sondern vielmehr den Lösungsweg aufzuzeigen: Das Unternehmen besteht weiter, es gibt eine erfolgreiche Zukunft. Von Anfang an muss deshalb eine glaubwürdige „Rettungsstory" mit realistischen Meilensteinen der Restrukturierung vermittelt werden. Diese gilt es, ebenso nachhaltig wie sichtbar zu kommunizieren, denn die Erwartungshaltung bei allen Beteiligten, auch und gerade über den Fortgang und die Meilensteine der Restrukturierung darf keinesfalls enttäuscht werden. Deshalb entscheiden vor allem die in den Wochen und Monaten nach dem ersten Announcement gesetzten Botschaften über eine in der Öffentlichkeit glaubwürdig aufgenommene Restrukturierung. Überaus wichtig für die Kommunikation ist und bleibt mithin eine kontinuierliche Pflicht und muss auch mit Blick auf Management-Ressourcen langfristig geplant werden.

Stakeholder Management als zentraler Erfolgsfaktor in der Restrukturierung – die Rolle des Chief Restructuring Officer (CRO)

5

Jan Kantowsky und Axel Schulte

Abstract

„Stakeholder management is at the core of a turnaround: it is the engine oil that allows the turnaround process to occur."
Slatter/Lovett/Barlow 2006, S. 113

Eine Restrukturierung ist immer eine Sondersituation für das gesamte Unternehmen. Das Management des in die Krise geratenen Unternehmens trifft dabei häufig auf spezialisiertes Personal mit entsprechender Vorerfahrung – z. B. Workout-Banker, Distressed-Investoren u. a. Die aus dem angelsächsischen Raum stammende Funktion des Chief Restructuring Officer (CRO) kann hier Waffengleichheit herstellen. Der vorliegende Beitrag befasst sich mit der Rolle des CRO und seiner typischen Ausprägung. Dabei wird das Stakeholder Management als die zentrale Aufgabe eines CRO in der Restrukturierung dargestellt. Eine Fallstudie rundet die Darstellung ab.

5.1 Einführung: Restrukturierung – eine Sondersituation für Unternehmen und Management

Unternehmenskrisen stellen die Unternehmensleitung und die verschiedenen Stakeholder vor schwierige Aufgaben. Angesichts der möglicherweise gravierenden Folgen der krisenhaften Entwicklung (wie z. B. Wertvernichtung bei Kapitalgebern, Forderungsausfälle bei Lieferanten, Lieferunterbrechung bei Kunden, Arbeitsplatzverlust bei Arbeitnehmern) stellt sich die Frage, wie rechtzeitig notwendige Anpassungen in der Wertschöpfungskette, der Organisation des Unternehmens (operative Restrukturierung) und der Kapitalstruktur (finanzielle Restrukturierung) umgesetzt werden können.

Die Restrukturierung ist immer eine Sondersituation für das gesamte Unternehmen: Werden die Krisensymptome erst deutlich erkennbar, möglicherweise auch begleitet durch eine entsprechend kritische Berichterstattung in den Medien, geht dies typischerweise mit einer Verunsicherung der Belegschaft einher. Andere Stakeholder reagieren eventuell mit Restriktionen: Gesellschafter fordern Maßnahmenpläne sowie zusätzliche Informationen und Berichte an, Banken schalten intern spezialisierte Abteilungen ein, Kunden verlagern Aufträge auf alternative Quellen, Kreditversicherer verringern oder streichen Limite, Lieferanten schränken Lieferbedingungen ein. Möglicherweise treten auch neue Spieler in den Kreis der Stakeholder ein, z. B. durch die Veräußerung von Unternehmensanteilen oder Darlehen an entsprechend spezialisierte Investoren.

Die Prioritäten der Unternehmensleitung und auch die Allokation persönlicher Arbeitszeit können sich durch diese Entwicklungen dramatisch verschieben: Standen in der Vergangenheit noch marktstrategische Überlegungen und das operative Tagesgeschäft im Vordergrund, so findet sich das Management jetzt in einer Vielzahl von „Feuerwehr"-Aktionen wieder. Meetings, Gespräche und Verhandlungen mit verschiedenen Anspruchsgruppen bestimmen den Tagesablauf. Dabei trifft das Management des in die Krise geratenen Unternehmens häufig auf spezialisiertes Personal der Gegenseite mit entsprechenden Vorerfahrungen: den Workout-Banker, den Spezialbetreuer beim Kreditversicherer, den Distressed-Investor, um nur einige zu nennen. Typischerweise wird damit ein gewisses Ungleichgewicht begründet: Was für das Management des in die Krise geratenen Unternehmens die Ausnahme darstellt, ist für die genannten Spezialisten die Regel.

Im Folgenden wollen wir einige wichtige Aspekte solcher Restruktuierungs-Situationen herausgreifen und näher beleuchten. Dabei steht nicht die Vollständigkeit der Untersuchung im wissenschaftlichen Sinne im Vordergrund, sondern die jeweilige Relevanz so, wie wir sie in der Praxis erleben.

5.2 Informations-Asymmetrien und Informationspolitik

Ein aus unserer Sicht ganz wesentlicher Aspekt jeder Restrukturierungs-Situation ist, dass diese – zumindest anfänglich – von erheblichen Asymmetrien hinsichtlich der Verfügbarkeit von Informationen gekennzeichnet ist. Während die Unternehmensleitung ihr Führungshandeln gewissermaßen „in Echtzeit" erlebt und vollen Zugriff auf alle Informationssysteme des Unternehmens hat, erfahren die verschiedenen Stakeholder in der Regel nur zeitverzögert und/oder verdichtet (z. B. über das regelmäßige Berichtswesen) oder gar nicht von bestimmten kritischen Entwicklungen im Unternehmen und werden oft nur unvollständig über Entscheidungen und Maßnahmen der Unternehmensleitung informiert. Dies gilt in besonderem Maße für – typischerweise mittelständische – Unternehmen, in denen Unternehmensleitung und Anteilseigner (teilweise) identisch sind. Hier ist nicht selten davon auszugehen, dass die Interessen einer Anspruchsgruppe systematisch bevorzugt berücksichtigt werden. Konflikte mit anderen Anspruchsgruppen sind in diesem Fall vorprogrammiert.

Hinsichtlich der Verfügbarkeit von Informationen bilden Aufsichtsgremien oder Beiräte gewissermaßen die „zweite Ebene". Auch hier sind bestimmte Anspruchsgruppen vertreten (regelmäßig Anteilseigner und je nach Betriebsgröße auch Arbeitnehmervertreter), die im Vergleich zu anderen Stakeholdern einen privilegierten Zugang zu Informationen haben und auch – teilweise entscheidenden – Einfluss auf die Unternehmensleitung ausüben können.

Die „dritte Ebene" wird durch Anspruchsgruppen gebildet, denen gegenüber bestimmte Berichtspflichten bestehen. Dies sind in der Regel Kapitalgeber, wobei auch hier, insbesondere bei komplexen Strukturen, Unterschiede je nach Einordnung in die Kapitalstruktur bestehen können. Je nach Umfang und Frequenz der Berichterstattung sind diese Stakeholder darauf angewiesen, Krisensignale indirekt aus den bereitgestellten Informationen abzuleiten. Typische Warnsignale sind:

- Das wiederholte Verfehlen von Plan- oder Prognosewerten
- Das Fehlen eines schlüssigen Businessplans (integrierte Planung) und daraus abgeleiteter Mittelfrist-Pläne
- Schwierigkeiten oder Zeitverzögerungen bei der Beantwortung von Rückfragen oder Bereitstellung von Sonderanalysen
- Das Fehlen einer Liquiditätsplanung

Schließlich bleibt die „vierte Ebene" der Anspruchsgruppen, denen gegenüber von Seiten des Unternehmens keine formalen Berichtspflichten bestehen. So sind beispielsweise Lieferanten in der Regel darauf angewiesen, über indirekte Wege Informationen über das Unternehmen zu erlangen, wie z. B. Auskunfteien, Ratingagenturen, Kreditversicherer etc.

5.2.1 Defizite im Berichtswesen

Neben die hier skizzierte Problematik der asymmetrischen Informationsverteilung treten in vielen Fällen Defizite im Berichtswesen. Der Unternehmensleitung fehlen dann situationsadäquate Instrumente, um in einer Krisensituation wirksam Transparenz herzustellen und Kontrolle zu ermöglichen.

In unserer Praxis treffen wir – unabhängig von der Unternehmensgröße – häufig auf Situationen, in denen das Informations- und Kontrollsystem für die Bewältigung der Unternehmenskrise wichtige Elemente vermissen lässt. Häufig ist das Berichtswesen auf Steuerungsgrößen aus der Erfolgsrechnung wie Umsatz und (operatives) Ergebnis ausgerichtet. Dabei werden Berichtseinheiten gebildet oder zusammengefasst, die nicht identisch sind mit der rechtlichen Organisation des Unternehmens, d. h. mit den jeweiligen Einzelgesellschaften des Konzerns. Insbesondere im insolvenznahen Bereich ist dies keine ausreichende Handlungs- und Entscheidungsgrundlage für das Management. So sind z. B. Insolvenztatbestände auf der Ebene der jeweiligen Einzelgesellschaft zu ermitteln. Entsprechend müssen oft geeignete Informationssysteme unter hohem Zeitdruck eingeführt werden, um sachgerechte Entscheidungen und die Weitergabe verlässlicher Information an relevante Anspruchsgruppen zu ermöglichen.

Neben der Liquidität liegt hier das Hauptaugenmerk auf den Kreditauflagen bzw. Covenants. Eine Verletzung der Covenants zieht typischerweise durch die Kapitalgeber veranlasste Restrukturierungsbemühungen nach sich.

Liquidität	▪ Wie sicher sind Sie bezüglich der zukünftigen Cashflows? Wird das Unternehmen stets ausreichend Liquidität zur Verfügung haben? ▪ Haben Sie bereits das Minimum an Liquidität, dass Sie eigentlich benötigen? ▪ Ist Ihr Produkt- und Kundenportfolio auch hinsichtlich gebundener Liquidität optimiert? ▪ Ist die Optimierung von Liquidität und Working Capital in Ihr Anreizsystem eingebunden?
Covenants	▪ Verstehen Sie im Detail ihre Kreditauflagen bzw. Covenants und ihre Handhabung? ▪ Wie viel Headroom zeigen Ihre Covenants in den kommenden 4–8 Quartalen? ▪ Wie nutzen Sie Treasury-Informationen um das Vertrauen bei Investoren, Banken, Kreditversicherern und Lieferanten in Ihre Zahlungsfähigkeit zu verbessern?
Transparenz und Kontrolle	▪ Werden Entscheidungen - insbesondere im Vertrieb - stets auch aus Cash-Gesichtspunkten betrachtet (Zahlungsfristen, Investitionszeitpunkte, Mahnwesen, Bevorratung etc.)? ▪ Sind Sie sicher, dass wirklich jeder Umsatz zeitnah in Rechnung gestellt wird und die Zahlungsziele korrekt im System abgebildet sind? ▪ Haben Sie bereits alle Hebel des Working Capital Managements – auch mit Blick auf die Covenants – genutzt?

Abb. 5.1 Checkliste für das Informations- und Kontrollsystem in der Unternehmenskrise

Die in Abbildung 5.1 wiedergegebene Checkliste liefert Ansatzpunkte für die Identifikation von Schwachstellen im Berichtswesen des Unternehmens. Eine zentrale Aufgabe in der Anfangsphase der Restrukturierung ist die schnelle Beseitigung dieser Schwachstellen, um eine verlässliche Kommunikation mit den wesentlichen Anspruchsgruppen zu ermöglichen.

5.2.2 Mangelnde Transparenz und fehlgeleitete Stakeholder-Kommunikation

Neben den Limitationen des Berichtswesens und den darin gründenden Mängeln der Kommunikation mit den Stakeholdern ist aber noch ein weiterer Aspekt nicht zu vernachlässigen: Die akute Unternehmenskrise folgt oft auf eine länger andauernde rückläufige Entwicklung. Slatter/Lovett/Barlow sprechen hier von einer „Abwärtsspirale", in der Informationen bewusst oder unbewusst zurückgehalten werden. Die Unternehmensleitung versucht, negative Nachrichten auszublenden. In der Folge werden nicht sachgerechte Maßnahmen getroffen bzw. notwendige Entscheidungen und die Implementierung relevanter Maßnahmen unterbleiben (vgl. Slatter/Lovett/Barlow 2006, S. 77).

Entsprechend ist die Kommunikation mit den Anspruchsgruppen von einem fehlgeleiteten Erwartungsmanagement geprägt. Werden wesentliche Aussagen des Managements im Nachhinein als von Zweckoptimismus geprägte „Durchhalteparolen“ entlarvt, so führt dies in der Regel zu einem erheblichen Vertrauensverlust. Viele Unternehmenskrisen gehen einher mit einer erheblichen Störung oder gar Zerrüttung der Beziehungen zu wesentlichen Stakeholdern. Eine grundsätzliche Aufgabe in der Restrukturierung besteht daher darin, für Klarheit und Verlässlichkeit der von Unternehmensseite kommunizierten Informationen zu sorgen und das Vertrauensverhältnis wiederherzustellen.

5.2.3 „Aussitzen“ von externen Beratern

Eine typische Reaktion von Stakeholder-Seite (in der Regel veranlasst durch Fremdkapitalgeber) ist die Entsendung von Beratern oder Wirtschaftsprüfern zur Beschaffung bzw. Verifizierung von Informationen (z. B. im Rahmen eines „Independent Business Review“) oder zur Entwicklung von Maßnahmenplänen, die auf eine Verbesserung der Situation gerichtet sind.

Auch hier gilt es oft, erhebliche Hürden zu überwinden: Erhalten die Berater keinen oder nur zeitverzögerten Zugriff auf kritische Informationen und fehlt eine wirksame Einbindung in den Management-Prozess, dann bleibt der erhoffte Erfolg aus. Die Ursache liegt hier meist in einem mangelnden „Buy-in“ des Management-Teams. Dabei kommen verschiedene Problemstellungen einzeln oder in Kombination zum Tragen:

- Die Notwendigkeit des Berater-Einsatzes wurde durch die Unternehmensleitung nicht selbst erkannt oder fortwährend in Frage gestellt.
- Die Unternehmensleitung hatte bei der Beraterauswahl keine freie Hand oder gar konkrete Vorgaben z. B. der Kapitalgeber zu befolgen.
- Der Umfang des Beratungsauftrags wurde ganz oder in Teilen von außen vorgegeben.
- Es bestehen informelle oder sogar formelle Berichtspflichten (duty-of-care) des Beraters gegenüber externen Stakeholdern.

In der Konsequenz wird das Beratungsmandat oft „ausgesessen“, wirksame und nachhaltige Veränderungen können in diesem Fall durch den Beratereinsatz nicht erreicht werden.

5.3 Die Rolle der Unternehmensleitung

Die obigen Ausführungen verdeutlichen, dass der Unternehmensleitung bei der Bewältigung einer Unternehmenskrise eine zentrale Rolle zukommt. Allerdings besteht nicht jedes Management-Team zwangsläufig und ausschließlich aus erfahrenen Krisenmanagern. Viele Führungsteams haben sich bei Aufbau, Wachstum und Entwicklung des jeweiligen Unternehmens große Verdienste erworben. Tiefgreifende, echte Unternehmenskrisen kommen aber in der Entwicklung vieler Unternehmen nur selten vor – häufig stellen sie eine „Premiere“ in der Geschichte des jeweiligen Unternehmens dar. Eine – möglicherweise die Existenz des Unternehmens bedrohende – Krise ist somit eine Sondersituation, die spezialisiertes Know-how und entsprechende Vorerfahrungen erforderlich macht.

Basierend auf unserer Praxis wollen wir im Folgenden auf eine Reihe von Merkmalen eingehen, die den Einsatz eines spezialisierten „Krisenmanagers“ sinnvoll machen können. Auch im deutschsprachigen Raum hat sich hierfür mittlerweile der Begriff des „Chief Restructuring Officer“ oder kurz „CRO“ etabliert. Dabei wird mit dem Begriff gemeinhin eine temporäre (Organ-)Verantwortlichkeit bezeichnet, die von einem auf Restrukturierungen spezialisierten Interims-Manager übernommen wird, in dessen Funktion sämtliche Aufgaben gebündelt sind, die ein gesamtheitliches Krisenmanagement umfassen – von der Realisierung der strukturellen und operativen Maßnahmen bis hin zur Verhandlung einer Refinanzierung.

5.3.1 Objektive Analyse der Krisenursachen

Gerät ein Unternehmen in die Krise, so stellt sich unweigerlich auch die Frage nach den Krisenursachen. Nicht selten spielt hier auch die unternehmensinterne Politik eine Rolle, die Ursachenanalyse kann so zur „Suche nach dem Schuldigen“ geraten. Dabei spielen die Management-Entscheidungen der Vergangenheit eine zentrale Rolle: Die Unternehmensleitung oder einzelne Entscheider stehen unter teilweise nicht unerheblichem Rechtfertigungsdruck. Nach unserer Erfahrung geht damit häufig eine Tendenz zur Postrationalisierung einher, die den objektiven Blick auf die Situation verstellen kann und so eine offene und objektive Analyse der Krisenursachen erschwert.

Über den Zeitraum der Krisengenese hinweg gibt es verschiedene Warnsignale, die die Unternehmensleitung und bei Voranschreiten der Krise zunehmend auch die übrigen Stakeholder des Unternehmens sensibilisieren und zum Einschreiten motivieren. Typische Zeichen, die auf das Vorliegen einer Krise hindeuten, sind dauerhaft verfehlte Planvorgaben, kontinuierlich wachsende Zahlungsziele, hohe Fluktuation auf Management-Ebene sowie generell sinkendes Vertrauen der Stakeholder in die Fähigkeiten der Unternehmensleitung (s. hierzu auch die Ausführungen in Abschnitt 5.1). Gerade das Verfehlen der Planvorgaben führt häufig zum Bruch von Kreditauflagen („Covenants“), was wiederum den Gläubigern die Möglichkeit gibt, Maßnahmen zu ergreifen und von der Unternehmensleitung z. B. die Beauftragung eines CRO zu verlangen.

Erfolgskrise (~Turnaround)	Liquiditätskrise (~Restrukturierung)
Stabilisierung Geschäftsmodell	Restrukturierung Kapitalstruktur
Interner Fokus	Externer Fokus
Führungs nach Innen	Stakeholder Management
Umsatz-/Absatz-Stärkung	Verschuldungsfähigkeit
Kostenstruktur	Cashflow und Liquidität
6 – 18 Monate Zeit	0 – 6 Monate Zeit
Austausch/Anpassung Führungsmannschaft	Arbeit mit existierender Mannschaft

Abb. 5.2 Der Krisentyp determiniert den Fokus der CRO-Tätigkeit

Wenn die Erkenntnis einer Unternehmenskrise feststeht und die generelle Entscheidung getroffen worden ist – sei es aus Eigenantrieb durch die Unternehmensleitung oder induziert durch den Druck der kreditgebenden Banken –, externe Unterstützung für die Restrukturierung eines Unternehmens zu suchen, muss klar herausgearbeitet werden, ob sich das Unternehmen bereits in einer insolvenznahen Restrukturierungs-Situation (Liquiditätskrise) oder noch in einer Erfolgskrise befindet, die dem Management-Team noch Zeit für einen Turnaround lässt (vgl. Abbildung 5.2).

5.3.2 Vorerfahrung mit Sondersituationen

Wie oben ausgeführt, ist das existierende Management-Team in der Regel nicht in dem Maße krisenerfahren, wie es die Situation erfordert; dies gilt insbesondere für Unternehmenskrisen, bei denen das Unternehmen in Insolvenznähe gerät.

Unerfahrenheit mit derartigen Sondersituationen kann oft zu Fehleinschätzungen oder gar einer „Lähmung" des Managements führen; hier können auch Haftungsfragen eine wichtige Rolle spielen. Die Gesetzgebung in Deutschland sieht verschiedene Tatbestände vor, für die eine persönliche Haftung der Organe gegeben ist (z. B. §§ 43, 64 GmbHG, §§ 823, 826 BGB). Darüber hinaus können bestimmte Handlungen oder Unterlassungen der Unternehmensleitung vor einer Insolvenz auch strafrechtliche Konsequenzen nach sich ziehen. Insbesondere sind hier Insolvenzverschleppung (§ 15a InsO) und Eingehungsbetrug (§ 263 StGB) zu nennen. Schließlich kann eine rechtskräftige Verurteilung wegen Insolvenzverschleppung zu einem Ausschluss der betroffenen Person von der Wahrnehmung von Organfunktionen führen.

Auch wenn der CRO kein Jurist mit insolvenzrechtlicher Spezialisierung ist, so ist er in der Regel aus seiner Praxis mit dem aktuellen Stand und den wesentlichen Anforderungen des Insolvenzrechts vertraut. Gemeinsam mit den rechtlichen Beratern des Unternehmens und der Geschäftsleitung ist er in der Lage, rechtmäßige, aber gleichzeitig pragmatische und sachgerechte Handlungsstrategien zu entwickeln.

Aber noch ein weiterer Aspekt des rechtlichen Rahmens ist von Bedeutung: Gerade in der jüngeren Vergangenheit unterlagen die Regelungen der Insolvenzordnung einer ständigen Weiterentwicklung. Nur beispielhaft sei hier auf das Gesetz zur weiteren Erleichterung der Sanierung von Unternehmen (ESUG) vom 7. Dezember 2011 verwiesen (vgl. Bundesgesetzblatt Jahrgang 2011 Teil I Nr. 64, S. 2582 ff.). Hier werden der Unternehmensleitung erhebliche Handlungsspielräume eröffnet, eine Sanierung im Rahmen einer Eigenverwaltung vorzubereiten und durchzuführen (vgl. insbesondere § 270b InsO).

Führungskräfte, die intensiv in ihr jeweiliges Tagesgeschäft eingebunden sind, finden in der Regel nicht die Zeit, diese Entwicklungen zu verfolgen. Der Einsatz eines entsprechend versierten Fachmanns bringt damit einen evidenten Nutzen für die Führung des Unternehmens in der Krise: Auch wenn die Restrukturierung nicht im Rahmen einer Insolvenz durchgeführt wird, ist die genaue Kenntnis der wirtschaftlichen Stellung der jeweiligen Stakeholder in einer potenziellen Insolvenz wesentlich, um die Verhandlungen um einen Interessenausgleich unter den Stakeholdern vor Insolvenz effektiv führen zu können.

5.3.3 Situationsadäquate Führungspraktiken

In der Krise spielen durchaus auch „weiche Faktoren“ wie die Wahl des Führungsstils eine Rolle. Hier bestehen oft unterschiedliche Anforderungen an Führung und Führungshandeln: Was sich in „guten Zeiten“ bewährt hat, funktioniert in der Krise möglicherweise nicht oder nicht mehr (und vice versa). Eingeübte Führungspraktiken erweisen sich unter Umständen als nicht situationsadäquat – so kann durch sehr konsensorientierte Abstimmung wertvolle Zeit verloren gehen, coaching-orientierte Ansätze geben verunsicherten Mitarbeitern unter Umständen nicht genug Sicherheit und Klarheit.

Eine Unternehmenskrise macht klare Zielvorgaben und stringentes Führungshandeln erforderlich. Dies gilt insbesondere dann, wenn die Personaldecke hochqualifizierter Mitarbeiter bzw. Potenzialträger infolge der rückläufigen Unternehmensentwicklung bereits ausgedünnt ist. Oft verlassen gerade hochqualifizierte Mitarbeiter und Führungskräfte mit entsprechenden Chancen auf dem Arbeitsmarkt ein Krisenunternehmen als Erste. Es ist daher von zentraler Bedeutung, dass die Unternehmensleitung der verbleibenden Belegschaft mit hoher Glaubwürdigkeit klare Perspektiven aufzeigt, ohne die Situation zu verharmlosen oder „schönzureden“. Klarheit und Offenheit bewähren sich hier in der Regel deutlich besser als das Verheimlichen von bestimmten Maßnahmen wie z. B. Stellenabbau oder die Schließung bzw. Veräußerung von Betriebsteilen.

5.3.4 Zeitliche Beanspruchung durch Sonderaufgaben der Restrukturierung

Unternehmenskrisen und die damit einhergehenden Anforderungen von wichtigen Stakeholdern können die Unternehmensleitung weitgehend absorbieren. So erhöhen z. B. Kapitalgeber typischerweise ihre Anforderungen an Umfang und Frequenz der Berichterstattung. Hinzu kommen eine ganze Reihe von Terminen, bei denen das Management die vorgelegten Berichte und Maßnahmenpläne erläutern muss. Ähnliches gilt unter Umständen auch für die Arbeitnehmerseite, die im Wirtschaftsausschuss nach ausführlicher Darlegung von Krisenursachen und Strategien der Unternehmensleitung zur Krisenbewältigung verlangt.

Die Erfordernisse des Tagesgeschäfts kommen dann zu kurz, in der Folge kann sich die Krise weiter verschärfen, das Unternehmen gerät potenziell in einen „Teufelskreis" aus rückläufiger Unternehmensentwicklung und Verschärfung der Berichts- und Abstimmungsanforderungen der Stakeholder. Hier kann der Einsatz eines CRO die Geschäftsleitung entscheidend entlasten, indem er Sonderaufgaben der Restrukturierung an sich zieht. Hierzu zählt vor allem auch die in den meisten Restrukturierungs-Situationen extrem zeitaufwendige Abstimmung mit den verschiedenen Anspruchsgruppen mit dem Ziel, einen Interessenausgleich herzustellen und die weitere Unterstützung des Unternehmens durch die Stakeholder abzusichern.

Im folgenden Abschnitt wollen wir auf die Ausgestaltung der Rolle des CRO näher eingehen.

5.4 Stakeholder Management als zentrale Aufgabe des CRO

5.4.1 Der CRO – neuer Wein in alten Schläuchen?

Im Prinzip hat es das Berufsbild des Chief Restructuring Officer auch vor Einführung und inhaltlicher Auslegung des Begriffes CRO bereits gegeben – in vielen Restrukturierungsfällen der Vergangenheit sind diese Aufgaben aber durch einen sanierungserfahrenen CEO übernommen worden, der gegebenenfalls von entsprechend qualifizierten Unternehmensberatern unterstützt worden ist. Der Fokus wurde dabei häufig primär auf die kurzfristige Kostenreduktion gelegt, obwohl die bloße Konzentration einer Restrukturierung auf kostensenkende Eingriffe vielfach die langfristige Ausrichtung des Unternehmens auf Basis einer neuen, zum geänderten Zuschnitt des Unternehmens nach Abschluss der Restrukturierung passenden Kapitalstruktur vernachlässigt. Eine langfristig erfolgreiche Restrukturierung muss aber holistisch sein und damit sowohl harte Elemente (z. B. Kostenreduktion, Cash Management, Refinanzierung) als auch weiche Elemente (klare Kommunikation, Stakeholder Management) umfassen (vgl. Slatter/Lovett 1999, S. 5).

Diese Erfahrung gepaart mit einer kontinuierlich steigenden Komplexität bei den Unternehmensfinanzierungen führte zu der Erkenntnis, dass Unternehmensrestrukturierungen zwar parallel zum operativen Geschäft, aber nicht zwangsläufig von denselben Personen in der Unternehmensleitung durchgeführt werden müssen. Eher das Gegenteil ist der Fall: Die wenigsten Unternehmenslenker erleben in ihrer beruflichen Karriere kritische Restrukturierungs-Situationen und sind daher, wenn es dazu kommt, mit den vielfältigen, neuen Anforderungen, die an sie gestellt werden, häufig überfordert.

Es sind zunehmend nicht mehr die rein operativen Aspekte, die eine Restrukturierung ausmachen; finanzielle Aspekte und die damit einhergehenden Verhandlungen mit unterschiedlichsten Finanzierer-Gruppen sind mindestens ebenso bedeutend geworden, wenn nicht sogar der mittlerweile wichtigste Teil einer Unternehmensrestrukturierung. Damit ist das Anforderungsprofil für einen Restrukturierungsexperten im Laufe der Zeit zunehmend komplexer geworden. Mittlerweile umfasst es neben breitem operativen Know-how sowie krisenerprobten Management- und Kommunikationsfähigkeiten auch fundiertes finanzwirtschaftliches Wissen um die Zusammenhänge der komplexen Finanzverbindlichkeiten in den Unternehmensbilanzen.

Die Rolle des „Chief Restructuring Officer“ fand ihren Ursprung in den US-Chapter-11-Restrukturierungen der 90er Jahre des letzten Jahrhunderts (vgl. Waisman/Lucas 2008/2009, S. 200). Als Vorreiter komplexer Finanzierungsstrukturen haben die USA im Falle von Unternehmenskrisen schon früh den Bedarf an Spezialisten für sowohl operative als auch finanzielle Restrukturierungen erkannt. Besonders die Gläubiger der in eine Schieflage geratenen Unternehmen forderten von ihrem Schuldner die Beauftragung solcher Spezialisten, um die Erfolgswahrscheinlichkeit einer Restrukturierung zu erhöhen. Mit dem zunehmendem Kapitaltransfer von den USA nach Europa wuchs auch hier auf dem Kontinent der Bedarf an dieser spezifischen Restrukturierungsexpertise. Vor allem die angelsächsischen Gläubiger, die sich über die Jahre an den Chief Restructuring Officer gewöhnt hatten, brachten diese Rolle nach Europa (vgl. Slatter/Lovett/Barlow 2006, S. 200/201)

Generell arbeitet der CRO für das sich in einer Krise befindende Unternehmen entweder als Berater für Vorstand bzw. Geschäftsführung oder aber direkt auf Augenhöhe in Organfunktion. Er wird für gewöhnlich bereits zu Beginn des Restrukturierungsprozesses mandatiert, meistens auf Drängen der stärksten Gläubigergruppen, die die Berufung eines CRO nicht selten zur Voraussetzung ihrer Unterstützung des Restrukturierungsprozesses machen, sollte eine Kreditauflage gebrochen sein oder frische Liquidität benötigt werden. Seine übergreifende Aufgabe ist es, den Restrukturierungsprozess zu steuern und mit den relevanten Stakeholder-Gruppen Einigung über deren Beitrag zur Restrukturierung des Unternehmens sowie über die zukünftige Kapitalstruktur zu erzielen (vgl. Slatter/Lovett/Barlow 2006, S. 201). Damit liegt der Fokus des CRO nicht primär auf der Konzepterstellung, die häufig von spezialisierten Unternehmensberatern durchgeführt wird, sondern auf der Umsetzung der im Konzept definierten operativen und finanziellen Restrukturierungsmaßnahmen (vgl. KPMG/JLU 2007, S. 18).

Was aber sind letztendlich die wesentlichen Erfolgsfaktoren für einen Chief Restructuring Officer? Worauf kommt es bei der Ausgestaltung des Mandates an, worauf muss er in den unterschiedlichen Phasen einer Sanierung sein Augenmerk richten, und zu welchem Zeitpunkt und auf welche Weise gestaltet er idealerweise seinen Abgang? Zur Beantwortung erscheint es sinnvoll, die Rolle des Chief Restructuring Officer in drei Phasen zu unterteilen: die Zeit vor der Beauftragung, die Ausgestaltung des Mandates selber und sein Exit aus der Funktion.

5.4.2 Vor der Beauftragung – was genau benötigt das Unternehmen?

CROs werden nur bei Unternehmenskrisen beauftragt und sollen helfen, das Unternehmen durch die Krise zu bringen und dabei auch neu aufzustellen. Was aber sind Krisen, bei denen ein CRO helfen kann? Allgemein lassen sich Unternehmenskrisen einteilen in strategische Krisen, Erfolgskrisen und Liquiditätskrisen (vgl. z. B. Evertz/Krystek 2010, S. 22). Während im Falle der strategischen Krisen der substanzielle Verlust von Erfolgspotenzialen im Vordergrund steht, der in den meisten Fällen erst ex post als solcher festgestellt werden kann, sind die Folgen der beiden anderen Krisentypen unmittelbarer spürbar. Die Erfolgskrise zeigt sich in verfehlten GuV-Zielen, die Liquiditätskrise in einer drohenden Illiquidität, die ohne das Ergreifen von Gegenmaßnahmen kurzfristig zur Insolvenz führen wird.

Um den richtigen, auf die Situation des Unternehmens passenden CRO-Typus wählen zu können, müssen Unternehmensleitung und gegebenenfalls auch Finanzierer vorher genau abwägen, in welchem Stadium der Krise sich das Unternehmen befindet und welche spezifischen Qualifikationen der Restrukturierungsexperte haben muss (vgl. Slatter/Lovett/Barow 2006, S. 5). Dabei taucht auch immer wieder die Frage auf, ob der CRO Industrie-Expertise haben sollte. Intuitiv würde man diese Frage wohl bejahen, tatsächlich geht es bei dem CRO aber primär um die funktionale Restrukturierungskompetenz und weniger um sein spezifisches Markt-Know-how. Zwar ermöglicht die Kenntnis um die konkreten Marktzusammenhänge ein generell besseres Verständnis des Geschäftsmodells; es garantiert aber keinesfalls die bessere Lösung, da viele Aspekte einer Restrukturierung die Industriekompetenz nicht so erfordern wie Krisenerfahrung und erprobte Führungskompetenz des Restrukturierungsmanagers (vgl. KPMG/JLU 2007, S. 14). Aufgrund des bereits in den vorangegangenen Beiträgen im Detail aufgezeigten komplexen Stakeholder-Umfeldes ist die Erfahrung im Umgang mit den verschiedenen Gruppen in einer Restrukturierungssituation essenziell und überkompensiert deutlich das Erfordernis von Industrie-Know-how, das in ausreichendem Maße auch im Unternehmen selber vorhanden sein sollte.

Neben der Frage nach der Industriekompetenz determiniert vor allem die Komplexität des Falles das Anforderungsprofil an den CRO. Handelt es sich um ein rein national tätiges Unternehmen oder sind grenzüberschreitende Themen zu beachten? Wie international ist der Finanziererkreis und welche Jurisdiktionen sind betroffen? Sind diese

Fragen geklärt und geeignete Kandidaten mit entsprechender Erfahrung gefunden, stellt sich die Frage der organisatorischen Einbindung des CRO.

Wird er „non-executive" als Berater eingebunden, berichtet er dem Management und ist von dessen Weisungen abhängig. Sollte es zu unterschiedlichen Auffassungen kommen, kann das Management den Vertrag mit dem CRO grundsätzlich beenden, muss aber gegebenenfalls Restriktionen aus den Kreditverträgen befürchten, sollte der CRO dort als Bedingung aufgeführt sein (vgl. Bossi 2006, S. 2). Im anderen Fall einer echten Einbindung des CRO als Organ auf Management-Ebene hat der CRO maßgeblichen Einfluss auf die Gestaltung der Restrukturierung und treibt den Prozess eigenverantwortlich mit einer gewissen Unabhängigkeit von den übrigen Organträgern. Wesentliche Stakeholder-Gruppen in einer Restrukturierung präferieren die Einbindung des CRO als Organ; auch um zu gewährleisten, dass die Restrukturierung im Sinne aller Stakeholder erfolgt und nicht nur primär unternehmensseitige Aspekte Berücksichtigung finden. Der Chief Restructuring Officer soll dabei im Ausgleich der unterschiedlichen Stakeholder-Interessen in einer Restrukturierung die beste Lösung für den spezifischen Fall finden. Er agiert dabei als ehrlicher Makler für alle Interessengruppen, der ausschließlich der Sache verpflichtet ist – als „honest broker".

5.4.3 Die Ausgestaltung des Mandats – der CRO als „honest broker"

Die Erfahrung aus den ersten dreißig Tagen Arbeit in einem Krisenunternehmen lehrt, dass die Probleme häufig schwerwiegender und vielfältiger sind, als die der Beauftragung vorangegangene Analyse ergeben hat. Daher sollten der Tätigkeitsumfang und auch der Verantwortungsbereich des CRO möglichst breit und flexibel definiert werden.
Typische Aufgaben für einen CRO sind:

1. Interner und externer Ansprechpartner für alle restrukturierungsbezogenen Sachverhalte
2. Verhandlungen der Beiträge aller Stakeholder zur Restrukturierung des Unternehmens
3. Regelmäßige Kommunikation mit den finanzierenden Banken und anderen wichtigen Stakeholdern
4. Erarbeitung einer kurzfristigen Liquiditätsplanung inklusive Liquiditätscontrolling
5. Entwicklung und Umsetzung von kurzfristig wirksamen Liquiditätsmaßnahmen
6. Erarbeitung eines robusten Businessplans, der sämtliche operativen Restrukturierungsmaßnahmen enthält und von den finanzierenden Banken und anderen maßgeblichen Stakeholdern unterstützt wird
7. In Abhängigkeit vom Krisenstadium: Übernahme der Verantwortung für den operativen Turnaround und/oder Verantwortung für die Verhandlungen mit den Finanzierungspartnern

Sollte die Beauftragung des CRO auf Druck der finanzierenden Banken und/oder anderer wesentlicher Stakeholder erfolgt sein, besteht die Gefahr, dass das Management/die

Eigentümer des betroffenen Unternehmens sich dieser Auflage nur vordergründig annehmen und versuchen, die Rolle und ihre Funktion so ineffektiv wie möglich auszugestalten – hier gelten die bereits in Abschnitt 5.2 hinsichtlich externer Berater gemachten Ausführungen analog. In solchen Fällen werden dann die Reporting-Linien des CRO in der Unternehmenshierarchie bewusst zu niedrig aufgehängt, der Aufgabenumfang so stark eingegrenzt, dass der CRO kein ganzheitliches Bild der Situation bekommen kann, die externen Kommunikationsmöglichkeiten des CRO stark eingeschränkt oder aber ihm nur ein kleines, internes Team zur Verfügung gestellt, mit dem er die vor ihm liegenden Aufgaben nur unzureichend erfüllen kann.

Um zu verhindern, dass der CRO letzten Endes nur ein „zahnloser Tiger" ist, sollten entsprechende Regelungen in die Finanzierungsdokumente oder in andere relevante, das Unternehmen bindende vertragliche Gestaltungen aufgenommen werden. So können die Finanzierungsdokumente neben der Verpflichtung zur Mandatierung eines CRO auch den gewünschten Umfang sowie die Auflage zum regelmäßigen Reporting durch den CRO gegenüber den relevanten Stakeholdern umfassen. Darüber hinaus kann verlangt werden, dass wichtige Dokumente in der Kommunikation mit den Stakeholdern, wie z. B. kurzfristige Cashflow-Planungen, Ziehungsanweisungen oder auch Auszahlungen, die über einen definierten Schwellenwert hinausgehen, vom CRO geprüft und gegengezeichnet werden müssen. Schließlich kann auch darüber nachgedacht werden, die Beendigung des CRO-Vertrages an die Zustimmung der wesentlichen Stakeholder zu knüpfen.

Es bleibt festzuhalten, dass selbst fortgeschrittene Organisationen nicht immer wissen, was ein CRO genau macht; es darf daher auch aus Stakeholder-Kreisen nicht implizit davon ausgegangen werden, dass diese Rolle im betroffenen Unternehmen sofort richtig verstanden wird. Von vielen Unternehmensführern oder Anteilseignern wird ein CRO zunächst als Marionette der Banken angesehen, der mit dem Ziel ins Unternehmen geschickt wird, die Rechte des Managements einzuschränken und die für die Banken beste Lösung zu finden. Es ist Aufgabe des CRO, diese Zweifel zu zerstreuen, indem er gemeinsam mit dem bestehenden Management des Unternehmens die Last der Restrukturierung schultert und eine Lösung herbeiführt. Nicht nur aus diesem Grund sind die Management- und Kommunikationsfähigkeiten des CRO essenziell für den Restrukturierungsprozess. Stakeholder und CRO sollten daher frühzeitig kommunizieren, was genau die Rolle des CRO im betroffenen Unternehmen sein soll (vgl. Abbildung 5.3).

Richtig eingesetzt kann ein CRO als ein neutraler und von der Vergangenheit unbelasteter Manager helfen, gemeinsam mit der Unternehmensleitung und weiteren relevanten Stakeholdern eine objektive Ursachenanalyse zu erstellen. Für ein konstruktives Zusammenwirken mit dem Management ist es von besonderer Bedeutung, dass Vorurteile hinsichtlich der Rolle des CRO frühzeitig ausgeräumt werden. Wird dieser z. B. als „Marionette" der Banken wahrgenommen, dessen wahre Mission die Beschneidung von Kompetenzen der Unternehmensleitung ist, so wird dies das CRO-Mandat in aller Regel stark belasten. Es liegt hier häufig am CRO selbst, derartige Wahrnehmungen durch die täglich gelebte Praxis auszuräumen.

Interne Sicht der wesentlichen Stakeholder	Engagement Letter Auszug (Beispiele)	Verlautbarung Unternehmen
• „Wir wollen einen ungeschönten Bericht über das wahre Ausmaß der Unternehmenskrise." • „Wir erwarten, dass das Management kontrolliert wird." • „Der CRO soll die ganze Restrukturierung professionalisieren." • „Jede Bankenkommunikation soll vom CRO gegengezeichnet werden ."	• „... stellt einen Chief Restructuring Officer zur Verfügung ... " • „... etabliert eine klare Kommunikation zu den relevanten Stakeholder des Unternehmens ..." • „... entwickelt und implementiert einen robusten Businessplan, der von den wesentlichen Stakeholder unterstützt wird ..." • „... setzt eine kurzfristige Liquiditätsplanung auf und unterstützt den CFO bei der Entwicklung von Liquiditätsmaßnahmen ..."	• „Der CRO wird uns in dieser Phase des Wandels unterstützen. Im Ergebnis unserer gemeinsamen Bemühungen wird ein deutlich kosteneffizienteres und schlagkräftigeres Unternehmen stehen." • „Der CRO berichtet an den CEO und ist solange fester Teil des Management Teams, bis seine Aufgaben erfolgreich abgeschlossen sind."

Abb. 5.3 Definition und Kommunikation der Rolle des CRO

5.4.4 Die Beendigung des Mandats – Exit-Planung für den CRO

Der Tag, an dem der Chief Restructuring Officer das Unternehmen wieder verlässt, ist genauso wichtig und muss entsprechend detailliert vorbereitet werden wie der Tag, an dem er seine Arbeit antritt. Aus vielerlei Gründen werden die Stakeholder des Unternehmens dem richtigen Ausstiegszeitpunkt eine entsprechende Bedeutung beimessen.

Auf den ersten Blick mag die Übergabe an das zukünftige Management eher zweitrangig erscheinen, sollten doch zu diesem Zeitpunkt alle wesentlichen Maßnahmen einer Sanierung bereits umgesetzt bzw. unumkehrbar eingeleitet sein. Dennoch werden in dieser letzten Phase alle Weichenstellungen für die mittelfristige Unternehmensentwicklung determiniert. Hierbei sind wesentliche Aspekte zu berücksichtigen, die für die Nachhaltigkeit eines Turnarounds von großer Bedeutung sind und damit auch für den jeweils verantwortlichen, interimistisch tätigen Chief Restructuring Officer, dessen persönliche Reputation und häufig auch dessen finale Vergütung am Erfolg der durch ihn geleiteten Restrukturierung gemessen werden. Allein deshalb sollte ihm, aber auch den beteiligten Stakeholdern, von denen jeder seinen individuellen Beitrag zur Gesundung des Unternehmens geleistet hat, sehr daran gelegen sein, die Geschicke des Unternehmens in die richtigen Hände zu übergeben und an den vorgeschalteten internen Entscheidungsprozessen zu partizipieren bzw. diese mitzugestalten.

In der Restrukturierungs-Community wird sehr viel über die Anforderungen an einen CRO und dessen Tätigkeitsschwerpunkte diskutiert, aber erstaunlich wenig über den richtigen Zeitpunkt seines Ausscheidens. Es scheint generell eine gewisse Unsicherheit über Dauer und Grenzen des CRO-Einsatzes zu bestehen (vgl. KPMG/JLU 2007, S. 13). Dabei ist das Risiko eines falschen Exit-Zeitpunktes eines der größten Risiken für die erfolgreiche Restrukturierung eines Unternehmens überhaupt.

Die Erinnerungen an falsche Entscheidungen der Vergangenheit, die letzten Endes zu operativen und finanziellen Fehlentwicklungen und damit zur Krise führten, verblassen häufig über die Dauer der Restrukturierung. Risiken, die auch nach dem Ausscheiden des CRO noch immanent sind, werden dann oft nicht mehr als wesentlich angesehen. Kurz: Es besteht die große Gefahr, dass der Abgang des CRO im Unternehmen als Erleichterung empfunden wird und die Organisation schnell wieder in den alten Trott verfällt. Grundsätzlich kann so etwas nie vollständig verhindert werden; allerdings kann das Risiko solcher Entwicklungen durch eine detaillierte Exit-Planung deutlich reduziert werden. Dabei sollte dieser Plan selbst einer klaren Struktur folgen (vgl. Abbildung 5.4).

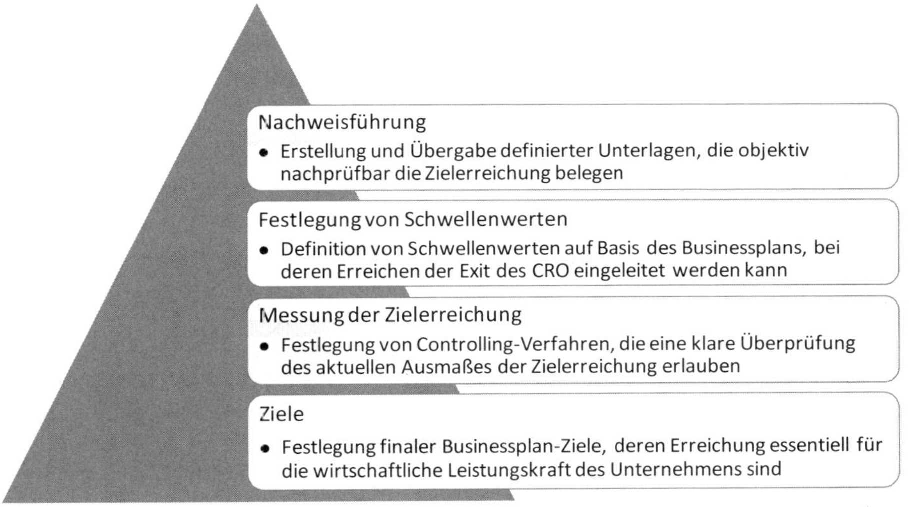

Abb. 5.4 Elemente des Exit-Plans für einen Chief Restructuring Officer

Bei der Ausgestaltung des Mandats, spätestens aber in den ersten dreißig Tagen der Tätigkeit, sollten bereits die durch den CRO zu erreichenden Ziele festgeschrieben worden sein. Während der Dauer des Mandats wird die aktuelle Zielerreichung regelmäßig gemessen und den relevanten Stakeholdern präsentiert. Bei (dauerhaftem) Erreichen bestimmter Schwellenwerte kann der Exit des CRO eingeleitet werden. Auch die schließlich zu dem Exit führenden Einzelschritte lassen sich in eine klare Struktur bringen (vgl. Abbildung 5.5).

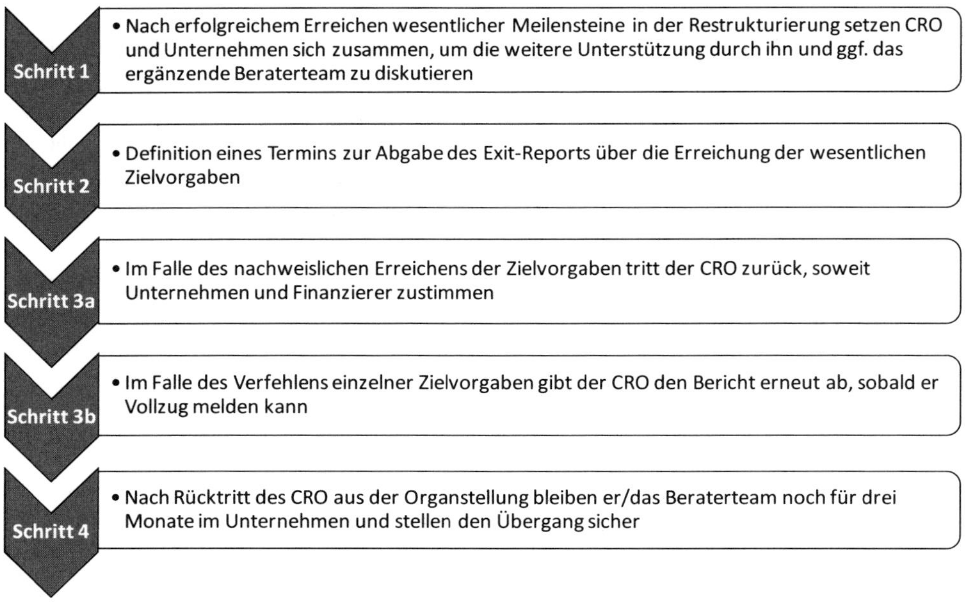

Abb. 5.5 Detailplanung CRO Exit

Für den CRO determinieren der Termin zur Abgabe des Exit-Reports sowie die Präsentation der Ergebnisse vor Unternehmen und relevanten Stakeholdern, meistens den Finanzierern, seine weitere Tätigkeit. Sobald er belegt, alle seinerzeit definierten Ziele erreicht zu haben, kann er aus der Organstellung zurücktreten und für eine gewisse Zeit ausschließlich beratend tätig sein; sollten hingegen noch Meilensteine offen sein, wird er bis zu deren Erreichen in der Regel weiter als CRO tätig sein, es sei denn, aus anderen Gründen wird ihm der Rückzug gestattet.

Ein wichtiger in den Zielvorgaben für den CRO in jedem Fall zu berücksichtigender Aspekt ist die Vorgabe, den eigenen Nachfolger in einer dauerhaften Position festzulegen und einzuarbeiten. Gegebenenfalls kann es ein unternehmensinterner Kandidat sein, der über das notwendige Kompetenzprofil für die weitere Umsetzung der operativen Restrukturierung verfügt; häufig wird allerdings ein externer, dauerhafter Kandidat präferiert (vgl. auch Abbildung 5.6). Um eine reibungslose Übergabe des CRO an den neuen Manager zu gewährleisten, sollten unter anderem das Profiling für potenzielle Nachfolger, die Beauftragung eines geeigneten Personalberaters, der Such- und Entscheidungsprozess selbst und idealerweise auch eine „Überlappungsphase", in der CRO und neues Management parallel arbeiten, Teil der Zielvorgaben sein.

Erfolgskriterien für	Chief Restructuring Officer	Angestellte Manager
Führungsstil	• Führt autoritär • Gibt klare Vorgaben • Entscheidet situativ auch alleine	• Coacht Mitarbeiter • Ist kooperativ • Entscheidet demokratisch
Tätigkeitsschwerpunkt	• Gibt die Richtung vor • Ist umsetzungsorientiert • Bewegt die Organisation	• Entwicklung der Mitarbeiter • Förderung der Zusammenarbeit • Pflege von Beziehungen
Gegenanzeigen	• Unternehmen braucht eine langfristige Ausrichtung • Großer Anteil sehr fähiger Mitarbeiter	• Vorliegen einer echten Krise • Mitarbeiter sind führungslos und brauchen Richtungsvorgaben • Hoher Zeit- und Entscheidungsdruck

Abb. 5.6 Abgrenzung CRO zu angestelltem Manager

5.5 Fazit: CRO – Sonderrolle für Sondersituationen

Jede Krise ist für ein Unternehmen und sein Management eine echte Sondersituation, weil sich die Anforderungen an die Unternehmensleitung im Vergleich zum normalen Geschäftsleben stark verändern. Spürbar sind diese Veränderungen bereits in der Erfolgskrise, eine gewisse Dramatik bekommen sie in der Liquiditätskrise, in der schnelles, fokussiertes Handeln zum Gebot der Stunde wird.

Unternehmensintern wächst in Zeiten der Unsicherheit bei der Belegschaft der Bedarf nach Führung und Kommunikation, wofür die Unternehmensleitung naturgemäß genau in dieser Situation wenig Zeit hat, nimmt doch das Bekämpfen der Krisensymptome den größten Raum im Tagesgeschäft ein. Hinzu kommt, dass die Stakeholder des Unternehmens ihrerseits mit auf Krisenentwicklungen spezialisiertem Personal aufwarten und ein deutlich stärker ausgeprägtes Informationsbedürfnis haben als vor der Krise. In den meisten Fällen ist die bisher existente Waffengleichheit zwischen Finanzieren, Kreditversicherern, Private-Equity-Häusern und dem betroffenen Unternehmen in der Krise aufgehoben. Die Unternehmensleitung sieht sich Workout-Bankern und anderen Restrukturierungsspezialisten gegenüber, ohne selber die Erfahrung zu haben, wie man am besten mit einer Krisensituation bzw. mit diesen neuen Stakeholder-Vertretern umgeht.

In solchen Fällen hilft die Nominierung eines CRO der Unternehmensleitung bei der Fokussierung der Aktivitäten. Er übernimmt die Verantwortung für die Umsetzung der Restrukturierung und verschafft damit der übrigen Geschäftsleitung den Freiraum, sich weiter um das operative Geschäft zu kümmern. Eine seiner wichtigsten Aufgaben ist das Management der unterschiedlichen Stakeholder-Gruppen mit dem Ziel, von jeder einzelnen den maximal möglichen Beitrag zur Sanierung des Unternehmens zu bekommen. Dabei ist er als ehrlicher Makler („honest broker") der Sache verpflichtet und arbeitet so lange für das Unternehmen, bis die Restrukturierung abgeschlossen ist. Proaktiv handelnde Eigentümer oder Unternehmensleiter mandatieren einen Restrukturierungsspezialisten, noch bevor dies eine Auflage der Finanzierer wird.

Auch wenn es das Berufsbild des interimistisch tätigen Restrukturierungsspezialisten bereits vor Aufkommen der Begriffsbezeichnung CRO gab, hat sich das Anforderungsprofil an diese Persönlichkeiten seit den 90er Jahren des 20. Jahrhunderts noch einmal deutlich verändert. Lag der Fokus früher stark auf dem Management und der Umsetzung operativer Restrukturierungsmaßnahmen, stehen heute häufig ein Interessenausgleich zwischen den relevanten Stakeholdern und die richtige Kapitalstruktur im Vordergrund. Die angelsächsischen Banken als Vorreiter bei komplexen Unternehmensfinanzierungen haben als Erstes die Notwendigkeit erkannt, Spezialisten für die Restrukturierung der Passivseite den betroffenen Unternehmen zur Seite zu stellen: Damit hat sich auch der zunächst anglo-amerikanisch geprägte Begriff CRO weltweit etabliert.

Gerade vor dem Hintergrund der Reform des deutschen Insolvenzrechts (s. hierzu die Ausführungen zum ESUG in Abschnitt 5.2) ist auch in Deutschland eine stärkere Verankerung dieser wichtigen Rolle in Sanierungsverfahren zu erwarten. Richtig aufgesetzt, ist die Mandatierung eines CRO ein wirksames Instrument, um gemeinsam mit der Geschäftsleitung die Unternehmenskrise zu bewältigen und Werte zu sichern.

5.6 Fallstudie zum Einsatz eines Chief Restructuring Officer

Michael Dorn, Jens Haas und Peter Neubacher

5.6.1 Unternehmen und Ausgangssituation

Im Dezember 2005 erwarb ein Konsortium europäischer Private Equity Fonds ein Unternehmen der Telekommunikationsindustrie. Schwerpunkt des Geschäftes des Unternehmens war die Vermarktung des eigenen Netzes für verschiedene Produkte, wie z. B. Fernsehen, Telefon und Internet. Das erworbene Unternehmen entstand zwölf Monate zuvor aus der Fusion zweier eigenständiger mittelständischer Gesellschaften. Eine Integration der beiden Unternehmen hatte bis zum Erwerb durch das Konsortium nicht stattgefunden. Nach wie vor existierten zwei voll funktionsfähige Zentralen, die Vertriebsorganisationen arbeiteten nicht im Gleichklang miteinander und die technischen Bereiche verfolgten unterschiedliche Strategien. Das Unternehmen bediente mehrere regionale Märkte, ein klarer strategischer Fokus zur Marktorientierung und Marktbearbeitung war nicht zu erkennen. Die unternehmensweite Transparenz war durch die unterschiedliche Struktur und Qualität der Daten, die in unterschiedlichen ERP-Systemen vorgehalten wurden, ungenügend, jedoch für die Steuerung des Unternehmens kritisch.

Diese Ausgangslage lässt auch die Motivation für den Unternehmenskauf erkennen, nämlich das Heben von Synergien durch Integration der beiden Unternehmen. Mit Akribie hatten die Investoren im Vorfeld der Akquisition die relevanten Benchmarks zu Kosten, Personaleinsatz und administrativen Funktionen analysiert, Best Practices identifiziert und das Gesamtpotenzial, das sich aus der Verschmelzung der beiden Unternehmen ergab, hochgerechnet. Weitere Größenvorteile und vor allem weiteres Wachstum sollten langfristig durch die Übernahme von Wettbewerbern erreicht werden, wobei auch bei diesen strategischen Überlegungen Synergien eine wichtige Rolle spielten. Der langfristige Verkauf war auch vorgezeichnet, nämlich die Veräußerung des „neu paketierten" Unternehmens oder von Unternehmensteilen an einen oder mehrere große Wettbewerber. Die erwarteten Wachstumspotenziale aus der Nutzung des Netzes für weitere Produkte, insbesondere das hochbandbreitige Internet, führten auch auf der Umsatzseite zu erheblichen Erwartungen und motivierten die Banken, einer durchaus aggressiven Finanzierung zuzustimmen.

Nach der Übernahme wurde das bestehende Management-Team um einen Executive Chairman – ein US-Telekom-Manager und Vertrauter der Investoren – ergänzt, der operativ sehr eng mit der Geschäftsführung zusammenarbeiten sollte und die Schnittstelle zum Investorenkonsortium darstellte. Die Zusammenarbeit war schwierig und von sprachlichen und kulturellen Barrieren beeinträchtigt. Angelsächsische Private-Equity-Investoren trafen auf den alteingesessenen deutschen Mittelstand. Für die Mitarbeiter wurde schnell offensichtlich, dass sich mit dem neuen Eigentümer viele Veränderungen ergeben würden. Die Pläne zur operativen Integration der bisher eigenständigen Unternehmensteile und damit zum drohenden Stellenabbau, zu Standortschließungen und prozessualen Veränderungen wurden durch das Management zeitnah nach dem Erwerb kommuniziert. Erste Kündigungen und die Gründung eines Konzernbetriebsrats waren die Reaktionen.

Die Kommunikation innerhalb des Management-Teams und zwischen Management und Belegschaft war gestört. Die Ankündigungen der Veränderungen lähmte das Unternehmen zusehends.

Dieser Zustand führte dazu, dass sich die Investoren entschieden, in einem ersten Schritt mehrere externe Unternehmensberatungen zu engagieren, um bessere Transparenz sowohl über die operative als auch finanzielle Ist-Situation des Unternehmens zu bekommen und darauf aufbauend ein detailiertes Effizienzsteigerungsprogramm zu entwickeln: Ein Beratungshaus sollte die Wachstumspotenziale und operativen Verbesserungspotenziale identifizieren und entsprechende Maßnahmen detaillieren, ein weiteres Beratungshaus fokussierte sich auf die Performance-Verbesserung im Bereich Customer Relation Management und eine „Big 4" WP-Gesellschaft hatte die Aufgabe, das Reporting kurzfristig zu verbessern. Die Arbeiten der Berater wurden direkt durch den Executive Chairman koordiniert und liefen dadurch teilweise an der Geschäftsführung des Unternehmens vorbei. Es mangelte an Umsetzungsorientierung und auch eine durchgehende Kommunikation und damit eine Verbesserung der Zusammenarbeit aller Beteiligten wurde hierdurch nicht erreicht, so dass das Misstrauen aller Beteiligten wuchs.

Der Druck für alle Beteiligten erhöhte sich dramatisch, als gleich im ersten Quartals-Reporting nach dem Closing wesentliche Ergebnisabweichungen durch die Geschäftsführung kommuniziert wurden und der Forecast für das laufende Geschäftsjahr deutlich nach unten korrigiert wurde und somit schlechter als der Investment Case der Investoren lag.

5.6.2 Situation und Interessen der Stakeholder

Der Verkauf des Unternehmens an das Konsortium hatte im Rahmen einer Auktion stattgefunden. Der Alteigentümer blieb mit einem zwar erheblichen, aber quasi stimmrechtslosen Anteil Miteigentümer. Das Verhältnis von Eigenkapital zu Fremdkapital allerdings betrug ca. 1: 9. Das war selbst zu dieser Zeit eine durchaus aggressive Finanzierung; die finanzierenden Banken setzen hierbei auch auf die erfolgreiche Umsetzung der Kosteneinsparungen bei gleichzeitiger Erreichung der im Businessplan unterstellten Wachstumsraten.

Das Konsortium war eine in sich heterogene Gruppe. Ausgesprochen starke Lead-Investoren bestimmten das strategische Konzept der Firma und trieben über den eingesetzten Executive Chairman die operativen Geschicke des Unternehmens, obwohl diese Gruppe nur die Minderheit an der Gesellschaft hatte. Die Alteigentümer hielten nach dem Verkauf noch ca. 40 % der Anteile, waren aber über das Lead-Investoren-Konzept de facto ohne Mitspracherechte. Da es sich bei den Investoren um verhältnismäßig kleine Fonds handelte und der Alteigentümer nicht mehr handlungsfähig war, war die Abhängigkeit von den Entscheidungen und Handlungsmöglichkeiten der Lead-Investoren besonders groß. Weder gab es eine realistische Möglichkeit der weiteren Eigenkapitalzufuhr, noch waren die einzelnen Fonds groß genug, um ein Scheitern des Investments zulassen zu können. Wertsteigerung, Ergebnisverbesserungen und die schnelle Realisierung von Synergien waren damit von ausgesprochener Wichtigkeit. Gleichzeitig war ausreichend Transparenz erforderlich, um den Umsetzungsfortschritt eng kontrollieren zu können.

Die Banken hatten mit der Kapitalstruktur eine für damalige Zeiten durchaus gängige Finanzierung angeboten, allerdings aufbauend auf zwei Annahmen, die gerade im Umfeld einer strukturierten Finanzierung weniger üblich waren: Die Wertsteigerung des Unternehmens und damit die Entwicklung des Cashflow waren getrieben durch Umsatzwachstum und durch Kosteneinsparungen, die zum Zeitpunkt der Finanzierungszusage nur auf dem Papier vorhanden waren. Zwei Werthebel also, die die Schuldenkapazität getrieben haben, aber jeweils nicht einfach aus der Vergangenheit extrapoliert werden konnten und für die Banken ein Risiko darstellten. Die Nervosität und das Bedürfnis nach tatsächlich messbaren Fortschritten waren für die Banken und damit auch für die Investoren sehr groß. Das Verhältnis zwischen Banken und Management wurde zudem durch eine sehr angelsächsische Struktur des Bankenkonsortiums auf die Probe gestellt – kaum eine finanzierende Bank hatte einen deutschen Hintergrund und traf auf ein klassisches mittelständisches Management.

Die Geschäftsführung des Unternehmens fand sich in der typischen Zwickmühle wieder, zuerst für den Altgesellschafter den besten Verkaufspreis zu erzielen und anschließend nach dem Verkauf diesen Kaufpreis gegenüber den Neugesellschaftern durch Einhaltung des Businessplans rechtfertigen zu müssen. Die Geschäftsführung erhielt durch den Altgesellschafter einen Sonderbonus für den erfolgreichen Verkauf, dessen Höhe wiederum stark abhängig vom erzielten Verkaufspreis war. Diese „Sandwichposition" zwischen Alt- und Neugesellschafter bei einem Unternehmensverkauf ist grundsätzlich eine große Herausforderung für eine Geschäftsführung und das war auch in diesem Fall so. Nach Monaten der Vorbereitung des Verkaufs folgten die Unsicherheit und die Konfrontation mit ambitionierten Zielen des neuen Eigentümers. Die ersten Wochen waren einerseits geprägt vom Diskurs über den vom Investor vorgegebenen Businessplan und andererseits vom Findungsprozess zur Zusammenarbeit mit dem Investoren.

Besondere Nervosität herrschte aber auch bei den Mitarbeitern. Die neuen Eigentümer und deren ambitionierter Einsparungsplan ließen Spekulationen und Befürchtungen direkt nach dem Erwerb ansteigen. Die „überfällige" Zusammenlegung der Unternehmenszentralen sowie der nach wie vor parallel existierenden regionalen Vertriebseinheiten prägten die Stimmung.

Auch die Kunden, mit denen zum Großteil langjährige Geschäfts- und Vertragsbeziehungen bestanden, waren verunsichert durch den Einstieg der Private-Equity-Investoren.

5.6.3 Der CRO-Auftrag

Die Investoren erkannten, dass diese Situation kurzfristig verbessert werden musste. Insbesondere galt es, die operative Führung wieder zu stärken und das Vertrauen der Stakeholder wiederzugewinnen. Mit der Beauftragung eines CRO sollten diese Ziele erreicht werden. Daher engagierten die Investoren Anfang des Jahres 2006 einen CRO. Unser Kollege sollte als eingetragener Geschäftsführer die Schnittstelle zwischen den Investoren, dem Management, den Banken und der Organisation, aber auch den verschiedenen Beratern, die bereits im Vorfeld beauftragt worden waren, bilden. Gleichzeitig sollte der CRO als integrativer Faktor für eine Verbesserung der Zusammenarbeit im Unternehmen und für Zuverlässigkeit und Stringenz sorgen. Dies sollte auch dadurch erreicht werden, dass der CRO die Schnittstelle zum Betriebsrat bilden sollte. Daneben war dessen wichtigste Aufgabe die erfolgreiche Umsetzung der geplanten Ergebnisverbesserungspotentiale. Die Sicherstellung einer zügigen Umsetzung der Verbesserungsmaßnahmen (Kosten, Synergien, Zusammenlegung der Zentralen) und der Nachweis des Zielerreichungsgrades vor allem gegenüber den Investoren und Banken bildeten den Kernpunkt dieser Aufgabenstellung. Die Definition eines Reportings und die Verbesserung der Aussagekraft von Informationen vor allem gegenüber den Banken stellten eine weitere essenzielle Aufgabe dar.

5.6.4 Der CRO und das Team

Es bestand enormer Zeitdruck. Der CRO musste nicht nur restrukturierungserfahren sein, sondern nach Möglichkeit auch über ausreichende Erfahrung in der Medien- und Telekommunikationsbranche verfügen. Zusätzlich war es wichtig, dass er bereits in verschiedenen operativen Führungspositionen tätig war, um mit dem Management des Unternehmens auf Augenhöhe arbeiten zu können und von den Investoren, den anderen Geschäftsführern und den Mitarbeitern als „Vertrauensperson" anerkannt zu werden. AlixPartners setzte einen erfahrenen Manager ein, der bereits eine Vielzahl von Restrukturierungsmandaten mit Erfolg geleitet hatte und bereits in verschiedenen Managementfunktionen erfolgreich tätig gewesen war, unter anderem als CFO/COO eines börsennotierten Unternehmens in der Medienindustrie, das er restrukturiert hatte.

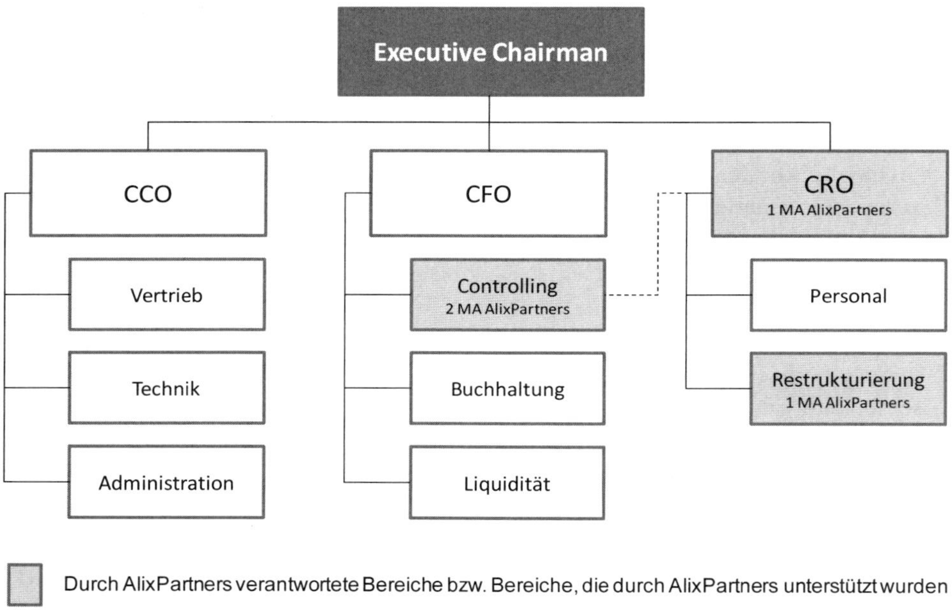

Abb. 5.7 Integration des CRO und dessen Teams in die Organisation

Der CRO wurde durch ein kleines Team erfahrener AlixPartners-Berater unterstützt. Die wesentlichen Arbeitsstränge waren:

- Leitung Programmmanagement: Steuerungs- und Überwachungsfunktion für alle restrukturierungsrelevanten Maßnahmen, d. h. Schaltstelle des Restrukturierungsprogramms,
- Schaffung von mehr Transparenz sowohl über die operative als auch finanzielle Entwicklung des Unternehmens, Entwicklung eines neuen Businessplans inkl. aller durch

die spezialisierten Unternehmensberatungen identifizierten Verbesserungsmaßnahmen, der den Support des Top-Managements des Unternehmens, der Investoren und der finanzierenden Banken hat

Der CRO wurde als ein gleichberechtigter Teil des Management-Teams bestellt und berichtete in dieser Funktion an den durch die Investoren eingesetzten Executive Chairman. Die weiteren AlixPartners-Berater wurden organisatorisch dem jeweiligen Fachbereich zugeordnet, fachlich wurden diese jedoch durch den CRO gesteuert, damit er sicherstellen konnte, dass die Aufgaben im Gleichklang bearbeitet wurden und die Unabhängigkeit des CRO und seines Teams gewahrt bleibt.

5.6.5 Das Agieren des CRO

Die erste Aufgabe des CRO bestand darin, das Misstrauen der Stakeholder zu reduzieren, indem Transparenz geschaffen wurde. Dazu wurden mehrere Schwerpunkte gesetzt:

- Regelmäßige Kommunikation mit allen Stakeholdern,
- Schaffung eines Controlling-Reports, der valide Zahlen liefert und für die finanziellen Stakeholder aussagekräftig ist,
- Erarbeitung eines Restrukturierungsprogramms und Zusammenfassung aller Maßnahmen in einer einheitlichen Logik und Schaffung eines aussagefähigen Reporting-Formats,
- Erstellen eines neuen Businessplans, der die Erkenntnisse der Ist-Zahlen und der Restrukturierungsmaßnahmen inkludiert.

Innerhalb weniger Wochen wurde eine umfassende Analyse zur Ist-Situation, zu den Restrukturierungsmaßnahmen und zu dem sich dann ergebenden Businessplan vorgelegt und mit den Investoren diskutiert. Es zeigte sich hierbei insbesondere, dass einzelne Potenziale zum Teil überschätzt worden waren und die Umsetzung der Maßnahmen kaum vorankam. Diese Transparenz war essenziell, da damit ein gemeinsames Verständnis zur Lage geschaffen werden konnte, alle Beteiligten dieselbe Sicht auf die Situation erhielten und umgehend gemeinsam Prioritäten gesetzt werden konnten.

In der Zwischenzeit arbeitete der CRO zusammen mit dem Management daran, den Geschäftsbetrieb wieder in den normalen Modus Operandi zu bringen. Dazu wurden regelmäßige Statusmeetings mit allen Abteilungen ins Leben gerufen, und die wöchentliche Geschäftsführungssitzung wurde genutzt, um die wesentlichen Entscheidungen zu treffen.

Da es zwischen den Investoren, den Banken, dem Chairman und dem Management-Team Spannungen und Missverständnisse gab, übernahm der CRO die Rolle des Mediators und wurde zum Sprachrohr gegenüber diesen Stakeholdern. Dies führte zu einer Beruhigung der Situation, da die Investoren großes Vertrauen in den CRO hatten. Nicht zuletzt konnten so auch Missverständnisse aufgrund von Fremdsprachenproblemen anderer Top-Manager des Unternehmens vermieden werden.

Zudem übernahm der CRO die Aufgabe der Kommunikation mit den Mitarbeitervertretern, d. h. den Betriebsratsgremien. Dies war ein wesentlicher Erfolgsfaktor für das Gelingen der Restrukturierung, da ohne Unterstützung der Mitarbeiter die geplante Restrukturierung nicht umgesetzt werden konnte. Das Vertrauen der Mitarbeiter gewann der CRO unter anderem durch den offenen und konstruktiven Dialog mit dem Betriebsrat sowie regelmäßige Mitarbeiterinformationen und Mitarbeiterversammlungen, die genutzt wurden, um den Mitarbeitern so offen wie möglich die anstehenden Veränderungen zu erklären.

Neben den Arbeitspaketen des CRO zur Vertrauensbildung und zur Schaffung einer offenen, transparenten Umgebung, arbeitete das Team um den CRO an der Umsetzung der weiteren Aufgabenstränge.

5.6.6 Neues Reporting als Grundlage für Transparenz und das Restrukturierungsprogramm zur Erzielung der Einsparungen

Mithilfe des CFO und mit Hilfe der Controlling-Abteilung wurde ein neuer Controlling-Report entwickelt. Maßgabe hierbei war, dass die Zahlen valide, schnell verfügbar und aussagekräftig sein mussten. Um dieses Ziel zu erreichen, wurde zuerst mit einem vermeintlich einfachen Report angefangen, der sich vor allem aus Vertriebsdaten und einer einfachen Liquiditätsübersicht zusammensetzte. Dies war möglich, da der Cashflow an sich stabil war und nur durch wenige Determinanten beeinflusst wurde, wobei der Vertriebserfolg die wichtigste war. Die Liquidität konnte auf Basis von Ist-Zahlen und historischen Zeitreihenanalysen anfangs zumindest soweit prognostiziert werden, dass die Investoren und das Management eventuelle Engpässe rechtzeitig erkennen konnten. Die Einführung dieses einfachen Controllingtools hatte neben dem Transparenzargument vor allem den operativen Effekt, dass Leistungen hinterfragt wurden und die Kommunikation zwischen den Abteilungen wieder auflebte. Der Report wurde in den folgenden Wochen und Monaten stetig zu einem umfassenderen Managementreport weiterentwickelt. Er wurde in diesem Schritt auch um das Reporting der Covenants erweitert, damit die Reportingpflichten gegenüber den Banken erfüllt werden konnten. Zudem entwickelte das Team später einen sogenannten Risk-Monitor, der es den Empfängern ermöglichte, sich ein schnelles Bild zur Lage des Unternehmens zu machen.

Zentrales Ziel des CRO-Teams war die Realisierung der im Businessplan unterstellten Effizienzsteigerungen. Bei der Berechnung der Ergebnissteigerungen durch die Investoren wurden Benchmarkingkonzepte angewandt, eine Verprobung in der Realität war noch nicht vorgenommen wurden. Das Ergebnisziel für das Programm wurde aus dem Businessplan abgeleitet und nach und nach mit Maßnahmen unterlegt. Die einzelnen Maßnahmen wurden in Projekten zusammengefasst, so dass sich für das Ergebnisverbesserungsprogramm vier Projekte mit jeweils einer Vielzahl von Maßnahmenpaketen ergaben. Die Ergebnisse wurden im Rahmen von wöchentlichen Projektmeetings und monatlichen Lenkungsausschüssen nachgehalten, in denen die verantwortlichen internen Projektleiter die Fortschritte bei der Maßnahmenumsetzung präsentierten.

Der Lenkungsausschuss bestand aus dem Management sowie Vertretern der Investoren und wurde durch den CRO geleitet.

Aufgrund der Brisanz der Reorganisation übernahm der CRO für dieses Thema auch die Rolle des Projektleiters. Zuerst bestimmte der CRO mit den Abteilungsleitern die Personal-Abbauziele, die sich durch Synergien und Effizienzsteigerungen realisieren ließen. Hierbei gab es klare Zielvorgaben auf Basis des Business Plans. Gleichzeitig wurde eine neue Aufbauorganisation entwickelt, die mit den Zielpersonalzahlen und Zielstandorten detailliert wurde. Daraus ergab sich der Abbaubedarf pro Standort und Abteilung als Grundlage für die Verhandlungen mit dem Betriebsrat. Diese Verhandlungen führte der CRO mit Unterstützung eines Anwalts für Arbeitsrecht. Innerhalb kurzer Zeit wurde das Reorganisationskonzept erarbeitet und mit dem Betriebsrat verhandelt, so dass Ende 2006 damit angefangen werden konnte, den Personalabbau und die Zusammenlegung der Headquarter und der Regionalbüros umzusetzen.

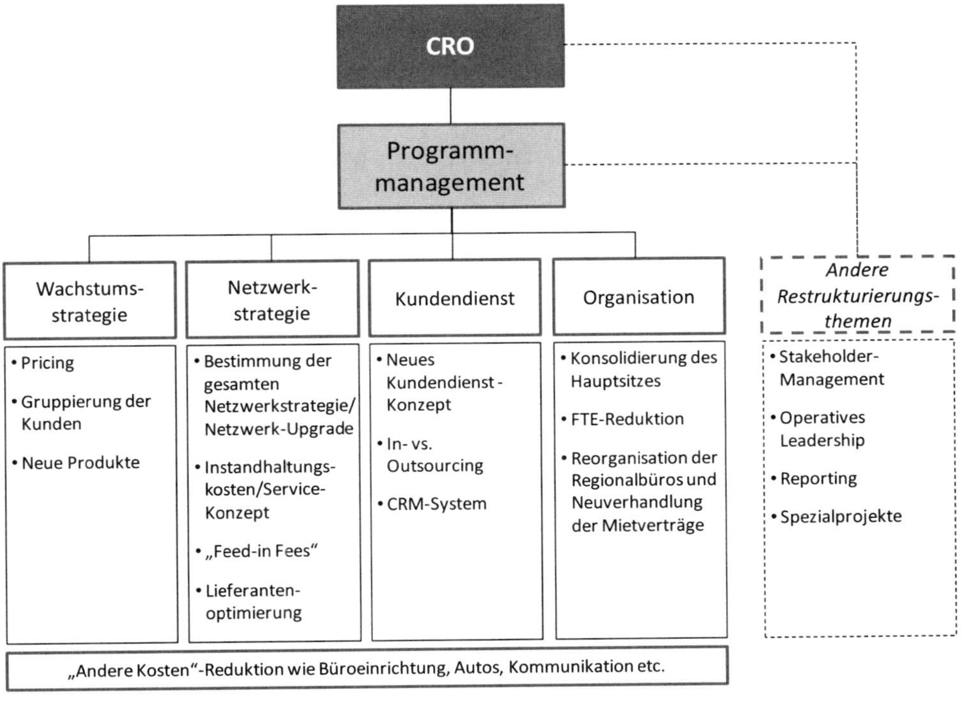

Abb. 5.8 Kernelemente eines Restrukturierungsprogrammes

Um den Reporting-Aufgaben für das Restrukturierungsprogramm gegenüber den Investoren und Banken nachkommen zu können, war es wichtig, die Einsparpotentiale nach Zielerreichungsgrad, im Projekt Härtegrad genannt, zu messen, wobei das Team vier Härtegrade verwendete:

1. Ziel: durch den Businessplan und den CRO vorgegebenes und mit den Investoren abgestimmtes Ziel
2. Identifiziert: identifiziertes Einsparpotenzial, welches anhand von Fakten und detaillierten Kalkulationen ermittelt wurde
3. Detailliert: Ergebnispotenzial, welches detailliert berechnet wurde, umsetzbar ist und dessen Umsetzung vom Lenkungsausschuss beschlossen wurde
4. Implementiert: alle notwendigen Maßnahmen zur Erreichnung des Potenzials wurden umgesetzt und der Eintritt des Ergebniseffektes ist sicher

Der CRO war die treibende Kraft zur Erreichung der Ziele und konnte aufgrund seiner Stellung in der Organisation den dazugehörigen Druck aufbauen.

5.6.7 Der neue Businessplan

Alle Ergebnisse des operativen Handelns, des Reportings und des Restrukturierungsprogramms wurden zusammengetragen und in einem neuen, vom Unternehmen erstellten Businessplan zusammengeführt. AlixPartners übernahm hierbei die Aufgabe der Konzeption und Steuerung, um sicherzustellen, dass das Planungswerk den Anforderungen der einzelnen Stakeholder entsprach und das Planungsmodell konsistent und technisch einwandfrei war. Auch wenn es im ersten Augenblick ungewöhnlich erscheint, kurz nach Erwerb des Unternehmens einen neuen Businessplan zu erstellen, so war diese Maßnahme wichtig. Der CRO hatte somit ein Mittel an der Hand, um mit dem Management, den Investoren und letztendlich auch den Banken zu besprechen, wo das Unternehmen steht, wo die wesentlichen Problemfelder liegen und wie diese angegangen werden können. Der Businessplan hatte somit nicht nur den Effekt, dass Transparenz geschaffen wurde, sondern er diente insbesondere auch als Basis für die weitere Ausrichtung des Unternehmens und als Instrument zur Identifizierung von Ergebnis- und Cashflow-Lücken.

Da der Businessplan und die Restrukturierungsmaßnahmen miteinander verzahnt waren, konnte das Reporting verbessert werden, indem aussagefähige Plan-Ist-Vergleiche erstellt wurden und damit frühzeitiger Abweichungen erkannt und diskutiert werden konnten.

5.6.8 Wesentliche Ergebnisse des CRO-Einsatzes

Die Tätigkeit des CRO hatte für das gesamte Unternehmen eine wegweisende Bedeutung, da alle Stakeholder durch den CRO betreut und mit Informationen versorgt wurden.

Für die Eigentümer bestand der Vorteil vor allem darin, dass sie mit dem CRO auf Augenhöhe umgehen konnten. Der CRO verstand es, sich in die Denkweise der Investoren zu versetzen. Dadurch wurde es möglich, dass Informationen offen und zielgerichtet diskutiert werden konnten. Der offene Umgang mit den Investoren führte auch dazu, dass das untereinander aufgebaute Misstrauen der Investoren verschwand und das Konsortium in eine Richtung agierte. Da der CRO nicht in den ursprünglichen Kaufprozess involviert war, konnte er den Investoren gegenüber bestehende Probleme offen ansprechen und ein realistisches Bild aufzeigen. Der offene und transparente Umgang mit Informationen war vor allem dann wichtig, wenn es „negative" Nachrichten waren. Es liegt in der Natur von Investoren, dass negative Nachrichten nicht gern gehört werden. Dies gilt umso mehr, wenn der neu präsentierte Businessplan vom Businessplan der Akquisition deutlich abweicht. Die Diskussionen über den Businessplan waren für Investoren und den CRO eine Herausforderung. Beständigkeit und gute Arbeit zahlten sich hier für den CRO und das Team von AlixPartners aus, denn der Businessplan hielt der Due Diligence der Investoren stand. So wurde der neu erstellte Businessplan mit allen Restrukturierungsmaßnahmen von allen Beteiligten als Basis für die weitere Entwicklung des Geschäftes herangezogen. Dies ermöglichte eine sachgerichtete Diskussion über Lösungen auftretender Probleme. Auch für die Banken brachte das Engagement des CRO die erhoffte Transparenz und durch die Verbesserungen im Reporting vor allem die richtige Information zum richtigen Zeitpunkt.

Die Organisation des Unternehmens profitierte von der Zusammenarbeit mit dem CRO. Der CRO übernahm die Verantwortung für alle restrukturierungsbedingten Sonderaufgaben und somit konnte sich die Organisation intensiver um das operative Geschäft kümmern. Dies galt vor allem für die Geschäftsführung und das Second-Level-Management, welches zuvor mehr mit sich selbst und dem Verkauf zu tun hatte. Der CRO wurde für alle restrukturierungsrelevanten Fragen als interner Ansprechpartner gesehen, wirkte als Mediator zwischen den externen Stakeholdern und den Mitarbeitern und war eine wichtige Stütze für die Organisation, da er für alle Veränderungsprozesse ein aussagekräftiger Ansprechpartner war. Es liegt in der Natur der Sache, dass nicht alle Mitarbeiter einem CRO positiv gegenüberstehen, insbesondere wenn sie persönlich von den Maßnahmen betroffen sind. Gerade da bewies sich der CRO als fairer Gesprächspartner.

Nicht zuletzt profitierten auch die Kunden und Lieferanten vom CRO. Beide Gruppen waren verunsichert, da es zum Zeitpunkt des Erwerbs vor allem im kleineren Mittelstand relativ neu war, dass Private-Equity-Investoren Unternehmen erwarben. Zum einen konnte der CRO fachkundige Auskunft über die Veränderungen im Unternehmen geben. Zum anderen konnte sich der Rest der Organisation aufmerksamer um den Markt und die Kunden kümmern. Dies hatte zur Folge, dass die Kundenorientierung trotz der Restrukturierungen zunahm und das Risiko des Kundenschwunds verringert werden konnte. Die Lieferanten entwickelten wieder mehr Vertrauen und legten die Vorbehalte gegenüber den neuen Eigentümern ab, was sich finanziell positiv auswirkte, da Zahlungsziele und Einkaufskonditionen beibehalten und verbessert werden konnten.

5.6.9 Abschluss und Zusammenfassung

Insgesamt war der CRO acht Monate als Organ der Gesellschaft tätig und hat während dieser Zeit interimistisch das Management unterstützt. Mit der Anstellung eines neuen Management-Teams konnte sich der CRO als Organ zurückziehen, um die Wiederkehr von Normalität für die Mitarbeiter und einen Neustart nach der schwierigsten Phase der Kosteneinsparung zu signalisieren. Zu diesem Zeitpunkt waren bereits über zwei Drittel der identifizierten Einsparpotenziale umgesetzt und die restlichen Potenziale kurz vor Abschluss der Implementierung. Die beiden Zentralen waren an einem Standort gebündelt, die Regionalorganisation neu definiert und die legale Verschmelzung umgesetzt. Insgesamt wurde zu diesem Zeitpunkt eine Zielerfüllung von über 120 % der ursprünglich definierten Zielwerte erwartet.

Mit der erfolgreichen Arbeit des CRO und damit der erfolgreichen Umsetzung des Programms wurden nunmehr die Voraussetzungen für den nächsten strategischen Schritt geschaffen. Zwölf Monate nach der Akquisition konnte die Investorengruppe das nächste Unternehmen zur Umsetzung der Buy-and-Build-Strategie hinzukaufen. Die notwendige Finanzierung und die damit verbundene Refinanzierung der alten Kredite konnten erfolgreich abgeschlossen werden, da die Vertrauensbasis der Beteiligten untereinander und das Vertrauen in den Investmentcase des Konsortiums wieder hergestellt waren.

Literaturverzeichnis

Bossi, M. (2006): Are CROs more powerful than turnaround consultants? Creditor drive trend toward new title, in: www.turnaround.org/publications/articles, o. O.

Evertz, D./Krystek, U. (2010): Restrukturierung und Sanierung von Unternehmen. Grundlagen, Fallstudien und Instrumente für die Praxis, Stuttgart

KPMG/Justus-Liebig-Universität Giessen (2007): CRO – Quo Vadis? Der „Chief Restructuring Officer" (CRO) im deutschen Restrukturierungsmarkt. Eine empirische Untersuchung. Frankfurt am Main/Giessen

Slatter, S./Lovett, D./Barlow, L. (2006): Leading corporate turnaround: How leaders fix troubled companies, West Sussex

Slatter, S./Lovett, D. (1999): Corporate Turnaround – Managing Companies in Distress, London

Waisman, S./Lucas, J. (2009): The role and retention of the chief restructuring officer, in: Weil, Gotshal & Manges LLP, The Americas restructuring and Insolvency Guide 2008/2009, o. O.

Schlussfolgerungen 6

Die Beiträge haben gezeigt, dass dem Stakeholder Management in der Unternehmensrestrukturierung eine immer wichtigere Schlüsselrolle zukommt. Die Komplexität hat sich dabei in den letzten Jahren deutlich erhöht. Neue Anspruchsgruppen sind hinzu gekommen, viele Stakeholder haben umfangreiche Restrukturierungserfahrung aufgebaut.

Dieses Buch zeigt sehr deutlich auf, wie unterschiedlich und wie komplex die betriebswirtschaftlichen, juristischen und kommunikativen Ansprüche der einzelnen Stakeholder-Gruppen sind.

Konsequenterweise setzen die meisten Stakeholder bei einer Unternehmenskrise eigene bzw. externe Restrukturierungsspezialisten ein. Die Verhandlungen über den Beitrag der Stakeholder zu einer Restrukturierungslösung sind damit zu einer eigenständigen, in den letzten Jahren stark professionalisierten Disziplin geworden. Sie sollten auch auf der Seite des betroffenen Unternehmens mit entsprechender Expertise begleitet werden, um zu einer für alle wesentlichen Stakeholder akzeptablen Lösung zu kommen.

Im Folgenden sind die die wesentlichen Grundfragestellungen des Stakeholder Managements in der Unternehmenskrise zusammengefasst. Die Aufzählung kann als Leitfaden zur Prüfung der eigenen Fähigkeit im Bereich Stakeholder Management in der Unternehmenskrise dienen:

1. Wer sind die wesentlichen Stakeholder-Gruppen des zu restrukturierenden Unternehmens?
2. Sind die für die Stakeholder-Gruppen handelnden Personen dem Unternehmen bekannt? Wie viel Restrukturierungserfahrung haben diese?
3. Wie ist die Ausgangsituation jeder Stakeholder-Gruppe vor der Restrukturierung?

   a) Was hat jede Stakeholder-Gruppe beim Scheitern der Verhandlungen über den notwendigen Sanierungsbeitrag der Stakeholder zu verlieren?
   b) Welche Handlungsalternativen hat jede Stakeholder-Gruppe?

c) Gibt es juristische Beschränkungen für einzelne Stakeholder bei den Möglichkeiten eines Sanierungsbeitrags?
d) Gibt es finanzielle Beschränkungen für einzelne Stakeholder bei den Möglichkeiten eines Sanierungsbeitrags?
e) Gibt es sonstige Beschränkungen für einzelne Stakeholder bei den Möglichkeiten eines Sanierungsbeitrags?
f) Gibt es neben den quantitativen Aspekten auch qualitative Aspekte (z. B. PR-Aspekte), die für die jeweilige Stakeholder-Gruppe von Bedeutung sind?

4. Was sind die Informationsbedürfnisse der jeweiligen Stakeholder-Gruppe?
5. Hat das Management des Krisenunternehmens die notwendige Restrukturierungserfahrung, um die Verhandlungen mit den Stakeholder-Gruppen hinsichtlich der notwendigen Sanierungsbeiträge zu moderieren?
6. Hat die Unternehmensleitung des Krisenunternehmens die notwendige Neutralität und Glaubwürdigkeit, um die Verhandlungen mit den Stakeholder-Gruppen hinsichtlich der notwendigen Sanierungsbeiträge zu moderieren?
7. Welcher externe restrukturierungserfahrene Interim-Manager/CRO ist geeignet, um die wichtige Rolle des „Stakeholder-Managers" zu übernehmen?

Aus der offenen und selbstkritischen Beantwortung dieser Fragen lässt sich schnell ableiten, ob die Einschaltung eines externen Krisenmanagers angezeigt ist. In diesem Fall sollte keine Zeit verloren gehen – typischerweise schränken sich die Handlungsmöglichkeiten eines CROs mit weiterem Fortschreiten der Krise zunehmend ein.

Nachdem der CRO sich über die Ausgangssituation sowohl des Krisenunternehmens als auch der jeweiligen Stakeholder Klarheit verschafft hat, ist seine Hauptaufgabe die Entwicklung eines Restrukturierungskonzeptes für das Krisenunternehmen, das den langfristigen Turnaround des Unternehmens sicherstellt und mit einer hinreichenden Wahrscheinlichkeit die Akzeptanz der wesentlichen Stakeholder findet.

Diese Aufgabe ist herausfordernd. Typischerweise ist durch die für die Stakeholder meist unerwartet eingetretene Unternehmenskrise das Vertrauen in das Management des Unternehmens deutlich beschädigt. Der Wiederaufbau des Vertrauens der Stakeholder in das Unternehmen ist ein längerer Prozess und benötigt eine hohe soziale Intelligenz, eine große Verlässlichkeit und ausgeprägte Führungsqualitäten des CRO.

Der CRO muss die notwendige Zeit mit den jeweiligen Stakeholdern verbringen, um deren Situation zu verstehen, und ihnen helfen, kritische Themen zu lösen. Dabei muss er zu jedem Zeitpunkt seine Neutralität wahren und darf sich nicht dem Vorwurf aussetzen, gewisse Stakeholder-Gruppen zu bevorzugen.

Während sich die operativen und finanziellen Restrukturierungswerkzeuge bei Unternehmensrestrukturierungen auch in verschiedenen Industrien oft nur wenig unterscheiden, stehen für das „Stakeholder Management" im Rahmen einer Restrukturierung keine standardisierten Werkzeuge zur Verfügung. Vielmehr ist situativ, unter Beachtung der oben dargestellten allgemeinen Grundsätze, die Vorgehensweise für jeden einzelnen Fall neu zu entwickeln, um den für die Unternehmensfortführung notwendigen Konsens zwischen den Stakeholdern zu erzielen. Dabei kommt es nicht zuletzt auch auf die persönliche Befähigung des Restrukturierers in der Rolle des „Stakeholder Managers" an: auf seine Erfahrung und sein Netzwerk, das Gespür für die Situation, auf die Kenntnis der verschiedenen Interessen und Mindestanforderungen und das Geschick als Vermittler und Verhandlungsführer. Die richtige Person wird so zum „Katalysator" erfolgreicher Restrukturierungslösungen.

Autoren

Alban Baiker, Vice President, AlixPartners GmbH, verfügt über zehn Jahre Erfahrung in operativen und finanziellen Restrukturierungen mit Spezialisierung auf Krisenstabilisierungen und Cash Management sowie die Erstellung und Umsetzung von Restrukturierungskonzepten. Nach seinem Studium zum Wirtschaftsingenieur an der Universität Karlsruhe arbeitete er zunächst für Struktur Management Partner, einer auf operatives Turnaround Management spezialisierten deutschen Beratungsgesellschaft, und für Kroll Talbot Hughes (heute Talbot Hughes McKillop), einem Financial Advisor in finanziellen Restrukturierungen, bevor er 2008 zu AlixPartners wechselte.

Christian Freiherr von Buddenbrock ist Rechtsanwalt und Partner der Kanzlei BEITEN BURKHARDT. Er leitet den Bereich Betriebliche Altersversorgung. Schwerpunkt seiner Tätigkeit ist die Beratung von Mandanten bei der Restrukturierung betrieblicher Versorgungssysteme.

Michael Dorn, Mitglied der Geschäftsleitung bei AlixPartners Deutschland, verfügt über mehr als zwölf Jahre Berufserfahrung in der operativen und finanziellen Restrukturierung verschiedener Unternehmen mit industriellen Schwerpunkt Telekommunikations- und Mediensektor. Zwischen 2008 und 2011 war er als Vorstandsmitglied der PrimaCom AG und als Geschäftsführer der TeleColumbus GmbH für die Restrukturierung und operative Neuausrichtung dieser Telekommunikationsunternehmen verantwortlich.

Klaus Franz, geboren 1952, absolvierte zunächst eine Ausbildung zum Drogisten und später ein Studium an der FH Frankfurt zum Dipl. Sozialarbeiter. Seit 1975 bei Opel, zunächst als Lackierer und ab 1981 in verschiedenen Funktionen im Betriebsrat tätig, seit Juli 2000 Betriebsrats-, Gesamtbetriebsrats- und Konzernbetriebsratsvorsitzender der Adam Opel AG, darüber hinaus seit 2003 stellvertretender Vorsitzender des Aufsichtsrates der Adam Opel AG. Zum 31.12.2011 hat Klaus Franz nach annähernd 37 Jahren bei der Adam Opel AG den Wechsel in die passive Phase der Altersteilzeit vollzogen.

Sven Guckelberger arbeitet für die Erste Abwicklungsanstalt (EAA) in Düsseldorf und ist dort Leiter Kreditrisikomanagement und Workout. Vor seinem Wechsel in die EAA war er als Geschäftsführer von DC Advisory Partners, Frankfurt, in der Restrukturierungsberatung tätig und davor als Head of Workout Europe für die Deutsche Bank London. Der Diplom-Ökonom kann auf insgesamt mehr als 15 Jahre Berufserfahrung in den Bereichen Restrukturierung, Workout und Sanierung mittelständisch geprägter Unternehmen und Konzerne zurückblicken. Während der Asienkrise war er für die Deutsche Bank in Jakarta und Singapur mit Restrukturierungsfragen beschäftigt.

Jens Haas, Mitglied der Geschäftsleitung bei AlixPartners Deutschland, ist seit 1999 in der Restrukturierung tätig. In dieser Zeit hat er zahlreiche Restrukturierungs- und Ergebnisverbesserungsprogramme für Großkonzerne wie auch mittelständische Unternehmen in verschiedenen Branchen verantwortet, insbesondere in der Automobilindustrie (OEMs, Zulieferer, Handel) sowie im Telekommunikations- und Mediensektor (unter anderem Kabel, Musik, TV, Film, Rechtehandel). Zu seinen funktionalen Schwerpunkten zählen insbesondere Finanzthemen sowie die Entwicklung von Insolvenzstrategien und Notfallplänen.

Dr. Andreas Hautkappe ist Partner im Bereich Corporate/M & A und Leiter der Praxisgruppe Restrukturierung bei Willkie Farr & Gallagher LLP. Er ist spezialisiert auf die Beratung von Unternehmen und deren Management, Finanzinvestoren und Banken bei nationalen und internationalen M & A-Transaktionen sowie gesellschafts-, insolvenz- und restrukturierungsrechtlichen Fragestellungen und Strukturierungen.

Patrik Sven Jacob ist Director bei AlixPartners im Bereich Restrukturierung. Er verfügt über 15 Jahre Erfahrung in der Konzeption und Umsetzung von Restrukturierungen sowohl in mittelständischen Unternehmen als auch in Konzernen. Nach einer Ausbildung zum Industriekaufmann bei der AEG und einem Studium der Rechtswissenschaften an der Universität zu Köln war er zunächst als Assistent des Vorstandssprechers bei einem börsennotierten Unternehmen im Bereich Maschinenbau und anschließend für Roland Berger Strategy Consultants im Competence Center Restrukturierung, zuletzt als Senior Project Manager, tätig. Im Rahmen seiner Tätigkeit bei AlixPartners hat er zahlreiche Restrukturierungen begleitet, unter anderem auch im Rahmen von Transaktionen beim Erwerb von Distressed Assets und als Interimmanager.

Dr. Jan Kantowsky kam 2005 zu AlixPartners. Er hat mehr als 17 Jahre Berufserfahrung in der Restrukturierungsberatung und in Managementfunktionen. Im Rahmen verschiedener Interimmanagement-Mandate (z. B. Interim-CEO-CFO und -CRO) zeichnete er für die Entwicklung und Umsetzung von Krisenmanagement- und Turnaround-Programmen verantwortlich. Schwerpunkte seiner Tätigkeit sind komplexe Verhandlungen mit Interessengruppen wie Kapitalgebern und Anteilseignern, Refinanzierung und Umfinanzierung sowie die Liquiditätssteuerung und Neuverhandlung von Finanzierungsverträgen für namhafte international tätige Unternehmen. Dr. Jan Kantowsky hat den Abschluss als Diplom-Kaufmann an der Universität Stuttgart abgelegt und an der Universität St. Gallen (HSG) promoviert.

Dr. Mona Lienenkämper ist Rechtsanwältin und studierte unter anderem an der Rheinischen-Friedrich-Wilhelms Universität in Bonn. Sie begleitet bei PwC Finanzierungsprozesse insbesondere auch im Hinblick auf das EU-Beihilferecht.

Jörn Manhart ist Rechtsanwalt und Partner bei der Kanzlei BEITEN BURKHARDT. Er berät Mandanten vorwiegend im Kollektiv- und Individualarbeitsrecht, insbesondere im Bereich der Gestaltung von Betrieblichen Altersversorgungslösungen sowie im Bereich der transaktionsbegleitenden arbeitsrechtlichen Beratung.

Fredrik L. Metze ist Managing Director innerhalb der Credit Funds der Fortress Investment Group in London. Bevor er zu Fortress kam, war er in der Restrukturierungsabteilung von Houlihan Lokey Howard & Zukin (Europe) in London und Frankfurt am Main tätig. Seine Karriere begann er in der Wirtschaftsprüfungs- und Corporate-Finance-Abteilung von Arthur Andersen in Hamburg und Berlin. Herr Metze ist Diplom-Kaufmann und studierte Wirtschaftswissenschaften an der Philipps-Universität Marburg. Daneben hat er erfolgreich die Prüfung zum CPA (Illinois/USA) abgelegt.

Dorothee Milewski ist Diplom-Ökonomin und hat in Berlin und Hannover Wirtschaftswissenschaften studiert. Nach dem Studium begann sie ihre berufliche Entwicklung 1991 mit einem Trainee-Programm bei der Dresdner Bank AG (heute Commerzbank AG) in Düsseldorf. In insgesamt 14 Jahren bei der Dresdner Bank AG hat sie an verschiedenen Standorten in Düsseldorf, Hannover und Hamburg in mehreren Funktionen überwiegend im Firmenkundenkreditgeschäft gearbeitet. Zuletzt hatte sie Führungsaufgaben im Risk Management mit regional übergeordneten Aspekten sowie im Bereich der Schiffsfinanzierung inne. 2005 wechselte sie zur Euler Hermes Kreditversicherungs-AG und übernahm dort 2007 die Leitung eines Branchenteams im Risk Underwriting. Seit Mai 2011 ist sie Leiterin des Bereichs Risk Underwriting der Euler Hermes Kreditversicherungs-AG.

Peter Neubacher, Director bei AlixPartners Deutschland, hat in den letzten 17 Jahren Erfahrung in der Beratung und als CFO im Private-Equity-Umfeld gewonnen. Die Neu- und Umgestaltung von Finanzabteilungen, Schaffung von Transparenz bei Liquidität, Working Capital und Steuerungssystemen gehören neben der Beratung in der Finanz- und operativen Restrukturierung zu seinen Schwerpunkten. Zuletzt hat Peter Neubacher als Finanzvorstand einen Buy-out im Bereich industrieller Dienstleistungen in Mittel- und Osteuropa begleitet.

Daniela Nienstedt ist Vice President bei AlixPartners im Bereich Restrukturierung. Sie ist Expertin für Markt- und Finanzmodellierung inkl. Cashflow-Planung und Management, Marktbewertungen sowie Businessplan-Bewertungen. Seit acht Jahren berät sie Kunden aus verschiedenen Industrien, unter anderem Automotive und Private Equity. Bevor Daniela Nienstedt 2009 zu AlixPartners kam, war sie Senior Consultant bei L.E.K. Consulting GmbH und Consultant bei PA Consulting Group. Sie studierte International Business in Reutlingen und hat einen MBA der Portland State University. Vor dem Studium hat sie eine Banklehre bei der Landesbank Hessen-Thüringen (Helaba) absolviert.

Kai Olbrich ist Betriebswirt nach dem Hamburger Modell. Er studierte Wirtschaftswissenschaften an der Wirtschaftsakademie Hamburg und begann seine berufliche Laufbahn Ende 2000 im Controlling der Euler Hermes Kreditversicherungs-AG (damals Hermes Kreditversicherungs-AG). Nach vier Jahren wechselte er als Senior Underwriter in den Fachbereich Special Products, bis er Anfang 2010 die Leitung des Fachbereichs Spezialkreditengagements übernahm. Seit Ende 2011 leitet er den Bereich Corporate Management & Risk Controlling und ist Chief Risk Officer der Euler Hermes Kreditversicherungs-AG.

Bernd Papenstein ist Diplom-Betriebswirt und Steuerberater mit beruflichen Stationen auch in der Kreditwirtschaft. Er ist als Partner bei PwC verantwortlich für den Bereich Finanzierungsberatung, in dem insbesondere auch die umfassende Begleitung staatlicher Bürgschaften und ganzer Bürgschaftsprogramme auf der Ebene von Bund und Ländern erfolgt.

Dr. Rainer Riggert ist als Rechtsanwalt tätig. Er studierte Rechtswissenschaft an der Universität Freiburg im Breisgau. Nach einer zweijährigen Assistententätigkeit und Promotion begann er seine berufliche Laufbahn 1992 bei Schultze & Braun GmbH Rechtsanwalts-Wirtschaftsprüfungsgesellschaft im Bereich Sanierung. Sein Schwerpunkt ist die Tätigkeit als Sicherheitentreuhänder sowie die Vertretung von Lieferanten, insbesondere die Führung von Lieferantenpools.

Eva Ringelspacher ist Juristin und Direktorin Commerzbank AG Frankfurt – Global Intensive Care Office. Sie ist seit 1994 bei der Commerzbank im Bereich Restrukturierung, Sanierung tätig. Sie verfügt über langjährige Erfahrungen im Bereich der Sanierung von Unternehmen und beschäftigt sich vor allem mit der Bewältigung von Unternehmenskrisen bei Großkunden, insbesondere aus dem Leveraged-Finance-Bereich. Zuvor war sie Rechtsanwältin in einer insolvenzrechtlich ausgerichteten Kanzlei in Mannheim. Seit 1998 ist sie Dozentin an der Frankfurt School of Finance & Management und Mitglied des Prüfungsausschusses für Bankfachwirte an der IHK Mannheim. Eva Ringelspacher ist Autorin beim Verlag der Frankfurt School of Finance and Management und spricht regelmäßig auf Seminaren und Konferenzen. Daneben ist sie erfolgreich als Gastdozentin an der BA Glauchau und SRH Hochschule Heidelberg tätig. Ferner ist sie Mitautorin des Handbuchs „Modernes Sanierungsmanagement“ (Hrsg. A. Crone, Prof. Werner, Verlag Vahlen).

Dr. Axel Schulte ist Managing Director im Düsseldorfer Büro von AlixPartners. Seit über 18 Jahren beschäftigt er sich als Berater wie auch als Interim Manager/CRO mit Restrukturierung und Turnaround von Unternehmen. Seine berufliche Karriere begann er 1993 bei einer Wirtschaftsprüfungsgesellschaft. Nach anschließender Tätigkeit für eine internationale Strategieberatung im Bereich Restrukturierung gründete er eine IT-Gesellschaft, die er nach drei Jahren Aufbau-Tätigkeit veräußerte. Seit 2005 ist er bei AlixPartners und befasst sich ausschließlich mit der operativen und finanziellen Restrukturierung von Krisen-Unternehmen. Dr. Schulte studierte Wirtschaftswissenschaften an der Universität Münster und promovierte anschließend in Volkswirtschaft.

Johannes Steinel verfügt als Director bei AlixPartners im Bereich Turnaround & Restructuring Services über langjährige Erfahrung in operativer und finanzwirtschaftlicher Restrukturierung, Performancesteigerung und Strategieberatung, aus Beratungsprojekten und Interim-Positionen bei zahlreichen internationalen Klienten. Seine Schwerpunkte liegen in der Restrukturierungsplanung und -umsetzung, sowie im Treasury- und Liquiditäts-Management. Vor seiner Zeit bei AlixPartners war er bei KPMG tätig, wo er als Associate Director zahlreiche Restrukturierungsprojekte im Distressed- sowie im Transaktionsumfeld leitete. Davor arbeitete er als Investment Manager bei einem börsennotierten VC sowie bei einer Tochtergesellschaft der Deutschen Bank.

Michael Tyroller ist Director bei AlixPartners im Bereich Restrukturierung. Er ist ein erfahrener Sanierungsexperte und verfügt über 20 Jahre Erfahrung in der Planung und Umsetzung operativer und bilanzieller Restrukturierungsprogramme sowie in der Durchführung komplexer Finanzrestrukturierungen. Sein Fokus liegt hier in der operativen Führung von Finance-Bereichen, in der Liquiditätssteuerung sowie in der Entwicklung von Finanzierungskonzepten und Stakeholder Management. Vor seinem Einstieg bei AlixPartners war Michael Tyroller bei der Deutschen Bank, zuletzt mit der Sanierung (Workout) von großen deutschen Mittelständlern betraut. Er begann seine berufliche Karriere im Familienunternehmen. Michael Tyroller ist Diplom-Kaufmann und studierte Betriebswirtschaftslehre an der Otto-Friedrich-Universität in Bamberg. Er ist Mitglied der Turnaround Management Association (TMA) und American Chamber of Commerce (AmCham).

Dr. iur. Sven-Holger Undritz ist Rechtsanwalt und Partner der internationalen Sozietät White & Case LLP. Er ist als Jurist und graduierter Betriebswirt auf dem Gebiet des Insolvenz- und Sanierungsrechts tätig. Im Rahmen seiner langjährigen Tätigkeit als Insolvenzverwalter hat Dr. Sven-Holger Undritz über 300 Gesellschaften durch die Insolvenz geführt. Bei einer Vielzahl von Unternehmen ist es ihm gelungen, diese im Rahmen des Insolvenzverfahrens zu sanieren. Zu den namhaften Insolvenzverfahren zählen der Schieder Möbel-Konzern, der Internet-Dienstleister PopNet Internet AG, die Logistik-Gruppe Paul Günther AG sowie die Fluglinie HI Hamburg International. Darüber hinaus verfügt Dr. Sven-Holger Undritz über umfassende sanierungsrechtliche Kenntnisse, die er z. B. bei Insolvenzplangestaltungen und Unternehmenskäufen aus der Insolvenz einbringt. Dr. Sven-Holger Undritz schreibt regelmäßig über aktuelle insolvenzrechtliche Themen in der führenden Fach- und Wirtschaftspresse und referiert darüber vor juristischen Vereinigungen. Er wird laufend als führender Anwalt für Restrukturierung und Insolvenz von JUVE, Chambers, IFLR und Best Lawyers ausgezeichnet. Er ist Mitglied des anerkannten Gravenbrucher Kreises, eines Zusammenschlusses überörtlich tätiger Insolvenzverwalter in Deutschland.

Dr. Carsten Uthoff ist Diplom-Kaufmann und studierte an der Westfälischen Wilhelms-Universität Münster Betriebswirtschaftslehre mit den Schwerpunkten Wirtschaftsprüfung und betriebliche Finanzwirtschaft. Als Assistent am Institut für Revisionswesen entwickelte er mathematisch-statistische Verfahren zur Früherkennung von

Unternehmenskrisen auf Basis von Jahresabschlüssen und Wirtschaftsauskünften. Nach Abschluss seiner Promotion 1996 gründete er mit seinem Doktorvater, Prof. Dr. Dr. h.c. Jörg Baetge, und weiteren Assistenten zwei Unternehmen zur bilanzbezogenen Unternehmensbonitätsbeurteilung und zur Entwicklung von Verfahren zur statistischen Bonitätsbeurteilung. Mit dem Wechsel 1997 zu Roland Berger Strategy Consultants in das Competence Center Restrukturierung beriet er namhafte Unternehmen und begleitete die Sanierung und die Restrukturierung von Unternehmen. Seit 2004 verantwortet Dr. Uthoff das Beteiligungsportfolio der Creditreform AG, seit 2009 als Vorstandsvorsitzender. Zudem ist er als Geschäftsführer des Verbands der Vereine Creditreform e.V. für Strategie und Unternehmensentwicklung verantwortlich.

Jürgen Walter wurde am 23 August 1968 im südhessischen Jugenheim geboren. 1997 gründete er die Anwaltskanzlei Walter in Gernsheim, 2010 erfolgte die Eröffnung einer Zweigstelle im Industriepark Infraserv in Wiesbaden. Die Kanzlei ist auf Beratungsleistungen rund um das Arbeitsrecht spezialisiert. Von 1999 bis 2009 war RA Jürgen Walter Abgeordneter des Hessischen Landtags in Wiesbaden, von 1999 bis 2003 Landesgeschäftsführer der SPD Hessen und von 2003 bis 2008 Vorsitzender der SPD-Fraktion im Hessischen Landtag. Daneben hatte er verschiedene Aufsichtsratsmandate inne, unter anderem im Verwaltungsrat der Landesbank Hessen-Thüringen (2003–2009) und bei der Hessischen Staatsweingüter GmbH (2003–2009).

Rolf Weidmann ist Fachanwalt für Insolvenzrecht und Seniorpartner bei GÖRG Partnerschaft von Rechtsanwälten. Er begann seine Anwaltslaufbahn 1986 in der Sozietät Schlütter Lüer & Görg. 1992 wurde er Partner der Nachfolgekanzlei Lüer & Görg, aus der 1996 GÖRG Partnerschaft von Rechtsanwälten hervorging. Seit 1995 ist er als Konkursverwalter im Ruhrgebiet tätig und baute aus dieser Position heraus den Essener Standort von GÖRG auf. In 2002 und 2003 war Rolf Weidmann unter anderem als Geschäftsführer verschiedener Beteiligungsgesellschaften der insolventen Babcock Borsig AG tätig. Im Insolvenzverfahren des Arcandor-Konzerns betreute Weidmann als Beauftragter des Insolvenzverwalters umfassend das Verfahren und den Insolvenzplan der KARSTADT Warenhaus GmbH.

Robert Wendeborn ist Associate bei AlixPartners im Bereich Turnaround & Restructuring Services und verfügt über fünf Jahre Erfahrung im Bereich finanzielle und operative Restrukturierung in Europa, den Vereinigten Staaten und dem Mittleren Osten. Nach seinem Studium zum Diplom-Kaufmann an der Technischen Universität München arbeitete er zunächst bei Houlihan Lokey, wo er in einige der bekanntesten Restrukturierungsfälle Europas involviert war. Er hat dabei Firmen aus den unterschiedlichsten Branchen beraten und intensiv mit einigen der größten internationalen Private-Equity-Häusern zusammengearbeitet.

Dr. Lars Westpfahl ist Rechtsanwalt und Partner im Hamburger Büro der internationalen Wirtschaftskanzlei Freshfields Bruckhaus Deringer LLP und leitet in Deutschland seit vielen Jahren deren Bereich Restrukturierung und Insolvenz. Dr. Westpfahl studierte Rechtswissenschaften an den Universitäten Freiburg und Hamburg sowie an der London

School of Economics. Zu seinen Veröffentlichungen zählen neben seiner Promotion zu dem Thema „Umweltschutz und Insolvenz“ und einem Buch mit dem Titel „Grenzüberschreitende Insolvenzen“ eine Vielzahl von deutsch- und englischsprachigen Beiträgen für wissenschaftliche Zeitschriften. Daneben ist Dr. Westpfahl regelmäßig Referent auf nationalen und internationalen Veranstaltungen zu seinen Spezialgebieten. Außerdem ist er Gründungs- und Vorstandsmitglied der Gesellschaft für Restrukturierung TMA e.V.

Dr. jur. Hermann Peter Wohlleben ist seit Anfang 1996 im Vorstand des Pensions-Sicherungs-Vereins VVaG (PSVaG), des Trägers der gesetzlichen Insolvenzsicherung der betrieblichen Altersversorgung in Deutschland und Luxemburg, für die Bereiche Insolvenz und Leistung sowie Recht verantwortlich. Für die Arbeitgeber ist Dr. Wohlleben zudem in der Selbstverwaltung der Sozialversicherung engagiert, seit Juni 2000 als alternierender Vorsitzender der Vertreterversammlung der Deutschen Rentenversicherung Rheinland. Weiterhin ist er Vorstandsmitglied des Arbeitskreises für Insolvenzwesen Köln, Mitglied verschiedener Fachgremien der Arbeitsgemeinschaft für betriebliche Altersversorgung (aba), der Bundesvereinigung der Deutschen Arbeitgeberverbände (BDA) und des Bundesverbands der Deutschen Industrie (BDI) sowie (Mit-)Herausgeber und Autor diverser Fachpublikationen zum Wirtschafts- und Insolvenzrecht.

Mirko Wollrab ist Partner von CNC in Frankfurt. Er ist Experte für Finanz- und Transaktionskommunikation sowie für Sondersituationen (unter anderem Restrukturierungen und Insolvenzen). Zu den Mandanten zählen neben börsennotierten Firmen vor allem inhabergeführte (Familien-)Unternehmen aus dem Mittelstand. Vor seinem Einstieg bei CNC arbeitete der Volks- und Betriebswirt neun Jahre als Reporter für internationale Nachrichtenagenturen in Frankfurt am Main. Journalistische Erfahrung sammelte er zudem bei vwd, manager magazin, BILD und dem Hamburger Abendblatt. 2002 wurde er Chefkorrespondent bei Reuters für den deutschen Finanzsektor mit den Schwerpunkten Geschäfts- und Notenbanken, M & As, Corporate Finance und IPOs. Er verfügt über ein gewachsenes Netzwerk in der Restrukturierungsbranche und hat belastbare Kontakte zu den deutschen und internationalen Wirtschaftsmedien.

Dr. Jörg Zirener ist Partner bei One Equity Partners (OEP), dem Private-Equity-Arm von JP Morgan Chase & Co. Vor seinem Einstieg bei OEP war er bei Roland Berger Strategy Consultants im Bereich Restrukturierung als Senior Projekt Manager tätig und absolvierte in dieser Zeit diverse Restrukturierungen in unterschiedlichsten Industrien auf deutscher und europäischer Ebene. Zusätzlich war er Mitgründer eines Start-ups mit Fokus auf die Fußball-Weltmeisterschaft 2006 in Deutschland. Aktuell ist er Mitglied in den Aufsichtsräten der Smartrac NV, der Constantia Flexibles und der Duropack. Dr. Zirener studierte Betriebswirtschaftslehre an der EBS Universität für Wirtschaft und Recht und promovierte zum Thema Sanierung in der Insolvenz an der Europa Universität Viadrina.